제2판

환경미생물학

송홍규 · 오계헌

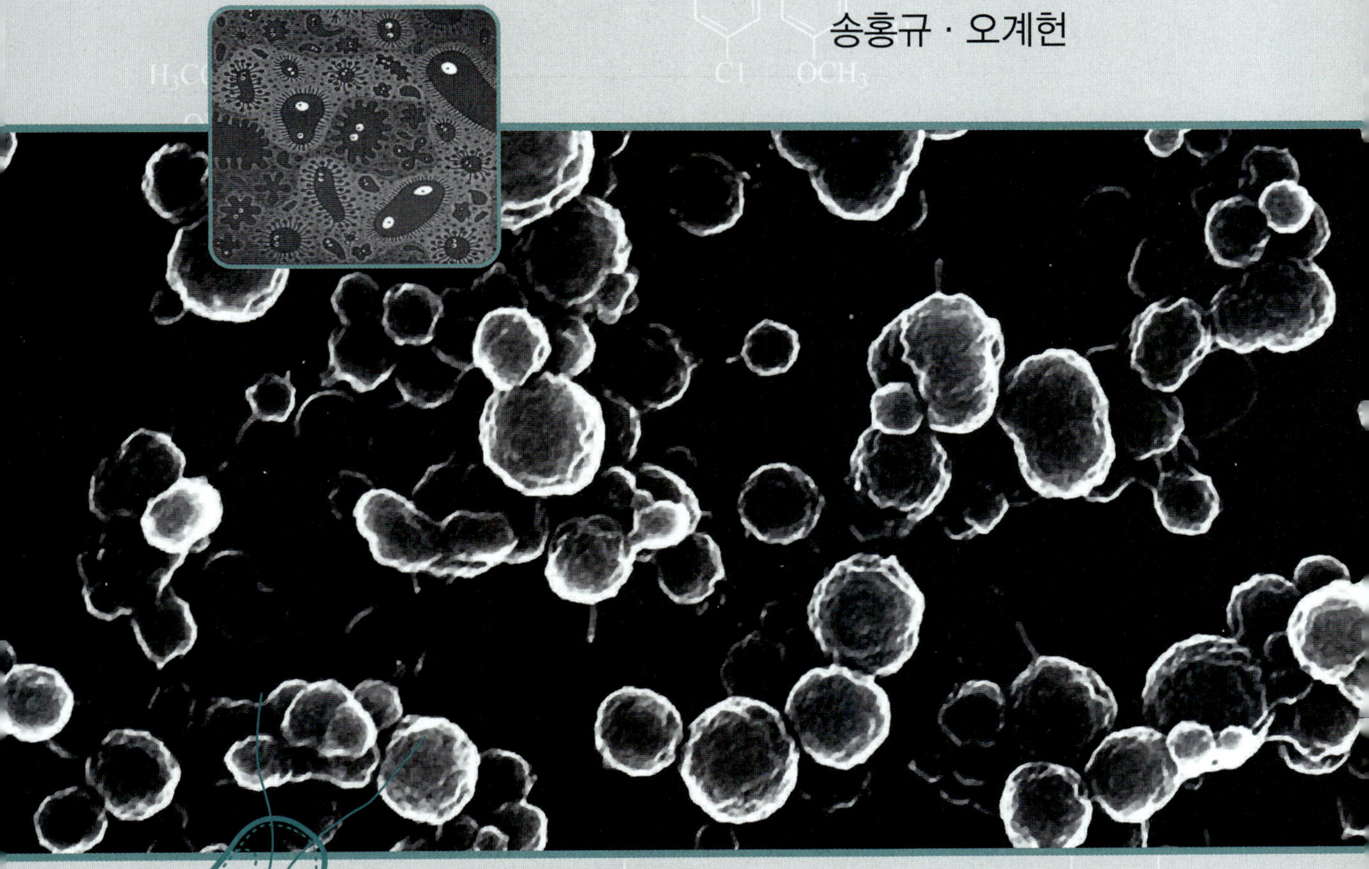

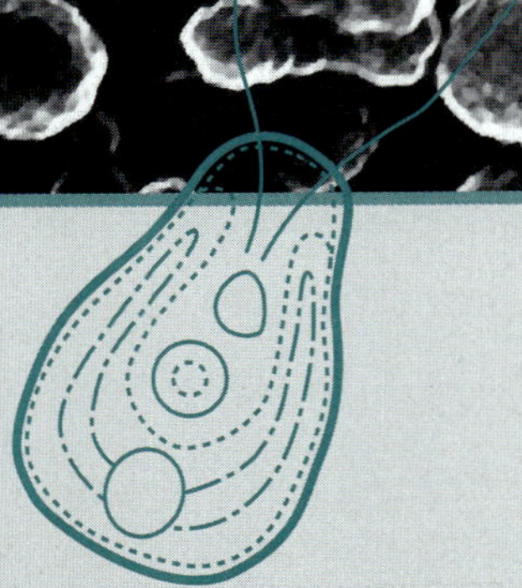

화수목

머리말

우리나라에서도 1970년대부터 중화학공업의 발달에 따라 환경오염이 심해지면서 20세기 후반 들어 환경오염과 이로 인한 건강상의 문제에 대한 국민들의 관심도 커졌으며 또한 환경보전의 중요성을 깨닫게 되고 환경운동도 대두하게 되었다. 그러나 지속적인 산업의 발달과 환경 개발에 의해 여러 가지 다른 환경오염과 훼손 현상들이 줄지어 일어나며 이에 따라 본격적인 환경관련 연구가 뒤따르고 환경오염과 훼손의 처리 및 방지와 관련된 기술과 산업도 점차 크게 발달하게 되어 우리나라의 전반적인 환경 수준은 대체로 나아지고 있는 듯하다. 이런 환경 문제에 미생물들이 다방면으로 관련되는데 미생물들이 오염 현상을 일으키기도 하고 또한 오염과 훼손의 처리에 미생물들이 가장 중요하게 작용하기도 한다. 미생물과 관련된 일부 환경오염 현상은 점차 심해지고 있는 것도 있어 해마다 일어나는 적조와 녹조 현상이 그 대표적인 예이다.

그러나 우리나라에서는 환경 분야에서 미생물을 체계적으로 전공한 전문가들이 그다지 많지 않고 또한 전문지식을 제대로 배울 기회가 많지 않아 잘못된 내용을 알고 있는 경우가 허다하다. 그 대표적인 예가 대장균군과 대장균을 구분하지 못하거나, 녹조현상을 일으키는 광합성세균인 남세균을 진핵성 녹조류와 혼동하는 경우이다. 미생물에 대해 정확히 알아야 이들의 제어나 활용이 효율적으로 이루어질 수 있을 것이다.

이에 따라 본 책에서는 미생물학이나 생물학을 전공하는 사람들뿐만 아니라 환경과학이나 환경공학 또는 보건위생을 배우는 사람들도 모두 참고할 수 있게 환경미생물학적 기초원리에 대하여 중점을 두었다. 이 책의 전반부에는 먼저 미생물학적 기초와 다양한 미생물들을 소개하고 이들의 실험방법, 그리고 대사와 생장에 대해 다룬다. 후반부에는 환경오염과 관련된 미생물들의 작용과 병원체를 소개하고 이들을 제거하기 위한 상수와 하수 및 폐기물 처리를 살펴본다.

1판에서 잘못된 내용이나 표기를 이번에 많이 수정하고 일부 보완하였으나 아직도 미흡한 점이 많을 것으로 생각된다. 이런 문제들은 차후에 개선할 것을 독자들에게 약속드리며 끝으로 이 책을 발간하는데 많은 도움을 주신 화수목 출판사 관계자들께 감사드린다.

저자 일동

차 례

제 7 장 미생물 대사 / 159

제 8 장 미생물의 생장 / 189

제 9 장 환경오염과 미생물 / 211

제13장 호기성 폐수처리 / 311

제14장 혐기성 폐수 처리 / 369

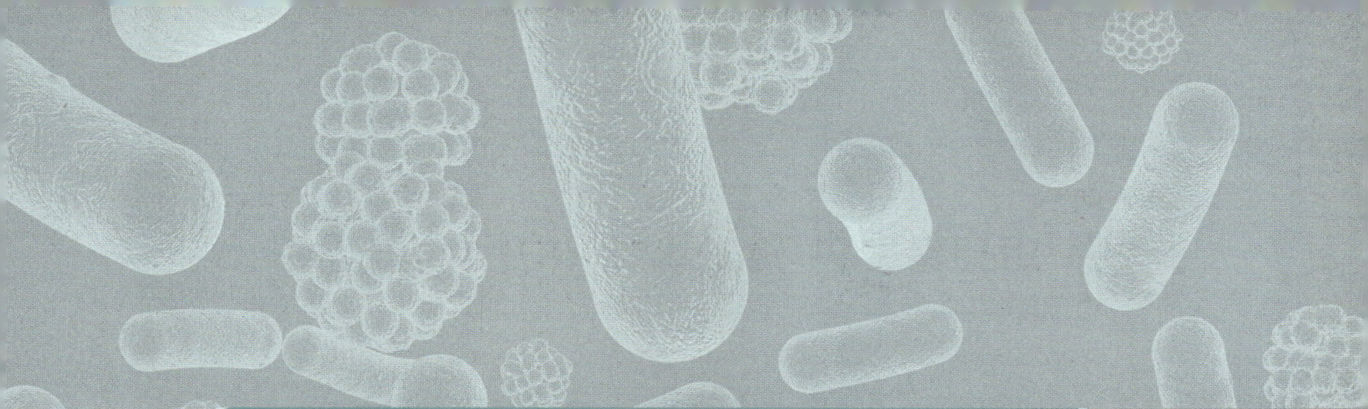

CHAPTER 01

미생물학과 생태계의 원리

CHAPTER

01 미생물학과 생태계의 원리

1.1 미생물학의 기원

미생물의 세계가 존재한다는 사실은 네덜란드의 Delft라는 도시에서 일하던 상인인 레벤후크(Antonie van Leeuwenhoek, 1632~1723)에 의하여 처음으로 알려졌으며 사상성 진균의 발견은 로버트 후크(Robert Hooke, 1635~1703)에 의해 이루어졌다. 미생물을 관찰하는 데 필수 불가결한 것은 현미경(microscope)인데 최초의 현미경은 17세기 초에 만들어졌다. 현미경에는 두 종류가 있는데 하나는 짧은 초점거리를 갖는 단일렌즈를 사용하는 단순현미경(simple microscope)으로 확대경과 같은 광학적 원리를 사용한 것이며, 또 하나는 두 개의 렌즈로 이루어진 복합현미경(compound microscope)으로 오늘날 대부분의 현미경은 이런 방식으로 이루어져 있다. 그림 1.1에서 보는 바와 같이 Leeuwenhoek가 미생물학의 기원을 확정짓는 아주 정교한 관찰을 할 수 있었던 것은 그의 탁월한 현미경 제작기술 덕택이었다. 비록 현미경의 구조와 개념이 단순하고 현미경의 특성과 성능이 다르지만, Leeuwenhoek의 현미경은 50~300배까지 확대할 수 있었다. Leeuwenhoek는 현미경을 많이 만들어야 했는데 그 이유는 각 현미경의 배율의 변화가 가능하지 않았기 때문이었으며, 이들의 확대율은 선택된 렌즈에 의해서 미리 결정되었다. 따라서 배율의 범위는 이용 가능한 현미경의 선택에 따라 결정되었다. 이들 현미경들은 수직적인 면이 아닌 수평적인 면에서 사용되었는데, 렌즈를 판에 고정시킨 다음 눈 가까이에 판을 유지시키고 관찰자는 렌즈를 통하여 상을 보았다. 현미경의 초점을 맞추기 위해 검사하려는 물체는 이동 가능한 고정핀에 올려져서 렌즈에 맞게 조절되었다.

Leeuwenhoek는 이런 단순현미경을 이용하여 단세포 미생물의 중요한 종류인 원생동물, 조류, 효모 그리고 세균을 관찰하였다.

Leeuwenhoek의 관찰 이후 실질적인 발전이 없는 공백기간이 있었으나 이때 미생물의 존재가 일반적으로 받아들여졌다. 그때부터 복합현미경은 단순현미경을 능가하기 시작하여 1820~1850년 사이에 널리 퍼지게 되었고, 라자로 스팔란짜니(Lazzaro Spallanzani)의 실험으로 실험세균학이 태동하기 시작하였으며, 그것은 루이 파스퇴르(Louis Pasteur; 1822~1895)에 의해 결실을 맺었다. Spallanzani는 여러 가지 유기물 추출액을 오랫동안 가열함으로써 부패가 방지됨을 알았으며 완벽하게 밀봉된 상태에서는 부패가 일어나지 않는다는 것을 알고 이들 살균된 유기물 추출액에서의 부패가 공기오염으로부터 유래한다는 것을 입증하였다.

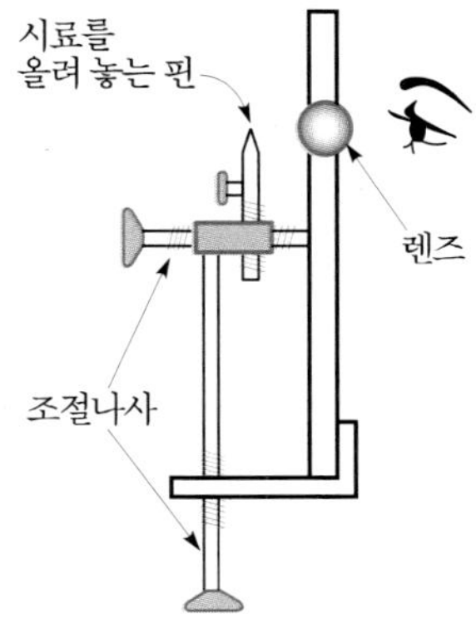

그림 1.1 **레벤후크에 의해 사용된 형태의 단일렌즈 현미경**

공기 중의 미생물의 존재는 파스퇴르(Pasteur)에 의해 처음으로 입증되었는데, 그는 솜화약마개(guncotton plug)를 통하여 많은 양의 공기를 여과하였다. 솜화약을 알코올과 에테르에 녹였을 때 그 잔류물은 미생물과 동일한 작은 물체들을 함유하고 있었다. 그 후에 Pasteur는 여과의 결과로 많은 미생물을 포함하는 솜화약은 이미 살균된 유기물 추출액에서 미생물의 생장을 유도할 수 있다고 입증하였다. 이들 실험의 결과로부터 Pasteur는 백조의 목(swan-neck)과 같이 구부러진 플라스크(그림 1.2)를 사용한 심도깊은 연구를 하였다. 이들 플라스크 속의 살균된 유기물 추출액은 플라스크의 목을 통해 공기와 접촉하였음에도 불구하고 오염되지 않았다. 비록 미생물이 플라스크의 목이 내려가는 부분을 따라 움직일 수 있다 하더라도 그들은 올라가는 부분을 통과할 수 없어서 추출액이 오염되지 않았다. 그러나 만일 그 플라스크의 목이 깨지거나 기울어져서 추출액이 플라스크의 목에 들어왔다가 나가면 오염이 되었다. 비록 발효는 미생물에 의한 과정이라는 최초의 주장이 아닐지라도 Pasteur는 실험적 증거의 도움으로 이 사실을 과학계에 납득시켰다.

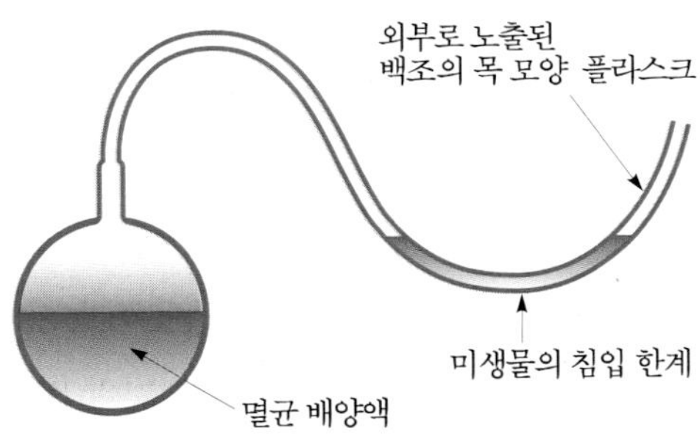

그림 1.2 **파스퇴르의 백조의 목 모양으로 구부러진 플라스크**

그는 또한 산소 부재하에서의 미생물의 생장은 혐기적(anaerobic), 산소의 존재하에서의 생장은 호기적(aerobic)이라는 말로 구분하였다.

연속된 실험에서 그는 두 개의 에너지 획득 기작을 갖고 그들을 이용할 수 있는 통성혐기성균(facultative anaerobe)의 존재를 입증하였다. 산소의 존재하에서 이들 생물체는 산소호흡에 의해 유지와 생장을 위한 에너지를 얻는다. 그러나 산소의 부재하에서 세균은 그들이 요구하는 에너지를 얻기 위하여 혐기성 호흡이나 발효(fermentation)를 이용한다. Pasteur는 효모를 이용하여, 공기의 부재하에서 발효에 의한 알코올과 이산화탄소를 생산하는 실험을 통하여 이 현상을 관찰하였다. 공기 존재하에서 알코올은 생산되지 않았으며 이산화탄소는 산소호흡의 주된 산물이었다. 그는 또한 발효가 산소호흡보다 효율이 적은 에너지 획득 과정이라고 제시하였다.

호기성 및 혐기성 조건하에서 동량의 설탕기질이 공급된 효모접종 실험에서, 효모는 호기 배양에서보다 혐기 배양에서 덜 생장하였다. 이러한 차이는 혐기성 조건하에서 기질의 불완전한 이용에 기인하는데, 혐기성 조건에서 남은 배양액 내에 알코올의 존재가 입증되었으며, 부가하여 이산화탄소는 호기성 배양의 유일한 주된 산물이며, 완전산화와 기질이용을 암시하는 것이다. 기초과학으로서 세균학의 일련의 발달은 Robert Koch에 의해 성취되었다. 그는 세균검사의 기본방법을 설정하였으며, 그 가운데 많은 것은 요즈음에도 거의 변치않고 있다.

1.2 위생 미생물학의 역사

위생 미생물학(sanitary microbiology) 또는 공중보건 미생물학(public health microbiology)은 1880년대에 병원 세균학(medical bacteriology)으로부터 발전되었다. 19세기 중반에 마취술의 도입으로 외과의사들의 수술이 장시간 걸리고 더욱 복잡해져 수술로 인해 일어나는 패혈증(sepsis)과 수술 후 감염으로 인한 환자의 죽음과 같은 여러 문제점들이 드러났다. Pasteur의 연구결과의 중요성을 알았던 영국의 외과의사 Joseph Lister는 수술에 의한 패혈증이 수술 중에 노출되는 조직에 미생물이 감염된 결과로 나타난다고 결론지었다. Lister의 살균소독법 도입으로 수술 후 패혈증으로 죽는 환자의 수는 격감하였으며, 이 현상은 질병의 배종설(germ theory)에 대한 강력한 직접적인 증거가 되었다.

Lister는 또한 1878년 우유의 젖산발효를 연구하여 세균학의 발전에 크게 공헌하였다. 그는 세균시료를 희석시켜서 한 방울에 세포가 하나 정도 들어있게 희석액을 만들었다. 다른 경우에는 무균상태의 희석액을 한 방울을 접종하였으며, 그 결과 젖산발효가 일어나지 않았다. 이 실험은 다른 종류의 미생물들이 희석되어 우점종 미생물만 있는 경우에 이를 순수분리할 수 있는 기본 토대를 제공했다. 세균학 역사상 가장 중요한 일은 코흐(Robert Koch)의 고체배지의 개발인데 세균은 이 고체배지를 통해서 간단히 순수분리할 수 있었다. 이 기법은 감자조각상에 집락(colony)으로 자라는 세균을 관찰한 것에 근거하였는데 Koch는 이러한 관찰을 토대로 하여 감자조각 위에 있는 각각의 집락들이 하나의 세균으로부터 형성된다는 결론을 내렸다. 이 기술을 이용해서 특이한 집락형태로 나타나는 오염균을 쉽게 확인할 수 있었고, Koch는 젤라틴(gelatin)을 이용하여 여러 종류의 일반배지를 고체화 하였다. 그러나 일부 세균은 젤라틴을 분해시키기 때문에 젤라틴 대신 해양 홍조류인 우뭇가사리로 만든 한천(agar)을 사용하게 되었다. 1882년 Koch의 실험실에서 일하던 W. Hesse의 부인인 Angelina Fannie가 남편에게 미생물 배지를 굳히는 데 한천을 사용할 것을 추천하였다. 그 후 Koch의 조수인 Richard Petri는 고체배지를 함유하는 평판(plate)을 만들었다.

19세기 초 런던의 상수공급 실태는 공중보건 미생물학이 발전하기에 알맞은 상태였다. 확인되지 않은 여러 유행병으로 인해 런던의 상수공급 능력에 대한 우려가 19세기 초부터 표출되기 시작했다. James Simpson에 의하여 고안된 최초의 완속모래여과(slow sand filter)는 1829년 Chelsea Water Company의 그로스브너 도로(Grosvenor Road) 공사에서 시행되었다. 1834년 이후부터 영국의회는 새로운 정수장의 설립을 인가받기 위해서 물회사(water company)에 대하여 모래여과 조항을 포함해야 한다고 주장하였다. 1831~1832년 콜레라의 발병은 런던의 오수처리 체제에 대한 통합 연구의 계기가 되어 1894년에 도시 하수도 위원회(Metropolitan Commission of Sewer)가 설립되었다. 1848~1849년의 치명적인 유행병으로 위원회는 모든 가정에서 하수구를 공중하수구로 연결하도록 의무화하는 권한을 부여받아 수년 내에 분뇨 구덩이(cesspit)를 실질적으로 제거하기에 이르렀다. 1849~1854년 사이의 John Snow박사의 연구를 통해 브로드 가(Broad Street), 골드 광장(Gold Square), 소호(Soho) 등에 있는 얕은 샘의 물이 묘지와 오물 구덩이에서 나온 물질로 오염되어 콜레라 발생의 원인이 되었다는 것이 밝혀졌으며. 이는 공중하수 체제(public sewage system)의 필요성을 정착시키는 계기가 되었다.

19세기 초에 완속모래여과가 도입되었지만 50년 동안 이것이 수인성 병원균을 제거하는 데 중요한 역할을 한다는 것을 인식하지 못했다. 1885년에 왕립광산학교(Royal school of Mines, 현재 런던의 제국대학)의 화학강사였던 Perry Frankland가 수질검사를 하기 위해 Koch의 젤라틴 기법을 영국에 도입하여 폐수처리한 물과 처리하지 않은 물에서의 생존가능한 세균의 농도에 미치는 완속모래여과의 효과를 검사하는 데 이용했다. 그는 연구결과를 왕립 토목공학회에 제출했다. 그의 연구는 잘 요약되었으며, 1894년 그의 처와 공동으로 출판한 "Microorganisms in water"라는 책에 다음과 같이 나와 있다.

「세균학적으로 물을 조사하여 얻은 지식을 이용하여 물의 정화(water-purification)에 대한 논제가 새로운 관점에서 접근되어야 한다는 것은 확실하다. 즉, 예전에는 가정용 식수로 적합한지를 판단하기 위해서 화학적 증명방법이 유일하게 사용되었지만 우리는 이제 정수과정의 효율성을 알 수 있는 보다 정밀한 생물학적 검사방법을 갖게 되었다. 이제 물의 정수과정이 어떻게 인식되어야 하는지를 예를 들어 명확하게 설명할 수 있다. 동물의 배설에 의해 오염된 물이 채소의 찌꺼기들과 섞였다고 가정하자. 이것을 오염물질을 제거해 식수로 사용하기 위해서는 물을 처리하기 위한 문제점이 제기될 것이다. 이런 경우에는 화학적 정수처리가 가장 중요하며 물에서 유기 생물체를 제거하는 것은 그렇게 중요하지 않다. 그러나 하수물질로 오염된 물을 가정으로 공급하거나, 이 물에 들어있는 유기물을 완벽하게 제거해 불쾌하지 않을지 몰라도 유기물의 잔존에 대한 불안감이 남아있어서 오염수를 정화할 때는 잔존하는 유기 생물체를 최소화하는 것이 가장 중요시되어야 한다.」

이런 정화과정들의 가치를 평가할 때 물에서 화학적으로 최대한의 개선을 나타내는 정화과정이 생물학적으로 가장 우수하다고 통상적으로 여겨져 왔다. 다시 말해서 소량의 유기 불순물도 처리할 수 없는 정화공정은 조직화된 물질을 제거하는 데 유익하지 못하다고 볼 수 있다.

물정화의 위생학적 가치를 판단하는 데 화학적 분석이 중요한 토대가 되는 한, 다음에 있는 모래여과처리 전후의 강물의 화학적 분석은 모래여과 과정이 적합하지 않다는 것을 잘 설명할 수 있을 것이다.

여기에서 나타나는 약간의 화학적 개선은 모래여과가 용해성 물질에는 거의 효과를 나타내지 못하며, 세균이나 다른 형태의 생명체를 제거하지 못한다는 추측을 하게 한다. 미생물을 매개체로 해서 전염병이 퍼진다는 믿음이 생겨남에 따라 일반적으로 여과처리를 믿지 못하게 되었다. 왜냐하면 차들이 복잡한 도로를 용이하게 빠져 나가듯이, 매우 작은 부피의 생명체들이 비교적 큰 여재의 틈 사이를 통과하리라고 생각했기 때문이다.

표 1.1 **모래여과 전과 후의 영국 우즈(Ouse) 강물의 화학적 분석 (mg/L)**

	강물	모래여과 후의 강물
총고형물질	28.4	26.2
유기탄소	0.123	0.119
유기질소	0.025	0.022
암모니아	0.0	0.0
질산염, 아질산염 질소	0.077	0.089
총질소량	0.102	0.111
염소	1.6	1.6
임시	11.5	10.9
경도 영구	7.1	7.1
총량	18.6	18.0

1885년에 Frankland는 런던에 공급되는 상수를 검사하기 위해 Koch의 젤라틴 방법을 이용했다. 그들은 모래여과 후 지역 관공서의 요청에 따라 처리한 강물과 처리하지 않은 강물에서 세균 개체수를 1886, 1887, 1888년에 걸쳐 정기적으로 검사했다. 그 연구 결과는 다음과 같이 잘 나타났다.

「보통 처리되지 않은 강물에 존재하는 100마리의 미생물에 대하여 물을 파는 회사들은 물을 공급하기 전에 다음과 같이 미생물을 제거하였다.」

표 1.2

	1886	1887	1888
템즈	97.6	96.7	98.4마리
Lea(E. London Co.)	96.5	95.3	95.3마리

물회사들이 채택한 방법으로 이와 같이 높은 비율의 미생물이 제거되는 데 대하여 1886년 요오크(York)의 위생국에서 발표된 논문을 인용하는 것이 바람직할 것 같다.

일반적으로 이렇게 제거된 생물체들이 무해한 것들이라고 하더라도 이런 생물체들의 제거가 중요하지 않다고 여겨서는 안된다. 왜냐하면 병을 일으킨다고 알려진 병원성 미생물들이 물속에서 일반적인 생명체들과 별로 다르지 않기 때문에 여과과정 중에 이러한 생명체들의 움직임이 다른 미생물들과 똑같을 것이라는 것을 크게 의심할 여지가 없다. 요즈음 이런 질병을 일으키는 미생물들은 흔히 물에 쉽게 접근하기 때문에 소비자에게 공급하기 위해 널리 쓰이고 있는 여과과정에서 어떤 종류의 장애가 생기는지 확인하는 것이 매우 중요하다. 이렇게 세균학적으로 검사하는 것이 단순히 눈으로 보이는 것을 "탁한(turbid)", "약간 탁한(slightly

> turbid)", "깨끗한(clear)" 등 지금까지 여과가 만족하게 되었는지 아닌지를 설명하기 위해 사용되었던 용어들보다는 훨씬 더 여과의 정도에 대하여 만족할 만한 지식을 준다. 그러므로 앞으로는 지금까지 본인이 설명한 과학적이고 중요한 기준을 사용하여야 할 것이다. 이러한 연구는 모래여과와 연관된 매우 흥미있는 점을 보여주며 실제로 여과의 효과를 결정짓는 기본적인 요소들이 무엇인지를 보여줌으로써 확고한 기초 위에서 여과를 하게 한다. 그래서 런던에 있는 물회사 중에 7개의 회사가 모래여과를 사용하고 있다. 그러나 이러한 과정 가운데 각각의 회사는 독자적인 발전을 이루고 있기 때문에 어느 회사도 정확하게 같은 조건에서 여과를 하고 있지는 않다. 실험적 목적을 위해서 이러한 특별히 좋은 여건은 우리들 중의 하나가 일반적인 과정을 변형하여 만든 여러 가지 방법으로부터 얻어진 결과를 비교할 수 있게 해준다. 이런 것들에 관해서 1886년 토목공학 학회에서 발표된 논문을 인용할 수 있을 것이다. 그때 얻어진 결과는 그날 이후 전 세계에서 계속된 관찰로 충분하게 입증되었다. 내 생각으로는 공급된 물에 있는 미생물의 수에 영향을 주기 위하여 좀 더 특별하게 고려된 요소들은 다음과 같다 :
>
> ① 여과되지 않은 물의 저장능력
> ② 여과를 하기 위하여 쓰이는 가는 모래의 두께
> ③ 여과속도
> ④ 여상(filter bed)의 재생

1800년대 후반에 생물학적 폐수처리과정은 이들 체제에 대한 미생물의 중요성을 보편적으로 이해하지 못했지만 물의 처리과정과 병행하여 발달되었다. 1860년대까지 미생물 활성과 관련된 것으로 도시지역에서 가장 우수한 하수처리과정은 하수이용 농장(sewage farm)의 농경지 전역에 광역 관개에 의하여 침전시키는 것이었다. 이것은 효과적인 공정이지만 넓은 부지를 필요로 했다. 1869년에 Edward Frankland 경이 간헐적 하향 여과법(intermittent downward filtration)을 개발했는데 이것은 암거(underdrain) 위에 미리 설치한 다공성 토양을 통해 하수를 여과하는 장치이다. 몇 시간씩 간격을 두고 주기적으로 관개를 할 때는 유기물질의 산화를 용이하게 하기 위해 토양의 통기를 고려해야 한다. 이 기술과 이것의 파생법을 이용해 관개하는 데 필요한 토지 면적을 5~10배 정도 줄였으나 1,000여 명($0.05\,m^3m^{-2}d^{-1}$)의 사람들이 내보내는 하수를 처리하는 데에는 0.4ha(1acre)의 면적이 여전히 필요하였다. Edward Frankland 경의 연구에 고무되어, 1889년 미국 매사추세츠(Massachusetts)주 보건당국의 로렌스 실험 연구소(Lawrance Experimental Station)에서 간헐적 하향 여과법에 대한 그 지역의 토양, 모래와 자갈의 이용도를 연구하기 시작했다. 이 연구를 하는 동안 굵은 자갈을 이용해 고속처리($0.5\,m^3m^{-2}d^{-1}$)를 할 수 있다는 것이 밝혀졌다. 그런데 이러한 처리가 물리학적 변형에 의한 것이 아니라 돌을 감싸고 있는 생물학적 점액질(slime)에 의한 것이라고 결론지어졌다. 이 관찰은 pilot scale filter 제조의 자극이 되었는데 pilot scale filter는 대부분의 기대를 충족시켰음은 물론 가장 효과적인 토양처리(land treatment)에서 얻을 수 있었던 부하율을 10배씩이나 증가시켰다. 이런 개발로 말미암아 처리공정에 필요한 토지면적을 감소시켰을 뿐 아니라, 적당히 굵은 여재는 수입할 수 있기 때문에 처리가 국지 토양에 의존되지 않게 되었다. 하수처리에 대한 왕립협회(Royal Commission on Sewage Disposal)의 도움으로 영국에서는 삼투여상(percolating filter)이 1880~1910년 사이에 급진적으로 발전하게 되었다.

Percolating filter가 발전하는 동안 다른 처리방법들도 이용되거나 발전되었다. 다른 처리방법들로는 접촉여상(contact bed), 부패조(septic tank), 임호프조(Imhoff tank) 그리고 물리화학적 처리가 포함되었다. 그러나 이들 체제는 양질의 폐수를 방출하지 못했으며, 일련의 악취문제를 야기하는 혐기성 조건의 기간을 포함하고 있었다. Mouras는 1860년에 하수에 있는 유기물질의 부분적 액화가 혐기성 상태에서 일어난다는 것을 발견했는데 이것은 부패조의 토대를 이루게 되었다. 19세기 말 H.W. Clark는 모든 하수를 부패시키는 것보다 고형물질은 분리하여 일정 간격을 두고 독립된 부패조로 씻어 내려가도록 해야 한다고 주장하였다. 효과적인 처리를 하는 데 필요한 탱크용량은 이러한 방법으로 감소될 수 있다는 것이 밝혀졌다. 일차 슬러지를 처리하는 데 사용하는 부패조는 오늘날 흔히 이용되는 혐기성 소화 공정의 시초가 되었다. 유럽에서는 1885년에 Dibdin이 슬러지의 발효시에는 혐기성 상태가 된다는 것을 관찰하였으며, 그의 동료들에 의해 냄새에 대한 난점이 제기되었다. 이와 대조적으로 18세기 중엽에 느린 혐기적 분해가 악취를 제거하는데 효과적이며, 슬러지의 탈수(dewatering)를 향상시킨다고 알려졌다. 혐기성 분해에 관한 대부분의 초기연구는 Birmingham에 있는 Saltley 공사에서 수행되었는데, 이곳은 1930년대까지 전문적 기술의 중심지였다. 최초의 이단계 소화조(two stage digester)(1912), 유동 기체용기(floating gas holders)(1924)와 저온소화(cold digestion)(1935)에 관련된 실험들은 주목할 만한 획기적인 일이었다. 혐기성 공정에서의 미생물학적 기초는 오랫동안 이해하지 못하였으며, 따라서 악취문제의 기원과 해결은 그 후에 이루어지게 되었다. 정화하고자 하는 하수와 관련된 냄새문제를 최소화하기 위해서 연구자들은 폐수로 공기를 불어넣는 것에 대한 연구를 하였는데, Angus Smith 박사(1882)에 의하여 시도된 연구가 최초의 것이라고 일반적으로 알려져 있다. 다른 유럽의 연구자로는 Dupre와 Dibdin(1884), Hartland와 Kaye-Parry

(1888)가 있었으며, 미국의 Drown(1891), Mason과 Hine(1891), Waring(1892~1894) 등도 있었다. 이들 연구자들은 산소가 폐수를 산화시킬 수 있다는 신념을 가지고 있었다. 그러나 이들의 실험결과는 이들의 주장을 뒷받침할 수 없었다. 포기(aeration)는 부패가 일어나는 것을 늦출 수 있으나, 방류수의 수질은 거의 향상되지 못했다. 미국에 있는 로렌스 실험 연구소에서 Waring과 Lowcock은 여재를 인위적으로 통기시켜서 방류수 수질을 향상시킬 수 있었다. 이런 고정막 체제(fixed film system)에 남아있는 이미 존재하고 있는 생물량은 공급된 산소를 충분하게 이용할 수 있었다. 하수에 공기를 불어넣는 처리와 관련된 실험이 계속 진행됨에 따라 생물학적 처리를 향상시키는 면에서의 부유물질의 중요성이 나타나기 시작했다. 1893년에 Mather와 Platt 회사는 포기조의 밑바닥에 침전된 불순물에 의해 방류수 수질이 뚜렷하게 개선되었다고 주장했다. 1897년 폐수의 포기에 관한 실험에서 Fowler는 입자성 물질의 빠른 침전과 더불어 냄새가 나지 않는 깨끗한 방류수를 얻었다. 그러나 Manchester에서 연구 중이던 Fowler는 부유물질의 발생은 처리공정에서의 실패라고 간주하였다. 그 후 10여 년 동안 생물학적 부식질이나 점액질의 존재하에서 통기되는 하수의 중요성이 미국과 영국에서 널리 받아들여졌다. New York에서는 Black과 Phelp가 호기성 상태하에서 막 생장(film growth)에 필요한 표면적을 증가시키기 위해 굵은 돌 여재 대신 조밀하게 배치한 나무판을 사용하였다. 이 체제는 혐기성 통에서 오리나무목을 사용했던 초기의 Travis의 "Colloider"와 유사하였다. 영국에서는 Dibdin이 slate bed reactor를 사용하는 유사한 방법을 개발하였으며 미국에서도 로렌스 실험 연구소의 Clark와 Gage가 slate bed reactor를 연구하고 있었다. 1912년에 Fowler는 항구의 오염을 조사하기 위해 New York과 로렌스 실험 연구소를 방문하여 그곳에서 실시하고 있는 실험들을 보았다. Fowler는 그 방문을 통하여 깊은 인상을 받았으며, 결국 포기의 가치에 대한 그의 원래의 의견을 바꾸는 계기가 되었다.

1913년 Fowler와 Mumford는 철을 함유한 광산수(pit water)에서 분리한 M7이라 이름 붙여진 세균종으로 실험을 하였다. 여기에는 침전을 통해서 이루어질 수 있는 부유고형물을 하수에서 예비적으로 제거하는 공정이 관련되어 있다. 이 단계에서 나온 방류수를 소량의 철염(ferric salt)과 함께 M7을 접종하여 반응조로 흘려보내고 이 용액에 공기를 불어넣어 탱크를 포기시켰다. Fowler와 Mumford는 다음과 같이 보고했다.

> 「응고된 물질이 침전되는 데 시간이 걸렸으며, 결국 신속한 최종여과 혹은 강으로 직접 방출될 수 있도록 깨끗한 물이 흘러나왔다. 미생물의 작용기작에 대해서는 완전히 이해를 하지 못했으나 침전과 용해가 동시에 일어나며 어떤 유기물질들은 아미도(amido) 유도체로 전환되고 일부는 응집되어 수산화철(ferric hydroxide)

과 함께 침전되는 것 같았다.」

그러나 이 체제에는 M7의 계속적인 접종이 필요했다. Fowler가 "폭탄"으로 평가할 정도로 놀라운 발전을 이룬 것은 Fowler의 제자들인 Arden과 Lockett에 의해서였다. 1914년 5월에 제출된 논문에서 이들은 부식질 고형물(humus solids)을 재순환하는 것이 바람직하다고 보고함으로써 활성슬러지(activated sludge) 공정이 나오게 되었다. 예비실험은 병에 들어있는 하수를 포기시킴으로써 행해졌다. 하수에서 질화작용(nitrification)이 완전히 일어나는 데 5주 정도 걸리며 질화작용 후에 깨끗이 산화된 물을 병에서 다른 곳으로 옮겨 제거한다. 정제되지 않은 많은 양의 하수를 침전고형물과 섞어서 배양하며 그 과정을 여러 번 되풀이한다. 침전고형물의 양이 증가함에 따라 24시간 이내에 완전산화가 이루어질 정도로 산화하는 데 걸리는 시간은 줄어들었다. 저자들은 참고용으로, 그리고 좋은 용어가 없을 경우에 하수의 완전한 산화결과로 형성된 침전고형물을 "활성슬러지"로 이름 붙여 왔다고 언급했다. Manchester의 Davyhulme에서 실시한 실험실 규모의 충진/방류(fill and draw) 실험으로부터 이끌어낸 결론들은 매우 통찰력이 있었으며, 이러한 초기단계 공정들의 특징을 잘 밝혔다. 그것들은 다음과 같다 :

① 장기간의 포기로 나타나는 고체산물인 활성슬러지는 하수의 단순포기에 의해 처리되는 정화과정을 잘 되게 하는 특징을 가지고 있다. 즉, 활성슬러지는 산화과정을 매우 강화시킨다.

② 가속효과의 정도는 처리할 하수와 활성슬러지의 접촉방법 및 혼합비율에 의존한다.

③ 슬러지를 최고의 효율로 유지하기 위해서는 언제나 산화되지 않은 하수의 고형물이 축적되어서는 안 된다. 슬러지의 활성이 활성슬러지의 적당한 포기에 의해서 유지되므로 그런 조건이 이루어질 때까지는 하수를 활성슬러지와 접촉시킬 필요는 없다.

④ 온도는 산화과정에 상당한 영향을 끼친다. 10°C 이하의 온도에서는 정화가 크게 감소한다. 온도가 상승함에 따라 질화작용의 변화가 빨리 진행될지라도 20~24°C까지 에서는 정화효과에서 실질적인 차이가 발견되지 않는다. 포기의 초기에는 정화효과가 높은 온도에서 다소 영향을 받아 질화작용이 늦어지나 후에 질화작용의 속도가 조금 증가한다.

⑤ 실험실 조건하에서 잘 산화된 유출수는 6~9시간 동안 활성슬러지와 접촉된 평균농도(average strength)의 하수의 통기를 통해 얻어진다. 일반적인 실험으로

측정되는 정화율은 효과적인 세균여과에서 처리한 하수의 것과 비슷하다. 포기 기간은 처리할 하수의 농도와 요구되는 정화정도에 따라 다르다.

⑥ 활성슬러지는 하수슬러지와 구성성분과 특성면에서 상당히 다르다. 그것은 산화가 잘 된 상태이며, 따라서 전혀 해가 없으며 여과기에서 쉽게 탈수되고 질소함량이 상당히 높다.

실험실 규모의 충진/방류 실험이 실험실 밖에서 성공적으로 반복되었다. 이 공정의 빠른 발전으로, 하루에 250,000갈론을 처리하는 최초의 연속처리 체제가 1917년 9월에 Manchester의 Withington에서 작동되었다. 대부분의 작업들은 초기 실험장소인 Manchester의 Davyhulme에서 진행되어 생물학적 하수처리과정(biological sewage treatment)을 대규모로 실시할 수 있도록 확립되었다.

초기의 Arden과 Lockett의 성공으로 활성슬러지 공정이 널리 채택되었으나 폐수처리에서의 미생물의 역할을 이해하는 데에는 중요한 발전이 없었다. 1865~1866년 하천오염 방지위원회(River Pollution Commission)는 여과에 의한 하수처리가 단지 기계적인 것뿐 아니라 화학적 산화가 관여한다고 공포했다. 그때 당시에도 미생물의 역할이 명확하게 인정받지 못했다. Davyhulme의 활성슬러지 공장을 설립한 지 75년이 지난 후 Wooldridge와 Standfast(1933)는 하수의 산화는 미생물의 작용으로 일어난다고 주장하였다. 그들은 또한 미생물의 생존력에 관한 중요한 연구를 하였다. 비록 세균의 효소들은 그대로 보존되지만 존재하는 세균의 1% 이하만이 생존해 있었다는 것을 관찰하였다. 모든 기질의 사용이 성장과정과 연결되어 있지 않다는 것의 이해와 함께 이 사실의 중요한 의미가 30년 동안 언급되지 않았다. 이것은 Monod(1950)와 Novick Szilard(1950)가 각각 처음으로 제시한 연속적인 세균의 성장이라는 이론에 세포유지와 사멸의 개념을 포함하게 하였으며, 그 후 세포 재순환을 포함한 체제로까지 확장하게 되었다. 이렇게 훌륭한 활성슬러지 처리의 채택은 미생물학적 원리의 이해보다 수십 년 앞서 나왔다.

1.3 생물과 미생물

1.3.1 생물의 특성

생명체를 간단하게 정의하기는 힘들지만 바이러스를 제외하고는 모든 생명체에 공통적으로 나타나는 다음과 같은 일련의 속성에 의해 특성화되며 그 특성은 무생물로부터 생물체를 구분하게 한다 :

① 운동(*movement*) : 일부 생명체들은 자기 스스로 움직일 수 있는 특징을 가지고 있다. 예외적으로 생각되는 식물조차도 그들의 세포 내에서 움직임을 나타낸다.

② 반응성(*responsiveness*) : 식물을 포함하는 모든 생명체들은 자극에 대한 반응을 나타낸다. 이러한 반응에는 식물들이 빛을 향해 자라는 것과 뜨거운 물체로부터 손을 재빨리 떼는 것 등이 포함된다.

③ 생장(*growth*) : 생명체들은 외부로부터 새로운 물질을 흡수하여 생명체 내부구조를 만드는 과정을 통하여 생장하게 되는데, 이러한 과정을 동화(assimilation)라고 한다. 여기에는 외부로부터 영양물질의 흡수가 필연적이다.

④ 섭식(*feeding*) : 생명체들은 생장, 유지하기 위해 끊임없이 영양물질을 흡수하여 동화한다. 일반적으로 동물들은 이미 합성된 유기물을 먹고 살지만(종속영양), 식물들은 간단한 무기물을 흡수하여 복잡한 유기물을 만든다(독립영양).

⑤ 생식(*reproduction*) : 모든 생명체들은 스스로 번식할 수 있다. 생식은 핵산에 암호화되어 있는 생명체의 유전적 청사진의 복제와 관련이 있다. 일반적으로 핵산은 DNA이지만, 일부 바이러스에서는 RNA이다.

⑥ 에너지 방출(*energy release*) : 생명을 유지하기 위해서 생명체들은 안정되며 조절되고 이용할 수 있는 형태의 에너지를 방출할 수 있어야만 한다. 이것은 ATP의 분해를 통해 이루어진다. ATP를 합성하는 데 필요한 에너지는 외부에서 흡수한 영양물질을 호흡을 통해서 분해함으로써 얻어진다. 살아있는 세포에서 ATP의 합성은 보편적이다.

⑦ 분비(*excretion*) : 생명체에서 일어나는 화학반응으로 독성 폐기물질이 형성되는데, 이들은 제거되거나 무해한 형태로 저장되어야 한다.

이같이 생명체는 에너지를 소비하여 그 상태를 유지하고 성장할 수 있는 자기복제 체제(self-reproducing system)로 되어 있는데 모든 생명체들은 "세포(cell)"라는 똑같은 기본 단위물로 이루어졌다. 각 세포들은 세포질(cytoplasm)로 둘러싸여 있는 핵(nucleus)을 가지고 있으며 핵과 세포질은 원형질(protoplast)을 구성하고 원형질은 세포막(cell membrane)으로 둘러싸여 있다. 식물세포처럼 세포벽(cell wall)을 가지고 있는 세포도 있으나, 동물세포처럼 세포벽을 가지고 있지 않은 세포도 있다. 세포들은 조직화되어 고등동물과 식물처럼 다세포 생명체를 이루기도 하고, 단세포로 존재하기도 한다. 단세포는 세균이나 원생동물에서는 흔한 형태이지만 항상 그렇지는 않다. 그것들은 균류에 널리 분포하는 다핵체처럼 다핵 단세포 생명체로 존재하기도 한다. 보다 자세한 것은 제2, 3, 4장에서 다루도록 하겠다.

1.3.2 생물의 분류

지구상에 존재하는 방대한 종류의 생명체를 과학적으로 연구하는 데는 분류(classification)와 동정(identification)이 필수불가결한데 이것이 분류학(taxonomy)의 역할이다. 생물학적 연구가 시작된 이래 고등(유관속)식물과 다세포동물(후생동물) 사이의 일차적 구분은 알려져 있었다. 미생물학의 토대와 현미경이 발달되기 전에 이 양분법(bipartitute division)은 생명체를 명명하고 동정하는 데 만족할 만한 기초였다. 그 후 스웨덴의 박물학자인 린네(Carl von Linnaeus)가 1735년에 체계적인 접근을 시도하여 생명체를 명명하였는데, 그가 개발한 이명 체제(binomial system)는 근대 분류학의 근간을 이루며 미생물을 포함한 모든 생명체에 적용된다. 이 체제는 속명과 종명을 사용해 각 생명체를 나타낸 것으로 활자체를 인쇄할 경우 속명과 종명은 항상 이탤릭체로 표기되어야 하며 쓰거나 타자를 할 때는 밑줄을 긋는다. 대문자로 시작하는 속명은 모든 경우에 처음 나타날 때 반드시 철자를 다 쓰며, 그 이후로부터는 첫 번째 문자로 줄여서 나타낼 수 있다. 소문자로 시작되는 종명은 항상 철자를 다 쓴다. 인간은 *Homo sapiens*라고 표기하게 되는데 이 이름은 진화유형을 기초로 하며 유사한 특성을 지닌 생물체들은 서로 공유하는 특성에 의해 다시 작은 부류로 세분된다. 처음에 생명체들은 계(kingdom)라고 불리는 2~3개의 큰 군으로 나누어지며, 각각의 계는 문(phylum)이라 불리는 하위집단으로 세분화된다. 또한 각각의 문은 강(class), 목(order), 과(family), 속(genus)과 마지막으로 종(species)의 연속된 하위집단으로 나누어지는데 이 체계의 기능은 *H. sapiens*의 분류에서 살펴볼 수 있다.

위에서 인간을 예로서 나타낸 것처럼 아(sub)나 상(super)의 접두사의 이용에 의해 주된 등급 사이의 삽입이 있을 수 있다.

미생물의 세계에 대한 연구가 18세기에 시작되었을 때, 이 생물체의 새로운 군은 동물계나 식물계로 할당되었다. 미생물 중 진균과 세균은 처음에는 식물로서 분류되었

계	동물	
문	척색동물문	척색을 가진 동물
아문	척추동물아문	등뼈를 가진 형태
상강	사지동물상강	육지성, 4개의 다리, 뼈골격
강	포유동물강	모발 및 유선을 가진 형태
아강	진수류아강	자손은 모계에서 발육되며, 태반에서 양육된다.
목	영장목	손가락과 평평한 손톱을 갖는다.
과	사람과	직립자세, 평평한 얼굴, 입체화 시각(stereoscopic vision), 커다란 뇌, 손과 발
속	*Homo*	이중곡선의 척수, 긴 수명, 긴 유년기
종	*Homo sapiens*	잘 발달된 턱, 높은 전두, 얇은 두정골

는 데 반하여, 현미경적 운동성을 가진 조류들은 동물로서 분류되었다. 양분법적인 접근의 결과로 몇 가지의 매우 이질적인 군이 생겨났으며, 결국 체계와 불일치하는 결과가 나오게 되었다. 이런 문제를 극복하기 위하여 E. Haekel은 1886년에 단순한 생물학적 체계를 갖는 모든 생물체를 포함하는 원생생물(protista)이라는 제3의 계의 설정을 제안하였으며, 이로서 모든 미생물 종류를 수용하게 되었다. 그러나 1950년부터 전자현미경의 발달은 자세한 세포 구조의 조사를 가능하게 하였다. 이들 연구는 세포 구조에서 기본적인 이분법(dichotomy)을 보여 주었는데 생물체들은 진핵세포(eucaryotic cell)와 원핵세포(procaryotic cell)의 2가지 기본 세포 형태로 나누어진다. 모든 다핵성 동물과 고등 식물은 진핵세포로 구성되어 있는 데 반하여 protista는 2가지의 형태로 나누어져 있었다. 진균류, 원생동물, 그리고 대부분의 조류는 진핵성인 데 비하여 고균, 세균과 소위 '남조류(blue-green algae)'라 불리던 남세균(cyanobaceria)은 원핵성이다. 이러한 관찰의 결과로 원생생물은 지금 진핵세포에 한하며 남조류는 세균으로 간주되고 있고, 이는 하나의 별도의 군을 형성한다. 이들은 표 1.3에 요약되어 있다. 다음에 나오는 3개의 장에서 각 군을 다루고자 한다.

표 1.3 **진핵, 원핵, 무핵세포의 특징**

군(group)	세포기관	분화	생물체
진핵성	다세포성	광범위	고등식물(양치류, 이끼류 포함) 척추동물 및 무척추동물
	단세포성, 다핵성, 군체 혹은 균사체	극소 혹은 무	원생동물(조류, 진균류 및 원생동물)
원핵성	단세포성	극소 혹은 무	세균(남세균 포함)
무핵성	세포성이 아님		바이러스

최근에는 분자생물학적 방법을 이용하여 생물체들을 다시 재분류하고 있는데 이 방법은 진화를 감안한 생물의 유연관계를 유전자를 통해 조사하는 것이다. 진화과정과 분류학적 정보를 나타낼 수 있는 세포물질(chronometer) 중 가장 적합한 것으로 알려진 원핵세포의 16S 또는 진핵세포의 18S ribosomal RNA의 염기서열을 조사한 결과, 전 생물체들이 Bacteria(세균), Archaea(고균 또는 고세균), Eukarya(진핵생물)의 3개의 영역(domain)으로 나누어지고, Bacteria는 다시 30개 이상의 문(phylum), Archaea는 3개의 문, Eukarya는 동물, 식물, 진균 등 10가지 이상의 문으로 세분된다(그림 1.3). 이런 계통분류(phylogeny)에 의하면 3개의 영역들이 공통의 조상으로부터 비롯되었으며 Archaea의 변화(진화)가 다른 두 종류보다 적었기 때문에 공통의 조상과 보다 가까우며, 이는 고온, 산성, 혐기성 조건 등 생명발생 초기의 극단적 환경조건 상태에서 서식하는 특성이 뒷받침해 준다. 한편 계통분류는 전 동물 간, 전 식물 간 심지어 동물과 식물 간의 유전적, 진화적 차이가 세균 군(group) 간의 차이보다도 더 작으며, 생물계 내에서 미생물들의 유전적 다양성이 매우 크고 진화적으로 중요하다는 것을 보여주고 있다. 이런 유전적 다양성 때문에 미생물들이 수많은 대사활성을 가지며 생태계에서 물질과 원소 순환에 가장 중요한 역할을 담당하게 된다.

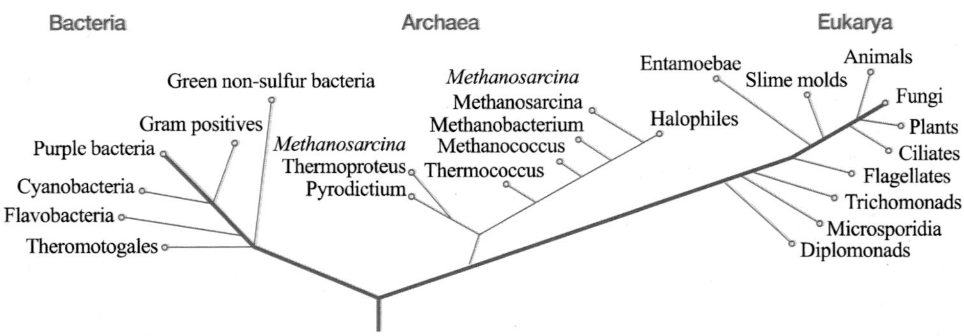

그림 1.3 **rRNA 서열에 근거한 계통분류도**

1.4 생태계의 기본원리

자연계에 있어서 녹색식물은 환경으로부터 무기물을 이용하여 유기물을 만들고, 동물은 녹색식물이 만든 유기물을 직접 또는 간접으로 섭취하여 생활한다. 이들 동식물이 죽게 되면 몸체를 구성하던 물질은 미생물에 의해 분해되어 무기환경으로 되돌아가게 되며, 식물은 이들 물질을 다시 섭취하여 식물체를 구성하게 된다. 이와 같이 어떠한 지역의 자연환경에서는 환경과 생물 사이, 혹은 생물과 생물 사이에 물질순환이 일어나고 있다. 일정 지역 내의 모든 생물체가 물리화학적 환경과 작용하여 에너지의 흐름을 만들고 이에 따라 뚜렷한 영양구조(trophic structure), 생물의 다양성(biotic diversity), 물질순환(material cycling)을 유도하는 단위를 생태계(ecosystem)라 한다. 유럽에서는 군집과 육상 생태계를 각각 biocoenosis와 biogeocoenosis라고도 부른다. 생태계의 종류에 따라 그 구성요소는 각각 다르지만 생물의 작용에 따른 에너지의 흐름과 물질의 순환은 공통적인 특성이 된다.

생태계는 규모에 따라 여러 가지로 구분된다. 대규모의 일반적인 형태의 생태계로는 침엽수림, 초원 극지방의 툰드라 지역, 사막 등이 있으며, 연못, 호수, 삼림 및 미생물을 배양하는 시험관이나 플라스크 등은 작은 형태의 생태계이다. 생물이 살고 있는 지구 공간 전체인 생물권(biosphere)은 태양에너지의 유입과 열에너지의 방출에서 항상성(homeostasis)을 유지하므로 하나의 생태계로 볼 수 있다. 특히 규모가 큰 육상 생태계를 생물군계(biome)라고 부르는데 특징적인 기후와 식생에 따라 구분된다(예, 열대우림, 툰드라 등).

생태계는 자연 생태계와 인공 생태계로 나뉠 수 있으며 인공 생태계는 실험실 내의 플라스크 체제로부터 폐수처리를 위한 산화지 등 다양한 크기와 종류가 존재할 수 있다. 장기간에 걸쳐 유지되고 있는 가장 작은 인공 생태계는 Folsom bottle로 미국 하와이 대학의 교수인 Claire Folsom이 호놀룰루 만에서 채취한 물과 퇴적토가 담긴 1리터 플라스크로, 밀봉된 채 수십 년간 조류와 세균 등의 생명체들을 유지하고 있다. 생태계는 자연적으로 유지되거나 또는 인위적으로 운영될 수 있는데 운영방법은 매우 다양할 수 있으며 농업이 한 가지 예가 된다.

자연 생태계(natural ecosystem)는 인간에게 많은 도움을 주기도 하는데, 가정이나 산업체로부터 발생하는 폐수가 하천에서 자정작용을 거치거나 토양 같은 자연 생태계를 통과해서 음용수로 전환될 수 있는 것이 그 예이다. 공장이나 자동차 배기가스 내의 오염물질들이 식물체에 포집되거나 수풀에 의해 무해한 물질로 전환되기도 한다. 그러나 이런 능력도 한계가 있기 때문에 이를 넘어설 경우 생태계의 변화를 유도하게 된다.

생태학(ecology)은 생물과 생물, 생물과 환경과의 관계를 연구대상으로 하여 생태계의 구조와 기능을 연구하는 학문이다. 생태학은 자연계에서 일어나는 생물학적인 제반 사항을 이해하기 위하여 알아야 하는 생물학의 한 분야로서, 환경 미생물학이나 공중보건위생 분야를 공부하는 데 있어서 숙지해야 할 중요한 분야이다.

1.4.1 생태계의 구성요소

생태계의 구성은 생물적 요소(biotic component)와 무생물적 요소(abiotic component)로 나누어진다. 생물적 요소는 생태계 내에서 수행하는 역할에 따라 생산자, 소비자, 분해자의 세 가지로 구분된다. 또한 생태계 내에서 생물적 요소를 제외한 비생물적 요소도 생태계의 구성요소이며, 이는 생물적 요소에 커다란 영향을 미친다. 이러한 두 가지 범주의 요소들은 한 생태계가 계속 기능을 할 수 있는 기본적인 구조를 형성한다. 표 1.4는 생태계의 구성요소를 요약한 것이다.

표 1.4 **생태계의 구성요소**

생물적 요소(biotic component)
생산자(producer)
광합성 식물 / 광합성 세균 / 화학합성 세균
소비자(consumer)
1차 소비자 – 초식동물 / 2차 소비자 – 육식동물
분해자(decomposer)
세균 / 진균
무생물적 요소(abiotic component)
매질 – 물, 공기, 토양
기층 – 암석, 자갈, 모래
환경 구성물질 – 이산화탄소, 산소, 물, 무기물, 유기물
기후 – 온도, 습도, 바람 등

(1) 생물적 요소

생물적 요소는 생산자(producer), 소비자(consumer) 그리고 분해자(decomposer)로 구성되어 있다. 생산자는 태양의 빛에너지를 화학에너지로 전환시키고, 간단한 무기물로부터 유기물을 합성하는 독립영양 생물(autotrophic organism)이며, 주로 고등 녹색식물과 홍조류와 갈조류 같은 조류(algae)들이 이에 속한다. 소비자는 다른 생물이나 고형의 유기물을 섭취하는 종속영양 생물(heterotrophic organism)로서 대부분의 초식 및 육식동물과 종속 유기영양 미생물 등이 이에 속한다. 소비자들은 그들 사이에 복잡하고 다양한 상호관계를 지닌 매우 다양한 생물체 집단으로 나뉘는데 녹색식물과 같은 생산자를 먹고 사는 초식자(herbivore)를 1차 소비자(primary consumer)라 하고, 이들 1차 소비자를 잡아 먹는 육식자(carnivore)를 2차 소비자(secondary consumer)라 한다. 생태계 내의 많은 죽은 생물들은 또 다른 소비자에 의해 분해되는데. 이러한 분해작용에 관여하는 생물체를 분해자라고 한다. 이 분해자는 생산자나 소비자의 사체 같은 죽은 원형질의 복잡한 화합물을 분해하여 그 산물을 섭취하고 무기염을 방출하는 종속영양 생물로서 세균 및 진균류 등이 여기에 속한다. 이들을 부생자(saprotroph)라고도 하며, 여기서 방출된 영양염은 다시 생산자에 의하여 이용된다.

(2) 무생물적 요소

무생물적 요소는 환경을 이루는 모든 물리적 또는 화학적 요소들을 포함하는데 생태계 내에서 순환과정을 나타내는 탄소, 질소, 이산화탄소, 물과 같은 무기질, 생물과 무생물 사이를 연결하는 탄수화물, 지방, 단백질, 부식질 등의 유기 화합물, 그리고 온도, 습도 등 물리적인 기후조건이 포함된다. 이러한 모든 무생물적 인자들은 다양한 조합에 의해서 한 생태계의 구조에 영향을 미친다.

1.4.2 에너지의 흐름

지구상의 모든 생명체들은 태양광선으로부터 유래하는 열복사(thermal radiation)로 이루어진 방사환경(radiation environment) 내에서 생활하고 있다. 태양광선의 일부만이 생산자(producer)의 광합성에 의해 생태계의 생물 부분의 에너지로 이용된다. 생산자에 의하여 흡수된 태양에너지는 먹이연쇄에 의한 소비자와 분해자를 거쳐 생명체 밖으로 흘러나간다. 생태계 내의 에너지 흐름은 한쪽 방향으로만 진행되며, 생물의 활동에 이용된 에너지는 열(heat)로서 체외로 방출되어 그 에너지는 생물체로 돌아오지 않는다.

생물체들은 생명을 유지하기 위하여 많은 양의 에너지를 이용한다. 결국 이 생체유지 에너지는 다른 생물체에 의해 사용될 수 없는 에너지 형태인 열로서 소비된다. 생태계에 있어서 식물에서 시작하여 동물의 포식과 피식에 의한 일련의 생물군을 거쳐 이행되는 먹이연쇄에 따라 전달되는 에너지의 효율은,

① 다음 단계의 생물체에 의해 섭식된 영양단계(trophic level)에서 순생산[net production, 생장(growth)과 생식(reproduction)의 합]의 비율과,

② 흡수된 에너지의 생산(생장과 생식)과 유지(호흡) 간의 분배율에 의존된다. 생산에 이용된 에너지는 다음 단계의 생명체에 전달되어 이용될 수 있다. 평균 생산효율(average production efficiency)은 [생산(production)/생산(production)+호흡(respiration)]으로 표시되며 몇 가지 동물군(animal group)에서의 값이 표 1.5에 나타나 있다. 여기에서 두 가지의 흥미있는 양상을 보여주는데, 첫째는 조류와 포유류 같은 정온(endothermic) 동물은 매우 낮은 효율을 갖는다. 이는 이들 동물들이 일정한 높은 체온을 유지하기 위해서 많은 에너지를 소비하기 때문이다. 둘째로 초식자가 육식자보다 덜 효율적이다. 이는 식물조직이 일반적으로 동물조직보다 소화하는 데 더 어렵기 때문인 것으로 생각된다.

표 1.5 **여러 가지 동물군에서 평균 생산효율, P/(P+R)**

군(group)	P/(P+R) (%)
식충동물(insectivore)	0.9
조류	1.3
작은 포유류	1.5
기타 다른 포유류	3.1
어류 및 사회생활을 하는 곤충류	10.0
곤충 이외의 무척추동물	
초식	21
육식	28
부식(생물의 사체를 먹고 사는 생물체)	36
사회생활을 하지 않는 곤충류	
초식	39
육식	56
부식	47

에너지효율의 일반적인 생태학적 척도는 영양단계 효율이며, 이것은 영양단계의 생산량에 대한 다음 영양단계의 생산량 비율로 이 비율은 지나치게 높지 않고 10%를 초과하지 않으며, 전형적인 비율은 1~3% 범위이다. 그러나 개체군 내의 개체는 각기 다른 생태학적 조건 하에서도 살 수 있기 때문에 생태학적 효율의 추정은 개체와 개체군에 대한 추정치가 커다란 폭으로 변화할 수도 있다.

그림 1.4는 생태계를 통해서 흐르는 에너지의 양을 보기 쉽게 나타낸 것이다. 에너지가 흐르는 방향은 화살표로 표시되어 있다.

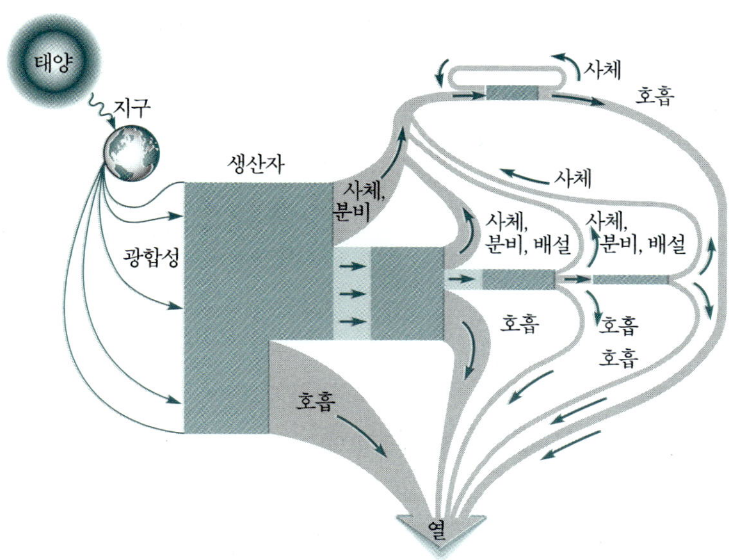

그림 1.4 **생태계를 통한 에너지 흐름**

1.4.3 먹이연쇄와 피라미드

생태계의 있어서 먹이 에너지는 식물에서 시작하여 동물의 포식과 피식에 의한 일련의 생물군을 거쳐 이행되는데 이를 먹이연쇄(food chain)라 한다. 그러나 대부분의 경우 먹이연쇄는 한 선으로만 연결되지 않고 상호간에 복잡하게 얽혀 있는데 이를 먹이망(food web)이라 한다.

먹이연쇄의 각 영양단계에 있는 생물의 종류와 개체수 등의 차이는 생태계에 따라 특정한 영양구조(trophic structure)를 형성한다. 따라서 이들이 고정하는 에너지의 양이나 생물량(biomass)을 조사한 다음 그 결과를 1차 영양단계를 토대로 하여 그 위에 계속 쌓아 올리면 대개는 피라미드 모양을 나타내는데, 이것을 생태학적 피라미드(ecological pyramid)라 한다. 일반적으로 생태학적 피라미드의 모양은 호수, 삼림, 초원, 해안 등 생태계에 따라서 특정한 모양을 나타낸다. 그림 1.5는 초원과 해양에서의 생태학적 피라미드를 나타낸다. 해양에서 1차 생산자는 증식 속도가 빠르기 때문에 소비자보다 적은 현존 생물량이라도 그들이 고정하는 에너지는 크며 상위 영양단계의 생물체들을 유지시킬 수 있다.

먹이연쇄나 생태학적 피라미드에서 영양단계가 1단계 높아질 때 보통 10~20% 정도의 에너지나 생체량만이 보전되며 나머지 80~90%는 열과 이산화탄소 등으로 방출된다. 대사나 분비, 배설되지 않는 물질들은 생물체내로 들어온 후 제거되지 않고 축적되

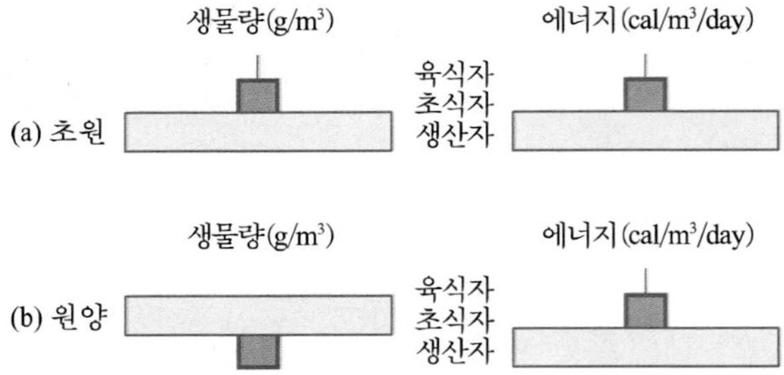

그림 1.5 **에너지와 생체량의 피라미드**

는 데 이를 생물축적(bioaccumulation)이라 하며 시간 경과에 따른 축적을 생물농축(bioconcentration)이라 한다. 이런 물질을 함유한 생물을 상위 영양단계의 생물이 섭취하면 그 물질이 그대로 남게 되어 10배 내외로 농축되는데 이를 생물학적 증폭(biological magnification), 생물증폭(biomagnification) 또는 생물학적 확대라 한다.

이런 현상을 나타내는 물질로는 난분해성이며 지질에 용해되거나 단백질과 결합하는 종류들로 DDT 등의 농약류, PCB 등의 유기염소화합물, 중금속 등이 있으며 높은 영양단계의 생물체에 악영향을 크게 미치게 된다.

1.4.4 물질순환

생태계에서는 생물체의 대사, 생장 및 사멸과 분해로 인해 생물과 환경과의 사이에 화학원소의 순환이 일어난다. 생물지화학적 순환(biogeochemical cycle)으로 알려진 이러한 순환은 생물이 생활하는 데 필요로 하는 30~40가지의 원소들에서 주로 일어난다. 생물지화학적 순환은 산소, 질소, 탄소와 같이 대기나 해양이 주요 저장소(reservoir)로 되어 있는 기체형 순환(gaseous type cycle)과 인, 황, 철 등과 같이 지각이 주요 저장소로 되어 있는 퇴적형 순환(sedimentary type cycle)으로 구별된다. 대표적인 생물지화학적 순환으로는 질소(nitrogen), 황(sulfur)과 인(phosphorus)이 있는데, 이들 세 가지 원소가 특정 형태로 특히 환경에 과다하게 노출되었을 때 환경 내에서 문제를 일으킨다.

(1) 탄소 순환

모든 생물은 탄소에 의거해서 생명을 영위하는데 지구상의 여러 가지 원소의 생물지화학적 순환 중 인간활동에 의해 가장 심각한 불균형이 일어나는 것이 탄소순환이다. 대기(약 0.04%)와 물에 존재하는 기체형 이산화탄소보다 암석 내의 탄산염 광물과 해양을 포함한 물속의 중탄산(bicarbonate)과 탄산(carbonate) 이온들이 무기탄소의 주된 저장소를 구성한다. 많은 퇴적암에 존재하는 무기탄소들은 탄소의 가장 큰 저장소이지만 침식과 풍화를 통해서 매우 느리게 탄소의 순환에 관여하게 된다. 전체 해양-대기-생물계에서 탄소의 총량은 융기나 침식과 같은 지질학적 과정에 의해 일정하게 유지된다. 지구상에서 저장소 간의 탄소의 분배는 주로 생물학적 과정에 의해서 이루어지는데, 무기탄소의 최초의 포착은 광합성을 통한 이산화탄소의 유기탄소로의 전환이며 이 과정에서 부산물로 산소가 발생하는데 장기간에 걸친 산소의 축적으로 인해 혐기성의 원시대기가 호기성 대기로 전환되었다. 1차 생산자에 의해 생성된 유기물은 소비자와 분해자들이 이용하게 되는데 미생물에 의한 분해를 포함한 모든 영양단계에서의 호흡을 통해 궁극적으로 이산화탄소로 돌아간다(그림 1.6). 호기성 조건에서는 고등생물체들과 호기성 미생물에 의한 호기성 호흡(aerobic respiration)에 의해서, 혐기성 조건에서는 혐기성 미생물에 의한 혐기성 호흡(anaerobic respiration, 예 : 탈질화, 황산염 환원 등)에 의해 이산화탄소로 산화된다.

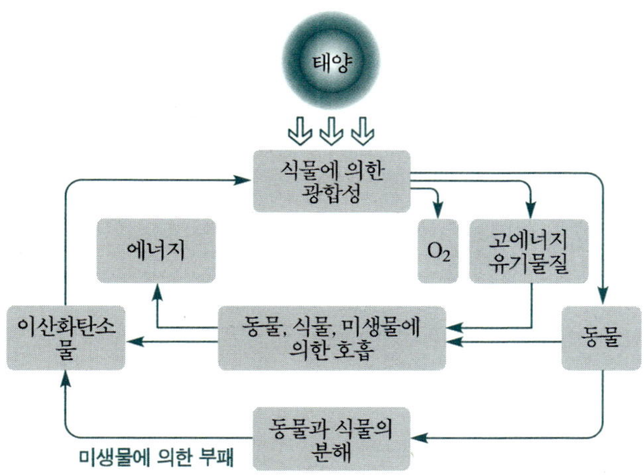

그림 1.6 탄소 순환

한편 혐기성 조건에서 발효미생물에 의해 발효(fermentation)되어 각종 유기산, 알코올, H_2, CO_2로 전환된 후 다른 생물들의 호흡에 이용되기도 하며 계속하여 메탄으로 대사되거나 지각 내에서 화석연료(fossil fuel)로 전환될 수 있다. 화석연료(석탄, 석유, 천연가스)와 나무 및 토양유기물로 존재하는 유기탄소는 연소되거나 미생물에 의해 이용되어 이산화탄소로 전환되어 대기로 돌아가게 된다. 1958년 이래 하와이 Mauna Loa 산의 정상에서 측정한 결과 이산화탄소의 농도가 지속적으로 증가하고 있음이 발견되었으며 산업혁명 이전인 160년 전에 대기 중의 이산화탄소의 농도가 265 ppm이었는데 오늘날에는 약 400 ppm으로 측정되고 있다. 이러한 증가는 주로 화석연료의 사용증가와 삼림화재, 그리고 삼림의 개발에 의해 일어난 것으로 추정되며, 인위적 활동이 대기 중 이산화탄소 수준을 계속 증가시키고 있는데 이산화탄소가 온실효과(greenhouse effect)를 나타내는 온실기체의 하나이므로 이로 인한 지구온난화(global warming) 현상이 우려되고 있다.

따라서 현재 세계 각국에서 이산화탄소 감축을 위한 노력들을 하고 있으며 화석연료 사용증가율이 세계 최상위 수준인 우리나라에서도 이 문제는 심각하게 대두되고 있다. 선진국에서는 이산화탄소 배출 감소를 위한 산업공정들을 개발하고 있으며 이를 다른 나라에 판매하고 가동하여 그로 인해 감소하는 이산화탄소의 배출권에 대한 권리를 얻으려 하고 있다. 현재 이산화탄소 배출권의 국제간 거래도 성행하고 있다.

(2) 질소 순환

질소는 생물체의 세포 구성체인 원형질의 중요한 구성 성분으로서, 식물체는 질소함량이 1% 이하인 데 비하여 동물은 10% 이상을 포함하고 있다. 질소는 대기 중에 약 80%를 차지하는 풍부한 원소이지만, N_2 기체는 화학적으로 삼중결합을 갖는 불활성이어서 대부분의 생물에게 적당한 질소원이 될 수 없다.

질소는 주로 *Rhizobium*이나 *Azotobacter* 등의 세균류와 *Anabaena*나 *Nostoc* 등과 같은 이질세포(heterocyst)를 형성하는 남세균류에 의한 생물학적 질소고정(nitrogen fixation)에 의하여 암모니아로 환원되어 유기질소로 전환된다. 세포물질 내의 $R-NH_2$ 형태의 유기질소는 미생물에 의해 이용될 때 질소 성분이 필요량 이상 존재하면 광물화작용(mineralization)에 의해 암모니아로 전환되어 환경으로 방출되는데 이 과정을 암모니아화(ammonification)라 한다. 자연환경에서 암모니아는 식물이나 미생물들에게 질소원으로 이용되기도 하나 많이 축적되면 생물체에 독성을 나타내며, 호기성 조건에서 화학독립영양 세균인 질화세균(nitrifying bacteria)에 의해 에너지원으로 이용되어 아질산염(nitrite, NO_2^-)을 거쳐 질산염(nitrate, NO_3^-)으로까지 산화된다. 이 과정을 질화작용 또는 질산화작용(nitrification)이라 하는데 많은 양의 산소가 필요하며 지표수에 하수 방류 시 용존산소 소모에 기여한다. 질산염은 음전하를 띠고 토양입자들도 대부분 음전하를 띠고 있기 때문에 질화작용에 의해 생성된 질산염이 토양에서 쉽게 용출되어 유실될 수 있으므로 질소비료에 질화작용 저해제를 첨가하기도 한다. 이렇게 용출된 질산염은 호수, 하천 또는 지하수로 유입되어 부영양화(eutrophication)를 일으키거나 어린 동물이 질산염이 많이 함유된 물을 섭취할 때 청색증(cyanosis 또는 blue baby disease)이라고도 하는 메트헤모글로빈혈증(methemoglobinemia)을 일으키기도 한다(13.6.6절 참조).

질산염은 동화적 질산염 환원(assimilatory nitrate reduction)을 통해 식물과 많은 미생물들이 질소원으로 이용하기도 하나 혐기적 조건에서는 탈질화세균(denitrifying bacteria)들이 이화적 질산염 환원(dissimilatory nitrate reduction) 대사로 호흡에너지를 얻기 위해 질산염을 최종 전자수용체로 이용하여 질소기체로 환원시키는 탈질화작용(denitrification)이 일어날 수 있다. 이것은 질소가 생장제한 영양염류로 작용하는 곳에서는 해로운 손실이지만 부영양화를 방지하기 위해 폐수 처리 시 질소제거 방법으로 중요하게 이용되고 있다. 무산소 조건에서 일어나는 또 다른 이화적 질산염 환원으로 암모늄으로의 이화적 질산염 환원(dissimilatory nitrate reduction to ammonium; DNRA)이 있는데 탄소가 부족한 환경에서는 탈질반응이 우세하며 탄소가 풍부한 조건에서는 DNRA가 우세하다. 따라서 주로 정체수역과 하수슬러지, 유기물이 풍부한 퇴적토같이 유기물이 풍부한 포화환경에서 DNRA가 많이 일어난다.

암모니아는 아나목스(anaerobic ammonium oxidation; *anammox*)라 부르는 과정에서 *Brocadia* 및 관련 세균에 의해 혐기적으로 대사된다. 이 반응에서 암모니아는 전자수용체로 작용하는 아질산염에 의해 산화되며 최종산물인 N_2가 형성되어 대기로 방출된다. 폐수처리 시 질소제거 공정 개발을 위해 최근 아나목스에 대해 많이 연구하고 있다. 비록 하수와 퇴적물에서 주된 작용이지만 아나목스는 배수가 잘 되는 토양에서는 중요하지 않다. 그림 1.7은 자연환경에서 일어나는 다양한 질소의 순환을 질소의 형태별로 나타낸 것이다.

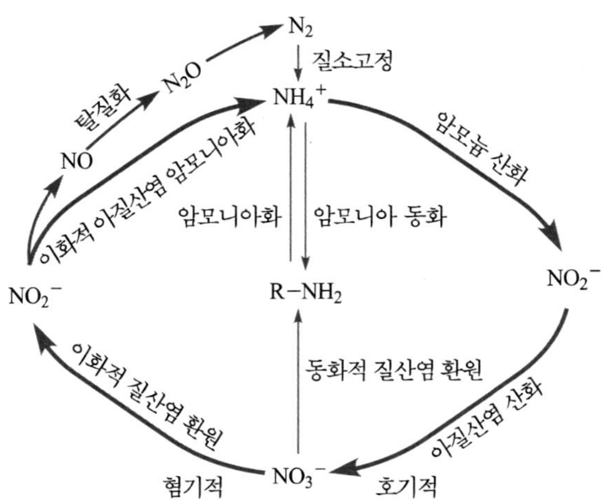

그림 1.7 **질소의 생물지화학적 순환**

(3) 인의 순환

인의 순환은 인산(PO_4^{3-}) 형태의 무기인으로부터 시작된다. 인은 질소, 칼륨과 더불어 식물의 성장에 중요한 원소이다. 식물의 뿌리에서 흡수된 인산은 여러 가지 유기 화합물로 전환되고, 동물의 먹이로 동물체 내에서 산화되어 동물체의 배설물로 자연환경에 방출된다.

인은 비교적 순환 속도가 빠르고 토양과 암석에 존재하는 인산염이 상대적으로 풍부하나, 지구가 공급하는 인산염 중 많은 양이 불용성 칼슘, 철 또는 알루미늄 염으로 존재하기 때문에 인산은 많은 생물의 생장에 제한인자가 되고 있다. 담수는 대개 인산이온을 극미량 포함하고 있기 때문에 인산이온은 식물성 플랑크톤에 의해 농축된 후 동물에 이용될 수 있다. 인은 또한 토양에서도 부족하여 식물성장에 있어서 제한 요소로서 작용한다.

인은 오늘날 비료로 많이 사용되면서 그중 상당량이 지표수로 유입되고 있으며, 그리고 축산 폐기물에도 많이 포함되어 있다. 담수 내에 인의 과다현상은 부영양화의 원인이 되기도 한다. 그림 1.8은 인의 순환을 나타내고 있다.

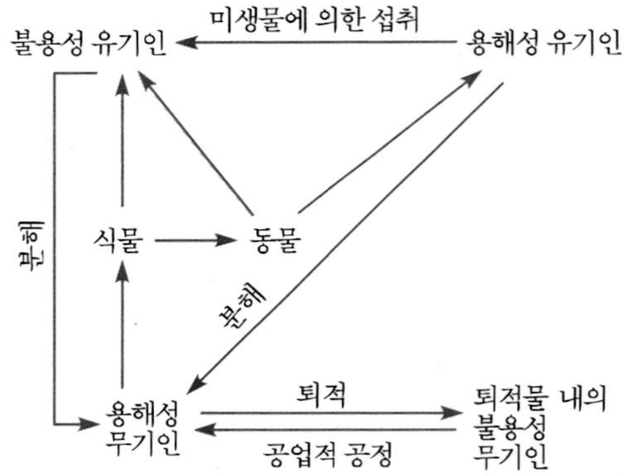

그림 1.8 인의 생물지화학적 순환

(4) 황 순환

상당량의 황이 암석 내에 존재하지만 황은 질소나 인과 달리 생물체의 생장 제한요인으로 거의 작용하지 않는다. 그러나 황의 순환은 황의 다양한 산화 정도와 화학적 전환 등의 이유로 질소보다 더 복잡한 양상을 나타낸다(그림 1.9). 다양한 호기성 또는 혐기성 생물체들이 황산염(sulfate)을 황원(sulfur source)으로 이용하는데, 이때 ATP를 이용한 동화적 황산염 환원(assimilatory sulfate reduction)이 일어나 R−SH 형태 등의 유기황이 생성된다. 황함유 유기물의 분해가 일어날 때 황은 탈황화(desulfurylation)에 의해 sulfide(HS−)로 전환된다. 한편 혐기성 조건에서 황산염이 최종 전자수용체로 이용되어 역시 sulfide로 환원될 수 있는데 이는 혐기성 호흡의 한 종류로 일어나는 이화적 황산염 환원(dissimilatory sulfate reduction)이라 하며, 이를 수행하는 생물체

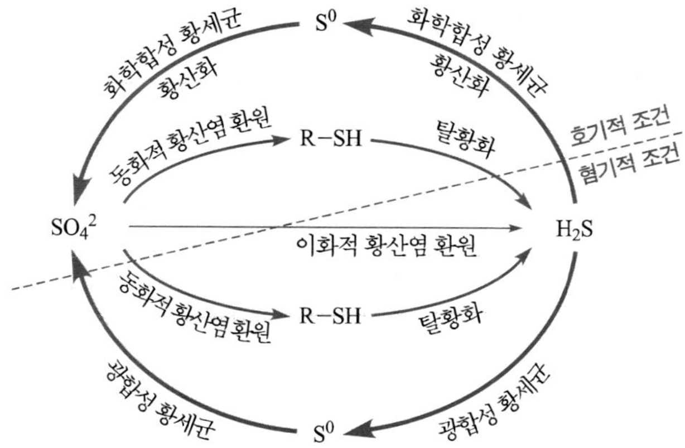

그림 1.9 **황의 생물지화학적 순환**

는 *Desulfovibrio*와 같은 황산염 환원세균(sulfate reducing bacteria)이다. 호기성 조건에서 pH가 중성일 때 sulfide는 신속하게 화학적 산화가 일어나며 산성조건에서는 sulfide가 안정된 상태지만 화학합성 황세균들이 원소상의 황(elemental sulfur, S^0)을 거쳐 황산염으로까지 산화시킬 수 있다.

한편 혐기성 조건에서는 태양광이 존재하면 혐기성 광합성세균인 녹색세균(green bacteria)과 자색세균(purple bacteria) 그리고 일부 남세균(cyanobacteria)들이 sulfide를 이산화탄소 환원을 위한 전자공여체(electron donor)로 이용하여 역시 원소상의 황(S^0)을 거쳐 황산염으로까지 산화시킬 수 있다.

황함유물질의 연소 시 아황산가스(SO_2)가 생성되고 이것이 대기 중의 수분과 반응하면 황산이 되어 산성비(acid rain), 산성안개 등의 산성강하물(acidic deposition)로 생태계에 악영향을 미치게 되는데, 대기 중의 황산은 또한 해양의 식물성 플랑크톤에 의해 생성되는 dimethylsulfide에 의해서도 만들어진다.

(5) 특정 금속의 순환

수은의 메틸화는 1969년에 처음 보고되었으며, 그 후 *Pseudomonas fluorescens*, *E. coli*, *Clostridium* 종과 같은 세균과 *Aspergillus niger*, *Sacchraromyces cerevisae* 등의 진균이 2가 수은을 메틸수은으로 메틸화시키는 것이 알려졌다. 메틸수은은 혐기성 조건에서 축적되며 호기성 조건에서 분해된다. 황산염 환원세균 또한 수은을 생물메틸화 시킬 수 있다. 황산염 환원균의 저해제인 몰리브데이트(molybdate)는 산소결핍 환경에서 수은메틸화를 95% 이상 감소시킨다. 미생물은 2가 수은 및 유기수은화합물들(예, 메틸수은, 페놀수은, 초산, 메틸수은인산)을 휘발성 형태의 수은(Hg^0)으로 변형시킬 수 있으며, 수은의 휘발은 해독(detoxification) 기작으로 그 유전적 조절이 밝혀져 왔다.

플라스미드성 유전자가 수은이나 카드뮴 같은 금속의 저항성을 암호화 한다. 수은에 대한 저항성은 일련의 유전자(*merA, merC, merD, merR, merT*)로 구성되는 *mer* 오페론에 의해 수행된다. *merA* 유전자는 Hg^{2+}를 Hg^0으로 변형시키는 수은환원효소(mercuric reductase)의 합성에 관여한다.

카드뮴(Cd^{2+})은 *E. coli, B. cereus*의 세균과 *Aspergillus niger* 같은 진균에 의해 축적될 수 있다. 수은과 마찬가지로 납 또한 *Pseudomonas, Alcaligenes, Flavobacterium* 등의 세균에 의해 4가 메틸납[$(CH_3)_4Pb$]으로 메틸화될 수 있다. 비소는 *Aspergillus, Fusarium*의 진균류에 의해 휘발성 형태인 3가 메틸비소로 전환될 수 있다. 셀레늄(selenium)도 *Aeromonas, Flavobacerium*과 같은 세균과 *Penicillium, Aspergillus* 등에 의한 대사활성을 통해 메틸화된다. 크롬(chromium)이 풍부한 폐수는 가죽 탄닌화, 금속도금, 세척과 같은 산업적 공정으로 배출될 수 있다. 도시폐수로부터 분리된 *Enterobacter cloacae* 종은 6가 크롬(Cr^{6+})을 3가 크롬(Cr^{3+})으로 환원시킬 수 있으며, 3가 크롬은 중성 pH에서 금속수화물로 침전됨으로서 이 금속의 생물이용성과 독성이 감소된다.

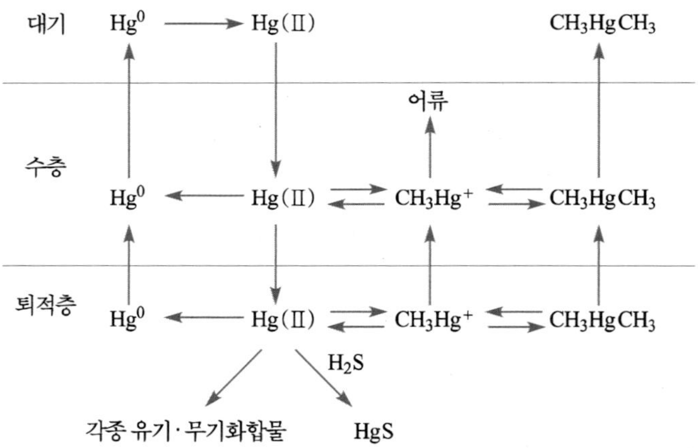

그림 1.10 **수은의 생지화학적 순환**

1.4.5 생태계의 발달과 평형

생물체들의 생장과 사멸, 그리고 이에 따른 물질의 순환과 에너지의 흐름 등에 따라 군집은 지속적으로 변화한다. 군집의 종조성(species compostion)과 구조의 이러한 변화는 매우 다양하며 이것을 생태학적 천이(ecological succession)라 한다. 이것은 개체군들에 의한 서식지에서의 집락형성(colonization)과 사멸의 비계절적이며, 방향성 있는 지속적인 경향이다. 천이는 그 과정이 주요한 천재지변이나 인위적 영향이 없는 한 전형적으로 높은 생식률(reproductive potential)로 생장전략을 삼는 γ-전략생물(γ- strategist)들이 우점하는 신속히 변하는 미성숙의 불안정한 군집으로부터 보다 성숙되고 자체적으로 유지되는 군집으로 전환되는데, 이때 K-전략생물(K-strategist)들이 많이 나타나게 된다. 이들은 생식률은 낮으나 환경에의 내성 및 경쟁력이 높은 종류들이다. 천이의 개념은 1916년에 식생(vegetation)이 비가역적인 한 방향으로의 일련의 변화를 거친다는 Clements의 이론으로부터 비롯되었다. 그러나 그 이후 천이의 정의는 점차 넓어져서 현재는 천이가 종종 가역적인 것으로 인정되고 있다. 천이는 식물뿐만 아니라 미생물군집에서도 흔히 관찰된다.

천이에는 크게 2가지 종류가 있는데 먼저 자생천이(autogenic succession)는 일련의 변화가 환경조건과 자원을 변형시키는 자체의 생물학적 작용의 결과로 일어나는 경우를 말한다. 이에 반해 타생천이(allogenic succession)는 변화하는 외부의 물리적인 힘에 의해 일어나는 천이이다. 자생천이는 다시 2가지로 나뉘는데, 1차 천이(primary succession)는 이전에 생물군집이 존재하지 않던 불모지를 생물체들이 점진적으로 차지하면서 그 환경을 변화시키는 것이다. 그런 서식지는 화산활동이나 빙하작용 같은 지구물리학적 활동에 의해 생성되며 보통 빠른 증식이 가능한 γ-전략생물들인 미생물, 이끼, 지의류(lichen) 같은 개척자(pioneer)에 의해 집락형성(colonization)이 시작된다. 그런 종들은 점차 환경을 변화시켜서 새로운 종들이 살 수 있는 환경을 마련하는데 천이를 추진하는 이런 원리를 촉진 모형(facilitation model)이라 한다. 한편 먼저 들어온 생물들이 다른 종의 군락형성을 저해할 수도 있는데 이는 억제 모형(inhibition model)이라 한다. 천이 추진의 또 다른 모형은 내성 모형(tolerance model)인데 나중에 발달하는 종이 앞선 종의 존재에 관계없이 환경에 적응하여 발달한다. 이 경우 개척자들이 나중에 발달하는 종을 돕지도 방해하지도 않기 때문에 천이는 생장률과 경쟁 능력 차이에 의해 일어난다. 자생천이의 또 다른 종류는 2차 천이(secondary succession)로 보다 흔하며 자연적 또는 인위적으로 기존의 군집이 제거된 후에 일어나는데, 물리적 요인이나 독성물질 또는 항생물질 투여로 인해 미생물군집이 파괴된 후에 일어난다. 천이 도중 발달하는 종과 군집의 종류와 순서는 매우 다양하다. 그러나 이상적인 조건에서는 주어진 서식지의 특징적인 일련의 단계를 거쳐 비교적 안정된 극상 군집(climax community)에 도달하는데 각 극상 군집은 여러 가지 환경요인에 따라 결정된다.

천이를 1차 생산(P)과 소비 또는 호흡(R)의 비율로 P/R이 1보다 큰 독립영양적 천이(autotrophic succession)와 P/R이 1보다 작은 종속영양적 천이(heterotrophic succession)로도 나눌 수 있다. 독립영양적 천이에서는 P가 R보다 크므로 순생산(net primary production)이 누적되어 생체량의 증가가 계속 일어나게 되는데 천이의 초기

단계가 이런 현상을 나타낸다. 퇴화적 천이(degradative succession)라고도 하는 종속영양적 천이는 비교적 짧은 시간 내에 일어나며 배설물이나 동식물 사체의 분해 시 일어나는 종변화 같은 것이 대표적인 예이다. 자연환경에서 종속영양 미생물군집에서 흔히 일어난다. 자원의 완전한 대사와 광물화(mineralization)로 천이가 끝나게 되지만 동물의 소화관 등에서처럼 주기적인 유기물의 공급이 있을 때에는 안정적인 미생물군집이 유지될 수도 있다.

이렇게 발달된 생태계에는 외부의 변화에도 불구하고 아주 작은 범위 내에서 항상 일정한 상태를 유지하려고 한다. 이런 생태계 전체에서의 변동을 억제하는 능력이나 평형상태를 유지하려는 능력을 항상성(homeostasis)이라 하며 일반적으로 군집은 극상에서 가장 안정된다. 생태계의 안정성은 변화에 대한 저항성(resistance)과 변화된 후 다시 원상으로 회복하는 탄성(resilience)의 2가지 요소에 의해 유지되는데 둘 다 군집을 구성하는 생물종에 의해 결정된다. 안정된 생태계에서는 변화에 대한 저항성 또는 내성이 큰 종류들도 있으며, 한 개체군의 기능이 약화되었을 때 다른 개체군의 기능이 활발해져 생태계 전체의 기능은 커다란 변화가 일어나지 않게 될 수도 있다. 따라서 다양한 특성을 지닌 많은 종류들이 공존하는 높은 종 다양성(species diversity)을 유지하는 것이 생태계의 안정에 매우 중요하다.

참고문헌

Frankland, P. and Frankland, K. (1984) *Microorganisms in Water,* Longmans, Green and Co. , London.

Monod, J. (1950) La technique de culture continue : theorie et applications. *Ann. Inst. Pasteur, Lille,* 79, 390-400.

Novick, A. and Sziland, L. (1950) Experiments with a chemostat on the spontaneous mutation of bacteria. *Proc. Natl. Acad. Sci.* 36, 708-719.

Purves, W. K. and Orians, G. H. (1986) *Life-the Science of Biology,* 2nd ed. Sinauer Associates Inc. , Sunderland, Massachusetts.

Stanbridge, H. H. (1976) *History of Sewage Treatment in Britain,* Parts 1-6, Institute of Water Pollution Control, Maidstone.

Stanbridge, H. H. (1977) *History of Sewage Treatment in Britain,* Parts 7-12, Institute of Water Pollution Control, Maidstone.

Sterritt, R. M. and Lester, J. N. (1988) *Microbiology for Environmental and Public Health* Engineers, E. & F. N. Spon, London.

Wooldridge, W. R. and Standfast, A. F. B. (1933) The biochemical oxidation of sewage. *Biochem. J.* , 27, 183-192.

chapter 1 | 미생물학과 생태계의 원리

연습문제

01 위생 미생물학(sanitary microbiology)의 발달사에 대하여 설명하라.

02 미생물의 존재를 최초로 실험적으로 입증한 Pasteur의 실험장치를 설명하라.

03 Pasteur가 제안한 발효(fermentation)의 의미를 설명하라.

04 천이의 종류에 대하여 설명하라.

05 생태계의 구성요소를 설명하라.

06 먹이연쇄(food chain)와 먹이망(food web)에 대하여 설명하라.

07 생태학적 피라미드(ecological pyramid)란 무엇인가?

08 기체형 순환과 퇴적형 순환에 대하여 각각 예를 들어 설명하라.

09 생태계에서 항상성(homeostasis)이란 무엇인가?

CHAPTER 02

세균과 고균

CHAPTER

02 세균과 고균

2.1 서 론

세균과 예전에 남조류(blue green algae)라고 알려졌던 남세균(cyanobacteria)은 고균과 같은 원핵생물로서 세균 영역(Domain Bacteria)에 속한다. 세균은 생물학적 폐수처리과정에서 중요한 역할을 하기 때문에 공중보건을 다루는 사람들에게는 매우 중요하다. 대부분의 원핵생물들은 단세포 생물들로서 핵막(nuclear membrane)으로 둘러싸여 있지 않은 단일 염색체(single chromosome)를 가지고 있다. 원핵세포는 일부 세포 내 미세구조물들을 가지고 있지만 진핵세포에 존재하는 특이한 구조물들은 가지고 있지 않다. 원핵세포 사이에도 어느 정도의 구조적인 분화가 있지만 세균들의 주요 다양성은 그들의 대사적 특성, 즉 먹이와 에너지 생산방법 같은 것을 따르게 된다.

이용되는 전자공여체와 에너지원에 따라 구분되는 특징들을 확인함으로써 다른 종류의 미생물에 대한 효소 구성성분을 알 수 있으며 표 2.1에 나타나는 것처럼 특이한 영양범주로 나눌 수 있다. 미생물은 그들이 이용하는 탄소원에 따라 크게 두 분류로 구분할 수 있는데, 무기물(예, CO_2)에서 탄소를 취하는 세균을 독립영양체(autotroph)라 하며, 세포물질을 합성하는 데 유기탄소를 이용하는 세균을 종속영양체(heterotroph)라 한다. 또한 미생물은 이용하는 에너지원에 따라 다시 두 가지로 나누어진다. 광영양체(phototroph)는 엽록소와 같은 광합성 색소와 빛을 이용하여 에너지를 얻는 반면에 화학영양체(chemotroph)는 유기화합물이나 무기화합물을 산화하여 에너지를 얻는다.

전자공여체로 유기물이나 무기물이 사용된 경우에는 유기영양(organotrophy)과 무기영양(lithotrophy)으로 나누어질 수 있다. 세균에서 일어나는 대사작용을 확실하게 설명하기 위해서는 위의 분류방식을 혼합하여 사용한다. 그래서 전자공여체로 황화물과 같은 무기물을 이용하는 광영양체를 광무기영양체(photolithotroph)라 하며, 전자

표 2.1 세균의 영양학적 구분

탄소원	무기물 유기물	독립영양체 종속영양체
에너지원	빛 화학물질	광영양체 화학영양체
전자공여체	무기물 유기물	무기영양체 유기영양체

공여체로 아세트산과 같은 유기물을 이용하는 광영양체를 광유기영양체(photoorganotroph)라 한다. 마찬가지로, 전자공여체로 수소와 같은 무기물의 산화로 에너지를 얻는 화학영양체를 화학무기영양체(chemolithotroph)라 하며, 포도당과 같은 환원된 유기물을 산화시켜서 에너지를 얻는 것을 화학유기영양체(chemoorganotroph)라 한다. 그러나 영양적 범주 사이의 차이를 명확하게 구분할 수는 없다. 화학유기영양체는 단일 에너지원에서 에너지와 탄소를 얻지만 다른 미생물들은 영양원이 다양하다. 가령, 어떤 광독립영양체(photoautotroph)는 어두운 상태에서 화학유기영양 상태로 바뀔 수 있다. 영양원의 선택적인 사용유무에 따라서 미생물은 통성(facultative) 및 절대성(obligate)으로 나눌 수 있다. 절대 독립영양체는 중요 탄소원으로 CO_2만을 제한적으로 사용하며 통성 독립영양체는 탄소원으로 유기물도 사용할 수 있다. 미생물이 이용하는 영양상태에 대한 지식을 통해서 후자가 일반적으로 사용되는 것을 알 수 있다. 혼합영양체(mixotroph)는 빛이나 무기물을 에너지원으로 이용하지만 유기물도 이용할 수 있는 세균을 설명하는 데 사용되어 왔다. 세균의 대사작용은 진핵세포보다 다양해서 매우 다양한 환경에서 잘 자랄 수 있다.

세균 중 가장 많은 수를 차지하는 종류는 화학유기영양체(종속영양세균)로 자연환경에서 중요한 분해자의 역할을 한다. 특히 수환경에서는 다른 거대 고등생물들이 이용할 수 없는 많은 양으로 존재하는 용존 유기물(dissolved organic carbon, DOM)을 이용하여 세포물질을 만들어 상위 영양단계(동물플랑크톤)로 연결하는 중요한 역할을 한다. 이러한 세균생물량 생성을 이차생산(secondary production)이라 하며 영양단계에서의 순환 작용을 미생물 고리(microbial loop)라 부른다.

2.2 세균 세포의 구조와 기능

전자현미경을 통해 밝혀진 세균 세포의 미세구조는 그림 2.1에 잘 나타나 있다. 세포의 가장 명확한 특징은 단위막계(unit membrane system)가 없는 것이나 세포막(cytoplasmic membrane)은 예외다. 세포는 주로 핵질(nucleoplasm)과 세포질(cytoplasm)로 이루어져 있으며, 이들을 합쳐서 원형질(protoplasm)이라 부른다. 원형질은 세포벽(cell wall)과 세포막(cellmembrane)으로 둘러싸여 있다. 세포 표면에는 점액층(slime layer)이나 캡슐(capsule), 핌브리아(fimbriae), 선모라고 하는 필리(pili), 그리고 편모(flagella)와 같은 운동기관이 있다.

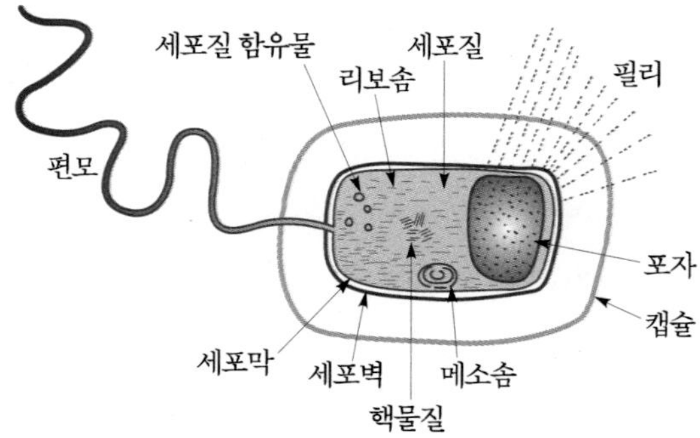

그림 2.1 세균 세포의 미세구조

2.2.1 핵물질

고등 진핵세포와 달리 핵이 없는 세균과 고균 세포들의 핵물질(nuclear material)은 핵막 내에 존재하지 않고 불규칙하게 저밀도의 섬유상으로 나타나며 핵양체라 한다. 원핵세포의 유전정보는 0.25 mm 내지 3 mm의 길이를 갖는 크고 단일의 환상 염색체(circular chromosome)에 존재하고 있다. 염색체를 형성하는 이중가닥의 DNA는 세포 내에서 꼬여져 있거나 고리 상태로 존재한다. 원핵세포의 복제(replication)는 간단한 반면에 진핵세포의 유사분열(mitosis)은 매우 복잡하다. 염색체는 세포막의 특정 부위에 붙어서 세포막이 생장할 때, 염색체도 분열하여 두 개의 딸 염색체(daughter chromosome)를 만든다. 하나의 염색체만을 가지는 세균은 반수체(haploid)로서 무성생식으로 번식한다. 유전자 이동도 일어날 수 있으며 여기에는 플라스미드(plasmid)가 관여한다. 플라스미드는 핵 외에 존재하는 염색체로 세포에 필수적인 것은 아니다. 플라스미드는 약품이나 항생물질에 대한 저항성이나 특정 화합물의 생분해능 같은 성질을 가지며 인위적으로 플라스미드를 다른 세균에 옮김으로써 특별한 목적을 위해 세균을 유전공학적으로 사용하는 토대를 형성한다.

2.2.2 세포질

전자현미경으로 세포를 관찰해보면 세포질(cytoplasm)은 상당량의 입자들을 함유하고 있는 어두운 과립지역처럼 보인다. 과립형태의 세포질 함유물에는 리보솜(ribosome)이 있다. 리보솜의 구성성분은 RNA와 단백질이며 세포에서 단백질을 합성하는 장소이기도 하다. 진핵세포에서의 80S(주 : S는 침강계수) 리보솜과 달리 원핵세포에서는 70S의 리보솜이 발견되며, 이것은 직경이 10 nm 정도이고 30S와 50S의 소단위로 이루어져 있다. 세포의 성장속도에 따라 리보솜의 숫자는 달라진다. *Salmonella typhimurium*에서는 세포가 빨리 성장할 경우 세포당 리보솜의 숫자는 50,000개 이상이고 세포가 느리게 성장할 경우 세포당 리보솜의 숫자는 5,000개 이하로 나타난다. 세포질 내의 다른 함유물로는 에너지 저장이나 미량원소의 저장체로 작용하는 저장성 입자들이 있는데 이 과립의 생성은 성장조건에 따라 다르다. 저장물질의 예로는 poly-β-hydroxybutyrate (PHB)와 다중인산염 과립(volutin) 등이 있다. 화학합성 황세균이나 광합성 황세균이 황화수소를 산화할 때 유황입자가 축적되어 전자공여체로 사용되기도 한다. *Bacillus thuringiensis* 종들은 내생포자를 만들 때 나비나 나방의 애벌레를 죽이는 살충제 역할을 하는 하나의 커다란 단백질 결정체를 형성하는데 이를 Bt 독소(Bt toxin)라 하며 미생물 농약으로 사용되고 있다. 이 단백질을 암호화하는 유전자를 농작물에 집어넣어 애벌레로 인한 피해를 방지하는 형질전환 농작물을 만들기도 한다. 세포막에 있는 단위막계와 비슷한 복합단위막계를 가진 유일한 세포질 함유물은 틸라코이드(thylakoid)인데 이들은 층상구조의 소낭으로 남세균의 광합성장치를 구성한다. 이외의 세포질 함유물에는 카르복시좀(carboxysome)이 있는데 광영양체와 탄소원으로 CO_2를 이용하는 화학독립영양체에 필요한 효소들을 가지고 있다.

2.2.3 내생포자

세균 가운데 그람양성 간균인 *Bacillus*와 *Clostridium*이 내생포자(endospore)를 형성하는데, 일반 영양세포(vegetative cell)가 생장하기에 나쁜 주변 환경으로 인하여 형성된 휴면상태의 세포를 내생포자라고 한다. 포자형성(sporulation)은 복잡한 과정인데 세포막의 함입과 포자피막으로 세포의 DNA와 세포질을 둘러싸는 격막 형성 등이 포함된다(그림 2.2). 포자형성의 시작은 세포질에 전포자(forespore)의 출현으로 알 수 있으나, 이에 앞서 세포의 내부구조에 커다란 변화가 일어난다. 세포의 내부구조의 변화는 핵의 재편성으로부터 시작된다. 전포자는 포자로 성숙하게 되는데 그 과정에서 포자벽에는 새로운 물질이 부가되어 피층(cortex), 포자각(spore coat), 외포자각(exosporium)을 형성한다. 이 성숙과정에서 포자는 높은 굴절성을 얻게 되고, 완성되면 영양세포는 소멸되고 내생포자는 유리된다. 내생포자의 화학적 조성은 영양세포와 다르다. 내생포자의 핵물질은 수분함량이 매우 낮게 탈수되어 있어 외부의 열에 대한 내열성을 가지고 있으며, 피층에는 영양세포에 존재하지 않는 디피콜린산(dipicolinic acid)이 칼슘과 염의 형태로 존재하여 자외선이나 X-선 등을 반사시켜 방사선의 조사로부터 내생포자를 보호한다. 포자각은 글리신이나 알라닌과 같은 측쇄가 짧고 소수성인 아미노산을 많이 함유하고 이황화물 결합(disulfide bond)을 많이 형성하여 내수성을 가진다. 외포자각은 점액질의 물질로서 건조한 외부환경에서 내성을 가지게 하고 독성 화학물질로

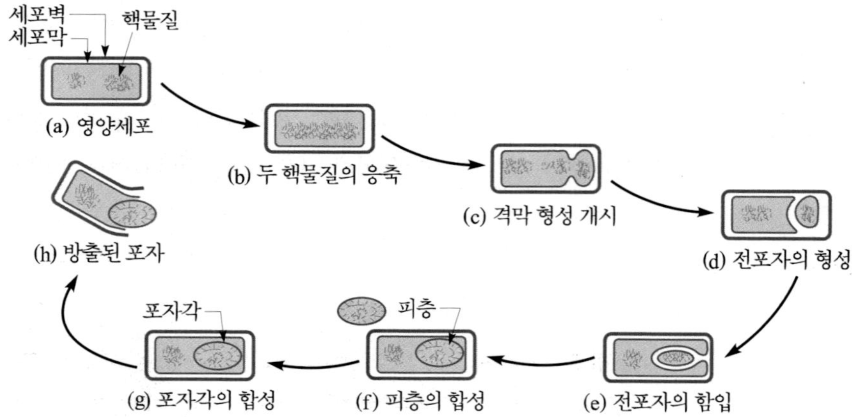

그림 2.2 *B. cereus*에서의 내생포자 형성과정

부터 포자를 보호한다. 내생포자는 열, 방사선, 건조 등의 불리한 환경에 대한 저항성이 있기 때문에 포자들은 영양세포들이 생존할 수 없는 환경에서도 오랫동안 생존할 수 있다. 이런 성질들로 말미암아 식품의 열처리에 대한 문제점이 제기되지 않을 수 없다. 일반적으로 열처리 등의 자극에 의해 포자는 발아(germination)되어서 영양세포로 성장한다. 현미경을 이용하여 슬라이드상에서 포자를 관찰해보면 포자는 세포의 중앙이나 끝부분에 구형이나 난형의 굴절체로 명확하게 나타나지만 "drumstick"이나 "barrel" 혹은 일반세포의 비뚤어진 형태 등의 비규칙적인 모양으로 나타나는 경우도 있다.

2.2.4 세포막

세포막(cytoplasmic membrane)은 세포질을 둘러싸고 있으며, 두께가 7~8 mm 정도이고 세포 건조중량의 10% 정도를 차지하는데 주로 인지질과 단백질로 구성되어 있다. 세포막의 분자구조는 펼쳐진 지질 위에 구형단백질이 떠있는 것처럼 보이며 극성머리 부분을 가진 지질은 바깥쪽 부분을 향하고 있고 소수성(hydrophobic) 지방잔기는 안쪽으로 뻗어있다(그림 2.3).

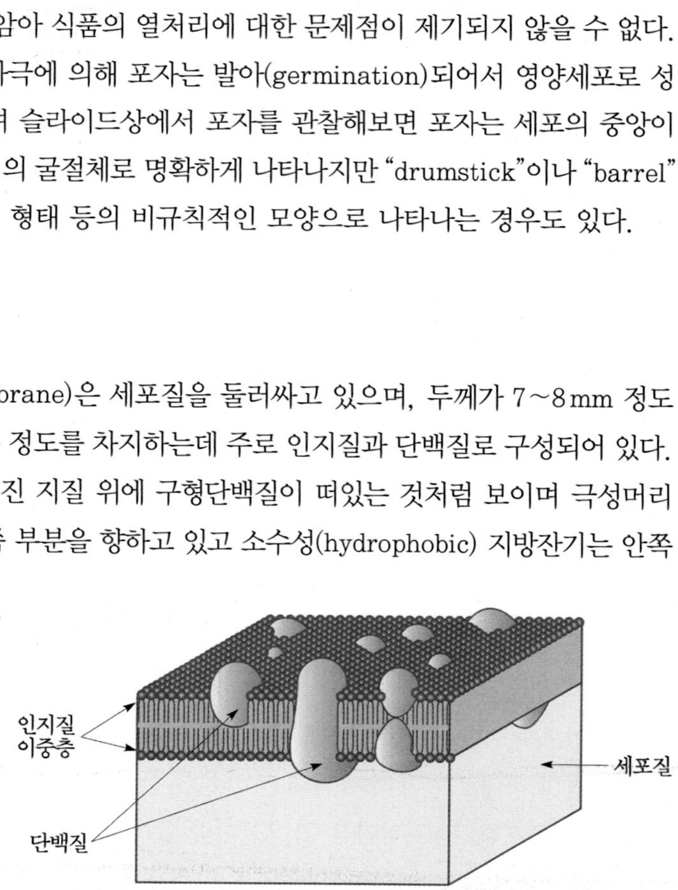

그림 2.3 세포막의 분자적 구조

전자현미경을 통해서 세포벽과 세포막 사이의 이중선을 확인할 수 있는데 이것을 통해서 지방분자의 극성머리 부분에 해당되는 두께가 2~4 mm 정도의 전자밀도

가 높은 층이 양쪽에 존재하며 이들 사이에 존재하는 지방산 잔기로 구성되어 있는 두께가 3~5mm 정도의 저밀도층의 삼층구조를 확인할 수 있다. 유동 모자이크 모델(fluid mosaic model)로 설명되는 이 구조를 통해서 세포 내에서 필요한 용질을 능동적으로 흡수하고 세포 내 성분을 밖으로 내보낼 수 있다.

어떤 원핵생물은 미토콘드리아와 같은 세포 내 구조물의 기능을 가지는 세포막을 가지고 있다. 진핵생물에서 미토콘드리아는 에너지 생산의 중심지 역할을 한다. 호흡에 관련된 전자전달계와 이와 관련된 효소들은 호기성 세균의 세포막에 존재하며 그 막의 광범위한 주름과 함입은 효소의 존재를 가능하도록 표면적을 크게 증가시킨다. 이러한 세포막의 함입은 메소솜(mesosome)으로 알려져 있으며 때때로 깊은 격벽(cross-septa)으로 발달된다. 광합성 남세균과 자색세균(purple bacteria)에 존재하는 메소솜은 광합성색소를 함유하고 있어서 진핵생물에서 발견되는 엽록체와 유사하다. 한편 고균의 세포막은 세균이나 진핵생물과 전혀 다른 성분과 구조를 갖고 있다.

한편 고균의 세포막은 세균과 달리 글리세롤이나 알코올 구조에 이소프렌(isoprene) 중합체인 피타닐 (phytanyl) 또는 고리가 존재하는 탄화수소 사슬이 에테르 결합(ether bond)으로 연결된다. 다른 대부분 생물들의 세포막이 인지질의 이중막 구조인 것과 달리 위의 소수성 물질 양쪽에 친수성 인산글리세롤이나 알코올 구조가 에테르 결합으로 연결된 단일막 구조를 갖는 고균도 있다.

2.2.5 세포벽

세포벽(cell wall)은 견고한 구조물로 세포는 이를 통해 형태를 유지할 수 있다. 세포벽이 없다면 세포는 구형을 이루게 되며 외부로부터의 기계적 충격이나 삼투압에 의하여 쉽게 파괴될 것이다. 세포벽의 중요 성분은 여러 가지 다당류와 인산 에스테르 결합에 의해 연결된 피로인산 분자를 포함하는 다른 벽 구성물과 연결된 펩티도글리칸(pepti-doglycan)이라는 중합체로 이루어져 있으며, 이 중합체들은 뮤코펩타이드(mucopeptide) 혹은 뮤레인(murein)으로도 알려져 있다. 세균의 세포벽은 두 가지의 당 유도체인 *N*-아세틸글루코사민(*N*-acetylglucosamine)과 *N*-아세틸뮤람산(*N*-acetylmuramic acid)으로 구성된다. 이들은 펩티드 결합(peptide bond)을 통해 연결된 제한된 개수의 아미노산에 의해 다른 것과 연결되어 있다. 펩티드 연결은 흔히 L-알라닌(L-alanine), D-글루탐산(D-glutamic acid), 메소-디아미노피멜린산(meso-diaminopimelic acid) 그리고 D-알라닌(D-alanine)으로 구성되어 있다(6.4.2 참조). 펩티도글리칸은 남세균을 포함해 거의 모든 세균의 세포벽에서 발견되지만 진핵생물에서는 발견되지 않는다. 원핵생물 중 마이코플라스마(mycoplasma)는 펩티도글리칸을 가지고 있지 않다. 이들은 세포벽이 없는 대신에 스테롤(sterol)로 안정화된 삼중막(three-layered membrane)을 가지고 있다. 병원체나 기생체로서 마이코플라스마는 숙주 내의 환경 때문에 견고한 세포벽을 필요로 하지 않는다. 또한 고균(Archaea) 종류인 메탄생성 고균(methanogen)은 펩티도글리칸 대신에 화학적 구조가 다른 슈도펩티도글리칸(pseudopeptidoglycan)을 가지고 있다.

세균은 세포벽의 구조와 특별한 염색기술인 그람염색(Gram staining)(제5장 참조) 반응에 의하여 2개의 중요군으로 나누어진다. 즉, 염색이 양성적인 반응으로 짙은 보라색을 나타내는 세균과 음성적인 반응으로 붉은색을 나타내는 세균으로 나뉘는데 이러한 차이점은 세균분류법에 있어서 중요한 기준이 된다. 그람양성 세균과 그람음성 세균의 세포벽은 여러 가지 차이점을 가지는데 그람양성 세균은 단일층으로 존재하는 펩티도글리칸을 95% 정도까지 함유하고 있을 뿐 아니라 다당류, 타이코산(teichoic acid)과 테츄론산(techuronic acid)을 가지고 있다. 그람양성 세균의 세포벽에는 제한된 수의 아미노산만이 존재하는 반면에 그람음성 세균은 펩티도글리칸이 약 10%를 차지하며, 단백질(45~50%), 지질다당류(25~30%), 인지질(25%)로 구성된 외막(outer membrane)을 함유하고 있는데 이것이 방출되면 내독소로 작용한다. 전자현미경을 통해서 두 종류의 세포벽의 차이점을 명확하게 확인할 수 있다. 그람양성 세균의 세포벽은 무정형이나 그람음성 세균은 3개의 층으로 이루어진 세포벽을 가지고 있다. 즉, 바깥쪽에 존재하지만 세포막과 직접적으로 접촉하는 강화된 펩티도글리칸층, 효소들의 통로가 되는 세포벽과 세포막 사이의 주변세포질 공간(periplasmic space)을 포함하고 있는 저밀도 지역과 이를 통과한 효소들이 세포 밖으로 나가는 마지막 층으로 이루어져 있는데 이 층은 막구조로 이루어져 있으며, 두께는 5~10 nm 정도로 세포에 따라 다르게 나타난다. 그람양성과 그람음성 세균의 세포벽이 그림 2.4에 간략하게 나타나 있다.

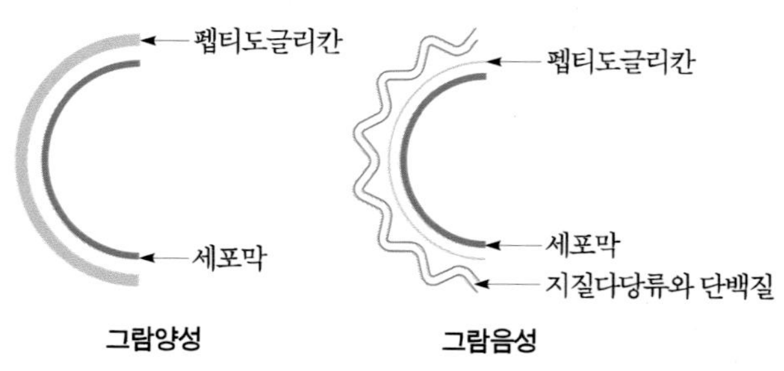

그림 2.4 **그람양성과 그람음성 세균의 세포벽의 비교**

한편 많은 고균의 세포벽은 세균과 달리 단백질이나 당단백질로 구성된 S층(S-layer)으로 되어 있으며 일부 메탄생성 고균은 펩티도글리칸과 유사한 슈도뮤레인

(pseudomurein)을 갖는다.

2.2.6 기 낭

일부 원핵생물들은 부유성(planktonic)이며, 호수 또는 바닷물에 떠다니는 부유생물로 살아간다. 이러한 미생물들은 기낭(gas vesicle)을 가지고 있어 부유할 수 있다. 이러한 구조는 세포에 부력을 제공하여 세포가 환경조건에 따라 적절한 수심에 위치할 수 있도록 한다.

기낭을 가진 세균의 대표적인 예로는 호수 또는 다른 수생태계에서 대발생(bloom)이라고 불리는 대단위 세포집락을 형성하는 남세균(cyanobacteria)이 있다. 기낭을 가지고 있어 세포가 호수의 표층으로 떠올라서 매우 밀집된 개체군을 형성하는데 이것이 소위 녹조라 하는 남세균의 대번식이다.

2.2.7 세포의 외부특징

(1) 편모(flagella)

외형상 세포의 많은 특징들은 세포 내에서 생기지만 세포벽에서 일어나는 것처럼 보인다. 가장 일반적인 것 중의 하나가 편모인데 세포에 하나 또는 여러 개가 존재하면서 원핵생물의 운동에 중요한 역할을 한다. 세포의 한쪽 끝에 하나로 존재하는 편모를 단모성(monotrichate) 배열이라 하며, 세포의 양쪽 끝에 존재하면 이를 양모성(amphitrichate) 배열, 한쪽 끝에 여러 개로 존재하거나 양쪽 끝에 드문드문 존재하면 속모성(lophotrichate) 배열, 세포 표면 전역에 걸쳐 존재하면 주모성(peritrichate) 배열이라 한다(그림 2.5). 편모는 그들의 직경을 증가시키는 매염제(mordant)로 염색하여 광학현미경으로 관찰할 수 있다. 편모는 분지되지 않은 단일 형태의 나선형 필라멘트로 되어 있으며, 종에 따라서 협막성(sheathed) 편모 또는 비협막성(unsheathed) 편모가 발견된다. 비협막상 편모는 두께가 12~20 nm 정도 되며, *Bdellovibrio bacteriovorus*에서의 협막성 편모는 두께가 55 nm 정도이다. 전자현미경 연구를 통해서 편모가 3개의 부분으로 나뉘었다는 것을 발견하였다(그림 2.6). 즉, 필라멘트와 이것이 부착되어 있는 고리(hook)와 기저체(basal structure)로 이루어져 있다. 편모는 기본적으로 세포막에 고정되어 있는 한 쌍의 원판(disc)과 막대로 구성되어 있다.

그람양성 세균의 필라멘트는 세포벽에 고정된 한 쌍의 원판을 부가적으로 가지고 있다.

필라멘트는 플라젤린(flagellin)이라는 단백질로 구성되어 있으며, 플라젤린은 분자량이 30,000~60,000 정도의 단량체로서 직경이 4.5 mm인 구형체로 나타난다. 이들

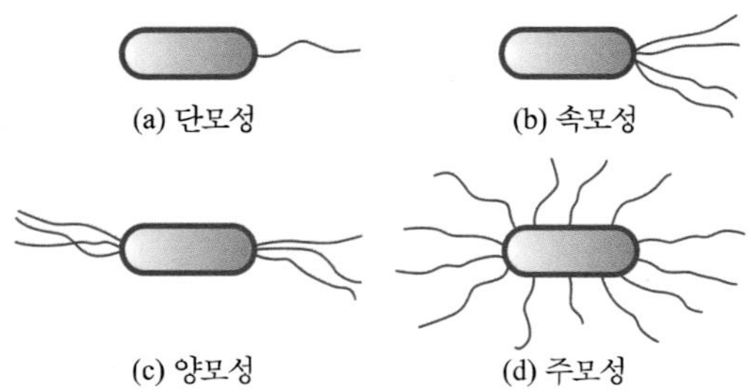

그림 2.5 **편모배열(flagellation)의 형태**

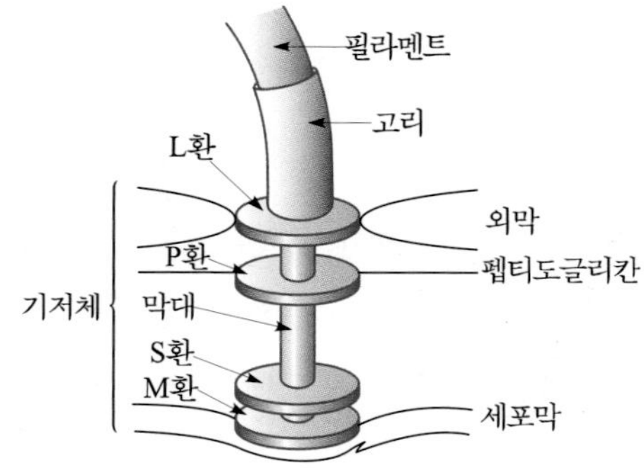

그림 2.6 **세균 편모의 구조**

단량체들은 필라멘트 내에서 나선형 배열을 이루어 섬유를 형성한다. 필라멘트의 나선형 회전에 의해 세포가 움직이며, 초당 20μm의 속도까지 낼 수 있다. '편모 모터(flagellar motor)'의 역회전을 통해서 세포 자신이 역방향으로 이동하는데 이는 뒤집기 운동에 의해서 행해진다. 세균은 편모를 이용해서 고영양농도 쪽으로 이동하거나 독성물질로부터 피할 수 있는데 이 현상을 주화성(chemotaxis)이라 한다. 또한 광합성 세균의 경우 주광성(phototaxis)에 의해 밝은 지역으로 이동할 수 있다.

편모 외에도 세균의 움직임에 대한 2가지 기작이 있다. 스피로헤타(spirochaetes)에서 편모와 유사한 축섬유(axial fiber)는 유연한 외막(outer envelope) 내에 있어 내편모 (endoflagella)라고도 하며, 나선형 생물체를 세로로 움직일 수 있게 하는데 이들은 수축하여 세포를 유연하게 뒤트는 운동을 추진하므로 내편모(endoflagella)라 한다. 활주세균(gliding bacteria)은 또한 유연한 세포벽을 갖고 있어 고형 표면에 접촉되었을때 미끄러지듯 이동하는 활주운동(gliding motility)을 나타내는데 이것은 남세균과 일부 광합성 세균에 특징적이다.

(2) 필리와 유사 구조물

선모라고도 하는 필리(pili) 또는 핌브리아(fimbriae) 같은 작은 표면 부착물이 일부 그람음성 세균에 나타난다. 폴리펩티드로 이루어진 이 세포 내 구조물들은 편모와 비슷하지만 편모에 비해 작고 직선형이다. 세포 전 표면에 걸쳐 퍼져 있어서 이들이 세포의 표면 부착에 관여한다고 생각되며 성병인 임질의 병원균인 *Neisseria gonorrhoae*에서는 숙주세포에 부착할 때 사용한다. 액체배지에서 세포들은 표면성장을 나타내는 두꺼운 외피(pellicle)를 형성하는데, 필리들이 서로 얽혀서 외피를 안정하게 유지할 수 있다. 세포 표면적의 효과적인 증가와 공기 또는 액체의 상호접촉으로 인한 부유효과로 인해 세포가 산소를 받아들이는 데 도움이 된다. 어떤 필리는 접합(conjugation)하는 동안에 공여세포(donor cell)에서 수용세포(recipient cell)로의 DNA 전달에 관여한다. *Caulobacter vibrioides*와 같은 세균은 자루(stalk)라는 부착기관을 가지고 있다. 이 자루나 그보다 가는 균사(hypha) 같은 구조를 돌기 또는 프로스테카(prosthecae)라 하는데, 세균의 다른 부속기관과 달리 내부에 세포질이 있으며 세포벽으로 둘러싸여 있다. 일부 세균은 부착부(holdfast)를 가지고 있으며 이 부착부는 기반기질(basal substrate)에 확실하게 붙도록 하는 점착성 물질을 분비하는 부분이다.

(3) 세포외 중합체

대다수의 세균은 세포 주위에 마이크로캡슐(microcapsule, 200 nm 이하의 두께), 캡슐(capsule, 200 nm 이상의 두께), 또는 점액층(slime layer, 느슨하게 존재하는 물질)이라 불리는 점액성 젤층을 형성하는데 이들을 통틀어 당질피질(glycocalyx)이라 한다. 인디안 잉크(indian ink)로 음성염색(negative staining)을 한 후 광학현미경으로 캡슐을 관찰할 수 있다. 폐렴쌍구균(*Streptococcus pneumoniae*)과 같은 세균의 캡슐을 고정, 염색처리 후 전자현미경으로 관찰하면 미세한 섬유로 이루어져 있음을 관찰할 수 있는데, 이 미세한 섬유는 캡슐이 원형 그대로 유지하는 데 도움을 준다. 세포외 중합체는 대부분이 다당류로서 덱스트란(dextran)과 레반(levans)같이 한 종류의 당만 가지는 호모다당류(homopolysaccharide)와 여러 종류의 단당류를 가지고 있는 헤테로다당류(heteropolysaccharide)가 있다. *Pasturella pestis*와 *Bacillus anthracis* 같은 일부 세균은 각각 단백질과 폴리펩티드로 구성된 캡슐을 생산한다.

일부 *Streptococcus*, *Leuconostoc*, *Bacillus* 등의 세균들은 기질을 세포 내로 끌어들이지 않고 효소들을 분비하여 세포 밖에 중합체를 형성한다. 그러나 대부분의 캡슐이나 점액물질은 세포 안에서 합성위치로 생각되는 세포막으로의 운반지질(carrier lipid)에 의한 적절한 단량체의 전달에 의해 형성된다. 중합체 생성 정도는 배양조건에 따라 다양하다. 즉, C/N 비율이 높은 배지에서는 다당류 캡슐이 많이 형성되며 반대로 C/N 비율이 낮은 배지에서는 폴리펩티드 캡슐이 많이 생성된다. 캡슐을 형성하지 않는 동종의 돌연변이가 살 수 있는 것을 보아서는 세포외 중합체가 이를 분비하는 세균에는 필수적이지 않은 것으로 여겨진다.

캡슐물질의 존재는 미생물의 병독성과 관련이 있다. 인간에 폐렴을 일으키는 폐렴쌍구균(*Streptococcus pneumioniae*)은 주로 탄수화물성 캡슐을 가지고 있어 백혈구에 의한 식균작용(phagocytosis)의 효율을 크게 떨어뜨린다. 캡슐물질은 또한 세포에 영양분이 부족한 상태에서 저장된 에너지원으로 제공될 수 있다.

세포외 중합체는 박테리오파아지(bacteriophage)의 부착과 건조로부터 세균의 보호 및 영양물을 흡수하는 데 도움을 주는 작용을 한다고 생각된다. 공중보건공학과 연관지어 볼 때, 세포외 중합체의 중요한 기능 중의 하나가 활성슬러지 세균이 플록(floc)으로 응집되는 과정에 이들이 관련되어 있다는 것이다. 중합체 플록 구조(polymeric floc structure)는 캡슐을 갖지 않는 세균을 포획하기도 하며, 폐수의 각종 유무기물을 흡착하고 또한 원생동물에 의한 포식으로부터 응집된 세포를 보호한다.

2.3 세균의 동정

세균은 형태학적, 생리학적 및 최근에는 유전적인 특징을 포함하는 여러 가지 기준을 토대로 하여 동정(identification)된다.

2.3.1 세포형태

세균을 알아내는 여러 가지 형태적 특징에는 이미 언급한 바와 같이 운동방법, 운동기관의 수와 형태 및 위치, 포자의 형태와 위치, 캡슐형성과 염색 특징 등이 있다. 다른 고려 사항으로는 각 세균 세포의 크기, 형태, 배열 등이 있다. 일반적으로 세균의 크기는 균류와 바이러스의 중간 정도이며, 구균은 직경이 0.2~1.5 μm 정도의 범위를 갖는다. 구형이 아닌 세포에서 길이에 대한 직경의 비는 종에 따라 다양한데 전형적인 예로 *E. coli*는 직경이 0.4~0.7 μm 이고 길이가 1~1.3 μm 이며, *Bacillus anthracis*는 직경이 1~1.3 μm 이고 길이가 3~10 μm 이다. 자연환경에는 직경이 0.2 μm 이하인 초미세세균(ultramicrobacteria)도 존재하는가 하면 길이가 수백 μm이어서 육안으로도 보이는 *Epulpopiscium* 같은 세균을 감안하면 부피비는 매우 커질 수도 있다. 세균의 크기는 동종의 세균이라 하더라도 세포 부피가 배양조건과 시간에 따라 다를 수 있으며 현미경으로 관찰하기 전에 세포를 고정하고 염색하는 데 사용하는 여러 가지 기술로 인해 세포가 어느 정도 뒤틀린다는 것을 고려하는 것이 중요하다. 일부 전자현미경 관찰용 표본에서는 세포가 30%까지 수축하는 경우도 있다. 따라서 인용되는 세포크기 측정치는 실제 수치가 아닌 대략적인 수치임을 알아야 한다.

세균 세포의 모양과 배열은 염색 후 광학현미경이나 위상차현미경으로 관찰할 수 있다. 세포 모양은 기본적으로 구형(sphere), 막대형(rod), 나선형(spiral)의 세 가지로 나눌 수 있다. 배양조건과 시간에 따라 세포 형태와 크기가 다양한 종류도 있는데 이런 것은 다형성 또는 다형태 현상(pleomorphism)으로 알려져 있다. 예를 들어 *Acinetobacter*의 경우 초기에는 막대형이나 성숙했을 때에는 구형의 쌍으로 관찰된다. 구형 모양의 세균을 구균(cocci)이라 부르고, 여러 방향으로 분열되는 성질을 통해 확인할 수 있으며, 낭세포들은 단세포(coccus), 쌍구균(diplococci), 두 축 방향으로 분열하여 4개의 세포로 된 테트라드(tetrad), 세 축 방향으로 분열하여 8개의 세포형태(sarcina), 포도형(staphylococcus), 연쇄형(streptococcus) 등의 형태를 나타낸다. 막대형 혹은 원통형 세균은 단독으로, 끝과 끝을 세로로 연결해 쌍을 이룬 형태, 무리를 이루거나 연쇄상 혹은 각각의 막대균이 수직적으로 위치하는 한자 형태로 배열될 수 있다. 막대형(단수 bacillus, 복수 bacilli)은 사각형이거나 둥글거나, 뾰족한 형태로 된 세포끝 모양을 통해 확인할 수 있다. 나선형 세균(단수 spirillum, 복수 spirilla)은 굽거나 꼬인 세포로 이루어져 있어서 곡선이나 나선모양을 이룰 수 있다. 곡선세균(curved bacteria)은 컴마(comma) 형태의 비브리오(vibrio)도 포함된다. 이 세균은 단세포, S형태, 반원형 혹은 S형을 이루는 파상연쇄형을 이룬다. 나선균(spirochetes)은 많은 곡선과 꼬임으로 구별되며 긴 나선형을 이룬다. 스피로헤타의 경우에는 심지어 길이가 500 μm 까지 된다. 앞에서 설명한 여러 가지 세균 세포형태의 예가 그림 2.7에 나타나 있다.

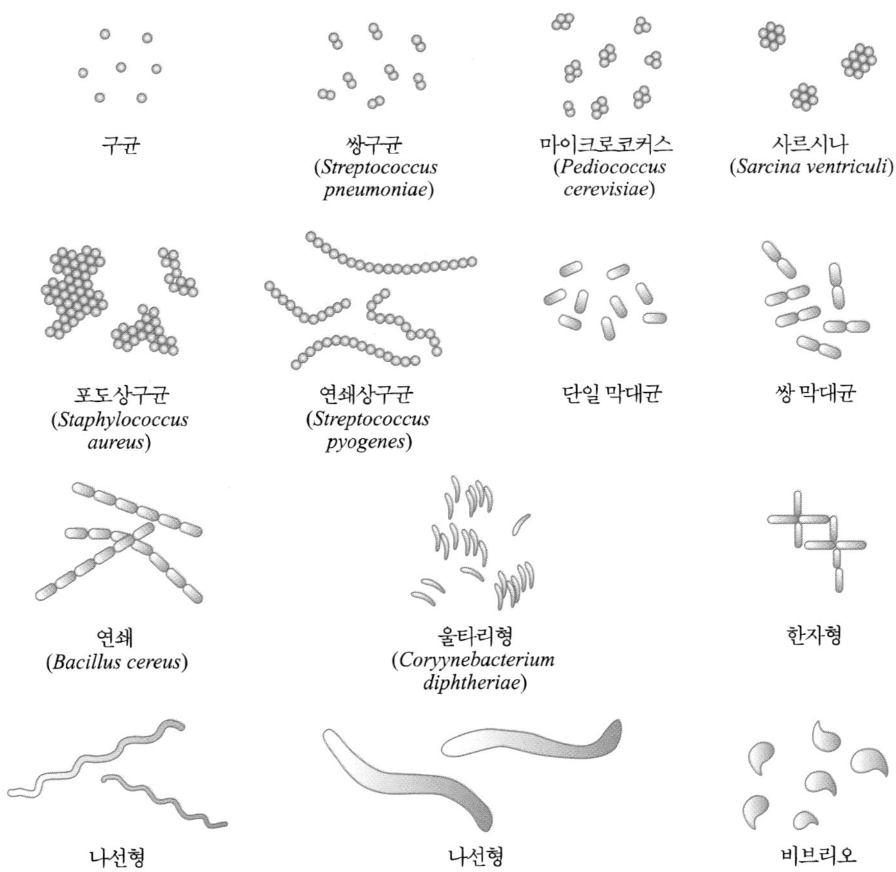

그림 2.7 **세균 세포의 예**

2.3.2 집락 형태

세포 형태뿐만 아니라 집락 형태를 통해서 세균의 종과 균주도 확인할 수 있으며, 특히 고체 한천배지에서의 성장과 영양액(nutrient broth)과 같은 액체배지에서 이들이 자라는 특징으로 확인할 수 있다. 관찰은 통상 매 24시간 주기로 실시한다. 같은 종류의 세균의 집락은 산소와 이산화탄소의 이용도, 한천의 견고함, 영양분의 확산속도 등 여러 종류의 요소에 따라 다르게 나타나므로 세심하게 미생물을 관찰해야 한다. 고체배지에서 자라는 집락을 나타내기 위해서 사용되는 특징은 이들의 모양, 색깔, 크기, 구조와 외관상의 다양성 등을 포함한다. 세균은 액체배지상에서 특이한 생장을 관찰할 수 없지만 평판배지상에서는 집락을 형성하는 과정에서 세균의 종류에 따라 특이한 생장을 관찰할 수 있다. 세균은 생성하는 색소에 의해 손쉽게 동정될 수 있는데 세균 색소들은 여러 가지 색을 가지며 세포 내에 존재하거나 배지 주위로 확산된다.

흔히 관찰되는 집락의 여러 가지 특성이 아래 설명되어 있다.

(1) 가장자리 형태

(2) 입면도의 형태

(3) 질감

집락의 질감은 부드러움(smooth), 윤이 남(shiny), 흐릿함(dull), 거침(rough), 주름짐(wrinkled), 과립성(granular), 점액성(mucoid) 등의 용어로 표현된다. 윤이 나고, 부드럽거나, 점액성의 부드러운 특징을 가지는 세균들은 캡슐물질의 생산에 기인한다.

(4) 광학상의 특징

어떤 세균 집락은 쪼여진 광의 전부를 투과시킬 수 있으며 (투과 집락), 일부 집락은 조사된 광의 일부만을 투과시킬 수 있다(반투과 집락). 또한 어떤 세균의 집락은 빛이 투과되지 않기도 한다(불투과 집락).

(5) 색소형성

많은 세균들은 색소를 생성하여 집락이 색깔을 띠게 한다. 여러 종류의 세균에서 생성되는 색소는 매우 다양하다.

2.3.3 생 리

(1) 유리산소와의 관계

생리학적인 토대로 세균을 분류하는 데는 산소, CO_2 분압, 특별한 영양요구물질, 최적온도 및 제한온도와 같은 성장에 필요한 조건의 연구도 포함된다. 세균의 생장과 산소요구와의 관계에 따라 4종류로 구분할 수 있다. 절대호기성균(strict 또는 obligate aerobe)은 산소가 있는 곳에서만 자라며 절대혐기성균(strict 또는 obligate anaerobe)은 산소가 없는 곳에서만 자란다. 세 번째 종류인 통성 또는 조건부 혐기성균(facultative anaerobe)은 산소유무에 관계없이 다 자랄 수 있다. 어떤 호기성 세균은 질산염에서 산소를 얻기 때문에 절대혐기성 세균에 대한 실험은 대부분 질산염이 없는 배지(nitrate-free media)에서 한다. 마지막 종류인 미호기성균(microaerophile)은 대기압 이하의 산소를 필요로 하고 높은 CO_2 분압에서 잘 자라는 종류로서 *Sphaerotilus natans*는 산소농도가 낮은 오염된 하천이나 유기성 폐수에서 잘 증식하며 활성슬러지 공정에서 사상성 팽화(filamentous bulking)를 일으킬 수 있다.

(2) 온도에 대한 반응

세균은 그들이 선호하는 온도범위에 따라 종류가 나뉜다. 대부분의 세균은 호중온성 세균(mesophile)으로 10~45°C 범위에서 자라며, 최대성장에 필요한 최적온도는 30~40°C 이다. 호중온성 세균의 예로는 *E. coli*가 있는데, 10°C, 37°C, 45°C가 기본적인 온도(즉, 최저, 최적, 최고)이다. 호고온성 또는 호열성 세균(thermophile)은 50~60°C의 온도에서 잘 자라는데 *Bacillus stearothermophilus*(30°C, 55°C, 75°C)가 그 예이다. 호저온성 또는 호냉성 세균(psychrophile)은 20°C 이하의 차가운 환경에서 자라며, 최적온도는 15°C 또는 그 이하의 온도이다. 최적온도가 저온은 아니지만 저온에서도 자랄 수 있는 생물체를 저온생물체(psychrotroph)라고 한다. 많은 해양세균과 찬 기후에서 생물학적 폐수처리 과정에 관련된 세균은 저온성 세균과 저온생물체이다.

(3) 물질대사와 유전적 특징들

서론에서 소개한 일반적인 대사에 의한 분류 이외에도, 세균은 아미노산, 비타민 또는 미량원소와 같은 특별영양 요구성에 의해 여러 군으로 나뉜다. 어떤 그람음성 세균이 암모늄 이온과 일련의 단일 유기화합물이 첨가된 무기염류 배지(mineral salts medium)에서 자랄 수 있는지의 가능성에 대한 실험들이 세균의 동정을 위해 사용되는 반면, 혈액, 혈청, 포도당으로 보강된 영양배지에서 특별한 종의 성장을 관찰하는 방법을 이용하기도 한다.

미생물의 동정에 사용되는 다른 생리학적 특징으로는 극단의 pH, 염농도와 열에 대한 저항성과 일련의 생화학적 반응이 있다. 생화학적 실험들은 카탈라아제(catalase)와 옥시다아제(oxidase) 실험에 의한 호흡기능의 평가와 질산염 환원을 할 수 있는 가능성과 함께 당들과 다른 관련된 화합물들의 분해방법 결정과 생성된 산물의 특징을 결정하는 것 등을 포함한다. 혈청학적 실험들은 항원의 특징을 토대로 하여 분류된 *Salmonella*와 같은 세균군에 적용된다.

더 발전된 기법에는 세포물질의 화학적 조성을 분석하는 것이 있는데 최근에 분석기법의 향상으로 특별한 세균의 유전적 특징을 결정할 수 있게 되었다. 구아닌-시토신(G+C)의 몰 퍼센트(mole%)로 나타내는 DNA 염기 구성비율은 외관상 유사하게 보이는 두 가지의 미생물들이 거의 관련되어 있지 않음을 설명하기 위해 사용될 수 있다. 또한 리보솜 내의 RNA(rRNA)의 염기서열을 조사하여 동정, 분류 및 진화적 관계 등을 알 수 있다.

2.4 세균의 분류

세균의 분류(classification)나 분류학(taxonomy)은 다른 속과 종 간의 식별을 위한 동정과 이용가능한 목록 체계에 근거하여 유사하거나 관련된 단위로 군(group)을 형성하는 것을 말한다. 세균의 분류학에 대한 고전적 책은 Bergey's Manual of Determinative Bacteriology(8판)이며, 이는 세균을 19종류로 나눈다. 그러나 세균의 다양성은 명백하고 체계적인 분류학적 구조와 차이가 있어 그들의 분류는 계속 수정되어 왔으며 지속적으로 다양한 분류군들이 추가되고 있다. Bergey's Manual은 16S rRNA 염기서열에 근거한 계통분류학적으로 재편되어 많은 유연관계와 재구분을 포함하는 Bergey's Manual of Systematic Bacteriology로 출간되고 있다. 2012년에 최종 출간된 이것의 제2판은 5개의 volume이 총 8권으로 이루어져 있으며 총 30개의 문(phylum)을 수록하고 있지만 2018년 현재 배양이 안되는 분류군까지 총 52개의 문이 알려져있다. 그러나 다음 내용은 환경오염과 공중보건에 특히 중요한 군(group)을 강조하여 8판의 19개 부분의 분류에 근거한 것이다.

2.4.1 광합성 세균

광합성 세균은 대다수가 광합성을 하는 데 사용하는 색소를 가진 수생미생물이다. 여기에는 호기성의 산소발생형 광합성을 하는 남세균과 혐기성의 산소비발생형 광합성을 하는 자색황세균(purple sulfur bacteria, Chromatiales), 자색비황세균(purple non-sulfur bacteria, Rhodospirillales), 녹색황세균(green sulfur bacteria, Chlorobiaceae), 녹색비황세균(green non-sulfur bacteria, Chloroflexi)이 있다. 남세균은 널리 분포하고 대기 중의 질소를 고정하며 열이나 건조한 조건에서도 생존할 수 있다. 이들은 온천과 토양을 포함해 대부분의 환경에서 발견되며 영양이 풍부한 호수에서 대발생(bloom)을 일으키고, 가끔 microcystin이나 anatoxin 등의 독소를 생성하여 마실 수 없는 물을 만든다. 또한 geosmin이나 2-methyl-isoborneol(MIB) 같은 흙냄새의 원인물질을 생성하여 음용수에서 문제를 일으키기도 한다. 자색황세균과 녹색황세균은 혐기성 독립영양체이며 전자공여체로 H_2S를 사용하고 세포 외부나 내부에 원소상의 황을 축적한다. 이들은 남세균보다 더 깊은 지역인 혐기성 지역까지 빛이 투과하는 물이나 진흙에서 발견된다.

2.4.2 활주세균(gliding bacteria)

이들은 호기성이며 그람음성 세균으로서 외부 점액층과 활주에 의한 이동 등이 특징이다. 토양과 물에서 발견되며 대부분이 다른 미생물들을 분해하거나 동화 흡수할 수 있으며, 일부는 섬유소(cellulose)를 소화한다. *Cytophaga*와 Myxobacteria를 포함하는 2종류의 목(order) 중 하나는 자실체(fruiting body)를 만드는 특징이 있다.

2.4.3 협막세균(sheathed bacteria)

협막세균은 젤라틴성 협막(sheath)에 의해 둘러싸인 사슬형태로 자라나는 간상형의 미생물로서 부착기관을 이용해 고체표면에 붙거나 산화망간이나 철을 외피 표면에 축적한다. 예로는 깨끗하거나 오염된 물에서 나타나는 *Leptothrix*, *Sphaerotilus*와 *Streptothrix*가 있다. *Streptothrix*와 특히 *Sphaerotilus*는 활성슬러지에서 흔히 나타나며 슬러지 팽화 현상(sludge bulking)과 불량 침전(poor settling)에 관여하는 것으로 여겨진다.

2.4.4 출아(budding)/부속지(appendaged) 세균

자루(stalk)(예, *Caulobacter*)나 균사(예, *Hyphomicrobium*)와 같은 부속지에 의해 형태학적으로 확인되는 세균이 이 군에 속한다. 이들은 토양이나 철염(iron salt)을 포함하는 물에 널리 분포하여 흔히 물처리 작업에 문제가 되기도 한다.

2.4.5 스피로헤타(spirochaetes)

이들은 그람음성 화학영양체로 나선형으로 휘어져 있는 형태적 특징이 있다. 이 군에는 독립생활, 기생, 병원성 호기성균과 통성 혐기성균이 있다. 크기가 가장 큰 *Spirochaeta*는 혐기성 조건하에서 담수, 오수, 하수나 진창에서 발견되는 독립 수생미생물이다. 보다 작은 크기의 *Treponema*와 *Leptospira*는 매독, 렙토스피라증(leptospirosis)과 Weil's disease를 일으키는 병원성 종(*L. icterohaemorrhogiae*)을 포함한다. 하수처리에 관여하는 사람은 특히 후자에 신경써야 한다.

2.4.6 나선형 세균과 커브형 세균

축섬유보다 편모의 소유와 그것의 강도에 의해 특징지어지는 이 군은 두 그람음성인 *Spirillum* 속과 *Campylobacter* 속을 포함한다. 이들은 독립 수생호기성균이나 *S. anulus* 종과 같은 미호기성균 혹은 *S. minor* 같은 혐기성 혹은 기생성 미호기성 및 병원성균이며 *Campylobacter fetus*는 양과 소의 불임의 원인이 된다. 관련된 속으로는 다른 세균에 기생성인 *Bdellovibrio*를 포함한다.

2.4.7 그람음성 호기성 간균과 구균

이 군은 대사특징으로 구분되는 5개 종류의 과로 구성된 화학종속영양체들로 되어 있다. Pseudomonadaceae 과는 *Pseudomonas*, *Xanthomonas*, *Zoogloea*와 *Gluconobacter*

등 4개 속을 포함한다. *Pseudomonas*는 편모를 가진 막대균으로 매우 다양하며 어떤 종들은 에너지원과 탄소원으로 백 개 이상의 서로 다른 화합물을 이용하는데, 그들은 토양과 물에 널리 분포하며 유기물을 분해하는 데 중요한 역할을 하지만 섬유소 같은 중합체는 분해하지 못한다. *Xanthomonas*는 식물과 관련되어 발견되는 절대호기성 세균으로 많은 양의 세포외 중합체를 생산하는 능력을 가지고 있다. 이들이 생성하는 중합체인 xanthan gum은 식품산업과 원유회수 등에 이용된다. *Zoogloea*는 활성슬러지에서 일반적으로 발견되며 일차적으로 플록(floc)을 형성하는 미생물 중의 하나이다.

Azotobacteriaceae 과는 토양에서 대기의 질소를 고정하는 능력을 가진 *Azotobacter* 속과 독립 호기성 세균인 *Azomonas* 속을 포함한다. Rhizobiaceae 과는 콩과식물의 뿌리혹에서 대기의 질소를 고정하는 *Rhizobium* 속을 포함한다. E 다른 종류로 메탄 또는 메탄올을 이용하는 Methylomonadaceae 과의 세균들이 있다.

2.4.8 그람음성 통성간균

이 군은 공중보건적 측면에서 가장 중요한 군의 하나이다. 여기에는 장내나 물에서 발견되는 일반 미생물과 물의 분뇨오염을 통해 전달되는 중요 인체 병원균들이 포함된다. 이 군에 속하는 것으로 알려진 장내세균은 호기적으로 혹은 혐기성 발효나 호흡을 통해 에너지를 얻을 수 있기 때문에 다른 그람음성 세균과 구분된다. 이 군은 두 종류의 과(family)를 포함하며 그중 하나가 장내세균과(Enterobacteriaceae)이다. 여기에 포함되는 속에는 *Escherichia*, *Edwardsiella*, *Citrobacter*, *Salmonella*, *Shigella* 등이 있다. 처음의 세 가지 세균은 장내세균으로 일반적으로 해가 없으나 나머지 두 가지 세균은 병원성이고 공중위생이 나쁜 곳에서 감염을 유발한다. *Salmonella* 종들은 위장염과 식중독을 일으키며, 가장 위험한 것은 장티푸스를 일으키는 *S. typhi*이다. 이러한 심각하고, 때로는 인간에게 치명적인 유행성 질병은 제3세계 국가에서 충분히 처리하지 않은 물을 사용했을 때 주로 나타난다. *Shigella*는 사람에서 세균성 이질을 일으킨다.

Enterobacteriaceae 과에 포함되는 다른 병원성 세균은 *Klebsiella* 속과 *Yersinia* 속이 있다. *Klebsiella* 종들은 폐렴과 기관지염을 일으키며, *Yersinia pestis*는 쥐벼룩이 매개하는 선페스트(흑사병)를 일으키는 반면에 *Y. enterocolitica*는 위장병을 일으킨다. 두 번째 과인 Vibrionaceae는 물의 분뇨오염을 통해 콜레라라는 치명적인 유행병을 유발하는 *Vibrio cholerae* 종을 포함한다. 이 같은 질병에 대한 백신은 별 효과가 없으며 적당한 위생 처리만이 이를 예방할 수 있다.

2.4.9 그람음성 혐기성균

이들은 절대혐기성, 비포자성 간균으로 대다수가 인간의 장에서 발견된다. *Bacteroides*, *Fusobacterium*, *Leptotrichia* 등이 이 속에 포함된다. 이 군에 포함되는 화학종속영양체인 *Desulfovibrio*는 중온성 혹은 저온 상태의 혐기성 퇴적층에서 발견된다. 이 생물체는 에너지를 얻기 위해 황산염을 황화수소로 환원시키고 공기 중의 질소를 고정할 수 있다. 황산염환원 세균은 지하의 혐기성 환경에서 철 배관이나 콘크리트 하수관의 부식을 일으키는 데 관여한다. 이 세균은 먼저 하수 내의 황산염이 환원된 후 생성된 H_2S가 하수관 안의 위쪽 벽에서 황산화세균에 의해 황산으로 전환되면 이 황산이 내부벽에서 흘러내리면서 콘크리트를 부식시킨다.

2.4.10 그람음성 구균

그람음성 구균인 Neisseriaceae 과에는 *Neisseria*(호기성 혹은 통성 혐기성), *Branhamella*, *Moraxella* 및 *Acinetobacter* 등의 4종류의 속을 포함한다. 처음의 3가지는 인체에서 발견되는 병원성 혹은 기생성 세균이다. *Neisseria* 속은 각각 뇌막염과 임질의 원인이 되는 2종을 포함하고 있다. 활성슬러지 과정에서 생물학적 인의 제거와 관련된 토양과 물에서 발견되는 *Acinetobacter*는 영양학적으로 다양한 화학종속 영양체이다. 이 군과 관련된 2종류의 속에는 *Paracoccus*와 *Lampropedia*가 있는데 둘 다 탈질화세균으로서 질산염을 기체 질소로 환원시켜 에너지를 얻는다.

2.4.11 그람음성 혐기성구균

Veillonellaceae 과는 절대혐기성 세균으로 3종류의 속을 포함한다. 이들은 인간과 동물의 장에 서식하는 기생성 미생물이다.

2.4.12 그람음성 화학무기영양 세균

이 군은 토양과 물에서 질소와 황순환에 관여하는 중요한 세균을 포함한다. 질화세균인 Nitrobacteraceae 과는 2종류의 군으로 구성되는데 여기에는 암모니아를 아질산염으로 산화하는 아질산세균(nitrosifying bacteria, 예 : *Nitrosomonas* 속)과 아질산염을 질산염으로 산화하는 질산세균(nitrifying bacteria, 예 : *Nitrobacter* 속)이 있다.

이들은 암모니아를 질산염으로 전환하는 질산화 또는 질화작용(nitrification)을 일으키며, 그 과정에서 발생하는 산화에너지를 이용하여 이산화탄소를 고정한다. 질화작용과 그 뒤에 일어나는 질산염을 기체질소로 전환하는 탈질화작용(denitrification)은 생물학적 폐수처리에 중요한 단계이다.

황세균은 황을 산화시켜 에너지를 얻는 호기성 세균이다. 이 군은 *Thiobacillus*, *Beggiatoa*와 *Sulfolobus*와 같은 속을 포함한다. *Beggiatoa*는 활주성의 사상체 미생물로 팽화슬러지(bulking sludge)나 고부하의 회전원판(RBC)에서 주로 발견된다. *Sulfolobus*는 낮은 pH(2~3)의 열천(hot spring)에서 서식하는 고균이다. *Thiobacillus*는 황화수소나 치오황산염을 원소상의 황으로 산화시켜서 세포 주위에 원소상의 황을 축적시키고 그 후 원소상의 황이나 다른 황화합물들을 황산염으로 산화시킨다. *T. thiooxidans*의 배양에서는 혐기성 세균들에 의해 공급된 황화수소가 황산염으로 산화되어 황산으로 변화하는데 이는 콘크리트 하수도를 부식시킨다.

철세균인 Siderocapsaceae 과는 망간이나 철을 함유한 물에서 발견되는데 이들은 세포의 표면을 뒤덮는 금속산화물을 침전시킨다. *Acidithiobacillus ferrooxidans*는 철과 황을 산화시켜서 산성광산배수의 원인이 되며 미생물을 이용한 금속회수(microbial metal leaching)에 이용되기도 한다(17.3절 참조).

2.4.13 메탄생성 고균

이들은 절대혐기성 고균(Archaea)으로서 한 종류는 화학무기영양체인데 에너지원과 전자공여체로 수소를, 전자수용체로 이산화탄소를 이용하여 메탄을 생성하며, 또 다른 종류는 아세트산을 분해하여 메탄과 이산화탄소를 생성한다. Methanobacteriaceae 과는 *Methanobacterium* 속 *Methanosarcina* 속과 *Methanococcus* 속을 포함한다. 이들은 호수와 늪지의 밑바닥, 동물의 장, 혐기성 하수슬러지 소화조(digester)와 같은 혐기성 환경에서 발견된다. 이들의 대사작용은 제14장에 설명되어 있다.

2.4.14 그람양성 구균

그람양성 구균에는 Micrococcaceae, Streptococcaceae, Peptococcaceae 등 3종류의 과가 있다. Micrococcaceae 과는 *Micrococcus* 속을 포함하는데 이것은 토양이나 담수에서 발견되며 호기성 호흡에 관여한다. *Staphylococcus*는 호흡이나 발효를 이용하는 통성 혐기성 세균으로 병원균 또는 기생균이다. *Planococcus*는 해양 호기성 미생물이다.

Streptococcaceae 과는 산소유무에 관계없이 발효 대사작용을 한다. *Streptococcus* 속은 많은 인간과 동물병원체를 포함하는데, 폐렴을 일으키는 *S. pneumoniae*와 물의 분뇨 오염에 대한 지표로 사용되는 *S. faecalis*와 같은 분변성 미생물(fecal microorganism)이 속한다. Streptococceae 과는 또한 낙농업에 이용되는 젖산균을 포함하는데, 예로는 *S. lactis*와 *Leuconostoc* 속이 있다.

2.4.15 포자형성 간균과 구균

이 군은 5종류의 속을 포함하며, 이들 모두가 내생포자(endospore)를 생성하고 일정 기간 불리한 환경에서도 생존할 수 있다. 가장 중요한 2종류의 속은 *Bacillus*와 *Clostridium*으로 토양, 저니층(botton mud), 동물의 장 등에서 다양하게 발견된다. *Bacillus* 속은 호기성균이거나 통성 혐기성균으로 대기 중의 질소를 고정하거나 탈질화 반응(denitrification)(*B. licheniformis*)을 하기도 한다. *Bacillus anthracis*는 인간과 동물에게 치명적인 탄저병(anthrax)을 일으키는 세균이다. *Clostridium* 속은 절대 혐기성균이며 다양한 발효대사를 하기 때문에 산업적으로 활용되며 또한 여러 병원균을 포함한다. *Clostridium botulinum*에 오염된 식품은 보툴리누스 중독(botulism)을 일으키는 독소(botulinum toxin)가 생성되어, 이를 섭취한 사람이나 가축은 중추신경이 마비되어 죽을 수 있다. 이 독소는 근래 Botox로 이용되고 있다. 깊은 상처에 *C. tetani*의 감염으로 파상풍(tetanus)을 일으키며 *C. perfringens*의 감염으로 가스괴저(gas gangrene)를 일으킨다.

2.4.16 그람양성 비포자형성 간균

이 군의 대부분이 Lacobacillaceae 과에 속한다. 이들이 우유와 발효 유제품에 주로 존재하기 때문에 젖산균에 포함된다. 다른 속은 돼지와 소에서 질병을 일으키는 *Listeria*와 *Erypsipelothrix*와 같은 병원균을 포함한다.

2.4.17 방선균(actinomycetes) 및 관련 세균

Actinomycetales 목은 분지, 균사 성장 및 포자형성을 한다는 점에서 균류와 유사한 세균을 포함한다. 대부분이 토양에서 발견되며 유기물 분해자로서 중요하다. 일부는 동물병원균인 반면에 Streptomycetes와 같은 다른 균들은 항생제 생산에 산업적으로 사용된다. *Nocardia* 속은 활성슬러지 탱크의 표면에 안정한 "거품형성(chocolate mousse)"과 관련이 있다. Actinomycetes는 남세균과 같이 geosmin이나 MIB(2-methylisoborneol)을 생성하여 물에서 맛과 냄새 문제를 일으키기도 한다. 의학적으로 중요한 아균은 결핵이나 나병을 일으키는 *Mycobacterium tuberculosis*와 *M. leprae*를 포함한다. 다른 중요균은 coryneform세균으로 불규칙한 형태의 세포로 특징지어진다. *Corynebacerium* 속은 통성혐기성균인 *C. diphtheriae*와 같은 인체병원균과 호기성 식물병원체와 토양과 물에 존재하는 비병원성 종들을 포함한다.

2.4.18 리케치아(rickettsia)

이들은 벼룩, 진드기, 이와 같은 절족동물의 절대 세포 내 기생성 세균으로 물린 상처를 통해 척추동물로 전달될 때 질병을 일으킨다. 인체질병은 이에 의해 매개되는 *Rickettsia prowazekii*에 의한 발진티푸스를 포함한다.

2.4.19 마이코플라스마(mycoplasma)

이 생명체는 세포벽이 없다. 이들의 2개의 속인 *Mycoplasma*와 *Acholeplasma*를 구분하는 요소인 복잡한 영양요구성을 가지는 화학종속영양체이다. 대다수가 동식물의 기생균 또는 병원균이며 독립생활을 하는 마이코플라스마도 열천에서 발견되었다.

참고문헌

Buchanan, R. E. and Gibbons, N. E. (eds) (1974) *Bergey's Manual of Determinative Bacteriology,* 8th edn, Williams and Wilkins, Baltimore.

Hawker, L. E. and Linton, A. H. (eds) (1979) *Microorganims Function, Form and Environment,* 2nd edn, Edward Arnold, London.

Krieg, N. R. and Holt, J. G. (eds) (1984) *Bergey's Manual of Systematic Bacteriology,* Vol. 1. Williams and Wilkins, Baltimore.

Stanier, R. Y. , Ingraham, J. L. , Wheelis, M. L. , and Painter, P. R. (1986) *The Microbial World.* 5th edn, Prentice Hall, New Jersey.

Sterritt, R. M. , and Lester, J. N. (1988) *Microbiology for Environmental and Public Health Engineers,* E. &F. N. Spon, Lonon.

Wilson, G. S. , Miles, A. A. and Parker, M. T. (eds) (1983) *Topley and Wilson's Principles of Bacteriology, Virology and Immunity,* 7th edn, Vol. 2. Systematic Bacteriology, Edward Arnold, London.

chapter 2 | 세균과 고균

연습문제

01 세균을 분류하고 그들이 갖는 특징을 설명하라.

02 세균의 일반적인 구조를 그리고 각각의 구조물에 대하여 설명하라.

03 세균을 영양요구성(nutritional requirement) 측면에서 4가지로 구분하고, 각각의 탄소원 및 에너지원을 설명하라.

04 내생포자(endospore)를 생성하는 세균의 종류를 들고, 이들 세균이 포자를 형성하는 중요한 의미를 설명하라.

05 세균의 그람염색(Gram staining) 과정을 단계별로 설명하고 염색결과로서 생기는 색깔의 차이를 세포벽의 화학적 조성에 근거하여 설명하라.

06 세포벽(cell wall)의 구조적 기능에 대하여 설명하라.

07 세균의 편모(flagella)와 필리(pili)의 구조와 기능상의 차이점을 설명하라.

08 세균의 생성하는 세포외 물질(extracellular material)인 캡슐(capsule)과 점액질(slime layer)의 차이점을 설명하고, 이들이 갖는 기능상의 중요점을 설명하라.

09 세균의 생장에 영향을 미치는 여러 가지 요인들 가운데 아래 두 요인에 근거하여 세균을 구분하고 각각에 대하여 자세히 설명하라.

(1) 산소

(2) 온도

10 마이코플라스마(mycoplasma)와 리케치아(rickettsia)가 갖는 다른 일반적인 세균과의 차이점은 무엇인가?

11 단일 세균의 형태 및 그들의 배열, 그리고 집락의 형태를 구분하여 설명하라.

CHAPTER

진핵미생물 03

CHAPTER

03 진핵미생물

3.1 서 론

제2장에서 세균은 공중보건이나 환경공학적 관점에서 가장 중요한 군이라는 것이 입증되었다. 미생물의 세계는 또한 많은 진핵 생물체를 포함하며, 이는 세 가지의 주요 군(group)인 조류(algae), 진균류(fungi) 그리고 원생동물(protozoa)로 나누어진다. 이들 생물체는 이 장에서 함께 설명될 것인데 그 이유는 그들이 유사한 특성을 가지기 때문이 아니라 그 군이 매우 다양하고 진핵세포의 체계를 갖는 진정한 미생물로 구성되어 있기 때문이다.

3.2 조 류

이 군을 구성하는 생명체는 광합성 측면에서 본질적으로 식물과 같지만, 그것은 육안으로 볼 수 있는 형태뿐 아니라 현미경적인 형태를 포함한다. 이 군의 이름은 라틴어의 해초로부터 유래하며 육안으로 볼 수 있는 조류형태는 흔히 해안가로 밀려드는 것이다. 대부분의 조류는 수서 생물체(aquatic organism)이며 그들은 민물이나 염분이 있는 물에 서식한다. 그들은 통상 자유생활(free-living)을 하나 일부 수서종은 바다의 무척추동물과 공생적 관계를 유지한다(예, 산호와 해면). 육상종(terrestrial species)은 보통 토양이나 나무의 껍질에서 자라나며 일부는 지의류(lichen)를 형성하기 위해서 진균류와 공생관계를 유지한다. 이들 두 종류의 자연적 관계는 여러 좋지 않은 환경이나 특히 암석표면에서 서서히 집락을 형성하면서 자란다.

지구 표면의 약 70%는 물로 덮혀 있으며 조류가 모든 육지식물과 유사한 양의 이산화탄소를 고정하는데, 해변이나 얕은 물가에서 육안으로 볼 수 있는 조류만을 생각하면 쉽게 이해가 되지 않는 것이다. 대부분의 조류는 부유하는 식물성 플랑크톤(phytoplankton)을 형성하는 현미경적인 단세포들로 존재한다. 그들의 밀도는 낮고 따라서 바다의 색깔에 영향을 미치지 못한다. 그러나 그들이 차지하고 있는 바다의 거대한 부피로 인해 조류는 모든 광합성 생물체들 중 가장 풍부한 종류이다.

조류는 광합성을 하는 생물체이다. 대부분의 조류는 자유부유생활을 한다. 많은 단세포종들은 다양한 수체에서 엄청난 개체수로 존재한다. 조류대발생(algal blooms)이라고 알려진 조류의 급성장은 물속에서 독소를 증가시켜 수서군집을 파괴시킬 수 있다.

조류의 분류는 그들의 세포적 특성, 세포벽의 성질, 광합성 색소들, 그리고 운동성 세포에서 편모의 배열에 바탕을 두고 있다. 이들을 근거로 전통적으로 조류는 7개의 문(phyla)으로 나누어질 수 있다(표 3.1). 그러나 18S rDNA에 근거한 계통분류학적 연구에 따르면 조류 종류는 진화적으로 매우 다르며 이들을 단순히 광합성 측면에서 조류라는 분류군으로 묶는 것이 합리적인지 의문이 제기되고 있다. 모든 조류는 엽록체(chloroplast)에 엽록소(chlorophyll)를 가지고 있으며, 부가적으로 특징적인 이차색소(secondary pigment)를 갖는다. 그러나 어떤 조류는 비가역적으로 엽록체를 잃게 되는데, 이런 생물체를 조류 학자들은 백색체(leucophyte)라고 부른다. 이러한 생물체

표 3.1 조류의 주요 구분

문	주요 특성	예
Chlorophyta (녹조류)	주요 색소 : 엽록소 17개의 목 : 매우 다양함	*Chlamydomonas*
Euglenophyta (유글레나류)	단세포성의 푸르거나 무색의 편모충류	*Euglena*
Chrysophyta (황갈조류)	편모충류 주요 색소 : carotenoids	규조류
Pyrrophyta (쌍편모류)	주요 색소 : carotenoids, xanthophylls 2개의 편모를 갖는 단세포, 주로 해양성	*Gonyaulax*
Phaeophyta (갈조류)	fucoxanthin 색소 사상성	미역
Rhodophyta (홍조류)	주요 색소 : phycoerythrin 비운동성	김
Cryptophyta (은편모조류)	xanthophylls, 엽록소 우세 단세포성 편모류	*Cryptomonas*

들은 세포적 특성과 흔적으로 남은 비색소성의 엽록체나 혹은 색소를 띤 안점(eyespot)의 존재여부에 의하여 비색소성 조류로서 명백히 구분될 수 있다. 이들 생물체들은 어떤 단계에서 광합성 능력의 손실을 통해서 진화되었다는 것이 분명하다.

이러한 현상은 *Euglena* 균주를 가지고 실험적으로 입증할 수 있는데, 만일 자외선이나 높은 열에 노출되면 *Astasia* 속의 비광합성의 편모충류부터 식별이 불가능한 안정한 무색의 생물체를 만들어낸다. Euglenophyta를 포함하는 몇몇의 조류군에서 발생하는 백색체의 생물체의 존재는 어떤 단세포성 조류와 원생동물과 과도기적인 군과의 유사성을 암시한다. 조류문인 Euglenophyta는 원생동물 세계에서는 식물성 편모충류 상강(superclass Phytomastigophora)과 동일하다.

대부분의 조류 종들은 광합성 능력을 갖고 있다. 그 결과 그들은 간단한 영양요구성을 가지며 빛 존재하에서 완전한 무기배지에서 자란다. 그러나 일부 조류는 평범한 비타민-B_{12} 같은 특별한 비타민 요구성을 갖는다. 자연환경에서 이들 물질의 공급원은 아마도 같은 서식지에서 생활하는 세균들일 것이다.

광합성 능력은 주된 탄소와 에너지원으로서 유기물 사용을 배제하지 않으며, 대부분의 조류에서 혼합형태의 물질대사가 발견되고 이를 혼합영양성(mixotrophy)이라 한다. 빛 존재하에서 CO_2를 환원할 수 없는 일부조류는 진화기간에 생겨난 광합성 기구의 결함 때문이다. 녹조류인 *Chlamydobotrys*는 탄소요구를 충족시키기 위해서 아세트산이나 다른 적절한 유기화합물을 이용한다. 빛 존재하에서 CO_2를 이용하는 많은 조류는 어둠 속에서 다양한 유기화합물을 이용하여 잘 자랄 수 있다. 이들 생물체는 독립영양으로부터 종속영양의 물질대사로 전환할 수 있으며, 이 변화는 빛의 지속된 부재에 의해 조절된다. 세포벽에 의해 완전히 둘러싸인 생물체는 어둠 속에서 오로지 가용성의 유기기질을 이용할 수 있다. 그러나 부분적으로 둘러싸이거나 세포벽이 없는 생물체는 세균과 다른 작은 생물체를 섭취할 수 있으며, 이같이 원생동물과 유사한 식균영양성(phagotrophy) 형태를 이용한다.

3.2.1 형 태

조류의 세포벽은 비록 구조에서 매우 다양하지만 전형적으로 매우 견고하다. 세포들은 세포벽의 외부에 존재하는 협막(sheath)을 보유하기도 한다. 이들 두 구조는 일반적으로 다른 구성성분을 갖는다. 세포벽과 협막은 흔히 현미경으로 식별하기가 어렵다. 또한 이들 두 층의 화학적 구성에 대한 정보는 매우 제한적이다. 협막은 복잡한 다당류부터 형성된다. 확인된 물질로는 셀룰로오스, 알긴산(alginic acid), 펙틴(pectin), 후신

(fucin), 키틴(chitin) 그리고 뮤코펩티드(mucopeptide) 등이 있다. 이들 물질의 일부는 조류의 단일군에 한정되는 데 반하여 다른 것들은 몇몇 군에서 발견된다.

영양세포 형태의 범위의 예는 그림 3.1에 나와 있다. 조류에는 6가지의 주된 세포형태가 있으며 이들은 몇 가지 예와 함께 표 3.2에 나열되어 있다. 환경과 공중보건공학의 의미에서 중요한 조류는 주로 현미경적 단세포생물이며(표 3.2에서 1, 2군), 그들이 속한 목(order)에 관계없이 편모를 수단으로 움직이고 통틀어 편모충류(flagellate)라고 부른다. 이 군의 전형적인 예가 *Euglena*와 *Chlamydomonas*이다. 일부 다세포성 조류는 성숙상태에서 비운동성임에도 불구하고 이러한 일반적인 항목하에 포함된다. 그 이유는 생식 동안 그들이 흔히 단세포 편모충류와 매우 유사한 움직이는 세포나 배우자(gamete)를 형성하게 되는데, 이것은 이들 생물체가 매우 유사하게 관련되어 있다는 것을 입증한다.

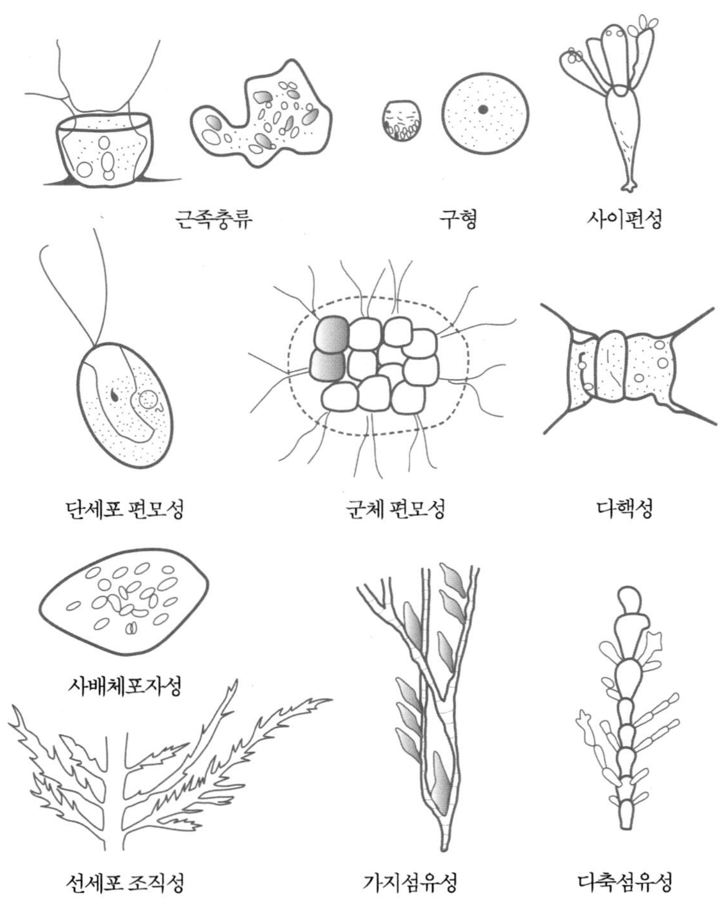

그림 3.1 **조류에서 영양형태 범위의 예**

표 3.2 **조류의 세포 형태**

형 태	종 류	예
단세포성	비운동성 편모에 의한 운동성 다른 수단에 의한 운동성(예, 점액질)	*Chlorella* *Euglena* 규조류
세포의 군체	운동성 비운동성	*Volvox* *Pediastrum*
사상체	비분지성 분지성	*Ulothrix* *Ectocarpus*
복합사상체		홍조류
유조직체		*Fucus*
다핵체		*Cladophora*

더욱이 일부 문은 비운동성이거나 편모 이외의 다른 방법에 의한 운동성을 갖는 단세포 조류들을 포함하는데 이들은 환경학적으로 중요한 의미를 갖는다. 이 군은 Chlorophyta에 속하는 접합조류와 Chrysophyta에 속하며 그들의 운동성이 점액질의 분비에 의존하는 규조류(diatom)를 포함한다. 규조류의 세포벽은 실리카(silica)로 보강된다. 이 실리카로 된 골격은 규조토나 Kieselguhr라 하는 커다란 화석 퇴적물에 축적되었으며 그것은 여러 가지 여과장치에 사용된다.

3.2.2 생 식

무성생식(asexual reproduction) 기작은 모든 조류에 존재하는데 이것에는 분열(fission), 포자형성 그리고 다세포체에서의 다핵분절의 방출 등이 있다. 분열은 통상 이분법(binary fission) 형태로 일어나는데 세포벽 안에서 일어난다. 어떤 종에서는 부모의 세포벽이 제거되고 완성된 새로운 벽이 생겨나는 데 반하여, 규조류 같은 종에서는 부모의 세포벽이 공유되고, 각각의 자손은 없는 부분만을 새로 만든다. 다분법(multiple fission)은 4, 8개 혹은 그 이상의 자손을 생산하는 연속적인 핵과 세포분열의 결과로서 일어난다.

대부분의 비운동성 조류는 무성생식의 중요수단으로 운동성 유주자(zoospore)를 생성한다. 영양체의 원형질체는 편모의 발달에 의해 유주자로 분화되거나 소단위로서 세분되며 각각은 편모를 발달시킨다. 유주자는 새로운 곳으로 유영을 하며 새로운 영양생물체를 형성하기 위해서 발아한다. 많은 다세포성의 조류에서 영양생식은 다세포성의 단위로부터 소수의 세포가 우연히 또는 의도적으로 방출된 결과로 일어난다.

유성생식(sexual reproduction)은 대부분의 조류군에서 널리 일어나는 것으로 무성생식 기작의 자손과 달리 그들의 부모와 유전적으로 동일하지 않은 자손을 얻는다. 그 과정들은 매우 다양한데 단세포 생물체에서는 전체 생물체가 융합(fusion) 되기도 하며 다세포체에서는 식별이 어려운 배우자(gamete), 암수의 식별이 가능한 배우자 또는 각각 다른 운동성 배우자들의 융합이 일어날 수 있다.

조류의 염색체 수는 생활환(life cycle) 동안 3가지 변화를 나타낸다. 여기에는 일례로 단수체 영양 생물체에서 1게놈(genome; 1N)과 이배체 생물체에서 2게놈(2N)같이 적절한 수의 염색체의 완전한 조합으로 감소시키는 감수분열(meiosis)을 통해 유전물질이 무한정으로 증가하는 것을 막는 과정이 있다.

3.2.3 분 류

(1) Chlorophyta 문(녹조류)

녹조류(Chlorophyta, green algae)는 식물과 구조적 및 생화학적 유사성이 가장 크며, 가까운 유연관계를 가진다. 이 군은 다른 조류군과 비교하여 더 다양하다. 이것은 크고 다양한 조류의 군이며, 그 일부 구성원은 사실상 모든 조류 서식처에서 발견되고 일부 속과 종은 도처에 산재한다. 녹조류의 대다수는 세포당 1개의 엽록체만을 보유한다. 그 속에는 Volvocales, Tetrasporales, Chlorococcales, Chaetophorales, Desmidiales, Zygnemales 등의 9개 목이나 주요 아문(subdivision)이 있으며 이들은 폐수처리 공정과 오염된 물에서 발견된다. 이 군에는 단세포와 다세포성 생물체가 있다. 전형적인 단세포 생물체로는 Volvocales의 구성원인 *Chlamydomonas*가 있다. 그것은 수영장, 수로 그리고 산화지(oxidation pond)에 널리 산재한다. 자유유영을 하는 영양세포는 일반적으로 모양이 구형이나 난형이며 셀룰로오스로 구성된 세포벽이 항상 존재한다. 전단부에서 세포는 같은 길이의 2개의 편모와 붉은 안점(eyespot)을 가진다. 핵을 둘러싸는 것은 커다란 컵 모양의 엽록체가 있는 소량의 무색의 세포질이다. 명백하게 엽록체에서 볼 수 있는 것은 저장물질의 역할을 하는 전분 형성의 중심부로서 작용하는 단백질체인 피레노이드(pyrenoid)이다.

*Chlamydomonas*는 2, 4 혹은 8개의 유주자를 생성하는 다분법에 의해 무성적으로 증식한다. 영양세포는 먼저 섬모의 수축에 의해 비활동성이 된 후 원형질체는 내부적으로 분열한다. 딸세포는 세포벽과 1쌍의 섬모를 형성하기 위하여 일부 확대된다. 부모

세포벽은 딸세포를 방출하기 위해서 파괴되고 그 후 확대되어 새로운 영양세포를 형성한다. 만일 영양생장에 좋지 않은 조건이 주어지면 무성생식의 결과로 형성된 딸세포가 방출되는 대신 pallmelloid stage가 점액질의 두꺼운 벽에 둘러싸인 모세포벽 내에 유지된다. 영양생장을 위한 적절한 조건의 복귀 시에 딸세포는 방출된다. *Chlamydomonas*는 또한 유사한 배우자의 융합에 의해 유성적으로 증식하는데 영양세포 원형질체의 16 혹은 32개의 소단위의 분열에 의해 배우자가 생성된다. 두 접합자(zygote)는 감수분열을 하여 4개의 유주자를 생성하며 이것은 방출되어 영양세포로 발달된다.

(2) Euglenophyta 문(유글레나류)

세포벽이 없는 유글레나류(Euglenophyta, euglenoids)는 담수, 고인 연못, 호수 등에서 발견된다. 이들 조류는 엽록체, 수축포, 빛에 민감한 안점을 포함한 다양한 종류의 소기관을 가진다. 유글레나의 세포 또한 긴 형태인데 무딘 전단부와 끝이 뾰족한 후단부를 갖는다. 그 형태는 몸체를 나선으로 둘러싸 외막을 형성하고 있는 유연한 페리클(pellicle)에 의해 유지된다. 전단부는 깔대기 모양의 세포구(cytostome)와 저장기관(reservoir)으로 연결되는 짧은 관으로 이루어진 플라스크 형태의 함입 부분을 가지며 그것은 결국 수축포로 연결된다. 빛에 민감한 색소인 카로틴(carotene)을 포함하는 stigma 또는 안점은 식도(gullet)의 한쪽에 존재한다. *Euglena*는 저장기관의 기저로부터 생겨난 길고 짧은 2개의 편모를 갖는다. 긴 편모는 세포구를 통해 뻗어있으며 운동성 구조로서 작용한다. 두 번째 편모는 세포구 너머로 뻗어있지 않다. 운동은 편모의 기저로부터 정단으로 뻗은 수축파를 통해서 일어난다. 편모는 나선형 방식으로 움직이며 유글레나는 물을 통해서 앞으로 움직이는데 물에 나선형 흔적이 남는다. 동시에 세포는 자신의 축을 중심으로 회전한다. 이 움직임의 방법은 빠르지만 이 생물체는 또한 천천히 운동을 할 수 있다. 페리클 물질은 세포막 아래의 세포주변에 감겨 있다. 이들 페리클 대(band)의 접촉영역에서의 연결은 유연한 페리클의 반복되는 이완과 수축이라는 결과로 나타난다. 몸체 형태에서의 이들 변화의 결과로서 서서히 포복하는 유글레나적인 운동이 일어난다.

통상 *Euglena*는 광선과 평행한 장축으로 빛을 따라서 유영을 한다. 안점과 연계되어 작동하는 긴 편모의 기저에 위치한 광수용체는 주광성 반응(phototaxis)을 조절한다. 세포질은 엽록체와 전분 같은 다당류인 파라밀룸(paramylum) 과립 같은 흔한 소기관을 포함한다. 엽록체의 형태와 수는 종에 따라 다양하다. *Euglena viridis*에서 엽록체들은 세포의 중심으로부터 방사되는 astellate 구조를 형성한다. 빛 존재하에서 엽록체는 활동적이며, *Euglena*는 광영양체로서 작용한다. 빛이 오랜 동안 없을 때 광합성 색소는 파괴되고, 만일 용해성 유기기질이 존재하면 세포는 종속영양성이 된다. 만일 빛이 이용가능하면 광합성 색소는 회복되어 예전의 물질대사를 다시 갖추게 된다.

(3) Chrysophyta 문(황갈조류)

황갈조류(Chrysophyta, golden brown algae)는 주로 민물에서 생겨나며 200여 종이 있다. 대부분은 세포벽이 없는 단세포성 편모충류이다. 그들은 자유유영을 하거나 고착성이며 일부는 집락을 형성한다. 운동성 세포는 1, 2 혹은 3개의 같거나 같지 않은 길이의 전단에 고착된 편모를 가진다. 무성생식은 종분열(longitudinal fission)에 의해 주로 일어난다. 운동성이 없는 종에서는 유주자가 생성된다. 유성생식이 이 군에서 일어나는지는 의심스럽다. 그러나 특징적인 모습은 실리카(silica)로 된 세포벽과 한 끝에 작은 마개를 가지는 포낭(cyst)을 형성하는 것이다.

이 종류에 포함되는 다른 군은 규조류(diatom)이다. 그들은 다른 조류와 매우 모호한 관계를 갖는 독특한 군을 구성한다. 그들은 단세포 형태로 약 5,000종 정도가 존재하는데 대개 민물이나 염수뿐 아니라 습기찬 토양에서도 발견되며, 우리나라의 호수에서도 봄철에 우점종으로 나타난다. 규조류는 자유유영을 하거나 고착생활을 하는데 종종 나뭇가지, 조개껍질, 다른 수서식물과 부스러기뿐만 아니라 얕은 물의 바닥에 있는 저질층에서 점액질의 갈색 피막을 형성한다. 규조류는 화학적으로 독특하여 세포벽에는 고농도의 규산염(silicate)을 포함한다. 이 규산염은 유리, 화강암, 모래의 기본 구성물질이다. 규조류는 계속적으로 규산염을 흡수하여 세포벽에 축적한다. 규조류가 죽으면 세포벽의 실리카는 빠르게 녹기 시작한다. 그러나 좋은 조건에서 이들 유리성질을 갖는 구조는 축적되어 규조토(diatomaceous earth)라고 하는 화석규조류(fossil diatom)의 퇴적물을 형성한다. 이 같은 퇴적물은 수천 년 동안 축적된 것으로 세계의 어떤 지역에서 900 m 두께로 발견되기도 한다. 규조류 잔류물은 상업적 가치를 가지며 연마체, 필터, 절연물질로 사용된다.

대부분의 규조류가 단독생활을 할지라도 일부는 다양한 형태의 집락을 형성하는데 각 개체는 점액질의 협막에 의해 함께 뭉쳐진다. 황갈색의 이들 색깔은 특히 카로틴과 몇 가지 갈색 엽황소(xanthophyll) 색소 같은 과량의 카로티노이드(carotenoid)와 관련된 엽록소가 존재하기 때문이다. 규조류는 실리카로 된 세포벽으로 이루어진 규조각에 의해 다른 조류와 식별된다. 이것은 한 개는 덮개같이 다른 것과 포개져 있고, 다른 것은 pillbox의 밑에 있는 두 가지 밸브로 구성된다. 밸브가 겹쳐진 곳을 girdle이라 부른다. 세포벽은 많은 양의 실리카를 포함하는 펙틴으로 구성되어 있다. 규칙적이고 정교한 형태를 형성하는 많은 미세한 횡선으로 다양한 무늬를 이룬다. 대부분의 규조류에서 핵은 가느다란 선이나 세포벽 다음에 존재하는 얇은 층과 연결된 세포질의 넓은 횡선에 의해서 세포의 중심에 존재하게 된다. 주변층에 묻혀있는 한 개 혹은 그 이상의 색소체(plastid)는 대개 갈색이며 가끔 노랑이나 연두색을 띤다. 생식은 주로 분열(이분법)에 의해 일어나며 세포는 항상 밸브의 평면에서 분열된다. 2개의 밸브는 분리되고 각각의 딸원형질체는 노출된 측면에서 새로운 벽을 형성하며 새로운 벽은 기존의 것의 안쪽에 맞게 된다. 하나의 딸세포는 항상 모세포만큼 크나 다른 것은 모세포보다 작다. 작아진 개체들의 원형질이 실리카 껍질을 벗어나(증대포자) 자란 뒤 껍질을 다시 만들어 원래의 크기대로 회복된다.

(4) Pyrrophyta 문(와편모조류)

와편모조류(Pyrrophyta, dinoflagellates)는 해양이나 담수에서 서식하는 식물성플랑크톤이다. 광합성 색소에 따라 황록색, 녹색, 갈색, 푸른색, 또는 적색으로 보인다. 붉은색은 흔히 개체군의 대증식을 일으켜 바다의 색을 붉은색이나 갈색으로 변하게 한다. Pyrrophyta 혹은 fire algae는 일반적으로 갈색이나 적색을 띠는데 이는 xanthophyll 색소를 가지기 때문이다. 이로 인해 fire algae가 다량으로 증식하게 되면 물색깔이 붉은색으로 변하는 적조(red tide) 현상이 나타난다. Pyrrophyta는 단세포성이며 쌍편모류로서 전분이나 기름을 저장한다. Pyrrophyta의 대표적인 구성원인 쌍편모조류(dinoflagellate)는 두 개의 편모를 가지며 세포분열에 의하여 증식한다. 세포벽은 셀룰로오스를 포함하며 theca(갑)라고 하는 판을 갖는다. 그들의 세포벽 구조 때문에 theca판을 생성하는 일부 dinoflagellastes는 갑주쌍편모조류(armored dinoflagellate)로 알려져 있다.

몇 가지 dinoflagellastes는 생체발광(bioluminescence)을 나타내는데 이러한 특징 때문에 fire algae라고도 부른다. 일부 종은 또한 일주기(circadian rhythm)라고 하는 24시간 주기의 규칙적인 행동양식을 보여준다. 예를 들어, *Gonyaulax polyedra*는 밤에 빛을 내는 주기적인 발광을 보여준다. 발광리듬은 빛을 내는 데 관여하는 루시페린(luciferin)과 루시페라아제(luciferase)가 밤에 증가하기 때문에 나타난다. *G. polyedra*는 광합성 능력과 세포분열 능력도 갖는다.

*Gonyaulax*와 다른 dinoflagellates 종들은 독소를 생성하기도 하여 대발생(bloom) 시에는 dinoflagellate의 독소가 무척추동물을 죽인다. 그 대발생(bloom)은 일부 해양 생물체를 죽이지만 그들 독소는 조개와 굴 같은 여과섭식하는 연체동물의 조직에 농축되기도 한다. Dinoflagellates의 독소를 축적한 조개류의 섭취로 마비성 조개류 독성증(paralytic shellfish poisoning)을 일으킨다. 사람에게 이러한 마비성 조개류

독성증의 발생을 막기 위해서는 적조발생 기간에 조개류의 채취를 금지해야 하는데 그 기준은 물 1mL에 3,000개체가 된다.

(5) Phaeophyta 문(갈조류)

갈조류(Phaeophyta, brown algae)는 200가지의 속과 1,500가지의 종을 포함한다. 갈조류는 온대성 또는 한대성 해수에서 발견되며, 작은 사상의 형태로부터 거대 미역에 이르기까지 다양한 크기를 가진다. 갈조류는 광합성 색소에 따라 올리브색, 금색, 또는 진한 갈색으로 나타내는데, 주로 카로테노이드와 엽록소보다 많은 xanthophyll을 생성하여 이들 생물체가 갈색을 띠게 한다. 갈조류의 주요 저장물질은 라미나린(laminarin)과 만니톨(mannitol)이다. Phaeophyta의 세포벽은 내부의 셀룰로오스층과 외부의 점액질층의 두 층으로 구성되어 있다. 알긴산은 통상 세포벽의 생화학적 구성물질로서 발견된다.

Phaeophyta는 거의 해양 생물체이며 해안지역에서 주로 발견된다. 갈조류인 켈프(kelp)는 길이가 50m까지 되는 거대한 구조물을 형성할 수 있다. 대부분의 켈프는 가근(holdfast), 줄기(stem), 잎(blade)으로 구성되는 영양구조를 갖는다. *Fucus*와 *Sargassum* 속은 Phaeophyta의 대표적인 생물체이다. *S. natans*는 대서양 지역에서 발견된다. *Fucus* 종은 암석으로 이루어진 바닷가에서 발견되는데 판 같은 가근에 의해 암석에 부착되어 있다. 이들 갈조류는 조류와 식물의 경계에 위치하는 조류이자 미생물로 분류되는 복잡한 생물체이다. 그러나 갈조류부터 녹색식물이 직접 진화되었다는 근거는 없다.

(6) Rhodophyta 문(홍조류)

홍조류(Rhodophyta, red algae)는 따뜻한 조류나 열대해양, 심해에서 특히 풍부하게 존재한다. 대부분은 집락성이며, 일부는 단세포성이다. 대부분의 종은 사상성의 다세포성이며, 종종 분지상인 것들도 있다. Rhodophyta 혹은 홍조류는 엽록소뿐만 아니라 phycocyanin과 phycoerythrin을 포함한다. Rhodophyta의 붉은색은 phycoerythrin에 기인한다. Rhodophyta는 고등식물에서 발견되는 아밀로펙틴(amylopectin)과 유사한 다당류인 Floridean starch라고 하는 저장물질을 갖는다. *Tetrasporangium*에서 생성되는 포자인 tetraspore는 일부 홍조류의 생활환에서 형성되며 이들 포자는 결국 암수배우체로 분화된다. 홍조류에 속하는 대표적인 속으로는 *Nemalion*, *Callithamnion*, *Delesserica*, *Anthithaamion*, *Callophyllis*, *Porphyridium* 등이 있다. 대부분의 홍조류는 해양 서식처에서 발견된다. 한천과 카라지난(carrageenan) 같은 여러 가지 생화학적인 물질들이 홍조류의 세포벽에서 발견된다. 홍조류의 한천과 카라지난은 여러 가지 음식의 점착제로 널리 이용되는데 *Chondrus cripus*의 카라지난은 푸딩(pudding)에 이용된다. 홍조류인 김(*Porphyra*)은 식량자원으로서 우리나라와 일본 등지에서 재배되고 있다.

(7) Cryptophyta 문(은편모조류)

Cryptophyta는 단세포성 조류로서 통상 종적 세포분열에 의하여 증식하며 두 개의 같은 길이의 편모를 생성한다. 이들 조류는 대개 갈색을 띤다. Cryptomonad는 주변세포질체(periplast)라고 불리는 외부덮개로 둘러싸여 있는 납작한 비대칭적인 세포이다. 이 군의 대표적인 속으로는 *Cryptomonas*와 *Chroomonas*가 있다.

참고로 우리나라의 수질오염공정 시험방법이나 많은 환경관련 자료들에서는 남세균(cyanobacteria)을 예전 습관처럼 남조류(blue green algae)로 부르고 있으나 이들은 분명히 세균 종류로 간주되어야 할 것이다.

3.3 원생동물

이 군의 이름은 "최초의 동물"로 번역되는 그리스 단어 protos와 zoon으로부터 유래한다. 이 진핵생물체에는 32,000가지의 생존하는 종이 있으며 그중 10,000종은 기생성이다. 모두가 단세포이며 거의 대부분이 현미경적 크기이다. 그러나 일부 종은 독립적인 세포의 집락을 형성한다. 원생동물은 세포벽이 없어서 다른 진핵미생물(조류와 진균류)과 구분된다. 원생동물은 동물세포의 특성을 가질 뿐만 아니라 몇 종류의 운동성을 가지고 있다.

원생동물은 계통분류학적으로 매우 이질적인 종류들을 많이 포함하고 있기 때문에 계통분류가 매우 복잡하다. 이전에 조류나 진균에 속하던 것들도 여러 가지가 포함되어 있으며 여러 개의 문이 조류와 섞여 있다. 여기에서는 이해를 돕기 위해 과거의 체제를 소개한다.

원생동물문은 전통적으로 육질편모충류(sarcomastigophora), 섬모충류(ciliophora), 그리고 포자충류(sporozoa)의 3개의 아문으로 나누어진다. Sarcomastigophora는 2개의 상강(superclass)인 편모충류(mastigophora)와 육질충류(sarcodina)로 나누어진다. 원생동물의 일차적 분류방법은 운동성 체계에 의한다. 아메바는 위족(pseudopodia)이라고 하는 세포의 손가락 같은 돌출부에 의해 움직인다. 섬모충류는 그들 세포를 둘러싸는 섬모(cilia)라고 불리는 미세한 털의 운동에 의해 움직인다. 편모충류는 통상 그들 세포의 끝에 위치하는 편모(flagella)에 의해 그들 자신을 추진한다. 항상 기생성인 포자충류는 운동성 구조물을 가지고 있지 않다. 그들은 그들의 몸체를 구부림으로써 활주에 의해 움직인다. 최근의 분자 계통학적 연구에 따르면 종래의 원생동물이 조류와 마찬가지로 매우 이질적인 많은 분류군으로 나누어진다. 이들은 진화적 측면에서 연관성이 낮기 때문에 단순히 세포벽이 없는 단세포성 생물이라는 측면에서 같은 군으로 취급하는 것이 바람직하지 못하다.

원생동물은 세포 내 분화와 사상성 체계의 부재라는 특징적인 경향에 의해서 진균류와 구분된다. 원생동물의 주요 군은 고체성의 먹이를 특별한 구조물에 의하여 섭취하는 독특한 특징이 발달되었다. 이들 구조물은 원생동물의 세포 내로 확산될 수 없는 커다란 입자를 섭취할 수 있도록 한다. 원생동물은 운동성 미생물 세포도 섭취하기 때문에 많은 원생동물은 먹이를 잡기 위한 운동성을 가지고 있다. 비운동성의 원생동물들도 통상 입자성 먹이를 모으기 위해 편모, 섬모나 위족을 가지고 있다. 먹이 섭취의 중요성은 비타민과 아미노산 같은 복합 영양 요구성을 충족시키는 것인데 이것들은 주변의 용액으로부터는 이용할 수 없기 때문이다. 섭식의 이 같은 형태는 대부분의 원생동물이 화학유기영양체라는 것을 의미한다. 그러나 일부 육질편모충류의 구성원으로서 분류될 수 있는 것들은 광합성을 할 수 있다. 원생동물학자와 조류학자들은 이들 생물체가 원생동물인지 조류인지 의견이 대립되고 있다 . 예를 들어 유글레나는 산화지(oxidation pond)에서 발견되는데, 이는 원생동물학자에 의해서 Euglenoida 군으로, 조류학자에 의해서 Euglenophyta로 분류된다. 이같이 원생동물은 진균류로부터 쉽게 식별할 수 있는 데 반하여 현미경적인 단세포 조류와는 쉽게 구별이 되지 않는다.

원생동물은 공중보건이나 환경을 다루는 사람들에게 두 가지의 중요한 분야에서 영향을 미친다. 원생동물은 안전한 물공급이 되지 않는 지역에 사는 사람들에게 많은 수인성 전염병을 일으킨다. 말라리아 병원체는 인간에게 가장 중요한 원생동물 병원체로 모기가 매개하는데, 모기가 물과 관련된 생활사를 가지므로 말라리아는 또 다른 물관련 질병의 예가 된다. 또한 원생동물은 대부분의 호기성 생물학적 폐수처리 과정에서 중요한 역할을 하기 때문에 일종의 공정의 지표로 간주되기도 한다. 더욱 일반적으로 그들은 자연환경에서 생물군집의 먹이연쇄 중 중간 연결체로서 중요한 역할을 갖는다. 예를 들어 해양환경에서 원생동물인 동물성 플랑크톤(zooplankton)은 식물성 플랑크톤(phytoplankton)을 섭취한다. 동물성 플랑크톤은 보다 커다란 해양생물체의 먹이가 된다. 습지와 늪을 포함하는 수환경에서 부패성 진균류와 세균은 죽은 생물체들과 그들로부터의 분비산물을 분해시키고, 원생동물은 이 유기물 분해의 최종단계에 수반되는 생물체에 의해 생성된 물질들을 이용한다.

3.3.1 형 태

원생동물의 크기와 형태는 매우 다양하다. 일부는 구형이나 난형이고 다른 것들은 길며 어떤 것들은 다형성(그들의 생활환의 여러 단계 동안에 다른 형태를 갖는다)이다. 여러 가지 형태의 예들이 그림 3.2에 나타나 있다.

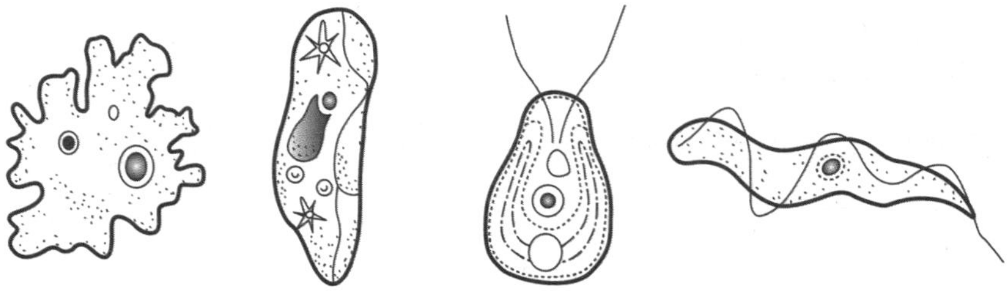

아메바 짚신벌레 클라미도모나스 트리파노소마

그림 3.2 원생동물의 세포형태의 범위

어떤 원생동물은 직경 1 μm 정도로 작으며 어떤 것들은 2,000 μm (2 mm) 정도로 커서 육안으로도 식별할 수 있다. 전형적인 원생동물 세포는 세포막에 의해서 둘러싸여 있으며 대부분은 외질(ectoplasm)이라 부르는 세포질층을 갖고 있는데 이것은 내질(endoplasm) 또는 내부 세포질로부터 구분이 된다. 이들은 어떤 구조에 의해서 분리되는 것이 아니라, 다른 성분을 포함하고 있어서 다른 일관성을 갖는다. 대부분의 소기관은 내질 안에서 발견된다. 많은 원생동물은 생활환의 대부분의 기간 중 한 개 이상의 핵을 갖는다. 섬모충류에서 한 개의 커다란 대핵(macronucleus)은 물질대사적 생장과 재생활동을 조절하며, 한편 작은 소핵(micronucleus)은 생식기능을 조절한다. 세포막은 페리클에 의해 둘러싸여 있다. 세포막은 어떤 것에서는(예, 아메바) 얇은 확산층이며 다른 것(예, 섬모충류)에서는 단단하다. 세포벽 대신 존재하는 페리클은 이 원생동물 종류의 주요 특징 중의 하나이다. 많은 원생동물은 그들 세포에 견고성을 주기 위해서 그들의 페리클에 외골격(exoskeleton)이라는 느슨하게 붙어있는 표피를 형성한다. 이들 구조들은 외각(shell 또는 test)이라고 불리며, 탄산칼슘(calcium carbonate)이나 실리카 같은 무기물질로 보강되어 있다. 여러 가지 원생동물에 존재하는 많은 다른 내부 구조물이나 소기관이 표 3.3에 요약되어 있다.

표 3.3 **원생동물에서 발견되는 소기관과 구조**

내부구조	특 징	보유생물
식포 (Food vacuole)	먹이를 싸기 위해 세포표면 세포구(cytostome)의 내부 표면 또는 세포인두(cytopharynx)의 내부 끝에 형성되는 막에 둘러싸인 일시적인 포낭·소화는 포낭이 세포질로 움직임에 따라서 일어난다.	고형먹이를 섭취하는 모든 원생동물
세포인두 (Cytopharynx)	섭취된 음식이 세포구에서 식포로 통과하는 통로. 영구적이거나 일시적일 수 있다.	세포구를 갖는 대부분의 원생동물
수축포 (Contractile vacuole)	막으로 둘러싸인 포낭. 통상 세포질 내의 특정부위에 고정. 세포질로부터의 액체가 액포 안에 축적되고 그로부터 외부로 방출된다.	흔히 민물성 원생동물 중에 그리고 해양과 기생성 원생동물 가운데서 다양하게 발견
키네토솜 (Kinetosome)	기저과립, 기저체 혹은 구조라고도 불리운다. 편모나 섬모의 세포 내 기저부	편모 또는 섬모를 갖는 원생동물에서 발견
표면구조 점액 분비체 (Muciferous body)	세포 표면 바로 안에 있는 막으로 둘러싸인 소기관. 그것은 세포 외로 방출된다. 내용물은 소낭벽을 만드는 데 사용된다.	일부 편모충류와 섬모충류에서 발견
모간 또는 사출관 (Trichites, trichocysts & haptocysts)	점액질체로부터 진화된 구조. 방출되었을 때 그들 구조는 단백질사를 형성하며 섭식을 돕고, 포식자에 대한 방어를 하게 한다.	일부 편모충류와 섬모충류에서 발견
세포구 (Cytosotome)	먹이를 위해 열려있는 것이 특징적이며, 영구적인 지역. 일반적으로 열려있을 때는 구형이나 때로는 동전구멍 같다.	대부분의 섬모충류와 일부 편모충류 및 아메바에서 발견
구강홈 (Oral groove)	세포구로 연결되는 세포표면의 부위. 세포구 가까이 먹이를 포획하는 데 도움이 된다.	몇몇 편모충류에서 발견, 섬모충류에서는 흔함
파상막 (Undulating membrane)	편모와 관련된 세포피층의 조직판으로 때때로 운동성에 관계된다.	일부 편모충류에서 발견
촉수 (Tentacle)	포획능을 갖는 가느다란 세포질 부속지. 먹이를 포획하는 데 사용된다.	흡관충류에서 전형적. 일군의 섬모충류에서 발견
세포항문 (Cytopyge)	식포의 소화되지 않은 부분의 제거를 위해 열려진 세포 표면상의 한 부위. 세포의 후미주위나 구강홈(oral groove)에 위치한다.	섬모충류에서 발견

생식을 위해서 새로운 개체에는 최소한 숫자의 각 형태의 소기관이 요구된다. 이것이 일어나는 데는 3가지의 기작이 있다 :

① 증식 전에 각 소기관의 복제
② 늙은 소기관의 흡수와 각 딸세포를 위한 새것의 증식

③ 새 세대의 한 구성원 내의 기존 소기관의 잔류와 다른 구성원에 의한 소기관의 생성

이들 기작은 종들 사이에서 매우 다양하다.

3.3.2 생 식

무성생식은 모든 원생동물에서 일어난다. 그 자손들은 부모세포와 유전적으로 동일하다. 그러나 수반되는 기작은 종 간에 다양하다. 편모충류, 일부 아메바와 섬모충류는 분열(fission)이라 불리는 부모 세포의 재분에 의해 증식한다. 이분법(binary fission)으로 두 개의 자손이 생겨나며 다분법(multiple fission)은 여러 개의 딸세포를 만든다. 이들 자손들은 외견상 서로 동일하며 어릴 때 조차도 그들 부모와 동일하다. 흡관충류(suctoreans)는 대부분 출아법(budding)에 의해서 증식하는데 한 개체는 보다 작은 개체를 생성한다.

유성생식은 섬모충류인 짚신벌레 같은 일부 원생동물에서도 일어난다. 접합(conjugation) 과정은 같은 종의 적절한 접합쌍 사이에서 일어난다. 감수분열과 핵 전달의 결과로 접합은 다양한 유전형을 갖는 자손을 생산한다. 자가수정(self fertilization)이나 자가생식(autogamy)도 일어나지만 이것이 유전적 변화를 가져오는 데 중요한 것은 아니다.

3.3.3 분 류

(1) Sarcomastigophora 아문

육질편모충(Sarcomastigophora) 아문(subphylum)은 2가지 상강(superclass)인 편모충류(mastigophora)와 육질충류(scrocodina)를 포함한다. 이는 전자의 편모의 소유에 근거하여 특징지어진다. 편모충류는 원생동물의 가장 다양한 군 중의 하나이며 이들은 아마도 이 생물체의 가장 오래된 군일 것이다. 원생동물학자는 종종 Euglenophyta 라는 조류를 이 군에 포함한다. 분류 도표에서 편모충류는 2개의 군으로 세분되는데, 동물성 편모충류는 오로지 원생동물로서 간주되는 생물체를 포함하고 식물성 편모충류는 Euglenophyta의 생물체를 포함한다. *Euglena* 같은 생물체는 독립영양과 종속영양을 모두 할 수 있으며 그것은 이런 수준에서는 동물계와 식물계 사이에서의 구분이 명확하지 않다는 것을 명백히 나타내기 때문에 이러한 분류가 제안되었다. 이 책에서

식물성 편모충류는 조류로서 다루어졌으며, 3.2절에서 설명되었다. *Trypanosoma* 같은 색깔이 없는 편모충류는 종속영양체이며 전형적인 편모충류이다. Trypanosome은 동물과 인간에 기생체인데 trypanosome의 감염으로 야기되는 인간의 질병은 Chagas' disease, African sleeping sickness(수면병), Kala-azar(리슈마니아증, leishmaniasis)가 있다. 많은 기생체와 같이 *Trypanosoma*의 생활환은 매우 복잡해서 4가지 형태를 겪는다. 대부분의 trypanosome은 벼룩, 파리와 빈대 같은 흡혈절지동물에 의해 직접한 숙주의 순환계로부터 다른 곳으로 전달된다.

육질충류(Sarcodina)는 원생동물 가운데 가장 덜 특수화된 종류이다. 그들은 Rhizopodea와 Actinopodea의 두 강으로 나뉘며 가장 잘 알려진 원생동물인 아메바를 포함한다. 대부분의 이들 생물체는 자유생활을 하며 *Entamoeba histolytica* 같은 종은 인간에서 아메바성 이질을 야기시킨다. 이들 생물체는 민물, 습기찬 토양과 바닷물에 흔하다. 자유생활을 하는 rhizopod 종이 외각(shell)이나 외부에 실리카로 된 골격을 갖는 데 반하여, 아메바는 단단한 껍질이 없는 원형질체이다. 그들 세포질은 plasmalemma라는 얇고 매우 탄력적인 막에 의해 둘러싸여 있다. 세포질은 2개의 층인 plasmalemma의 바로 밑에 얇고 투명한 외부층인 plasmasol과 내부의 과립층을 둘러싸는 plasmagel을 가진다. 핵과 수축포를 포함하는 여러 가지 소기관이 plasmasol 안에 포함되어 있다.

plasmagel과 plasmasol은 이 종류의 생물체의 운동에서 중요한 역할을 하는데 이는 위족(pseudopodia)이라고 부르는 세포질의 돌출에 의해 일어난다. 운동 중에 있을 때 세포는 독특한 후단-전단 배열(posterior-anterior orientation)을 가진다. 위족은 세포의 전단부(anterior end)에서만 형성된다. 움직임은 plasmasol이 plasmagel로 전환됨에 따라 일어나는 세포질의 점도의 변화에 의한 것으로 일반적으로 알려져 있다. 위족이 형성된 지점에서 plasmagel은 부드럽게 되며 plasmasol은 특징적인 돌출부를 형성하기 위하여 약한 지점으로 지나간다. 위족의 정단에서 plasmasol은 plasmagel로 변하고 세포 후단에서는 plasmasol로 변하여 앞쪽으로 흐른다. 이 아메바운동은 세포가 잎이나 돌 같은 고체와 접촉하였을 때만 일어날 수 있다. 액체배지에 섞여있을 때 아메바는 위족을 형성하지 않으므로 액체의 흐르는 방향에 의해서만 표류하게 된다.

위족은 운동기관일 뿐만 아니라 섭식기관이기도 하다. 작은 편모충류와 섬모충류의 원생동물을 포함하여 다양한 작은 미생물이 섭취된다. 먹이입자의 접근은 먹이를 취하는 컵 같은 오목한 곳을 형성하기 위해서 함입되는 위족의 생성을 자극한다. 완전히 둘러싸였을 때 먹이는 식세포체(phagosome)를 형성하여 세포 안으로 들어간다. 이 과정은 식균작용(phagocytosis)으로서 기술된다. 효소는 식세포체 안으로 방출되고 그 먹이는 소화되고 식세포체는 세포질 안으로 이동됨으로써 용해된 먹이가 흡수된다. 소화되지 않은 찌꺼기는 세포표면으로 방출된다. 아메바는 또한 음세포작용(pinocytosis) 또는 “cell drinking”을 나타낸다. 그들은 이 방법을 통해서 물뿐 아니라 용해된 영양분을 섭취한다.

(2) Ciliophora 아문

섬모충류(Ciliophora)는 세균 포식자로 호기성 폐수처리에 매우 중요한 생물로서 원생동물에서 발견되는 가장 높은 세포 내 분화정도를 나타낸다. 섬모(세포로부터의 작은 머리카락 같은 부속기관)는 물속에서 생물체의 빠른 운동성을 나타내는 기관이다. 섬모는 구강홈(oral groove) 주위에 위치할 때 섭식을 돕는다. 대부분의 섬모충류는 자유생활을 한다. 그러나 *Balantidium coli*는 사람에게 피가 섞인 설사를 일으키는 기생체이다. 자유생활 형태는 그들의 섭식을 선택적으로 만들어 하나의 속이나 종의 미생물로 한정시킨다. 일반적으로 주어진 조건하에서 각 종은 몇 μm 로부터 2 mm까지 다양한 특징적인 크기를 가진다. 크기, 형태와 소기관 분화의 정도는 특히 이용가능한 먹이의 종류 같은 환경적 요소에 영향을 받는다.

짚신벌레(*Paramecium*)는 전형적으로 자유생활을 하며 담수와 하수에서 서식한다. 무딘 전단부와 뾰족한 후단부(tapered posterior)의 긴 세포체를 가진다. 세포질은 섬모가 종적배열로 뻗어 나온 비교적 견고한 페리클에 의해 둘러싸여 있다. 세포의 전단부로부터 얕고 섬모로 된 구강흠이 후단부쪽으로 뻗어있으며 내질로 열려있는 입이나 세포구의 끝에 식도를 형성하기 위하여 뾰족하게 된다. 짚신벌레의 각각의 종은 그들의 섭식에서 매우 선택적인 데 비하여 전체 속은 넓은 범위의 미생물을 섭취한다.

운동은 metachronal 리듬이라는 일정한 양식으로 조절되는 섬모의 움직임에 의해 이루어진다. 세포는 직선에서 빠르게 움직이며 종축에 대한 회전운동을 한다. 그 생물체의 행로가 막히거나 좋아하지 않는 환경 조건에 직면하면 섬모의 움직임은 반대로 되어 짚신벌레는 짧은 거리를 후퇴하여 방향을 바꾸고 다시 앞으로 움직인다.

(3) Sporozoa 아문

모든 포자충류(Sporozoa)는 하나 혹은 둘 이상의 동물종에 기생성이다. 이 종류는 크고 다양하며 단순한 세포체제를 갖는다. 성체는 운동을 위한 명백한 소기관을 갖지 않는다. 그러나 모든 포자충류는 기생체의 특징을 갖는 복잡한 생활환의 어떤 단계에서 활주에 의해 움직인다. 그들은 고체 입자를 삼킬 수 없고 숙주세포나 체액을 먹는다. 이 군의 모든 구성원은 포자를 생성하기 때문에 포자충류라는 이름이 붙여졌다. 이들

포자는 항상 감염성 단계이다. 각 포자는 발아를 위해 8개의 종충(sporozoite)을 방출하며 이들은 일반적으로 운동성을 갖는다. 포자충류는 척추동물과 무척추동물 모두에서 기생체로 작용하는데 사람의 체내 기생체로서의 출현이 가장 중요하다. 잘 알려진 예는 말라리아 병원체인 *Plasmodium*이다(제10장 참조).

3.4 진균류

눈으로 쉽게 볼 수 있는 진균류(fungi)는 별로 많지 않으며 보이는 것들은 진균류의 영양체라기보다는 자실체(fruiting body)이다. 아마도 가장 친숙한 것이 버섯인데 그것을 뜻하는 그리스 이름인 mykes는 진균학(mycology)이라는 균류의 과학적 연구를 지칭하는 데에 이용되었다.

진균류는 매우 특징적인 생물학적 조직을 가지고 있다. 일부 수서 진균류와 효모는 단세포이지만 그들의 커다란 세포와 막에 둘러싸인 핵에 의해 세균과 쉽게 구별될 수 있다. 일부 수서 진균류는 편모성 원생동물과 유사성을 보여준다. 진균류는 바닷물과 민물을 포함하는 넓고 다양한 서식처를 차지하고 있다. 그러나 대다수는 육상의 습기 있는 곳에서 서식하며 토양에도 풍부하다. 적어도 100,000종이 알려져 있는데 일부는 육안으로 볼 수 있는 자실체(예, 버섯류)를 생성하지만 상당수는 현미경적 크기이다.

진균류는 영양을 위해서 유기물질을 요구하는 종속영양 생물체이다. 죽은 유기물질을 섭취하는 것을 사물기생성이라 한다. 사물기생체(saprophyte)는 식물과 동물을 분해시켜 자연으로 단순한 화학물질을 방출한다. 이것은 필수적인 식물의 영양분을 재순환시켜 토양의 비옥도를 유지시키는 데 매우 중요하다. 진균류는 포도주, 맥주, 치즈 그리고 빵 만들 때 반죽의 부풀림 등을 위해 수백년 동안 인간에 의해 이용되어 왔다. 더욱이 최근에 진균류는 대규모의 발효를 통해 항생물질(예, 페니실린)과 다른 생화학적 물질을 생산하는 새로운 산업적 응용에도 이용되고 있다. 진균류는 생물학적 폐수처리와 도시폐기물의 퇴비화(composting)에도 중요한 역할을 한다. 그러나 진균류의 영향이 모두 이롭지는 않다. 진균류는 자연물질로부터 만들어진 많은 생산물의 부패를 일으킨다. "오수 균류(sewage fungus)"는 수환경에서 쉽게 볼 수 있는 오염의 지표인데 진균류를 포함하여 세균과 조류 등 여러 사상성 생물체들의 혼합체이다(9.7절 참조). 식물, 동물 그리고 사람에 기생체인 진균류도 있다.

진균류의 영양체 부분인 체세포 구조는 생식부위와 달리 거의 분화되어 있지 않다.

따라서 거의 예외없이 한 진균의 체세포 부분은 다른 것과 밀접하게 닮았다. 생식구조는 다양한 형태를 가지며 분류의 근거로서 작용한다. 생식구조물이 없는 경우에 분류할 수 있는 진균류는 매우 적다. 생식구조물이 명확하게 밝혀지지 않은 종류들은 불완전 균류(fungi imperfecti)라 하며 편의상 Deuteromycotina라고 하는 하나의 군으로 묶어 놓았었는데 최근의 계통분류 체제에서는 불완전균류가 없어졌다.

세포질은 미토콘드리아, 리보솜, 그리고 발달한 소포체를 포함하는 진핵생물체의 특징적인 소기관들을 포함한다. 글리코겐, 지질과 다중인산염과립(volutin) 같은 저장물질을 포함하는 액포(vacuole)가 또한 존재한다. 효모인 *Saccharomyces* 종 같은 단세포성 진균에서 원형질체는 반투과성 막인 원형질막에 둘러싸여 있으며, 이는 견고한 세포벽 안에 존재하게 된다. 사상체의 종에서 세포질은 어린 생장하는 균사(hyphae)의 정단에 집중된다. 늙은 균사는 통상 물질대사적으로 불활성이며 그들의 세포질은 커다란 액포를 포함한다. 진균류는 모두가 엽록소가 없으며 종속영양성이다. 균사체(mycelium)는 일반적으로 단일 생식세포나 포자의 발아(germination)로부터 발달된다. 발아는 초기에 단일의 긴 균사를 생성하며 그 후 가지를 치고 균사체를 구성하는 균사뭉치를 형성하기 위해 분지한다.

진균에는 엽록소가 없으며 그로 인하여 몇 가지 종류의 진균은 녹색임에도 불구하고 광합성을 하지 않는다. 진균은 또한 일반적으로 곤충, 게 껍질, 관련 생명체의 골격에서 발견되는 다당류인 키틴(chitin)을 포함하는 세포벽을 가진다.

3.4.1 형 태

진균류는 단세포의 효모(yeast)와 다세포의 필라멘트형 구조인 곰팡이(mold)로 구분된다. 곰팡이의 몸체나 엽상체(thallus)는 두 부분으로 되어 있는데 그것은 영양 균사체와 포자를 포함하는 생식 구조물이다. 버섯은 전형적으로 자실체(fruiting bodies) 또는 담자과(basidoiocarp)라 부르는 커다란 구조를 형성하는 필라멘트성 진균의 거대군을 말한다. 버섯은 토양 또는 다른 기질로부터 잘 보이지 않는 균사체로부터 발달한다. 이들 구조물의 예가 그림 3.3에 있다.

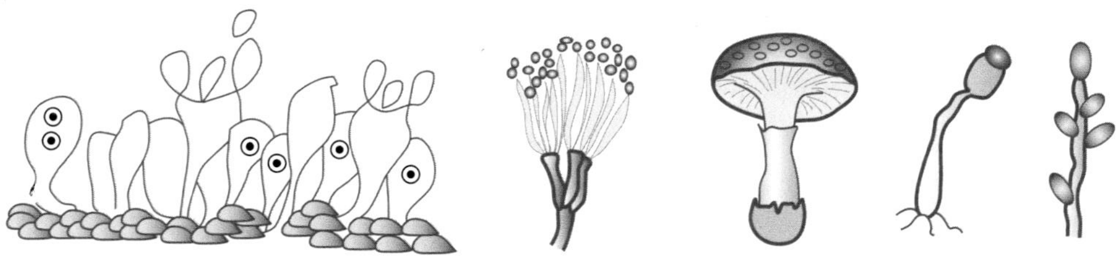

그림 3.3 **곰팡이 형태의 예**

균사체는 복잡한 사상체 또는 균사로 구성된다. 균사는 전형적으로 5~10 μm 폭을 가지나 종에 따라서 0.5 μm 에서 1mm로 다양하다. 균사는 셀룰로오스나 키틴 혹은 두 가지 모두로 구성되며 통상 세포질은 전체 균사에 존재한다. 이 결과에 따라 진균류는 독특한 형태의 세포 조직을 나타내며 그것은 3가지 형태로 나뉜다 :

① **다핵체** : 균사는 다핵의 세포질을 포함한다. 이 조건은 또한 비격벽체로 불린다.
② **단일핵 원형질체를 갖는 격벽체** : 균사는 격벽이나 격막에 의해 구분되며 각 구획은 단일핵을 포함한다.
③ 격막 사이에 다핵의 원형질체를 갖는 격벽체

격벽(septa)을 갖는 종에서 이웃 세포의 세포질과 연결하고 세포질과 핵의 움직임을 허락하는 격벽에는 중심 구멍(central pore)이 있다. 생장은 균사의 정단신장에 의해 일어나나 그 생물체의 대부분의 부위는 잠재적으로 생장할 수 있다.

3.4.2 생 식

곰팡이 또는 필라멘트성 진균류는 균사(hypae)라고 하는 튜브형의 필라멘트를 형성한다. 일부 균사는 세포들을 분리하기 위한 격벽(cross-wall) 또는 격막(septa)을 가지며, 다른 균사들은 격막이 없는 다핵성(coenocytic) 또는 비격막성(nonseptate)이다. 균사는 단일 필라멘트에서 시작하며 반복적으로 가지를 쳐서 균사체(mycelium)라는 망상구조를 형성한다. 많은 것들은 건조하고, 솜같이 부풀은 분지형 균사이다. 균사체는 영양성(vegetative), 기중(aerial), 생식성(reproductive)의 세 가지 기본적인 형태로 구분된다. 영양균사체의 가근(rhizoid)은 영양물질의 표면을 침투하여 영양소를 흡수하며, 기중(aerial) 균사체는 한천배지와 같은 영양소의 표면에서 자란다. 그리고 생식균사체는 포자(spore)라는 생식구조를 만든다.

효모는 일반적으로 매끄럽고, 촉촉한 집락을 형성한다. 효모는 새로운 세포가 조상세포의 작은 파생물로서 형성되는 과정인 출아법(budding)에 의해 증식한다. 출아는 점차적으로 자라서 떨러져 나간다. 효모는 필라멘트 또는 균사체를 형성하지 않는다. 때때로 효모는 다른 것과 분리되지 않은 대신에 가균사체(pseudomycelium)라고 하는 연쇄를 형성한다. 일부 효모는 또는 유성생식을 수행할 수 있어 접합자(zygote)라고 하는 수정세포를 형성한다.

진균류는 무성적으로 출아법이나 포자형성을 수반하는 분열에 의해 증식하거나, 두 부모세포의 핵의 융합에 의해 유성적으로 증식하는 등 다양한 방법을 이용한다. 융합에서 포자는 2개의 딸세포를 형성하기 위하여 세포의 분열에 의해 형성되며 출아법에서는 한세포로부터의 생장에 의해 2개의 세포가 형성된다. 무성적 생식은 그들의 부모와 동일한 자손을 만든다. 그들은 많은 포자를 생성하여 그 종을 확산시킨다. 무성포자에는 몇가지 형태가 있다 :

① **분생포자**(conidiospore 또는 conidia) : 균사의 정단이나 측면에 형성된다. 만일 그 포자들이 단세포성이라면 그들은 미소분생자(microconidia)라 부르고, 다세포성이라면 그들은 거대분생자(macroconidia)라 한다.
② **포자낭포자**(sporangiospore) : 단세포성이며 포자낭이라 불리우는 구조물 안에 형성된다. Aplanospore는 비운동성의 포자낭포자라 하고 유주자는 편모를 가지고 있으며 운동성의 포자낭 포자이다.
③ **분열자**(oidia)나 **분절포자**(arthrospore) : 균사의 단세포성 부분으로의 균열에 의해 형성된다.
④ **후막포자**(chlamydospore) : 악조건에서 저항성을 나타내는 두꺼운 벽을 갖는 단세포성 포자. 영양균사로부터 형성된다.
⑤ **출아포자**(blastospore) : 효모세포에 의해 생성된 출아이다.

유성포자는 무성포자보다 적은 수가 생성된다. 그들은 어떤 조건하에서만 형성되며, 대부분은 통상 균사체가 살기에 적당치 않은 환경에 있을 때 형성된다. 유성포자에 의해 형성된 자손들은 그들 부모와 동일하지 않다. 유성포자는 몇 가지 형태를 가진다. 그들은 진균류 분류의 기본을 이룬다.

3.4.3 분 류

현재까지 알려진 곰팡이는 70,000종 이상이며 지구상에 100만 종 이상이 존재할 것으로 생각된다. 이전에는 진정균류는 조균류, 자낭균류, 담자균류와 불완전균류의 4가지 군으로 나뉘었는데 최근 들어 오래되고 상대적으로 작은 3가지 계통(병꼴균류, 접합균류, 글로메로균류)과 대부분의 균류가 속한 두 계통(자낭균류, 담자균류)으로 나뉜다.

(1) 병꼴균류

병꼴균류(chytrids)는 가장 오래된 균류의 계통을 포함하며 1,000종 중 대부분은 수생 분해자이지만 일부는 기생생물이다. 양서류에 기생하는 병꼴균류는 개구리 개체군의 감소의 원인 중의 하나이다.

(2) 접합균류

접합균류(zygomycetes)는 유성포자로 두꺼운 벽을 가진 접합포자를 형성하는 약 1,100종을 포함한다. 대부분의 접합균류는 부생생물이지만 일부는 기생생물로서 사람을 포함한 동물에 감염하여 질병을 일으키기도 한다. '진균증(mycosis)'이란 균류에 의해 일어나는 질병을 지칭하는 용어이다.

(3) 글로메로균류

글로메로균류(glomeromycetes)에 속하는 약 150종은 예전에는 접합균류에 속해 있었으나 이제는 분리된 하나의 계통이다. 이 균근균은 모두 식물뿌리와 공생관계를 형성하여 균근(mycorrhizae)을 형성한다. 균사는 뿌리 속으로도 자라 세포의 벽 안쪽에 가지를 뻗는데 식물은 균류에 유기물을 제공하며 균류는 뿌리를 보호하고 토양에서 얻은 수분과 양분, 특히 인산염을 식물에게 제공하여 식물이 잘 자라게 한다. 현화식물의 대부분은 균근을 형성하기 때문에 잘 자랄 수 있다.

(4) 자낭균류

자낭균류(ascomycetes)에는 32,000종 이상의 가장 다양한 종류가 포함되어 있다. 자낭균류는 다세포이거나 단세포이며 다세포 자낭균류의 균사에는 격벽이 존재한다. 접합균류에서처럼 다세포 자낭균류의 유성생식은 서로 다른 교배형의 균사가 만나 세포질 융합 이후에 자루 모양의 자낭 내에서 유성포자인 자낭포자를 형성한다. 다세포 자낭균류는 또한 포자를 무성적으로 생산하는데 반수체 균사에서 발달하는 특수화된 균사에서 만들어진다.

자낭균류에 속하는 종류로는 항생제인 페니실린 생성에 관여하는 페니실리움(*Penicillium*) 종이 있으며 이들은 고급인 블루치즈 생성에도 관여한다. 가장 비싼 식자재의 하나인 송로버섯(truffle)은 땅속에서 자실체를 형성한다. 가장 널리 알려진 자낭균류는 흔히 효모(yeast)라고도 부르는 *Sacchromyces* 종들이다. 이들은 단세포성으로 출아법에 의해 무성생식을 하며 알코올 발효를 통해 에탄올과 이산화탄소를 생성하여 양조산업과 제빵업에 중요할 뿐만 아니라 진핵생물 연구모델과 유전공학적으로 매우 중요하다. 한편 선충 포식성 자낭균류도 있는데 선충을 포획할 수 있는 특수한 균사를 갖고 있으며 식물병원성 선충 조절에 이용될 수 있다.

(5) 담자균류

담자균류(basidiomycetes)에도 단세포성 종류(yeast)가 존재하지만 대부분은 전형적인 다세포 균류로 방망이 모양의 담자과 안에 유성포자인 담자포자를 만든다. 담자균류의 자실체는 상당히 크로 다양한 모양의 버섯을 형성하는데 그중 일부는 식품과 약영으로 많이 이용하지만 독버섯도 상당수 존재한다. 담자균류는 육상환경에서 중요한 분해자이며 특히 목재부후균(wood rot fungi) 중 백색부후균(white rot fungi)은 식물의 리그닌을 분해할 수 있는 유일한 균류이며 다양한 방향족 화합물들을 분해하기 때문에 여러 난분해성 오염물질 분해에 중요한 역할을 한다. 담자균 중 이부는 식물병원체로 중요한데 깜부기병과 녹병이 대표적인 진균질병이며 동물에는 중요한 병원체로 작용하지 않는다.

3.5 지의류

지의류(lichen)는 진균류와 광합성 미생물이 상호공생하는 형태를 취하고 있는 생물군이다. 진균류 공생자(mycobiont)는 주로 자낭균류이며 담자균류와 불완전균류도 있다. 조류공생자(phycobiont) 또는 광영양공생자(photobiont)는 진핵세포나 원핵세포로 대부분의 지의류에서 광영양공생자는 남세균이며 일부가 녹조류이다. 남세균인 *Nostoc*과 녹조류인 *Trebouxia*가 가장 흔하게 나타나는 종류다. 지의류는 자낭지의류(ascolichen), 담자지의류(basidiolochen), 불완전지의류(deuterolichen) 등으로 나누어진다.

공생관계에서 광영양공생자는 광합성으로 유기물을 생성하며 남세균의 경우는 질소고정도 한다. 진균류공생자는 무기질 영양소를 공급하고 수분과 빛의 조절을 돕는 것으로 알려졌다. 그러한 관계는 각자는 살아갈 수 없는 나쁜 환경하에서 두 공생체가 살아갈 수 있도록 한다(8.8절 참조). 그러나 최근에는 지의류가 공생관계가 아닌 균류의 조류 또는 남세균에 대한 조절된 기생이라는 이론이 보고되었다. 즉, 균류가 광합성 생물을 죽지 않을 정도로만 보호하면서 지속적으로 유기물을 취하기 때문에 제어된 기생(controlled parasitism)으로 간주한다는 것이다.

지의류는 황량한 해안의 암석, 토양, 그리고 울타리의 기둥이나 지붕의 꼭대기, 낙엽, 나무의 수피 같은 표면에 널리 존재한다. 지의류는 툰드라 지방에서 주된 일차생산자의 역할을 한다. 지의류는 생태학적 또는 경제적으로 중요한데 사람들이 식품, 향, 화학물질 등으로 이용하며 버섯으로 잘못 알려진 석이가 대표적이다. 북극의 순록에게 중요한 먹이로 제공되며 화학과 관련과학 분야에서 잘 알려진 지시약인 리트머스 시험지 제조에도 사용된다. 어떤 지의류는 항생물질을 생성하기도 하여 일부 세균이나 진균류로부터 유래하는 질병을 치료하는데 사용될 수 있다. 지의류는 벌거벗은 암석지대나 토양에서 다른 식물체보다 먼저 자랄 수 있는 개척자(pioneer) 생물체로 알려져 있으며 토양생성(pedogenesis)의 초기단계에 중요하다. 이같이 지의류는 건조, 온도변화 등 극단적으로 불리한 환경에서도 잘 견디어낼 수 있는 강인한 생활력을 가진 것이 특징이다. 그러나 아황산가스 등 대기오염에는 취약하기 때문에 일종의 대기오염 지표생물로 간주된다. 일반적으로 지의류는 생산력이 높은 생태계에서는 탄소와 무기물의 순환에 중요한 역할을 하지 못하는 것으로 알려져 있다.

참고문헌

Benson-Evans, K. and Williams, P. F. (1975) Algae and bryophytes, in *Ecological Aspects of Used Water Treatment* (eds C. R. Curds and H. A Hawkes). Vol. 1, Academic Press, London, pp. 153-202.

Curds, C. R. (1975) Protozoa, in *Ecological Aspects of Used Water Treatment* (eds C. R. Curds and H. A. Hawkes), Vol. 1, Academic Press, London, pp. 203-268.

Ingold, C. T. (1973) *The Biology of the Fungi,* Hutchinson Educational Ltd, London.

Krueger, R. G. , Gilham, N. W. and Coggin, J. H. (1973) *Introduction to Microbiology,* The Macmillan Company, New York.

Prescott, G. W. (1968) *The Algae : A Review,* Houghton Mifflin Company, Boston.

Sterritt, R. M. and Lester, J. N. (1988) *Microbiology for Environmental and Public Health Engineers,* E. & F. N. Spon, London.

Tomlinson, T. G. and Williams, I. L. (1975) Fungi, in *Ecological Aspects of Used Water Treatment* (eds C. R. Curds and H. A. Hawkes), Vol. 1, Academic Press, London, pp. 93-152.

chapter 3 | 진핵미생물

연습문제

01 조류(algae)와 고등식물과의 차이점을 설명하라.

02 조류의 분류에 바탕이 될 수 있는 요소들을 설명하고 그들에 근거한 각 조류군의 주요 특성들을 설명하라.

03 원생동물(protozoa)을 분류하고 각 군의 운동기관(locomotive organ)과 생식(reproduction) 방법에 대하여 설명하라.

04 원생동물에서 발견되는 구조와 소기관(organelles)들을 열거하고 각각에 대하여 설명하라.

05 진균류(Eumycetes)에 속하는 곰팡이(mold)와 효모(yeast)의 일반적인 차이점을 설명하라.

06 진균류의 유성생식(sexual reproduction)과 무성생식(asexual reproduction)의 과정을 나누어서 설명하라.

07 곰팡이를 격벽(septum)의 유무와 생식방법에 의하여 5군으로 나누어 설명하라.

08 곰팡이가 생성하는 포자의 종류를 열거하고 세균에서 생성되는 포자와의 차이점을 설명하라.

09 조류, 진균류, 원생동물이 공중보건 및 환경공학적인 관점에서 차지하는 역할에 대하여 설명하라.

10 "오수 균류(sewage fungus)"란 무엇이며 그 의미를 설명하라.

CHAPTER

바이러스와 후생동물 04

CHAPTER

04 바이러스와 후생동물

4.1 서 론

Abercrombie 등(1980)이 저술한 생물학 사전에는 미생물이란 "현미경상으로 볼 수 있는 작은 생명체 : 단세포 식물, 동물 혹은 세균"으로 정의되어 있다. 이 정의는 다세포성의 후생동물(metazoa)과 바이러스(virus)를 제외하고 있는데 바이러스는 식물, 동물 그리고 세균에도 속하지 않는다. 이들 두 집단은 공중보건과 환경을 다루는 사람들에게는 큰 관심의 대상이기 때문에 이들이 이 책에서 다루는 생명체 범주 중에서 양극에 위치하는 사실에도 불구하고 이 장에서 두 집단을 다루고자 한다. 바이러스는 가장 작고, 간단한 형태, 즉 너무 간단해서 많은 생물학자들은 이들을 진정한 생물체로 간주하지 않는 반면에 후생동물은 복잡한 형태로 사람을 포함해서 동물로 알려진 것들을 포함한다.

4.2 바이러스

가장 간단한 형태의 바이러스는 단순한 RNA분자이다. 실제로 많은 식물의 질병은 대부분의 바이러스보다 더 작기 때문에 비로이드(viroid)라고 불리는 것에 의해서 유발되며 이들은 상호 밀접한 연관성이 있는 핵산과 단백질로 이루어져 있다. 바이러스는 복제를 하는데 필요한 정보는 가지고 있으나 복제에 필요한 기구를 가지고 있지 않은 실재(entity)이다. 그러므로 모든 바이러스는 절대 기생성으로서 감염된 숙주세포에 의존하는 데 이는 바이러스의 성숙한 외형과 관련되어 있는 구조단백질과 함께 바이러스의 핵산을 복제하기 위해 숙주세포로부터 빌려 자신의 것처럼 이용하도록 만든 것이다.

그러나 바이러스는 물질대사능이 없으며 숙주세포의 바깥에서는 증식할 수 없는 불활성의 입자이다. 세포들의 정상적인 기능을 마비시키기 때문에 많은 바이러스들은 여러 생물체에 질병을 일으켜서 죽게 만드는데, 자연환경에서 이는 개체수를 제어하는 역할을 하게 되며 최근에는 이를 적조생물같은 유해한 생물을 제어하는 데 사용하려고 연구하고 있다. 실제로 바이러스는 자연환경에 많이 있는데 해수 1 mL에 평균 10^7의 바이러스가 존재한다. 대장균에 감염하는 바이러스인 대장균 파아지(coliphage)는 분변오염의 지표생물로 이용될 수 있다. 바이러스는 다른 숙주의 유전물질을 전달하는 형질도입(transduction)에 관여하여 수평적 유전자 전달에도 중요하다.

바이러스들은 세균보다 더 작고 간단해서 러시아의 과학자인 Ivanowski가 담배 모자이크질병이 세균을 모으려고 고안한 미세여과기를 통과할 수 있는 요인에 의해 일어난다는 사실을 발견한 1890년대까지도 알려지지 않았다. 이러한 요인은 여과성 바이러스(filterable virus)라고 하였으며, 후에 간단한 바이러스(virus)라고 불리게 되었다. Ivanowski의 발견 이후 식물과 동물에서 질병을 일으키는 많은 바이러스가 발견되었고, 1915년에 최초로 세균에 기생하는 바이러스가 발견되었다. 바이러스는 크기가 매우 작고 살아있는 숙주세포 밖에서는 배양할 수 없는 어려움 때문에 바이러스의 형태학 및 생화학에 대한 세부적인 사항이 오랫동안 밝혀지지 않았다. 바이러스는 지름이 5~10 nm의 크기를 가지며, 길고 가느다란 것은 길이가 800 nm 되는 것도 있다.

4.2.1 바이러스의 구조

대부분의 바이러스에 있는 단백질 성분은 핵산의 중심부를 둘러싸고 있는 외피(coat) 형태로 나타난다. 단백질 외피는 캡소머(capsomer)라 불리는 동일한 소단위체로 이루어지는데, 종종 수백 개의 소단위체로 구성되기도 한다. 전체 구조를 통틀어 캡시드(capsid)라고 하며, 완전하게 조립된 성숙한 바이러스의 입자를 비리온(virion)이라 한다. 바이러스는 진핵생물과 원핵생물의 표면층에 있는 구조적 혹은 기능적 특징을 가지고 있지 않다. 이러한 이유 때문에 바이러스는 흔히 무핵세포(acaryotic cell)라고 불린다.

핵산은 단일 또는 이중가닥으로 된 DNA 또는 RNA이지만 어떤 바이러스이든지 한 가지 종류의 핵산만을 2020년부터 수년간 전 세계적으로 큰 피해를 미쳤던 COVID 19의 원인체인 코로나바이러스는 단일 가닥의 RNA로 이루어져 있다. 비록 커다란 바이러스는 수백 개의 유전자들을 함유하고 있지만 작은 바이러스들은 10개 정도의 유전자만을 가지고 있다(각 유전자는 하나의 단백질을 만들기 위한 필요한 정보를 가지고 있다). 명백히 10,000 또는 그 이상의 유전자 상보성을 가지는 세균과 비교하면 바이러스는 유전적으로 매우 간단하다.

바이러스는 다른 생물체와는 현저하게 다른 미생물 복제기작으로 증식한다. 바이러스는 진핵세포와 원핵세포의 세포구조를 가지고 있지 않기 때문에 숙주세포 밖에서 독자적인 활동을 할 수 없다. 바이러스는 숙주세포에 대하여 높은 특이성을 나타낸다.

캡시드의 구조적 배열을 토대로 하여 바이러스는 크게 세 가지 형태로 나누어진다. 이들은 그림 4.1에 도식적으로 나타나 있다.

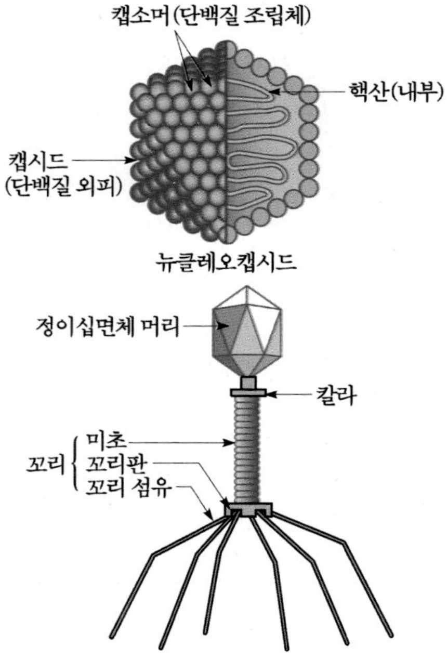

그림 4.1 **바이러스에서 주요 구조적 배열**

(1) 나선형 바이러스(Helical virus)

많은 나선형 바이러스들은 전자현미경하에서 그들의 폭보다 10배 정도가 긴 속이 빈 막대처럼 보인다. 이런 형태의 예로는 담배 모자이크 바이러스(tabacco mosaic virus)가 있다. 동일한 단백질 소단위체로 구성된 캡시드는 나선형 홈에 묻혀있는 핵산과 함께 규칙적인 나선형으로 배열되어 있다. 어떤 바이러스는 막성 피막(membraneous envelope)에 감겨져 있는 불규칙한 나선의 형태로 배열되어 있는데 피막(envelope)은 숙주의 세포막으로부터 유도되는 경우도 있다.

(2) 다면체 바이러스(Polyhedral virus)

이들 바이러스에서 캡시드는 속이 빈 다면체 구조로서 흔히 동일한 삼각면 20개를 가지는 20면체(icosahedron)이다. 내부의 핵산은 알려지지 않은 형태로 뭉쳐 있다. 다면체 바이러스는 피막을 갖는 경우(예, poliomyelitis)도 있고 갖지 않는 경우(예, papovavirus, 동물에서 암을 일으키는 바이러스)도 있다.

(3) 복합 바이러스(Complex virus)

핵산은 머리(head)에서만 발견되고 바이러스 입자의 나머지 부분은 숙주세포로 들어가는 기작과 관련되어 있지만 박테리오파아지(bacteriophage) 혹은 파아지(phage)라 불리는 많은 세균성 바이러스는 나선형 꼬리가 붙어있는 다면체의 머리로 이루어져 있으며 나선형 꼬리는 신축성이 있다. 꼬리 섬유가 붙어있는 꼬리판(tail plate)이 숙주세포에 부착했을 때 미초(tail sheath)가 응축하며 안쪽에 있는 미중심부(tail core)에 의해 숙주세포의 세포벽에 구멍이 생겨 미중심부를 통해 핵산이 숙주세포 안으로 들어간다.

4.2.2 배 양

바이러스의 증식은 다른 미생물의 복제 기작과 현저하게 다르다. 바이러스는 진핵세포와 원핵세포의 세포구조를 가지고 있지 않기 때문에 숙주세포의 밖에서 독자적인 활동을 할 수 없다. 동물성 바이러스의 복제는 동물세포 내에서 일어나며, 식물세포에서는 식물성 바이러스가, 그리고 세균에서는 세균성 바이러스(박테리오파아지)가 발견된다. 바이러스는 숙주세포에 대하여 높은 특이성을 나타낸다. 바이러스의 증식을 위하여 요구되는 것은 살아있는 세포이다.

(1) 동물에서 바이러스 배양

많은 실험실 동물들은 바이러스 배양에 사용된다. 미생물학적인 목적으로 원숭이, 토끼, 쥐 등 많은 종류의 동물이 좋은 과학적인 재료로 사용될 수 있으며, 특히 가장 보편적으로 사용되는 것은 병아리의 배(chick embryo)이다. 신선한 수정란으로부터 병아리의 배로 발달되기까지는 약 10~14일간의 배양기간이 필요하다. 잘 발달된 병아리의 배를 둘러싸는 혈관의 막(vascular membrane)의 하나인 장요막(chorioallantoic membrane)에 바이러스를 접종하거나 변형된 방법으로 양막강(amniotic cavity), 요막(allantoic cavity), 난황낭(yolk sac), 배조직(embryonic tissue) 등의 부위에 접종하여 바이러스를 증식시킨다(그림 4.2). 다른 바이러스의 배양방법으로는 시험관 내에서 척추동물의 세포를 이용하는 방법이 있다.

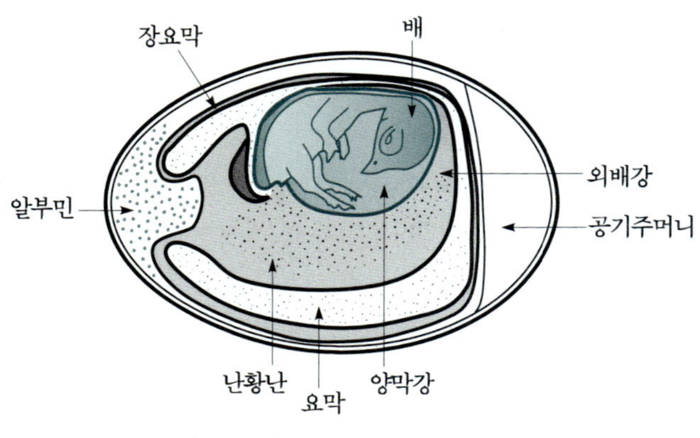

그림 4.2 **부화된 알의 바이러스 증식 부위**

(2) 세포배양

세포배양(cell culture)은 흔히 일차 및 연속의 두 가지 형태로 사용된다. 일차배양(primary culture)은 일반적으로 정상의 배아, 태아, 성체 동물조직으로부터 얻어진 세포로 구성된다. 일차배양은 원래 조직이 가지는 몇 가지 특성을 가지지만 계대배양의 횟수에서 제한을 받게 된다. 결국 일차배양은 죽거나 다른 세포주로 돌연변이 된다. 연속배양(continuous culture)은 돌연변이체 세포주 또는 암조직에서 유래한다. 그 같은 세포주는 무제한으로 분열할 수 있다. 바이러스 감염세포는 종종 비정상적으로 발달되어 외관상 변화를 보이며, 이들 변화는 세포병변효과(cytophatic effect, CPE)로 알려져 있다.

4.2.3 계 수

가장 간단한 바이러스의 계수법은 전자현미경을 이용하여 바이러스를 직접 세는 것이다. 바이러스 희석액에 포함된 이미 알고 있는 개수의 미세하고 불투명한 폴리스티렌(polystyrene) 입자를 전자현미경을 이용하여 개수를 상대적으로 비교하는 것이다. 불투명한 플라스틱 입자의 지름을 알면 바이러스의 크기도 동시에 측정할 수 있다.

다른 계수방법은 용균반 검색(plaque assay)이다. 용균반 검색은 숙주세포의 생장에 적당한 배지에서 민감한 숙주세포와 바이러스의 희석액을 접촉시키는 것으로 일정한 배양기간 후 각 바이러스는 숙주세포의 침입 결과로서 용균반이라고 하는 원형의 투명지역을 형성하는데 하나의 병독성 바이러스는 하나의 민감한 숙주세포에 침입한다. 이같이 원래의 희석액에서 병독성 바이러스의 개수 혹은 용균반 형성단위(plaque-forming unit : PFU)는 용균반의 계수에 의하여 결정된다.

4.2.4 증 식

바이러스는 숙주세포 내에서만 증식할 수 있기 때문에 세포 내 실재(intracellular entity)와 세포외 입자의 2가지 상태로 존재한다. 그러므로 바이러스는 세포 내 침입(penetration), 증식(replication), 방출(release)로 이루어진 생활환을 가진다. 이 생활사는 중요한 2가지 형태로 존재한다. 즉, 독성상태로 숙주세포를 죽이는 용균성 주기(lytic cycle)와 비독성 형태로 숙주세포에 들어가는 용원성 주기(lysogeny)가 있다.

(1) 용균성 주기

용균성 주기의 첫 번째 단계는 숙주세포 내로의 침입(penetration)이다. 동물세포는 세포벽이 없기 때문에 바이러스가 흡착과 식균작용으로 간단하게 세포 내로 침투할 수 있다. 식물에서는 바이러스가 숙주세포의 구조적 파괴나 곤충과 같은 벡터(vector)를 이용해 세포벽을 침투한다. 복잡한 형태를 가진 박테리오파아지에서는 핵산만 세포 내로 들어가고 캡시드는 외부에 남아있다.

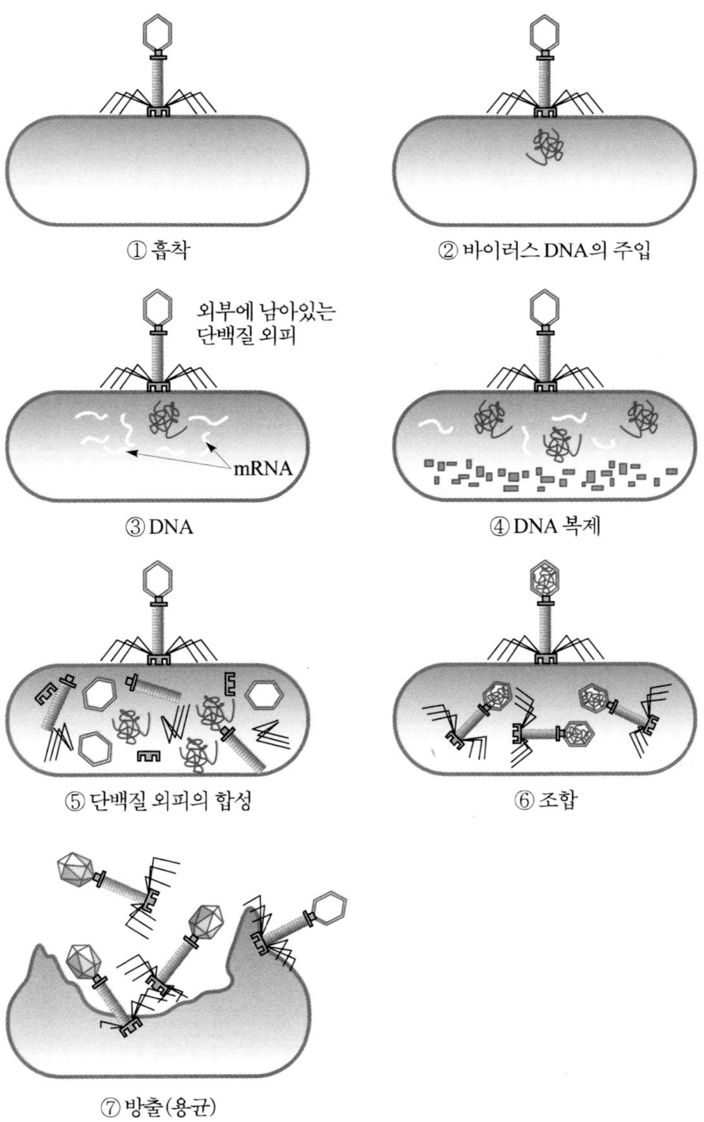

그림 4.3 **박테리오파아지의 증식과정**

침투 후 핵산의 복제와 함께 바이러스 핵산에 암호화되어 있는 세포단백질 합성이 일어난다. 이들 두 과정의 산물은 많은 바이러스 핵산분자와 단백질 캡소머이다. 이들은 서로 조립되어 막을 통과하는 분출(extrusion)에 의해 또는 세포를 완벽하게 파괴시키는 용균(lysis)에 의해서 세포 밖으로 방출된다. 박테리오파아지의 증식주기는 그림 4.3에 간단히 요약되어 있다.

대장균군 세균(coliform bacteria)에서 파아지 용균 생활사는 매우 빠르다. 바이러스와 함께 세균을 배양한 후 유도기(lag phase)가 관찰되나 이때에는 바이러스가 배지로부터 관찰되지 않는다. 이것은 숙주세포 내에서 핵산이 복제되고 바이러스의 단백질이 합성되는 기간이라는 것을 나타낸다. 잠복기(latent phase 또는 eclipse phase)로 알려진 유도기는 5~10분 동안 지속된다. 상승기(rise period)에 속하는 다음 10분 동안 성숙한 비리온이 빠르게 방출된다. 이러한 주기를 일단계 증식(one step growth)이라고 하는데, 바이러스가 세균에 감염된 후의 시간과 감염된 한 개의 세포에서 생성되는 용균반의 수와의 관계는 그림 4.4와 같다. 그 후에 각 세포에서 방출한 수의 비리온을 나타내는 용균 크기(burst size)라 불리우는 정점(plateau)에 이르게 된다. 각 세포는 수백 개의 비리온들을 생성할 수 있다.

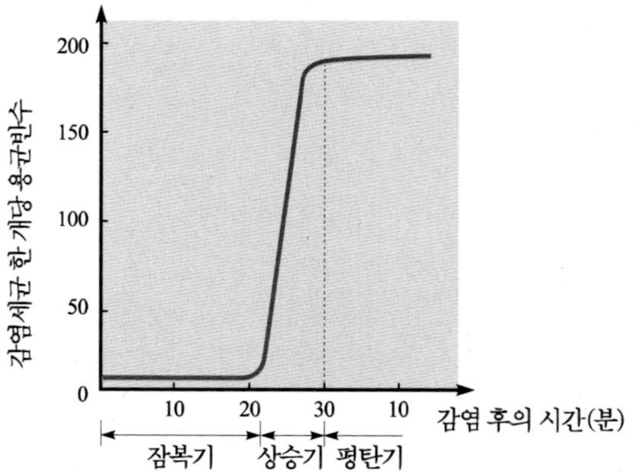

그림 4.4 **박테리오파아지의 일단계 증식곡선**

(2) 용원성(Lysogeny)

많은 바이러스는 숙주에서 또 다른 작용을 가질 수 있는데, 여기서 용균성 주기는 바이러스의 핵산이 세포로 들어오는 것까지는 효율적으로 진행되지만 더 이상의 증식이 일어나지 않게 된다. 바이러스의 핵산은 통합되고 숙주의 핵산과 함께 복제되어 다음 세대로 전달된다. 그 같은 상태로 존재하는 바이러스의 핵산을 전바이러스(provirus)라 한다. 전바이러스를 형성하는 바이러스는 잠재성(temperate) 바이러스라 하며 감염된 세포는 용원화되었다고 한다. 바이러스의 핵산을 갖는 용원화 세포는 용균성 주기로 발전할 가능성을 갖는다. 이렇게 바이러스의 유전자는 영원히 불활성이 아니며 흔히 이전의 용원화세포로부터 새로운 비리온을 형성하여 방출될 수 있다. 용원화 상태의 유지는 바이러스 핵산에 의해 암호화된, 더 이상의 복제를 막는 억제인자(repressor) 분자의 초기생산 때문이다.

4.2.5 분 류

바이러스 분류에는 하나의 일관된 체계가 없다. 다른 미생물들을 분류하는 체계와는 달리 이용되는 대부분의 체계는 진화적인 관계를 토대로 해서 나누는 것이 아니고 전체적인 구조적, 화학적 특징들을 토대로 하고 있다. 바이러스의 분류는 그들의 특징에 대한 연구가 진행됨에 따라 변하고 있다. 가장 널리 사용되는 분류의 기준은 네 가지의 바이러스 특징에 근거한다 : (1) 비리온에서 핵산의 본질, (2) 바이러스의 형태, (3) 바이러스 피막의 존재유무, (4) 비리온의 크기. 숙주에 대한 영향과 면역학적 특성과 같은 다른 특성들은 바이러스를 "viridae"로 끝나는 이름을 가지는 분류학적 과(family)로 자리 잡는데 기본이 된다. 바이러스 구조를 토대로 하여 나눈 예로는 피코르나 바이러스(picorna virus)들이 있으며 여기에는 모든 작은 RNA 바이러스들이 포함된다. 다른 바이러스들은 숙주에 대한 그들의 영향에 따라 일반적인 것(예, 수두 바이러스; pox virus)이나 특수한 것(예, 담배 모자이크 바이러스)으로 나누어진다.

4.3 후생동물

흥미있는 후생동물(metazoa)은 윤충으로부터 환형동물 또는 분절되는 벌레 등과 곤충, 거미, 진드기 등을 포함한다. 이들이 살수여상(percolating filter)과 관련되어 있다는 것이 알려져 있기 때문에 일반적으로 관심의 대상이 된다. 곤충과 고등생명체는 엄밀하게 이야기해서 미생물이 아니므로 여기서는 조금만 언급하고자 한다. 일반적으로 그들의 물리적 크기가 증가함에 따라 살수여상 처리효율에 대한 이들 생명체의 기여도는 감소한다.

4.3.1 윤충류(Rotifera)

윤충(Rotifera)은 가장 간단한 다세포 무척추동물 중의 하나로서 입속으로 세균과 다른 유기물질을 쓸어넣는 코로나(corona)라고 불리는 섬모가 회전식 모양으로 나타나기 때문에 흔히 "wheel animal"이라 한다.

윤충류는 후생동물 중에서 가장 작은 종류로서 전형적으로 길이가 50-250 μm이다. 여름에 처녀생식에 의해 암컷만 증식하기 때문에 보통 암컷만이 나타나며, 수컷은 단시간 내에 사멸한다. 몇몇 윤충은 유영을 하나 대부분은 고체기질과 관련되어 있으며 포복운동으로 움직인다. 한 때 이들은 원생동물과 혼동되었으며 활성슬러지 공정에서 원생동물과 비슷한 역할을 수행한다.

윤충류는 폐수처리에서 플록을 파괴하여 새로운 플록을 형성하기 위한 핵을 만들고, 오염의 원인이 되는 세균을 섭취함으로써 처리수를 깨끗하게 하는 역할을 한다. 또한 점액물질과 함께 배출되는 미소화물질의 분비는 플록 형성을 촉진하는 것으로 알려져 있다.

4.3.2 선충류(Nematoda)

선충(Nematoda)은 작은 형태의 분절되지 않은 둥근 벌레로 원기둥 형태의 모양을 가지고 있으며 길이는 0.5~3 mm이다(윤충 크기의 약 10배 정도). 이들은 살수여상에서 가장 풍부한 후생동물군이다. 이들은 중간 정도의 오염지역에 특히 많이 존재하는데 어떤 선충은 세균을 먹고 살며 일부 선충은 다른 선충을 포함하여 후생동물도 먹는다. 이들이 활성슬러지 처리과정에서 발견되지만 이 처리과정의 효율에 대한 이들의 기여도는 크지 않다.

4.3.3 환형동물, 곤충 및 고등 생물체

환형동물(Annelida) 문의 구성원들은 활성슬러지 처리에서는 거의 알려져 있지 않다. 그러나 이들은 살수여상에서 종종 발견되는데 그곳에서 생물막을 먹고 산다.

곤충(Insecta) 문의 구성원들도 또한 살수여상에서 발견된다. Learner(1975)는 영국에서 48개의 하수처리장의 살수여상을 조사하여 186개의 다른 종을 발견했는데 대표적인 것은 초시목(딱정벌레)과 파리목(파리)이었다.

파리목은 종종 여상에서 해를 일으킨다. 그 유충들은 생물막을 먹고 살며 이들은 성숙 후에 성체인 파리로 여상에서 나온다. *Sylvicola*와 *Psychoda* 종은 해로운 파리들이다. 곤충들이 크고 고도로 발달한 동물들이지만 이들은 생물막에 영향을 끼치기 때문에 살수여상의 미생물학에 중요하다. 심지어 곤충보다 더 큰 생물체들이 때때로 살수여상에서 발견되나 이들은 주로 우연히 발생되는 것들이어서 실제로 처리 과정에서는 중요하지 않다.

참고문헌

Abercromie, M. , Hickman, C. J. and Johnson, M. L. (1980) *The Penguin Dictionary of Biology.* Penguin Books Ltd. Harmondworth.

Doohan, M. (1975) Rotifera, in *Ecological Aspects of Used Water Treatment* (eds C. R. Curds and H. A. Hawkes), Vol. 1, Academic Press, London, pp. 289-304.

Fraenkel-Conrat, H. and Kimball, P. C. (1982) *Virology*, Prentice-Hall Inc. , Englewood Cliffs, N. J.

Learner, M. A. (1975) Insecta, in *Ecological Aspects of Used Water Treatment* (eds C. R. Curds and H. A. Hawkes), Vol. 1, Academic Press, London, pp. 337-374.

Primrose, S. B. (1974) *Introduction to Modern Virology,* Blackwell Scientific Publications, Oxford.

Scheimer, F. (1975) Nematoda, in *Ecological Aspects of Used Water Treatment* (eds C. R. Curds and H. A. Hawkes), Vol. 1, Academic Press, London, pp. 269-288.

Solbe, J. F. de L. G. (1975) Annelida, in *Ecological Aspects of Used Water Treament* (eds C. R. Curds and H. A. Hawkes), Vol. 1, Academic Press, London, pp. 305-335.

Sterritt, R. M. and Lester, J. N. (1988) *Microbiology for Environmental and Public Health Engineers,* E & F. N. Spon, London.

chapter 4 | 바이러스와 후생동물

연습문제

01 바이러스의 일반적인 구조를 설명하라.

02 바이러스와 세균과의 일반적인 차이점을 설명하라.

03 바이러스를 형태학적인 측면에서 분류하여 설명하라.

04 바이러스를 대량생산하기 위한 방법을 설명하고, 이들의 산업적인 이용에 대하여 생각해 보라.

05 바이러스의 계수방법에 대하여 설명하라.

06 바이러스의 증식기작을 설명하고 성장곡선을 세균과 비교하여 설명하라.

07 바이러스 증식과정을 설명하고, 용균성 주기(lytic cycle)와 용원성(lysogeny)에 대하여 설명하라.

08 후생동물(metazoa)이란 무엇이며 이들이 환경적인 측면에서 관심의 대상이 되는 이유를 설명하라.

09 살수여상에 붙어서 생활하면서 해를 일으키는 생물체에 대하여 설명하라.

10 후생동물의 종류를 들고 이들이 일으키는 환경적인 문제점을 설명하라.

CHAPTER

실험방법론 05

CHAPTER

05 실험방법론

5.1 서 론

미생물들은 크기가 작아 일상적인 방법으로 각 세포들의 취급이 불가능하기 때문에 그들에 대한 세부연구가 어렵다. 더욱이 이들의 넓은 분포와 여러 집단들의 다양성은 많은 경우에 주어진 표본이 매우 많은 서로 다른 종류를 포함하고 있다는 것과 실험실에서 관심의 대상이 되는 종 또는 집단의 선택적 분리와 배양에 대한 기술 없이는 식별이 어렵다는 것을 의미한다. 그러므로 세균과 다른 단세포 생물체는 일반적으로 특정 조건하에서 순수배양의 형태로 동일종이 많은 개체수로 존재하는 개체군(population)의 수준에서 연구된다.

5.2 미생물학 실험에서의 안전수칙

미생물을 배양하거나 오염된 시료를 다루는 실험실에서 작업을 할 경우 오염된 시료 또는 배양체와 접촉하는 모든 배양체와 시료, 물질들은 병원균이 있을 가능성이 있기 때문에 조심해서 처리하여야 한다. 피부와 의복의 오염을 피하고 오염된 물질의 섭취 또는 흡입을 막기 위한 단계들이 취해져야 한다. 공기로 전파되는 생물체의 흡입은 흔히 위험에 관한 한 과소평가되는데 초자 배양용기의 파괴나 열린용기에서 오염된 액체를 과도하게 진탕하는 경우 작은 부유입자인 에어로솔(aerosol)로 분산되어 일어난다.

작업환경에서는 병원균의 일반적인 발생이 낮지만 많은 실험실 기술의 대부분은 자연환경에서 그들의 정상적인 생장과 비교해 볼 때 빠르고 대량 증식하는 미생물의 최적 생장의 계획적인 증가라는 것을 명심해야 한다. 그러므로 어떠한 예방책들이 강구되지 않으면 최소한의 오염으로도 병원체가 빠르게 그리고 의도하지 않았던 대로 번식할 것이다.

필수적인 예방조치는 항상 무균기술(aseptic technique)을 사용하는 것이다. 여기에는 살아있는 생명체를 제거할 수 있는 장치와 물질들이 관련되어 있고 이것을 사용할 때에는 외부원으로부터 오염이 되는 경우를 배제하는 방법으로 조작되어야 한다.

실험실에서 수행해야 할 몇 가지 안전수칙은 다음과 같다 :

① 실험실에 들어오면 외투와 가방은 지정된 구역에 걸어놓는다.
② 실험에 필수적인 것을 제외한 모든 것들은 다른 곳에 위치시킨다.
③ 실험복은 실험 중에 반드시 착용하여야 한다,
④ 어깨 아래로 내려오는 머리는 반드시 핀으로 고정시키거나 묶도록 한다.
⑤ 안전을 위하여 버너나 알코올 램프의 화염이 곁에 있다는 것을 명심해야 한다. 버너는 시약과 염색용기로부터 떨어지도록 위치시키고, 사용하지 않을 때는 끈다.
⑥ 실험실에서 껌을 씹거나, 담배를 피우거나, 음식과 음료를 먹거나 마시지 않는다.
⑦ 실험준비가 되면 실험벤치를 소독제로 잘 닦아낸다.
⑧ 실험이 끝나면 실험벤치를 다시 소독제로 닦는다.
⑨ 초자를 깼다거나, 각종 액체를 엎지른 경우에는 실험담당 교수에게 즉각 보고한다.
⑩ 화상이나 상처를 입었을 경우에는 실험담당 교수에게 즉각 보고한다.
⑪ 실험실을 떠나기 전에 사용된 기구는 정위치 시키고, 버릴 것은 쓰레기통에 버리고 의자는 잘 정리한다.
⑫ 실험이 끝나면 반드시 손을 씻는다.

5.3 무균기법

5.3.1 멸 균

멸균(sterilization)은 특별한 물질과 관련되어 있는 모든 살아있는 생명체를 제거하거나 파괴하는 처리과정이다. 멸균처리 후 잔여물질이 오염의 가능성이 있는 외부원에 노출되지 않으면 멸균은 영구적인 효과가 있다. 멸균은 치명적인 물리적 혹은 화학적 요인들을 이용하여 의문시되는 물질을 처리하거나 또는 여과에 의해 액체로부터 미생물들을 선택적으로 제거함으로써 이루어질 수 있다.

(1) 열

열(heat)은 멸균하는 데 가장 널리 사용되는 요소이다. 가장 간단한 고열 멸균은 불꽃을 이용하는 화염멸균인데 미생물 접종 시 이용하는 금속 접종이(loop)나 유리 spreader, 피펫 끝 부분 또는 용기 입구 등을 알코올 램프나 분젠버너의 불꽃에 잠깐 대어 멸균한다. 실험실에서 사용되는 초자류, 피펫, 금속물질들과 그 밖의 열 저항성 품목들은 170°C 이상의 온도에서 2시간 동안 온도가 조절되는 오븐(oven)에서 멸균처리될 수 있다. 모든 멸균방법들처럼 멸균 대상에 고열 침투에 대한 충분한 준비가 이루어져 있어야 한다. 오븐에 질서정연히 잘 채워져 있거나 초자류가 금속용기 내에 완전히 밀폐되어 있다면 3시간가량의 충분한 열처리를 해야 한다.

건열멸균기는 액체나 플라스틱을 포함하는 열에 약한 물질들에게 적합하지 않다. 이런 경우 멸균은 낮은 온도에서 효과가 있는 습열(moist heat)을 통해서 얻어질 수 있다. 수용성 용액을 끓이는 방법은 존재하는 대부분의 영양생물체를 죽일 수 있으나, 이 방법도 일단 끓였다 식힌 배지에서 발아하여 성장하는 세균의 내생포자에는 적합하지 않다. 가열주기 사이에 발아하는 세균의 내생포자까지 죽이기 위해서는 3일에 걸쳐 매일 30분씩 100°C에서 가열하는데 이런 방법을 간헐멸균(intermittent sterilization)이라 한다.

액체 배양배지와 고체 배양배지 그리고 열에 그다지 민감하지 않은 다른 물질들을 멸균하는 데 가장 효과적인 방법은 고압멸균(autoclaving)을 하는 것이다. 고압멸균기(autoclave)의 가장 간단한 형태는 가정에서 사용하는 압력솥과 그 원리가 유사하다. 포화된 수증기의 압력하에서 적어도 15분간(상대적으로 액체나 고체의 양이 많으면 더 오래 처리) 121°C의 열을 가함으로써 영양형 세포와 내생포자를 모두 효과적으로 죽일 수 있다. 고압멸균기가 포화된 수증기로 가득차 있으면 이 온도는 103.5 kPa(15 lb/in^2)의 압력에서 얻어지며 공기가 존재하면 온도와 열투과 정도가 줄어든다.

(2) 여과(filtration)

이 방법은 액체 배양배지나 열에 민감한 물질을 포함하는 용액들에 효과적이다. 여재(filter)는 도기나 석면으로 만들어지나 이들 대신에 셀룰로오스 아세트산이나 유사한 물질들에서 유래하는 현대적인 여과막(membrane filter)이 사용되어 왔다. 공극이 0.45 μm인 필터는 세균 세포를 걸러내는데 사용되나 보다 작은 종의 세균은 0.2 μm의 필터에서 완전히 제거된다. 그러나 이들 크기의 막여과재는 현탁액에서 바이러스를 제거할 수 없다.

필터는 여과장치의 하부를 형성하는 다공성 지지체 위에 놓이게 된다. 이것은 상부

용기에 고정되어 그 조립체는 오염을 막기 위해 비흡착성의 면화솜으로 측면 연결부위(side arm)를 막은 회수 플라스크에 멸균 중의 차등 팽창으로 인한 파손을 막기 위해 약하게 연결된다. 이 장치는 유산지 또는 유사재료로 포장하여 고압멸균하고 식힌 후 연결부분을 조이고 멸균시키고자 하는 용액을 플라스크 측면 연결부위에 가해지는 진공에 의하여 필터를 통과시킨다(그림 5.1)

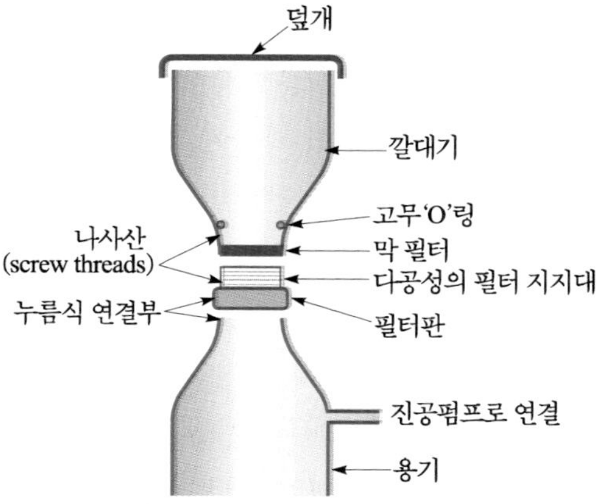

그림 5.1 **막여과 장치**

(3) 기타 방법들

자외선이나 감마선, X-선 조사(irra- diation)가 멸균하는 데 사용될 수 있다. 자외선은 투과가 잘 안되기 때문에 이용이 제한되어 있다. 예를 들면, 자외선은 유리를 통과할 수 없으며 제한된 정도로만 물을 투과할 수 있다. 몇몇 상업적으로 이용되는 품목들이 만들어지는 과정에서 X-선에 의해 멸균되지만 실험실에서는 일상적으로 사용되지 않는다. 쉽게 물에 용해되는 기체인 에틸렌옥사이드(ethylene oxide)는 유리제품이나 플라스틱(예, 페트리접시, 피펫) 등 열에 약한 물질들을 멸균하는 데 사용될 수 있으나 그것의 높은 유독성 성질과 처리한 품목에 잔여물이 존재할 수 있는 가능성 때문에 사용이 제한된다.

5.3.2 소 독

소독(disinfection)은 감염의 가능성이 있는 미생물들을 불활성화시키는 데 주로 사용된다는 점에서 멸균과 다르다. 일반적으로 이용되는 소독용액들은 페놀화합물이나 차아염소산염(hypochlorite)을 바탕으로 하고 있다. 이들은 일반적으로 예비멸균에는 사용되지 않으며 실험실에서 주로 실험대를 닦거나 피펫과 현미경 슬라이드를 버리는 용기에 사용된다.

5.3.3 접종과 무균전달(aseptic transfer)

많은 실험실에서의 작업이 순수배양의 연구에 바탕을 두고 있기 때문에 접종 또는 전달하는 동안에 오염을 방지하기 위해서 주의를 해야만 한다. 요즘은 대부분의 미생물학 연구실에서는 High Efficiency Particulate Air(HEPA) 필터로 여과된 무균공기를 공급하는 층류무균작업대(laminar flow hood)를 갖추고 있으나 만일 없을 경우는 바람이 잘 통하지 않는 지역의 무균상자(clean bench)에서 작업을 하면서 배지와 멸균한 용기를 가능한 한 짧은 시간 내에 대기 중에 노출시킴으로써 오염을 방지할 수 있다. 작업은 분젠버너의 불꽃 부근에서 실시하며 이 분젠버너는 잠시 노출된 표면의 오염을 제거하기 위해 사용된다.

고체배지에서 자라고 있는 미생물들을 옮길 때에는 한쪽 끝에 지름이 대략 5 mm 되는 고리 형태의 백금이나 니크롬선이 자루에 연결되어 있는 백금이(loop)를 이용한다. 백금이는 몇 방울의 액체 배양배지를 옮기는 데도 사용된다. 백금이를 분젠버너의 불꽃에 두어서 빨갛게 될 때까지 가열하여 멸균한 후 백금이를 아주 빠르게 냉각시킨다. 백금이는 사용하기 전이나 후에 멸균되어야 하며 백금이에 붙어있던 어떤 물질이 튀기는 것을 방지하기 위해 불꽃에 천천히 가지고 가야 한다.

큰 측정량의 액체는 끝부분을 비흡수성 솜으로 막은 멸균한 피펫(pipette)을 사용하여 옮긴다. 피펫은 사용하기 전까지 포장하여 보관하거나 멸균통에 넣어두며, 통은 사용하기 전에 분젠버너의 불꽃에 순간적으로 통과시키는 것이 좋다. 에틸렌옥사이드로 멸균된 일회용 피펫도 있으며, 최근에는 마이크로피펫이나 자동피펫 등이 많이 이용된다.

미생물을 옮길 때 시험관 또는 배지 플라스크의 솜마개나 병의 나사뚜껑(screw cap)을 제거하고 옮기기 전이나 후에 용기의 주둥이 부분을 순간적으로 화염멸균한다. 뚜껑(cap)이나 마개(stopper)의 내부표면을 제자리에 두기 전에 간단하게 화염멸균한다. 이런 조작들은 불꽃 가까이에서 하며 마개를 제거한 시험관 용기를 분젠버너쪽으로 비스듬하게 하면 상승공기로 인해 공기 중에 떠다니는 미생물이 시험관 용기 안쪽에 들어가는 것이 방지된다.

5.4 미생물의 배양

5.4.1 배양배지

대다수의 세균은 액체나 고체 배양배지에서 자라거나 유지될 수 있다. 대부분 고체배지의 기본은 한천(agar)이라 불리는 우뭇가사리 같은 해양 홍조류의 추출물로서 분말 형태의 제품들이 이용가능하다. 한천은 뜨거운 물에서 용해되고 42°C 이하로 낮추면 굳은 젤(gel)을 형성하며 100°C까지 열을 가하면 다시 녹는다. 한천은 배지에 들어가는 적당한 영양성분들과 함께 고압멸균하며 굳기 전에 시험관이나 페트리접시에 붓는다.

한천은 영양적으로 불활성이기 때문에 생장하기 위한 단순한 고체 지지물로서 공급된다. 액체배지도 똑같은 영양물질을 기본으로 하고 있으나 한천은 첨가되어 있지 않다. 배지에는 배양하고자 하는 생명체가 자라는 데 필요한 모든 에너지원과 영양분이 공급되어야 한다. 생명체의 상대적인 양을 토대로 볼 때 중요 영양 요구물은 탄소, 수소, 산소, 질소, 인과 황이다. 부가적으로 칼슘, 철과 다른 금속이온들과 같은 미량원소가 필요하다. 이들은 인과 함께 무기염으로 사용되나 다른 원소들의 이용은 그들의 화학적 형태에 따라 다르다.

탄소형태에 따른 요구성은 미생물 영양에서 가장 복잡한 측면이다. 독립영양체(무기영양체, 자가영양체)라 불리는 일부 미생물들은 주된 탄소원으로 이산화탄소를 사용한다. 대부분의 세균을 포함해 그 외의 미생물들은 유기화합물 형태의 탄소를 필요로 해서 종속영양체(유기영양체, 타가영양체)라 라 한다. 몇 가지 종속 영양체는 소수 또는 한 가지의 유기화합물을 사용하는 반면에 다른 것들은 다양한 종류를 사용한다. 예를 들면, *Pseudomonas multivorans*는 90가지 이상의 다른 유기화합물을 사용할 수 있다. 종속영양체는 다른 생물체를 통째로 섭취하는 생물체(phagotroph) 뿐 아니라 용해성 유기화합물을 이용하는 생물체(osmotroph)를 포함한다.

질소와 황 요구성은 미생물의 세계에서 매우 다양하다. 일부 생물체들은 질산염과 황산염으로부터 이들 원소를 얻을 수 있는 반면에 다른 생물체들은 무기염(NH_4^+와 S^{2-})이나 아미노산, 펩티드(단백질의 분해산물)와 같은 유기화학물 내의 형태인 환원형을 이용한다.

유리산소에 대한 요구성은 미생물을 분류하는 데 중요한 특성이다. 원소로서 산소는 물이나 유기화합물의 구성성분으로 도처에 흔하다. 유리산소는 호기성 호흡을 이용하는 많은 생물체의 생장에 중요하다. 혐기성 미생물은 산소를 필요로 하지 않으며 이것에 의해 억제되거나 죽을 수도 있다.

미생물 대사작용에서 중요 요소는 에너지원의 성질이다. 광영양체는 항상 환원된 무기화합물(NH_3, NO_2^-, Fe^{2+}, H_2S, $S_2O_3^{2-}$, H_2)을 이용하며 화학독립영양체는 탄소원과 에너지원으로 각각 이산화탄소와 무기화합물을 이용한다. 반면에 화학종속영양체는 탄소와 에너지원으로 유기화합물을 이용한다.

전형적인 배양배지는 물, 특별한 유기화합물 형태 또는 복합물질[예, 펩톤(peptone), 효모 추출물(yeast extract), 고기 추출물(meat extract)] 형태로서 탄소원(독립영양체는 호기성균의 성장에 필요한 산소를 공급해 주는 대기로부터 이산화탄소를 얻는다)과 무기 또는 유기질소 화합물과 미량 영양물질을 포함하게 된다. pH의 과도한 변화로 인한 성장의 억제를 방지하기 위해서 배지는 완충되어야 한다. 이러한 제한 내에서 수백 개의 서로 다른 배양배지는 구성성분이 매우 간단한 것으로부터(예, 몇몇 독립영양체의 생장을 지탱해 주는 무기염과 암모늄염이 있는 배지) 매우 복잡한 것까지 있는데, 이러한 복합배지(complex media)에는 까다로운 미생물들이 합성할 수 없는 특이한 유기화합물과 생장요소(비타민, 조효소)가 첨가되며 알려져 있지 않은 영양성분(펩톤, 효모 추출물)의 혼합물도 포함한다. 복합배지는 다양한 종류의 미생물들을 배양하는 데 이용된다. 구성성분이 모두 알려진 배지는 규정배지(defined media)라 한다. 일부 배지는 선택배지(selective media)로 만들어진다. 즉, 특별한 미생물이 필요로 하는 최소 영양요구물을 첨가하거나(최소배지, minimal medium) 다른 집단이 자라지 못하도록 하는 요소들을 이용하거나 또는 두 가지 방법을 모두 이용하여 관찰의 대상이 되는 미생물이 유리하게 자라도록 고안되었다. 선택배지(selective media)는 순수 배양균을 분리하기 위해서 그리고 주어진 시료에 어떤 집단들이 있는지를 시험하기 위해서 이용된다. 미생물이 요구하는 성분을 정확히 모를 때 환경의 성분을 그대로 이용하는 배지도 있는데 이 경우 토양추출물, 해수나 담수의 여과액이나 오래 묵힌 물(aged water)을 이용한다.

5.4.2 배양의 형태

고체배지는 액체배지에 홍조류로부터 얻은 한천(agar)을 1.5~2% 정도 첨가하여 만든다. 열에 의해 녹은 한천은 40~45°C에서 굳어 고체형태가 된다. 해수에는 한천을 분해하는 세균들이 존재하므로 이들의 배양 시에는 무기화합물인 실리카겔(silica gel)을 함유한 고체배치를 이용하는데 이 배지는 한천에 들어있는 유기성 불순물을 배제해야 할 경우(화학독립영양세균 배양 등)에도 사용된다.

고체배지상에 있는 배양균은 페트리 접시(petri dish)나 시험관에서 생장할 수 있다. 페트리 접시는 유리나 플라스틱으로 만들어졌으며 직경이 90 mm 되는 얇은 접시와 이것과 포개어지는 뚜껑으로 이루어져 있어 10~15 mL 정도의 녹은 한천배지를 부어서 한천 평판(agar plate)을 형성한다. 세균은 한천층의 표면과 안쪽에서 집락(colony)의 형태로 자랄 수 있다. 운동성 세포들이 한천표면의 수막을 따라 이동하기 때문에 평판을 건조시켜 수분을 제거한 후에야 명확하게 집락이 형성될 수 있다. 평판은 응축된 수분들이 한천 표면으로 떨어지는 것을 방지하기 위해 배양 동안 거꾸로 유지해야 한다. 배양온도는 존재하는 미생물의 형태에 따라 다양한데 자연시료에 있는 천연 개체군들은 보통 25°C에서 배양되나 많은 동물병원균은 37°C에서 배양되어야 한다.

한천 평판상에 분리된 집락은 주입평판(pour plate)이나 분산도말평판(spread plate)

기술을 이용하여 세포현탁액을 접종하여 얻는다. 주입평판을 만들려면 0.1~1.0 mL의 세포현탁액을 접종하지 않은 페트리 접시에 피펫으로 옮기고, 멸균 후 약 45°C 정도로 식힌 액체 상태의 한천배지를 그 위에 붓는다. 한천이 굳기 전에 평판을 부드럽게 회전시켜 시료와 배지가 잘 섞이도록 한다. 이 방법에서는 대기압의 산소조건이나 표면장력에 민감한 미생물들이 자랄 수 있다. 분산도말평판은 건조한 한천 평판 윗표면에 0.1 mL의 현탁액을 첨가하여 준비한다. 에탄올에 담갔다가 분젠버너로 태워서 멸균한 굽은 유리봉(spreader)을 이용해 접종액을 평판의 표면에 골고루 퍼뜨린다. 나중 방법의 이점은 열에 민간한 미생물이 주입평판에서처럼 치명적이거나 생장이 억제되는 녹은 한천의 온도에 노출되지 않으며, 산소의 확산에 의해 미생물들이 제한되지 않고 미생물들을 쉽게 옮길 수 있게 모든 집락들은 표면에서 얻어질 수 있다.

한천사면(agar slope 또는 slant)은 녹은 한천배지를 솜마개나 나사뚜껑이 있는 시험관에 넣어 경사진 곳에 놓아서 만든다. 사면배지는 주로 분리균을 저장하거나 새로운 배양의 접종이나 진단 실험을 위해 표면 생장의 형태에서 균주를 제공하기 위하여 사용된다.

액체배양은 일반적으로 면화솜으로 마개를 한 삼각플라스크에서 자라며 특별한 균의 생장기준을 연구하는 데 이용된다. 시험관이나 작은 나사뚜껑이 있는 병에 들어있는 액체배지는 가스생산의 탐지가 요구되는 진단시험을 포함해 특정한 진단시험들을 하는 데에도 사용된다. 가스탐지를 할 때는 고압멸균 시 시험관이나 병에 액체로 가득찬 더람관(Durham tube)이라고도 부르는 작은 뒤집어 놓은 관(inverted vial)을 집어넣게 되는데 배양되는 동안에 가스생성은 더람관에서의 기체의 포집을 통해서 확인될 수 있다.

5.4.3 순수배양의 분리

많은 종류의 미생물들을 포함한 개체군에서 한 종류의 분리는 획선평판(streak plate) 기술에 의해 이루어진다. 획선평판 기법은 백금이를 이용해 소량의 시료를 평판의 작은 지역에 접종하는 방법이다. 접종물은 백금이를 이용해 출발점으로부터 여러 단계를 거쳐 평판에서 좌우로 그어지며 각 단계가 끝날 때마다 백금이는 화염멸균해야 한다. 이렇게 하는 한 가지 방법이 그림 5.2에 설명되어 있다. 접종물이 출발점에서 더 멀리 펼쳐질수록 각 세포들은 넓게 분포되므로 평판의 배양 후 최초의 접종지역에서는 밀도 높게 겹쳐지는 생장이 관찰되고 그 후에는 점차 줄어들어 하나의 세포의 분열과 성장으로 형성되는 각각의 집락이 분리되어 나타나게 된다. 이 단계에서 명확한 집락이 나타난다고 해서 전체적으로 성공적인 분리를 의미하는 것은 아니다. 비록 육안으로 보이

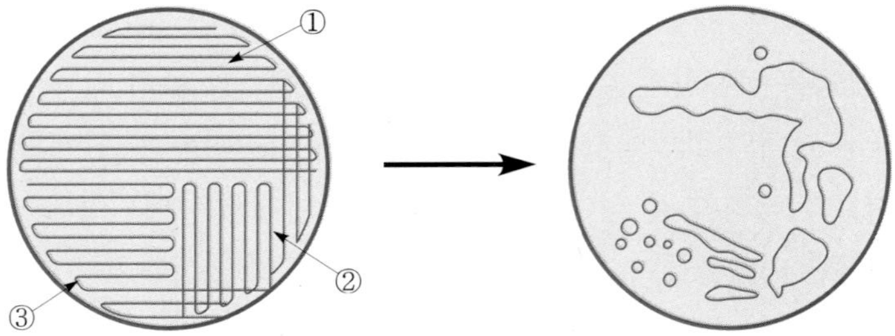

그림 5.2 **획선평판의 준비**

지는 않지만 하나의 집락이 한 종류 이상의 균을 포함하고 있을 가능성이 있다. 단일 배양배지가 시료에 있는 모든 종류의 균의 생장을 뒷받침하지 못하기 때문에 집락에는 한 종류 또는 그 이상의 활동하지 않는 오염균이 있을 가능성이 있으며 다른 배지가 사용된다면 이들 오염균은 자랄 수 있다. 그래서 단일집락으로부터 재료를 취하고 순수배양을 확실하게 하기 위해서 이차 또는 삼차 획선평판을 만드는 것이 일반적이다.

액체배양과 관련있는 또 다른 유용한 기법은 농화(enrichment)이다. 선택배지에 자연상태의 개체군을 접종하고 흥미있는 미생물의 생장에 알맞은 조건하에서 배양하면 영양원과 배양조건에 가장 적합한 미생물이 다른 것에 비해 빨리 성장하여 시료에서 우점 미생물이 될 것이다. 선택성의 정도에 따라서 이 기법은 매우 복잡한 시료로부터 알려진 종류의 생물체를 선택할 수 있게 한다.

5.5 현미경

현미경(microscope)은 미생물학에서 매우 유용한 도구이다. 현미경은 해상력(resolving power)과 적용대상, 배율 등에 따라서 여러 가지 형태로 구분하여 사용할 수 있다(표 5.1).

표 5.1 **여러 가지 형태의 현미경의 비교**

현미경의 종류	최대 비율(배)	해상력(nm)
광학현미경	1,500	100~200
암시야 현미경	1,500	100~200
형광현미경	1,500	100~200
위상차 현미경	1,500	100~200
투과 전자현미경	50~100만	1
주사 전자현미경	1~100만	1~10

5.5.1 표준 광학현미경

미생물학적 연구에서 사용되는 대부분의 현미경은 표준 광학현미경(standard light microscope)으로 2개의 렌즈인 대물렌즈(시료에 가까운 쪽)와 대안렌즈로 된 복합형인데, 렌즈를 통과한 빛이 그대로 눈에 들어오는 명시야 현미경 종류이다(그림 5.3). 렌즈들은 경통에 의해 분리되어 있으며 대안렌즈는 대물렌즈에 의해 형성되는 상을 확대한다. 대부분의 경우에 전체배율은 대물렌즈의 배율에 대안렌즈의 배율을 곱한 것이 된다.

현미경의 본질적 구성은 조명원, 시료를 올려놓는 검경대(stage)와 렌즈 시스템 그리고 시료물체를 초점안으로 가져오는 시료나 렌즈 체제를 움직이는 수단이다.

이들에 부가하여 대부분의 현대적인 현미경은 substage 콘덴서라고 불리는 시료 안으로 빛을 모으는 장치, 렌즈 체제로 들어오는 빛의 양을 조절하는 집광 조리개(iris diaphragm), 그리고 여러 가지 정도의 배율을 제공하는 회전 터릿(rotating turret)에 올려진 2개 이상의 대물렌즈를 갖는다. 대부분의 강력한 대물렌즈는 유침유(oil immersion) 대물렌즈로 약 100배의 배율을 가지며 거의 1,000배의 총배율을 가진다. 유침유 렌즈는 렌즈와 슬라이드 사이에 한 방울의 유침유가 시료를 통과한 빛의 양을 극대화시킨다. 현미경 사용 시 빛 파장은 하나의 매질(예, 유리)에서 다른 매질(예, 공기)로 통과하면서 휘거나 굴절되는 경향이 있는데 굴절의 정도는 두 매질 사이에 수반되는 굴절률(index of refraction)의 차이에 의한다. 예를 들어, 유리의 굴절률은 1.51이고 물은 1.33 그리고 공기는 1.0이다. 유침유의 굴절률은 1.5로 유리의 굴절률과 거의 같아 유리 슬라이드를 통과한 빛이 굴절하는 것을 막는다. 이러한 결과는 대물렌즈에 더 많은 빛을 들어오게 함으로써 해상력을 증진시킨다. 이러한 현상은 그림 5.4에 도식하였다.

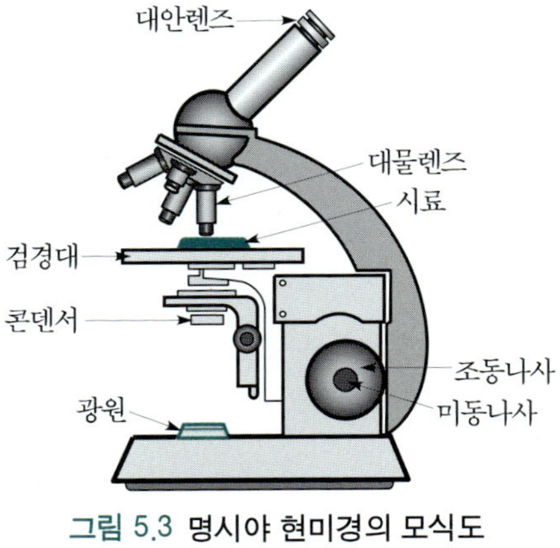

그림 5.3 명시야 현미경의 모식도

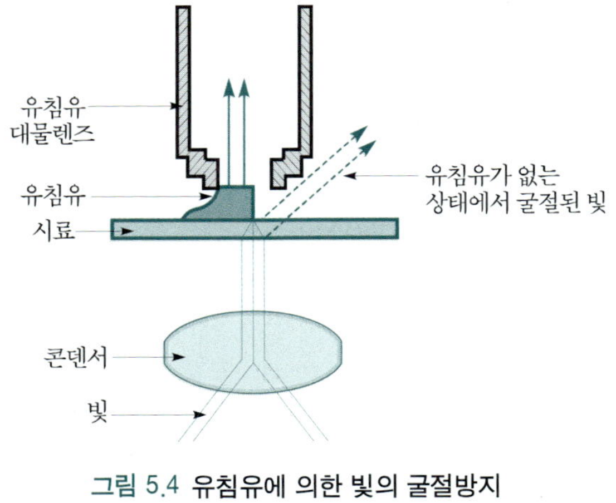

그림 5.4 유침유에 의한 빛의 굴절방지 모식도

광학현미경의 해상 한계는 대략 0.2μm로서 이것은 그 근접한 점이 육안으로 더 이상 구분될 수 없을 때 또는 하나로 나타날 때를 말한다. 해상(resolution)은 빛 그 자체의 본질적인 성질에 의존되기 때문에 고배율을 사용해서 개선될 수 없다. 이같이 세균세포는 현미경하에서 매우 명백히 볼 수 있으나 자세한 세포구조를 식별하기는 더욱 어렵다. 그러나 그들을 더 쉽게 볼 수 있게 하기 위해서 어떤 세포구조를 강화시킬 수 있는 기법들이 있다. 그에 대한 몇 가지 방법이 5.7절에 서술되어 있다.

5.5.2 암시야 현미경

암시야 현미경(dark-field microscope)의 발달은 살아있는 상태의 미생물을 효과적으로 관찰하는 방법을 제공하였다. 많은 미생물들 특히 염색하지 않은 세균은 매우 투명하여 세포와 밝은 배경 사이에 존재하는 대조(contrast)가 없기 때문에 관찰하기가 어렵다. 염색과정에서 미생물은 죽게 되므로 운동성과 같은 특성을 결정하는 데 중요한 살아있는 세포의 관찰은 어렵다. 더욱이 스피로헤타와 같은 세균은 정상적인 염색방법에 의한 염색이 매우 어렵다. 염색하지 않은 미생물은 암시야 현미경을 통해서 관찰할 수 있는데 *Treponema pallidum*과 같은 염색하기 어려운 세균의 관찰에 매우 유용하다.

암시야 현미경은 사용되는 콘덴서의 형태에 있어서 일반 광학현미경과 다르다. 암시야 현미경은 광학현미경에서 일반적으로 가지고 있는 아베(Abbe) 콘덴서의 위치에 파라볼로이드(paraboloid) 콘덴서를 사용한다. 파라볼로이드 콘덴서는 원뿔 형태의 빛을 생성하는 가림판(blocking disc)을 가지고 있어 대물렌즈를 통해 시료로 들어오는 빛을 차단한다(그림 5.5). 그러나 시료를 통과하는 일부의 빛은 영상을 형성하도록 대물렌즈로 굴절하여 배경은 어둡게 나타나고 생물체는 밝게 나타나게 해준다.

5.5.3 형광현미경

형광현미경(fluorescence microscope)은 시료를 acridine orange나 fluorescein iso-thiocyanate 같은 형광염료로 염색하여 관찰할 수 있게 해준다. 이 현미경이 미생물학에서 중요한 이유 중의 하나는 형광염료가 세포 내의 특정한 물질과 반응하여 염색방법에 높은 특이성을 제공하는 것이다. 또한 미리 준비한 항체(면역반응에 관여하는 특이한 단백질)를 형광염료와 결합시키면 형광항체(fluorescent antibody)가 되어 이를 항원으로 작용하는 특정한 미생물의 검출이나 계수 등에 이용할 수도 있다. 형광현미경은 배율이나 해상력의 원리에서 광학현미경과 차이점은 거의 없다. 형광현미경의 구조는 그림 5.6에 있다.

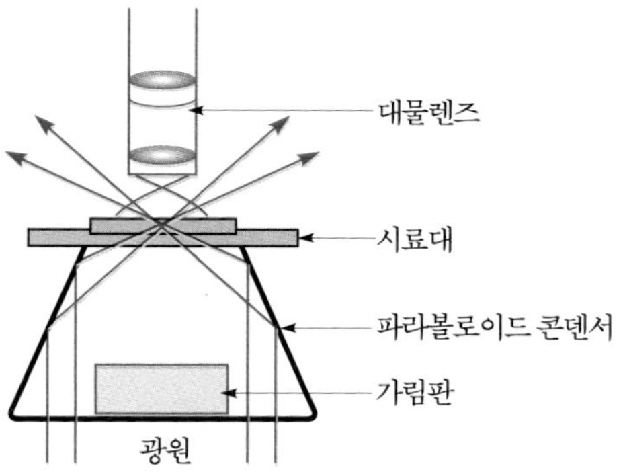

그림 5.5 **암시야 현미경의 모식도**

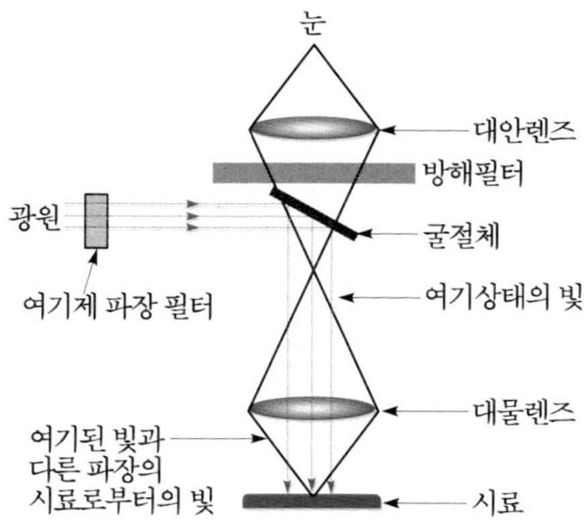

그림 5.6 **형광현미경에서의 빛의 경로**

5.5.4 위상차 현미경

위상차 현미경(phase contrast microscope)은 염색되지 않은 살아있는 미생물뿐만 아니라 여러 가지 세포 내 구조도 관찰할 수 있다. 이러한 관찰은 세포 간, 세포 구성물과 배경 간의 대조를 증진시키는 위상차 현미경에서 사용되는 광학체계 때문에 가능하다.

위상차 현미경은 특별한 조합의 콘덴서와 대물렌즈를 가지고 있다. 콘덴서는 광원의 바로 위에 위치한 환상 조리개(annular diaphragm)를 포함한다. 환상 조리개는 시료로 속이 빈 원뿔형태의 빛을 쪼이도록 한다. 유리를 통과하는 빛 파장은 굴절하지 않는 데 비하여 시료를 통과한 빛 파장은 굴절한다. 굴절의 정도는 빛 파장이 통과하는 매질(medium)(세포질 또는 막)의 밀도에 따라 다르다. 빛 파장(굴절되었거나 굴절되지 않았거나)은 대물렌즈를 통과하여 대물렌즈 안에 있는 위상 전환장치(phase shift element)를 지나 실제 상을 생성하는 영상판에 수렴한다(그림 5.7). 생성된 영상은 여러 가지 세포 기관과 배경 간에 높은 대조를 생성한다.

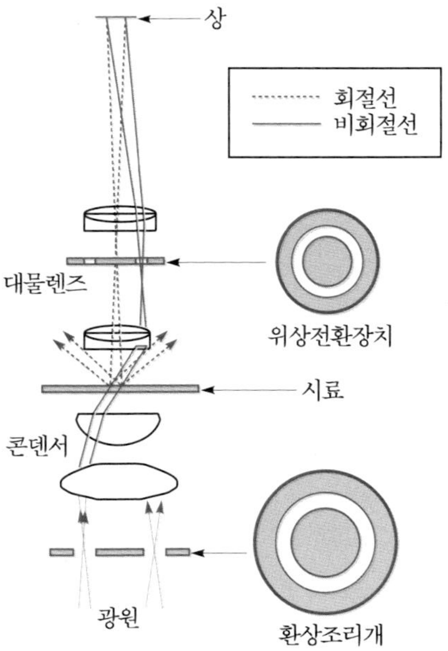

그림 5.7 **위상차 현미경의 모식도**

5.5.5 전자현미경

모든 물체는 개개의 미립자와 파동과 같은 이중의 성질을 갖는다. 전자(electron)는 파동과 같은 성질을 가지며 전자의 파장(λ)은 전자가 움직이는 속도에 따라 다르다. 전자의 파장(nm)은 V 볼트의 전위차에서 다음의 식으로부터 계산된다.

$$\lambda = \sqrt{1.5/V} \text{ (nm)}$$

이 같이 전자는 60 kV에서 0.005 nm의 파장을 가지며 이는 광학현미경보다 탁월한 해상력을 갖게 한다.

전자현미경으로부터 이론적으로 얻어지는 해상력은 실제적으로 이용될 수 없는데 이 해상력은 시료의 대조와 전자기렌즈(electromagnetic lens)에 의하여 제한되기 때문이다. 실제 투과 전자현미경(transmission electron microscope, TEM)에서 이용 가능한 해상력은 약 0.2 nm이지만 이는 결정격자를 연구할 때만 사용 가능하다. 세포의 내부구조를 포함하는 생물의 재료를 연구하기 위하여 사용되는 해상력은 약 1 nm 정도이다.

전자는 전자기렌즈를 사용하여 초점을 맞출 수 있으며 TEM은 보통 광학현미경과 같은 기본적인 원리를 이용하여 제작될 수 있다. 전자의 근원은 작은 V자 형태의 텅스텐선이나 음극선이다. 높은 전위의 전류에 의하여 가열되면 이들은 백열광을 내어 전자를 생성하며 좁은 광속(beam)으로서 중심을 통과하여 양극으로 끌려간다. 양극과 음극 사이에는 40~100,000 볼트의 전위가 작용한다.

전자 광속의 초점 형성과 확대된 시료의 상(image)을 형성하는 데 이용되는 전자기렌즈의 배열이 그림 5.8에 나타나 있다. 시료의 상은 적어도 세 종류의 렌즈, 즉 대물렌즈, 여러 개의 중간렌즈, 그리고 투광(projector) 렌즈에 의해서 형성된다. 이들 부가적인 렌즈를 사용함으로써 1,000~200,000배의 배율을 얻을 수 있으며 투광렌즈에 의해 형성된 최종적인 상은 전자들이 형광스크린에 충돌함으로써 볼 수 있게 된다. 형광스크린 대신에 사진기록계(photographic recorder)나 카메라를 부착할 수 있다.

주사 전자현미경(scanning electron microscope, SEM)은 물체의 표면을 관찰하기 위하여 미세한 전자 광속을 사용하는데 이 전자 광속은 시료 표면의 매우 작은 점에 초점을 맞추어 체계적으로 물체의 표면을 주사한다. 이러한 과정에 의하여 생성되는 낮은 에너지를 갖는 이차전자는 각각의 이차적 전자충격을 빛의 섬광으로 전환시키는 섬광탐지기(scintillation detector)에 초점을 만든다. 각 섬광은 전기적으로 증폭되어 음극선광(cathode ray tude) 스크린상에 영상을 형성하기 위한 신호를 만든다. 이러한

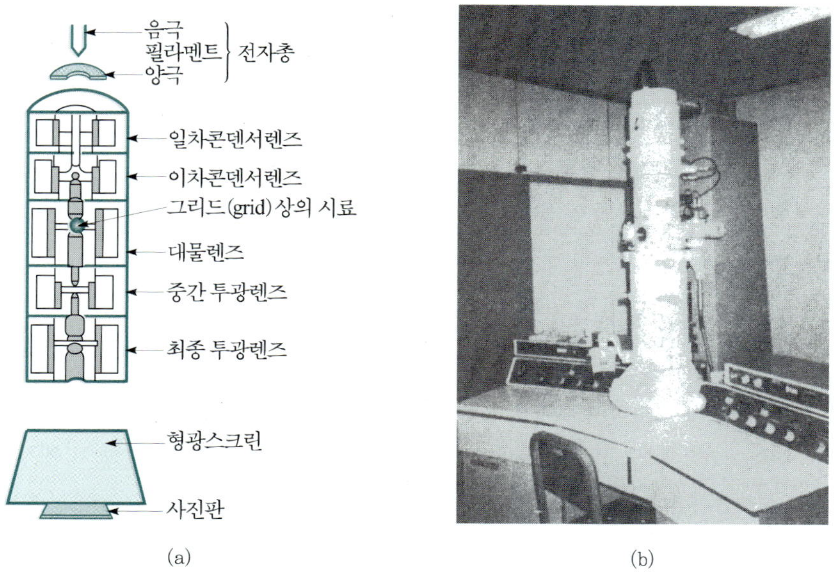

그림 5.8 TEM의 모식도(a)와 사진(b)

상을 만들기 위하여 사용되는 광속은 시료를 주사하는 전자 광속과 동조되어 시료의 표면을 상으로 만들게 된다. 상의 확대는 주사 전자 광속의 면적과 음극선 스크린의 표면 면적의 배율에 의해 달라지는데 SEM의 해상력은 통상 1~10 nm로서 TEM의 해상력보다 낮으나 SEM은 표면의 삼차원적인 입체구조 형상을 보여주며 바이러스 같은 매우 작은 미생물의 계수에도 이용된다.

5.5.6 공초점 레이저 주사 현미경

형광 시료를 영상화하는 데 최근에 많이 사용되는 공초점 레이저 주사 현미경(confocal laser scanning microscope, CLSM)은 흔히 조직단면이나 세균군집(예, 슬러지)과 같은 시료를 관찰 및 기록하는 데 사용된다. CLSM은 3차원적인 시야가 생길 수 있기 때문에 디지털 공정으로 처리될 수 있는데 얇은 광학적 절단 상은 합성된 3차원적 상으로 재조립될 수 있다. 공초점 주사현미경 사용법은 명시야 현미경, 암시야 현미경 사용법 그리고 형광현미경 사용법에서 일반적으로 사용된다.

5.5.7 주사탐침 현미경

주사탐침 현미경 기술은 분자와 원자 수준의 매우 미세한 규모의 표면 영상을 다룬다. 이 기법은 시료의 표면을 가로질러 주사하기 위해 매우 예리한 바늘(tip)을 사용한다.

이 바늘이 시료표면 가까이로 움직일 때, 바늘과 시료 사이에 작용하는 힘을 측정할 수 있다. 주사탐침 현미경의 가장 보편적인 형태는 원자력 현미경, 주사터널 현미경(scanning tunneling microscopy), 근시야 주사광학 현미경(near-field scanning optical microscopy)이다. 이들 현미경은 모두 시료 표면을 관찰하기 위해서 탐침을 사용하며, 배율 1,000,000배로 단일 원자를 볼 수 있는 능력을 가진다.

5.5.8 원자력 현미경

원자력 현미경(atomic force microscope, AFM)은 시료에 매우 가까이 위치한 "탐침(probe)"으로 세포 표면의 윤곽을 조사한다. 그 상은 탐침이 시료 위에서 래스터 주사(raster-scanned)될 때 필요하다. 상은 배치에 따라 주어진 위치에서 외형의 크기 또는 전기포텐셜을 측정한다. 원자력 현미경은 렌즈를 사용하는 것이 아니어서 회절(diffraction)보다 탐침바늘의 크기가 해상력에서 제한요인이 된다. 원자력 현미경에 의해 제공되는 미세 해상력은 과학자들이 세포 표면의 생물학적 분자들의 상호작용을 판독할 수 있게 한다.

5.6 미생물의 계수

액체 내에 있는 세포의 농도를 측정할 수 있는 여러 가지 방법이 있다. 전체 세포수의 직접적인 측정(직접 계수, direct count)은 현미경을 사용하거나 전기적 방법을 이용할 수 있다. 또한 현탁액의 광학분석(optical assay)이나 혼탁도(turbidity)를 측정하여 전체 세포수와 연관시킴으로써 간접적으로 미생물의 양을 측정할 수 있다. 많은 경우에 더욱 유용한 지표는 살아있는 경우에는 세포의 생균계수(viable count)이며 (생장과 세포증식을 할 수 있는 세균) 어떤 경우에는 세포의 활성도나 개체수와 관련될 수 있는 세포의 화학적 성분의 농도를 측정하는 것이 보다 적당할 수도 있다.

5.6.1 직접계수

직접계수는 주어진 시료에 있는 손상되지 않은 세포를 살아있거나 죽은 것에 관계없이 모두 측정하기 때문에 총량계수(total count)라고도 하는데, 통상 알려진 부피의 시료의 직접적인 현미경 검사를 통해서 측정된다. 밀도 높은 액체배양은 mL당 수억 개의 세포를 포함하고 있기 때문에 개체를 세고 식별하기 위해서는 매우 소량의 시료를 정확하게 측정해야만 한다. 그 같은 소량은 세포계수기(counting chamber)라 알려진 특별히 만들어진 현미경 슬라이드의 사용에 의하여 얻어지는데 그 중심부는 양 끝보다 더 낮으며 일정한 크기의 격자로 표시되어 있다. 현미경하에서 볼 수 있는 격자상에 한 방울의 시료를 놓고 덮개유리를 올려놓은 후 세포수를 세면 이미 알고 있는 액체의 양과 몇 개의 사각형 구역에서 계수된 세포로부터 처음 시료에서의 개체수를 결정할 수 있다.

총량계수는 또한 쿨터계수기(Coulter counter)로 얻어질 수 있다. 이는 각각의 세포가 하나씩 통과하기에 충분한 좁은 입구를 통해 시료를 통과시키는 장치이다. 이 기계는 많은 세포가 상대적으로 짧은 시간에 계산될 수 있도록 하는 전자적 탐침기를 장착하고 있다.

총량계수는 그들의 응용면에서 제한적이다. 살균이나 소독 처리 시에 생물체는 생존력을 잃어버리지만 피상적인 세포구조는 원형 그대로 남아있기 때문에 총량계수는 멸균하거나 소독한 시료에서의 살아있는 세포의 조사에 거의 이용되지 않는다. 많은 시료에서 다양한 양의 무생물적인 기원의 입자(debris)들이 존재하여 육안과 전기적으로 생물체를 식별하는 데 어려움을 초래하게 되며 휴지기 세포도 구분하기 어렵다.

직접계수의 이런 단점을 보완하기 위해 형광염색을 실시하는데 acridine orange(AO), fluorescein isothiocyanate(FITC), 4′,6′-diamidino-2-phenylindole(DAPI), Hoechst 33258(bisbenzimide), fluorescein diacetate(FDA) 등 다양한 형광염료로 시료를 염색한 후 여과막(membrane filter)에 여과하여 형광현미경으로 관찰하면서 미생물 세포를 계수한다. 여러 형광염료들이 무생물에는 작용하지 않고 세포에만 염색되므로 어두운 현미경 시야에서 형광을 내는 세포만을 셀 수 있는 좋은 계수방법이 될 수 있다. 배경의 형광을 줄이기 위해 무형광의 흑색 여과막을 이용하며, 표면재질이 매끄러운 polycarbonate 여과막이 섬유상의 nitrocellulose 여과막보다 더 높은 개체수를 얻을 수 있다. 현미경하에서 작은 미생물 세포의 수와 크기를 조사하는 것은 형광현미경을 이용해도 쉽지 않기 때문에 세포계수 및 생체량(biovolume)의 정확한 측정을 위해 화상분석체제(image analysis system)를 이용하기도 한다. 또 다른 직접계수법으로 면역학적 항원-항체 반응을 이용한 형광항체법(fluorescent antibody technique)이 있는데 특정 미생물에 대한 항체를 실험동물로부터 얻은 후 형광염료로 표지하여 시료에 존재하는 미생물을 검출할 수 있다. 최근에는 형광물질로 표지한 세포를 세는 유동세포계수(flow cytometry) 방법도 이용되고 있다.

형광염색과 면역학적 방법 또한 매우 높은 개체수 결과를 얻을 수 있지만 미생물의 생존이나 활성 여부를 알 수는 없다. 대사하는 미생물 개체수를 알기 위해서 탈수소효소 기질인 tetrazolium chloride를 형광염료와 같이 추가하여 환원된 tetrazolium formazan의 생성으로부터 호흡활성을 나타내는 세포만을 계수하는 AODC/INT method가 있다. 생장, 분열하는 세포를 계수하기 위해 DNA 합성 저해제인 nalidixic acid를 acridine orange와 같이 첨가하여 세포분열이 일어나지 않고 길어진 세포만을 계수하는 직접생균계수(direct viable count, DVC) 방법도 있다. 방사성 기질을 형광염료와 같이 첨가하여 흡수된 방사능으로 대사활성을 가진 미생물을 확인하는 미세자기방사법(microautoradiography)도 있다.

5.6.2 간접계수

(1) 탁 도

탁도는 일정한 배양기간 후에 결과를 제공하는 생균계수와 달리 간단하고 빠르기 때문에 실험실에서 배양의 생장을 관찰하기 위해 사용될 수 있다. 탁도 측정에는 통상 입자의 현탁액에 의해 분산된 초기빛의 양을 측정하는 비탁계(nephelometer)를 사용하여 측정하지만 분광광도계(spectrophotometer)나 비색계(colorimeter)를 사용할 수도 있다. 만일 탁도가 전체 혹은 생균세포의 수와 관련이 있다면 보정곡선(calibration curve)이 준비되어야만 한다. 보정은 하나의 특별한 생물체와 배양액에만 적용할 수 있으며 다른 생물체에는 다른 곡선이 얻어질 것이다. 이러한 이유 때문에 탁도는 어떤 실험실 배양이나 자연 혼합 개체군에서 생물체를 계수하는데 있어서 제한된 가치를 갖는다.

(2) 생화학적 방법

살아있는 세포에는 일정한 양의 생화학물질(biochemicals)이 존재하는데 이를 추출하고 정량적으로 측정하여 총세포의 생장과 동등한 의미로 사용할 수 있다. 대표적인 방법은 켈달(Kjeldahl) 방법에 의한 총질소(total nitrogen)량의 측정이다. 질소는 생체 단백질의 약 16% 정도를 차지하며 켈달수치는 단백질 수치로 쉽게 전환될 수 있다. 단백질은 또한 folin reagent에 의해 간접적으로 측정될 수 있는데 folin reagent는 비교적 단백질 속에 일정한 양으로 존재하는 두 가지 아미노산인 티로신(tyrosine)과 트립토판(trytophan)의 색깔 반응을 일으킨다.

미생물들은 또한 세포 내에 일정량의 ATP를 가지고 있다. ATP는 생체의 발광기작에서 볼 수 있는 루시페린-루시페라아제(luciferin-luciferae)의 반응에 의해 정량할 수 있다. 다른 생화학적인 방법으로는 핵산(DNA와 RNA), 세포막의 지질(lipid)과 인지질(phospholipid), 진균 세포벽의 키틴(chitin), 세균 세포벽의 LPS(lipopolysaccharide)와 뮤람산(muramic acid) 등의 정량적인 측정이 있다.

생화학물질은 세포 내에 일정 비율로 존재해야 환산계수를 적용하여 개체수나 생체량을 구할 수 있다. 그러나 생물종과 생리적 상태에 따라 그 비율이 다른 경우가 많아 혼합 미생물 개체군의 경우 정확도가 떨어지게 된다. 또한 사체로부터 나온 배경농도도 문제가 된다.

(c) 건조중량

건조중량 측정(dry weight measurement)은 시료에 미생물이 아닌 큰 생물이 있거나 죽은 미생물이 많은 경우 또한 미생물 이외의 유무기물이 존재할 때에는 미생물 계수에 사용할 수 없다. 한 종류의 미생물만 존재할 경우 매우 정확한 개체수와 생체량을 나타낼 수 있다. 측정방법은 측정하고자 하는 미생물에 따라 다르며, 효율적인 세척에 의존된다. 탈수 정도와 정확한 무게측정도 중요한 요인이 된다. 세포 부피에 대한 자료를 토대로 하여 세포 무게의 증가는 생물체의 생물학적인 합성을 나타내는 것으로 나타낼 수 있으며, 이를 통해서 세포의 수를 간접적으로 계산할 수 있다.

5.6.3 생균계수

생균계수(viable count)는 배지를 이용하여 살아있는 미생물을 배양해서 그 개체수를 측정하는 방법인데 배지조성과 배양조건의 선택성 때문에 시료에 존재하는 전체 미생물 중 극히 일부만을 계수하게 된다. 생균계수 중 평판계수(plate count)에 수반되는 기본적인 가정은 희석되고 잘 섞인 소량의 생물체의 희석액이 주입평판(pour plate) 혹은 분산도말평판(spread plate) 기술로 고체배지에 잘 펼쳐졌을 때 각 분리된 집락이 단일세포로부터 기원하여 발달된다는 것이다. 생균 측정은 멸균된 희석액으로 시료를 10배씩 희석하여 배지에 접종하는데 최종희석액이 한천 평판상에 셀 수 있는 적절한 수의 집락과 동등한(통상 30～300 사이) 세포수를 포함하게 만든다. 예를 들어, mL당 8,000,000개의 생균을 포함하는 시료는 5번의 연속희석 후 1 mL의 접종으로 평판상에 대략 80개의 집락을 생성한다.

희석액은 통상 1 mL의 연속된 전달에 의한 희석을 용이하게 하기 위해서 나사마개가 있는 병에 9 mL를 분주한다. 흔히 사용되는 희석액은 무기염 혼합액, 인산완충용액과 수돗물 혹은 한천을 생략한 평판배지 자체 등이다. 특별한 서식지(예, 강물, 바닷물)로부터의 생물체에 대한 연구를 위해서 살균된 또는 여과멸균된 강물이나 바닷물 또는 이와 유사한 조성의 합성액을 사용할 수도 있다.

또 다른 생균계수로 액체배지를 이용하는 최확수법(MPN method)이 있다. MPN 방법의 원리는 희석된 시료를 적절한 액체배지에 접종하고 미생물의 생장을 탁도의 생성 또는 소멸, 기체 생성, 지시약의 색깔 변화 등을 통해 확인하여 양성반응이 나타난 배지의 수를 구한 후 통계학적으로 처리된 MPN table로부터 시료 100 mL당 개체수를 구할 수 있다. MPN법의 장점은 고체배지에서 자라지 않는 미생물을 계수할 수 있으며 한천과 같은 고형화 물질(solidifying agent)이 요구되지 않으므로 이에 포함될 수 있는 불순물로 인한 문제점이 없다. 또한 통계에 기반한 방법이므로 평판계수에 의해 계수되지 못하는 조류, 원생동물, 바이러스 등의 개체수 측정이 가능하다. 그러나 시험관이 많이 필요하는 등 번거로우며 또한 결과가 정확하지 않은 단점이 있다.

5.6.4 물분석에서의 계수

계수기법의 한 가지 중요한 일상적인 사용은 특히 콜레라와 장티푸스 같은 장내질병의 원인이 되는 인간병원체에 의해 오염된 물을 분석하는 데 있다. 그러나 오염이 크게 국한되거나 특별히 심한 사례를 제외하고는 그들이 적은 개체수로 통상 존재하기 때문에 많은 물시료로부터 병원체를 분리하거나 계수하는 것은 매우 어렵다. 따라서 병원체의 존재를 입증하기 위한 시도 대신에 물시료에서 지표생물(indicator organism)을 검사한다. 장내질병은 분변(feces)으로 오염된 물에 의해서 주로 전달되며, 따라서 분변성 또는 분원성 오염(fecal contamination)과 그로 인한 병원균의 존재 가능성을 입증하기 위해서 비록 시료에 존재하는 그들 자체가 질병의 원인이 되지 않는다 하더라도 정상적 배설물에 존재하는 것으로 알려진 세균을 조사하는 것이다.

주요 지표 생물체는 분원성 연쇄상구균(fecal streptococcus)과 대장균(*E. coli*)인데 이것들은 통상 인간 배설물에 건조중량 g당 10^6~10^8개의 수준으로 존재한다. 대장균 및 다른 대장균군(coliform group)의 구성원은 유당(lactose)을 발효할 수 있으며 가스생성의 조사를 위한 더람관(Durham tube 또는 inverted vial)이 들어있는 유당배지 시험관에서 2일 동안 35℃에서 배양하여 검출될 수 있다. 산과 가스의 생성은 대장균군을 위한 추정시험(presumptive test)에서 조사된다. 그러나 일부 대장균군은 사람이나 동물로부터 기원하는 것이 아니라 토양이나 물에 흔히 서식하는 종류들이다. 분변기원(fecal origin)은 높은 온도(44.5℃)에서 추정시험의 양성시험관으로부터의 접종물을 배양하거나 장내생물체를 선택하는 배지를 사용함으로써 확인할 수 있다. 지표

미생물의 종류와 분석 시험법은 5.9절에 자세히 설명되어 있다.

분원성 대장균군의 계수는 통상적으로 5.6.2절에 서술된 평판계수 기법에 의해 수행되지 않는다. 예를 들어, 음용수에서 대장균군의 허용수준은 전 세계적으로 대부분 100 mL에 0마리인데 이는 명백하게 너무 희석되어 생균측정을 할 수 없다. 그 대신에 3가지 다른 양의 시료로 접종된 유당 액체배지의 시험관에서 생장과 가스생성이 일어나는지의 관찰에 근거하여 주어진 시료 내의 대장균군의 최확수(most probable number, MPN)를 구하는데, 이 방법을 MPN 방법 또는 다중시험관 발효시험(multiple tube fermentation test)이라 한다. 최확수 측정에서 양성의 결과는 원래의 접종물에서 하나 혹은 그 이상의 세포의 존재에 기인한다는 것을 가정한다.

측정방법은 시료를 적절히 희석하여 유당배지(lactose broth)와 뒤집어 놓은 관(inverted vial 또는 Durham tube)이 들어있는 3, 5 또는 10개 × 3 set로 구성된 시험관에 1, 1/10, 1/100의 비율로 각각 접종한다. 24내지 48시간 배양 후 inverted vial 내부에 포집된 기체 및 탁도를 관찰하여 대장균군 생장 여부를 확인하고 그 양성결과의 조합으로부터 각 tube series에 상응하는 MPN 표에서 100 mL당으로 표시된 대장균군의 개체수를 구할 수 있다. 최확수의 값이 통계학적 확률에 근거하므로 생균측정에 의해 얻어진 결과와 일치하지 않는다. 그러나 최확수 결정은 수질의 세균학적인 분석에 있어서 유용한 도구로 남아 있다.

직접 생균계수가 부적당할 때 물시료에 존재하는 매우 작은 수의 세균측정을 위한 최확수 결정의 대체방법은 막여과법(membrane filter technique)이다. 적절한 양의 물시료를 계수에 적합한 균을 거르는 막여과지에 무균적으로 통과시킨다. 막여과지는 그 후 제거하여 적절한 고체배지의 표면에 혹은 대용으로 액체배지를 흡수한 흡착패드상에 올려 놓는다. 집락은 막을 통해 확산되는 영양분을 이용하여 자라나서 계수될 수 있다.

5.7 염색방법

염색되지 않은 미생물, 특히 세균은 그들의 빛을 투과하는 특성 때문에 광학현미경으로 관찰하기가 어렵다. 이러한 문제를 극복하기 위해서 여러 가지 염색방법이 개발되어 왔다. 대부분의 세균은 생물학적 염료에 의해서 쉽게 염색된다. 생물학적 염료는 발색단 이온(chromophoric ion)을 포함하는 유기화합물이다. 발색단 이온은 생물학적인 염료의 색깔이 있는 부분을 말하며 이는 양전하 또는 음전하를 갖고 있다. 세균세포는 음전하를 띠기 때문에 양전하를 띤 발색단 이온을 가지는 생물학적 염료는 세균을 염색하는 데 매우 효과적이다. 양전하를 띠는 발색단 이온을 가지는 생물학적인 염료를 염기성 염료라고 부른다. 산성 염료는 음전하를 띠는 발색단 이온을 갖는 생물학적 염료이다.

특이한 세포구조(예, 세포벽, 캡슐, 세포 내 과립 등)의 존재뿐 아니라 형태, 크기, 세포의 배열 같은 특징을 구별하기 위하여 여러 가지 염색방법이 개발되었다. 세포를 염색하기 위해서 한 가지의 생물학적인 염료를 사용하는 것을 단순염색(simple staining)이라 하고, 세균을 구분하기 위하여 두 가지 이상의 생물학적인 염료를 사용하는 것을 분별염색(differential staining)이라고 한다.

염색을 하지 않고 액체상태의 시료를 현미경으로 관찰하는 것은 여러 가지 측면에서 한계가 있는데, 단지 세균 전체의 형태학적 특성은 식별될 수 있으나 세포의 주된 구조물은 일반적으로 특히 밝은 조명하에서 식별이 어렵거나 혹은 전혀 볼 수 없다. 염색은 편모와 캡슐 같은 세포의 구조적 특성을 증진시키기 위해 사용될 수 있으며 세포의 어떤 화학적 성분에 대한 친화성을 근거하여 미지의 생물체를 동정하기에 유용하다.

5.7.1 도말 준비

염색은 깨끗한 현미경 슬라이드상에 준비된 세균 현탁액의 도말(smear)에 통상적으로 행해진다. 현탁액은 고체배지상의 집락으로부터 직접 소량을 떼어내어 슬라이드상에 위치한 한 방울의 물과 섞어서 만든다. 현탁액을 슬라이드상에서 말렸을 때 거의 볼 수 없을 정도의 투명한 막을 얻기 위해서 얇고 고르게 도포한다. 시료는 공기 중에서 말리고 불꽃에 2～3회 통과시켜 세균을 슬라이드에 고정시킨다. 도말은 격자선반(rack) 위에 현미경 슬라이드를 놓고 적절한 염색용액을 부어서 염색시킨다. 슬라이드는 몇 초부터 몇 분까지의 정해진 시간 동안 방치시킨다. 과도한 염색용액은 부드럽게 흐르는 물 아래 슬라이드를 놓아두어 완전히 씻어낸다. 염색된 시료는 흡습지로 물기를 제거하거나 마르도록 방치하여 현미경하에서 직접 관찰한다. 세균세포가 크리스탈 바이올렛(crystal violet)과 메틸렌 블루(methylene blue) 같은 염색약에 염색되었을 때 염색이 안 된 배경에 비해 뚜렷하게 보인다.

5.7.2 그람염색(Gram staining)

이것은 아마도 세균 분리균에 대한 일차적 동정에서 가장 평범하게 사용되는 염색이다.

이 방법은 차별적인 이중의 염색기법을 수반한다. 도말은 먼저 크리스탈 바이올렛으로 처리한 후 요오드 용액으로 고정한다. 그 후 슬라이드를 알코올로 씻어내고 역염색(counterstain)으로 다른 색깔의 2차 염색을 행한다. 일부 세균 속은 알코올로 닦을 때 크리스탈 바이올렛을 그대로 갖고 있으며 역염색에 영향을 받지 않아 현미경하에서 관찰 시 청색이나 청자색을 나타내는데 이런 종류를 그람양성(Gram positive)이라 한다. 다른 종류는 알코올로 닦을 때 크리스탈 바이올렛 염료를 잃고 역염색의 붉은색이나 핑크색으로 염색되는데[통상 카볼훅신(carbolfuchsin)이나 사프라닌(safranin)] 이런 종류를 그람음성(Gram negative)이라 한다. 이 분별염색(differential staining)은 세포벽의 화학적 구조에 의존하고, 염색의 유용성은 세균이 그람염색에 의하여 두 가지 군으로 나누어진다는 사실에 있으며, 이는 미지의 균주를 동정하는 최초 단계에서 많은 종류의 속을 배제할 수 있게 한다. 일부 종은 확실히 그람염색 다양성(Gram-variable)이며 다른 것들도 주의하여 1.5일 내지 2일 사이의 배양으로부터 도말을 만들지 않으면 그람염색 다양성이 생겨날 수 있다.

5.7.3 항산성 염색

항산성 염색(acid-fast stain)은 Ziehl-Neelsen 법이라고도 하며, 결핵, 나병, 기타 폐와 피부감염을 포함하는, 많은 사람에서 질병을 일으키는 *Mycobacterium*과 *Nocardia* 속의 세포를 염색하기 때문에 또 다른 중요한 분별염색이다. 이들 세균은 세포벽에 많은 양의 왁스로 된 지질을 가지고 있어서, 그람염색이 잘 되지 않는다. 도말을 염기성 염료인 크리스탈 바이올렛(crystal violet)으로 처리한 후, 뒤이어 붉은색 일차염료인 카볼후신(carbolfuchsin)로 처리한다. 이 과정에서, 열은 왁스로 된 세포벽을 통해서 세포 내로 염색약이 침투하도록 하는데 사용된다. 염산(pH<1.0)과 알코올 용액으로 헹구어 도말을 탈색시킨다. 염산-알코올의 표백반응은 비 항산성(non-acid-fast) 세균과 배경의 색깔을 제거시킨다. 항산성 세균에서는 산이 왁스로 된 세포벽을 투과할 수 없기 때문에, 붉은색을 유지한다. 메틸렌블루로 역염색을 한다. 이 염색약은 표백된 비산성의 항산성 세균만을 염색한다. 항산성 염색법은 붉은색의 항산성 세균을 생성하며, 사람의 세포와 조직을 포함하여, 청색의 비항산성 세균과 구별될 수 있다

5.7.4 캡 슐

캡슐의 염색방법으로는 여러 가지 음성염색(negative staining) 방법이 있다. 음성염

색은 관찰하고자 하는 구조 이외의 모든 것을 염색하는 방법이다. 마네발(Maneval) 용액에 의한 캡슐염색은 음성염색 방법의 한 가지 예이다. 미생물을 pH지표인 콩고레드(Congo red)로 혼합한 후 공기상태에서 말려 마네발 용액을 씌운다. 마네발 용액은 콩고레드를 푸른색으로 변화시키는 아세트산과 세포를 붉게 염색시키는 염료인 아세트 훅신(fuchsin)을 포함하는데 이 염색의 결과 세포는 붉은색으로, 배경은 푸른색으로 염색되고 캡슐은 무색으로 된다.

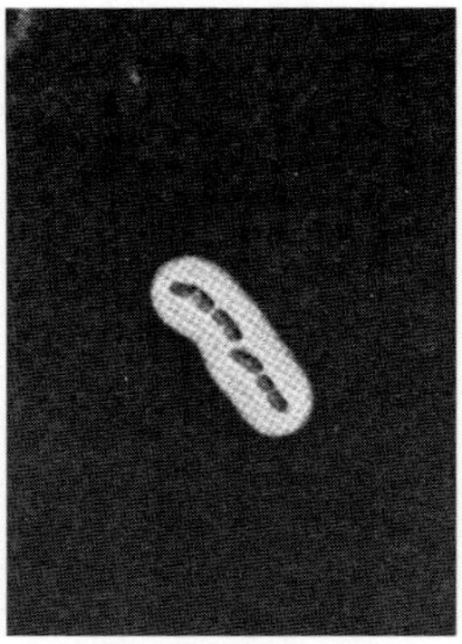

그림 5.9 **캡슐을 보여주는** *Bacillus*종의 **전자현미경 사진**

캡슐염색은 또한 인디안 잉크 한 방울과 세균 현탁액을 섞어서 둔 혼합액 위에 덮개유리를 눌러서 막을 만드는 것이다. 캡슐은 그림 5.9에서 보는 것처럼 어두운 배경에 세포의 주변에 투명대(clear zone)로 나타난다.

5.7.5 편 모

편모(flagella)는 그들의 작은 지름 때문에 직접 관찰에 의해서 보기 어렵다. 편모 주변의 두꺼운 층을 형성하는 염색방법으로 세포의 나머지를 위한 역염색을 사용하면 세포를 매우 선명하게 볼 수 있으며, 또한 관찰하려는 세포에서 편모의 위치를 알 수 있다. 세균에서 편모의 배열은 중요한 성질이 될 수 있다. 도말은 한천사면 배지로부터 얻어진 세균으로 만들어지며 편모를 파괴할 우려가 있으므로 열에 의한 고정은 하지 않는다. 도말은 염기성 훅신(fuchsin)으로 염색하며 그들은 붉은색으로 나타난다. 만일 메틸렌 블루로 역염색을 하면 세포는 파란색으로 나타난다.

5.7.6 내생포자

세균의 내생포자(endospore)는 염색하기 어렵다. 세균의 내생포자를 염색하는 방법들이 알려져 있으나 대부분의 방법은 오랜 기간 농축된 생물학적 염료를 사용하는 것이다. 일반적으로는 바쏠로-미터(Bartholow-Mitter) 방법이 있는데, 이는 말라카이트 그린(malachite green)과 역염색 염료로서 사프라닌을 사용하여 각각 포자를 푸른색으로, 영양세포를 붉은색으로 염색시키는 것이다.

5.8 미생물학적 분석

환경분야에서 미생물학적 분석(microbiological assay)은 상당히 유용하게 이용되고 있다. 주어진 시료 내의 단일 화합물의 측정은 대부분의 경우에 화학적 혹은 물리학적 방법에 의해 수행된다. 그러나 물리적, 화학적, 또는 환경적 요인의 조합에 대한 생물학적 반응을 정량화하는 생물학적 분석은 다른 분석방법보다 더 유용한 정보를 제공할 수 있으며 특히 주어진 지표의 생태학적 영향이나 잠재적 독성이 관심거리인 경우 유용하게 이용된다. 이것은 특히 문제가 되는 기질이 물리화학적 성질이 매우 복잡할 때 더욱 중요하다.

이 장에서는 공중보건공학의 분야에서 일반적 흥미나 그들의 중요성에 근거하여 2가지의 미생물학적 분석에 대해서만 설명하고자 한다.

5.8.1 생화학적 산소요구

하천이나 저수지 같은 용수원에 하수오물이 유입되어 혼합되는 경우에 가장 중요한 현상 중의 하나는 물속에 용해되어 있는 용존산소(dissolved oxygen, DO)의 고갈이다. 이 현상은 유입된 오물에 유기물질이 많이 함유되어 있어 수중미생물이 이 유기물들을 산화하는 데 수중산소를 모두 소모하기 때문이다. 수중 용존산소의 감소는 용수원의 물을 부분적 또는 전체적으로 혐기상태로 만들어서 황화수소와 같은 독성물질을 생성하고, 유기황화합물과 유기질소화합물로 인한 악취발생을 일으키고 수생동물을 죽게 하며 유기물질의 분해의 저해를 초래한다. 이로 인하여 용수원의 정화가 부진하여 용수원 바닥은 많은 유기질의 침전물이 쌓이게 된다.

수중에서 미생물에 의한 유기물의 분해를 위해 요구되는 산소의 양을 생화학적 산소요구량(biochemical oxygen demand, BOD)이라고 하며 시료 리터당 산소의 mg으로 표시한다. 이것은 액체시료에서 생화학적으로 산화될 수 있는 물질의 농도를 측정하기 위하여 매우 널리 사용된다. 또한 산소소비 정도는 그 물속에 함유된 산화될 수 있는 유기물질의 양에 따라 측정된다. 따라서 BOD는 물의 유기질 오염도를 나타내는 데 쓰이고 있다. BOD는 물시료의 배양에 의해 실험실에서 쉽게 측정될 수 있다(그림 5.10). BOD는 일정량의 시료수를 채취하여 충분히 공기와 접촉시켜 병에 넣고 밀봉한 다음 어두운 곳에서 일정기간(5일간 20℃) 배양하였다가 그 시료 중의 잔존산소량을 측정하여 결정하는데, 일정기간 보온하면 시료수 중에 생존하여 있던 미생물들이 번식하여

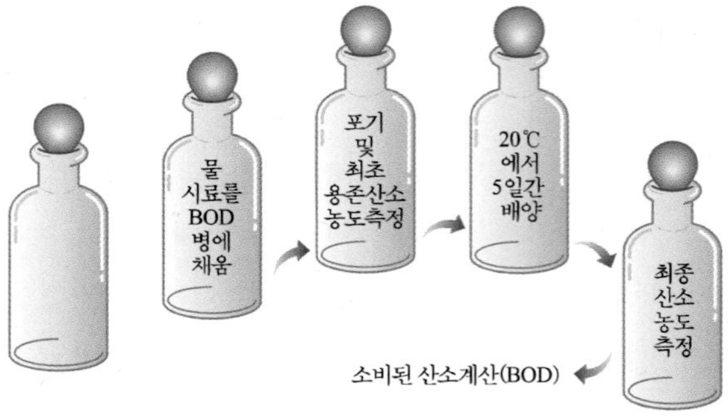

그림 5.10 BOD 측정방법

유기물질을 산화하고 그 시료수 내의 산소를 소모한다. 배양 전의 산소농도와 배양 후의 산소농도차는 물시료 내에 존재하는 유기물질을 분해하는 미생물에 의해서 소비된 산소의 양으로 표현될 수 있는데 이것이 표준 5일 BOD(BOD_5)이며, 이때의 산소의 소비량은 보통 그 물속에 함유되어 있는 생물산화성 유기물질의 함량에 비례한다.

BOD시험을 실시하는 데 요구되는 것은 용존산소의 준비에 의한 호기적 조건의 유지와 산화를 수행하는 시료 내의 활동적인 미생물군이다. 대부분의 하수와 하수방류수 시료들은 이미 호기성 미생물을 함유하고 있지만 활동적인 세균이 없는 산업 폐기물들과 다른 시료들은 BOD시험의 성공적 완성을 위하여 "접종(seed)"이 요구된다. 그 같은 접종은 잘 침전된 최종 방류수로부터 얻어질 수 있으나, 어떤 조건하에서는 방류수를 받은 물로부터의 접종물 자체가 어떤 방류에 의한 영향을 예측하는 데 이용될 수도 있다.

용존산소의 농도는 20℃의 순수한 물에서 포화되었을 때 단지 9.1 mg/L이다. 이보다 더 높은 BOD를 갖는 시료들(모든 하수, 대다수 하수방류수와 많은 하천수)에서는 산화가 완료되기 전에 산소가 고갈되지 않게 하기 위하여 시료의 희석이 필요하다. 이때 이 방류수를 받는 물(receiving water)이 희석액으로 이용될 수 있으나 그러한 희석액의 질은 매우 다양하며 그 자체가 산소요구를 하기도 한다. 따라서 대신에 낮은 농도의 인산 완충용액을 포함하는 잘 포기된 증류수가 사용된다. 하수 방류수 같은 접종물이 요구된다면 이 접종물 5 mL를 1L의 희석수에 첨가한다.

BOD시험은 적절한 비율로 시료와 희석수를 완전히 혼합시켜서 실행하는데 물속에 공기방울이 들어가지 않게 해야 하며 희석된 시료는 꼭 맞는 마개를 갖는 300 mL 병에 넣는다. 완전히 병을 채우는 것이 중요하며 그 후 마개를 끼우기 전에 공기방울을 완전히 제거한다. 각각의 희석에서 2개의 병(만일 복제 시료가 필요하다면 더 많은 수)을 대조구(control)로서 희석수만을 담은 2개 이상의 병과 함께 준비한다. 각 조에서 병 하나의 용존산소 농도는 즉시 측정하며 또 하나는 5일 배양 후 측정한다. 이 병들은 호흡을 위해 사용되는 산소만을 측정하기 위하여 어두운 곳에서 배양하는데 만일 빛 존재하에서 배양하면 물속에 존재하는 조류가 광합성에 의해 산소를 방출시켜서 잘못된 결과가 나오게 한다. 정상적 조건하에서 강물의 시료는 0~1/5 사이, 2차 하수 방류수는 1/10까지, 침전된 하수는 1/15~1/100, 그리고 원폐수는 1/30~1/200의 희석을 필요로 한다. 많은 경우에 시료의 성질이 불분명할 때에는 배양 후에도 잔류 용존산소 농도를 포함하는 일부 병들이 확실히 남아있게 하기 위하여 하나 이상의 희석이 만들어져야 할 것이다. 5일 배양 후 잔류 DO는 2.5 mg/L를 초과하는 것이 바람직한데 이는 보다 낮은 농도에서 유기물 산화율이 영향을 받게 되며 다소 잘못된 결과를 나타낼 수 있기 때문이다.

주어진 시료의 BOD는 질화작용(nitrification)을 일으키는 암모니아와 유기질소화합물에 의한 산소 소모분을 포함하기도 하지만 5일의 배양기간에 나타내는 대부분의 BOD는 감소된 유기탄소에 의한 것이며 전체 탄소성 요구의 약 69%가 된다. 질화세균은 종속영양체에 비해서 서서히 자라며 만일 질소성 BOD 측정이 요구된다면 배양은 20일로 연장되어야 한다. 20일 배양 동안의 전형적인 산소 소모율이 그림 5.11에 보인다. 그러나 어떤 조건하에서 질화작용이 시료 채취 전에 시작된다면 질소성 산소요구(nitrogenous oxygen demand, NOD)가 더 일찍 나타날 수도 있다. 질화작용은 또한 산발적이고 이에 관여하는 생물체는 낮은 수준의 독성요인들에도 매우 민감함으로 질소성 BOD를 측정하기 위한 시도가 그릇된 결과를 나타낼 수도 있다. 질화작용은 2%의 알릴치오유레아(allylthiourea)를 첨가함으로써 억제된다.

BOD가 물에서 유기오염의 정도를 나타내는 좋은 지표로 이용되기는 하지만 앞에서 설명된 것처럼 질화작용에 의한 질소성 산소요구를 나타내지 못하는 단점이 있다. 유기물들도 신속하게 호기성 분해가 일어나지 않을 경우 표준 BOD_5에 반영되지 않을 수 있으며 하천이나 호수에서 지속적으로 산소 소모를 일으킬 수 있다. 희석과 접종 시에

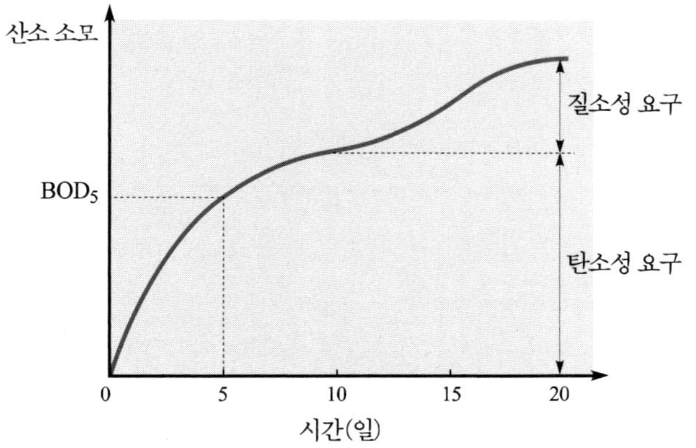

그림 5.11 **20일간의 BOD 시험 동안 전형적인 산소 소비곡선**

도 최대 30%의 오차가 발생할 수 있으며 독성물질이 있는 경우에는 호기성 대사가 저해되므로 BOD 측정이 제대로 이루어지지 못한다. BOD가 유기물이 유입된 수환경에서 어떤 변화가 일어나는지 알 수 있는 유일한 방법이기는 하지만 환경에서 일어날 수 있는 대기로부터 재포기(reaeration), 광합성의 산소공급, 물의 교란, 그리고 온도의 영향 등 BOD 수치만으로는 비교할 수 없는 결과들이 실제 자연환경에서 일어나기 때문에 수질의 판정이나 오염의 영향 등을 예측할 때 BOD 이외에 여러 가지 다른 요인들을 고려해야 할 것이다.

물의 유기적 강도를 측정하는 몇 가지 화학적 방법 중에 화학적 산소요구량(chemical oxygen demand, COD) 측정법이 있다. 이 방법은 미생물에 의해서 유기물질이 산화하는 것이 아니고 화학적 산화제에 의하여 산화하는 것으로 보통 중크롬산칼륨(potassium dichromate)을 사용하고 있다. COD의 값은 항상 BOD의 값보다 높은데 이것은 물에 함유된 어떤 유기물질이 미생물에 의해서는 산화되지 않고 화학적으로 산화되기 때문이다. 물의 오염도를 측정하는 데는 BOD법이 보다 일반적으로 사용되지만 COD법으로도 측정하는 이유는 BOD에서와 같이 5일간의 보존기간이 필요없이 보다 빠른 시간 내에 측정할 수 있기 때문이다. BOD는 오염된 폐수가 자연 수로로 방류되었을 때 일어나는 자연적 과정을 보다 정확하게 반영하며, 그것은 폐수의 오염잠재력이나 특별한 폐수의 생분해능에 대한 보다 정확한 정보를 제공할 수 있다. 그 밖의 방법으로는 총 유기탄소(total organic carbon, TOC)의 농도를 측정하는 방법도 있는데 고온에서 화학산화제를 이용하여 유기물을 이산화탄소로 전환하여 유기물량을 측정한다.

물에서 산소소모는 물층의 유무기물에 의한 산소소모 이외에 바닥의 퇴적층(sediments)에 의해서도 일어날 수 있는데 이를 퇴적층 산소요구(sediment oxygen demand, SOD)라 한다. 많은 경우 SOD는 생물학적 퇴적층 산소요구(BSOD)가 대부분을 차지하며 화학적 산화로 인한 화학적 퇴적층 산소요구(CSOD)도 일부 존재한다. BSOD의 상당 부분은 유기물의 호기성 호흡에 의한 탄소성 산소요구(carbonaceous oxygen demand, COD)이지만 유기질소나 암모니아가 많을 때에는 질화작용에 의한 질소성 산소요구가 COD보다 큰 경우도 존재한다. 유기물이 많이 퇴적된 호수 등지에서는 유기물 산화에 많은 산소가 요구되어 쉽게 수층 용존산소가 고갈될 수 있으며 세계 여러 나라에서 SOD가 호수의 산소요구의 대부분을 차지한다는 보고들이 있다. 퇴적층에서는 산소 확산이 제한되므로 약간만 아래로 내려가도 혐기성층이 형성되는데 혐기성 조건에서 환원된 무기물들이 용출되면 CSOD의 비중이 커질 수도 있다.

5.8.2 돌연변이 시험

돌연변이원(mutagen)은 DNA의 화학적 변화를 유발시키는 원인이다. 이들 변화는 통상 개개의 유전자에 국한되나 전체 염색체에 손상을 줄 수도 있다. 그 같은 손상은 통상 생물체에 대하여 유해하고 유전될 수 있는 돌연변이(mutation)를 야기시키며 가끔 세포, 조직이나 기관의 성장과 물질대사적 특징에서 전체적인 변화의 결과를 일으킨다. 많은 발암물질(carcinogen)은 돌연변이 기작에 의해서 작용하는 것으로 믿어진다.

통상 인간을 대상으로 하는 잠재적 발암성 성질을 위한 물질의 검사는 오래 걸리고 비용이 많이 든다. 그러나 Ames와 그 동료들은(1975) 히스티딘(필수 아미노산)의 합성을 위한 유전자에 결함을 갖는 *Salmonella typhimurium* 균주를 사용하여 돌연변이원 검사를 위한 빠른 세균 검사법을 개발하였다. 이 유전자의 부위에서 세균의 DNA는 특히 돌연변이원에 민감하여 그 결과로 일어나는 돌연변이는 세포의 역돌연변이(reversion)를 일으켜서 세포는 히스티딘을 합성할 수 있게 된다.

에임즈 시험(Ames test)은 *S. typhimurium*의 적절한 균주를 가지고 시험하기 위한 요인을 포함하는 소량의 녹은 희석된(0.6% w/v) 한천에 접종함으로써 실행된다(그림 5.12). 그 후 이것을 미량의 히스티딘을 함유한 최소 한천배지 평판에 붓는다. 접종 후 약간의 배경생장(background growth)이 미량의 히스티딘 때문에 일어나야 하는데 이것은 2가지 이유 때문에 중요하다. 첫째, 이것의 존재는 시험기질 자체가 독성이 있다는 것이 아니라는 것을 암시하고, 둘째, 그것은 많은 세포분열이 일어나게 하는데 이 기작은 DNA가 복제하는 동안에 작용하는 돌연변이원을 검출하는 데 필요하다. 만일 시험물질이 돌연변이원이라면 많은 특징적인 집락이 배경성장 위에 발달될 것인데 그것은 히스티딘을 합성하는 능력이 회복된 일부 복귀돌연변이 균주(revertant) 때문이다. 많은 집락은 자발적 돌연변이 때문에 대조구 평판(control plate)상에 생겨나는 것들과 비교되며 양성 결과의 확인은 시험 화합물에 대한 투여량-반응곡선에 의하여 얻어진다.

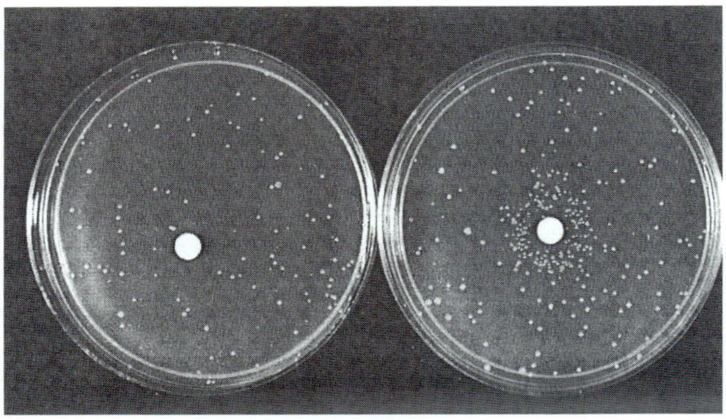

그림 5.12 에임스 시험(Ames test)

5.9 지표미생물

5.9.1 대장균군

물의 오염측정에서 미생물은 가장 훌륭한 지표이다. 그러나 오물에 오염된 물로부터 장내 병원균을 직접 분리하는 것은 어려운 일이다. 왜냐하면 장내 병원균에 의하여 감염된 환자로부터 최근에 크게 오염된 경우가 아니면 일반적으로 극히 적은 수의 병원균만이 존재하며 그 분리방법도 대체로 어렵기 때문이다. 그러나 분변으로 오염된 물은 각종 수인성 질병의 감염을 일으킬 가능성이 있기 때문에 이러한 오염을 알아내는 것은 위생관리의 본질이 된다. 이런 분변성 오염 또는 분원성 오염(fecal contamination)을 나타낼 수 있는 지표미생물(indicator microorganism)들은 다음과 같은 조건을 갖추어야 한다. 첫째, 사람의 대변에만 많은 수로 존재해야 하며 자연환경에는 없거나 적은 수로 존재해야 한다. 둘째, 비병원성으로 간단한 방법에 의해 쉽고 빠르게 검출될 수 있어야 한다. 셋째, 병원균보다 더 많은 수로 존재하고 자연환경에서 병원균보다 생존력이 강해야 하며 증식하지 말아야 한다.

분원성 오염에 대한 지표미생물로 가장 널리 이용되는 것은 대장균군(coliform bacteria)인데 대장균군은 35℃에서 48시간 이내에 유당(lactose)을 발효하여 기체를 생성하는 모든 호기성 및 통성 혐기성, 그람음성의 포자(spore)가 없는 간균을 지칭한다. 대장균군은 *E. coli*, *Klebsiella*, *Enterobacter* 등 장내세균 과(family Enterobacteriaceae)에 속하는 세균들을 포함하지만 이 군의 모든 세균들이 전부 대장균군의 특성을 갖는 것은 아니다. 대부분의 대장균군은 직접 장내에서 질병을 일으키지는 않지만 위장관에 항상 존재하므로 대장균군의 존재는 물의 분변오염을 알 수 있는 생물학적 지표가 될 수 있다. 즉, 물속에 대장균군의 존재여부는 사람의 음용가능 여부를 나타내는 좋은 수단이 된다. 따라서 대장균군의 존재를 확인하는 것은 분변에 의한 오염을 세균학적으로 증명하는 것을 의미한다. 이러한 오염에 대한 시험은 최확수법(MPN 방법)과 막여과법의 두 가지를 이용하는데 최확수법은 세 단계로 나누어 실시한다. 첫 번째 시험은 시험하려는 물질을 유당배양액(lauryl tryptose broth)에 접종하는 추정시험(presumptive test)이다. 이는 37℃에서 24시간 48시간 경과한 후에 유당발효에 의한 가스생성을 점검하는 것으로, 만약 가스가 생성되면 대장균군 생장의 가능성이 있음을 의미한다. 그러나 가스의 생성이 반드시 대장균군이 존재함을 의미하지는 않는다. 두 번째 시험은 확정시험(confirmed test)으로 추정시험에서 양성으로 나온 배양액을 briliant green lactose bile broth 배지에 접종하여 35℃에서 24시간 배양하여 기체 생성을 통해 대장균군을 다시 확인하는 과정이다. 마지막 단계는 완전시험(completed test)으로 먼저 확정시험의 양성 배양액을 LES Endo 또는 MacConkey agar 배지에 접종하여 35℃에서 24시간 배양하여 자라난 집락을 관찰하는데 전형적인 대장균군 집락은 짙은 적색에 금속광택이 나는 것이다. 대장균군으로 확인된 집락은 다시 lauryl tryptose broth와 nutrient agar slant에 각각 접종하여 35℃에서 24∼48시간 배양하여 기체 생성을 확인하고 그람염색 후 형태를 관찰하여 최종적으로 대장균군을 확정짓는다.

유당배양액에서 기체가 생성되고 그 형태가 대장균군이라 하더라도 자라난 세균이 *E. coli*인지 다른 유당 발효성 대장균군인지 알 수 없다. 따라서 순수배양을 이용한 IMViC 시험을 통하여 그 결과를 관찰비교하며 확인한다. Voges-Proskauer 시험과 methyl red 시험은 당의 발효유형 판별에 쓰이는 가장 중요한 시험이다. 이들 시험을 위하여 포도당-펩톤배양액에 분리된 세균을 각각 접종, 배양시킨 뒤 Voges-Proskauer 시험은 alpha-naphthol과 KOH를 부가하여 피루브산에서 2,3-butanediol이 생성될 때 중간체인 acetylmethylcarbinol의 존재를 확인하는 시험이다. 이 시험의 양성반응은 핑크빛을 띤다. Methyl red 시험은 접종배양액에 methyl red를 부가하였을 때 pH 4.5 이상인 경우에는 노란색을 띠고 pH 4.5 이하에서는 붉은색을 띠는 성질을 이용한 것으로 양성반응은 붉은색을 나타내며 이는 혼합산 발효(mixed-acid fermentation)로 계속적인 산의 생성을 의미한다. 다른 두 가지 시험은 tryptophan으로부터 indole의 생성을 알기 위한 검사이고, 유일한 탄소원으로서 citrate를 이용할 수 있는지를 알기 위한 검사이다. *E. coli*와 *Enterobacter aerogenes*의 두 종에서 얻어진 IMViC 검사결과는 표 5.2와 같다.

표 5.2 *Escherichia coli*와 *Enterobacter aerogenes*의 구분을 위한 IMViC 시험

	전형적인 시험결과			
	Indole	Methyl red	Voges-Proskauer	Citrate
Escherichia coli	+	+	−	−
Enterobacter aerogenes	−	−	+	+

앞에서 설명한 방법은 총대장균군(total coliform) 검출법인데 대장균군이 모두 분변에서 비롯되는 것은 아니다. 환경위생과 연관된 것은 분변오염인데 분원성 대장균군(fecal coliform)의 분석방법인 Eijkman 시험법은 여러 나라에서 널리 사용하고 있는 수질분석 방법이다. 이 방법은 유당배양액에 시료를 접종하여 44.5℃에서 배양하였을 때 분변에서 비롯된 *E. coli*는 기체를 생성하며 잘 자라지만, 분변기원이 아닌 대장균군 세균들은 이 온도에서 자랄 수 없는 원리를 이용하는 것이다.

우리나라에서는 대장균군 검출의 법적인 기준이 MPN 방법이지만 선진국이나 학계에서는 막여과법(membrane filtration technique)을 같이 이용하고 있다. MPN 방법에서는 시료에 미생물 수가 적은 경우에 검출하기 어려운데 막여과법에서는 많은 양의 시료를 여과하면 되므로 검출이 가능하다. 막여과법에서는 시료에 존재할 대장균군 개체수를 추정하여 결정한 적절한 양의 시료를 5.3절의 방법대로 공극 0.2 μm의 여과막(membrane filter)을 통과시킨 후 여과막은 M-Endo 한천배지 또는 액체배지를 적신 흡착패드 위에 올려놓고 35℃에서 24시간 배양한다. M-Endo 배지는 장내세균만 자라게 하는 선택배지(selective medium)이면서, 자라난 집락을 구분할 수 있는 분별배지 또는 차별배지(differential medium)인데 대장균군은 금속광택이 있는 붉은색 집락을 형성한다.

이상과 같은 전통적인 대장균군 검출방법은 배양시간 때문에 신속하게 검출하기 어려운데 음용수나 식품에서의 지표미생물 검출은 신속하고 또한 정확한 대장균군 검출방법을 요구한다. 이런 방법으로 최근에 많이 이용되는 것은 효소측정법으로 총대장균군 검출은 대장균군이 공통적으로 보유하고 있는 유당 분해효소인 β-galactosidase의 활성을 관찰한다. 이는 이 효소의 기질로 이용될 수 있는 *o*-nitrophenyl-β-D-galactopyranoside(ONPG)를 420 nm의 빛을 흡수하는 nitrophenol로 가수분해하는 반응에 기초하는데 최종 산물은 노란색을 띠므로 쉽게 검출될 수 있다. β-Glucuronidase 활성을 이용한 최확수 형광측정법(MPN fluorogenic assay)이 물과 음식물 시료에서 *E. coli* 검출에 이용될 수 있다. 이 방법은 4-methylumbelliferone glucuronide(MUG)의 가수분해 반응에 기초하는데 최종산물은 형광을 내므로 쉽게 검출될 수 있으며 24시간 내에 하나의 살아있는 대장균 세포의 존재도 검출할 수 있다.

대장균군 검출을 위한 다른 신속한 방법으로는 단일클론 항체(monoclonal anti-body)를 이용한 항원-항체 반응을 이용하는 것이 있다. *E. coli*의 외막 단백질이나 주변세포질 공간에 위치하는 alkaline phosphatase에 대한 단일클론 항체를 만들어 시료에 존재하는 항원을 가진 *E. coli*를 검출할 수 있다. 또한 분자생물학적 방법을 이용할 수도 있는데 *lacZ*, *lamB* 등 *E. coli*의 특정 유전자를 중합효소 연쇄반응(polymerase chain reaction, PCR)으로 증폭하고 유전자 탐침(gene probe)으로 확인할 수 있다. 이 방법으로 물 100 mL당 1내지 5개의 *E. coli* 세포까지 검출할 수 있다. 이와 같은 PCR/gene probe 방법은 환경시료에서 *E. coli*의 검출에 효소학적 방법보다 민감한데, 이는 환경시료에 약 15% 정도의 β-glucuronidase 음성균주들이 있기 때문이다.

5.9.2 분원성 연쇄상구균

동물배설물이 오염된 것을 확인하는 데는 분원성 연쇄상구균(fecal streptococcus)의 포함여부를 측정하는 방법이 바람직하다. 오염의 지표로 이용되는 분원성 연쇄상구균은 젖산균의 한 종류로서 비강 및 인두, 소화관, 질 등의 동물체 내의 정상균총의 일부를 구성한다. 여기에는 *Streptococcus* 속의 각종 변이균들이 포함되며 사람이나 가축의 배설물에 널리 분포되어 있는 *Streptococcus faecalis*, *S. faecium*, *S. bovis*, *S. equinus* 종 등이 있다. 이들은 일반적으로 막여과법에 따라 배설물의 *Streptococcus*를 위한 선택배지를 써서 나타나는 집락수를 계산한다. 이들은 또한 대장균군 측정법과 같이 최확수(most probable number : MPN) 검사에 의하여 측정될 수 있다.

대장균군의 신속한 검출을 위한 효소 이용방법과 유사한 방법이 분원성 연쇄상구균 검출에도 적용될 수 있는데 형광기질은 4-methylumbelliferone-β-D-glucoside (MUD)를 선택배지에 첨가함으로써 검출할 수 있다.

분원성 연쇄상구균(FS)은 대장균군보다 자연환경에서 생존력이 약하므로 단독으로 분변오염의 지표세균으로 이용되는 것보다 분원성 대장균군(FC)과의 비(FC/FS ratio)를 조사하여 분변오염의 기원이 인간인지 가축인지를 판정하는 데 유용하다. 이것은 사람과 가축의 분변에서 FC/FS 비율이 크게 다른 점에 근거한 것인데 이 비가 4 이상이면 사람의 인간분변에 의한 오염으로, 0.7 이하이면 가축분변에 의한 오염으로 간주되며 24시간 내의 최근 분변오염에만 유용하다.

5.9.3 혐기성 세균

지표세균으로 고려되고 있는 주요 혐기성세균들에는 *Clostridium perfringens*, *Bifidobacteria*, *Bacteriodes* 종 등이 알려져 있다.

(1) *Clostridium perfringens*

그람양성, 포자형성, 막대모양의 혐기성 세균인 *Clostridium perfringens*는 저항성 포자를 생성하기 때문에 지표세균으로 병원체의 동태를 파악하는 추적자로 사용하는 것이 제안되었다. 이 세균은 수 처리장에서 바이러스와 원생동물 소낭, 혼합소독제에 의한 소독 후 *Cryptosporidium parvum*의 접합자낭, 위락용수의 수질을 위한 적당한 지표생물이 될 수 있다. 이 세균은 또한 해양환경에서 분변오염을 추적하는 믿을 만한 지표세균으로 알려져 있다.

(2) *Bifidobacteria*

Bifidobacteria는 그람양성, 비포자형성, 그람양성의 혐기성 세균으로 분변오염 지표세균으로 알려져 있다. *Bifidobacterium*은 사람의 장내 미생물총에서 발견되는 흔한 속(genus)로서, 이 세균의 일부 종(*B. bifidum, B. adolescentis, B. infantis*)은 일차적으로 사람과 관련되어 있기 때문에, 사람과 동물오염을 구분하는데 도움이 될 수 있다.

(3) *Bacteriodes* 종

이 혐기성 세균은 배설물 1g당 10^{10}마리 수준의 농도로 장관에 존재하며, 물에서 *B. fragilis*의 생존은 *E. coli*이나 *S. faecalis* 보다는 낮다. 물의 분변오염을 가리키는 유용한 방법의 하나로 이 세균의 형광항혈청시험(fluorescent antiserum test)이 제시되었다.

5.9.4 박테리오파아지

환경시료에서 지표미생물을 직접 검출하지 않고 이들에 기생하는 박테리오파아지를 검출하여 분변오염 등을 확인할 수도 있다. 대표적인 예로는 *E. coli*에 기생하는 대장균 파아지(coliphage)의 검출로 신속하고 적은 비용으로 실시할 수 있다. 만일 파아지의 수가 적다면 흡착/용출을 반복하여 농축하고 이중층 한천법(double-layer-agar-method) 또는 단일층 한천법(single-layer-agar method)에 의해 검출된다. 파아지는 최확수(MPN) 방법에 의해서도 얻어질 수 있다.

5.9.5 진균류

효모와 필라멘트형 곰팡이를 포함하는 진균류는 자연계에 널리 분포하며 그 종류도 매우 다양하다. 진균류는 균체의 밀도와 유기물질의 유입과의 관계에 근거하여 오염의 유용한 지표로서 활용될 수 있다. 효모인 *Candida lambica*는 펄프와 종이 산업으로부터 유래하는 폐수에 고농도로 함유되어 있는 오탄당에서 잘 자라기 때문에 지표미생물로서 사용될 수 있다. 또한 일부 효모와 곰팡이는 열오염(thermal indicator)의 지표로 이용될 수 있다.

5.9.6 플랑크톤

플랑크톤(plankton) 가운데 특히 식물성 플랑크톤(phytoplankton)은 오랫동안 수질의 지표로서 사용되어 왔다. 일부 종은 매우 부영양화된 물에서 잘 자라는 데 비하여 다른 종은 유기 폐수에 매우 민감하다. 특히 일부 종은 해로운 대발생(bloom)을 일으키고 때때로 불쾌한 냄새와 악취, 산소결핍이나 독성 조건을 형성하여 동물의 치사 및 인간에게 질병을 일으키는 원인이 되기도 한다. 식물성 플랑크톤과 동물성 플랑크톤의 집합체는 수질을 평가하는 데 유용한데 그들의 짧은 생활환(life cycle) 때문에 플랑크톤은 환경변화에 대하여 빠르게 반응한다. 그래서 플랑크톤 생물의 존재와 그들 종의 구성 및 분포는 그들이 발견되는 수체(water mass)의 질을 평가하는 데 적합하다. 플랑크톤 생물은 물의 pH, 색깔, 맛, 냄새 등과 같은 무생물적인 측면에 크게 영향을 미치며 일부 종은 흔히 주어진 수체의 최근 동향이나 기원을 결정하는 데 유용하다. 그러나 수질의 지표로서 플랑크톤 생물의 사용은 제한적이며 지표로서의 플랑크톤은 동시에 수집된 물리화학적 그리고 다른 생물학적 자료를 결부시켜야 적절히 이용될 수 있다. 플랑크톤 생물은 연못, 호수, 해양에 우세하며 하천 플랑크톤(potamoplankton)은 매우 천천히 흐르는 거대한 강에서 발달되는데 그들의 기원이 모호하고, 오염원에 대한 노출된 기간을 잘 알 수 없기 때문에 플랑크톤 생물은 일반적으로 수질의 지표로서 고여있는 물에서 더 유익하게 이용될 수 있다.

참고문헌

American Society for Microbiology (1981) *Manual of Methods for General Bacteriology,* American Society for Microbiology, Washington, D. C.

Ames, B. N. , McCann, J. and Yamasaki, E. (1975) *Mutation Res.* , 31, 347-64.

Bitton, G. (1994) Wastewater Microbiology, 2nd edn, John Wiley & Sons, New York.

Colwell, R. R. and Zambruski, M. S. (1972) *Methods in Aquatic Microbiology,* Butterworth and Co. , London.

Harrigan, W. F. and McCance, M. E. (1966) *Laboratory Methods in Microbiology,* Academic Press, London.

Krueger, W. B. and Kolodzoej, B. J. (1986) *Laboratory Procedures for General Microbiology*, Kendall/Hunt Publishing Co. , Iowa.

Rice, E., Baird, R., Eaton, A. and Clesceri, L. (2012) *Standard Methods for the Examination of Water and Wastewater 22nd ed,* American Public Health Association, American Water Works Association, Water Environment Federation, Washington, DC.

Stanier, R. Y. , Ingraham, J. L. , Wheelis, M. L. , and Painter, P. R. (1986) *The Microbial World.* 5th edn, Prentice Hall Co, New Jersey.

Sterritt, R. M. and Lester, J. N. (1988) *Microbiology for Environmental and Public Health Engineers,* E & F. N. Spon, London.

chapter 5 | 실험방법론

연습문제

01 미생물학 실험실에서의 안전수칙을 설명하고 파생되는 문제점들을 방지하기 위한 대책을 설명하라.

02 미생물 실험에서 멸균(sterilization)을 해야 하는 이유를 설명하고, 살균의 방법을 열거한 후 각 방법을 설명하라.

03 미생물 배양을 위한 배지의 구성요소를 아래 영양요구성에 따른 분류에 근거하여 설명하라.
(1) chemolithotrophs (2) chemoorganotrophs (3) photolithotrophs

04 멸균(sterilization)과 소독(disinfection)의 차이점을 설명하라.

05 순수배양(pure culture)을 하는 이유와 방법을 설명하라.

06 시험관 속의 세균을 무균상태로 백금이를 이용하여 슬라이드에 전달하여 도말하는 일련의 방법을 설명하고 각 단계에서의 주의사항을 설명하라.

07 미생물의 관찰을 위한 현미경(microscope)의 종류를 열거하고 각 현미경들의 특징을 설명하라.

08 미생물의 계수(enumeration) 방법을 설명하라.

09 세균을 광학현미경하에서 관찰할 때 염색(staining)을 하는 이유를 설명하라.

10 미생물 시료를 광학현미경하에서 immersion oil을 부가하여 관찰할 때 더 선명하게 물체를 관찰할 수 있는데 그 이유를 자세히 설명하라.

11 생화학적 산소요구량에 대하여 설명하고 측정방법을 기술하라.

12 생화학적 산소요구량(BOD)과 화학적 산소요구량(COD)을 비교 설명하라.

13 지표미생물의 종류를 나열하고 각각의 분석방법을 설명하라.

14 지표미생물로서 *E. coli*를 통하여 분변에 의한 오염을 세균학적으로 증명하고자 한다. 이에 대한 방법을 기술하라.

CHAPTER 06

생체구성물질

CHAPTER

06 생체구성물질

6.1 서 론

세포의 생존은 세포의 물리적 완전함을 유지시키는 구조적 요소에 달려 있으며 세포의 생장, 대사와 증식을 조절하고 또한 그와 같은 과정들을 제어하는 기능적 요소에 의존하게 된다. 그리고 많은 경우, 심지어 가장 간단한 세포에서도 구조적 역할과 기능적 역할은 매우 밀접하게 연관되어 왔다.

살아있는 세포들의 고도로 조직화된 복잡한 성질은 수많은 유기화합물들과 탄소 자체의 화학적 성질에 기인한 것이다. 또 다른 탄소나 다른 원자들과 4개의 공유결합을 만드는 탄소의 능력 때문에 거의 무한한 수의 화합물을 만들 수 있으며, 심지어 1억의 분자량을 갖는 고분자물질도 형성될 수 있다. 모든 경우에 이들 고분자들은 단량체(monomer)라고 부르는 작은 분자들의 연속적인 결합에 의해 생성되며 따라서 이것들은 중합체(polymer)라고 부른다. 비록 비교적 적은 수의 단량체 분자들로 구성되었다 하더라도 이들 소단위의 가능한 다른 서열의 수는 이론적으로 실제로 매우 크다. 단량체들의 모든 가능한 조합들의 극히 일부만이 중합체 분자의 특징적인 구조적 또는 기능적 특성과 연관되어 있다 하더라도 그 수는 살아있는 생물체들의 다양성과 복잡성을 설명하는 데 충분하다. 그러나 그들의 기원과 무관하게 모든 세포에는 공통적인 성질이 많이 존재하는데 그것은 각각의 경우에 가능한 조합들 중 불과 몇 개만이 적당히 일정하게 선택되었다는 것을 가리키며 세포의 화학적 성질이 고도로 정확한 방식에 의해 조직화되고 조절되었다는 것을 나타낸다.

이들 고분자물질들 외에 매우 다양한 다른 유기화합물들도 존재하는데 이것들은 영양물질과 중간대사물의 역할로 중요하다. 그러나 여기서는 세포들의 특징적이며 필수적 요소인 고분자들에 대해서만 다루기로 하겠다.

세포를 구성하는 유기화합물들은 무한한 다양성의 잠재력에도 불구하고 4종류의 생물학적 중합체들이 주로 존재한다. 그것들은 단백질, 다당류(탄수화물), 핵산 그리고 지질이다. 그 각각은 자세하게 규정된 분명한 기능적 그리고 구조적 특성을 갖고 있다. 그러나 그들이 소단위의 결합에 관계되는 화학반응은 각각의 경우에 동일하다는 것에 주의해야 한다. 중합체 연쇄는 수산기(hydroxyl group)와 수소를 함유한 두 인접한 단량체 사이에서 물 분자가 하나 제거되면서 결합하는 축합반응(condensation)으로부터 형성된다.

6.2 이성질 현상

이성질 현상(isomerism)은 동일한 분자구조식을 갖지만 분자 내에서 원자나 작용기(functional group)의 다른 배열로 인해 다른 특성을 가지는 둘 또는 그 이상의 화합물이 존재하는 성질을 말한다. 이것의 예로는 $C_3H_6O_3$의 구조식을 갖는 화합물의 두 가지 구조가 있다. 글리세르알데하이드(glyceraldehyde)는 CHO−C(H)OH−CH_2−OH의 구조를 하고 있으며 다이하이드록시아세톤(dihydroxyacetone)은 CH_2OH−CO−CH_2OH의 구조를 가진다. 이들 두 화합물은 keto−aldo isomerism을 나타낸다. 글리세르알데하이드의 3차원적 구조를 자세히 살펴보면 중앙의 탄소원자를 같은 작용기들이 둘러쌀 수 있으나 각각의 경우 다른 공간적 배열을 하는 두 가지 구조로 존재할 수 있는 잠재력을 갖는다는 것을 알 수 있다. 메탄(methane, CH_4)의 3차원적 모형이 그림 6.1에 나타나 있는데 이것은 4개의 공유결합의 배열을 명확하게 보여주고 있다. 글리세르알데하이드의 중심탄소에 연결되는 4개의 작용기(group)도 이와 유사하게 배열된다. 4개의 다른 작용기에 둘러싸인 비대칭 탄소원자를 함유하고 있는 화합물에는 D형과 L형이 존재하게 된다. 다이하이드록시아세톤은 비대칭 탄소를 갖고 있지 않으며 따라서 입체이성질 현상(stereoisomerism)을 나타내지 않는다.

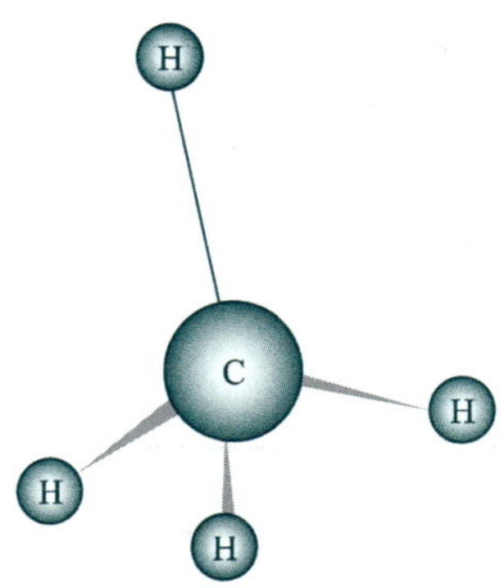

그림 6.1 메탄의 3차원적 모형

비록 D−와 L−glyceraldehyde가 동일한 구조식을 갖는다 해도 그들의 3차원적 모양은 서로 다르다. 이것은 D와 L을 서로 포개놓으면 쉽게 알 수 있다. 이 두 이성질체는 서로 거울에 비친 거울상(mirror image)을 갖고 있다. 입체이성질체의 다른 모양은 생물 체제의 특수성에서 중요한 의미를 갖게 된다.

6.3 단백질

6.3.1 단백질의 구조

모든 단백질은 아미노산(amino acid)이라는 단량체로 구성되어 있으며 다음과 같은 일반적 구조식을 갖는다.

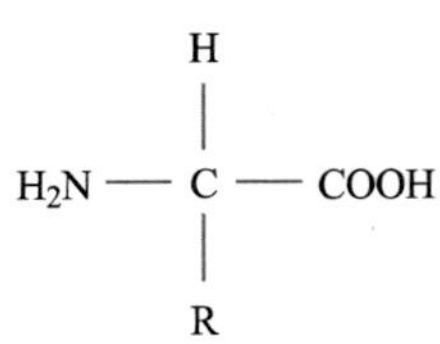

한 아미노산의 카르복실기(COOH, carboxyl group)와 인접한 아미노산의 아미노기(NH_2, amino group) 사이에서 펩티드 결합(peptide bond)이 일어나 아미노산이 연결되어 폴리펩티드 사슬(polypeptide chain)이 형성된다.

자연에 존재하는 아미노산은 약 20가지로, 각각은 다른 측쇄 작용기(R)를 가진다(표 6.1). 가장 간단한 아미노산인 glycine에서 R은 수소원자이나 다른 것들은 상당히 큰 작용기들을 가지는데 lysine은 $[-(CH_2)_4-NH_2]$를, arginine은 $[-(CH_2)_3-NH-C(NH_2)=NH]$를 갖는다. 위의 구조에서 중심 탄소원자는 α-카르복실기와 α-아미노기가 연결된다. 이것은 R 측쇄에 존재할 수 있는 다른 아미노기나 카르복실기와 구분하기 위해서인데 그 이유는 단백질 사슬 형성을 위한 축합반응에 오로지 α-group만이 관여하기 때문이다. 전형적인 단백질은 100~1,000개의 아미노산을 함유하고 있다. 이 사슬 내의 아미노산의 순서는 단백질의 1차 구조(primary structure)라고 불린다. 많은 단백질은 사슬 모양 또는 직선상의 분자로 존재하지 않으며 어느 정도로 접히게 된다. 펩티드 사슬을 따라 반복적으로 존재하는 C-C와 N-C 결합은 단백질 분자에 상당한 유연성을 제공하여 단백질 사슬이 굽고 회전하게 만든다. 단백질의 2차 구조(secondary structure)는 이로부터 생기는 규칙적인 또는 반복적인 3차원적 모양을 지칭하는 데 일반적으로 사용된다.

2차 구조의 한 예로 α-나선(α-helix)이 있는데 이것은 한 펩티드 결합(peptide bond)의 C=O group과 그로부터 세 번째 펩티드 결합의 N−H group 사이에서의 수소 결합(hydrogen bond)에 의한 것이다.

표 6.1 아미노산의 종류

아미노산	약자 : 기호	구조	아미노산	약자 : 기호	구조
글리신 Glycine	Gly : G	$H-CH(NH_2)-COOH$	아스파라긴 Asparagine	Asn : N	$H_2N-C(=O)-CH_2-CH(NH_2)-COOH$
알라닌 Alanine	Ala : A	$CH_3-CH(NH_2)-COOH$	글루탐산 Glutamic acid	Glu : E	$HOOC-CH_2-CH_2-CH(NH_2)-COOH$
발린 Valine	Val : V	$(H_3C)_2CH-CH(NH_2)-COOH$	글루타민 Glutamine	Gln : Q	$H_2N-C(=O)-CH_2-CH_2-CH(NH_2)-COOH$
루신 Leucine	Leu : L	$(H_3C)_2CH-CH_2-CH(NH_2)-COOH$	아르기닌 Arginine	Arg : R	$H-N(C(=NH)NH_2)-CH_2-CH_2-CH_2-CH(NH_2)-COOH$
아이소루신 Isoleucine	Ile : I	$CH_3-CH_2-CH(CH_3)-CH(NH_2)-COOH$	리신 Lysine	Lys : K	$CH_2(NH_2)-CH_2-CH_2-CH_2-CH(NH_2)-COOH$
세린 Serine	Ser : S	$CH_2(OH)-CH(NH_2)-COOH$	히스티딘 Histidine	His : H	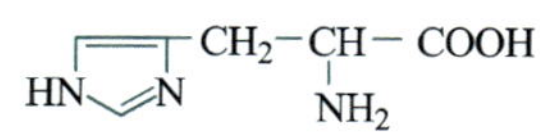
트레오닌 Threonine	Thr : T	$CH_3-CH(OH)-CH(NH_2)-COOH$	페닐알라닌 Phenyl alanine	Phe : F	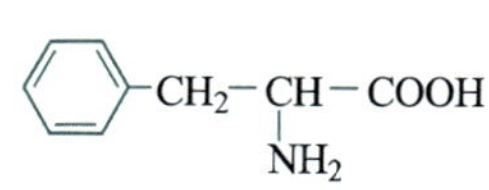
시스테인 Cysteine	Cys : C	$CH_2(SH)-CH(NH_2)-COOH$	티로신 Tyrosine	Tyr : Y	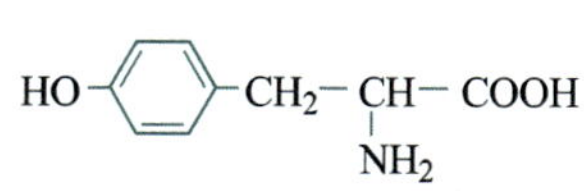
메티오닌 Methionine	Met : M	$CH_2(S-CH_3)-CH_2-CH(NH_2)-COOH$	트립토판 Tryptophan	Trp : W	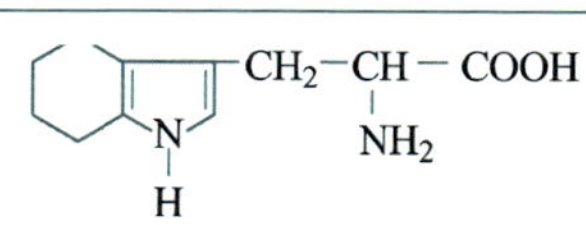
아스파르트산 Aspartic acid	Asp : D	$HOOC-CH_2-CH(NH_2)-COOH$	프롤린 Proline	Pro : P	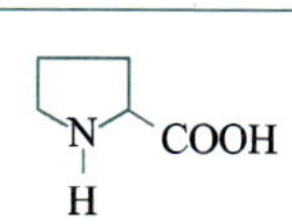

또 다른 규칙적 구조로 β-병풍(β-pleated sheet)이 있는데 이것은 서로 반대 방향으로 평행하게 뻗어있는 두 1차 사슬 사이의 펩티드 결합의 N-H와 C=C group 사이에서 수소 결합에 의해 형성된다. 그러나 전적으로 또는 대부분이 α-나선 또는 β-병풍으로만 구성되어 있는 단백질은 극히 일부인데 그 이유는 1차 사슬의 여러 부위들에서 다른 작용들이 일어나서 사슬이 접히고 굽는 데 많은 변화를 주게 되며 그 결과 더욱 복잡한 3차원적 형태인 3차 구조(tertiary structure)가 나타나게 된다. α-나선을 방해하는 한 가지 원인은 폴리펩티드 사슬(polypeptide chain) 내의 프롤린(proline)의 존재이다.

Proline은 α-imino acid로서 질소원자가 2개의 탄소에 연결되어 있어서 펩티드 결합의 결과로 수소 결합을 형성할 수소원자를 남기지 않게 된다. 이로 인해 proline이 존재하는 곳에서 α-나선이 굽게 된다. 단백질의 3차 구조를 안정시키는 다른 작용들은 측쇄(R) 작용기들 사이에서 일어난다. 이들 작용들에는 공유 결합, 이온 결합, 수소 결합과 소수성, 친수성 관계들이 있다. 공유 결합의 중요한 종류로 접힌 단백질 사슬 내의 두 인접한 시스테인 잔기(cysteine residue, R=CH_2-SH) 사이에서의 결합이 있는데 이황화물 다리(disulfide bridge)를 만들게 된다.

$$—SH + HS— \longrightarrow —S—S—$$

이온 작용은 보통 양전하를 가진 아미노산(예, histidine, lysine, arginine)과 음전하를 가진 아미노산(예, aspartic acid, glutamic acid) 사이에서 일어날 수 있다. 그러나 이 작용이 일어날 수 있는 정도는 제한되어 있는데 그 이유는 이것이 근접한 범위에서만 일어날 수 있으며 아미노산을 그 범위 내로 근접시키기 위해서는 사슬의 광범위한 접힘이 요구되기 때문이다.

어떤 측쇄 작용기들은 물에 별로 녹지 않는데 이런 것의 예로는 각각 alanine, valine, leucine, isoleucine에 있는 CH_3, $CH(CH_3)_2$, $CH_2CH(CH_3)_2$, $CH(CH_3)CH_2CH_3$ group과 같은 것들이다. 이들은 이온화될 수 있는 작용기를 갖고 있지 않기 때문에 소수성(hydrophobicity)을 나타낸다. 수중환경에서 이것들은 주위의 물로부터 가능한 한 멀리 떨어지기 위해 단백질 분자의 중심을 향해 뭉치려는 경향이 있다.

마지막으로 많은 단백질들의 4차 구조(quaternary structure)를 갖고 있는데 그것은 둘 또는 그 이상의 완전한 폴리펩티드 분자들이 소단위를 이루는 하나의 완전한 작용단위체의 단백질을 형성하기 위해 모인 결과이다. 이런 방식으로 뭉쳐지는 경향은 많은 경우에 단백질 구조의 내부에 묻혀있지 않고 표면에 존재하는 소수성 잔기들의 존재 때문인 것으로 보인다. 표면 소수성의 역할의 또 다른 예는 6.6.2에 나타나 있다.

단백질의 입체구조는 그 기능의 발휘에 매우 중요한데 특히 효소와 같은 기능성 단백질(functional protein)은 특정한 고유의 입체구조를 유지해야만 기능을 발휘할 수 있다. 만일 단백질의 입체구조가 변형되면 그 단백질의 기능이나 활성은 저하되거나 사라지게 된다.

이런 현상을 단백질의 변성(denaturation)이라 하며 열, pH의 변화, 또는 기타 물리적, 화학적 처리에 의해 일어나게 된다.

6.3.2 단백질의 기능

단백질은 크게 네 가지 유형, 즉 구조단백질, 저장단백질, 수축단백질, 수송단백질로 나눈다. 다른 유형의 단백질로는 면역계의 항체와 같이 방어단백질이나 한 세포로부터 다른 세포로 정보를 전달하는 신호단백질이 있다. 다른 중요한 단백질에는 젖당분해효소와 같은 효소로서, 그 자체는 변하지 않으면서 생체 내에서 화학반응의 속도를 변화시킨다.

(1) 영양물 저장과 구조 단백질

작은 소단위 분자로부터 고분자를 합성하기 위해서는 에너지가 필요하며 반대로 고분자의 분해 시에는 에너지와 단량체들을 방출한다. 이런 점에서 생물학적 고분자들은 영양물 또는 에너지 저장 화합물로 간주될 수 있다. 그러나 비록 이것이 일부 고등생물체들에서 상당히 잘 발달되어 있다 하더라도 미생물에서는 단백질의 매우 작은 기능에 불과하다.

어떤 형태나 크기로도 존재할 수 있는 잠재력과 다양한 물에서의 용해도 때문에 아마 많은 단백질들이 구조적 역할을 갖게 되는 것으로 추정된다. 이런 기능도 고등생물에서는 비교적 잘 발달되어 있으나 미생물에서는 제한되어 있다.

(2) 효 소

단백질의 가장 중요한 역할은 아마 생물학적 촉매일 것이다. 촉매는 화학반응의 속도를 증가시키지만 자신은 그 반응에서 소모되지 않는다. 화학적 촉매의 예로는 과산화수소(H_2O_2)에 대한 이산화망간(MnO_2)의 작용이 있다. 과산화수소는 자연적으로 분해되어 산소와 물을 형성한다. 그러나 실험실 내의 보통 조건하에서 이 반응은 매우 천천히 일어나서 일반적으로 눈에 잘 띄지 않는다. MnO_2의 첨가는 빠른 비등을 일으키며 반응이 끝났을 때 MnO_2는 완전히 변하지 않은 상태로 남아 있는다. 과산화수소는 산화력에 의한 상당한 독성을 갖고 있으며 일부 세균은 그것을 분해하는 촉매를 갖고 있다. 슬라이드 상에 세균을 도말한 것 위에 과산화수소를 가했을 때의 효과는 전술한 MnO_2의 효과와 거의 같다. 그러한 생물학적 촉매를 효소(enzyme)라 하며 모두 단백질이 주성분으로 되어 있다. 간단히 말해서 모든 효소는 단백질로 이루어져 있지만, 모든 단백질이 효소로 작용하는 것은 아니다.

효소들의 주요 특성으로는 촉매작용의 신속성과 특이성, 조절의 용이함 등이 있다. 반응속도의 가속력은 굉장히 커서 어떤 효소들은 화학반응을 10^{12}배 정도로 증가시키기도 한다. 과산화수소를 분해하는 효소인 카탈라제(catalase)의 단일 분자는 1초당 거의 100,000개의 과산화수소 분자를 처리할 수 있다. 효소는 촉매작용이 없을 때 비록 느리더라도 반응이 진행될 수 있는 반응만을 가속화시킬 수 있다. 만일 반응이 일어나는 것이 화학적으로 불가능하다면 효소량에 상관없이 그 반응을 촉진할 수 없다. 그러면 세포가 촉매하는 화학반응이 일어나기 위해 왜 효소를 필요로 하는가. 그 한 가지 이유는 아주 간단한데 어떤 반응들은 너무 천천히 일어나서 세포가 그로부터 어떠한 이득도 얻지 못하기 때문이다. 즉, 세포가 반응이 일어나기를 기다릴 수가 없다. 둘째로, 효소의 중재는 필요한 특정 대사 경로를 선택하게 되는 결과가 된다. 중간 대사물질이라고 알려진 특정한 화합물들은 많은 종류의 전환이 일어날 수 있다. 가상적인 세포에서 이들 모든 전환이 동시에 느린 속도로 일어난다고 가정하면 전반적인 대사 회로를 통해 이런 상황이 지속됨에 따라 궁극적으로 그 세포는 여러 가지 대사 산물로 가득차게 될 것이며 그 결과는 매우 무질서하게 될 것이다. 이들 촉매되지 않은 반응들이 단위시간(t)당 1분자의 속도로 일어난다고 했을 때 보통의 가속 능력(약 10^9배)을 가진 효소의 첨가는 t시간 경과 후 10^9 분자의 가능한 산물을 만들게 될 것이다.

이 가상적인 세포에서 10^9 분자의 반응 산물은 세포가 즉시 필요로 하는 전량이 될 수도 있다. 적어도 이론적으로는 효소가 반응을 촉매한 뒤에도 변화하지 않고 남아있기 때문에 세포로서는 효소의 활성을 조절할 수 있는 어떤 방법을 가져야만 타당할 것이다. 그러한 조절은 여러 가지 방식으로 일어날 수 있다. 먼저, 효소의 합성이 기질 분자의 존재에 의해 조절될 수 있다. 이 방식은 경제적인 면에서 바람직한데, 그 이유는 즉각적으로 사용되지 않을 효소를 합성하는 것이 에너지의 낭비가 될 수 있기 때문이다. 기질이 존재함에 따라 합성되는 효소를 유도 효소(inducible enzyme)라 한다. 두 번째로, 효소 분자는 기질 이외의 분자들과의 반응에 의해 작동되거나 또는 안 될 수 있다. 많은 대사 경로들은 기질 분자에 점진적이고 순차적인 변화를 가져오는 긴 반응들의 연속으로 이루어져 있다. 그런 경우에 연속적인 반응의 후반부 생성물 중의 하나가 반응 초기단계를 촉매하는 효소와 반응할 수도 있어서 그것을 불활성화시킨다. 반대로 초기 중간대사물이 불활성 상태로 존재하고 있는 후반부 촉매 효소를 활성화시켜 반응이 계속되게 할 수도 있다. 이러한 조절 양상의 일부가 그림 6.2에 나타나 있다. 만일 세포의 모든 화학반응을 동시에 고려한다면 대사 과정들이 무작위의 상태로 되지 않게 하기 위해 매우 정밀한 조절이 필요하다는 것이 분명해진다. 그래서 세포의 세 번째 중요한 성질인 특이성(specificity)이 나타난다. 많은 효소들은 극도로 특이해서 불과 한 가지 화합물의, 그것도 빈번히 한 입체이성질체의 단일 전환만을 촉매하게 된다.

이런 특이성은 촉매부위(catalytic site)라고도 부르는 효소의 활성부위(active site)를 구성하는 작용기들의 정확한 배열 때문이다. 효소의 가속 능력 중 많은 것은 반응이 일어나는 데 필요한 적정 조건을 제공하기 위한 구조로 기질과 결합하고 바르게 맞추는 능력에 기인한 것이다. 이런 작용 양상이 그림 6.3에 나와 있다.

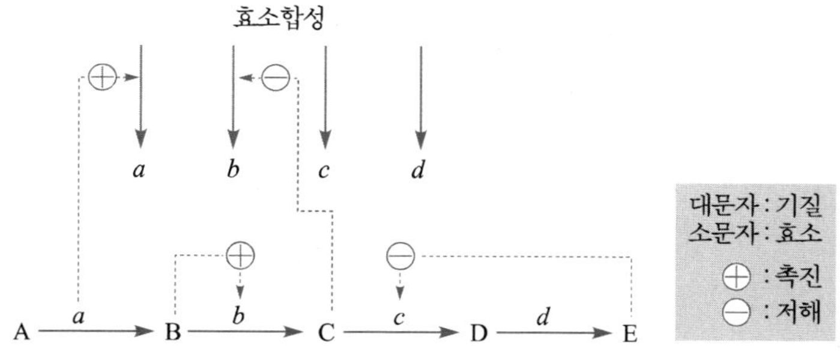

그림 6.2 **효소 촉매반응의 조절기작**

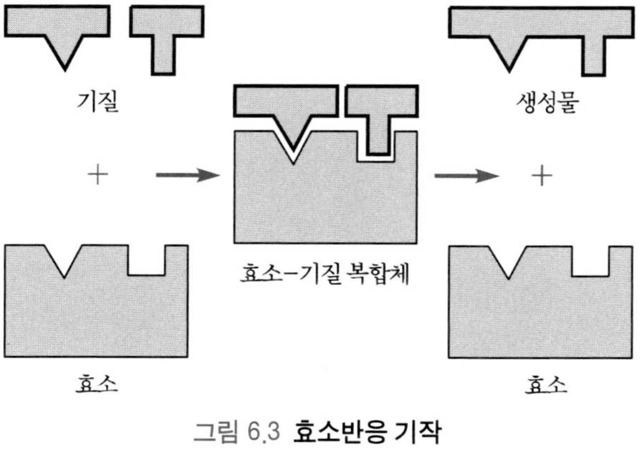

그림 6.3 **효소반응 기작**

(3) 효소 반응속도론

효소에 의해 촉매되는 반응의 속도를 양적으로 측정하는 것은 간편하다. 반응속도를 측정하는 분명한 방법은 용액 중의 효소에 일정한 농도의 기질을 첨가하고 시간에 따라 생성되는 생성물의 농도를 조사하는 것이다. 그림 6.4에 보이는 곡선과 같은 것이 그 결과가 된다. 시간이 경과하면 반응속도의 저하에 따라 곡선도 기울기가 점차 감소하게 된다. 이것은 기질의 감소에 따라 단위시간당 기질과 효소 사이의 성공적인 반응의 기회가 줄어들거나, 생성물에 의해 효소가 저해받거나, 반응도중 변화할 수 있는 pH 등의 다른 요인에 의한 저해이거나, 또는 단백질 자체의 점진적인 분해 때문이다. 그러나 이 곡선의 초기부분은 직선으로 그 기울기는 반응의 초기속도, V_0를 나타낸다. V_0는 측정할 수 있는 양이지만 그것은 주어진 기질농도의 존재하에 반응의 신속성만을 양적으로 나타낼 뿐이다.

다른 기질농도의 존재하에 실험을 반복하면 그림 6.5에 있는 일련의 곡선들을 얻을 수 있으며 그로부터 연속적인 V_0를 얻을 수 있다. 매우 높은 기질농도에서 V_0는 최대치를 나타내며 이를 V_{max}라 한다. 기질농도 $[S]$의 더 이상의 증가는 반응속도를 증가시키지 못하는데 그 이유는 효소의 모든 활성부위들이 이미 기질분자들로 포화되었기 때문이다.

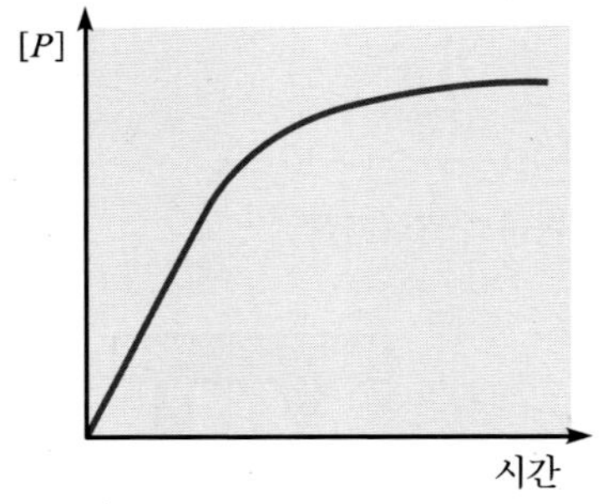

그림 6.4 **효소 촉매반응의 시간에 따른 진행**

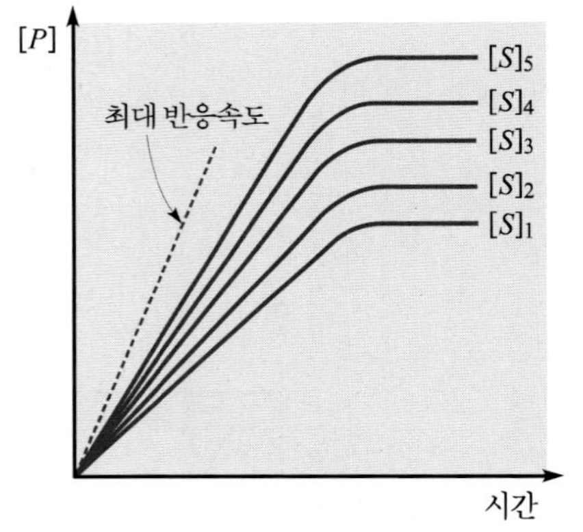

그림 6.5 **여러 가지 기질농도에서의 효소 촉매반응 과정**

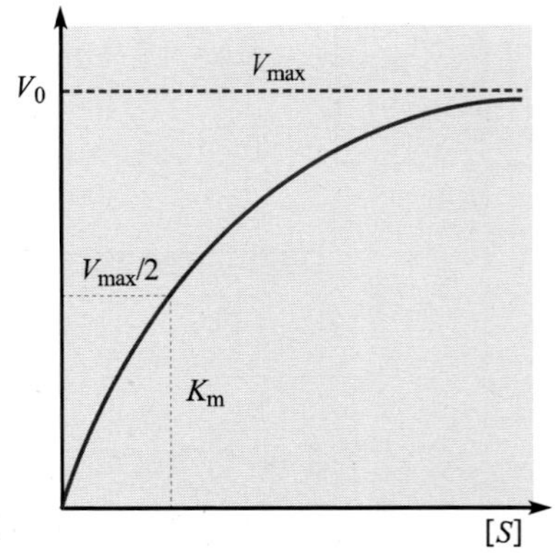

그림 6.6 **반응속도에 미치는 기질농도의 영향**

이 현상은 그림 6.6에서 보는 바와 같이 $[S]$에 대한 V_0의 관계를 그려 보면 쉽게 알 수 있는데 그림 6.6의 곡선은 다음 방정식으로 나타낼 수 있다.

$$V_0 = \frac{V_{max}[S]}{K_m + [S]} \tag{6.1}$$

여기서 V_{max}와 K_m은 특정한 실험조건(예, pH, 온도 등)에서의 상수이다. 이 식은 종종 미카엘리스-멘텐 방정식(Michaelis-Menten equation)이라고 불린다. $[S]$가 매우 큰 값일 때 V_0는 V_{max}와 거의 같은 수치가 된다. V_{max}는 얻을 수 있는 최대 반응속도가 되며 이것은 상당히 유용한 수치이다. 그러나 많은 효소들은 반응이 최대속도로 진행될 정도의 기질농도의 조건에서 작용하는 경우가 드물다.

또 다른 상수인 K_m은 기질농도와 관련이 있으며 최대속도 이하에서의 효소작용의 유용한 수치가 된다. 만일 K_m이 S와 같으면 V_0는 $V_{max}/2$가 된다. 따라서 K_m은 반응이 최대속도의 반으로 진행되는 데 필요한 기질농도로 규정된다. 높은 K_m값으로 촉매되는 반응은 낮은 기질농도에서 최대 효율보다 훨씬 낮게 진행되며 기질농도의 변화는 뚜렷하게 반응속도에 영향을 미친다. 그러나 낮은 K_m값을 갖는 효소는 낮은 기질농도에서 훨씬 효율적으로 작용하며 이런 수준에서 기질농도의 변화에 의해 영향을 덜 받는다.

그림 6.6을 보면 이러한 곡선에서 V_{max}를 결정하는 것이 상당히 어렵다는 것을 알 수 있다. 더욱이 V_{max}없이는 K_m값을 정확히 구할 수가 없다. 상당히 넓은 범위의 기질농도를 실험해야 하는데 낮은 농도에서는 K_m지역의 곡선의 모양을 결정하기 위해서, 또 높은 농도에서는 V_{max}에 접근하기 위해서이다. 심지어 S의 값이 $5K_m$일 때 V_0가 V_{max}의 85% 이하일 때도 있다. 이 상수들을 구하는 보다 간단한 방법은 방정식 (6.1)의 양변을 역수로 취해서 재배열하는 것이다.

$$\frac{1}{V_0} = \frac{K_m}{V_{max}} \cdot \frac{1}{[S]} + \frac{1}{V_{max}} \tag{6.2}$$

방정식 (6.2)는 라인위버-버어크(Lineweaver-Burk)의 식이라 하는데 $1/S$에 대한 $1/V_0$의 관계가 그림 6.7에서 보는 바와 같이 직선으로 나타난다. 이 직선의 기울기는 K_m/V_{max}이고 x축 절편이 $-1/K_m$, y축 절편이 $1/V_{max}$이 되며 이로부터 V_{max}와 K_m값을 쉽고 정확하게 얻을 수 있다.

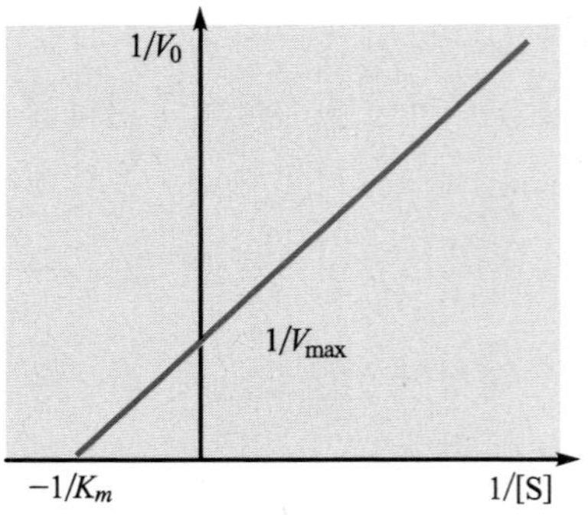

그림 6.7 **방정식 (6.2)의 이중 역수식(Lineweaver-Burk의 방정식)의 그림**

6.4 탄수화물

탄수화물(carbohyrdates)은 세포의 구조를 이루고 에너지 저장 역할을 한다. 탄수화물은 탄소, 수소, 산소가 1 : 2 : 1로 구성된 문자이다. 단량체 또는 이량체인 탄수화물은 단순 탄수화물(simple carbohyrdates)이라고 하며, 긴 형태의 중합체는 복합 탄수화물(complex carbohydrates)이라고 한다. 탄수화물은 많은 탄소-수소(C-O) 결합을 가지고 있으며, 세포에 에너지를 제공하고, 다른 유기분자를 만들기 위한 탄소골격을 제공한다.

6.4.1 탄수화물의 구조

세포가 단백질을 구성하는 데 이용하는 단량체인 아미노산의 종류보다 탄수화물의 합성에 이용하는 자연에 존재하는 단량체(단당류, monosaccharide)의 수가 훨씬 적다. 자연에 있는 단당류에는 3가지의 일반적인 종류가 있는데 그것들은 각각 4,5,6개의 탄소원자를 갖는 4탄당(tetrose), 5탄당(pentose), 6탄당(hexose)이다. 이것들은 모두 $C_nH_{2n}O_n$의 일반적인 구조식을 갖는데 각각의 n값에서 이성질체 때문에 몇 개의 다른 단당류가 존재할 수 있다.

앞서 나온 D-glyceraldehyde는 하나의 비대칭 탄소를 가지는데 탄소 사슬로 또 다른 CHOH기를 삽입하면 또 다른 비대칭의 중심이 생기게 된다. 만일 glyceraldehyde의 본래 CHOH기를 위해 D형 배열이 유지된다면 그로부터 유래되는 4탄소 화합물에는 2개의 가능한 이성질체가 존재하게 된다. 따라서 이들 이성질체들은 D형 4탄당이다.

또 다른 비대칭 탄소의 삽입은 4개의 가능한 D형 5탄당을 만들게 되며, 같은 방식으로 8개의 D형 6탄당 이성질체가 나오게 된다. 이런 방식으로 glyceraldehyde와 구조적으로 연관될 수 있는 당류는 모두 알도스(aldose)라고 부르며 비대칭 중심들은 에피머화(epimerism)이성질체 현상이라 하는 입체이성질체 현상(stereoisomerism)을 나타내게 된다.

유사한 일련의 당류는 케토스(ketose)라고 하는데 dihydroxyacetone으로부터 유래된다. Dihydroxyacetone은 비대칭 탄소원자를 갖고 있지 않으므로 1,2,3개의 비대칭 중심의 순차적인 추가는 하나의 D형 4탄당(왜냐하면 최초의 것이 D형으로 고정되었기 때문이다), 2개의 D형 5탄당, 4개의 D형 6탄당을 만들게 된다. 14개의 L-aldose와 7개의 L-ketose가 L형 배열에 있는 첫 번째 CHOH기를 삽입함으로써 L-glyceraldehyde와 dihydroxyacetone으로부터 형성될 수 있다. 각 단당류는 또 다른 비대칭 탄소 주위의 배열에 따라 이름 지어지기 때문에 당류가 L 또는 D형 배열 중 어느 것에 속하는가는 CHOH기 다음에 있는 탄소원자에 붙어 있는 −H와 −OH기의 배열에 의해 결정된다.

용액 중에 있을 때 5탄소와 6탄소 aldose와 6탄소 ketose는 열려진 사슬구조로 닫힌 고리 사이에서 평형을 이룬다. 보통 5탄소와 6탄소의 고리구조들이 발견되는데 aldohexoses에서는 6탄소의 고리가 보다 흔한 형태이다. C-1 위치에서의 고리의 닫힘은 epimeric center와는 달리 쉽게 역전될 수 있는 또 다른 비대칭 중심을 도입하게 되는데 그 이유는 C-1이 비대칭이 아닌 열린 사슬구조와 C-1이 비대칭인 고리구조 사이에서의 빠른 상호전환을 하기 때문이다. C-1 위치에서의 이성질 현상은 epimerism과 구분하기 위해 아노머화 이성질체 현상(anomerism)이라고 부른다. Anomer(아노머)에는 2가지가 있는데 C-1의 −OH기가 C-5에 있는 CH_2OH와 반대 방향으로 고리에서 뻗어 나올 때 α형이라 하고 두 기가 같은 방향을 향하면 β형이라 한다. D-glucose의 사슬-고리 평형과 두 anomer의 형성이 그림 6.8에 나타나 있다.

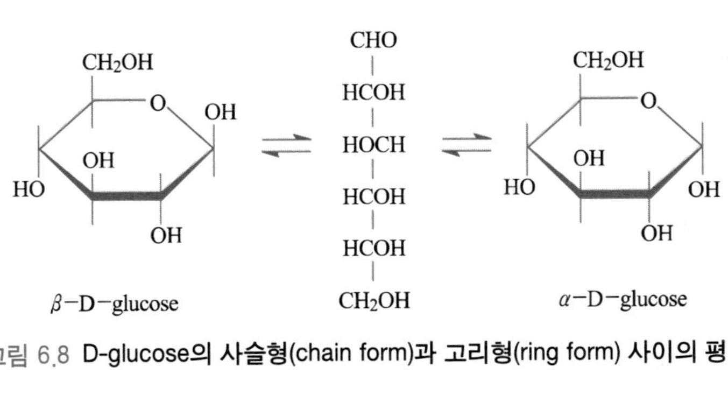

그림 6.8 **D-glucose의 사슬형(chain form)과 고리형(ring form) 사이의 평형**

Anomerism은 용액에서는 단당류의 중요한 성질이 되지 못하는데 그 이유는 그것이 자유롭게 바뀌기 때문이다. 그러나 그것들이 중합을 하여 이당류나 더 큰 중합체를 만들면 고리 모양이 안정화되고 anomer 모양이 유지된다. 한 당의 anomer 탄소와 또 다른 당의 -OH기 사이에서의 축합에 의해 형성되는 배당 결합(glycosidic bond)에 의해 단당류가 서로 결합하게 된다. 배당 결합을 나타낼 때는 서로 결합하는 탄소의 번호와 anomer 구조를 이용하여 α(1-6) 결합, β(1-4) 결합 등으로 표기한다.

4탄당, 5탄당, 6탄당의 모든 이론적으로 가능한 이성질체가 전부 자연에 존재하는 것은 아니다. 자연적으로 존재하는 단당류에는 오로지 10개만이 있다. 더욱이 많은 다당류들은 오직 한 종류의 단당류만을 함유하고 있을 뿐이며 이런 것을 호모다당류(homopolysaccharides)라 부른다. 어떤 것들은 2 또는 3가지 종류의 단당류를 갖고 있으며 이런 것은 헤테로다당류(heteropolysaccharides)라 하고 5가지 이상의 다른 단당류를 가진 분자들은 거의 발견되지 않는다. 따라서 이것은 1차 구조의 측면에서 다당류가 단백질만큼의 복잡성과 특이성을 갖지 못한다는 것을 나타내게 된다. 더욱이 이런 특이성의 상대적 결여로 인해 어떤 다당류에 있어서는 최종 사슬의 길이로 어느 정도의 변화를 주게 된다. 또한 일부 다당류의 2차 또는 그 이상 수준의 구조는 단백질에 상응하는 수준보다 덜 복잡하고 더욱 단순한 규칙성만을 갖고 있을 뿐이다.

6.4.2 탄수화물의 기능

당류는 매우 많은 미생물에 의해 기질로 이용될 수 있으며 이것들의 1차적인 용도가 영양물질이기 때문에 다당류가 영양물 저장 분자로서의 중요한 역할을 갖는다고 생각할 수 있다. 이런 역할에서 다당류는 매우 큰, 비교적 불용성의 분자를 형성할 수 있는 장점을 갖고 있다. 다당류의 불용성은 장점인데 그 이유는 그것이 당류를 세포의 일반적 대사에 참여시키지 않게 하며 세포 내(또는 종종 세포 밖)의 특정한 저장 위치에 축적하게 하여 그곳으로부터 확산되어 나가지 않게 만들기 때문이다.

일부 세균, 원생동물과 조류는 불용성 입자의 형태로 존재하는 녹말(starch)을 함유하고 있다. 녹말은 2가지 형태로 존재하는데 α(1-4) 결합으로 연결된 포도당의 사슬인 아밀로스(amylose)와 α(1-4)와 α(1-6) 결합 2가지가 존재하는 가지친 분자인 아밀로펙틴(amylopectin)이 있다. 이들 중합체의 구조는 그림 6.9에 나와 있다. 덱스트란(dextran)은 일부 세균과 효모에 의해 생성되는데 포도당이 주로 α(1-6) 결합으로 연결되어 있으며 약간의 교차 결합(cross-linkage)이 존재한다. 덱스트란은 물을 가해 매우 끈적거리고 점도가 높은 물질로 될 수 있는데 일부 세균의 표면을 싸고 있으며, 따

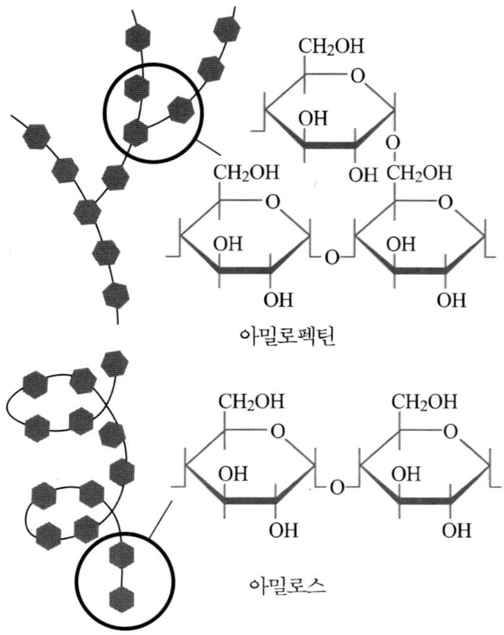

그림 6.9 녹말의 아밀로스와 아밀로펙틴의 구조

라서 이런 종류를 세포외 다당류(extracellular polysaccharide)라고 부른다. 세포외 다당류는 또한 기능적 역할도 가지고 있다.

캡슐(capsule)을 형성하는 일부 세포외 다당류는 덱스트란이나 섬유소(cellulose)와 같은 포도당이나 다른 당류의 호모다당류로 어떤 종류들은 간단한 단당류 외에 당유도체(예, *N*-acetylhexosamines, hexuronic acids)를 함유하여 매우 복잡하게 되기도 하는데 종종 3가지 또는 4가지의 다른 성분으로 이루어지기도 한다. 캡슐은 가끔 매우 커서 그 안에 묻혀 있는 세포가 작아 보이기도 한다. 이것의 한 가지 분명한 결과는 세포가 그 외부의 어떤 해로운 요소로부터 보호받을 수 있다는 것이다. 이런 요소들에는 특정한 독성 화합물들이 있으며 심지어 큰 입자를 삼켜서 섭취하는 포식자(predator)도 있다. 또 다른 가능한 결과는 세포 밖의 물질이 세포의 실제 표면적을 증가시킴으로써 빈영양 환경에서 세포들이 영양물질을 쉽게 획득할 수 있게 한다. 분명히 세포외 다당류가 저장 또는 구조적 역할을 갖는 것과는 관계없이 그것들은 세포 자체의 구조나 또는 그 대사의 필수적인 부분으로 간주되지는 않는다. 왜냐하면 많은 세균들이 캡슐을 잃어도 생존력이나 생장에 아무 영향이 없는 경우가 많기 때문이다.

세포막의 외부, 그러나 세포외 중합체층 안쪽에 형성되는 세균의 세포벽은 그 두 종류보다 훨씬 단단한 구조이다. 한두 종류의 세균을 제외하고는 모두 세포벽을 가지고 있다. 세포에 상당한 기계적 힘을 부여하고 또 어느 정도 보호해 주는 것 외에 세포질과 외부환경 사이의 상당한 삼투압 때문에 세포가 뒤틀어지는 것을 세포벽이 막아준다. 세균 세포질의 삼투압은 600기압 정도로 클 수도 있다. 세포벽의 구조는 다당류와 다른 생물학적 중합체의 조합의 예가 되는데 세균의 전체 세포 주위를 연속적으로 싸고 있다. 뮤레인(murein)은 펩티도글리칸(peptidoglycan)이라고도 부르는데 모든 세균 세포벽의 기본 성분이며 배당 결합으로 연결된 반복적으로 나타나는 *N*-아세틸글루코사민(*N*-acetylglucosamine)과 *N*-아세틸뮤람산(*N*-acetylmuramic acid)의 매우 긴 사슬로 되어 있다. Muramic acid에 펩티드 결합 또는 짧은 펩티드 사슬에 의해 이 뮤레인의 사슬에 2차원적 견고성이 부여된다. 완성된 분자 구조는 그물과 같으며 뮤레인층의 두께는 3차원에서의 계속적인 교차 결합의 정도에 의해 조절된다.

그림 6.10에 뮤레인의 구조가 나타나 있다. 페니실린 같은 일부 항생물질은 이 펩티드 결합형성을 저해하여 약한 세포벽이 세포 내의 팽압에 못견디고 터지게 하여 세균을 죽게 만든다.

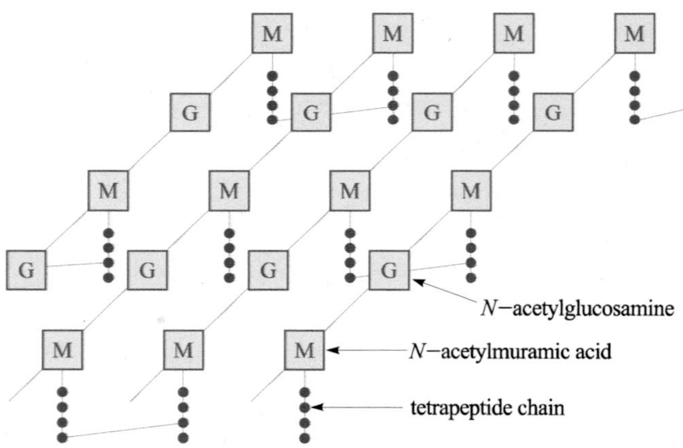

그림 6.10 **뮤레인(murein)의 구조**

그람양성(Gram-positive) 세균은 뮤레인 외에 amino sugars, sugar alcohol, amino acids의 복잡한 중합체인 teichoic acids를 함유하고 있다. 그람음성 세균의 세포벽은 낮은 비율의 뮤레인을 함유하고 있으며 다당류와 지질로 구성된 복잡한 구조의 외막(outer membrane)을 더 많은 양으로 갖고 있는데, 세균이 죽어 이 외막성분이 방출되면 내독소(endotoxin)로 작용한다. 그람양성과 그람음성 세균의 다른 염색상의 성질이 바로 이 세포벽의 다른 화학적 조성 때문이다.

6.5 핵 산

핵산은 유전현상에 관여하는 화화물질이며, 단백질 형성에 관여하는 정보저장분자이다.

6.5.1 핵산의 구조

핵산(nucleic acid) 중합체 사슬은 뉴클레오티드(nucleotide)의 축합으로 이루어진다. 뉴클레오티드는 다시 더 작은 3개의 부분으로 되어 있는데 이들은 퓨린(purine) 또는 피리미딘(pyrimidine) 염기(base), 당 그리고 인산기이다. 1차 사슬은 당–인산–당 단위들의 반복이며 당에서 측면으로 염기들이 연결되어 있는데, 마치 단백질에서 아미노산의 측쇄 작용기들과 유사하다. 핵산에서 발견되는 주된 염기들은 2개의 퓨린(아데닌, 구아닌)과 3개의 피리미딘(티민, 시토신, 우라실)인데 소수의 다른 염기들이 매우 낮은 비율로 존재하기도 하며 당분자들은 2종류(리보스, 디옥시리보스)만이 존재한다. 이들 구성요소들의 구조와 그것들이 중합체 사슬을 형성하기 위한 결합은 그림 6.11에 나타나 있다. 당과 인산기 사이의 phosphodiester bond는 중합체가 다양한 구조를 취하도록 하는데 그것들은 종종 극도로 나선형의 구조를 하고 있다. 염기들은 여러 종류의 핵산의 구조를 안정화시키는 데 중요하게 기여한다. 염기들은 고리구조의 성질 때문에 납작하며 병렬로 쌓아놓으면 소수성 작용을 하게 된다. 또한 인접한 염기들은 서로 수소 결합을 형성하게 되어 이것이 분자의 형태로 안정화하는 데 역시 중요하다.

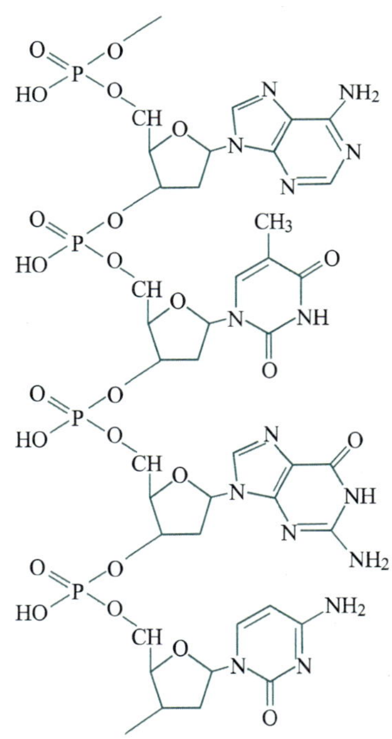

그림 6.11 핵산의 중합체 사슬의 구조

(1) 디옥시리보핵산(deoxyribonucleic acid, DNA)

디옥시리보핵산은 사슬의 당으로 디옥시리보스(deoxyribose)만을 함유하고 있다. 다양한 진핵세포와 원핵세포의 DNA의 퓨린과 피리미딘 염기[즉, 아데닌(adenine, A),

티민(thymine, T), 시토신(cytosine, C), 구아닌(guanine, G)]를 분석한 결과는 다음과 같다.

A = T

G = C

A + C = G + T

purines = pyrimidines

Chargaff에 의한 이 연구결과와 Franklin의 DNA에 대한 X선 회절패턴 결과는 1953년에 Watson과 Crick로 하여금 인접 염기들 간에 수소 결합으로 안정된 DNA의 이중가닥 구조를 제안하게끔 만들었다. 가장 안정된 형태는 A와 T 간의 2개의 수소 결합과 G와 C 간의 3개의 수소 결합이며 이럴 경우 DNA의 퓨린과 피리미딘이 같은 양으로 존재할 수 있게 된다. 아마 DNA 구조와 유사한 형태는 계단으로 당-인산 중추(backbone)가 양측의 난간을 나타내고 수소 결합된 각 염기쌍은 계단의 발판과도 같다. 두 가닥은 서로 감아돌기 때문에 마치 회전계단을 닮았다. 완전한 A-T와 G-C 염기쌍의 측면 자원이 동일하기 때문에 그 구조는 규칙적이다. 그러나 그런 구조가 가능하려면 이중나선(double helix)을 형성하는 두 가닥은 그림 6.12에 보이는 것처럼 서로 반대 방향을 향해야만 한다. DNA 이중나선의 모형이 그림 6.13에 나타나 있다.

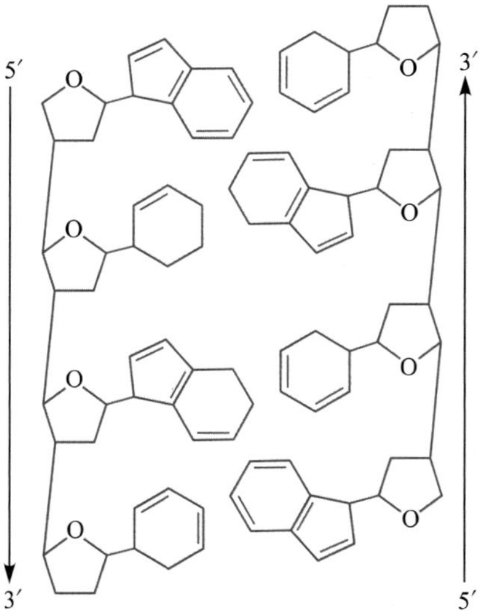

그림 6.12 이중나선 DNA분자의 역방향 배열 구조

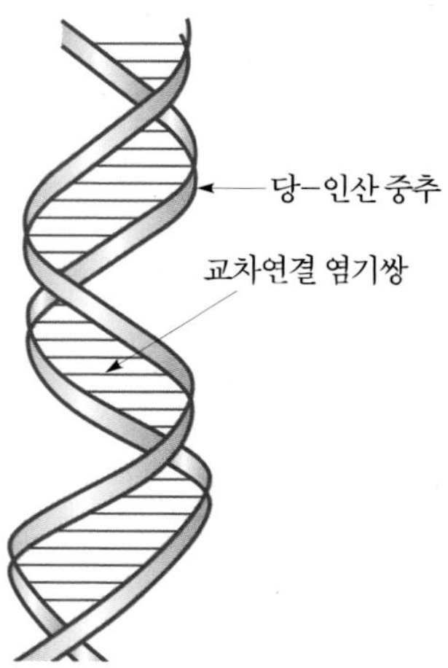

그림 6.13 DNA 이중나선의 모식도

비록 일부 바이러스에서 단일 가닥의 DNA가 발견되지만 이중나선이 DNA의 정상적 구조이다. 이중나선이 오직 수소 결합에 의해 유지되지만 전형적인 DNA 분자가 10^7 이상의 염기쌍을 갖기 때문에 실제로 수소 결합의 수는 매우 많이 존재하게 된다. DNA의 또 다른 중요한 성질로는 한 가닥의 서열이 정해지면 또 다른 가닥의 서열이 그에 따라 고정된다는 것이다. 이 두 가닥은 상보적(complementary)인 성질을 갖게 되는데, 이것은 DNA 분자가 특정한 작용을 하게 만드는 중요한 특성이 된다.

(2) 리보핵산(ribonucleic acid, RNA)

RNA 분자들은 디옥시리보스 대신 리보스(ribose)만을 갖고 있다. 그러나 이것은 규칙적인 이중나선을 형성하지 않으며 결과적으로 RNA는 보통 단일 가닥이지만 몇 가지 예외는 존재한다. 그러나 이 중합체의 유연성은 그 자체가 접히게 하며 상보적 서열이 존재한다면 상당한 염기쌍이 형성되기도 한다. RNA는 다양한 모양을 할 수 있으며 그런 예들이 그림 6.14에 나와 있다.

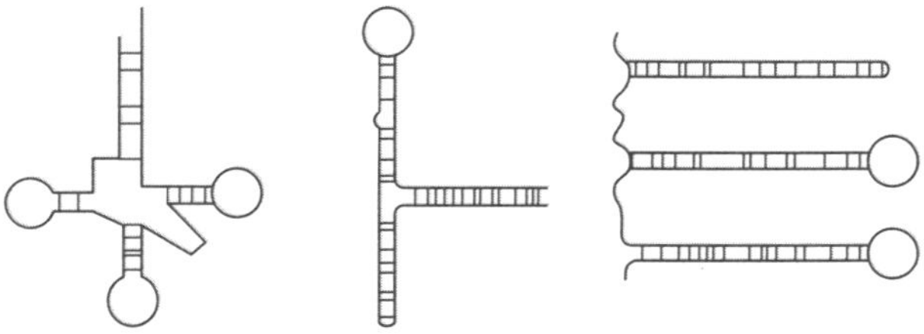

그림 6.14 일부 RNA 분자의 구조

6.5.2 핵산의 기능

핵산의 유일한 주된 기능은 유전정보를 저장하고 유지하며 전달하는 것이다. 생물체의 유전적 특성을 결정짓는 것이 바로 이 정보이다. DNA는 일반적으로 이 정보를 저장하며 그것을 세포 분열 시에 다음 세대로 전달하는 물질이다. DNA는 보통 진핵생물체에서는 핵(nucleus) 안에서 긴 선형의 이중가닥이 여러 염색체(chromosome)를 구성한다. 핵이 없는 원핵생믈에서는 하나의 긴 환형 DNA가 초나선 형태로 꼬여있는 핵양체(nucleoid)를 형성한다. 세포에서 정보를 핵으로부터 그것이 발현될 곳으로 전달하는데 여러 가지의 RNA가 관여한다. 이들 작용을 충족시키기 위해서는 유전물질은 그 자체가 정확히 복제될 수 있어야 하며, 유전되는 특성의 변화(돌연변이, mutation)가 낮은 빈도로 일어날 정도로 안정되어야 한다. 그 생물체의 특성을 결정하는 잠재력을 가져야 하고, 이 정보를 전달할 수 있어야 한다.

보다 정확하게 말하면 DNA는 아미노산의 수와 그것들의 서열을 포함하여 단백질의 합성에 필요한 모든 정보를 갖고 있다. 세포의 특성이 결정되는 것은 효소와 단백질의 활성을 통해서이다. DNA는 단순히 합성되는 단백질의 정보를 갖고 있는 이상으로 훨씬 특이한 기능을 보유하고 있으며 세포가 만드는 모든 단백질에 내재해 있는 모든 정보가 세포의 DNA 안에 들어있다. 이 정보는 염기의 서열(base sequence)로 암호화되어 있어서 4가지 주된 염기들의 조합이 20가지 다른 아미노산들의 조합의 정보를 내포하고 있다. DNA의 정보로부터 단백질이 합성되는 기작은 다음 장에서 다루기로 하겠다.

6.6 지 질

지질은 물에는 녹지 않고, 기름에는 용해되는 지방과 다른 생체분자로 구성되어 있으며, 생체 내에서 에너지를 장기간 저장하기 위해서 탄수화물을 지방으로 전환시킨다. 동물에서는 동물성 지방은 글리세롤에 세 개의 지방산이 결합된 형태로 구성되는 포화지방인 반면에, 식물성 기름은 주로 탄소골격에 이중결합을 갖는 지방산으로 구성된 불포화 지방이다. 콜레스테롤과 성호르몬을 포함하는 스테로이드도 지질에 속한다.

6.6.1 지질의 구조

지질(lipid)은 상당한 정도의 소수성을 가진 종류의 분자들로 이루어진다. 많은 경우에 이 성질은 긴 사슬의 지방족 분자들(aliphatic molecules)에 의한 것이다. 이 사슬의 길이는 전형적으로 12에서 24개 사이의 탄소원자로 이루어져 있다. 2 또는 3개의 지방족 화합물의 카르복실기 말단이 글리세롤(glycerol)과 같은 연결분자에 의해 결합이 될 수도 있다. 지방산(fatty acid) 사슬에 1 또는 2개의 이중결합(double bond)이 있을 수 있는데 이것은 직선 구조를 굽어지게 만든다. 여러 가지 다른 긴 사슬 분자가 또한 발견되지만 이것들은 외형적으로 지방산과 유사하여 여기서는 구체적으로 다루지 않겠다. 지질의 일반적 구조는 그림 6.15에 나와 있다. 만일 글리세롤의 수산기(hydroxyl group) 3개 모두가 지방산에 연결되면 그 분자는 단순 지방(simple fat)이 된다. 만일 2개만이 이런 방식으로 연결되면 3번째 수산화기는 인산기와 결합하여 phosphatidic acids라는 화합물 종류를 형성하게 된다. 아미노산, 아민(amines), 당알코올(sugar alcohols)을 포함한 여러 가지의 OH기를 갖고 있는 치환분자들이 인산기에 결합될 수 있어서 그 분자의 한쪽 끝에 다양한 정도의 친수성을 부여하는데 이런 종류를 인지질(phospholipid)이라 한다.

지질에는 여러 가지 다른 구조들도 존재하는데 콜레스테롤(cholesterol) 같은 지방족 치환물을 가진 불포화 다핵 또는 다환 구조(unsaturated multiple ring structure)를 포함한 많은 다양한 분자들이 있다(그림 6.16). 많은 것들은 구조가 직선형인데 부분적으로 또는 전체적으로 소수성을 나타내며, 일부는 이중 결합 때문에 가지를 친 것도 있고, 어떤 종류는 거의 구형에 가까운 것도 있다.

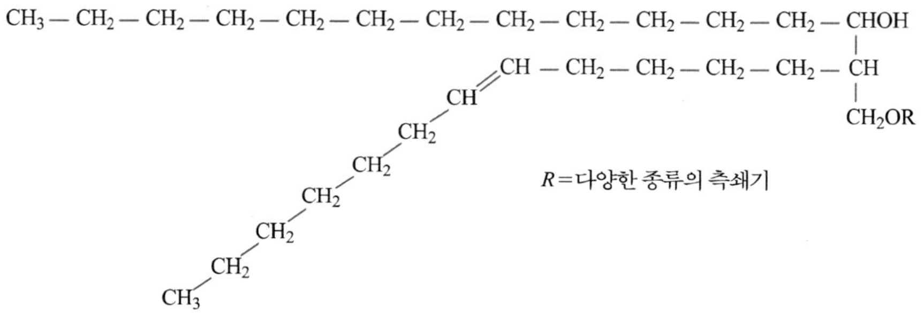

그림 6.15 **단순지질의 일반적 구조**

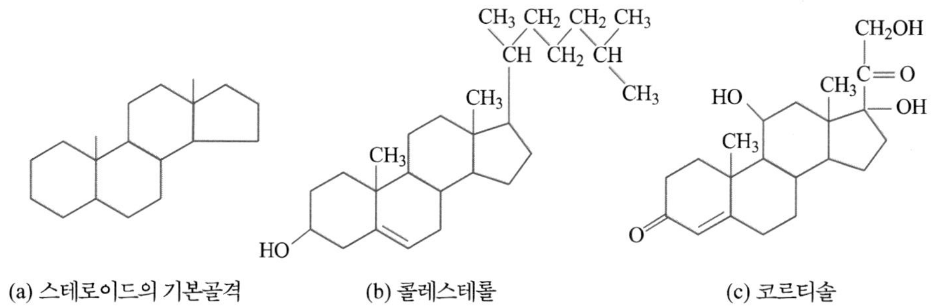

그림 6.16 **스테로이드의 구조**

6.6.2 지질의 기능

지방은 전형적인 영양물질 저장 분자로서 전자밀도가 높은 매우 환원된 분자이므로 에너지를 많이 낼 수 있다. 이들은 물에서 낮은 용해도를 갖기 때문에 세포 내에서 입자상태로 축적될 수 있으며 또 쉽게 이동할 수 있다. 지질은 성호르몬과 코르티솔 같은 호르몬의 성분이 되기도 한다.

지질의 또 다른 중요한 역할은 생체막의 구성요소인데, 생체막은 보통 약 50%의 지질과 50%의 단백질을 함유하고 있다. Phosphatidic acid의 유도체들은 이들 구조의 주요 구성성분이다. 전자현미경에 의한 관찰은 세포막이 특징적인 이중막 구조를 하고 있다는 것을 보여주고 있는데 약 20 nm 두께의 전자 밀도가 높은 2개의 층이 가운데에 있는 35 nm의 밀도가 낮은 층에 의해 분리되어 있다. 이를 설명해 줄 수 있는 가장 그럴듯한 구조는 소수성 지방산 잔기가 바깥쪽을 행하고 전자 밀도가 높은 단백질이 안과 바깥 표면을 덮고 있는 지질 이중막이다.

특정물질에 대한 막의 선택적 투과성(selective permeability)과 능동수송(active transport) 기작을 포함한 여러 가지 막의 성질을 고려하면 막이 막공(pore) 또는 친수성 통로(hydrophilic channel), 부착 효소(bound enzyme)나 보조인자(cofactor), 그리고 내외 표면을 연결하는 다른 체제를 갖고 있다는 것을 또한 제시하고 있다.

비록 막의 구조에 대해서 많은 것이 밝혀져 있지 않지만 그림 2.3의 모델이 가장 그럴듯한 것으로 생각되고 있다. 생체막은 지질의 바다에 떠있는 단백질로 간주되고 있으며 그것들의 상대적 부력은 친수성 정도에 달려 있다. 특정조건에서 일부 단백질들은 지질 이중막 내에서 옆으로 이동할 수 있으며 반면에 다른 종류들은 상대적으로 고정되어 있다. 따라서 막은 어느 정도의 유동성(fluidity)을 지니고 있다. 이 모델은 또한 특정한 분자들이 통과할 수 있는 막공이나 친수성 또는 소수성 통로를 포함하고 있다. 또한 일부 효소들이 막을 통과하는 물질의 이동에 영향을 미친다는 것도 생각할 수 있는데 이런 효소들을 투과효소(permease)라 한다.

참고문헌

Avers, C. J. (1981) *Cell Biology,* Van Nostrand Co. , New York.

Madigan, M. T. , Markinko, J. M. , Stahl, D. A. , and Clark, D. P. (2012) *Brock Biology of Microorganisms,* 13th edn, Pearson Education, San Francisco, CA.

Loewy. A. G. and Siekevitz, P. (1970) *Cell Structure and Function,* 2nd edn, Holt, Rineheart and Winston, Inc. , New York.

Rawn, J. D. (1983) *Biochemistry,* Harper and Row, New York.

Yudkin, M. and Offord, R. (1973) *Comprehensible Biochemistry,* Longman Group Ltd.

chapter 6 | 생체구성물질

연습문제

01 세포를 구성하는 4가지 중합체의 종류는 무엇인가?

02 입체이성질체란 무엇인가?

03 아미노산의 구조에 대하여 설명하라.

04 단백질의 1차, 2차, 3차, 4차 구조에 대하여 설명하라.

05 기질이 존재할 때 합성되는 효소를 무엇이라 하는가?

06 효소반응에서 K_m과 $V_{\max}$를 쉽게 구하는 데 이용하는 식은 무엇인가?

07 K_m값이 낮을 때 유리한 점은 무엇인가?

08 다당류의 기능에 대하여 설명하라.

09 DNA와 RNA의 구조와 기능의 차이를 비교하라.

10 세균의 세포벽의 성분과 구조에 대하여 설명하라.

11 특정한 효소의 기질과의 반응 실험에서 다음 결과를 얻었다. 최대반응속도 $V_{\max}$와 미카엘리스-멘텐 상수 K_m값을 계산하라.

기질농도(mol)	반응속도(기질 제거율, mol/min)
0.14	0.15
0.22	0.17
0.30	0.25
0.58	0.33
0.80	0.40

CHAPTER

미생물 대사 07

CHAPTER

07 미생물 대사

7.1 서 론

모든 살아 있는 세포는 생존하고 성장하고 증식하기 위해서 3가지의 절대적인 요소를 요구하고 있다. 첫 번째로 요구되는 것은 동화되어 새로운 세포물질을 만드는 데 이용되는 기질(substrate)이라고 하는 외부의 탄소원(carbon source)과 두 번째로는 전환되어 새로운 세포물질의 합성에 이용되는 에너지원(energy source)이 요구된다. 세 번째로 요구되는 것은 $NADPH_2$와 같이 생합성에 사용되는 환원력(reducing power)이다. 이것들은 생물체가 갖고 있는 대사의 종류에 따라 다양하게 요구된다. 독립영양체(autotroph)의 경우 탄소원은 이산화탄소이며 세포물질, 예를 들어 큰 다당류의 합성에 관여하는 에너지와 환원력의 공급원은 실제로 다양하다. 이들의 주된 요구와 생합성 과정과의 관계가 그림 7.1에 나타나 있다. 이 장에서는 기질의 분해와 에너지 획득에 관련된 그림 7.1의 왼쪽에 있는 과정들을 주로 다루기로 하겠다. 이 과정들은 통틀어 이화작용(catabolism)이라고 부른다. 생체 고분자의 합성에 관련된 동화작용(anabolism)은 7.4절에 간단히 설명되어 있다.

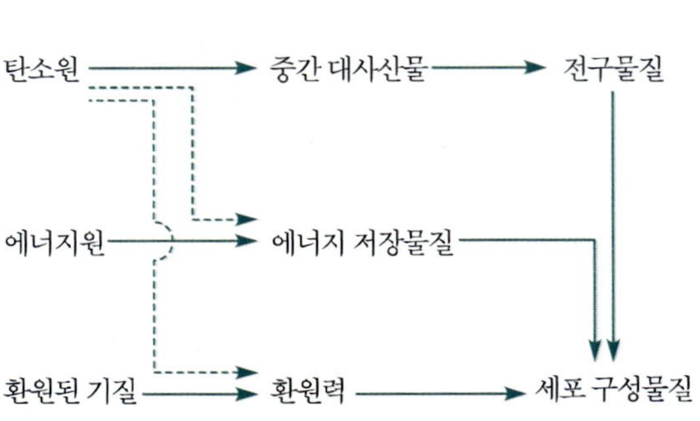

그림 7.1 대사과정의 전체구도

또한 그림 7.1은 1차 공급원과 동화과정에서 그것들의 궁극적인 이용 사이에 중간 단계가 있다는 것을 가리키고 있다. 이들 중간 단계는 세포의 에너지 이용에 어느 정도의 융통성과 조절을 허락하는 데 중요하다. 에너지와 환원력의 저장 장소의 존재는 시간적 그리고 공간적 근거에서 에너지 생성대사와 에너지 소모대사의 분리를 가능케 한다.

제7장의 처음부분은 대사작용에서 에너지 전환이 일어나는 기작에 대한 것이다. 그러나 이것의 생화학적 측면을 고려하기 전에 화학반응이 일어나게 만드는 원동력의 성질, 이에 관련된 에너지 변화(열역학, thermodynamics), 그리고 이것의 반응이 일어나는 정도(화학평형, chemical equilibrium)를 확립하는 데 어떻게 기여하는가 등을 먼저 고려하는 것이 필요하다.

7.2 열역학과 화학평형

7.2.1 가역반응

일부 화학반응은 자발적으로 일어난다는 것이 잘 알려져 있다. 만일 금속 나트륨 조각을 물에 넣었을 때 그것은 빠르게 자발적으로 반응하여 NaOH와 수소를 형성한다. 그러나 이것을 실험적으로 확인하는 것은 권장되지 않는데, 그 이유는 이 반응이 격렬하고 매우 위험할 수 있기 때문이다. 과산화수소는 자발적으로 산소와 물로 분해되나 이것은 물론 촉매가 가해지기 전에는 매우 느리게 일어난다. 자발성(spontaneity)은 이와 같이 속도와 무관한 현상이다. 또 하나의 자발적인 반응으로 α-D-glucose의 순수한 결정이 물에 용해되는 반응이 있는데 시간이 경과된 후에 α-와 β-D-glucose가 형성된다. 순수한 β-D-glucose의 용해 시에도 동일한 혼합물이 만들어진다. 따라서 반응이 완료될 때에 반응물과 생성물 모두 측정할 만한 양이 되며 또한 정반응과 역반응 모두 자발적이다. 모든 화학반응들이 가역적일 수 있으나 예외도 존재한다. 나트륨과 물의 반응 시 반응이 완료되면, 반응 혼합물의 조성은 월등하게 생성물 쪽으로 기울기 때문에 역반응을 검출할 수가 없다. 이 가역성은 화학반응을 기술하는 데 이용하는 표기법에 분명히 나타나 있다. 즉,

$$A + B \rightleftharpoons C + D$$

A와 B의 일반적 반응의 완료 시 그 반응은 평형을 이루었다고 말하며 반응 혼합물은 고정된 비율의 반응물과 생성물을 갖게 된다. 이것은 평형상수(equilibrium constant,

K_{eq})로 나타낸다. 즉,

$$K_{eq} = \frac{[C]_e [D]_e}{[A]_e [B]_e} \tag{7.1}$$

여기서 아래 첨자 e는 평형 시의 농도를 나타내는 데 이용된다. 포도당 용액의 경우 K_{eq}는 1에 가까우나 나트륨과 물의 반응 시에는 매우 크다.

화학평형은 동적인 것으로 정반응과 역반응 모두 동시에 계속 일어나고 있다. 그러나 그 속도가 같아서 평형혼합물의 조성에 실질적인 변화가 없다. 우리는 이미 반응속도가 반응물의 농도에 비례한다는 것을 알고 있으므로

$$\begin{aligned} \text{정반응 속도} &= k[A][B] \\ \text{역반응 속도} &= k'[C][D] \end{aligned} \tag{7.2}$$

로 여기서 k와 k'는 각각 정반응과 역반응의 속도상수이다. 방정식 (7.2)로부터 분명히 알 수 있는 것은

$$K_{eq} = k/k' \tag{7.3}$$

로 K_{eq}이 크면 정반응이 상당한 정도로 진행되며, 작을 경우에는 역반응이 우세하게 되는데 그 이유는 정반응의 K_{eq}이 역반응의 $1/K_{eq}$과 같기 때문이다.

다시 자발성의 문제를 살펴보자. 비자발적인 반응은 어떤 형태의 에너지가 가해지지 않는 한 일어나지 않는다. 예를 들면, 금속 아연을 황산구리 용액에 넣었을 때 일어나는 반응은 자발적이다.

$$CuSO_4 + Zn \rightarrow ZnSO_4 + Cu$$

비자발적인 역반응은 구리 금속과 황산아연 용액 사이에 전류를 통하면 일어나게 할 수 있다. 이 전기에너지의 투입은 자발적으로 일어나는 정반응에서 발생된(또는 반응물이 잃어버린) 에너지의 양과 같다고 생각하는 것이 타당하다. 이 에너지 발생은 자유에너지(free energy, ΔG)라고 한다. 자발적 반응은 ΔG가 음수(negative)로 나오는데 이것은 반응물들이 반응 중에 에너지를 잃기 때문이다. 비자발적인 반응은 양수(positive)의 값을 나타낸다.

화학반응이 평형을 향해 진행되면 반응물 농도의 함수인 정반응의 실질적인 ΔG는 음의 값이 감소하며 반면에 정반응의 생성물의 농도가 증가함에 따라 역반응의 실질적인 ΔG도 증가한다. 평형에서 이들의 실질적인 ΔG 값은 서로 상쇄되며 더 이상의 변

화가 일어나지 않는다. 어느 주어진 반응의 ΔG는 분명히 어떤 방식으로든 K_{eq}와 관련이 있다. ΔG는 반응이 개시되기 전의 반응물과 생성물의 농도와 평형 시 그들의 농도 사이의 차이에 달려있으며 다음 식으로 나타낸다.

$$\Delta G = -RT\ln K_{eq} + RT\ln\frac{[\mathrm{C}][\mathrm{D}]}{[\mathrm{A}][\mathrm{B}]} \tag{7.4}$$

여기서 R은 기체상수($8.31\mathrm{JK^{-1}mol^{-1}}$), T는 절대온도이다. ΔG는 농도에 의존하기 때문에 단위농도의 반응물과 생성물의 298°K에서의 표준 자유에너지 변화(ΔG^0)로 나타내는 것이 일반적이다. 만일 [A], [B], [C], [D]가 단위농도로 맞춰져 있다면 방정식 (7.3)은 0이 될 것이다. 따라서

$$\Delta G^0 = -RT\ln K_{eq} \tag{7.5}$$

7.2.2 반응들의 결합

일어날 반응의 정도와 자발성에 자유에너지 변화와 평형이 어떻게 영향을 미치는지 알았으므로 자유에너지 변화를 세포의 관점에서 어떻게 유용하게 사용해야 하는가를 조사하는 것이 가능하게 된다. A와 B가 반응하여 C와 D를 형성하는 과정이 ΔG_1^0의 자유에너지 변화를 가진다고 가정하자. 또 다른 반응을 보면

$$\mathrm{C} \rightleftharpoons \mathrm{E} + \mathrm{F}$$

자유에너지 변화는 ΔG_2^0이다. K_{eq1}과 K_{eq2}는 각각 [C][D]/[A][B]와 [E][F]/[C]이다. 만일 두 반응이 동일한 체제에서 일어난다면, 그 결과는

$$\mathrm{A} + \mathrm{B} \rightleftharpoons \mathrm{D} + \mathrm{E} + \mathrm{F}$$

이며 이 반응의 평형상수, K_{eq3}는 K_{eq1}과 K_{eq2}의 곱과 같다. 따라서

$$\ln K_{eq3} = \ln K_{eq1} + \ln K_{eq2} = \frac{\Delta G_1^0 + \Delta G_2^0}{-RT}$$

이며, 그러므로

$$-RT\ln K_{eq3} = \Delta G_1^0 + \Delta G_2^0 = \Delta G_3^0 \tag{7.6}$$

이다. ΔG_1이 양수라고 가정하면, 따라서 이 반응은 정상조건하에서는 일어나지 못한다. ΔG_2가 ΔG_1보다 큰 수의 음의 값을 가지고 첫 번째와 두 번째 반응이 짝지어지게 된다면 첫 번째 반응이 일어날 수 있다. 왜냐하면 전체반응에서 ΔG_3가 음수이기 때문이며 두 번째 반응에 의해 첫 번째 반응이 일어날 수 있게 된다.

7.2.3 생화학적 에너지 결합

살아있는 생물체들의 질서와 복잡성은 자발적 화학반응들의 직접적인 결과가 아닌 것이 분명하며 따라서 세포는 에너지 흡수(endergonic) 합성반응에 필요한 에너지를 다른 에너지 생성(exergonic)반응으로부터 얻기 위한 연결(coupling) 기작을 이용한다. 이 연결 기작은 그림 7.2에 나타나 있는데 이 X–Y 연결체제는 모든 생물체에서 근본적으로 동일하다는 것이 발견되었으며 아데노신 이인산(adenosine diphosphate, ADP)과 무기인산(inorganic phosphate, Pi)으로부터 아데노신 삼인산(adenosine triphosphate, ATP)의 합성으로 구성되어 있다. ATP의 구조는 그림 7.3에 나와 있다. ATP는 종종 고에너지 분자라고 불리는데 그 이유는 상당량의 자유에너지($\Delta G^0 = -30\ \mathrm{kJmol^{-1}}$)가 그것의 가수분해로부터 방출되기 때문이다. 이것은 세포에서 일어나는 많은 에너지 흡수반응의 ΔG^0의 값보다 크며 따라서 ATP 가수분해를 포함한 연결반응에서 그와 같은 반응들을 가능하게 한다.

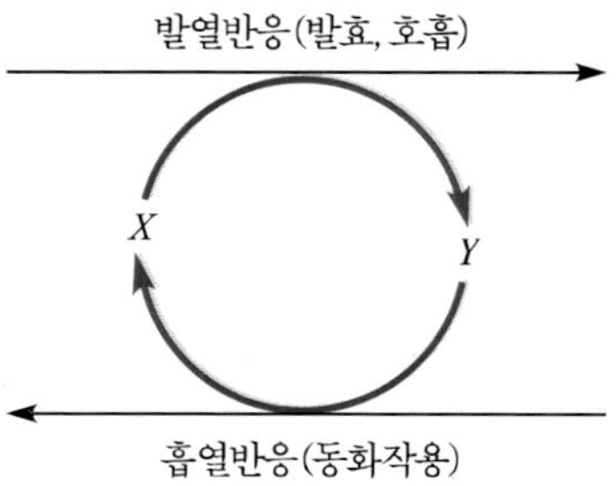

그림 7.2 발열반응과 흡열반응의 연결 기작

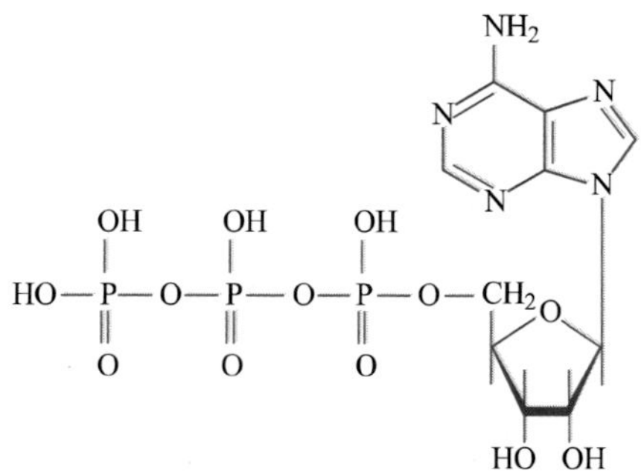

그림 7.3 ATP의 구조

그러나 ATP 합성[ADP의 인산화 반응(phosphorylation)]이 일어나게 하는 데 이용될 수 있는 에너지 생성반응들은 ATP 가수분해의 ΔG^0보다 더 큰 ΔG^0값을 가져야만 한다. 그러므로 ATP는 유일한 고에너지 분자는 아니다. 일반적으로 미생물들은 인산화를 위한 에너지원으로서의 높은 ΔG^0를 얻을 수 있는 3가지 기작을 이용한다. 모든 화학 반응이 전자의 이동 또는 전달을 포함하므로 에너지 생성 대사에는 반드시 높은 잠재 에너지(potential energy)를 가진 전자 공여체(electron donor)와 ΔG의 감소를 동반할 수 있는 낮은 잠재에너지를 가진 전자 수용체(electron acceptor)가 존재해야만 한다.

표 7.1 고에너지 인산결합 화합물의 자유에너지

화합물	ΔG^0 kJmol^{-1}
ΔG^0 >30 kJ	
Phosphoenolphosphate	−51.6
1,3−Bisphosphoglycerate	−52.0
Acetyl phosphate	−44.8
ATP	−31.8
ADP	−31.8
Acetyl−CoA	−35.7
ΔG^0 <30 kJ	
AMP	−14.2
Glucose−6−phosphate	−13.8

7.2.4 산화와 환원의 결합

충분히 큰 음의 자유에너지 변화를 수반하는 대사반응이 ATP 합성과 연결될 수 있다는 것은 이론적으로 가능하다. 많은 이화작용(catabolic reaction)에서 기질의 산화가 일어나는데 그것은 간단히 다음과 같이 나타낼 수 있다.

$$AH_2 + 1/2O_2 \rightleftharpoons A + H_2O$$

이런 종류의 반응의 ΔG^0는 전형적으로 −120에서 −200 kJmol^{-1} 사이이며 연결 기작이 존재한다면 이론상으로 4 내지 6분자의 ATP 합성에 이용될 수 있다. 그러나 그림 7.1에 있는 것과 같이 기질과 연관된 환원력(reducing power)이 보전될 필요가 있으며 이것은 생합성 반응에 이용될 수 있다. 이처럼 이런 종류의 많은 기질들은

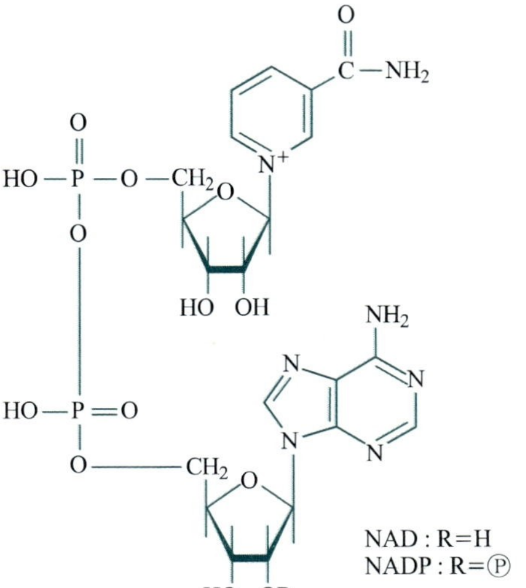

그림 7.4 NAD와 NADP의 구조

ATP를 합성하는 대신 산화반응이 운반체(carrier) 분자의 환원과 연결되어 환원력과 많은 가용 자유에너지를 보전하게 된다. 운반체 분자는 nicotinamide adenine dinucleotide(NAD), 또는 nicotinamide adenine dinucleotide phosphate(NADP) 이며 그 구조는 그림 7.4에서 보는 바와 같다. 기질의 산화는 따라서 다음과 같이 나타낼 수 있다.

$$AH_2 + NAD \rightleftharpoons A + NADH_2$$

$NADH_2$의 산소분자에 의한 산화는 약 $-170\,kJmol^{-1}$의 ΔG^0를 갖고 있으므로 어떤 의미에서는 이것 역시 고에너지 화합물로 간주될 수 있다. $NADH_2$ 또는 $NADPH_2$에 보전된 에너지와 환원력은 합성반응(주로 $NADPH_2$)에 또는 호흡대사의 산화적 인산화반응(주로 $NADH_2$)에 이용될 수 있다.

7.3 에너지 생성 대사

미생물의 에너지 생성 대사에는 3가지 주된 종류로 호흡(respiration), 발효(fermentation), 광합성(photosynthesis)이 있다. 호흡 또는 발효에 의존하는 종속영양 생물체(heterotroph)에서는 탄소기질이 전형적으로 에너지, 환원력 그리고 생합성 반응에 이용되는 중간대사물을 공급한다. 독립영양체(autotroph)에서는 에너지와 탄소 공급원이 다르다. 그러나 종속영양체에서 기질의 산화는 중요한 에너지원이 되는데 산소에 의한 AH_2의 산화와 같은 전형적인 산화는 여러 분자의 ATP 합성에 충분한 에너지를 방출할 수 있기 때문에 이화 경로가 일반적으로 많은 수의 분리된 단계로 이루어져 있다는 것이 놀라운 일은 아니다. 이것은 또한 생합성의 개시점으로 작용하는 많은 중간대사물을 생성하는 장점을 가지고 있다.

7.3.1 해당과정 : 기질 수준의 인산화

이용할 수 있는 아주 다양한 기질들을 미생물들이 어떻게 분해하는지를 여기서 구체적으로 설명하는 것은 불가능하다. 그러나 주요 미생물군과 그들이 이용할 수 있는 기질의 일부가 표 7.2에 있고, 포도당의 이용(해당과정, glycolysis)을 기질의 이용과 관련된 원리의 대표적인 예로 설명하고자 한다. 탄수화물은 호기성, 혐기성 생물체 모두에

표 7.2 종속영양 세균 종류와 그들이 대사할 수 있는 기질들의 예

종류	대사과정	기질	세균
장내세균	발효	당류 : 일부는 녹말 또는 펙틴을 사용	*Escherichia* *Salmonella*
	호흡	당류, 아미노산과 단백질, 유기산 일부는 방향족 화합물 이용	
호기성 Preudomonads 및 관련 세균	호흡	극도로 다양. *Pseudomonas* spp.는 50가지 이상의 다른 기질들을 이용. 당류, 유기산, 알코올	*Pseudomonas* *Azotobacter* *Zoogloea*
그람음성의 절대 혐기성 세균	발효	탄수화물, 유기산	*Bacteroides* *Veillonella*
Clostridium	발효	다양한 기질(탄수화물, 유기산, 아미노산, 에탄올, 퓨린 염기)	*Clostridium*
활주 세균	호흡	섬유소, 당류, 아미노산 등에 대한 상당히 복잡한 요구성	*Sphaerotilus*
방선균	호흡	다양한 기질, 세포외 단백질 분해효소를 생성하여 다른 세균을 용해	*Streptomyces*

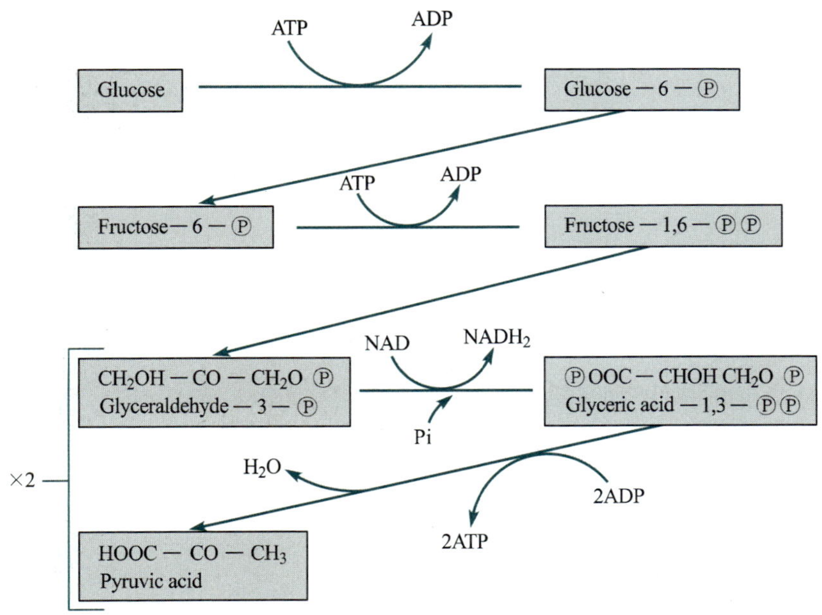

그림 7.5 해당과정

의해 기질과 영양물 저장 분자로 꽤 널리 이용되기 때문에 해당과정은 미생물 세계에서 중요한 분해 경로가 된다. 해당과정에 관련된 모든 반응들의 모식도가 그림 7.5에 나와

있다. 포도당이 대사되기 위해서는 먼저 활성화되어야만 한다. 이것은 세포에 의한 에너지 소모를 요구하는데 2분자의 ATP의 가수분해와 인산기의 6탄당 분자로의 단계적 이동을 통해 일어난다(이 책에서 Ⓟ는 인산기를 나타내며 Pi는 무기인산을 나타낸다).

인산화된 6탄당은 분리되어 2개의 3탄당으로 되고 이것들은 NAD의 환원과 연결된 반응에서 무기인산에 의해 다시 인산화된다. 그 결과 생성되는 화합물인 glycerate-1, 3-diⓅ는 고에너지 화합물이라고 부르는데 이것은 가수분해 시 ATP보다 큰 자유에너지를 갖기 때문이다. 예상했던 것과 같이 그것의 glyceraldehyde-3-Ⓟ로부터의 합성은 양의 ΔG^0값을 가진다. 그러나 세포가 반응물과 생성물의 농도를 조절하는 방식으로 실질적인 합성(net synthesis)이 일어난다. 반응물이 훨씬 많은 평형혼합물에서 반응물의 농도가 증가하면 방정식(7.1)의 분모의 크기가 증가하고 생성물의 실질적인 합성이 일어나면서 방정식 (7.1)의 분자가 증가하게 된다. 그 결과 새로운 평형에 도달하게 되면 K_{eq}값은 일정하게 된다. 또한 반응 혼합물에서 생성물을 제거하여 그 농도가 낮아지면 다시 실질적 합성이 일어나게 된다.

Glycerate 1,3-diⓅ는 ADP를 직접 인산화시킬 수 있으며 이 반응의 생성물로 나오는 glycerate-3-Ⓟ는 다음의 인산화가 일어나기 전에 이성질 현상을 거치게 된다. 이렇게 고에너지 인산화합물로부터 직접 ATP가 만들어지는 과정을 기질 수준 인산화반응(substrate-level phosphorylation)이라 한다.

포도당으로부터의 실질적 반응은 다음과 같이 나타낸다 :

$$\text{glucose} + 2\text{ADP} + 2\text{Pi} + 2\text{NAD} \rightleftharpoons 2\text{pyruvate} + 2\text{ATP} + 2\text{NADH}_2$$

해당과정의 중요한 특성은 ATP의 실질적 생성과 세포가 갖고 있는 NAD를 이용한 보다 산화된 3탄소 최종생성물의 형성이다. 이런 방식으로 포도당이 대사될 때 또 하나의 중요한 결과는 여러 가지 중간대사물의 생성이 합성반응의 개시점으로 작용하는 상당히 다양한 유기화합물들을 제공할 수 있다는 것이다. 예를 들면, 3탄당 유도체들은 지질과 일부 아미노산의 합성에 이용되며 피루브산(pyruvate)과 포스포에놀피루브산(phosphoenolpyruvate)은 다른 아미노산들의 합성에 요구된다.

해당과정은 호기성이든 혐기성이든 모든 생물체에서 본질적으로 동일한 경로로 일어난다. 호기성 호흡(acrobic respiration)과 혐기성 발효(anaerobic fermentation) 사이의 근본적 차이와 특히 호기성 대사에서 산소분자의 중요한 역할은 피루브산의 형성 후에 일어나는 반응에 달려있다.

7.3.2 호기성 호흡 : 산화적 인산화

포도당이 피루브산으로 분해되면서 약 170 $kJmol^{-1}$의 자유에너지를 방출한다. 그러나 이것은 기질이 완전히 산화될 때보다는 훨씬 낮은 값이다. 호흡의 주된 최종산물은 이산화탄소이며 포도당으로부터의 생성 시에 약 3,000 $kJmol^{-1}$의 에너지를 방출한다.

$$\text{glucose} + 6O_2 \rightleftharpoons 6CO_2 + 6H_2O$$

포도당의 완전 산화로부터의 에너지 생성은 그것의 피루브산까지의 대사에서 나오는 것의 약 20배가 된다. 여기에서도 세포는 단 한 번의 높은 에너지 생성단계로 완전한 산화를 일으키지 않고 일련의 반응들을 통해 일으킨다. 또한 세포는 피루브산에서 유래한 유기탄소를 산화하는 데 직접 산소분자를 이용하지 않는다.

(1) TCA 회로

피루브산(CH_3-CO-COOH))로부터 이산화탄소를 얻기 위해서는 반드시 탈수소반응(dehydrogenation)이 필요하다. 그러나 먼저 피루브산으로부터 아세틸기(CH_3-CO^-)가 떨어져서 NAD의 환원과 연결된 반응에서 조효소 A(coenzyme A, CoA)라고 하는 운반체 분자에 전달되어야 한다.

$$CH_3COCOOH + NAD + CoASH$$
$$\rightleftharpoons CH_3 - CO - S - CoA - CO_2 + NADH_2$$

아세틸기는 그다음에 4탄소 화합물인 옥살아세트산(oxaloacetate)으로 전달되어 구연산(citrate)을 형성한다.

$$CH_3 - CO - S - CoA + HOOC - CO - CH_2 - COOH + H2O$$
$$\upharpoonleft\downharpoonright$$
$$HOOC - CH_2 - COH(COOH) - CH_2 - OOH + CoASH$$

8개의 중간대사물을 포함한 일련의 반응(그림 7.6)에서 4번의 탈수소반응(즉, NAD 4분자의 환원), 2번의 수화반응(hydration, 물의 첨가)과 2번의 탈탄산반응(decarboxylation, CO_2의 제거)을 거쳐 옥살아세트산이 다시 만들어진다. 이 반응은 처음 만들어지는 생성물의 이름을 따서 구연산 회로(citric acid cycle)라고 부르며 구연산이 카르복실기를 3개 가지고 있어서 tricarboxylic acid cycle(TCA cycle)이라고도 하고 발견자의 이름을 붙여 크렙스 회로(Krebs cycle)라고도 부른다. 이 반응결과는 순환적

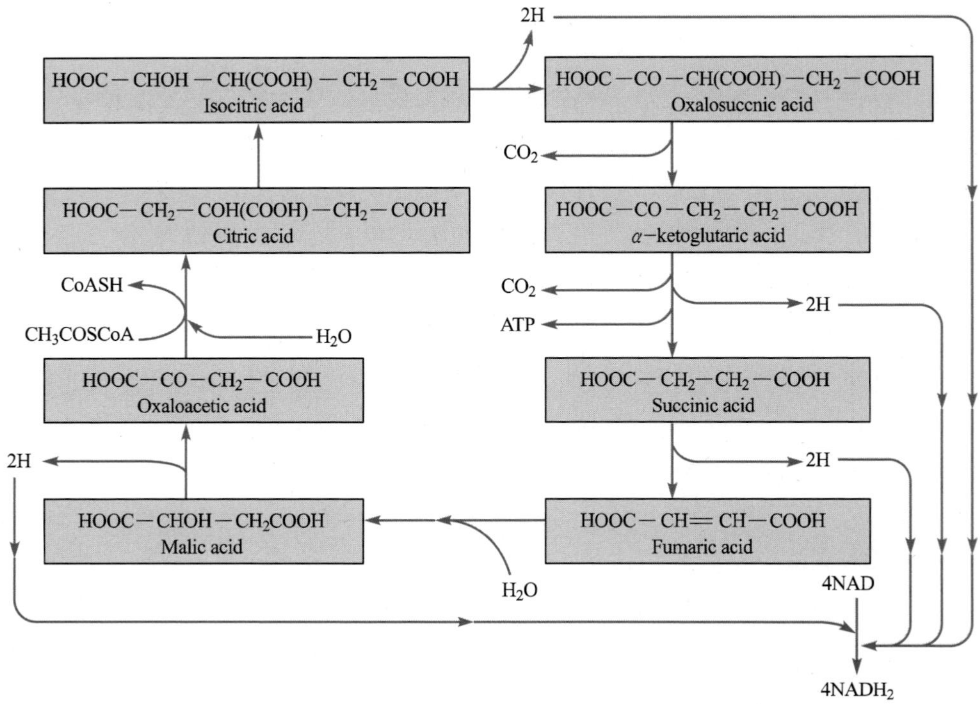

그림 7.6 **구연산 회로**(TCA cycle)

이며, 중간화합물들은 최종적으로 이산화탄소로 변화될 아세틸 CoA로부터 유래한 2탄소 화합물의 운반체 역할을 한다. 전체회로를 간단하게 나타내면 아래와 같다.

$$\text{oxaloacetate} + 2H_2O + \text{accetyl CoA} + 4NAD + ADP + Pi$$
$$\longrightarrow \text{oxaloacetate} + CoASH + NADH_2 + ATP + 2CO_2$$

이렇게 회로를 나타내는 방법은 옥살아세트산의 역할이 촉매와 유사하다는 것을 암시하는데 그 이유는 그것이 기질 산화도중 소모되지 않기 때문이다. 또한 CoA도 피루브산으로부터 이산화탄소를 생성하는 반응의 결과로 다시 재생되며 ATP의 생성이 세포에 유리하게 된다. 유일하게 재생을 요구하는 기질의 완전 산화의 산물은 $NADH_2$이며 이 때문에 호기성 생물체에서 산소분자가 반드시 필요하게 된다.

(2) 호흡의 전자전달계

비록 기질이 CO_2로 완전히 산화되었지만 산소분자는 아직 이 단계에서는 관여하지 않는다. 세포는 여러 단계의 $NADH_2$의 재산화 산소의 궁극적인 환원을 일으키는 호흡 전자전달계(respiratory electron transport chain)로부터 이용가능한 상당량의 자유에너지를 얻을 수 있다. 그러므로 전자전달계의 중요성은 크게 증가한다. 그것은 $NADH_2$

를 재산화시키며 그 과정에서 ATP 합성에 이용할 수 있는 상당량의 자유에너지를 생성하게 된다.

이 과정의 첫 번째 단계는 flavoprotein(FP)이라고 하는 운반체 단백질에 수소를 전달하는 것이다.

$$NADH_2 + FP \rightleftharpoons NAD^+ + FPH_2$$

그 후에 전자는 중간 수소 전달 과정에서 생성된다.

$$2H \rightleftharpoons 2H^+ + 2e^-$$

이것들은 시토크롬(cytochromes)이라 하는 또 다른 일련의 운반체에 전달되는데 시토크롬은 그 내부에 환원될 수 있는 철 이온이 붙어있는 큰 비단백질 고리 구조를 갖고 있는 단백질이다.

$$Cyt - Fe^{3+} + e^- \rightleftharpoons Cyt - Fe^{2+}$$

시토크롬 체제는 진핵생물에서는 일정하고 비교적 잘 알려져 있으나 세균에서는 잘 알려져 있지 않다. 그러나 아마 적어도 3가지 다른 시토크롬이 존재하는 것으로 추정된다.

시토크롬 연쇄의 끝은 산소의 환원과 직접 연결되며 물을 생성한다. 한 운반체에서 다른 운반체로의 전자의 전달경로를 나타내는 전체과정은 그림 7.7에 있다.

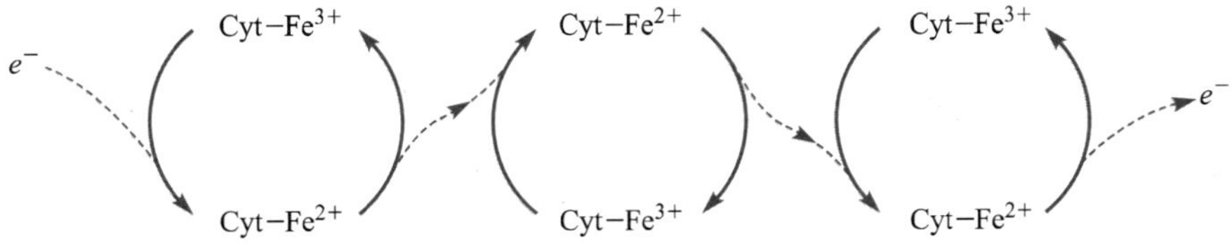

그림 7.7 **전자전달계**

전자전달 과정은 해당과정에서의 반응들과는 달리 반응물, 생성물과 중간산물들이 용액 중에 존재하지 않으며 보통 의미의 화학적 변화가 실험적으로 식별되지 않는다. 따라서 호흡 연쇄는 중간대사물이 세포질로 방출되지 않는 대사경로의 구성요소들이 밀접하게 모여있는 구조의 중요한 예가 된다. 진핵생물에서는 미토콘드리아막이 전자전달의 장소이며 원핵생물에서는 전자전달이 세포막의 메소솜(mesosome)에서 일어난다. 막의 구조적 완전함이 유지되지 않으면 전자전달은 일어나지 않는다.

진핵생물의 연구로 ATP 합성에 관한 것이 많이 알려졌다. ATP 합성에 충분히 필요한 큰 자유에너지 변화가 일어나는 단계가 호흡 연쇄 내에 세 군데 존재하는데 그 단계들은 flavoprotein에 의한 $NADH_2$의 산화, 시토크롬 체제의 초기단계로의 전자전달, 그리고 산소에 의한 마지막 시토크롬의 산화과정이다. 이 과정에 관련된 자유에너지 변화가 그림 7.8에 나타나 있다.

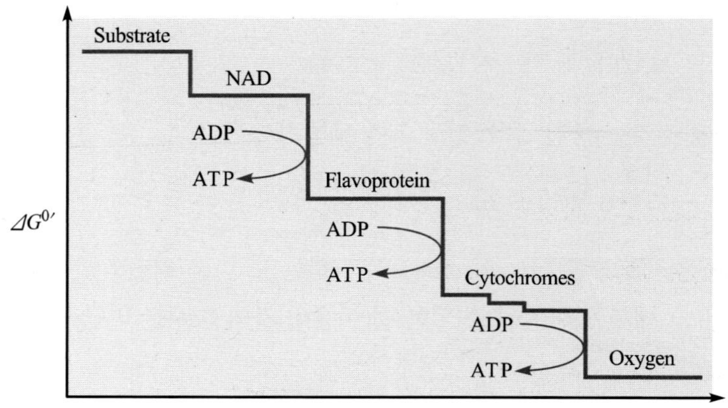

그림 7.8 **전자전달 시의 자유에너지 변화**

7.3.3 혐기성 발효

호흡 전자전달계를 갖고 있지 않거나 산소분자가 없을 때 전자전달계를 이용하지 못하는 생물체에서 피루브산이 어떻게 되는가를 살펴보는 것은 중요하다. 이런 생물체들은 발효(fermentation)를 수행하는데 기질의 완전 산화는 일어나지 않는다. 그 이유는 생성되는 많은 양의 $NADH_2$를 재산화하는 기작을 세포가 갖고 있지 않기 때문이다. 피루브산이 더욱 산화되는 대신 초기 기질 분해단계(해당과정)에서 생성되는 $NADH_2$의 재산화와 짝지어진 반응에서 환원이 된다.

젖산세균(lactic acid bacteria)은 한 단계로 이 재산화를 일으키며 젖산을 생성한다.

$$2CH_3-CO-COOH \xrightleftharpoons{NADH_2 \quad NAD^+} 2CH_3-CHOH-COOH$$

젖산($C_3H_6O_3$)의 분자식은 정확히 포도당의 반이며 초기 기질과 그것의 최종 발효산물과의 사이에 산화 환원 수준의 변화가 없다. 따라서 발효 시에는 세포의 NAD^+ 양에는 실질적인 변화가 일어나지 않는다. 일어나는 것은 기질의 재배열이 전부이다.

다른 생물체들도 유사한 최종단계를 가져서 여러 가지 최종산물을 형성하는데 알코올 발효의 예를 보면,

$$2CH_3-CO-COOH \xrightleftharpoons{CO_2} 2CH_3-CHO \xrightleftharpoons{NADH_2 \quad NAD^+} 2CH_3-CH_2-OH$$

이 경우 에탄올(ethanol)은 젖산보다 더 환원되어 있으나 발생한 CO_2는 상당히 더 산화된 상태이다. 이것은 발효대사의 기본적인 특성을 잘 나타낸 경우인데 ATP의 형태로 에너지를 생성하는 데 필요한 전자의 이동은 독립적인 외부 전자수용체를 요구하지 않는다. 전자는 유기물의 한 부분에서 다른 부분으로 이동하며 생성물의 평균 산화 수준은 기질의 그것과 동일하다. 에너지는 전자의 재배치로부터 유래한다. 일부 세균들은 보다 복잡한 기작을 갖고 있는데 두 가지 다른 유기화합물(보통 한 쌍의 아미노산들)을 기질로 이용하여 하나는 환원시키면서 또 다른 것은 산화시킨다. 그러나 발효의 원리는 여전히 동일하다.

7.3.4 호흡과 발효대사의 관계

두 가지 대사 사이의 첫 번째 주된 차이는 ATP 생성효율이다. 발효(이 경우는 본질적으로 해당과정이다)는 포도당 1mole당 2mole의 ATP를 생성한다. 호흡에서는 한 쌍의 전자가 전자전달계를 거치면서 3mole의 ATP를 생성한다. TCA 회로가 한 번 돌 때 4쌍의 전자가 나오며 TCA 회로 자체에서 1mole의 ATP가 생성되고 1mole의 포도당이 피루브산으로 분해되면서 이 회로가 2번 돌게 된다. 또한 포도당이 TCA 회로로 들어갈 때 까지 2mole의 ATP와 $NADH_2$가 생성된다. 따라서 호기성 호흡에 의해 1mole의 포도당이 이산화탄소로 완전히 산화될 때 최대 38mole의 ATP가 생성될 수 있으나 생물에 따라 34~36mole이 생성되며, 혐기성 호흡에서는 이보다 적게 생성된다. 발효에서는 기질 수준의 인산화에 의해 1~2mole의 ATP만이 생성될 수 있다. 발효에서는 기질 수준의 인산화에 의해 소량의 ATP만이 생성되며 나머지 많은 양의 에너지가 발효산물에 그대로 들어 있고 이 발효산물들은 다른 생물들에서 호흡 기질로 이용될 수 있다.

두 번째 차이는 전자공여체(electron donor)로 이용될 수 있는 유기화합물의 범위에 있다. 발효대사를 하는 생물체들은 $NADH_2$를 재산화하는 능력의 제한으로 동화와 이화작용 모두 엄격한 산화–환원 균형을 유지해야만 하기 때문에 그것들은 고도로 산화되거나 환원되지 않은 유기물들만을 이용할 수 있다. 더욱이 이들 기질들은 기질 수준 인산화반응에 이용되는 대사 경로에 참여할 수 있어야만 한다. 반면에 호기성 생물체들은 일반적으로 다양한 유기화합물들을 에너지원으로 이용할 수 있는데 그 이유는 기질들이 TCA 회로 완료 전의 어느 부위에서건 세포의 대사로 들어갈 수 있다면 그들의 전자를 전자전달계에 줌으로써 상당량의 에너지를 얻을 수 있기 때문이다.

7.3.5 광합성의 에너지 생성 대사

지구 차원에서 광합성의 중요성에 대한 일반적 개념은 녹색식물이 이산화탄소를 소모하고 산소를 발생시키며 산소가 동물에 의해 음식물의 산화에 이용되어 다시 이산화탄소를 만든다는 것이다. 또한 녹색식물은 산소를 발생시키기 위해서 태양광에 의존하며 이산화탄소가 이들의 유일한 탄소원이 된다는 것이 분명하다. 따라서 이것들은 광독립영양체(photoautotroph)가 된다. 만일 우리가 세포의 탄소화합물의 구조식을 매우 간단히 CH_2O(탄수화물의 기본 구조식)로 가정한다면 녹색식물의 대사는 다음과 같이 나타낼 수 있다.

$$CO_2 + H_2O \rightleftharpoons (CH_2O) + O_2$$

이러한 전환을 수행할 수 있기 위해서는 두 가지 요구조건이 필요하다. 합성되는 탄수화물은 이산화탄소보다 훨씬 큰 분자이기 때문에 상당한 양의 ATP가 필요하다. 또한 이산화탄소는 고도로 산화된 화합물이기 때문에 환원성 생합성에 사용하기 위한 충분한 양의 $NADPH_2$를 요구한다.

녹색식물이 이용할 수 있는 유일한 에너지원은 태양광인 것이 분명하다. 1937년에 Hill은 이산화탄소의 고정과는 완전히 별도로 $NADPH_2$가 빛의 존재하에 생성될 수 있는 것을 발견하였다.

$$2H_2O + 2NADP^+ \xrightleftharpoons{\text{빛}} 2NADPH_2 + O_2$$

그 후에 ATP도 빛의 존재하에 이산화탄소와 관계없이 생성될 수 있다는 것도 또한 발견되었다.

$$ADP + Pi \xrightleftharpoons{\text{빛}} ATP$$

이같이 명반응(light reaction) 또는 광의존 반응은 이산화탄소를 이용하는 생합성 반응과는 완전히 분리된 것으로 간주할 수 있다.

광에너지가 ATP와 $NADPH_2$를 만드는 기작은 그림 7.9에 나와 있다. 진핵생물은 2개의 광합성 색소 체제인 광계 1(photosystem 1, PS 1)과 광계 2(photosystem 2, PS 2)를 갖고 있다. 각 체제는 엽록소(chlorophyll)와 카로티노이드(carotenoid)를 포함한 수백 개의 색소 분자들로 구성되어 있다(그림 7.6). 이들 체제는 엽록체(chloroplast) 내에 있는 여러 겹의 막에 존재하며 빛을 수집하는 작은 안테나 역할을 하는 것처럼 보

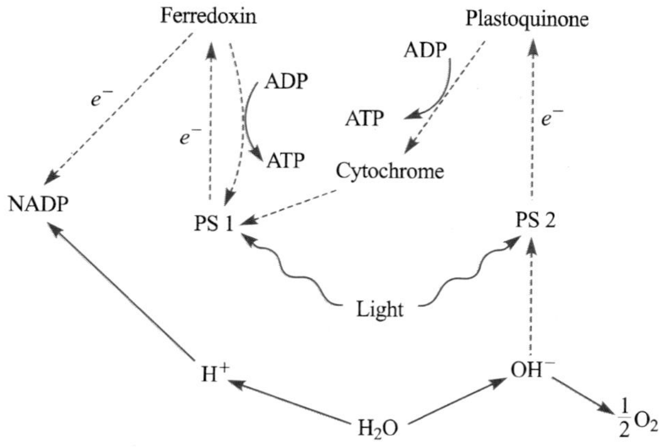

그림 7.9 **광합성 기작**

인다. 광에너지는 각 체제의 중앙에 있는 특별한 엽록소 분자에 전달된다. PS 1에서는 광에너지가 전자를 고에너지 상태로 만드는 데 사용되어서 PS 1은 전자 운반체를 환원시킬 수 있다. 이러한 현상은 보통 조건에서는 일어나지 않는다. 그후 전자는 2가지 중 1가지 경로를 밟게 된다. 전자는 1분자의 ATP 형성에 충분한 에너지를 방출하는 전달과정을 거쳐 PS 1로 돌아가거나 또는 NADP로 전달될 수 있다. 만일 그것이 후자의 경로로 가면 PS 1을 떠나게 되며 PS 1은 전자 하나를 보충해야만 한다. 모든 광합성 진핵생물(고등식물과 조류)과 남세균(cyanobacteria)에서는 전자를 물로부터 공급받으며 광합성 황세균의 경우는 황화수소(H_2S), H_2나 유기화합물 같은 다른 전자공여체로부터 받는다. 광합성을 하는 세균 중 남세균을 제외한 광합성 황세균(photosynthetic sulfur bacteria)의 광합성 기구는 더욱 간단하여 1가지 색소 체제만을 갖고 있으며 이것이 전자공여체의 산화와 연결되어 있다. 그러나 광합성 진핵생물과 남세균에서는 두 번째 색소 체제가 물의 분해에 관련되어 있다. 물은 에너지 역학적으로 바람직하지 못한 전자공여체이며 물을 분해시켜 전자를 전달하는데 두 번째 명반응이 필요하다.

물로부터 비롯된 전자는 PS 2를 거쳐 수용체 분자로 전달되며 전자전달계를 통해 PS 1로 이동하면서 또 한 분자의 ATP를 합성하게 된다.

녹색식물, 조류와 남세균은 물 분해로부터 나오는 산소를 발생하며 이런 광합성 기작을 산소발생 광합성(oxygenic photosynthesis)이라 하는데 이들은 모두 호기성 생물체들이다. 이에 반해 광합성 황세균들은 절대 혐기성 세균들로 환원된 황화합물 등을 이용하며 물을 분해하지 않기 때문에 산소를 생성하지 않으며 이런 기작을 산소비발생 광합성(anoxygenic photosynthesis)이라 한다.

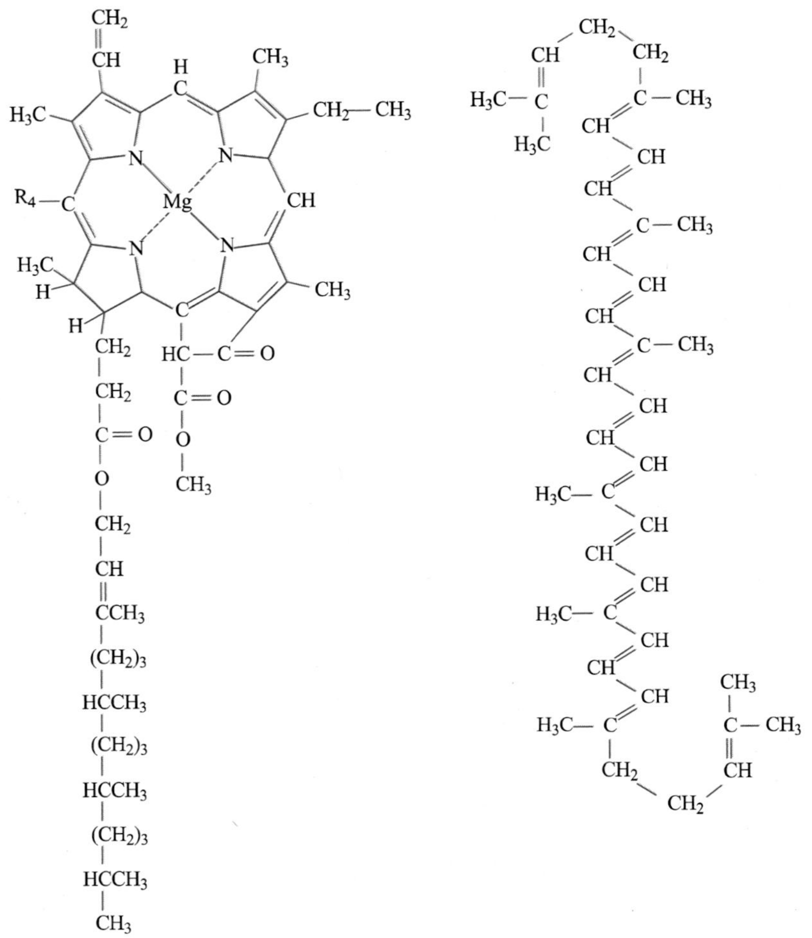

그림 7.10 광합성 색소의 구조

7.3.6 혐기성 호흡

종속영양 생물체(heterotroph)는 호기성 호흡과 혐기성 발효를 하는 생물군으로만 나눌 수는 없다. 어떤 종류들은 최종 전자수용체로 산소분자 대신 산화된 무기이온을 이용할 수 있다. 이 능력은 질산염(nitrate), 황산염(sulfate), 탄산염(carbonate), 3가 철(Fe^{3+}), 4가 망간(Mn^{4+}) 등을 이용하는 세균들에만 국한된다. 이런 중요한 종류에는 탈질화세균(denitrifying bacteria)이 있는데 *Bacillus denitrificans*와 *Pseudomonas denitrificans*가 대표적인 종류로 이것들은 질산염을 환원시켜서 질소기체를 만든다.

$$2NO_3^- + 10e^- + 12H^+ \rightleftharpoons N_2 + 6H_2O$$

이 환원에 관계하는 효소계는 보통 호흡 연쇄와는 다르며 대부분의 탈질화세균들은 두 체제를 모두 가지고 있다. 그러므로 이 세균들은 통성 또는 조건부 혐기성(facultative anaerobic)이며 산소가 없을 때만 질산염을 이용하여 질소기체를 발생한다. 일반적으로 이 세균들은 종속영양체이지만 일부는 전자공여체로 무기화합물을 이용할 수 있는데 예를 들면 아래와 같다.

$$5S + 6NO_3^- + 2H_2O \rightleftharpoons 5SO_4^{2-} + 3N_2 + 4H^+$$

이 반응을 수행하는 것은 *Thiobacillus denitrificans*로 화학독립영양 세균(chemolithotrophic bacteria)에 속한다.

7.3.7 다른 종류의 대사 기작

이제까지 호흡과 발효에서의 종속영양 대사(유기화합물과 에너지원을 사용하는)와 광영양 대사[phototrophic metabolism, 에너지원으로 태양광을 이용하는데 대부분이 광독립영양체(photoautotroph)이나 일부 광종속영양체(photoheterotroph)도 존재한다]에 관해 알아보았다. 이들 외에 에너지원으로 환원된 무기화합물을 이용하여 살 수 있는 화학독립영양 세균(chemoautotrophic bacteria)이 존재한다. 중요한 종류로는 암모니아(ammonia)와 아질산염(nitrite)을 질산염(nitrate)으로 산화시키는 질(산)화 세균(nitrifying bacteria)이 있다. 화학독립영양 세균들 중 많은 것은 종속영양적으로 살 수도 있다. 이런 종류에 수소 세균(hydrogen bacteria)이 있는데 이들은 에너지원으로 수소분자를 그리고 탄소원으로 이산화탄소를 이용한다. 이들은 상당수가 Pseudomonadaceae과(family)에 속하지만 여러 분류학적 군(group)이 존재한다. 메탄생성(methanogenesis)에는 두 가지 종류가 있는데 각각이 다른 절대 혐기성 고균에 의해 일어난다. 하나는 수소를 전자공여체로 이산화탄소를 전자수용체로 이용하는 일종의 혐기성 호흡인데 화학독립영양대사에 속한다. 또 다른 종류는 종속영양대사로 아세트산(acetic acid), 개미산(formic acid) 등의 메틸기를 가진 1~2탄소 화합물을 이용한다. 다양한 에너지원과 전자공여체를 이용하여 독립영양을 하는 미생물의 예들은 표 7.3에 요약되어 있다.

표 7.3 **절대 독립영양 대사와 통성 독립영양 대사의 예**

에너지원	주요 탄소원	전자공여체	산소와의 관계	미생물 종류
태양광	CO_2	물	호기성	조류(일부는 2차 탄소원으로 유기물을 이용)
태양광	CO_2	H_2S, H_2	혐기성	녹색 세균, 자색 세균(일부는 CO_2 존재하에 2차 탄소원으로 유기물 이용)
태양광/유기물	CO_2/유기물	유기물	통성 호기성	자색비황세균(통성 종속영양)
NH_3, NO_2^-	CO_2	NH_3/NO_2^-	호기성	질화세균(nitrifying bacteria)과 고균
S, H_2S, $S_2O_3^{2-}$	CO_2/유기물	S, H_2S, $S_2O_3^{2-}$	호기성	황산화세균(sulfur bacteria)과 고균
H_2	CO_2/유기물	H_2	호기성	수소세균(영양학적으로 다양함)
H_2	CO_2/formate/acetate	H_2	호기성	메탄생성 고균(CO_2를 최종 전자수용체로 이용)

7.4 생합성

미생물에 의한 기질의 단계적 분해는 에너지의 방출이 ATP(또는 $NADH_2$)의 형태로 저장이 가능하게 하는 방식으로 일어나기 때문에 유리하다. 주요 분해(이화 작용) 경로가 여러 단계로 이루어진 것의 또 하나의 장점은 생성된 중간 대사물들이 새로운 세포물질 합성의 개시점으로 작용한다는 것이다. 예를 들면, 피루브산은 일부 아미노산 합성의 개시점으로 이용되며 TCA 회로의 중간대사물들은 아미노산, 시토크롬 전구체, 피리미딘 합성의 필수적인 개시점으로 작용한다. 이들 모든 저분자량 화합물들은 중심 중간대사물(central intermediary metabolites)이라 하며 세포가 이들로부터 정상적으로 요구되는 적어도 수백 개의 화합물들을 합성하게 된다. 비록 세포 내에는 많은 수의 다른 저분자량 화합물이 존재하지만 무게를 기준으로 했을 때 세포의 대부분은 이 책의 앞 부분에서 설명한 단백질, 탄수화물, 지질, 핵산의 4가지 고분자들로 이루어져 있다.

앞에서 간단히 설명한 것과 같이 생물학적 중합 현상에는 축합(condensation) 반응이 관여한다. 단백질, 탄수화물과 핵산은 모두 커지고 있는 종합체 사슬의 한쪽 끝에서 일어나는 축합반응을 통해 합성된다. 이런 점에서 생합성에 관여하는 화학적 변화는 상당히 간단한 편이다. ATP의 형태로 저장된 화학에너지가 열역학적으로 불리한 중합 반응을 촉진하는 데 이용되는 기작도 비교적 단순하다. 모든 경우에 중합 전에 결합에너지가 단량체들을 활성화시키는 데 사용된다. 예를 들면, 포도당-6-인산은 ATP에 의해 활성화되어 ADP-포도당을 형성하고 무기 피로인산(inorganic pyrophosphate)이 방출된다. 아미노산 역시 처음에 ATP와의 반응에 의해 활성화된다. 아데노신 일인산(adenosine monophosphate, AMP)은 핵산의 단량체 중의 하나이며, 따라서 ATP가 자체의 활성제(activator)로 작용하고 다른 리보뉴클레오티드의 경우에는 GTP, UTP, CTP가 동일한 역할을 하게 된다.

다음에 나오는 것들은 중합체 생합성의 구체적인 과정보다는 넓은 생물학적 원리에 중점을 둔 설명이다.

7.4.1 다당류 생합성

단당류(monosaccharides)는 다당류(polysaccharides) 합성의 재료물질이다. 이에 관련된 생화학적 반응은 비교적 단순하여 단당류가 길어지는 직선상의 중합체 사슬의 한쪽 끝에 첨가되는 것이며 가지를 치는 것(branching)은 2차적으로 일어나는 일이다.

광합성 생물체에서 다당류 합성은 이산화탄소 고정 후에 일어나게 된다. 이산화탄소는 5탄당인 리불로스 이인산(ribulose 1,5-bisphosphate)과의 반응에 의해 고정되어 2개의 3탄당 인산(triose phosphate)을 형성한다. 3분자의 이산화탄소의 고정은 결과적으로 하나의 3탄당을 형성하게 되고 다른 5개의 3탄당은 재배열하여 3개의 5탄당을 형성하여 회로를 다시 시작하게 만든다. 이 순환적 반응은 캘빈 회로(Calvin cycle)라 하는데 7.5절에 자세히 설명되어 있다.

7.4.2 핵산 생합성

핵산의 합성 기작은 유전정보를 보전하고 전달하는 핵산의 두 가지 역할의 중요성을 반영한다. 세포의 증식 중에 전체 DNA가 후손에 전달되기 전에 정확히 복제되어야 똑같은 유전정보가 다음 세대에 전달된다. 이중나선의 DNA의 복제는 두 상보적 가닥이 풀림으로써 시작되는데 각 가닥은 새로운 이중나선 분자를 형성하기 위해 주형(template)으로 작용한다. 이 과정은 그림 7.11에 나타나 있다. 이 기작은 반보전적 복제(semiconservative replication)라고 하는데 그 이유는 각 복제과정에서 부모의 DNA의 두 가닥 중 한 가닥이 각각 새로 형성되는 DNA 분자로 전달되기 때문이다. DNA의 복제에는 여러 가지 효소들이 관여하는데 DNA 사슬의 중합은 DNA 중합효소(DNA polymerase)에 의해 일어난다.

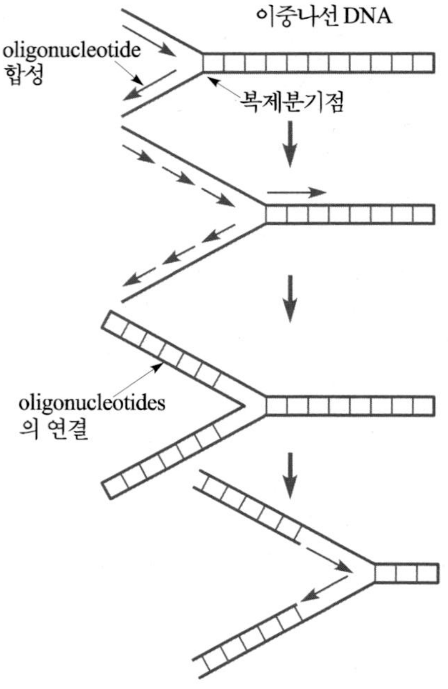

그림 7.11 DNA 분자의 복제

세포의 DNA가 갖고 있는 유전정보의 발현은 먼저 RNA 합성으로 시작된다. RNA의 합성은 DNA의 합성과 유사한 방법으로 일어나는데 DNA 분자의 한 가닥이 상보적인 가닥의 RNA 합성의 주형으로 작용한다. 이 과정을 전사(transcription)라고 하며 RNA 중합효소(RNA polymerase)가 관여한다. 이렇게 형성된 RNA 중에는 전령 RNA(messenger RNA, mRNA)라고 부르는 것이 있는데 유전정보를 그것이 발현될 세포부위로 전달하는 중간 운반체로 작용한다. 이 유전정보의 발현은 단백질의 합성을 통해 나타나게 되며 tRNA와 rRNA가 중요한 역할을 하는데 이들 역시 DNA로부터 전사된다.

7.4.3 단백질 생합성

단백질의 기능적 특성은 전적으로 펩티드 사슬 내의 아미노산들의 정확한 서열(amino acid sequence)에 달려 있다. 이 서열을 결정하는 정보는 DNA 분자의 염기 서열(base sequence)에 존재하며 3개의 염기 서열이 특정한 아미노산을 결정한다. 3개의 염기로 구성된 유전암호(코돈, genetic codon)를 만들 수 있는 4종류의 염기의 가능한 조합은 64개이며, 이것은 단백질에 정상적으로 존재하는 20개의 아미노산을 지정하기에 충분한 수가 된다. 따라서 많은 아미노산은 여러 개의 유전암호에 의해 같이 지정되고 있다.

세포에서 단백질의 합성장소는 리보솜(ribosome)이다. 리보솜은 각 아미노산을 길어지고 있는 펩티드 사슬의 끝에 전달하는 운반체 분자에 각 코돈이 노출되게끔 mRNA로 구성되어 있는데 이 운반 RNA(trasfer RNA, tRNA)는 mRNA의 코돈과 상보적인 역코돈(anticodon)이라 부르는 염기 서열을 분자 한쪽 끝에 갖고 있으며 또 다른 끝에는 해당되는 코돈에 의해 지정되는 아미노산을 결합하고 있다. 따라서 하나의 아미노산의 운반체로 작용하는 여러 다른 tRNA가 존재하게 된다. 단백질 합성에 관련된 반응 순서는 그림 7.12에 나와 있다.

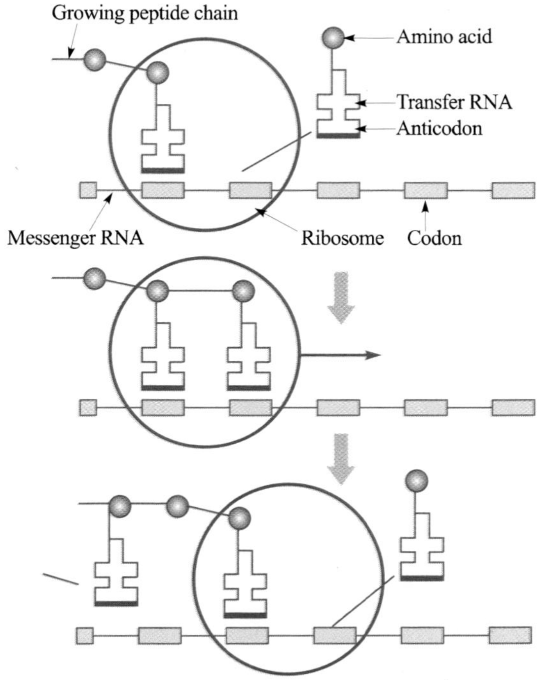

그림 7.12 **단백질 합성 기작**

요약해서 말하면 세포의 유전적 특성은 염색체의 DNA 안에 있는 삼자체 유전암호(triplet code)의 형태에 실려 있다. 이 유전암호는 전적으로 단백질 합성을 통해 발현되는데 단백질은 구조적 역할과 효소로서 세포의 다른 모든 대사반응을 조절하는 역할을 하게 된다.

7.4.4 지질 생합성

지질(lipid)은 세포막의 중요한 구성성분이며, 탄소와 에너지의 저장고이다. 세포는 다른 종류의 많은 지질들을 만들 수 있는데, 이들 중 어떤 것들은 특정 조건하에서만 만들어 지기도 하고 특정세포 내에서 특별한 기능을 가지기도 한다.

지방산(fatty acid)은 아실운반단백질(acyl carrier protein, ACP)의 도움을 받아 동시에 두 개의 탄소원자가 첨가되어서 합성된다. 지방산이 합성되는 동안에 ACP가 결합하고 있다가 최종 길이의 지방산이 만들어지면 결합이 끊어진다. 지방산이 한 번에 두 개씩 증가되지만, 이 C_2 단위는 실제로 C_3 화합물인 말론산(malonate)으로부터 유래되는데, 이는 ACP에 결합하여 malonyl-ACP를 생성한다. 각 마로닐 잔기가 공여될 때마다, 한 분자의 CO_2가 방출된다.

세균과 진핵생물에서 지질의 최종 단계는 지방산을 글리세롤에 결합하는 것이다. 단순한 트리글리세리드(triglycerides)인 지방(fat)에서 모든 글리세롤 탄소는 지방산으로 에스테르화된다. 복합 지질(complex lipid)의 경우 글리세롤의 탄소 중 하나가 인산기, 에탄올아민, 탄수화물, 다른 극성물질을 포함한다. 고균의 지질은 지방산 고리 대신에 피타닐(phytanyl, C_{15}) 혹은 바이피타닐(biphytanyl, C_{30}) 사슬을 가지고 있다.

7.5 광합성

태양광은 전체 지구 생태계의 주된 에너지원이 되는데 바로 광합성(photosynthesis)을 통해 생태계에 에너지와 유기물을 제공하게 된다. 광합성은 녹색식물, 조류, 광합성 세균에 의해 일어나는데 7.3.5절에서 설명한 광인산화 반응에서 생성된 ATP와 환원력(NADPH)을 이용하여 이산화탄소가 캘빈 회로(Calvin cycle)를 거쳐 환원되어 탄수화물을 만들게 된다. 광인산화 반응은 빛이 필요한 광의존반응(light dependent reaction) 또는 명반응(light reaction)으로 태양에너지를 이용할 수 있는 광합성 색소인 엽록소가 있는 엽록체 내의 그라나(grana)에서 일어난다. 이산화탄소 고정은 빛이 필요없는 광독립반응(light independent reaction) 또는 암반응(dark reaction)으로 엽록체 내의 스트로마(stroma)에서 일어난다.

이산화탄소의 고정은 그림 7.13에서와 같이 일어나는데 이산화탄소는 먼저 리불로스 이인산(ribulose bisphosphate, RuBP)과 결합하여 불안정한 6탄당 중간물질을 형성한 후 바로 2개의 3-phosphoglycerate(PGA)로 된다. PGA는 ATP와 NADPH에 의해 더욱 환원된 후 탄소의 재배열을 통해 과당-6-인산(fructose-6-phosphate)이 만들어져 생합성 과정으로 빠져나가고 남은 3탄당이 리불로스 인산을 만들고 이것이 다시 리불로스 이인산이 된다. 이산화탄소 고정의 전체과정을 요약하면 다음과 같다.

$$6CO_2 + 12NADPH + 18ATP \rightarrow C_6H_{12}O_6 + 12NADP^+ + 18ADP + Pi$$

이산화탄소와 RuBP를 결합시키는 캘빈 회로의 첫 번째 효소인 ribulose bisphosphate carboxylase(RuBisCO)와 리불로스 인산으로부터 리불로스 이인산을 만드는 효소인

phosphoribulokinase가 캘빈 회로에서 가장 중요한 효소가 된다. 이 두 효소는 거의 모든 광합성 생물체에서 발견되며 황세균, 철세균, 질화세균 같은 화학독립영양 세균에서도 존재하고, 화학독립영양 세균들도 캘빈 회로를 갖고 있다. Ribulose bisphosphate carboxylase는 종종 세포 내에서 카르복시좀(carboxysome)이라는 세포 내의 구조물에 많이 저장되어 있을 수 있다.

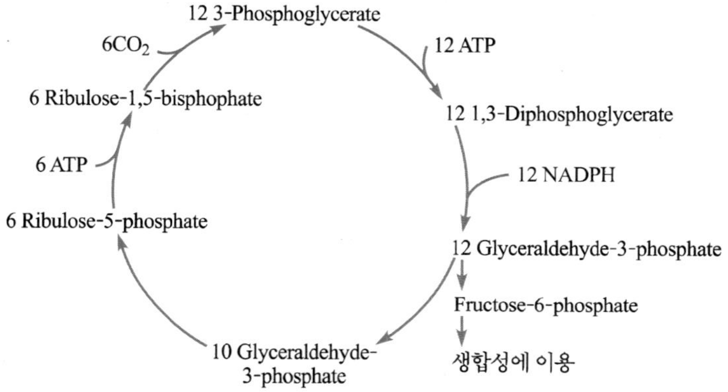

그림 7.13 **캘빈 회로(Calvin cycle)**

독립영양 세균 중 어떤 종류들은 이산화탄소 고정에 캘빈 회로를 이용하지 않는데 대표적인 것으로 광합성 황세균의 일종인 녹색세균(green bacteria)은 역구연산 회로(reverse TCA cycle, 그림 7.14)를 이용하여 이산화탄소를 고정한다.

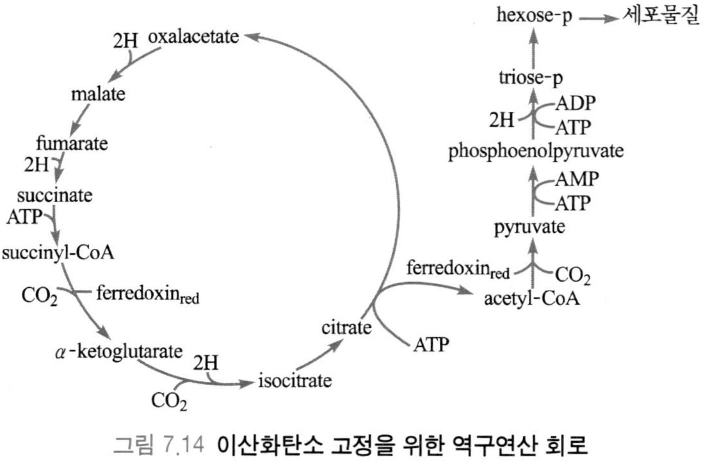

그림 7.14 **이산화탄소 고정을 위한 역구연산 회로**

7.6 대사조절

생장 중의 미생물 세포는 적어도 1,000개 이상의 효소 촉매반응을 수행한다. 그러나 이 반응들이 동시에 같은 정도로 요구되는 것은 아니다. 따라서 이들 반응의 속도가 적절히 조절되어야만 하며 만일 조절이 잘못될 경우에는 세포에 해로운 결과가 일어나게 되어 활발한 생장이 일어나지 못하게 된다. 생물체 내에서 모든 반응은 효소가 촉매하므로 대사조절은 효소의 조절에 의해 일어나며 여기에는 2가지 방법이 있다. 첫 번째 방법은 이미 존재하고 있는 효소의 활성을 조절하는 방식이고 두 번째 방법은 효소의 양, 즉 효소 합성을 조절하는 방식이다.

7.6.1 효소 활성의 조절

효소 활성의 주된 조절 기작은 되먹임 저해(feedback inhibition)로 생합성 경로에서 주로 이용된다. Feedback inhibition에서는 생성된 아미노산 또는 다른 생합성 경로의 최종산물이 그 일련의 반응의 첫 번째 효소의 활성을 저해한다. 따라서 세포 내에 최종생성물이 축적되면 그것의 더 이상의 합성이 저해되며 최종생성물이 소모되면 합성이 재개된다(그림 7.15).

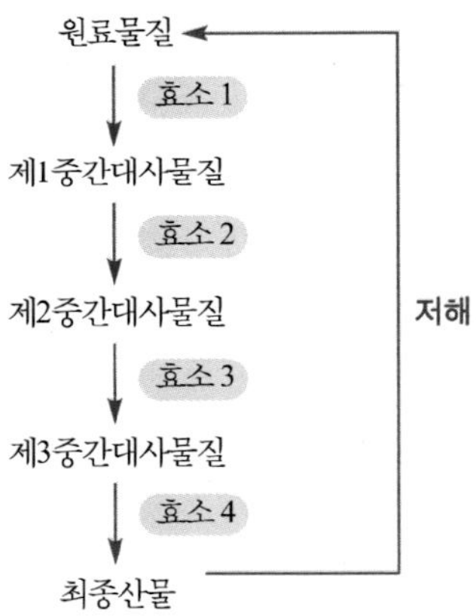

그림 7.15 되먹임 저해 (feedback inhibition)

이렇게 최종산물이 효소 활성을 저해할 수 있는 것은 저해받은 효소가 갖고 있는 다른 자리 입체성(allostery)이라는 특성 때문이다. 다른자리 입체성 효소(allosteric enzyme)는 기질과 결합하는 활성부위(active site) 외에 저해물질이 결합하는 다른자리 입체성 부위(allosteric site)를 갖고 있다. 다른자리 입체성 부위에 저해물질이 비공유결합하면 효소의 입체구조가 변하여 기질이 활성 부위에 결합하지 못하게 된다(그림 7.16). 저해물질의 농도가 감소하면 저해물질이 다른자리 입체성 부위에서 떨어지는 방향으로 화학평형이 일어나 활성 부위가 다시 기질과 결합할 수 있게 된다. 되먹임 저해의 경우 보통 최종산물이 첫 번째 효소의 저해물질로 작용한다. 이렇게 최종산물이 충분히 존재하면 그것을 더 이상 만들 필요가 없으며 원료물질을 다른 용도로 이용하기 위해 반응의 첫 번째 효소를 저해하고 최종산물이 많지 않을 경우에는 계속적으로 반응이 진행되어 적정량의 최종산물의 농도를 유지할 수 있게 된다.

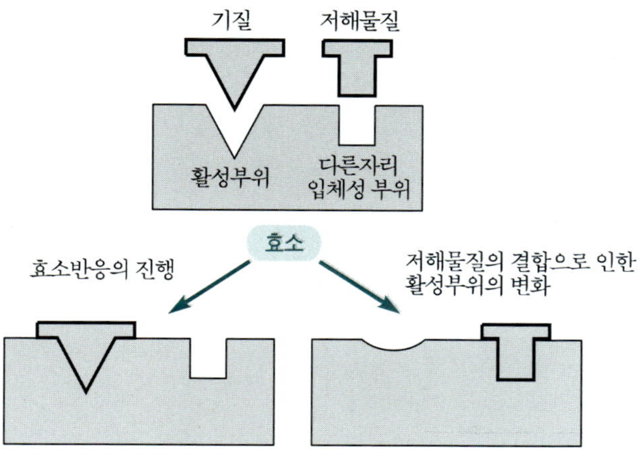

그림 7.16 다른자리 입체성에 의한 효소 활성의 저해 기작

7.6.2 효소 합성의 조절

세포 내에서 모든 효소들이 항상 같은 양으로 존재하는 것은 아니다. 일부 효소는 다른 것보다 훨씬 많은 양으로 존재하기도 하며 어떤 종류는 특정한 시기에만 만들어지기도 한다. 이런 효소 합성의 조절 기작에는 여러 가지가 있는데 그중 대표적인 것이 효소 합성의 유도(induction)와 억제(repression)이다. 효소 억제는 특정물질이 많이 존재할 때 그 물질의 합성을 촉매하는 효소들의 합성을 억제하는 기작으로 생합성에 관여하는 많은 효소들에 주로 적용된다. 효소 유도는 생성되지 않고 있던 효소가 기질이 존재하면 합성이 유도되는 것으로 탄소와 에너지원의 이화작용에 관여하는 효소들이 이런 기작으로 조절된다. 효소합성을 유도하는 물질을 유도물질(inducer)이라 하며 효소 합성을 억제하는 물질은 보조억제물질(corepressor)이라 하는데 대부분의 경우 기질과 최종산물이 각각 유도물질과 보조억제물질로 작용한다.

효소 억제와 유도는 그림 7.17에서와 같이 DNA로부터 RNA를 만드는 전사(transcription) 단계에서 일어나는데 효소 합성 억제의 경우에는 효소 내에 존재하는 억제 단백질(repressor protein)에 보조억제물질이 결합한 후 DNA의 작동유전자(operator) 부위에 결합하여 RNA 중합효소의 진행을 막아 RNA 합성을 저해함으로써 효소 합성을 막는다. 이때 억제 단백질 단독으로는 작동유전자에 결합하지 못한다. 효소 합성 유도의 경우에는 그와 반대로 보통 때 억제 단백질이 작동유전자에 결합하여 효소 합성을 저해하고 있지만 유도물질이 억제 단백질과 결합하면 억제물질을 불활성화시켜서 작동유전자로부터 제거된다. 억제물질이 제거되면 RNA 전사가 진행되어 효소가 합성될 수 있다.

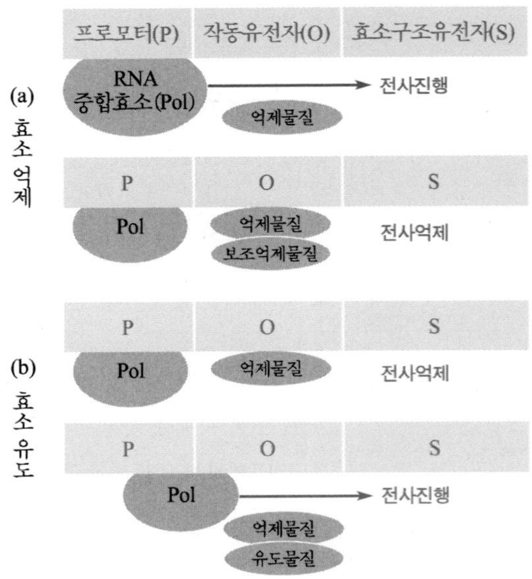

그림 7.17 **효소 합성의 조절 기작**

참고문헌

Madigan, M. T. , Markinko, J. M. , Stahl, D. A. , and Clark, D. P. (2012) *Brock Biology of Microorganisms,* 13th edn, Pearson Education, San Francisco, CA.

Morris, J. G. (1974) *A Biologist's Physical Chemistry,* Edward Arnold, London.

Stanier, R. Y. , Adelberg, E. A. and Ingraham, J. L. (1976) *General Microbiology,* 4th edn, The Macmillan Press Ltd, London.

Yudkin, M. and Offord, R. (1973) *Comprehensible Biochemistry,* Longman Group Ltd.

chapter 7 | 미생물 대사

연습문제

01 화학반응의 자발성의 중요성에 대하여 설명하라.

02 에너지의 연결 기작(coupling)이란 무엇인가?

03 ATP 생성의 3가지 기작은 무엇이며 각각은 어떤 조건에서 작용하는가?

04 종속영양 생물체의 대사에서 해당과정의 중요성에 대하여 설명하라.

05 해당과정에서 ATP 생성 기작은 무엇인가?

06 호기성 호흡에서 많은 양의 ATP를 생성할 수 있는 이유는 무엇인가?

07 기질로부터 산소까지의 전자전달 과정을 그리고 설명하라.

08 혐기성 발효에서는 생성에너지가 적은데 나머지 에너지는 어디에 존재하는가?

09 광합성에서 PS 1과 PS 2의 기능의 차이는 무엇인가?

10 조류와 광합성 황세균에서의 광합성 기작의 차이는 무엇인가?

11 핵산 합성에 관여하는 효소 이름은 무엇인가?

12 DNA의 유전정보는 어떤 방식으로 발현되는가?

13 광합성의 이산화탄소 고정단계에서 중요한 효소 2가지는 무엇인가?

14 효소 활성의 조절 기작에 대하여 설명하라.

CHAPTER 08

미생물의 생장

CHAPTER

08 미생물의 생장

8.1 서 론

생장(growth)은 모든 살아있는 생물체들의 특성이다. 고등생물에서 개체의 생장은 크기의 증가로 나타나며 그것은 세포 분화(cell differentiation)를 포함한 복잡한 생리학적 성숙과정을 동반하게 된다. 생장은 또한 개체군(population)의 수준에서도 고려될 수 있는데 동물에서는 생장이 여러 가지 요인 중에서 유성생식(sexual reproduction)의 복잡한 기작에 의해 지배된다. 개별적인 생물체의 생장은 물론 세포 분열(cell division)의 결과이다. 그러나 세균에서는 이분법(binary fission)에 의한 세포 분열이 직접적으로 개체군의 크기에 영향을 미치게 되는데 그 이유는 각각의 새로운 세포가 새로운 개체를 형성하기 때문이다. 개별적인 세포의 생장은 물론 일어나지만 세균에 대한 많은 연구에 의하면 개체군 수준에서의 현상이 일반적으로 가장 흥미있는 것이다. 이번 장은 이분법에 의해 증식하는 미생물 개체군의 생장에 주로 국한될 것이다. 이런 개체군의 생장에 대한 대부분의 실험적 연구는 세균을 이용한 것이며 다음에 나올 내용들도 일반적으로 세균에 대한 것들이다.

8.2 생장의 수학적 표시

호조건하에 탄소와 에너지원 및 필수 영양물질들이 존재할 때 세포는 이분법으로 분열하여 개체군 내의 세포의 수는 1, 2, 4, 8, 16, 32, ……으로 증가해 나간다. 상당기간에 걸쳐 생장에 유리한 배양조건이 유지된다면 세포 분열은 주기적으로 일어나고 개체군은 일정한 간격마다 크기가 2배로 된다. 만일 세포가 모두 같은 방식으로 증식한다면 개체군 크기의 불연속적인 단계적 증가가 일어날 것이다. 실제로는 많은 수의 세포를 포함하고 있는 배양의 경우 신속하게 동일성이 깨져서 그림 8.1에 나타난 것과 같은 세포수(N)나 생체량(X)의 시간에 따른 급진적 증가를 관찰할 수 있다.

그림 8.1에 보이는 생장의 종류는 지수적(exponential) 또는 대수적(logarithmic)이라 하는데 1, 2, 4, 8, 16, 32 등의 연속은 2^0, 2^1, 2^2, 2^3, 2^4, 2^5, …로 나타낼 수 있다. 따라서 만일 $\log_2 N$을 시간에 따라 나타내면 그림 8.2에 있는 직선관계를 얻을 수 있다. 이것은 보다 편리한 결과 표시 방법이 되는데 그 이유는 직선의 기울기가 지수생장률, K가 되기 때문이다.

$$K = \frac{\log_2 N_t - \log_2 N_0}{t} \tag{8.1}$$

만일 밑이 2인 log의 표가 없다면 결과는 $\log_{10} N$으로 나타낼 수 있는데 $\log_{10} N = 0.301 \log_2 N$이므로 K는 다음과 같이 나타낼 수 있다.

$$K = \frac{\log_{10} N_t - \log_{10} N_0}{0.301t} \tag{8.2}$$

생장률(growth rate)은 또한 평균 배가시간(doubling time, $1/K$)으로 표시할 수도 있다. 배가시간은 세포수가 2배로 되는 데 걸리는 시간으로 세대시간(generation time)이라고도 부른다. 그림 8.2에 있는 예에서 지수생장률은 $0.67\,h^{-1}$이며 평균 배가시간은 1.5시간이다.

세포수의 변화율을 나타내는 데 종종 이용되는 또 다른 용어는 비생장률 상수

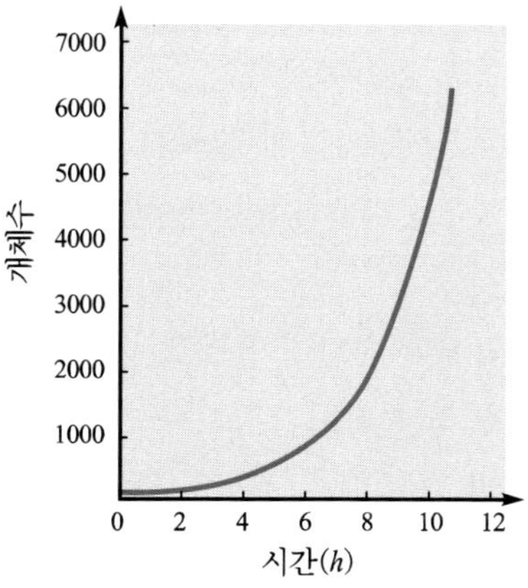

그림 8.1 **세균의 회분식 배양의 지수 생장 곡선**

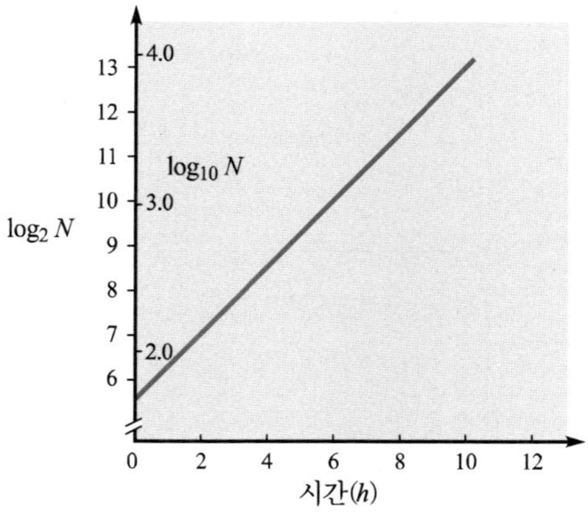

그림 8.2 **대수(log)로 나타낸 지수생장**

(specfic growth rate constant, μ)인데 순간 생장률 상수(instantaneous growth rate constant)라고도 부른다. 이것은 8.5절에 나오는 연속배양 체제에서의 생장을 나타내는 데 특별히 중요하다. 상수 μ는 다음과 같이 정의된다. 세포수의 증가율은 초기 세포 농도에 비례한다.

$$dN/dT = \mu N \tag{8.3}$$

시간 t 경과 후의 세포 농도는 방정식 (8.3)의 적분에 의해 초기 세포 농도와의 관계가 성립된다.

$$N_t = N_0 e^{\mu t} \tag{8.4}$$

지수생장 시에 μ는 상수이므로 방정식 (8.4)로부터

$$\ln Nt = \ln N_0 + \mu t \tag{8.5}$$

이것을 다시 정리하면,

$$\mu = \frac{\ln(N_t/N_0)}{t} \tag{8.6}$$

만일 t 값이 배양의 배가시간인 $1/K$과 같다면 방정식 (8.6)에 바꿔넣어서

$$\mu = K \ln 2 = 0.693K \tag{8.7}$$

8.3 생장곡선

회분식 배양(batch culture)에서는 지수생장이 일어나는 데 필요한 조건들을 분명히 영원히 유지하지 못하게 된다. 따라서 그림 8.1과 8.2의 곡선들은 적당한 배지에의 접종 후 일어나는 현상의 일부분만을 나타내는 것이다.

접종 후에 생장이 일어나지 않는 분명한 불활성의 기간이 존재할 수도 있다. 이것은 유도기(lag phase)라고 부르며, 이 기간의 발생과 지속시간은 여러 가지 요인에 의해 조절된다. 유도기는 일반적으로 접종물(inoculum)이 다른 조성의 배지로부터 온 경우에 일어나거나 또는 이미 생장이 정지된 세포들인 경우에 일어날 수 있다. 이때 생장의 지연은 세포가 새로운 기질을 대사하는 데 필요한 효소를 합성하는 데 걸리는 시간 때문에 생긴다. 세포에 항상 존재하지 않고 기질이 존재할 때만 합성되는 효소를 유도효소

(inducible enzyme)라 하며 일반적으로 항상 존재하는 효소는 구성효소(constitutive enzyme)라고 부른다. 만일 새로운 기질이 구성효소에 의해 대사된다면 유도기는 지속 기간이 매우 단축되거나 또는 전혀 없을 수도 있다. 유도기는 동일한 배지에서 지수생장을 하는 개체군을 접종했을 때 매우 짧거나 없을 수 있다. 그러나 지수생장을 멈춘 개체군으로부터의 접종물은 새로운 배양에서 생장의 개시까지 상당한 유도기를 요구하게 된다.

세포들이 자라기 시작함에 따라 개체군은 지수기 또는 대수기(exponential phase)로 접어들며 일정한 속도로 분열한다. 대수기의 길이는 기질의 양에 의해 제한되는데 생장은 생물체가 요구하는 모든 필수적인 영양물질이 존재할 때에만 일어나며 그중 하나라도 고갈되면 생장이 정지한다. 다른 것보다 먼저 고갈되는 특정한 성분을 생장제한 영양물질(growth-limiting nutrient)이라 부른다. 따라서 배양은 탄소, 질소 또는 인의 부족에 의해 심지어는 철이나 마그네슘 같은 미량 원소에 의해서도 제한받을 수 있다.

제한된 기질이 고갈됨에 따라 생장률은 감소하고 개체군은 생장률이 0인 최대정체기 또는 정지기(maximum stationary phase)에 들어가게 된다. 이 기간에 개체군은 생존력을 잃지 않고 상당기간 유지되는데 만일 고갈된 영양물질이 보충되거나 접종물이 새로운 배지로 옮겨지면 세포들은 또다시 분열하기 시작한다(가끔 짧은 유도기가 존재할 수도 있다). 비록 실질적인 생장은 최대정체기 동안 일어나지 않지만 일부의 세포 활성은 생존력의 유지를 위해 세포 내 저장물을 이용하여 지속된다. 이런 현상은 8.5.2절에 자세히 설명되어 있다. 생존력은 제한된 기간에만 유지되며 일부 세포 기능이 완전히 소실됨에 따라 죽기 시작한다. 궁극적으로 세포들은 또한 구조적 완전성을 잃으며 분해되기 시작하는데 이 과정을 용해(lysis)라 한다. 정지기 후의 생존력과 세포 물질량의 감소가 일어나는 시기를 사멸기(death phase)라고 부른다. 전형적인 세균 배양의 모든 생장의 단계를 보여주는 완전한 곡선이 그림 8.3에 나와 있다.

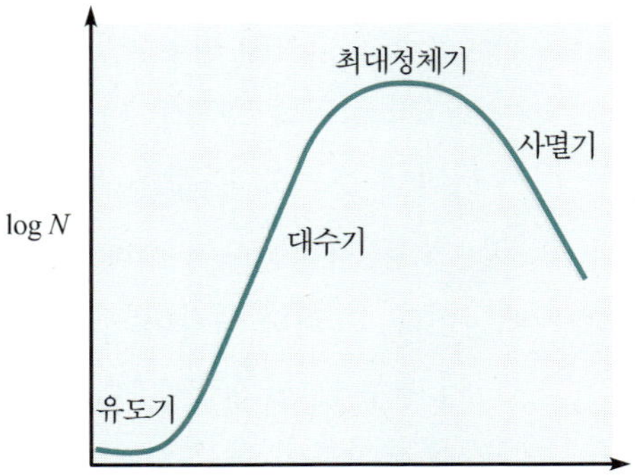

그림 8.3 회분식 배양에서 세균의 생장곡선

8.4 생장에 영향을 미치는 요인들

8.4.1 기질농도

(1) 생장률에 미치는 영향

회분식 배양에서 기질농도가 높을 때 지수생장이 일어나며 기질농도가 매우 낮아지면 생장률이 감소한다. 실제로 μ는 $[S]$가 낮을 때 뚜렷하게 영향을 받으나 $[S]$가 높을 때에는 이런 효과가 감소하며 $[S]$가 계속 증가하더라도 μ는 최댓값($\mu_{\max}$)을 그대로 유지한다. 세포의 거의 모든 대사과정은 효소에 의해 조절되기 때문에 기질이용률, 세포 성분의 합성률과 이들로 인한 생장률은 효소촉매반응의 반응속도론과 관련될 것으로 추측할 수 있다.

실제로 회분식 배양에서 생장률에 미치는 기질농도의 영향은 위의 사실들과 일치하며 다음과 같이 나타낼 수 있는데 이를 모노 공식(Monod equation)이라 한다.

$$\mu = \frac{\mu_{\max}[S]}{K_s + [S]} \tag{8.8}$$

여기서 K_s는 μ가 $\mu_{\max}$의 1/2일 때의 기질농도이다.

효소촉매 반응속도와 기질농도의 관계를 나타내는 미카엘리스-멘텐 방정식(Michaelis Menten equation)과 모노 공식은 매우 유사하다. $[S]$와 μ의 관계로부터 얻어지는 곡선은 효소 반응속도에서의 V_0와 $[S]$의 곡선과 유사하다. 그러나 세균 배양에서의 지수생장과 효소촉매 반응속도는 직접적으로 유사한 것이 아니며 각 경우에 속도에 미치는 $[S]$의 정확한 효과도 다르다. 미카엘리스-멘텐 방정식은 초기 기질농도의 측면에서 나타낸 것으로 V_0값은 효소반응의 초기에 얻을 수 있는 값인데, 그 이유는 효소 농도는 보통 기질농도에 비해 매우 낮으며 실제 기질농도는 초기 기질농도와 거의 같기 때문이다. 그러나 생장하고 있는 세균 배양에서 μ가 일정하다고 생각되는 대수기 동안 $[S]$에 매우 큰 변화가 일어난다. 모노 공식이 맞기 위해서는 만일 $[S]$가 초기 농도라면 따라서 생장률이 이 초기 기질농도에 따라 어떻게든 고정되어야 하고 기질의 상당 부분이 이용된 뒤에도 유지되어야 한다. 이것은 실제로 많은 세균 배양에서의 경우이며 모노 공식은 따라서 초기 기질농도로 표시될 수 있다. 그러나 어떤 조건에서는 μ가 $[S]$의 작은 변화에 의해서도 영향을 받는데 이런 경우는 기질농도가 초기에 낮으며 상당 기간에 걸친 일정한 값의 μ로 특징지어지는 진정한 지수생장이 일어나지 않는다.

(2) 세포 수율에 미치는 영향

회분식 배양에서는 기질이용률이 0에 이를 때 최대정체기에 들어간다. 이 지점에 도달할 때 기질의 세포로의 최대 전환이 얻어진다. 이것은 세포수율 계수(cell yield coefficient, Y)라는 용어로 나타낼 수 있다.

$$Y = \frac{X_t - X_0}{[S_0] - [S_t]} \tag{8.9}$$

여기서 생체량 농도(biomass concentration)를 나타내는 X가 N 대신 사용되는데 그 이유는 세포수율을 보통 세포량(cell mass)으로 나타내기 때문이며 $[S]$는 기질의 성질과 결과의 응용에 따라 gram, gram mole, BOD, COD 또는 다른 단위로 나타낸다. 많은 세균과 기질들을 대상으로 하여 Heijnen과 Roels (1981)는 탄소에 기준한 전형적인 수율이 0.4~0.6의 범위라고 보고하였는데 이 수치는 0.8까지도 올라갈 수 있으며 낮을 때는 0.1을 나타내기도 한다. 분명히 Y는 생물체의 종류, 기질 그리고 배양조건에 따라 결정된다. 그러나 주어진 배양에서 그것은 그림 8.4에 보이는 전체 기질 이용기간을 통해 일정하다.

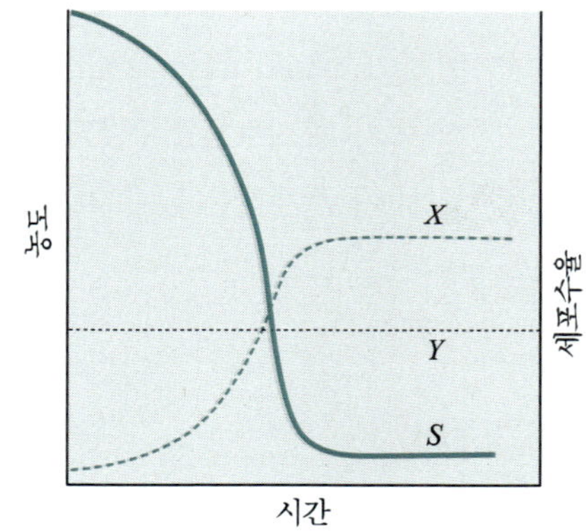

그림 8.4 **세균 생장 시 기질 농도의 변화**

8.4.2 온 도

미생물의 성장이 일어날 수 있는 온도범위는 물이 어느 온도에서 약 110°C 사이인데 이 범위의 상당히 바깥에서도 생존이 가능하다. 그러나 어떤 단일 종도 이 범위 내의 모든 온도에서 자라지는 못한다. 성장할 수 있는 온도를 기준으로 해서 세균을 2개의 주요한 종류로 나눌 수 있는데 이것은 표 8.1에 나와 있다.

최저와 최대로 견딜 수 있는 온도 사이의 범위에서 생장에 미치는 온도의 전형적인 영향은 그림 8.5에서 보는 바와 같다. 낮은

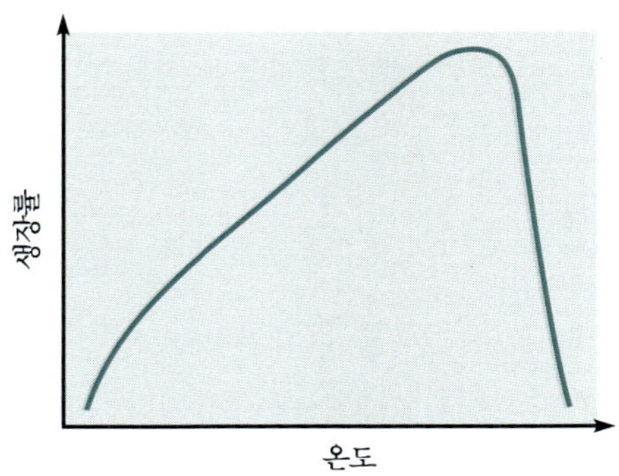

그림 8.5 **생장에 미치는 온도의 영향**

표 8.1 **원핵생물의 생장허용 온도범위**

종류	최적온도(℃)	온도범위(℃)
고온성 세균(thermophilic bacteria)	55~75	40~110
중온성 세균(mesophilic bacteria)	30~45	10~45
저온성 세균(psychrophilic bacteria)		
절대(obligate)	15~18	빙점~20
통성(facultative)	25~30	빙점~35

온도에서는 온도 증가에 따른 생장률의 점진적인 증가가 많은 화학반응이 가열에 의해 가속화되는 것과 같은 방식으로 대사반응의 일반적 증진에 의해 일어난다. 온도 범위의 상한에서 생장률의 급격한 감소는 일반적으로 단백질, 핵산 등 세포구성물질의 열변성(thermal denaturation)에 의한 것이다. 이 수준에서 온도는 활성도의 중요한 손실을 가져오는 효소구조의 입체적 변화를 유도할 수 있다. 급격한 생장률의 감소는 세포 내에 존재하는 많은 효소들 중에서 불과 몇 개의 필수적인 효소 활성의 손실 때문에 나타날 수도 있다.

8.4.3 pH

효소 활성에 미치는 pH의 영향은 일반적으로 제6장에 나온 방식을 따른다. 단백질의 3차 구조에 작용하는 활성 부위와 작용기들은 흔히 이온기들을 함유하고 있는데 이것들의 해리(dissociation)는 특별히 pH의 변화에 민감하다. 그러나 온도와 달리 세포질의 pH는 특정한 무기이온에 대한 막의 선택적 투과성(selective permeability)을 통해 세포 밖의 pH와 거의 무관하게 많은 생물종들에 의해 조절될 수 있다. 따라서 일부 세균들 특히 *Thiobacillus*는 2 또는 그 이하 pH의 산성 배지에서도 자랄 수 있으며 또 다른 세균 종류들은 상당히 알칼리성 조건에서 견디는 것들도 있다. 그러나 많은 종들은 생장의 최적 pH가 6에서 8 정도이다.

8.4.4 산 소

산소는 물에 아주 적은 양만 녹고, 물이나 습기가 많은 곳에서 사는 미생물의 호흡활동으로 인해 쉽게 고갈된다. 따라서 미생물의 서식지 중에서 무산소(anoxic)인 곳이 많으며 진흙 속, 강의 바닥 침전물 층, 늪과 습지, 물에 잠긴 토양, 동물의 장내, 폐수 슬러지, 지하 심층 등이 그러하다. 이러한 무산소 환경에서는 미생물들, 특히 여러 종의 원핵생물들이 번성한다.

미생물에 따라 산소에 대한 요구도와 내성은 서로 다르다. 호기성 생물(aerobes)은 대기의 산소 분압 (21% 산소) 하에서 생장할 수 있으며, 대사과정에서 산소호흡을 한다. 여러 호기성균은 산소분압보다 높아도 견딜 수 있다. 반면에 미호기성 생물(microaerophiles)은 산소가 대기수준보다 낮을 때에만 산소를 이용하는 일종의 호기성 미생물이다. 많은 호기성균은 통성(facultative)이어서 적절한 영양분과 배양조건이 주어지면 산소의 유무에 상관없이 생장이 가능하다.

어떤 생물체들은 산소호흡을 할 수 없으며, 이러한 것들을 혐기성 생물(anaerobes)이라고 한다. 혐기성 생물에는 산소를 이용하지는 못하지만 산소에 대해 내성을 가지고 산소가 존재해도 생장이 가능한 내기혐기성 생물(aerotolerant anaerobes)과 산소에 의해 저해되거나 사멸하는 절대혐기성 생물(obligate anaerobes)의 두 종류가 있다.

8.4.5 삼투화합성 용질

미생물이 수분활성도가 낮은 배지에서 생장할 때에는 세포 내부의 용질의 농도를 증가시켜야만 환경으로부터 물을 들여올 수 있다. 세초 내부의 용질의 농도를 증가시키는 것은 환경으로부터 무기이온을 세포 내로 흡수하거나, 혹은 유기용질을 합성하거나 농축함으로써 가능할 것이다.

세포 내부의 수분활성도를 조절하기 위해 세포 내에서 이용되는 용질들은 세포의 생화학적 반응을 저해해서는 안 되는데, 이러한 용질을 삼투화합성 용질(compatible solutes)이라고 한다. 미생물에서 당류, 알코올류, 아미노산과 그 유도체를 포함하는 여러 가지 삼투화합성 용질들이 알려져 있다.

8.5 연속 배양

그림 8.3의 곡선은 회분식 배양(batch culture)에서의 미생물 생장을 나타낸 것이며 자연적인 개체군의 동태를 이해하는 데에는 여러 가지 면에서 제한적인 가치만을 가지고 있다. 실제로 많은 체제에서 개체군의 생장은 회분식 생장 또는 연속적인 회분식 생장으로 일어나지 않는다. 그런 개방된 체제에서 생장은 다시 연속적으로 진행될 수 있으며 그때 기질의 투여와 기질 이용 사이에, 사멸·포식·체제로부터의 이동 등에 의한 세

포의 감소와 세포의 생장과의 사이에 균형이 존재하게 된다. 실험실의 회분식 배양과 개방된 자연적 체제 사이의 또 다른 중요한 차이는 전자에서의 기질 농도가 종종 후자에서보다 훨씬 높다는 것이다.

자연적 체제와 매우 유사한 배양은 chemostat를 사용하면 얻어질 수 있다. 그것이 그 이름이 암시하듯이 안정 상태(steady state)에서 배양조건을 조절할 수 있는 장치로 미생물 개체군의 연속적 생장을 가능하게 하며, 또한 불안정 상태 조건의 효과를 연구하는 데에도 효율적으로 이용된다. 간단한 chemostat의 형태는 교반기(stirrer)가 있는 용기에서 생장하고 있는 배양에 조절될 수 있는 속도로 배지가 투여되고 배양액의 부피와 생물량 농도는 넘침장치(overflow device)로 일정하게 유지되는 것으로 구성되어 있다. 용기에 투입되는 새 배지의 양만큼 배양액이 chemostat를 떠난다. 안정 상태의 생물량 농도, X는 개체군의 생장률이 유출 배양액으로의 계속적인 유출을 상쇄할 수 있어야만 유지될 수 있다. 간단한 chemostat의 형태가 그림 8.6에 나타나 있다.

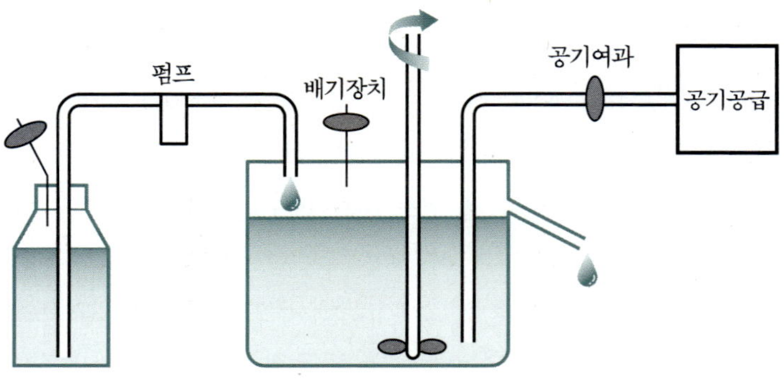

그림 8.6 **간단한 chemostat의 예**

8.5.1 희석률에 의한 생장률의 조절

Chemostat에 새로운 배지를 첨가하는 것을 희석률(dilution rate, D)로 나타낼 수 있다.

$$D = \frac{Q_1}{V_2} \tag{8.10}$$

여기서 Q_1은 유입속도(influent flow rate)이고 V_2는 반응조(reactor)의 부피이다. 개체군의 순간 생장률은 다음과 같이 나타낼 수 있다.

$$\frac{dX_2}{dt} = \mu X_2 \tag{8.11}$$

반면 반응조로부터 유출되는 배양액에 있는 생물량의 손실은

$$\frac{dX_2}{dt} = -DX_2 \tag{8.12}$$

그러므로 생물량 농도의 실질적 변화는

$$\frac{dX}{dt} = \mu X_2 - DX_2 = (\mu - D)X_2 \tag{8.13}$$

만일 생물량이 증가한다면 그것은 $[S_1]$의 농도를 갖고 있는 공급되는 기질을 이용하기 때문이다. 연속 배양은 보통 완전 혼합의 조건하에서 실행된다. 이것은 공급된 생장 배지가 모두 즉각적으로 전체 배양액으로 분산되어서 반응조 내의 기질 농도가 $[S_2]$로 표기되는 반응조로부터의 유출액과 같다는 것을 의미한다. 방정식 (8.8)에 따르면 배양의 생장은 이 경우 기질 농도 $[S_2]$에 달려 있다. 만일 초기에 $\mu > D$이면 X_2는 증가할 것이고 $[S_1]$이 일정하게 유지되면 이용되는 기질의 양은 증가하게 된다. 이것은 반응조 내의 $[S_2]$를 낮은 값으로 만들게 된다. 그러나 낮은 값의 $[S_2]$는 μ의 감소를 일으키게 되며 높은 X와 낮은 μ는 점차 D에 가깝게 만든다. 유사하게 만일 $\mu < D$이면 X가 감소하고 S가 증가하여 μ는 다시 D에 가깝게 된다. $\mu = D$, $dX/dt = 0$인 점에서 X_2와 따라서 $[S_2]$는 일정한 안정 상태의 값을 갖게 된다.

안정 상태에서 X, $[S_1]$, $[S_2]$, μ와 D사이의 관계는 다음과 같다. $\mu = D$이므로 방정식 (8.8)은 다음과 같이 표기될 수 있다.

$$D = \frac{\mu_{max}[S_2]}{K_s + [S_2]} \tag{8.14}$$

따라서

$$[S_2] = \frac{K_s D}{\mu_{max} - D} \tag{8.15}$$

$[S_2]$, $[S_1]$과 X_2사이의 관계는 기질의 물질수지(mass balance)로부터 유도될 수 있다. 반응조 내의 기질농도의 변화율은 기질 유입률에서 유출률을 빼고 또 생장에 이용된 기질을 뺀 것이다. 즉,

$$\frac{Vd[S_2]}{dt} = Q_1[S_1] - Q_1[S_2] - \frac{\mu XV}{Y} \tag{8.16}$$

전체를 V_2로 나누고 안정 상태 조건에서의 $d[S_2]/dt = 0$과 $\mu = D$를 집어넣으면

$$X = Y([S_1] - [S_2]) \tag{8.17}$$

방정식 (8.15)와 (8.17)에 대해서 주목해야 할 두 가지 중요한 점이 있다. 첫 번째는 희석률을 조절함으로써 $[S_1]$의 값에 관계없이 $[S_1]$보다 적은 안정 상태의 $[S_2]$ 값을 얻을 수 있다는 것이다. 두 번째는 생물량 농도는 유입 기질농도를 통해 조절될 수 있다는 것이다.

연속 배양은 chemostat에서 단순히 적절한 희석률을 맞춤으로써 원하는 어떤 생장률도 유지시킬 수 있다. 그러나 D가 μ_{max}보다 크게 설정된다면 세포의 손실률이 생장률보다 커지며 유실(washout)이라고 알려진 현상이 일어난다. D가 μ_{max}보다 크게 되기 전까지는 washout이 일어나지 않는데 그 이유는 어떤 배양에서도 최대 생장률은 안정 상태 기질농도에 달려 있으며, 따라서 μ_{max}보다는 적을 수 있기 때문이다. Washout이 일어나는 임계희석률(critical dilution rate, D_c)은 식 (8.14)에서 $[S_2]$ 대신 $[S_1]$을 대입하여 얻을 수 있다. 여기서 $[S_1]/(K_S+[S_1])$에 의해 D_c는 μ_{max}보다 낮다는 것을 알 수 있다.

8.5.2 세포의 유지 작용

8.4.1절에서 생장수율(Y)은 회분식 배양의 모든 생장단계에서 일정하다고 하였다. 그러나 연속 배양에서는 매우 낮은 희석률에서 생물량 농도가 주어진 $[S_2]$ 값에서 추측할 수 있는 것보다 작을 수 있다.

Y가 일정하다는 가정은 기질의 일정 비율이 항상 생장과정에 이용되거나 모든 기질이 일정한 효율로 이용된다는 것을 암시한다. 그러나 이용된 기질의 일부가 세포의 생장과 분열에 직접적으로 기여하지 않는 과정들, 예를 들어 손상받거나 변성된 구성성분의 회복 등에 이용되어야 한다고 추측하는 것이 타당한 것으로 보인다. 이런 유지(maintenance) 과정들로 돌려지는 기질의 양은 생장에 이용되지 않는다. 회분식 배양에서 세포 유지에 필요한 요구는 최대 정체기 직후에 보인다. 생물량 농도의 초기 감소기는 지속적인 산소의 이용과 계속적인 생존력의 유지를 동반한다. 이것은 내생호흡(endogenous respiration)이라고 하며 외부로부터의 기질 공급이 없을 때 세포가 유

지 작용의 목적으로 자신의 세포 물질의 일부를 이용하는 현상이다. 따라서 그것은 자기산화(auto-oxidation)의 형태로 간주될 수 있다.

심지어 외부로부터의 기질 공급이 있을 때에도 세포 기능 손상을 상쇄하기 위해 유지 작용을 여전히 요구하게 된다. 연속 배양에서 낮은 기질 이용률과 매우 낮은 생장률을 보일 때에는 높은 생장률에서보다 기질 전환의 더 많은 부분이 유지 작용에 요구되는 것처럼 보이며 분명히 세포수율이 감소하게 된다.

유지 작용, 내생호흡 등과 관련된 생물량 농도를 감소시키는 모든 현상들은 사멸상수(specific decay rate, b)라는 한 가지 용어로 취급할 수 있다. 이것은 다음의 방정식 (8.15)와 (8.17)의 변형식을 만들기 위해 세포와 기질의 물질수지(mass balance)에 집어넣을 수 있다. 안정 상태에서,

$$\mu = D + b \tag{8.18}$$

그러므로

$$S_2 = \frac{K_s(D+b)}{\mu_{\max} - (D+b)} \tag{8.19}$$

$$X = \frac{YD([S_1] - [S_2]}{D+b} \tag{8.20}$$

유지 작용의 요구를 g 기질/g 생물량/시간(h)으로 나타낸 Atkinson과 Mavituna (1983)에 따르면 호기적이나 혐기적으로 여러 가지 탄소와 에너지원을 이용하는 여러 다른 생물체들에서 b값이 상당히 다르다. 전형적인 탄소가 제한된 배양에서 b는 $\mu_{\max}$보다 1/10에서 1/100 낮은 사이에 있는 것으로 예상된다.

X와 $[S_2]$에 미치는 b의 영향의 크기를 D로 나타낸 것이 그림 8.7에 보이는데 b는 $0.02\mu_{\max}$ 정도이다. 낮은 생장률의 연속 배양의 동태에 b가 가장 크게 영향을 미치는 것이 분명한데 그런 상태는 생물학적 폐수처리 과정이 전형적인 예이다. 이러한 b의 중요한 영향은 나중에 좀 더 자세히 설명하기로 하겠다.

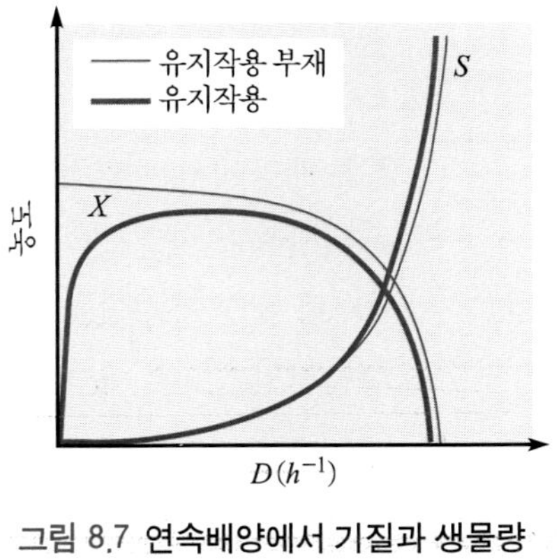

그림 8.7 연속배양에서 기질과 생물량 농도에 미치는 사멸상수의 영향

8.6 두 가지 기질을 이용한 생장

Monod는 세균 생장에 관한 많은 연구를 하였는데, 탄소와 에너지원으로 모두 작용하는 2가지 제한된 기질이 공급되는 회분식 배양에서 많은 경우에 하나의 기질이 우선적으로 이용되고 두 번째 기질을 이용한 생장은 첫 번째 기질이 고갈된 후에야 시작되며 보통 짧은 유도기 후에 나타난다는 것을 발견하였다. 이런 현상은 이원영양 생장(diauxie)이라 하며 이로 인한 생장 곡선의 형태는 그림 8.8에서 보는 바와 같다. Monod는 이런 효과를 *Bacillus subtilis*와 *Escherichia coli*에 여러 가지 당과 당알코올(sugar alcohol)을 공급하여 실험하였으며 포도당이 빈번히 먼저 이용되는 기질인 것을 알아냈다.

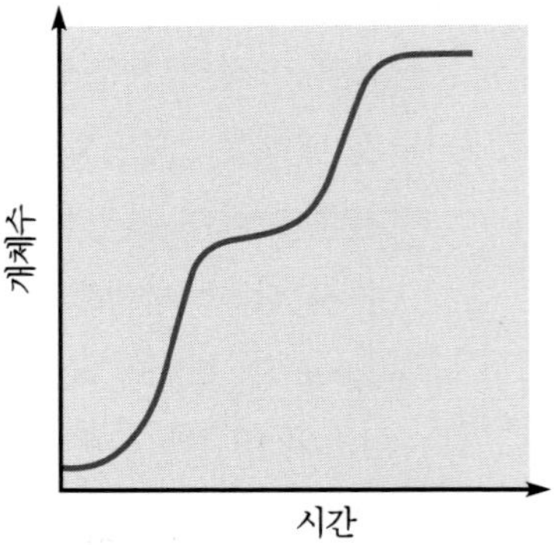

그림 8.8 **이원영양 생장 (diauxic growth)**

Diauxie는 2가지 요소의 조합에 의해 일어난다. 첫 번째는 먼저 이용되는 기질의 흡수와 대사에 관여하는 효소 또는 효소들이 구성하는 구성효소(constitutive enzyme)이며 두 번째 기질을 산화하는 효소는 유도효소(inducible enzyme)이다. 그러나 두 번째 기질 이용 전의 유도기가 첫 번째 기질을 이용한 생장이 정지기에 이르는 데 걸린 시간보다 길지 않는 한 이 첫 번째 요인 하나만으로 diauxie를 일으키는 데 충분하지 않다. 두 번째 요인은 첫 번째 기질이 고갈될 때까지 두 번째 기질의 대사에 관여하는 효소의 유도를 효율적으로 억제하는 것으로 효소 합성 전에 유도 외의 별도의 기작이 활성화되어야만 한다. 갖고 있는 DNA 부분의 전사(transcription)를 비로소 활성화시키는 촉진 유전자(promoter gene)를 포함하고 있는데 이 대사물질이 첫 번째 기질의 대사 중에는 낮은 농도로만 유지된다는 것이 발견되었다.

연속 배양에서는 안정 상태 기질농도가 일정하게 유지되며 세포들은 그것을 계속적으로 대사하기 때문에 두 번째 기질의 이용이 결코 일어나지 않을 것이라는 것을 직관적으로 예상할 수 있다. 이것은 우선적으로 이용되는 기질의 $[S_1]$과 $[S_2]$ 사이의 관계가 방정식 (8.17)을 따르고 두 번째 기질은 $[S_1] = [S_2]$를 보이는 높은 희석률이 유지되는 경우에 실제로 나타난다. 그러나 매우 낮은 희석률에서는 기질들이 동시에 이용될 수도 있다. 매우 낮은 희석률에서 $[S_2]$ 또한 매우 낮으며 두 번째 기질의 대사에 필요한 효소 합성의 저해가 일정 수준 이하의 $[S_2]$ 값에서는 일어나지 않는 것처럼 보인다.

8.7 단일 개체군의 생장

대부분의 자연환경에서 미생물은 거의 단일 개체로 존재하지 않고 개체군으로 존재하며 이런 개체군들이 많이 섞여 있는 생물군집을 형성하고 있다. 군집 내에 존재할 때 각 개체군들은 여러 가지 상호작용을 하게 되는데 경우에 따라서는 이로울 수도 있고 또한 해로울 수도 있다. 이러한 원리는 단일 미생물 집단에서도 동일하게 적용될 수 있다.

단일 미생물 집단에서의 생장은 밀도에 의해 영향을 받을 수 있다. 단일 개체군 내에서 개체들 간의 긍정적인 상호작용(positive interaction)은 개체군의 밀도가 낮을 때 보통 일어나게 된다. 긍정적인 상호작용이 일어나면 개체군의 생장률은 증가한다. 그러나 어느 정도 이상의 밀도가 되면 부정적인 상호작용(negative interaction)이 일어나게 되어 생장률은 감소하게 된다. 이런 개체군의 밀도와 생장률의 관계는 그림 8.9와 같이 나타낸다.

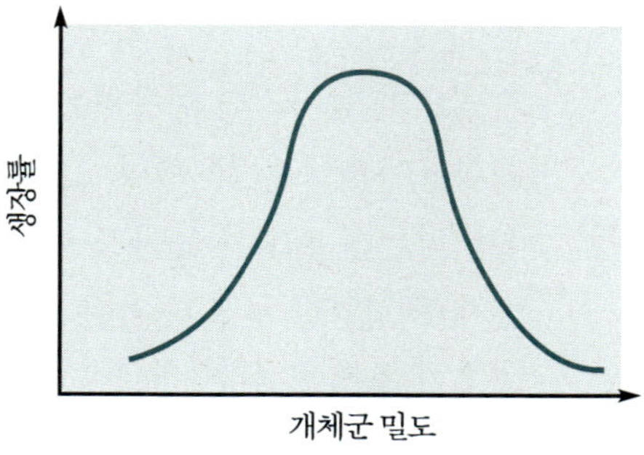

그림 8.9 **단일 개체군 내에서 개체군 밀도와 생장률의 관계**

개체들 간의 긍정적인 상호작용은 협동(cooperation)에 의한 것으로 이러한 예는 미생물의 집락(colony) 형성 과정에서 쉽게 볼 수 있다. 자연환경에서 소수의 개체가 새로운 환경에서 집락을 형성하는 것은 용이하지 않으나 어느 정도의 밀도를 갖는 집단은 집락을 형성하기 용이한데 병원성 미생물이 최소 감염량(minimum infectious dose) 이상이 되어야 감염을 할 수 있다는 사실이 대표적인 예가 된다. 개체가 세포외 효소(extracellular enzyme)를 분비할 때에도 협동이 일어나는데 섬유소 등의 고분자 물질은 세포 내로 투과되지 못하므로 세포외 효소를 분비해서 분해된 산물을 세포 내로 이동시켜 이용하게 된다. 낮은 개체군 밀도에서는 분비된 효소의 농도도 낮으며 분해산물의 희석 때문에 미생물들이 기질을 잘 이용하지 못하지만 개체군 밀도가 높을 때에는 희석이 일어나지 않으므로 효소농도가 높아지며 분해산물을 효율적으로 이용할 수 있게 된다.

개체군 밀도가 높으면 유전물질의 교환도 보다 쉽게 일어날 수 있다. 무성생식을 하는 미생물의 경우에는 유전물질의 교환을 통해 새로운 형질을 획득하게 되어 여러 가지 환경변화에 대응하게 되는데 이런 기작에는 형질전환(transformation), 형질도입(transduction), 접합(conjugation), 유성포자 형성(sexual spore formation)이 있다.

이런 유전물질의 교환이 일어나려면 개체군 밀도가 높아야 하는데, 예를 들면 세균에서 접합이 일어나기 위해서 10^6 마리/mL 이상의 밀도가 필요하다. 개체군 밀도가 높으면 물리적 조건이나 화학물질에 의한 피해를 입을 때 일부 구성원이 살아남을 확률도 커진다. 고정막을 이용한 폐수 처리 시 탈리현상이 대표적인 예가 될 수 있는데 폐수의 전단력(shear force)이 가해져서 생물막이 떨어질 때에도 막의 일부가 남아 다시 자라날 수 있다.

개체들 사이에서는 경쟁(competition)도 일어나는데 밀도가 어느 정도 이상으로 증가하면 경쟁에 의해 생장률이 감소하게 된다. 단일 미생물 집단에서는 모든 개체들이 동일한 것을 요구하기 때문에 기질, 전자 수용체, 생장인자(growth factor) 등 이용하는 물질뿐만 아니라 심지어 서식 공간에 대한 경쟁도 일어난다.

밀도가 높아지면 이용하는 물질의 고갈과 더불어 유해한 대사산물의 축적에 의해서 생장률이 감소할 수 있다. 많은 미생물들이 유기산을 비롯한 여러 가지 유해한 산물을 분비하는데 밀도가 높아지면 이런 유해물질이 축적되어 개체군 자신을 저해하게 된다. 실제로 영양물 농도가 높은 배지에서 기질 등이 많이 남아 있는데도 생장이 정지되는 경우가 흔한데 이런 현상이 유해물질 축적의 대표적인 예가 된다.

8.8 혼합 개체군의 생장

특별한 산업적 응용을 제외하고는 순수 미생물 배양은 실험실 밖에서는 거의 존재하지 않는다. 대부분의 자연환경은 계속적으로 매우 다양한 미생물의 침투가 일어나고 있으며 그 결과 혼합된 개체군의 생장을 유지하게 된다. 혼합 개체군 내로 들어오는 모든 종들이 생존하여 그 체제의 안정된 구성요소가 되는 것은 아니다. 그것들의 생존과 생장은 존재하는 다른 종들과의 관계의 성질과 정도, 필수 영양물질의 가용 여부, 그리고 개체군의 다른 구성원들에 의해 기질 농도가 영향을 받는 방식 등에 의해 결정된다. 혼합 배양 내의 다른 종들 사이에 일어날 수 있는 관계의 종류는 표 8.2에 요약되어 있다.

혼합배양에서 중립(neutralism)을 나타내는 경우는 매우 드물다. 비록 다른 종들이 종종 다른 주된 탄소원을 이용할 수 있어도 어떤 조건하에서 그것들이 인, 질소 또는 미량 요소와 같은 제한 요인(limiting factor)을 공통적으로 요구할 수 있으며 심지어 미생물들이 고체 표면에 막을 형성하여 자라는 경우에는 적당한 부착 장소를 같이 필요로 한다. 따라서 자연환경에서 중립은 동일한 또는 중복되는 생태적 지위(niche)를 차지하고

표 8.2 **혼합 개체군 내에서 다른 미생물 종 간의 상호관계 종류**

상호관계	정 의	영 향
중립 (neutralism)	상호작용이 없다.	혼합배양 시 두 종의 생장은 독립된 순수배양 때와 똑같다.
경쟁 (competition)	일반적인 생장제한요소(기질)를 공통적으로 요구한다.	높은 생장률을 가진 종이 유리하다.
편리공생 (commensalism)	한 종의 생장이 다른 종에 의해 촉진된다.	순수배양보다는 혼합배양 시에 한 종이 더욱 활발한 생장을 보인다.
상조공생 (synergism)	각 종의 생장은 다른 종에 의해 촉진된다.	독립된 순수배양보다는 혼합배양 시에 두 종의 생장이 모두 촉진된다.
상리공생 (mutualism)	특정한 두 종이 반드시 서로를 필요로 한다.	혼합배양 시 두 종이 생장한다. 독립된 순수배양 때에는 생장이 일어나지 못한다.
편해작용 (amensalism)	한 종이 생성하는 저해물질에 의해 다른 종의 생장이 억제된다.	혼합배양 시 한 종의 생장이 순수배양 시보다 덜 활발하다.
포식 (predation)	한 종(포식자)이 다른 종(피식자)을 잡아먹는다.	피식자의 밀도는 포식자에 의해 조절된다.
기생 (parasitism)	기생체가 숙주의 세포물질을 이용해서 성장한다.	숙주의 밀도는 기생체에 의해 조절된다.

있는 개체군 사이에서는 일어날 수 없으나 개체군 사이의 상호작용의 중요성이 매우 적은 경우 중립관계로 인정하기도 한다. 중립이 일어날 수 있는 상황으로는 한 서식지 내에서도 공간적으로 떨어져 있을 경우, 매우 낮은 개체군 밀도를 유지할 경우, 그리고 고유의 서식지에 존재하지 않거나 환경조건이 나빠서 생장이 일어나지 못할 경우 등을 들 수 있다.

경쟁(competition)은 훨씬 더 흔한 관계이다. 경쟁은 둘 또는 그 이상의 종들이 동일한 생장 제한 기질을 이용할 때 일어나는데 경쟁에 밀린 집단이 제거되는 경쟁적 배제(competitive exclusion)가 일어난다. 회분식 배양에서는 그림 8.10에 보이는 결과처럼 더 빠르게 자라는 종이 느리게 자라는 종을 압도하게 된다. 연속 배양에서는 더 빠르게 자라는 종이 느리게 자라는 종의 생장률, 즉 D와 같은 값을 유지하는 데 필요한 수준 이하로 기질 농도를 감소시킬 수 있는 속도로 제한 기질을 이용한다. 따라서 느리게 자라는 종은 점차 배양에서 희석되어 washout이 일어나게 된다. 이런 일반적인 법칙의 중요한 예외는 주어진 기질에 대한 낮은 μ_{max}를 가지며 동시에 기질에 대해 높은 친화력(affinity), 즉 낮은 K_s를 갖는 생물체가 비교적 높은 생장률과 기질에 대해 낮은 친화력을 갖는 생물체와 경쟁관계에 있을 때이다. 그런 상황은 그림 8.11에서 보는 바

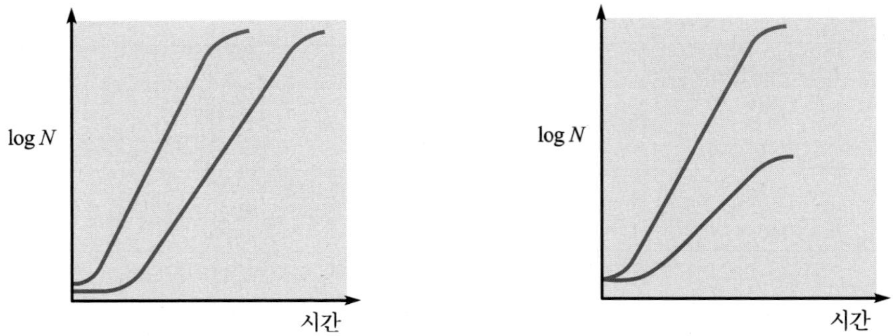

(a) 2개의 독립된 회분식 배양 (b) 공존했을 경우

그림 8.10 **세균 종 간의 경쟁**

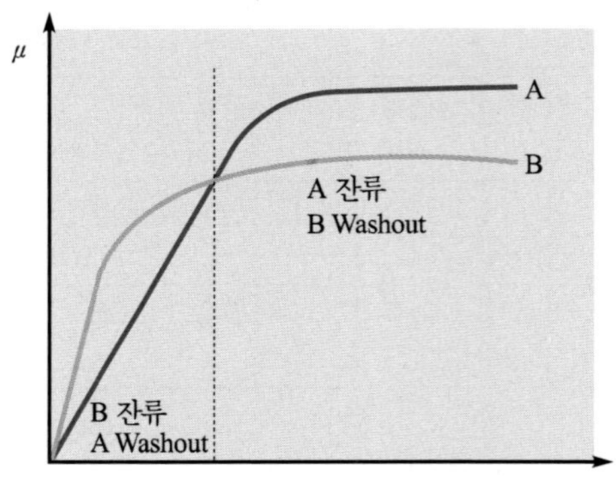

그림 8.11 **연속배양에서 경쟁의 결과에 미치는 기질농도의 영향**

와 같다. 이 경우에는 생물체 A가 낮은 희석률에서 washout되고 생물체 B는 높은 희석률에서 washout된다. 이같이 혼합 배양에서는 희석률의 조절이 안정 상태 기질 농도와 그에 따른 생물량 농도를 조절하는 데에 이용될 뿐만 아니라 종들의 우점도(dominance)를 어느 정도 조절할 수도 있다. 자연환경에서는 서식지의 다른 지역을 차지하고 있거나 또는 환경조건이 주기적으로 변화하면 생장률과 기질 친화력이 다른 두 종이 공존할 수도 있다.

자연 생태계에서 흔히 일어날 수 있는 관계 중에 편리공생(commensalism)이 있다. 이것은 한 종이 다른 종에 도움을 주지만 도움을 받는 종은 상대편에 아무런 작용도 하지 않는 관계이다. 편리공생은 영향을 받지 않는 개체군이 정상적인 생장을 하는 과정에서 다른 개체군에 유리하게 작용할 수 있는 방식으로 서식지를 변형시킬 때 일어날 수 있다. 예를 들면, 통성혐기성 세균(facultative anaerobe)이 산소를 소모하여 혐기성 상태로 만들면 절대혐기성 세균(obligate anaerobe)이 자랄 수 있게 된다. 미생물 개체군 사이에서의 편리공생 관계는 한 집단에 의한 생장 인자의 생성, 분비와 다른 집단에 의한 이용의 경우가 많다. 또한 집단이 유기물을 분해시켜 다른 집단이 이용할 수 있는 기질로 만드는 경우도 있다. 예를 들면, 섬유소 분해 균류가 세포의 효소를 분비하여 섬유소를 분해하면 주위에 있던 섬유소를 이용하지 못하던 미생물들이 이를 이용할 수 있다. 난분해성 유기물의 분해에 크게 기여하는 공동대사(cometabolism)(9.3.2절 참조)도 편리공생의 한 예가 될 수 있다.

편리공생과는 달리 두 집단 모두 서로에게 도움을 주는 관계가 상조공생(synergism)이다. 그러나 이 관계는 서로에게 반드시 필요한 의무적인 관계는 아니다. 상조공생은 서로에게 필요한 물질을 제공하는 경우(cross-feeding)에 흔히 나타날 수 있는데 이런 관계를 영양공생(syntrophism)이라 하며 대표적인 예가 그림 8.12에 나와 있다. 한 미생물 집단만으로는 분해가 되지 않는 난분해성 물질이나 독성 물질이 상조공생에 의해 분해가 되는 경우도 있으며 상조공생의 경우에 효소의 생성이 가능해지는 예도 있다.

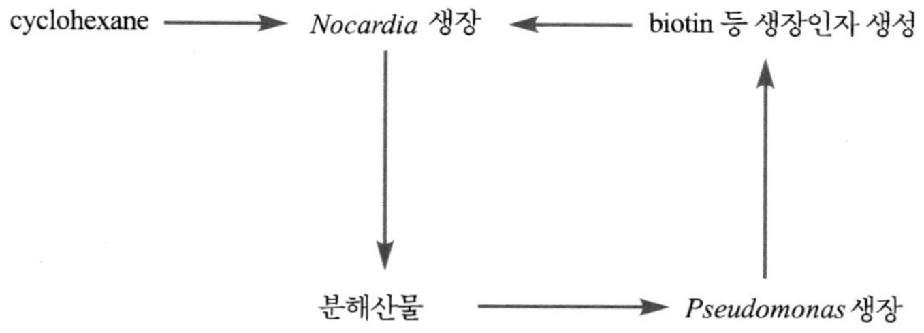

그림 8.12 *Nocardia*와 *Pseudomonas*의 **상조공생에 의한 cyclohexane의 분해**

두 집단 모두에게 도움을 주는 의무적인 관계가 상리공생(mutualism)이다. 두 종 간의 관계는 매우 특수해서 오로지 정해진 두 집단만이 공생관계를 맺을 수 있으며 공생이 일어나면 각 집단 단독으로는 생존하지 못하는 환경조건에서 서식이 가능해진다. 이런 상리공생의 예로는 지의류(lichen)가 있다. 지의류는 광영양체와 균류의 공생체로서 광영양공생자(photobiont)가 광합성을 하여 균류에 유기물을 제공하고 균류공생자(mycobiont)는 광영양공생자를 보호하고 무기영양염류나 생장인자를 공급한다. 광영양공생자에는 남세균과 녹조류 등이 있으며 균류공생자는 주로 자낭균류로 구성되어 있다. 지의류는 매우 느리게 성장하지만 건조와 온도변화 등에 저항성이 크기 때문에 바위표면, 건물 외벽, 비석, 나무 표면이나 툰드라 지역 등에서 살 수 있다. 대기 중의 아황산가스(sulfur dioxide)는 광영양공생자의 엽록소를 파괴하며 광영양공생자가 파괴되면 균류 단독으로는 그 서식지에서 생존할 수 없게 된다. 이러한 이유로 지의류가 대기오염의 지표생물(indicator organism) 역할을 할 수 있다. 상리공생의 또 다른 예로는 원생동물의 내부에 다른 미생물들이 내부공생(endosymbiosis)을 하는 경우인데 조류 또는 세균이 내부공생자(endosymbiont)로 존재할 수 있다. 담수의 원생동물 내부에는 녹조류가 많이 공생하는데 이 조류를 zoochlorellae라 부르며, 해양 원생동물의 내부에는 쌍편모조류 또는 황갈조류가 흔한데 이를 zooxanthellae라 한다. Cyanellae라고 하는 남세균 내부공생자는 담수와 해수에서 모두 발견된다.

한 종이 다른 종을 저해하면 그 종은 그로 인해 아무런 영향을 받지 않거나 또는 상대 종의 저해에 따른 반사 이득을 얻기도 하는 관계를 편해작용(amensalism)이라 한다. 편해작용은 항생물질, 유기산, 알코올 등 다른 집단을 저해하는 물질을 생성하는 경우에 주로 나타난다. 이렇게 알려져 있는 저해물질에 의한 항생작용(antibiosis) 외에 자연환경에서는 해수에 존재하는 바이러스를 죽이는 인자(virucidal factor)와 토양에서 균류 포자의 발아를 억제하는 정균물질에 의한 정균작용(fungistasis)과 같이 아직 정확하게 밝혀지지 않은 복잡한 편해작용의 예들이 많이 존재한다.

오직 하나의 세균 종으로 구성된 자연적 개체군이 드문 것과 동일한 이유로 혼합 개체군에서는 고등한 생물종들도 존재할 수 있다. 공중보건 공학의 관점에서 원생동물(protozoa), 특히 편모충류(Mastigophora), 섬모충류(Ciliata)와 육질충류(Sarcodina)는 아마도 가장 중요한 종류가 될 것인데 그 이유는 그것들이 영양원으로 세균을 섭취하기 때문이다. 원생동물같이 큰 포식자(predator)가 세균 같은 작은 피식자(prey)를 잡아먹는 관계를 포식(predation)이라 한다. 일반적으로 포식에 의해 피식자의 개체수가 감소하게 되는데 많은 포식성 원생동물과 세균의 혼합 연속 배양에서 종종 두 종은 같이 생존할 수 있다. 이것은 아마 포식자에 의한 세균의 섭취가 포식자 개체군이 더 이상 유지되지 못할 정도의 수준으로 세균 개체수를 감소시키기 때문이다. 이것은 포식자의 수의 감소를 일으키며 포식률의 저하에 따라 세균개체군은 다시 한 번 증가하게 된다. 따라서 그림 8.13에서 보는 것과 같이 시간에 따라 포식자와 피식자 간의 주기적

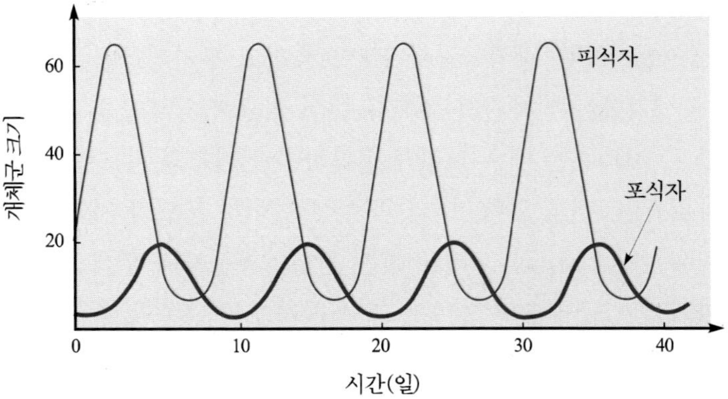

그림 8.13 포식자와 피식자의 이론적인 개체수 변화 관계

인 증감현상이 나타날 수 있다. 이렇게 원생동물에 의한 포식은 서식지에서 세균집단을 비교적 안정적으로 유지시키기도 한다.

기생(parasitism)은 일반적으로 작은 기생체(parasite)가 큰 숙주(host)로부터 영양물을 얻으며 살아가는 관계인데 기생물은 숙주의 내부에 존재할 수 있으며(내부기생체, endoparasite), 외부에 존재하기도 한다(외부기생체, ectoparasite). 내부기생체-숙주 관계는 매우 특수해서 기생체가 특정한 숙주에만 기생할 수 있는데 이런 현상을 숙주특이성(host specificity)이라 한다. 숙주특이성은 보통 물리적인 부착이 가능한 생물체 세포의 표면특성에 의해 일어난다. 기생을 하는 대표적인 종류로 바이러스가 있는데 바이러스는 세균, 균류, 조류, 원생동물 모두에 기생할 수 있으며 어떤 경우에는 서식지의 미생물 집단의 감소나 소멸의 원인이 되기도 한다. 기생의 다른 예로 *Bdellovibrio*라는 세균이 다른 그람음성 세균에 기생하는 경우가 있다. 이 종류들은 강한 회전과 효소작용으로 세균의 세포벽을 뚫고 들어가 세포벽과 세포막 사이의 주변세포질 공간(periplasmic space)에서 증식한 후 숙주를 파괴하고 나오는 특이한 종류의 세균이다. 외부기생체의 예로는 점액세균(myxobacteria)이 있는데 이들은 단백질 분해효소나 다양한 항생물질을 분비하여 주변의 세균을 용해시켜 섭취한다. 이들은 기질 고갈 시 점액세균이 들어있는 자실체를 형성한다. 기생체인 미생물이 다른 기생하는 미생물에 대해 숙주로 작용할 수도 있는데 이러한 현상을 중기생(hyperparasitism)이라 한다. 예를 들면, 그람음성 세균에 기생하는 *Bdellovibrio*가 박테리오파아지의 숙주로 될 수 있다.

참고문헌

Andrews, J. F. (1983) Kinetics and mathematical modelling, in *Ecological Aspects of Used Water Treatment,* (des C. R. Curds and H. A. Hawkes), Vol. 3, Academic Press, London, 113-172.

Atkinson, B. and Mavituna, F. (1983) *Biochemical Engineering and Biotechnology Handbook,* Macmillan Publshers Ltd, Byfleet.

Atlas, R. and Bartha, R. (1986) Microbial Ecology : *fundamentals and applications,* Benjamin/Cummings Pub. Co. , Menlo Park.

Gaudy, A. F. and Gaudy E. T. (1980) *Microbiology for Environmetal Scientists and Engineers,* McGraw-Hill Book Company, New York.

Heijnen, J. J. and Roels, J. A. (1981) A macroscopic model describing yield and maintenance relationships in aerobic fermentation. *Biotech. Bioeng.* 23, 739-741.

Mudrack, K. and Kunst, S. (1986) *Biology of Sewage Treatment and Water Pollution Control,* Ellis Horwood Ltd, Chichester.

Stanier, R. Y. , Adelberg, E. A. and Ingraham, J. L. (1977) *General Microbiology,* 4th Edn, The Macmillan Press Ltd. , London.

chapter 8 | 미생물의 생장

연습문제

01 생장률을 나타내는 공식을 유도하라.

02 회분식 배양에서의 생장곡선에 대하여 설명하라.

03 유도기가 나타나는 원인은 무엇인가?

04 직접계수법과 간접계수법을 이용하여 대장균의 생장곡선을 만들었을 때 두 생장곡선의 차이점에 대하여 설명하라.

05 세포수율이란 무엇인가?

06 생장에 미치는 온도의 영향에 대하여 설명하라.

07 Chemostat에서 희석률에 의해 생장률이 조절되는 이유에 대하여 설명하라.

08 Washout이란 무엇이며 언제 일어나는가?

09 내생 호흡이란 무엇이며 폐수 처리에서 중요한 이유는 무엇인가?

10 이원영양 생장이 일어나는 이유에 대하여 설명하라.

11 단일 개체군에서 일어날 수 있는 상호작용은 무엇인가?

12 혼합배양 시 일어날 수 있는 상호작용에 대하여 설명하라.

13 자연환경에서 미생물에 의한 물질의 분해에 도움이 될 수 있는 상호작용의 종류는 어떤 것이 있는가?

CHAPTER 09

환경오염과 미생물

CHAPTER

09 환경오염과 미생물

9.1 서 론

이 책 전반에서 환경적인 주제가 다루어졌는데 그 가운데 폐수, 폐기물 및 상수처리 등의 내용은 제11~16장에서 자세히 다루고 있다. 이 장에서는 공학적 처리공정에 대응하여 자연환경에서 미생물학적인 활동의 중요성을 다루고자 한다. 특히 생물체 밀도(생물량 농도)와 기질 농도의 측면에서 연관된 두 가지 형태의 생태계 사이의 중요한 특성의 차이 때문에 이 내용은 다른 관점에서 다루어졌다.

수환경에서 난분해성 물질을 포함한 유기물의 분해에 관여하는 미생물의 역할은 폐수처리 시설에서 일어나는 것과 같으나 이에 추가하여 수환경의 미생물이 오염의 지표로서 혹은 그 자체가 오염원으로서 작용할 수 있다는 것이 중요하다. 후자의 중요한 예는 병원성 미생물로 이것은 제10장에 자세히 설명되어 있다.

9.2 난분해성 유기물의 생분해

유엔환경계획(UNEP)의 2012년 보고서에 의하면 전 세계적으로 매년 4억ton의 독성폐기물이 발생하며 자연환경을 오염시키는데 약 1억 8천만 톤이 수환경으로 직접 유입된다. 이 중 상당량이 분해되기 어려운 난분해성 물질인데 이 난분해성(recalcitrant) 유기화합물은 석유산업으로부터 유래하는 여러 가지 형태의 탄화수소(hydrocarbon)를 포함하여 합성화학, 농약, 세제, 플라스틱 등 다양한 산업공정으로부터 생산된다. 이러한 과정에서 생산되는 화합물은 인공합성물질(xenobiotics)로 알려져 있으며 이 중 상당수가 난분해성 물질들이다. 그러나 여러 세균과 진균류들은 다양한 난분해성 유기분자를 분해시킬 수 있는 능력을 가지고 있다. 할로겐 원자와 같은 흔치 않은 치환기를 갖는 자연산물을 포함하는 모든 유기화합물은 어떤 특정한 미생물이나 또는 여러 종류의 미생물들에 의해서 분해될 수 있다. *Pseudomonas* 속의 일부 세균은 탄소원 및 에너지원으로서 100가지 이상의 자연화합물들을 분해할 수 있다.

미생물에 의한 난분해성 유기화합물의 생분해(biodegradation)는 여러 가지 요소에 의해서 영향을 받을 수 있다. 난분해성 물질의 물에 대한 용해도(solubility), 증기압(vapor pressure), 작용기(functional group)와 치환기(substituted group)의 개수와 형태, 안정성(stability), 독성, 분자량 같은 이들 화합물의 성질은 그들의 잠재적 분해력에 영향을 미친다. 마찬가지로 온도, 습도, pH, 산소의 농도, 수압, 배지의 염분도, 화합물의 농도 등과 같은 환경적인 요소들도 미생물의 분해능에 영향을 미친다.

일반적으로 미생물에 의한 분해는 호기적인 조건하에서 잘 일어나지만 최근에는 혐기적인 조건하에서의 분해에 대한 보고가 증가되고 있다.

생분해에 대한 일반적인 법칙은 다음과 같다.

1. 큰 화합물은 쉽게 분해될 수 있는 결합에서 작은 분자로 쪼개진다.
2. 반복적 구조를 갖는 화합물은 그것의 일부분인 하부구조로 먼저 분해된다.
3. 대사경로는 최대 수율의 대사에너지를 갖는 경로로 최적화된다.
4. 새로운 대사경로는 기존의 대사경로에서 적은 변화가 요구될 때 신속하게 일어난다.
5. 대부분(60% 이상)의 생분해 반응은 산화–환원 반응이다.
6. 호기성 조건에서 C와 H로 구성된 물질은 산소화효소(oxygenase)에 의해 먼저 대사된다.
7. 중합체는 접근가능하고 가수분해가 용이한 작용기를 갖지 않는 한 분해가 쉽지 않다.

9.2.1 지방족 탄화수소

석유탄화수소(petroleum hydrocarbons) 중 가장 생분해가 용이한 종류인데, 가지가 없거나 있는 선형의 탄화수소이다. 탄소수 10~24개의 포화지방족인 알칸(*n*–alkane)이 가장 빨리 분해되며 짧은 사슬은 독성이 있으나 쉽게 증발되며 긴 사슬은 상온에서 고체상태로 생분해가 어려워진다. 가지를 친 branched alkane은 분해속도가 낮아지며 이 중 pristane(tetramethyl pentadecane)과 phytane(tetramethyl hexadecane)은 다른 지방족 탄화수소 성분들보다 분해가 매우 느려서 생분해의 검출 시 지표로 이용되기도 한다.

지방족 탄화수소(aliphatic hydrocarbon)의 생분해는 *n*-헵탄(*n*-heptane)의 *Pseudomonas aeruginosa*에 의한 대사가 최초로 보고된 것이었다. 가장 보편적인 포화 지방족 탄화수소인 알칸의 생분해는 분자상의 산소(molecular O_2)가 일산소화효소(monooxygenase)라는 효소의 존재하에서 말단의 메틸기를 알코올기(-OH)로 산화시킴으로써 시작된다. 산화된 알코올기는 알데하이드기와 카르복실기로 전환되어 지방산을 형성한다. 지방산은 생물체의 물질대사에서 보편적인 에너지원으로서 베타-산화(β-oxidation)에 의하여 대사된다(그림 9.1). 그 결과로서 생성되는 C_2 단위의 화합물(아세틸-CoA)은 TCA 회로를 통해서 CO_2와 물로 대사된다.

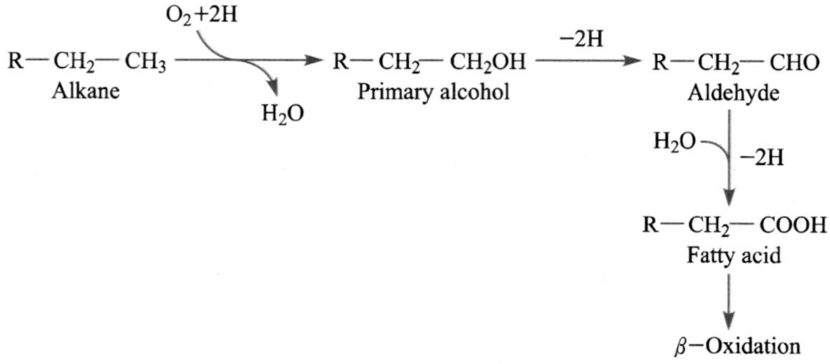

그림 9.1 **지방족 탄화수소의 생분해 경로**

지방족 탄화수소의 생분해 방법으로는 베타-산화(β-oxidation) 이외에 알파-산화(α-oxidation)와 오메가-산화(ω-oxidation) 등이 있다.

불포화 지방족 탄화수소의 생분해는 불포화 이중결합의 디히드록실화(dihydroxylation), 불포화 결합의 에폭시화, 말단의 포화 메틸기의 산화 등에 의하여 진행된다.

9.2.2 방향족 및 다핵 방향족 탄화수소

방향족 탄화수소(aromatic hydrocarbon)는 자연에서 생성될 뿐 아니라 인공적인 산업공정에서도 합성된다. 인공적으로 합성되는 방향족 고리를 갖는 화합물들은 구조가 복잡하여 분해가 어렵다. 또한 생산량도 계속 증가하여 자연계에 그대로 축적되는 문제점을 낳는다. 방향족의 고리구조는 히드록실화(hydroxylation)와 고리분열(ring cleavage) 기작에 의하여 대사된다.

방향족 고리상의 치환기는 이러한 전환반응이 이루어지기 전에 완전히 혹은 부분적으로 제거된다. 치환기로는 할로겐기, 나이트로기, 설폰기 등 자연계에서 흔치 않은 것들이 보편적이며 이들 치환기가 난분해성의 원인이 되기도 한다. 몇 가지 방향족 탄화수소의 생분해 과정이 그림 9.2에 나타나 있다.

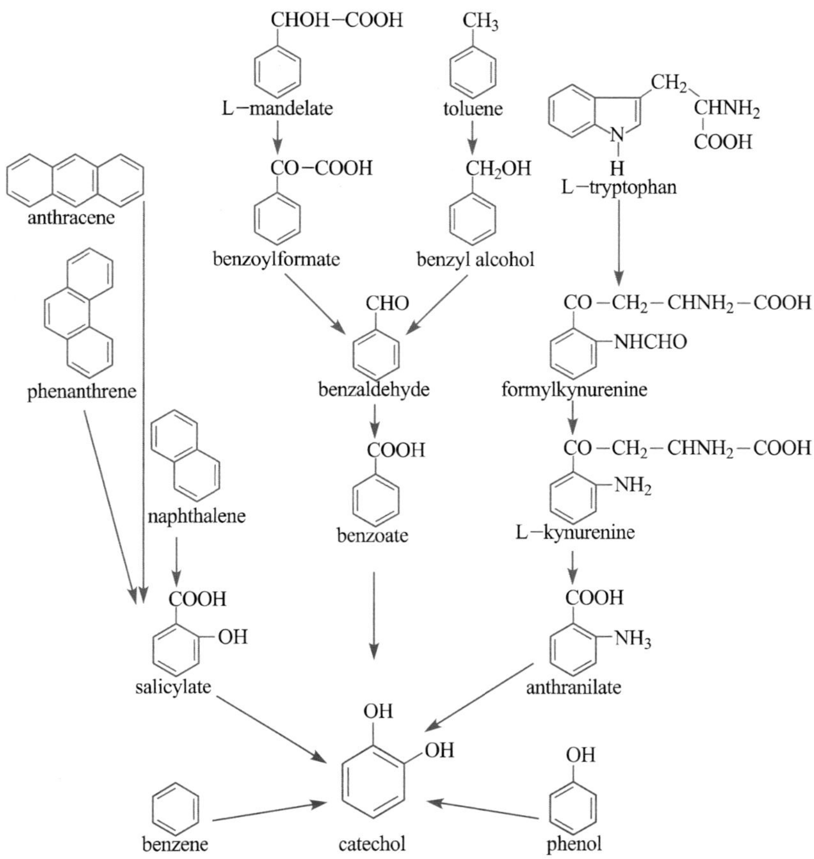

그림 9.2 **방향족 탄화수소의 생분해 경로**

벤젠과 그와 관련된 화합물들은 공명안정화(resonance−stabilized)된 방향성의 핵형태인 탄소와 수소만으로 구성된 화합물들이다. 이들 화합물은 화석연료의 성분으로서 자연에서 발견되며 그들은 유기물질을 고온가열(pyrolysis)하는 동안 형성된다. 대다수 이들 화합물들은 매우 유용한 용매(예, 벤젠, 톨루엔, 자일렌)와 산업적 화합물, 농약의 합성을 위한 전구물질로 사용되는데 이들 중 많은 화합물과 그들의 중간 산화물들은 발암성이다.

단일 탄소원으로 벤젠(benzene), 톨루엔(toluene), 자일렌(xylene) 혹은 다른 휘발성의 방향족 화합물을 이용할 수 있는 세균은 쉽게 농화되고 분리될 수 있다. 벤젠을 분해하는 세균은 적당한 하수나 슬러지 시료에 기체상의 벤젠을 첨가하여 선택적으로 자라게 할 수 있다.

세균에 의한 벤젠의 호기적 분해경로에서 첫 번째 단계는 이산소화효소(dioxygenase)라는 효소 존재하에서 벤젠은 산소와 반응하고, 다음 단계로 이 화합물은 카테콜(catechol)로 전환된다.

카테콜은 세균과 진균류의 종류에 따라 두 가지 방법으로 산화적인 분해경로를 거치게 된다. 오르쏘 분열(*ortho* cleavage)은 카테콜의 두 수산기 사이를 공격하여 뮤콘산(*cis*, *cis*−muconic acid)을 형성한다. 메타(*meta*) 분열은 수산기의 인접한 위치를 공격하여 하이드록시뮤코닉 세미알데하이드(2−hydroxymuconic semialdehyde)를 형성한다. 이들 중간 대사산물들은 분해를 계속하여 최종적으로 미생물이 생장에 이용할 수 있는 탄소원을 형성한다. 벤젠의 분해경로는 그림 9.3에 나타나 있다. 단일 세균종이 오르쏘와 메타 위치에서의 분해능을 모두 가질 수 있는 것으로 알려져 있다. 유전학적인 연구에 의하면 메타 위치에서 분해할 수 있는 능력은 세균의 염색체에 암호화되어 있는 것이 아니라 플라스미드(plasmid)에 암호화되어 있는 것으로 밝혀졌다. 따라서 메타 분열을 위한 능력은 플라스미드의 제거에 의해서 소실된다. 반면에 세균에 플라스미드를 전달시키면 메타 분열 능력을 갖게 된다. 이러한 발견은 분해능을 가진 미생물의 플라스미드를 집중적으로 연구하게 되는 계기를 만들었다.

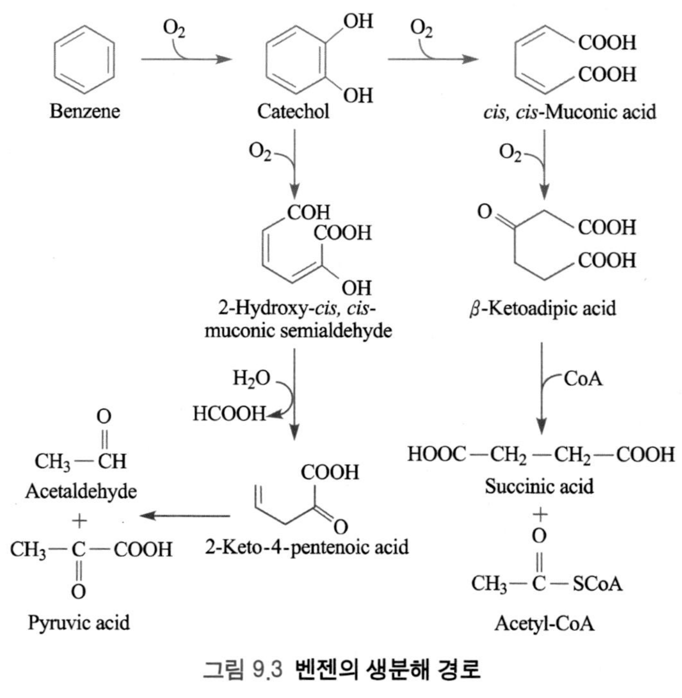

그림 9.3 **벤젠의 생분해 경로**

미국의 Ananda Chakrabarty는 4개의 *Pseudomonas* 균주의 플라스미드로부터 각각 다른 방향족 탄화수소 분해효소 유전자를 얻어 이를 하나의 플라스미드에 집어넣어 여러 탄화수소를 동시에 분해할 수 있는 형질전환 *Pseudomonas* 균주를 만들어 세계에서 최초로 살아있는 생물체에 대한 특허를 출원하였다. 미국 특허법원에서는 처음에는 이 특허를 허가하지 않았는데 8년간의 논란 끝에 1980년에 특허 등록이 허락되었다. 이렇게 유전공학(genetic engineering)이라고도 하는 재조합 유전자 기술(recombinant DNA technology)을 통해 만들어진 형질전환 생물(superbug)의 대표적인 예가 생분해능이 우수한 분해세균들이다.

톨루엔이 미생물학적으로 분해되는 몇 가지 경로가 알려져 있다. 주로 톨루엔의 곁사슬은 산화되어 중간 대사산물인 벤질알코올(benzyl alcohol)과 벤즈알데하이드 (benzaldehyde)를 경유하여 벤조산(benzoic acid)을 형성하며 벤조산은 여러 가지 경로로 계속 분해된다.

자일렌은 미생물에 의해서 다이메틸 카테콜(dimethyl catechol) 유도체로 전환되는데 메타 자일렌(*m*–xylene)과 파라 자일렌(*p*–xylene)의 한 개의 메틸기는 산화되어 상응하는 메틸기로 치환된 벤조산을 형성한다. 계속된 산화로 이 화합물은 모노메틸카테콜(monomethyl catechol)을 형성하고 고리가 분해된다(그림 9.4). 가장 잘 알려진 벤조산의 분해경로는 1,2–이산소화효소(1,2–dioxygenase)에 의한 공격으로 시작한다. 생성된 산물은 다이올 디하이드로게나아제(diol dehydrogenase)에 의해 CO_2가 제거되고 카테콜로 전환된다.

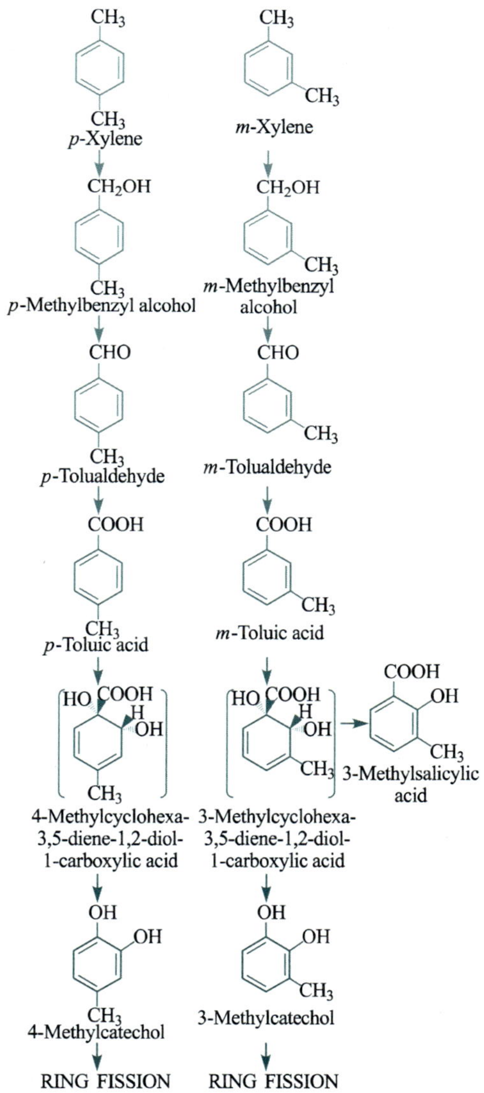

그림 9.4 자일렌(*p*-, *m*-)의 생분해 경로

세균은 이산소화효소(dioxygenase)의 존재하에서 나프탈렌(naphthalene)을 분해하여 중간대사산물인 1,2–dihydro–

xynaphtalene을 형성하고 기부 부근에서 메타 분열을 통하여 *cis-ortho*-hydroxy-bezylpyruvic acid를 형성한다. 이 화합물에 물이 부가된 뒤 살리실알데하이드(salicy-laldehyde)와 피루브산으로 분해된다. 살리실알데하이드는 살리실산(salicylic acid)으로 산화되어 카테콜로 전환된다(그림 9.5).

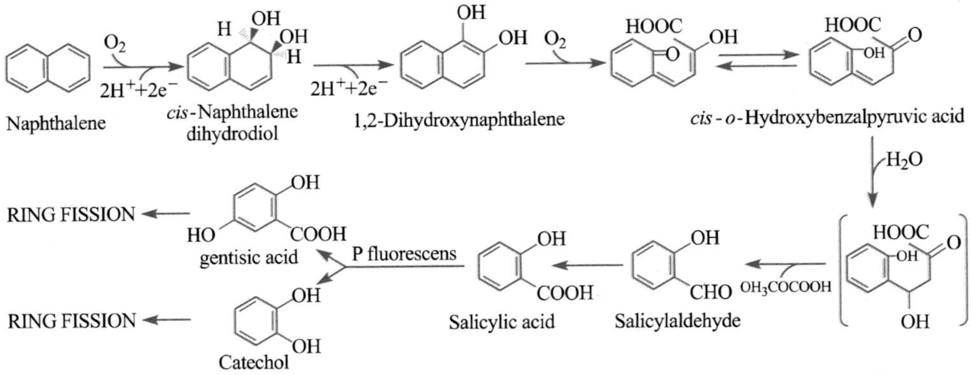

그림 9.5 **나프탈렌의 생분해 경로**

다환성 또는 다핵방향족 탄화수소(polycyclic 또는 polynuclear aromatic hydro-carbon, PAH)는 3개 이상의 고리구조를 갖는 방향족 탄화수소를 말하는 것으로 이들 화합물들은 산불, 쓰레기 소각, 석유화학 공업이나 자동차의 매연 혹은 플라스틱 등 화합제품의 불완전 연소로부터 생성되며 수질이나 대기오염을 일으킨다. 3개의 벤젠 고리를 가진 페난스렌(phenanthrene)의 생분해도 분해 모식도에서 볼 수 있는 바와 같이 동일한 규칙의 산화적인 분해방식이 적용된다(그림 9.6). 고리가 산화적으로 공격을 받아서 결국 1-hydroxy-2-naphthaldehyde와 피루브산이 형성된다. 알데하이드

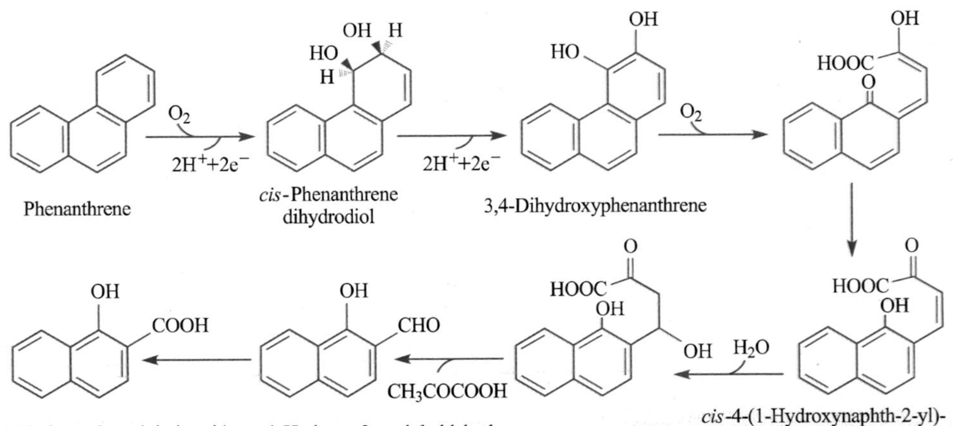

그림 9.6 **페난스렌의 생분해 경로**

로부터 형성된 1-hydroxy-2-naphthoic acid는 프탈산(phthalic acid)으로 전환되거나 이미 서술된 나프탈렌의 분해경로 반응으로 들어갈 수 있는 1,2-dihydroxynaphthalene을 형성한다.

안스라센(anthracene)은 용해도가 낮기 때문에 매우 서서히 분해되는데 분해는 그림 9.7에 서술된 원리에 의해서 일어나며 그 결과 2-hydroxy-3-naphthoic acid를 생성한다. 이 화합물의 자세한 분해경로는 아직 규명되고 있지 않고 있다. 최근에 다핵 방향족 탄화수소에 속하는 pyrene, bezo[a]pyrene, bezo[a]anthracene, fluorene, fluoranthracene 등의 미생물학적인 분해가 보고되고 있다(그림 9.8).

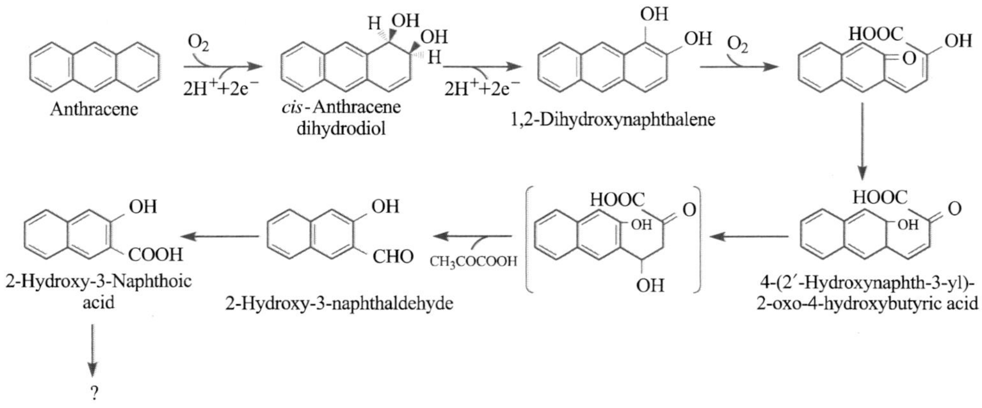

그림 9.7 안스라센의 생분해 경로

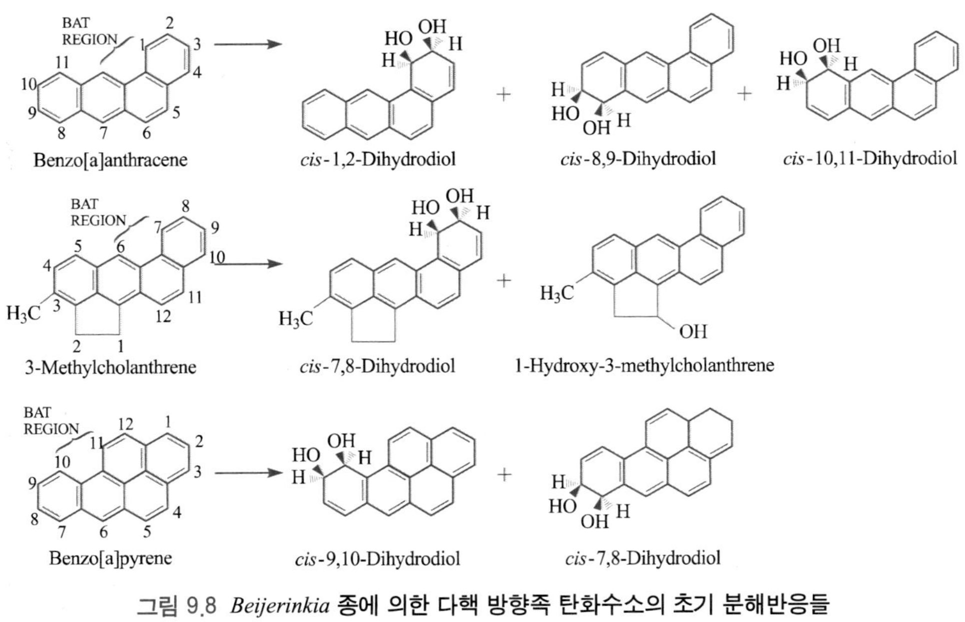

그림 9.8 *Beijerinkia* 종에 의한 다핵 방향족 탄화수소의 초기 분해반응들

Biphenyl은 염화비페닐(chlorinated biphenyls)의 근원이 되는 화합물이다. Biphenyl의 생분해에서는 dioxygenase, dioldehydrogenase, *meta*–catechase 등의 효소에 의한 연속적인 공격으로 고리가 열린 중간대사산물이 형성되며 이는 결국 벤조산과 불포화 화합물(2–hydroxypenta–2,4–dienoic acid)로 분해되어 미생물의 탄소원으로 사용될 수 있는 피루브산과 알데하이드를 형성한다.

방향족 염소화합물들(chlorinated aromatics)의 분해에서 염소는 일차반응에서 곧 방향족 고리 화합물로부터 제거되나 나중 단계인 지방족 화합물의 수준에서 자발적 혹은 효소학적 반응에 의해서도 떨어져 나간다. 특히 중요한 것은 할로겐–탄소 결합의 분열이며 여기에 대한 몇 가지 규칙이 있다(그림 9.9).

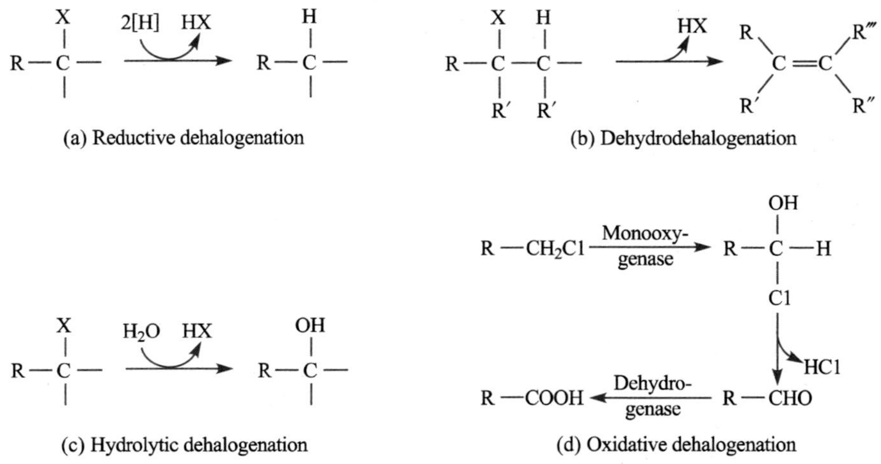

그림 9.9 미생물에 의한 할로겐화 유기물들로부터의 탈할로겐화 반응들

(a) 염소는 수소화반응(hydrogenation)에 의해 환원적으로 제거된다(환원적 탈할로겐화 : reductive dehalogenation).

(b) 염소는 동일분자로부터 수소와 함께 제거된다(탈수소탈할로겐화 : dehydrodehalogenation)

(c) 염소는 가수분해(hydrolysis) 동안 물의 수산기에 의해 대치된다(가수분해적 탈할로겐화 : hydrolytic dehalogenation).

(d) 염소는 공기 중의 산소에 의해서 산화되어 제거된다(산화적 탈할로겐화 : oxidative dehalogenation).

환원적 탈할로겐화 반응은 유기할로겐화합물이 전자를 받는 전자수용체 역할을 하므로 할로겐 호흡(halorespiration)이라 한다. 할로겐 원소는 전자를 잡아당기므로 유기할로겐화합물이 전자를 내고 산화되는 호흡기질로 쉽게 이용되지 못하며 반대로 전자를 받아 환원되면서 할로겐 원소가 떨어져 나가는 환원적 탈할로겐화가 혐기적 조건에서 쉽게 일어난다. 환원된 물질은 차후 혐기성 또는 호기성 분해가 일어날 수 있다.

귀리(*Avena fatua*)에 효과적으로 작용하는 제초제인 bidisin[2-chloro-3-(4-chlorophenyl) propionic acid methyl ester]의 미생물학적인 분해로 탈수소탈할로겐화 반응에 의하여 2-chloro-3-(4-chlorophenyl)propionic acid가 형성되고 4-chlorobenzoic acid를 거쳐 4-hydro-benzoic acid로 전환된다(그림 9.10).

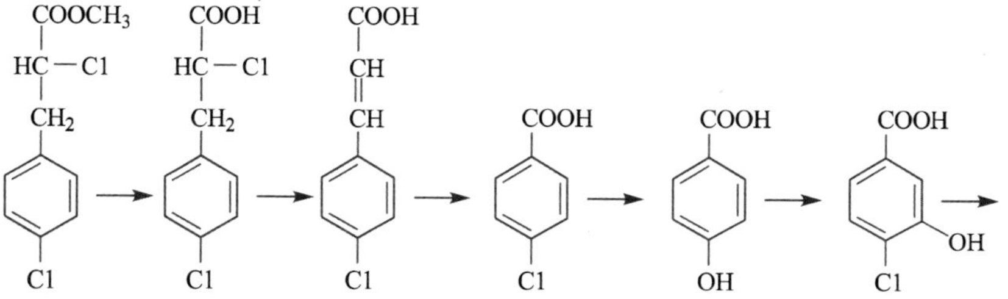

그림 9.10 제초제 Bidisin의 탈수소탈할로겐화 반응에 의한 생분해 경로

Pentachlorophenol(PCP)은 여러 가지 미생물들에 의하여 분해된다. 가수분해와 환원적 탈할로겐화(reductive dehalogenation)를 수반하는 일련의 분해경로를 통하여 PCP 분자는 카테콜을 형성한다. 한 분자의 PCP의 미생물학적인 분해로 5개의 염소 이온이 생성되는데 이는 토양이나 수질의 산성화에 영향을 미칠 수 있다.

9.2.3 농 약

농약은 질병을 일으키는 병원체를 매개하는 곤충으로부터 인간을 보호하고 잡초로부터 농작물을 보호하며 곰팡이, 곤충, 쥐 등으로부터 농작물과 가축을 보호하기 위하여 사용되는 물질이다. 이같이 농약은 구제 대상에 따라서 살충제(insecticide), 살균제(fungicide), 살조제(algicide), 제초제(herbicide), 살서제(rodenticide) 등으로 구분된다. 농약은 주로 농업적인 측면에서 사용함으로써 비약적인 생산성의 증대를 가져왔으나 무분별하고 만성적인 살포로 독성과 잔류성뿐만 아니라 생물증폭에 의한 최상위 영양단계 생물에 미치는 피해 등 여러 가지 환경적인 문제에 직면하게 되었다(표 9.1).

표 9.1 **몇 가지 농약들과 그들 주요 중간대사산물의 독성**

농약	주요 중간대사산물	독성(mg/kg)
Organophosphates		
Paraoxon	–	1.8
	p–Nitrophenol	350
Parathion	–	6
	p–Nitrophenol	350
Dithioates		
Azinphos–methyl	–	13
Anthranilic acid	–	4,620
Carbamates		
Carbaryl	–	500
	1–Naphthol	2,590
Phenylureas		
Linuron	–	1,500
	3,4–Dichloroaniline	100
Monuron	–	1,480
	4–Chloroaniline	300
Acylanilides		
Alachlor	–	1,800
	2,6–Diethylaniline	2,690
Propanil	–	560
	3,4–Dichloroaniline	100
Phenoxyacetates		
2,4–D	–	370
	2,4–Dichlorophenol	580
Silvex	–	650
	2,4,5–Trichlorophenol	320

* 독성 : LD_{50}(쥐의 경구투여)

농약은 대부분 구조적으로 안정한 화합물로서 자연계에서 분해가 어려워 토양에 장기간 잔류하면서 자연환경을 오염시킨다. 농약의 이러한 난분해성(recalcitrance)은 자연계에 노출되지 않았거나 노출된 지 얼마되지 않아서 생태계가 이들에 대한 자정능력을 갖지 못하기 때문이다. 자연계에 살포되는 농약의 종류가 매우 다양하고 살포량도 대상 농작물에 따라 차이가 있어 환경에 노출된 이들 물질은 오랜 기간 잔류하게 된다(표 9.2). 미생물에 의한 농약 제거기작이 밝혀지고 있는데 토양에 존재하는 다양한 미생물에 의한 잔류 농약의 제거는 일반적으로 느리게 진행된다.

표 9.2 **농약의 환경 내에서의 잔류**

농약의 종류	잔류기간	농약의 종류	잔류기간
Aldrin	>15년	Monuron	3년
Chlordane	>15년	Parathion	>16년
DDT	>15년	Pentachlorophenol	>5년
Dicamba	4년	Picloram	>5년
Endrin	>14년	Propazine	2~3년
Heptachlor	>14년	Simazine	2년
Lindane	>15년	2,4,5−T	>190일

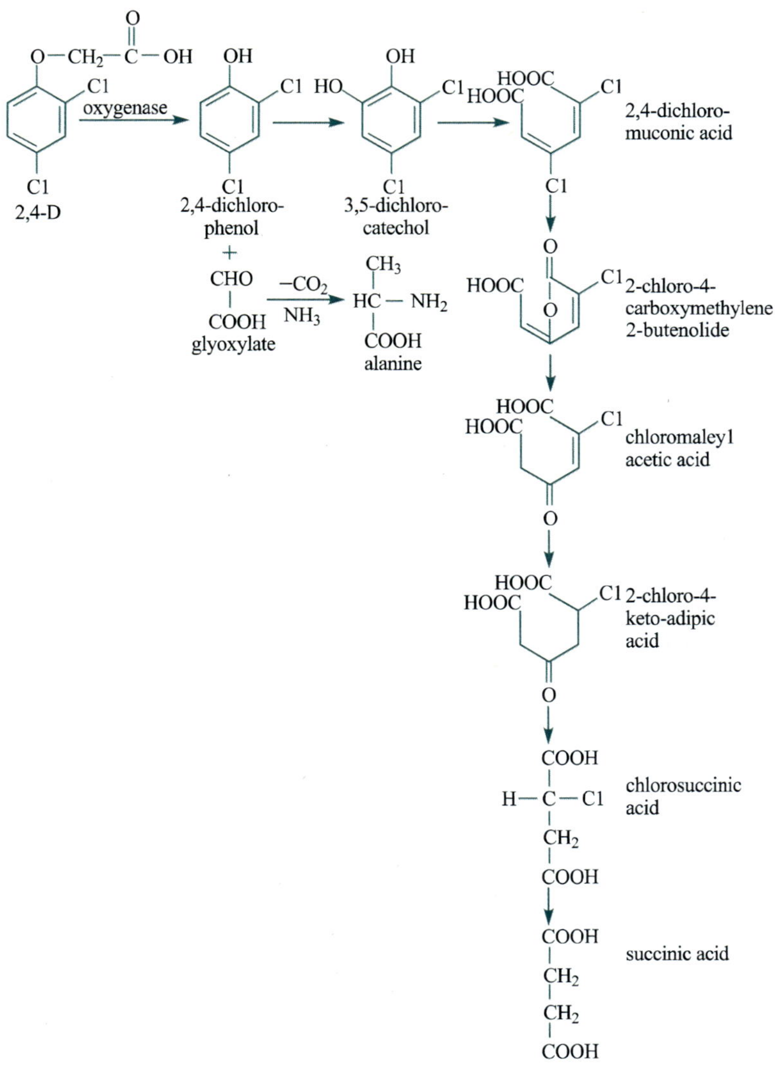

그림 9.11 *Arthrobacter*에 의한 2,4-D의 분해 경로

페녹시계인 2,4-D(2,4-dichlorophenoxyacetic acid) 등은 쌍자엽 식물을 효과적으로 제거하기 위하여 사용되는 식물성장 호르몬인 오옥신(auxin)과 같은 작용기작을 갖는 호르몬성 화학 제초제이다. 일반적으로 2,4-D는 토양에 살포된 후 2내지 3주 이내에 비교적 쉽게 생분해가 되는 농약인 데 비하여 MCPA(4-chloro-2-methyl-phenoxyacetic acid)는 6주, 그리고 2,4,5-T(2,4,5-trichlorophenoxyacetic acid)는 38주 이상으로 분해시간이 긴 난분해성 농약이다. 2,4-D를 분해하는 미생물로는 *Pseudomonas*, *Achoromobacter*, *Flavobacterium*, *Arthrobacter*, *Nocardia*, *Streptomyces*, *Aspergillus* 등의 종들이 알려져 있다. *Arthrobacter* 종에 의한 2,4-D의 분해경로는 그림 9.11에 나타나 있다.

Chlorpropham은 카바메이트(carbamate) 계열의 농약으로서 식물의 세포분열을 억제하여 식물성장을 조절하는 제초제로서 사용되며 살균제와 살선충제(nematocide)로서 사용되기도 한다. 난분해성인 chlorpropham 분자는 미생물의 효소인 esterase에 의하여 주된 측쇄치환기가 떨어져 3-chloroaniline과 isopropyl alchol을 형성한다(그림 9.12).

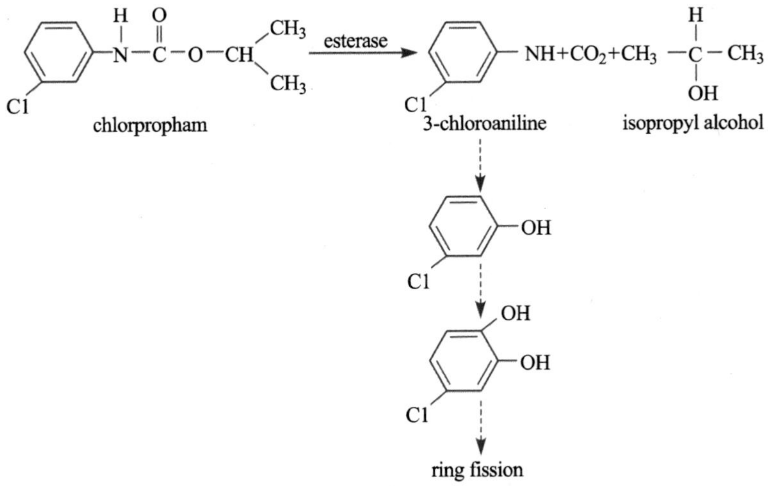

그림 9.12 *Pseudomonas*종에 의한 chlorpropham의 분해 경로(⋯→는 추정경로)

9.2.4 Alkyl Benzyl Sulfonate

가지가 있는 알킬벤질 설폰산염(branched alkyl benzyl sulfonate)은 음이온 세탁제로서 사용된다. 알킬벤질 설폰산 분자는 극성의 설폰산(sulfonate)과 비극성의 알킬기를 갖는 계면활성제(surfactant)이다. 가지가 있는 알킬벤질 설폰산염은 보통의 비누

보다 제조가 간편하고 세정능력이 우수하나 생분해가 어렵고 이를 포함하는 폐수가 강에 유입되면 많은 거품을 일으킨다. 이로 인하여 오늘날 이 화합물은 음용수원으로 사용되는 물을 보호하기 위하여 사용을 금지해 오고 있다.

이러한 문제를 극복하기 위하여 가지가 있는 알킬벤질 설폰산을 선형의 알킬벤질 설폰산(linear alkyl benzyl sulfonate)으로 합성분자를 변형시킴으로써 미생물에 의한 생분해를 용이하게 하였다.

그러나 선형 알킬벤젠 설폰산이 분해는 잘 일어나지만 그 분해산물인 알킬페놀(alkylphenol)의 생물독성(phytotoxicity)은 오히려 가지가 있는 알킬벤젠 설폰산보다 강하여 지표수에서 문제가 되고 있다. 따라서 이런 인공합성 계면활성제의 사용은 가급적 줄여야 한다.

9.2.5 혐기적 조건에서의 난분해성 물질의 생분해

혐기적 조건에서 미생물에 의한 난분해성 유기물질의 분해에 대한 연구는 최근에 크게 중요한 분야가 되었다. 이는 이제 혐기적 하수처리가 가능하고 생물가스(biogas)가 혐기적 미생물대사에 의해 생성되어 유용하게 이용할 수 있기 때문이다. 앞서 설명한 바와 같이 호기성 조건하에서 방향족 화합물은 일산소화효소(monooxygenase)와 이산소화효소(dioxygenase)의 촉매반응에 의하여 산소와 반응하여 하이드록시 유도체(hydroxylated derivative)로 전환되어 고리분열이 이루어진다. 혐기성 조건에서 방향족 화합물의 분해는 고리분열이 일어나기 전에 방향성(aromaticity)의 손실을 유도하는 환원적 경로(reductive pathway)를 수반한다. 혐기적 조건에서 2,3-D, 2,4,5-T, chlorinated anilines, chlorobenzoate 등과 같은 난분해성 염소계 방향족 탄화수소의 생분해 반응에서 우세한 반응은 환원적 탈염소화 반응(reductive dechlorination)이다. 이러한 혐기적 분해는 폐수 슬러지나 강 또는 호수의 퇴적토에서 많이 이루어진다.

*Rhodopseudomonas palustris*에 의한 벤조산의 분해경로가 환원성 조건에서 밝혀졌다. 이 세균은 빛 존재하의 혐기적인 상태에서 벤조산을 분해시킬 수 있으나 빛이 없는 상태에서는 호기적인 상태에서만 분해가 가능하다. 혐기적 조건하에서 *Moraxella* 종에 의한 벤조산의 이용을 가능하게 하는 환원성 분해경로도 발견되었다(그림 9.13).

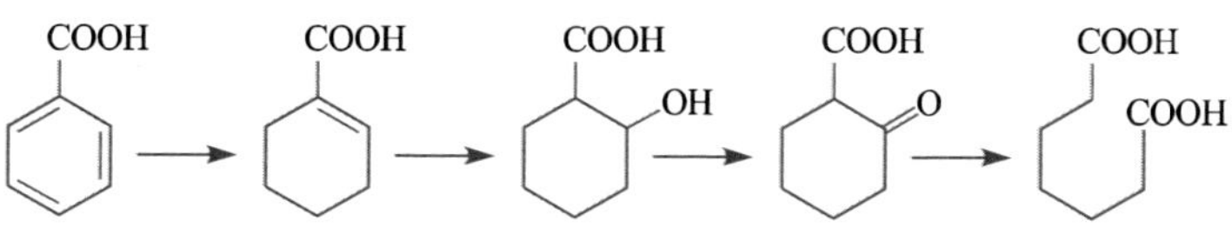

그림 9.13 *Rhodopseudomonas palustris*에 의한 벤조산의 혐기성 분해경로

9.3 수환경에서의 생분해

9.3.1 저기질농도에서 세균의 물질대사

폐수처리 시설과는 달리 많은 자연수는 매우 소량의 유기물을 포함하며, 이에 따라 낮은 미생물 밀도를 갖는다. 만일 특별한 화합물의 생분해가 일어나면 그것은 흔히 심한 영양소 제한 조건하에서 진행되며 낮은 제한 영양소(limiting nutrients) 농도에서는 매우 낮은 속도의 생장만이 있을 것이다. 결론적으로 많은 오염물질은 서서히 분해되는데 이는 그러한 체제에서 에너지 유입이 미생물 개체군의 유지에 불충분함을 의미한다. 그 이하에서는 생존 개체군이 유지될 수 없는 기질농도에 대한 최저 역치값의 개념이 발전되어 왔다. 실험적으로 호기성 조건하에서 그러한 최소한의 역치값(threshold)은 전형적으로 0.1~1mg/L 범위에 놓인다.

매우 낮은 기질농도에서 경쟁하는 생물체는 그들의 물질대사가 만일 기질 이용을 위한 고친화성(예, 매우 낮은 K_s) 체제로 전환될 수 있으면 더욱 효과적일 것이다. 사실 몇 가지 생물체가 높고 낮은 K_s 체제를 같이 소유하고 있다는 증거가 있다. 그럼에도 불구하고 일부 화합물은 생장을 뒷받침하기에 충분한 농도로 존재하지 않으나 그것들은 다른 방법으로 분해될 수 있다.

9.3.2 공동대사

공동대사(cometabolism)나 공동산화(cooxidation)는 미생물이 생장을 위하여 동화할 수 있는 탄소나 에너지 또는 다른 영양물질을 얻지 못하면서 특별한 화합물을 부분적으로 변화시키는 물질대사이다. 이것은 일부 효소가 그들 기질에 대해 특이성이 낮아서 다른 화합물에 대해 작용할 수 있기 때문에 생물체가 주된 탄소원을 분해하는 데 수반되어 일어나는 것으로 생각되며 매우 서서히 진행된다. 부분분해된 물질은 본래의 물질을 분해하지 못하던 다른 미생물에 의해 완전히 분해될 수도 있다. 공동대사는 환경에서 특히 더 분해하기 어려운 포화고리 탄화수소(alicyclic) 화합물의 분해를 위한 중요한 경로가 되며 그것은 또한 농약 분해를 위해서도 중요하다. 2,4,5-T와 2,3,6-trichlorobenzoic acid는 둘 다 공동대사될 수 있다. 혼합배양에 의한 공동대사는 이전에 난분해성으로 간주되었던 화합물의 광범위한 분해가 일어날 수 있다는 제안을 입증할 수 있다. 그러나 자연환경에 있을 때보다 실험실 배양에서 이들 일부 화합물의 공동대사를 입증하는 것이 훨씬 더 쉽다.

단일 탄소원으로 작용할 수 없으며, 생분해능을 평가하기 위하여 현재 사용되는 몇 가지 시험에서 부정적 결과를 갖는 것이 공동대사되는 화합물의 명백한 특징이 된다. 공동대사가 일어나는지 여부는 사용되는 주된 기질에도 의존된다. 만일 공동대사적 전환에 관여하는 효소들이 지속적으로 생성되는 구성효소(constitutive enzymes)라기보다 오히려 경우에 따라 생성이 유도되는 유도효소(inducible enzymes)라면 유도물질(inducer)이 공동대사가 일어나기 위해서 존재해야만 한다.

9.3.3 생분해능 시험

수환경으로 방출되는 화학오염물질의 영향은 그 농도에 크게 의존하며 그것은 다시 분해되는 비율에 의해 결정된다. 물속에서의 생분해는 중요한 경로이며 화학물질의 수적 증가만큼이나 다양한 시험이 그것들을 정량화하기 위해 개발되어 왔다. 일상적으로 사용되기 위해서 이들 시험은 빠르고 단순해야만 한다. 경제협력개발기구(OECD)는 신속적 생분해능(ready biodegradability)과 본질적 생분해능(inherent biodegradability) 시험의 2가지 주요 범주에 들어가게 되는 여러 가지 환경에서의 생분해능 시험을 추천하였다. 폐수처리 조건의 모방을 포함하는 제3의 시험은 제15장에 자세히 설명되었다.

(1) 신속적 생분해능

쉽게 생분해될 수 있는 물질은 시험 접종물에 의해 단일 탄소와 에너지원으로 사용될 수 있으며 그것은 시험개시 28일 이내에 많이 분해된다. 적절한 세균을 접종하고 희석된 시험 혼합물을 함유하고 있는 영양물질과 무기염류 용액이 들어있는 밀폐된 병에서 용존산소 농도의 감소를 측정하는 면에서 일부 시험은 제5장에서 설명한 BOD시험과 유사하다. 다른 시험들은 통기된 시험 혼합액으로부터 생성되는 이산화탄소의 측정을 수반한다. OECD는 5개의 신속한 생분해능 시험에 구체적인 항목을 부여하였다. 이들 모두의 공통된 특징은 비록 일단 분해가 시작되면 통과수준(pass level)은 10일 이내에 도달되어야 하지만 시험 개시 후 28일 이내에 통과수준에 도달되어야만 한다는 것이다.

변형된 AFNOR(프랑스표준협회, Association Française de Normalisation) 시험은 40 mg/L(탄소량)의 시험용액 농도에서 용존 유기탄소(dissolved organic carbon, DOC)의 감소를 측정하는 것이다. 통과 수준은 70% DOC 감소이며 접종물은 적어도 mL당 10^5의 세균수를 포함하는 세 가지 시료의 오염된 지표수로부터 만들어진다. 세포들은 0.22μm 공극의 여과막상에서 수집되어 mL당 $(5\pm3)\times10^7$의 최종농도로 재혼합된다. 접종물의 적절한 활성은 포도당의 분해에 의해서 검사되는데 포도당의 80%는 7일 이

내에 분해되어야 한다. 포도당 분해는 또한 시험 화합물이 저해물질인지 조사하기 위하여 사용한다. 멸균된 대조구(control)도 시험에 포함된다. 변형된 Sturm시험은 이산화탄소가 없는 공기로 통기되는 10~20 mg/L의 시험 화합물용액으로부터 이산화탄소 생성 측정에 근거를 둔다. 통과 수준은 이론적 이산화탄소 생산의 60% 수준의 생성이다. 이산화탄소는 barium hydroxide 용액에서 불용성 barium carbonate로서 포획되며, 나머지 barium hydroxide는 산 적정에 의해 측정된다. 사용된 접종물은 산업 폐수에 노출되지 않은 상태로부터 얻어지는 활성슬러지를 혼합시킨 후 침전시켰을 때 얻어지는 상등액이다.

변형된 MITI시험은 일본에서 개발된 방법으로 DO 전극(dissolved oxygen probe)이 장치된 폐쇄 체제에서 BOD의 감소를 측정하는 것이다. 사용된 접종물은 아주 다른 위치에서 채취된 혼합시료로부터 얻어진 대충 여과된 활성슬러지의 상등액이다. 60% BOD 감소가 통과 수준인 이 시험은 BOD시험과 매우 유사하다. 시험재료는 2내지 10 mg/L 정도가 사용된다. 사용된 접종물은 동량의 대충 여과된 정원토양 현탁액과 하수방류수와 실험실 규모의 활성슬러지 모형으로부터의 방류수의 혼합액을 사용한다.

변형된 OECD시험은 어둠 속에서의 포기 동안 5~40 mg/L(탄소) 사이의 시험물질의 궁극적 생분해능(ultimate biodegradability)을 측정하기 위하여 유사한 접종물을 이용한다.

이들 기법의 표준화는 접종균주의 질과 기능이 다양하기 때문에 어렵다. 비록 참고물질이 추천되지 않았지만 접종 기능을 검사하기 위해서 아닐린, 아세트산염, 혹은 벤조산염을 사용한다.

(2) 본질적 생분해능

본질적 생분해능을 위한 시험들은 물질이 생분해를 위한 어떤 잠재력을 갖는지를 위하여 계획되었다. 본질적 생분해능 시험에서 얻어지는 부정적인 결과는 때때로 그 물질이 수환경에서 지속된다고 가정할 수 있다는 것을 의미한다. 20% 이상의 분해 수준은 본질적인 일차적 분해능의 증거로서, 그리고 70% 이상의 광물화(mineralization)는 궁극적인 분해의 증거로서 간주될 수 있다.

변형된 SCAS시험은 충진/방류(fill and draw) 방식의 활성슬러지 체제를 이용하는데 23시간 동안 포기하고 가라앉게 하여 상등액은 침전된 가정하수로 대체한다. 이 시험은 한 단위(unit)는 대조구(control)로, 다른 것은 DOC로 20 mg/L 농도의 시험물질을 포함하여 동시에 실시한다. 이 시험은 적어도 12주 동안 실시한다. 변형된 Zahn-Wellens 시험에서 활성슬러지(0.2~1.0 g/L)는 28일 동안 DOC로 50~400 mg/L 농도의 시험물질을 포함하는 영양물질과 미량원소의 용액에서 포기시킨다. 변형된 MITI (Ⅱ)시험은 신속한 생분해능을 위한 동등한 시험과 유사하며, 이는 전통적인 BOD시험과 매우 유사하나 100 mg/L 농도의 활성슬러지를 접종물로 사용한다.

9.4 비균질환경에서의 분해

이전의 단원에서 자세히 설명했던 생분해능 시험은 효과적인 회분식 배양(batch culture)으로, 그 시험은 비교적 높은 기질농도와 낮은 생물량 농도로 시작하여 기질이 고갈되었을 때 끝난다. 그러나 이러한 상황은 자연환경에서 드물게 일어난다. 미생물학자들은 연속배양(continuous culture) 방법을 이용하여 안정상태의 생물량과 기질농도가 균일하게 각각 높고 낮은 미생물 생태계 범위의 양 극단에서와 같은 완전 균일조건을 모방할 수 있다. 환경상황은 회분식 배양보다는 연속 배양과 더 유사하다. 그러나 또한 그 어느 것도 닮지 않은 상황이 있으며 이들은 크게 비균질 환경(heterogeneous environment)이라고 할 수 있다. 그들은 공기/물, 물/고체 하층(substrate), 층상화된 호수에서의 층, 혹은 용질구배 같이 점진적으로 변화하는 조건 같은 불연속의 접촉면을 포함한다. 후자의 좋은 예는 염소 구배가 있는 하구에 생긴 상황이다.

비균질 환경의 재생을 위한 실험실 배양기법은 잘 발달되지 않았다. 그러나 최근에 다단계 이방향 물질환경조절장치(bidirectional chemostat)가 개발되었다. 이것은 폭포를 이루는 몇 개의 혼합 반응조(stirred reactor)(예, 5~6개)로 구성되며, 제1의 반응조는 제2의 반응조로 넘치고 그것은 다시 제3의 반응조로 넘치는 방식으로 이루어진다. 또한 각 반응조로부터의 배양액은 폭포 같은 순서 바로 이전의 반응조로 거꾸로 이송되어 온다. 새로운 배양액은 배열의 한쪽 끝이나 양쪽 끝의 장치로 들어갈 수 있으며 남은 배양액은 넘치거나 한쪽 또는 양쪽에서 퍼내게 된다. 만일 그 장치가 폭포 모양(cascade)의 한 끝에 용매가 첨가되고 양쪽 방향에서의 동일한 유속(flow rate)으로 작동된다면 안정된 용질구배는 다음의 관계에 따라 형성된다.

$$X_n = \frac{(N+2)a-b}{N+1} + \frac{(n+1)(b-a)}{N+1} \tag{9.1}$$

여기서, X_n은 n번째 용기에서의 용질의 농도이다. N은 용기의 수이며 a와 b는 각 저수조에서의 다른 용질의 농도이다. 이런 장치는 gradostat라 하며 그 모식도는 그림 9.14에 있고 그림 9.15는 용질농도의 구배이다.

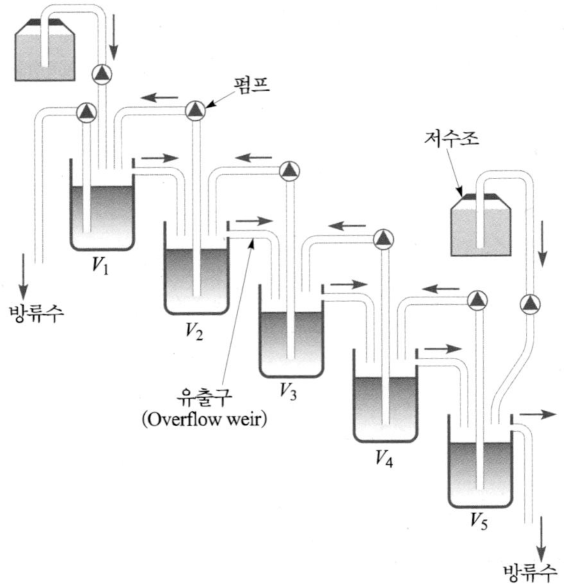

그림 9.14 gradostat의 모식도

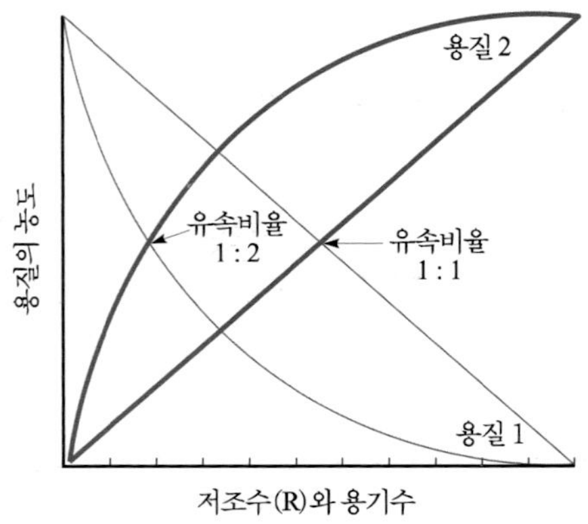

그림 9.15 gradostat에서 용질농도의 구배

9.5 미량 중금속 순환에서의 미생물의 활성

미생물학적 과정은 중금속의 순환에서 중요한 특징을 가지고 있다. 많은 금속은 물에서의 용해성과 입자성 유기물과 관련이 있다. 이 물질은 점진적으로 퇴적물 속으로 들어가게 된다. 미생물은 다양한 방법으로 이들 퇴적물에 작용할 수 있다. 그들은 유기물을 분해할 수 있으며, 그로 인해 금속이온이 결합에 영향을 미치고 그들은 물리화학적 조건 (예, pH와 산화환원 전위)을 변하게 할 수 있으며 따라서 금속이온의 용해도에 영향을 미친다. 또 그들은 어떤 무기금속을 유기금속화합물로 전환시킬 수 있다.

어떤 유기화합물, 즉 자연적으로 생겨나는 것(예, fulvic acid와 humic acid)과 인위적인 것(예, nitrilotriacetic acid, NTA)은 복합화(complexation)나 킬레이트화(chelation) 반응에 의해서 매우 강하게 중금속과 결합한다. 경도(hardness)에 관여하는 NTA의 경우에 킬레이트화 과정은 물에서 금속이온의 이동을 증가시킨다. NTA는 그 금속들이 폐수처리과정에서 침전가능한 슬러지 부분에 결합하는 것을 막으며, 이미 폐수 슬러지와 강 그리고 호수 침전물에 결합된 금속들은 재용해할 수 있다. 폐수처리와 지표수에서 꽤 빠르게 분해되면 중금속 용해력과 이동성에 대한 NTA의 영향은 명백히 감소된다. 비록 NTA가 활성슬러지 과정에서 분해되는 것이 발견됐다 하더라도 이 과정에 의해서 완전히 제거될 수는 없다. 더욱이 그러한 체제로 NTA가 도입되더라도 때로는 분해 개시 전에 30일 이상의 적응(acclimatization) 시간이 필요하다. 생분해 시험은 또한 일치하지 않는 결과도 가져온다.

금속순환에 기여하는 미생물 작용의 두번째 종류는 산화환원 대사이다. *Thiobacillus* 속의 세균은 독립적 생장을 위해 에너지를 얻는 수단으로 원소상의 황과 황화물을 황산으로 산화할 수 있다. 이들 생물체는 매우 높은 산성 환경에서 존재할 수 있으며, 산의 일부는 세균 자체에 의해서 생성된다. 이를 나타내는 간단한 방법은 다음과 같다.

$$2S + 2H_2O + 3O_2 \rightleftharpoons 2H_2SO_4$$

*T. ferrooxidans*는 또한 산성조건하에서 제일철 이온(ferrous ions)을 산화할 수 있다.

$$4Fe_{2+} + O_2 + 4H^+ \rightleftharpoons 4Fe^{3+} + 2H_2O$$

중금속(예, 아연)은 다음 형태의 반응에 의해 불용성 황화물의 침전으로부터 용출될 수 있다.

$$ZnS + 8Fe^{3+} + 4H_2O \rightleftharpoons Zn^{2+} + SO_4^{2-} + 8H^+ + 8Fe^{2+}$$

미생물을 이용한 금속의 회수는 17.3절에 자세히 설명되어 있다.

Hg^{2+} 이온은 *Pseudomonas* 같은 생물체에 의한 효소학적 반응에 의해 환원조건에서 금속성의 수은으로 환원될 수 있다. 이는 또한 무독화 기작으로서 간주될 수 있다. 왜냐하면 Hg^0는 그것의 휘발성의 결과로 수계로부터 제거될 수 있기 때문이다.

미생물이 금속순환에 영향을 줄 수 있는 세 번째 방법은 금속의 메틸화이다. 수은은 매우 독성이 높은 중금속의 하나이며, 일부 세균의 수은 메틸화(methylation) 능력은 무독화(detoxification) 기작으로서 알려져 왔다. 메틸수은은 그것을 형성하는 미생물에 의하여 분비될 수도 있다.

수은은 메탄생성 고균(methanogenic archaea)의 추출물에서 메틸코발라민(methylcobalamin, Vitamin $B_{12}-CH_3$)으로부터 메틸기의 전달에 의해 메틸화될 수 있다. 사실상 수은의 미생물학적 메틸화는 호기적과 혐기적으로 모두 일어날 수 있다. 메틸화의 주된 산물은 모노메틸수은(monomethyl mercury, CH_3Hg^+)이지만 약간의 다이메틸수은[dimethylmercury, $(CH_3)_2Hg$]도 형성된다. 일부 생물체들은 또한 모노메틸수은을 탈메틸화(demethylation)시킬 수도 있으며 그 과정에서 원소상의 수은도 형성된다. 메틸수은화합물은 그들의 지방친화성으로 어류와 패류의 조직에 축적되기 때문에 특별히 관심의 대상이 된다. 1950년대 일본에서 일어났던 미나마타 병

(Minamata disease)은 금속 수은보다 100배 이상 독성이 강한 유기수은에 오염된 어패류의 섭취에 의해 일어난 병이다. 환경에서 무기와 유기수은의 순환은 그림 9.16에서 보이며 그것은 세균에 의한 전환의 중요한 부분이 된다.

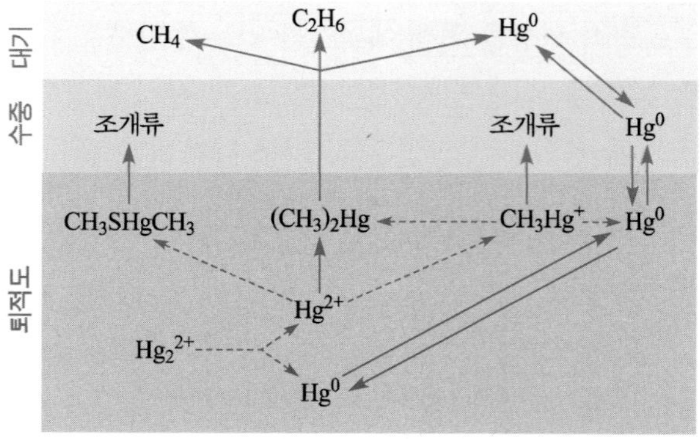

그림 9.16 **환경에서 수은의 순환**

생물메틸화(biomethylation) 과정은 수은에 국한되지 않는다. 비소, 셀레늄, 납 그리고 주석의 휘발성 메틸화합물도 형성될 수 있다. *Pseudomonas* 균주들이 또한 이들 과정에 관련된다.

9.6 부영양화

호수나 강 같은 건강하고 자연적인 수서생태계에서 균형된 조건으로 함께 존재하는 3가지 주요 생물학적인 요소가 있다. 이들은 생산자(producer), 소비자(consumer) 그리고 분해자(decomposer)이다. 생산자는 녹색식물, 조류와 광합성세균 그리고 남세균을 포함한다. 소비자는 초식성 수서동물과 이들을 포식하는 육식동물을 포함한다. 소비자가 죽어 부패되었을 때 이는 분해자를 위한 먹이로 제공되며 광물화 과정에 의해서 다시 일차 생산자가 이용할 수 있는 영양소가 된다. 전체 순환과정은 태양에너지에 의하여 움직이며 영양물의 이용에 의해서 조절된다.

9.6.1 제한 영양물질

어떤 체제에서 제한 영양소(limiting nutrients)는 생물량의 계속되는 생장에 제한을 주는 것이다. 이 개념은 이미 제8장에서 설명된 바 있다. 폐수처리 과정에서 (그리고 실험실 세균배양에서 의도적인 경우에) 탄소는 궁극적으로 제한 영양소가 될 수 있다. 예를 들면, 생활하수의 C : N : P 비율은 20 : 19 : 1인데 조류의 원형질에서 원소비율은 약 101 : 16 : 1이다. 자연 육지수에서 조류의 생장을 제한하는 영양소는 대부분 인(phosphorus)이다. 이산화탄소는 질소와 같이 대기로부터 충분히 공급되며, 조류는 직접 탄소를 고정할 수 있다. 일부 호수에서는 광합성 세균 내의 질소의 약 50%가 대기로부터 직접 고정된다. 그러나 해양환경에서는 질소가 제한 영양소로 작용할 수 있다.

9.6.2 부영양화의 원인

부영양화(eutrophication)는 물에서 영양소의 농화(enrichment) 현상인데 이로 인해 광합성 생물체의 생장이 왕성해지고 그 영향을 받은 물의 생태학적 균형상에서 파생되는 효과 때문에 수질의 저하가 발생한다.

부영양화는 민물에서 흔히 오르쏘인산(orthophosphate, PO_4^{3-})농도의 증가에 의하여 일어나는데 이것은 여러 가지 이유에서 일어날 수 있다. 인산은 점원(point source)과 비점원(non-point source)에서 모두 생겨날 수 있다. 대부분의 주요 점원은 폐수처리 시설로부터의 방류수이다. 폐수처리에서 일부 세균에 의한 인산의 "과다 흡수(luxury uptake)"를 통하여 제거되는 과정이 이미 설계됐다 하더라도(제13장 참조) 이들 체제는 탄소가 제한되어 있기 때문에 효과적으로 인을 제거할 수 없다. 생하수는 때로 삼인산화염(sodium triphosphate, STPP) 같은 농축인산을 포함한다. 이전의 많은 합성세제는 '연마제'로서 작용하는 STPP를 상당한 농도로 포함하는데 이것은 경도 이온인 칼슘과 마그네슘을 격리시켜서 세탁물에 불용성 찌꺼기의 축적을 막음으로써 계면활성제의 효과를 증진시킨다. STPP는 폐수처리에서 오르쏘인산으로 빠르게 가수분해된다. 세제에서 STPP의 사용이 제한되지 않는 곳에서는 폐수처리 방류수 내의 인산의 30% 이상이 세제의 사용으로부터 기인한다고 알려져 왔다. 부영양화를 일으키는 이러한 문제는 세계 도처에서 세제의 STPP 조절을 위한 법적 규정을 만들어 현재는 합성세제에 STPP를 사용하지 않는다. 그러나 세제는 부영양화를 일으키는 유일한 원인이 아니다. 민물에서 인의 다른 주요 공급원은 농경배수(agricultural runoff)와 인산의 채광을 포함한다.

이용가능한 인 농도의 비교적 적은 증가도 조류 생산력에 매우 커다란 효과를 가져올 수 있다. C : N : P의 비율이 101 : 16 : 1인 조류의 원형질은 이용가능한 인 매 1mg/L 당 조류의 건조중량 100mg/L 이상의 증가를 의미한다.

부영양화를 개시하는 인산의 농도는 불확실하다. 조류의 생장 때문에 야기되는 문제는 지표수에서 0.01mg/L만큼 낮은 인의 수준과 관련이 있다. 북미의 오대호(Great Lakes) 같은 부영양화가 이미 문제된 곳은 폐수 방류수의 화학적 처리가 그러한 낮은 인의 수준을 유지하기 위하여 필요하다.

9.6.3 부영양화의 영향

(1) 호수 성층

깊은 호수에서 부영양화의 영향은 온도 성층(thermal stratification) 현상과 밀접한 관계가 있다. 이 현상은 물이 4℃에서 액체지만 가장 밀도가 높다는 사실 때문이며 연못이 표면에서 아래쪽으로 어는 이유가 되기도 한다. 여름에 호수 표면의 물은 데워지며 그것이 따뜻해짐에 따라 호수의 아래쪽에 층을 형성하는 4℃의 찬물보다 낮은 밀도를 갖는다. 통상 몇 미터 깊이의 표면층은 표수층(epilimnion)이라 부르며, 아래층은 보다 차가운 층으로 심수층(hypolimnion)이라 한다. 두 층 사이는 수온약층(thermocline)이나 metalimnion이라고 부르는 전이지역(zone of transition)이며 여기서 매우 작은 깊이변화에도 심각한 온도변화를 일으킨다. 이것은 표수층과 심수층 간의 물질의 교환을 막는 일종의 장애로서 작용한다.

가을에 표수층이 식어서 4℃에 도달할 때 호수는 전체가 등온이 되며 혼합이 일어날 수 있는데 이를 가을철 전도 또는 혼합(autumn turnover)이라 부른다. 호수의 표면이 4℃ 이하로 차가와짐에 따라 호수는 다시 층상화되는데 표면 가까이의 밀도가 낮은 물이 4℃의 밀도가 높은 아래층 물보다 더 차가와진다. 봄에 표면층은 따뜻해지며 또 다른 혼합이 호수가 등온이 됨에 따라 일어난다. 만일 겨울이 특별히 춥지 않다면 두 번이 아니라 1년에 단 한 번의 혼합이 일어난다.

수온약층은 광합성과 파도의 작용으로 용존산소가 풍부한 상부 표수층으로부터 심수층으로의 용존산소의 이동에 장애로서 작용한다. 따라서 부영양화로 인해 표수층에서 생산성이 높을 때 호수의 거의 전체부피를 차지하는 심수층은 완전히 혐기성 조건이 된다.

(2) 생물학적 영향

오염된 생태계에서 가장 초기에 인식할 수 있는 영향 중의 하나는 존재하는 종 수의 점진적인 감소이나 어떤 종의 개체수는 크게 증가한다. 이 결과로 먹이연쇄는 짧아지고 덜 복잡해지며 그 군집은 일반적으로 불안정해진다.

부영양화된 호수와 강에서 우세한 미생물은 각각 다르다. 강에서는 사상체의 거대한 조류인 *Cladophora*가 빠르게 자라나서 문제를 야기한다. 호수에서는 빈영양적 조건(oligotrophic conditions)에서 규조류나 녹조류의 통상적인 우세는 물이 부영양화될 때 남세균으로 변화한다. 이들 생물체는 기체소낭(gas vacuole)을 갖고 있는데 이는 생물체를 뜨게 하여 수화(水華) 또는 '조류 대발생(algal bloom)'이라고 하는 조류의 밀집된 표층을 형성한다. 이들 생물체의 부상하는 능력은 호수에 이미 존재하는 성층을 강화시킨다. 용존산소 수준은 호흡과 광합성과의 균형에 의존한다. 상층에서 낮 동안의 광합성 활동은 긍정적인 산소균형의 결과를 가져오나 밤에는 호흡이 산소를 고갈시켜 무산소 조건이 일시적으로 우세해진다. 빛 세기가 표면에서의 값의 1% 이하로 떨어지는 깊이 아래서 호흡은 항상 광합성을 초과하며, 호수가 온도에 의해 성층이 일어나면 심수층은 혐기성이 되고 혼합 때까지 그대로 남게 된다.

표수층에서 왕성한 광합성은 매우 높은 pH의 증가를 야기할 수 있는데 이는 용존 이산화탄소의 제거와 수산기(hydroxide)를 형성하기 위하여 수화되는 불용성의 탄산을 형성하기 때문이다.

$$2HCO_3^- \rightleftharpoons CO_3^{2-} + CO_2 + H_2O$$
$$CO_3^{2-} + H_2O \rightleftharpoons CO_2 + 2OH^-$$

수산이온의 농도는 어류집단을 치사시킬 수 있는 수준인 10^{-3}M(pH 11)에 도달할 수 있다.

'Bloom'의 존재하에서 조류의 죽음과 분해과정이 계속되어 조류 생물량은 수온약층을 통과해 심수층으로 가라앉고 그에 따라 엄청난 산소요구가 생기게 된다. 심수층이 혐기성 조건이 됨에 따라 환원된 무기물, 황화물, 암모니아 그리고 메탄이 형성된다. 호기성 식물상과 동물상은 사라지며 훨씬 다양성이 줄어든 개체군들이 남게 된다. 장기적으로 조류 사체 분해로부터의 침전물질의 축적은 너무 커져서 호수가 가득 채워져 얕은 호수는 결국 사라지게 된다. 침전물은 또한 인산의 저장소로서 작용할 수 있다. 심수층의 호기성 조건하에서 존재하는 철은 제이철 이온(ferric ion)으로 산화되며 그것은 인산과 함께 불용성의 염을 형성하고 그 염은 다시 퇴적층의 호기성 상부층과 연관된다. 표수층으로부터의 조류 사체 유입의 결과로서 일어나는 심수층에서의 산소고갈로 철은 제일철 이온(ferrous ion)으로 환원되어 다음 혼합이 일어날 때 조류가 이용할 수 있는 가용성의 인산을 방출한다.

많은 조류와 남세균은 물을 직접 마시는 어류나 가축에게 직접적인 효과를 미치는 독소를 분비하는데 조류의 독소는 몇몇 국가에게 사람과 동물의 질병과 결부되어 왔다.

위장병과 알레르기 반응의 증후들은 용수원에서 남세균 *Microcystis*와 *Anabaena*종의 성장 후에 관찰되곤 하였다. 쌍편모조류의 일부는 강력한 독소인 saxitoxin이나 verotoxin을 생성한다. 남세균이 대발생하면 간과 신경을 손상시키고 위장장애를 일으키는 독소가 생성될 수 있다. *Microcystis*는 전 세계적으로 가장 흔한 독소생성 남세균으로 간독소(hepatotoxin)인 microcystin을 생성한다. 다른 독소생성 속으로는 *Anabaena*와 *Aphanizomenon*, *Alexandrium*, *Cylindrospermopsis*, *Nodularia*, *Nostoc*, *Oscillatoria*가 있다. *Anabaena*는 신경독소인 anatoxin을 생성한다. 간독소는 가축과 야생동물에게 무력감, 식욕부진, 간 손상을 일으키는데 독소에 노출되면 수 분에서 수 일 내에 죽을 수 있다. 신경독소(neurotoxin)는 경련, 근위축, 간질을 일으키고 사망을 초래할 수 있다. 남세균이 대발생한 물을 마신 사람에게 나타날 수 있는 증상과 징후로는 어지러움과 두통, 근육경련, 메스꺼움, 구토, 위장염, 폐렴이 있으며 독소에 장기간 노출되면 간암이 발병할 수도 있다.

우리나라의 남해안에서 발생하는 적조는 여러 쌍편모조류 (또는 와편모조류)들이 일으켰는데 1989년 이후에는 매년 여름에 *Cochlodinium polykrikoides*가 대발생을 하고 있다. 이 조류는 독소를 생성하지는 않지만 점액물질을 분비하여 어패류의 아가미를 덮어 질식사를 유발한다. 이로 인해 양식장 어류의 떼죽음을 일으켜 양식 어민들에게 매우 큰 경제적 피해를 미치고 있다.

(3) 사회경제적 효과

부영양화된 물은 미적으로 불쾌하고 식물생장과 토사가 배의 운항을 방해하고, 낚싯거리가 감소하고 질이 떨어지게 되며, 수영객의 건강에 위협이 되므로 물의 위락적 가치가 크게 떨어진다. 심각한 경제적 효과도 일어난다. 부영양화된 물이 음용수원으로 공급되면 처리가격은 올라간다. 물의 여과처리 시 조류 생물량(algal biomass)은 물리적으로 여과재를 막으므로 더욱 자주 청소하거나 교체해야 한다. 물은 조류에 의해서 분비되는 감각기관을 자극하는(organoleptic) 화합물 때문에 먹지 못하게 될 수도 있다. 이런 물의 화학적 처리 시 원치 않는 물질의 효과적 제거를 위하여 보다 높은 화학물질의 투여율을 요구하게 된다.

상수원수에서 남세균의 대발생 시 수돗물과 관련된 가장 흔한 불만사항은 맛과 냄새이다. Geosmin과 2-methyl isoborneol(MIB)은 각각 1.3~10과 6.3~29 mg/L 농도에서도 냄새를 유발한다. Geosmin 냄새는 흙냄새로 묘사되며, MIB 냄새는 곰팡이 냄새 혹은 장뇌 냄새로 묘사된다. MIB과 geosmin의 농도는 대체로 여름과 가을에 가장 높다. Geosmin은 *Oscillatoria*, *Anabaena*, *Lyngbya*, *Phormidium*, *Symploca*, *Aphanizomenon*

과 *Fischerella*를 비롯한 여러 남세균에 의해 생성된다. *Lyngbya*와 *Oscillatoria*, *Phormidium*은 MIB을 생성하는 가장 흔한 속이다. *Diplocystis*와 *Schizothrix*의 몇몇 종도 이취미를 유발한다. *Microcystis*는 특히 대발생 후의 분해과정에서 황화합물의 역한 냄새를 방출한다.

9.6.4 부영양화의 제어

부영양화 현상의 제어에는 여러 가지 접근방법이 있는데 영양염류 유입의 차단 또는 감소, 이미 존재하는 영양염류의 제거, 그리고 부영양화 결과로 인한 수중식물 생장의 억제 등이 있다. 가장 효과적인 것은 조절가능한 부영양화 원인을 처리하는 방법인데 영양염류의 유입을 막는 것으로 기본적인 문제를 해결하고 장기간에 걸쳐 시행하는 매우 안정된 전략이다. 다른 방안은 부영양화의 증상을 처리하는 것으로 비용이 매우 많이 들지만 영양염류의 유입을 감소시킬 충분한 계획을 세울 수 없거나 어려울 때 사용된다. 이 방법은 부영양화 정도와 증상을 감소시킬 수 있으나 일시적인 효과만을 갖는다.

(1) 영양물질 유입감소

① 생태학적 관리방법

가장 근본적인 부영양화 제어 방법으로는 생태학적 관리(ecological management)가 있는데, 이는 부영양화의 원인이 되는 영양물질이 수계(water system)로 유입되는 것을 차단하는 것이다. 수계 주변의 경작지에 과도한 비료살포를 금지하며, 축산 폐기물의 무단 방류의 통제 및 합성세제 등을 포함하는 도시하수의 배출을 막거나 배출기준을 강화하는 것이 부영양화를 조절하는 데 적절한 방법이다. 우리나라에서는 내수면 가두리 양식장에서의 사료 과잉공급으로 인한 수질오염을 통제하기 위해 1999년까지 모든 내수면 양식장을 폐쇄하였다. 한강수계에서는 '한강수계 상수원수 및 주민지원 등에 관한 법률'을 통해 수변구역을 지정하여 2002년부터 방류수의 BOD를 10 ppm으로 강화하였으나 강화된 배출기준에 질소, 인 같은 영양물질은 포함되어 있지 않아 그 효과가 그다지 크지 않을 수 있다.

대부분의 폐수 배출기준이 배출 후 자연환경에서의 자정작용을 감안한 수준의 농도로 규정되는 농도규제였는데 배출량이 많아질 경우 하천과 호수에서 전체 오염물질을 감당할 수 없게 된다. 그래서 수계에 유입되는 오염물질의 총량을 규제하는 총량규제가 우리나라에도 도입되었는데 금강, 낙동강과 영산강에서는 2004년부터 2010년까지 1단계, 2011년부터 2015년까지는 2단계 오염총량관리가 실시되었다. 한강수계는 서울, 인천, 경기도는 2013년부터 시행되었으나 상류지역인 강원, 충북, 경북은 2023년까지 총량관리가 유예되었다.

② 유입물의 조절

인위적 부영양화를 억제하기 위하여 영양분의 유입을 막아야 하는데 토사에는 불용성 인산염을 포함한 다양한 영양물질이 포함되어 있다. 토사는 물을 더욱 혼탁하게 하여 광합성을 저해하고 수서생물에 침적되어 큰 악영향을 미치며 인산염은 점차로 물에 농축되므로 부영양화를 막기 위하여 토사가 수계로 유입되는 것을 막는 것은 중요한 일이다. 우리나라에서는 근래 고랭지 밭에서 집중호우 시 다량의 토사가 유출되어 하천에서의 탁수현상이 심각하여 상수처리에 문제를 일으키고 있다.

③ 고도처리방법

현재 우리나라의 대부분 하수처리장에서는 생물학적 2차 처리만을 하기 때문에 유입폐수에 들어있는 영양염류의 1/2내지 2/3가 방류수에 녹아있는 상태로 섞여 나오게 되며, 따라서 하수종말처리장이 큰 점오염원의 역할을 하게 된다. 2차 처리 후 문제가 되는 영양물질을 제거하기 위하여 폐수를 처리하는 방법으로 고도처리(advanced treatment) 또는 3차 처리(tertiary treatment)가 있다. 고도처리는 영양물질의 일부 혹은 전부를 제거하는 방법으로 주된 목적은 질소나 인의 제거이다. 부분적인 처리방법으로는 탈질화세균을 이용한 질산염의 질소가스화(탈질화)에 의한 질소제거와 석회석 여과시설을 통과시켜 형성되는 인산칼슘을 침전화시키는 인 제거방법이 있다. 영양물질의 완전처리는 수계가 포함하는 모든 음이온을 제거하는 방법으로 증류법, 전극분해법, 역삼투압법 등이 있다. 이 방법은 효과적이기는 하나 규모가 큰 지역에서는 비용이나 시설 때문에 사용이 곤란하다.

④ 수류전환

이 방법은 미처리 폐수와 폐기물 또는 하수처리장에서 나오는 영양염류가 많이 잔류하는 방류수를 하류로 돌리는 것으로 이미 부영양화가 진행된 수체에는 매우 효과적일 수 있다. 그러나 이 방법은 근본적으로 영양염류를 제거하는 것이 아니며 영양물질을 다른 수계로 이동시키는 것이다. 따라서 이 방법은 지역적 또는 국가간 문제를 야기시킬 수 있다. 우리나라에서도 낙동강 중상류의 하수를 남해로 돌리는 방안이 강구된 적이 있으나 부산 연안의 오염 우려 때문에 시행되지 못했다.

(2) 수계 내 처리방법

부영양화 정도 및 증상을 감소시키기 위해 수계에서 직접 적용하는 방법들로 일시적으로 부영양화 현상을 제어할 수 있다. 그러나 영양물질의 차단보다는 효과가 적으며 또한 여러 가지 문제점들을 일으킬 수 있다(표 9.3).

표 9.3 **부영양화 제어방법의 문제점들**

방법 \ 문제점	냄새	물고기 폐사	독성조류 발생	수영 부적당	낚싯거리 감소	대형수초 대량발생	상수원 부적당	조류 과다증식
준설		○			○			○
심층수 폭기	○	○		○			○	
영양염류 불활성화				○	○	○		○
순환의 변화		○	○					○
살조제 투여			○				○	
생물학적 처리			○	○		○		○
희석 및 교환	○	○			○		○	○
심층수 방류	○	○			○			
수위 저하	○					○		○
수초제거 및 수확			○	○				
저질토 포장	○	○						○

① 화학적 처리

농작물 재배에서 제초제는 잡초를 없애기 위해 쓰이는 화학물질로서 부영양화의 원인이 되는 조류와 저서 식생도 제거시킬 수 있다. 실제로 1960년대와 1970년대에 수천 톤의 화학물질이 연못과 호수에 뿌려졌다. 플랑크톤성 조류, 특히 남세균은 생물 가운데 저항성이 가장 큰 생물이었으므로 이들을 조절할 정도의 화학물질은 물속의 다른 생물들도 죽일 수 있다. 살조제(algicide)로 작용하는 화학물질의 남용은 다른 수초들이나 동물에게도 해를 미치게 된다. 황산구리($CuSO_4$)는 용수 공급지에서 조류의 증식을 방지하기 위하여 흔히 사용되고 있는 물질인데 물에 사용하고 있는 구리는 모든 생물체에 대단히 해롭다고 알려져 있으며 수계에 오랫동안 잔류하므로 사용에 신중해야 할 것이다.

② 심층 폭기

부영양화된 호수나 연못에 인공적으로 공기를 불어넣는 기계적 통기장치는 용존산소를 높여주어 어류의 질식사를 막을 수 있으며 저질토(sediment)로부터 인이 용출되는 것을 감소시킨다. 호수나 연못 같은 제한된 수계에서 적용될 수 있는 부영양화의 조절방법으로 알려져 있으나 대형호수나 넓은 지역에서는 시행이 불가능한 방법이다.

③ 강제 순환

호수의 층상화에 의해 형성된 표수층, 수온약층 및 심수층의 성층(stratification)

을 물의 강제 순환을 통해 파괴시키는 것으로 이 방법은 각 층에 알맞은 조류의 생태환경을 인위적으로 파괴하여 조류의 생장조건을 교란시키는 방법이다.

④ 수초의 경작 및 수확

많은 양의 식물성 플랑크톤을 여과를 통하여 걸러내는 것은 플랑크톤에 의해 여과장치가 쉽게 막혀 효율적인 제거방법이 될 수 없다. 더욱이 우리나라의 팔당호나 이보다 훨씬 큰 미국의 Erie 호와 Chesapeake 만 같은 지역의 거대한 양의 물을 여과하는 것은 막대한 비용과 더불어 현실적으로 불가능할 것으로 생각된다. 부영양화된 지역에 경제성이 있는 부유성 또는 반수중 수초들을 경작하여 수중의 영양물질을 제거하고 수확된 수초들을 토양개량제나 가축의 사료로 이용하려는 시도는 유해물질이 없다면 매우 효과적인 부영양화 조절방법인데 부레옥잠, 갈대, 부들, 줄 등이 이용될 수 있다.

⑤ 영양염류 불활성화

수계에 철 또는 알루미늄 염을 첨가하면 용해성 인이 불용성 인산염이 되어 침전되는데 물에 잔류하는 첨가제가 수서생물에 독성을 나타낼 수도 있으며 침전물질에서 용해성 인의 재용출이 일어날 수도 있다.

⑥ 희석 또는 교환율 증가

영양염류 농도가 낮은 물을 끌어들여 수체의 물 교환율을 높이고 체류시간을 짧게 하여 생물체의 생장을 막는 방법인데 막대한 양의 깨끗한 물이 필요하다. 서울의 청계천처럼 최근 전국적으로 시행되고 있는 복개하천의 생태하천 조성사업에서 이 방법이 적용되고 있다.

⑦ 심층수 방류

일반적으로 호수에서는 표층의 생물량이 아래로 침전하여 분해되어 심층수에 많은 영양물질이 존재하므로 심층수를 방류하면 영양물질을 제거하는 효과가 있다. 그러나 심층수는 수온이 낮아서 냉수방류로 인해 하류지역에 냉해 및 오염 피해가 생길 수 있다.

⑧ 호수 수위 저하

호수 수위를 낮추어 저질토를 노출시켜 존재하는 영양물질을 산화시키고 부착조류와 수초를 죽게 만드는 방법이지만 연안의 다른 생물상들도 파괴될 수 있다.

⑨ 저질토 도포

호수 바닥의 저질토를 합성수지 등을 깔아 저질토에서 용출되는 영양물질을 물리적으로 차단하는 방법으로 저서생물(benthos)에 영향을 주고 비용이 매우 많이 들며 저질토가 다시 축적된다.

⑩ 준설

저질토에는 많은 양의 인, 유기물과 부식질 등이 퇴적되어 있으므로 이를 준설하여 제거하는 방법이다. 수계로부터 인을 근본적으로 제거하는 효과적인 방법이지만 비용이 많이 들 뿐만 아니라 준설 시 퇴적층 서식지가 사라지게 되며 부유물질로 인한 생물상에 미치는 영향과 준설한 저질토의 처리문제가 있다. 근래 우리나라의 4대강 사업에서 하상의 준설로 인한 생물 종의 감소가 논란이 되고 있다.

⑪ 생물학적 처리

조류나 수초의 생장을 다른 생물체들에 의한 포식 또는 기생을 이용하여 제어하는 방법으로 초식성 어류인 초어를 이용한 수초 제거와 동물성 플랑크톤을 이용한 식물성 플랑크톤의 제거 등이 있다. 그러나 수계에 외래의 생물종이 도입될 경우에는 생물군집에 교란이 일어날 수 있으므로 포식자나 기생체를 도입할 경우에는 신중해야 한다. 초어는 우리나라 고유종이 아닌 도입종인데 수계에서 활발한 번식은 일어나지 않는 것으로 알려져 있다. 조류바이러스(algal virus) 및 적조를 일으키는 쌍편모조류에 감염하는 세균인 *Vibrio*, *Cytophaga*, *Pseudomonas*, *Alcaligenes*, *Acinetobacter*와 남세균에 감염하는 cyanophage를 이용하는 방법도 연구되고 있다.

(3) 무대책 방법

무대책은 부영양화 해결을 위한 방안은 아니지만 수질의 유지 또는 회복에 경제가 감당할 수 없을 정도의 막대한 비용이 들 경우에 나올 수 있는 대책 또는 결과이다. 경기도에 있는 시화호가 그 대표적인 예가 될 수 있는데 본래 시화지구 간척사업의 일환으로 1994년 시화방조제를 건설하여 조성된 인공호수이다. 해수를 빼낸 뒤 담수호로 만들어 인근 간척지에 농업용수를 공급할 목적으로 개발되었으나 방조제 공사 이후부터 급속한 산업화와 인구증가, 산업 폐수 및 생활하수의 유입으로 호수의 수질이 심각하게 오염되어 농업용수로도 사용하지 못하게 되었다. 이에 따라 1998년 담수화를 포기하고 해수를 유통시켜 해수호가 되었으며 상류에 갈대습지공원을 조성하여 오염물질의 유입을 다소 저감시켰다. 새만금호 등 하구 간척지에서 조성되는 담수호의 수질악화는 강 상류의 수질관리가 어렵기 때문에 공통적으로 나올 수 있는 현상이다. 한편 영양염류가 많은 물을 어류양식이나 농업용 관개용수로 이용할 수도 있는데 중국이나 인도차이나 반도에서 많이 시행되고 있다. 이 방법은 경제적인 이득을 얻을 수 있는 부영양화 관리방법의 하나가 될 수 있다.

9.7 오염의 미생물학적 지표

지표생물(indicator organism)은 환경의 변화를 알려주는데, 물의 분원성 오염을 조사하는 데 중요하게 사용되며(제5장 및 제11장 참조) 또한 유기물질과 무기물질에 의한 오염의 지표로서 사용될 수도 있다.

수질의 전반적인 생물학적인 지표는 부패도(saprobity)의 관찰로부터 얻어질 수 있다. 만일 생분해가 가능한 물질을 포함하는 방류수가 지표수에 방출되었다면 유역 하류부분은 4개 지역으로 구분될 수 있다. 강부수성 구역(polysaprobic zone)은 방류지점 바로 아래의 지역이다. 분해는 매우 빠르며 용존산소의 고갈과 그에 따라 형성된 환원형 최종산물에 의해 혐기생물태(anaerobiosis)의 발달이 야기된다. 이 지역의 물은 전형적으로 매우 탁하다. 다음 구역은 알파-중부수성(α-mesosaprobic) 구역으로 불리는데 분해는 서서히 이루어지며 유리산소가 존재한다. 베타-중부수성(β-mesosaprobic)구역에서는 특히 부영양화된 물에서 낮 동안 유리산소가 풍부하다. 거기에는 단지 소량의 중합체 분해산물만 남아있으며 광합성은 재포기에 중요하게 기여한다. 마지막 구역은 빈부수성(oligosaprobic) 구역으로 전형적으로 용존산소 농도는 포화되어 있으며 광물화(mineralization)가 완료된다.

이들 각각의 구역은 특별한 구역에서만 예외적으로 존재하는 지표종(indicator species)에 의해 특징지어질 수 있다. 지표종은 그것이 전형적으로 발견되는 구역에 상응하는 1에서 4의 수치가 할당된다. 여기서 빈부수성 구역은 값 1(value 1)이 주어지며 강부수성 구역은 값 4(value 4)가 주어진다. 이들 값에 각각 1(무작위 출현 : random occurrence) ~5(대량 발달 : massive development)의 빈도율을 곱하게 된다. 곱한 값은 조사된 모든 종에 대하여 합쳐져 1~4 사이의 값인 부패도 지수(saprobity index)를 얻기 위하여 관찰된 빈도율의 합으로 나눈다. 부패도 지수는 10 또는 그 이상의 충분히 많은 수의 지표 생물체가 이용될 때에만 믿을 만하다고 간주된다. 부패도 지수에서 지표로서 사용될 수 있는 생물체의 종류는 미생물에 한정되지 않으며 동물과 식물체의 넓은 범위를 포함한다.

그러나 지표생물로서 미생물만을 이용하면 몇 가지 장점이 있는데 그 이유는 거대한 식물상과 동물상보다 환경조건의 변화에 더 빨리 반응하는 경향이 있기 때문이다. 만일 지표 미생물이 부착성이면(예, 하층에 고착된 경우) 그들은 시료채취 위치에 고정되어 남아 있는다. *Euglena*, *Thiobacillus* 종 그리고 에너지원으로 황화수소를 사용할 수 있는 *Thiothrix*와 *Beggiatoa* 같은 사상체 세균, 또는 활성슬러지 팽화(bulking)에 관련된 *Sphaerotilus* 등은 강부수성 구역에서 발견된다. 알파-중부수성 구역에서는 사상체의 녹조류와 사상체의 남세균이 우세하며, 녹조류는 덜 오염된 베타-중부수성 구역과 빈부수성 구역에서도 계속 우세하게 나타난다.

특별하게 눈에 띄지 않는 유기성 오염의 지표는 '오수 균류(sewage fungus)'의 생장이다. 이것은 *Geotrichum*과 *Stigeoclonium* 같은 곰팡이 및 조류와 함께 *Sphaerotilus natans*, *Zooglea*와 *Beggiatoa*를 포함하는 사상체 세균들의 혼합된 개체군이다. 사상체는 그 군집에 어떤 결합력을 주게 되어 군집이 밑의 하층에 부착되어 눈에 띄게 밀도 높은 생장을 한다. 이 생장은 그것을 먹이로 이용하는 다른 고등생물체를 유인하게 한다. 'Sewage fungus'는 방류수에 탄수화물이 많이 함유되어 있는 곳에서 특별한 공해가 될 수 있으며 펄프와 제지 산업 폐수가 오수균류의 발달을 일으킬 수 있다.

9.8 산성 광산 배수

석탄과 같은 화석연료 속에 많이 포함되어 있는 무기 황화합물은 황철광(pyrite, FeS_2)이다. 석탄은 또한 다른 금속성분을 포함하나 그 양은 적은 편이다. 석탄과 석유에 포함되어 있는 유기황은 dibenzyldisulfide, thiophenes, benzothiophenes, dibenzothiophenes 등으로 다양하다. 이들 황화합물은 공기 중의 산소에 노출되면 자연산화(autooxidation)와 미생물에 의한 철, 그리고 황의 산화가 혼합되어 다량의 산을 만든다. 화석연료에 포함되어 있는 황화철의 산화는 *Pseudomonas*, *Thiobacillus*, *Sulfolobus*, *Rhodococcus* 속 등의 미생물에 의하여 진행된다. 광산 배수는 광산 자체 내에서 흘러나오는 물과 광산의 제방에서 넘치는 물, 쌓아 놓은 광석, 선적하기 전의 양질의 석탄에서 분리하여 놓은 저질 석탄에서 흘러나온다. 노천광은 위에 덮인 광석을 제거한 나머지는 그대로 남게 되어 산소와 스며드는 물에 노출된다. 철과 황의 산화 결과로 pH는 급격히 떨어져 토양과 물은 심하게 오염된다.

석탄으로부터 황철광의 미생물 산화에 의한 제거는 호산성이며 화학독립영양 세균인 *Acidithiobacillus ferrooxidans*에 의해서 일어나는데 그 산화기작은 다음과 같다.

$$2FeS_2 + 7O_2 + 2H_2O \rightarrow 2Fe^{2+} + 4SO_4^{2-} + 4H^+$$

$$2FeS_2 + 7.5O_2 + H_2O \rightarrow 2Fe^{3+} + 4SO_4^{2-} + 2H^+$$

간접적인 방법으로 산성 조건 하에서 황철광은 Fe^{3+}와 반응하여 원소상의 황(elemental

sulfur)을 생성한다.

$$FeS_2 + 2Fe^{3+} \rightarrow 3Fe^{2+} + 2S$$

이렇게 형성된 제일철 이온(ferrous ion)은 *A. ferrooxidans*에 의해 다음과 같이 산화된다.

$$4Fe^{2+} + O_2 + 4H^+ \rightarrow 4Fe^{3+} + 2H_2O$$

원소상의 황은 thiobacilli에 의하여 산화된다.

$$2S + 3O_2 + 2H_2O \rightarrow SO_4^{2-} + 4H^+$$

이렇게 하여 생성된 황산은 높은 산성을 나타내며 제이철에 의해서 생성된 ferric hydroxide는 물을 짙은 황갈색으로 오염시킨다. 따라서 지하 폐광은 매몰시키고 노천광은 산생성에 의해 오염을 최소화하기 위하여 복토를 하고 토질의 중화(neutralization)와 같은 방법으로 처리하여 오염을 막을 수 있다.

9.9 대기오염과 미생물

미생물은 기체상의 오염물을 생성함으로써 직접적으로 대기오염에 기여하기도 하며 미생물 자체가 호흡기 계통에 병을 일으키거나 알레르기(allergy) 반응을 유도하기도 한다. 폐수처리 과정으로부터 발생하는 미생물 에어로졸(aerosol)은 상당한 위험이 될 수도 있다. 한편 환경에 존재하는 인공합성 오염물질들은 미생물에 영향을 미칠 수 있으며 질소, 인 등의 원소 순환을 수행하는 중요한 미생물들이 죽을 수도 있다.

9.9.1 미생물에 의한 대기오염물질 생성

미생물들의 다양한 대사의 결과로 여러 가지 대기오염물질들이 만들어진다. 이 중 대표적인 것이 황화수소(H_2S)인데 매년 대기 중으로 11.2×10^7 ton의 황화수소가 유기물 분해 시 유출된다고 보고된 바 있다. 황화수소는 *Desulfovibrio* 같은 혐기성 황산염 환원세균(sulfate reducing bacteria)에 의해 생성되거나 황함유 유기물의 분해 시 생성된다. 아황산가스(SO_2)도 미생물의 아미노산 대사 중 방출될 수 있으며 미생물에 의한 퇴비의 혐기성 분해 시 carbonyl sulfide(SCO)가 생성된다. 이 외에 악취물질인 머캡탄

(mercaptan)등과 같은 여러 가지 유기 황화합물들이 미생물들에 의해 생성된다.

여러 가지 질소화합물들도 미생물 대사 결과 형성되는데 주된 산물은 암모니아이다. 암모니아는 미생물이 유기물을 분해하는 과정에서 생성되는데(ammonification) 질소 농도가 높은 가축 배설물 등이 많은 곳에서 높은 암모니아 농도를 나타낸다. 혐기성 조건에서 질산염이 환원되는 탈질화 과정(denitrification)에서는 산화질소(nitric oxide, NO)와 아산화질소(nitrous oxide, N_2O) 같은 기체가 형성되어 ozone층 파괴에도 관여하는데 이들은 대기 중에서 산화질소(NO_2)로 산화되어 농도가 높을 경우 고등생물에 독성을 나타내며 아황산가스와 더불어 대기 중의 수증기와 결합하여 산성비의 원인이 되기도 한다. 또한 자외선 존재하에 대기 중의 탄화수소와 반응하여 광화학 스모그를 나타내는 peroxyacetyl nitrate(PAN)와 오존을 생성한다.

일산화탄소(CO)의 대부분은 연소과정으로부터 유래하지만 상당량이 바다와 육지의 광합성 미생물이나 종속영양 미생물에 의해 형성되기도 한다. 그러나 여러 미생물들이 일산화탄소를 탄소원으로 이용할 수 있으며, 또한 광화학적으로 산화되기 때문에 실제로 대기 중의 농도는 매우 낮은 편이다. 호기적 조건에서는 carboxydo bateria가 CO를 탄소 및 에너지원으로 이용하며, 혐기적 조건에서는 CO가 H_2에 의해 환원되어 메탄생성 고균은 메탄, 아세트산 생성세균은 아세트산을 형성한다. 이 외에도 미생물에 의해 생성되는 대기오염물질로는 메탄(methane), 에틸렌(ethylene) 등이 있으며 메틸수은(methylmercury)과 같이 중금속의 메틸화(methylation)에 의한 휘발성 중금속 화합물들도 있다.

9.9.2 대기오염물질로서의 미생물

공기 중에 존재하는 미생물 그 자체가 오염물질이 될 수 있다. 오염미생물로는 세균, 바이러스, 진균류나 지의류의 포자, 조류와 원생동물의 작은 포낭(cyst) 등이 있다. 이 미생물들은 전염병이나 알레르기 반응을 일으킨다.

많은 전염병들이 공기를 통해 전파되는데 주로 호흡기 질환이 많으며 독감, 감기, 홍역, 폐렴, 디프테리아 등이 대표적인 예이다(표 9.4). 최근에는 중국에서 불어오는 황사에 동물에게 병을 일으키는 구제역 바이러스가 포함되어 있다고 한다. 대기 중의 진균류와 방선균류의 포자들은 알레르기 반응을 일으키는데 *Pencillium*, *Mucor*, *Rhizopus*, *Candida*, *Aspergillus*, *Fusarium*, *Helminthosporium*, *Alternaria*, *Cladosporium* 등이 흔한 종류들이다.

표 9.4 **호흡에 의해 생기는 주요 질병들**

질 병	병원체
독감(influenza)	Influenza virus
감기(common cold)	Rhinovirus, Coronavirus 등
홍역(measles)	Measles virus
폐결핵(tuberculosis)	*Mycobacterium tuberculosis*
탄저병(anthrax)	*Bacillus anthracis*
폐렴(pneumonia)	*Streptococcus pneumoniae*
Q열(Q fever)	*Coxiella burnetill*
백일해(whooping cough)	*Bordetella pertussis*
디프테리아(diphtheria)	*Corynebacterium diphtheriae*
폐흑사병(pneumonic plague)	*Yersinia pestis*

이런 진균류나 방선균류에 의해 생기는 알레르기 질환으로는 farmer's lung, bagassosis, mushroom worker's lung, malt worker's lung, maplebark pneumonitis, sequoiosis 등이 있으며 그 밖의 질병으로는 coccidioidomycosis, histoplasmosis, sporotrichosis, cryptococcosis, adiaspiromycosis, north american blastomycosis 등이 있다.

한편 폐수에 존재하던 미생물들이 폐수처리 과정 중 에어로졸 상태로 공기 중으로 전파될 수 있으며 이것들은 바람에 의해 먼 거리까지 도달할 수도 있다. 이런 경우 위에서 설명한 호흡기 질환을 일으키는 세균, 바이러스나 진균류의 포자 이외의 폐수 내에 존재하던 장내세균 등과 같은 인간의 병원체들도 공기를 통해 전파될 수 있다.

9.9.3 대기오염물질이 미생물에 미치는 영향

고등동식물뿐만 아니라 미생물들도 대기오염에 의해 영향을 받을 수 있는데 영향을 미치는 주요 오염물로는 오존, 아황산가스, 암모니아, 황화수소 등이 있다. 대기오염물에 노출될 때 미생물의 형태가 변할 수 있는데 *Bacillus oligocarbophilus*는 CO 존재 하에서 그 형태가 실과 같은 모양으로 변화하였다. Benzopyrene도 *B. cereus*나 *B. megaterium*의 세포모양을 변화시킨다. 대기오염물질은 미생물의 대사와 생장에도 물론 영향을 미쳐서 독성이 심한 경우 미생물이 죽을 수도 있다. *Rhizobium*은 0.01%의 CO에도 저해되어 콩과 식물에서 질소고정을 하지 못하며 ozone 또한 *Rhizobium*에 의한 뿌리혹(root nodule) 형성을 저해한다. 대기 중의 비소는 질소 순환에 영향을 미치는데 가장 영향을 많이 받는 것은 질화세균(nitrifying bacteria)이다.

이러한 물질들의 독성 효과는 많은 산업체에서 실제로 미생물의 제어에 이용하고 있는데 오존은 정수처리와 식품산업에서, 아황산가스는 포도주 제조와 식품산업에서 이용하고 있다. 포름알데하이드는 밀폐장소, 병원용품 등의 살균에 사용하며 실험실에서 사용하는 petri dish 등의 plastic이나 vinyl 용품들은 열에 약하기 때문에 ethylene oxide로 멸균하고 있다.

대기오염물질이 미생물에 미치는 영향을 가장 뚜렷하게 보여주는 것이 지의류(lichen)이다. 지의류는 광영양체와 균류의 공생체로 건조한 곳에서도 잘 살 수 있는 성질을 갖고 있는데 대기오염물질 중 아황산가스에 매우 민감하다. 아황산가스는 일차적으로 엽록소를 파괴하여 광영양공생자(photobiont)에 영향을 미치는데 균류공생자(mycobiont)도 저해효과를 받게 된다. 이런 아황산가스의 저해효과 때문에 지의류는 아황산가스 오염의 지표생물(indicator organism)로 이용될 수 있다. 실제로 대기오염이 심한 도시 중심부에서는 지의류가 존재하지 않으며 중심에서 외곽으로 나갈수록 지의류가 점차 많아지는 경향을 관찰할 수 있다. 지의류는 생장 형태에 따라 3가지 종류로 나뉘는데 도시 중심에서 외곽으로 나감에 따라 납작한 형태인 crustose로부터 folise를 거쳐 fruticose가 점차 많아지는 경향을 볼 수 있다. 아황산가스뿐만 아니라 알루미늄 공장에서 발생하는 휘발성 불소나 불소화수소 등도 지의류에 영향을 미친다. 광합성세포의 원형질 용해와 색소 변화로 인해 형태가 변화하게 되고 효소들이 저해를 받게 되며 점차 색소들이 파괴되어 결국 지의류가 죽게 된다.

한편 대기오염물질은 미생물과 고등동물 간의 관계에도 영향을 미칠 수 있다. 대기오염물질에 노출되었을 때 동물의 병원균에 대한 저항성이 떨어지기도 한다. 실험용 쥐를 오존에 노출시켰을 때 *Streptococcus*의 에어로졸에 의해 생기는 감염에 대한 저항성이 감소된다고 보고되었다. 또한 자동차 배기가스에 노출시키고 난 후 streptococcal aerosol을 가하면 치사율이 증가하며 대기 중의 질소산화물(nitrogen oxide)이 증가하면 *Klebsiella pneumoniae* 에어로졸에 대한 쥐의 감염도와 치사율도 증가한다는 것이다. 그러나 특정한 오염물질에 의한 대식세포(macrophage) 식균작용의 자극으로 미생물 감염에 대한 숙주의 저항성이 증가할 수도 있는데 쥐를 일산화탄소에 노출시킨 후에 *Listeria monocytogenes*에 의한 감염에 대한 저항성이 증가하였다는 보고도 있다.

9.10 열오염

산업화 사회에서 동력의 이용은 매우 급속히 증가하고 있으며 이를 위해 여러 가지 화력발전소와 원자력 발전소를 만들고 있다. 다양한 발전소들이 주로 지표수를 냉각수로 이용하며 이 냉각수는 상승된 온도로 다시 환경에 되돌아온다. 이로 인해 냉각수를 받아들이는 하천이나 연안지대에서 열오염(thermal pollution)이 일어나게 되는데 열오염의 문제는 같은 용량의 비원자력 발전소보다 50% 이상의 냉각수를 더 많이 요구하는 원자력 발전소에서 더욱 심각해지고 있다.

물에서의 온도증가는 먼저 물질의 이온화에 영향을 미쳐 pH 변화를 가져오며 침전된 물질의 용해도 또는 침강성을 증가시킬 수 있다. 온도증가에 따른 용존산소량의 변화도 매우 크며 이에 따른 미생물에 미치는 영향도 매우 크게 된다. 물의 밀도는 4℃에서 최대이며 온도증가에 따라 물의 밀도와 점도는 감소하게 된다. 이것은 조류, 동물성 플랑크톤과 어류의 부상 기작과 이동에 직접적인 영향을 미치게 된다. 이런 효과는 유충시기와 생물체의 분산이 일어날 때 가장 크다.

흔히 염두에 두지 않는 사실은 열오염의 영향이 연중 시간에 따라 변화할 수 있다는 것이다. 열오염을 받지 않는 물의 온도는 낮의 길이에 따라 변화하게 된다. 낮시간의 길이는 또한 광합성의 양에 영향을 미치며 따라서 생성되는 산소의 양에 영향을 미친다. 만일 열오염이 겨울에 일어난다면 짧은 낮시간은 광합성량을 감소시키며 산소 사용의 증가는 보다 신속하게 혐기성 조건을 유도하게 된다. 주어진 환경의 온도에서 열오염은 따라서 부영양화의 증가속도 측면에서 여름보다는 겨울에 더 큰 효과를 갖게 된다. 생화학적으로 온도의 증가는 효소활성도를 증가시키는데 10℃가 올라갈 때 대사율은 거의 2배가 된다. 따라서 열오염의 효과는 이중으로 일어나는데 증가된 대사율과 감소한 용존산소에 의해 장기간에 걸쳐 상당한 부영양화율의 증가가 일어나게 된다.

견딜 수 있는 온도 상한선은 생물체에 따라 다른데 원생동물, 고등동물과 진균류는 대략 50℃이고 남세균은 75℃, 일부 고균(Archea)은 100℃ 이상에서도 생존이 가능하다. 생물체가 커지고 조직화될수록 고온에 대한 내성은 감소하며 따라서 고온에서는 세균들이 유리하게 된다. 한편 다른 환경요인이 온도에 의한 영향을 변화시킬 수도 있다. 어떤 고온성 세균은 pH2의 산성 열천에서는 온도 상한이 70℃인 데 반해 중성 또는 알칼리성 pH에서는 끓는 물에서도 자랄 수 있다. 유사하게 조류는 중성과 알칼리성 열천에서는 75℃에서도 자라는데 산성 열천에서는 55℃까지에서만 자란다. 주위 온도가 낮을 때에는 약간의 온도 상승이 일반적으로 군집에 유리하게 된다. 주위보다 3~4℃

증가할 경우 전체 세균 개체수와 종의 다양성이 증가한다는 보고가 있었다. 그러나 이런 현상은 생존 온도범위의 낮은 부위에서 일어나며 상한선 부위에서는 종의 감소가 일어난다. 조류의 경우에는 우점종의 변화도 일어나는데 온도 상승에 따라 규조류에서 녹조류를 거쳐 남세균으로의 변화가 보고된 바 있다. 일반적으로 조류는 유관속식물보다 온도변화에 저항성이 크지만 33℃ 이상이 지속될 때에는 거대조류와 해초류의 치사율이 높아지게 된다. 겨울철의 열오염으로 인한 높은 온도는 이른 봄철 조류 대발생(spring algal bloom)을 일으키며 여름에 27℃ 이상의 온도는 식물성 플랑크톤에 나쁜 영향을 미치고 인산의 방출을 일으킨다.

온도 증가에 반응하는 군집의 능력은 온도 증가의 폭에만 의존하는 것이 아니라 증가가 일어나는 시간 길이에도 의존한다. 빠른 온도의 증가는 새로운 환경에 적응할 시간이 없기 때문에 존재하는 대부분의 생물체들을 죽이게 된다. 이 기간 중 군집은 새로운 고온성 생물체들에 의해 대체되며 이 대체율은 고온성 생물의 서식지로부터의 거리에 따라 영향을 받게 된다.

고온성 미생물의 고온에 대한 안정성은 지질 조성, 열안정 단백질과 효소 그리고 변성된 구성성분의 신속한 재조립 및 재합성 등에 의해 일어난다. 대부분의 고온성 미생물들은 포화되고 가지친 지방산을 가지고 있어서 높은 융점(melting point)을 나타내며 이로 인해 고온에 보다 안정된 막을 형성할 수 있다. 고온성 미생물들은 또한 고온에 안정된 고분자물질들을 갖고 있다.

열오염과 관련하여 또 다른 문제가 종종 발생하는데 만일 어류들이 고온에 적응되어 있으면 발전소가 고장이 날 경우 어류들이 cold shock에 의해 죽을 수도 있다. 이런 경우 온도변화에 의해 어류만이 영향을 받는 것이 아니라 다른 고등생물들과 미생물들도 영향을 받게 된다.

9.11 토양오염

토양은 식물을 포함한 여러 생물체들의 성장을 가능하게 하는 중요한 역할을 하는데 토양의 구성요소인 생물적 요소나 무생물적 요소들이 변화하면 토양 생태계는 파괴될 수 있으며 토양이 지탱하고 있는 수많은 생물의 종류와 양에 상당한 영향을 미친다. 토양의 오염은 무기 및 유기농약, 난분해성 물질 및 중금속을 포함하는 산업폐기물의 투기와 산성비 등의 다양한 원인에 의해 이루어지고 있다.

9.11.1 하수 슬러지

금속을 함유하는 하수 슬러지의 살포로 농토와 농작물은 심각하게 오염될 수 있다. 하수 슬러지는 대개 도시 하수의 이차처리 산물인데 질소와 인을 포함하는 고농도의 부식 유기물질을 포함하고 있기 때문에 좋은 토양 개선제(soil conditioner)와 수분공급원으로 사용될 수 있다. 하수처리 시설을 잘 갖추고 있는 산업화된 나라의 건조지대에서는 흔히 이러한 슬러지의 40% 정도를 농토에 살포하여 처리하고 있다.

하수 슬러지에 포함되어 있는 금속의 종류나 농도는 하수의 종류에 따라 다양한데 Ag, As, Ba, Co, Cr, Cu, Mn, Mo, Ni, Pb, Sn, V, Zn 등이 함유되어 있으며 이들 원소 가운데 특히 Cd, Ni, Co, Zn을 포함하는 슬러지가 농토에 살포되었을 때 흔히 식물에 대하여 독성을 나타낸다. 이러한 슬러지가 살포된 토양에서 자란 농작물의 식물조직 내에는 다량의 금속원소가 축적되어 먹이연쇄 과정을 거쳐 직접 및 간접으로 사람의 체내로 유입되어 건강을 위협하게 된다. 따라서 하수 슬러지가 농토에 살포처리 되기 위해서는 슬러지의 독성원소의 종류와 양의 규제가 이루어져야 하며 일단 슬러지가 살포된 토양으로부터 생산되는 농작물은 인체 유해여부를 위하여 수시로 측정하는 등의 감독 규정이 있어야 한다.

9.11.2 무기농약

과수원에서는 흔히 과수재배에 해로운 식물성 병원체와 곤충, 거미, 다족류와 같은 절지동물을 구제할 목적으로 lead arsenate, calcium arsenate, copper sulfate 등과 같은 무기농약을 사용하고 있다. 이들 무기농약이 갖는 원소의 독성효과는 이미 널리 알려져 있으며 또한 토양 내에서 독성원소들은 분해되지 않으며 토양의 무기물질 및 다른 이온과 결합하여 축적되는 경향이 있다.

식물병원성 진균류의 방제를 위해 여러 가지 수은함유 농약을 사용하며 종자의 발아 전이나 직후에 곰팡이에 의한 질병으로부터 씨앗을 보호하기 위하여 씨앗표면 처리제로서 유기수은제제를 사용함으로써 수은에 의한 농토의 오염이 이루어져 왔으며 골프코스의 퍼팅그린(putting green)의 표토에서도 24~120 ppm의 수은이 보고되기도 하였다. 이같이 여러 가지 목적으로 농토에 살포된 무기농약은 토양에 침적되어 토양의 오염이 가속화되고 있다.

9.11.3 토양의 산성화

자연적인 토양의 산성화는 토양에 존재하는 Ca, Mg, K 등의 염기성 원소가 식물체 내로 동화되는 비율이 재순환되는 비율보다 크거나 또는 농작물의 수확으로 식물 생체량을 인위적으로 제거함으로써 일어난다. 그러나 근래 들어 더욱 우려되는 토양의 산성화는 인위적인 재순환의 방해에 의한 것으로 농약의 과다사용과 산업폐기물의 투기, 쓰레기 매입으로 인한 침출수의 누출, 산업체와 자동차의 배기가스로부터 유래하는 대기오염에 의한 산성비 등에 의하여 가속화되고 있다.

토양의 산도는 여러 가지 물리적, 화학적, 생물학적 전환과정들에 의하여 영향을 받는데 산도에 영향을 미치는 요인에는 다음과 같은 것들이 있다.

① 식물의 뿌리와 미생물에 의한 호흡으로 생성되는 H_2CO_3에 의한 pH의 감소
② 식물체에 의한 NH_4^+의 흡수와 H^+의 방출
③ 화학무기 영양체에 의한 황화합물의 산화과정으로부터의 H^+ 형성 및 대기로부터 황산염의 직접적인 유입
④ SO_4^-와 NO_3^- 음이온의 전기화학적 중화에 기여하는 Ca^{2+}, Mg^{2+}, K^+ 같은 양이온의 용출(leaching)
⑤ 알루미늄과 같은 금속원자에 의한 이온화와 가수분해

$$Al^{3+} + H_2O \rightarrow AlOH^{2+} + H^+$$

9.12 합성유기물과 내분비계 장애물질

현재 10만 종 이상의 다양한 유기화학물질이 상업적으로 생산되지만 이들의 환경에서의 동태와 인간을 포함한 생물체들에 미치는 영향에 대해서는 불과 100여 종 정도만이 알려져 있을 뿐이다. 이들의 구조, 용도 및 발생원에 따른 종류는 매우 다양하며 그중 농약류는 9.2절에 설명되어 있다. 합성유기물의 상당수가 각종 생물체들에 유해한 영향을 미치며 일부는 난분해성이 매우 높고 생물농축이나 생물증폭(biomagnification) 현상을 나타내는 것들도 있다.

9.12.1 합성유기물

합성유기물의 거의 대부분은 석유화학 산업에서 나오는데 휘발유 등의 정제 유류제품이 가장 많은 양을 차지한다. 이것들은 주로 포화지방족 탄화수소와 일부 방향족 탄화수소로 이루어져 있으며 이들에 대해서는 9.2절에 자세히 설명되어 있다. 석유화학 산업에서 다음으로 중요한 종류는 대량 화학물질(bulk chemical)이라 불리는 유기합성 원료들로 ethylene, propylene, ethylene glycol, isopropyl alcohol 등이 있다. 보다 복잡한 물질들로는 styrene, vinyl chloride, chlorobenzenes, aniline, nitrobenzene, naphthalene, phthalates 등이 있는데 이들은 유기용매, 농약, 합성고무, 플라스틱 등의 제조에 이용된다. Ethylene glycol은 가소제(plasticizer), 공중합체(copolymer), 얼음 제거제(de-icer), 계면활성제 등의 제조에 이용된다. Chlorobenzenes은 산업용 유기용매로 많이 사용되고 있으며 그 밖의 유기용매로는 trichloroethylene(TCE), tetrachloroethylene(PCE), trichloroethane, 염화불화탄소(chlorofluorocarbons, CFCs), 사염화탄소(carbon tetrachloride 또는 tetrachloromethane) 등이 있다. TCE와 PCE는 섬유산업과 세탁소 등에서 용매로 많이 사용하며 미국에서는 지하수에 가장 흔한 오염물질로 존재한다. Xylene, toluene, methyl ethyl ketone, methyl isobutyl ketone 등은 페인트의 주성분으로 들어가는 유기용매들이다.

중요한 환경오염물질로 전 세계적으로 많이 이용되어 왔던 유기염소 화합물인 폴리염화바이페닐(polychlorinated biphenyls, PCBs)이 있는데 높은 비등점, 낮은 전기전도도, 화학적 불활성 등의 특성 때문에 가소제, 열전달 물질, 변압기액 등 매우 다양한 용도로 이용되었다. PCBs는 각종 급만성 독성을 가지는 것으로 알려져 현재는 사용이 금지되고 있다. 또 다른 유해 유기염소 화합물로 흔히 다이옥신(dioxin)이라 부르는 chlorodibenzodioxins과 dibenzofurans이 있는데 이 중 가장 독성이 강한 것은 2,3, 7,8-tetrachlorodibenzodioxin(TCDD)이다. 이들은 PCBs, chlorophenol, 유기염소 농약 등의 생산 시 불순물로 형성되거나 염소화합물이 들어있는 폐기물의 소각 시 발생하는데 매우 높은 급만성 독성을 가지며 발암물질로 추정된다. 여러 가지 종류의 유기염소 화합물들이 펄프와 제지 생산 시 염소표백 공정 중에 발생하는데 chlorinated phenols로부터 chlorolignin까지 다양한 종류가 있다. 목재 보전제로도 여러 유기염소 화합물들이 많이 이용되는데 chlorobenzenes, chlorophenols, creosote 등이 있으며 살진균제 pentachlorophenol(PCP)은 맹독성 화합물로 알려져 있다.

나이트로방향족 화합물(nitroaromatics)들은 trinitrotoluene(TNT) 같은 폭약류, nitrobenzene 같은 유기용매, nitrophenols 같은 농약으로 이용되는데 이들은 높은 독성과 돌연변이성(mutagenicity)을 갖고 있다. 유기염소 화합물과 같이 이들도 난분해성 물질로 알려져 있다.

9.12.2 내분비계 장애물질

환경에 배출된 화학물질이나 오염물질 중에는 생체 내에서 내분비계(호르몬)의 정상적인 작용을 방해하는 것들이 있으며 이를 환경성 내분비 교란물질(environmental endocrine disruptors, EED)이라 하며 소위 환경호르몬(environmental hormone)이라고도 부른다. 환경호르몬이란 용어는 일본에서 사용하기 시작한 말로 일본에서도 공식적으로는 '외인성 내분비교란 화학물질'이라고 하며 우리나라는 '내분비계 장애물질'이란 공식명칭을 사용하기로 하였다. 내분비계 장애물질은 대부분이 합성 화학물질로 생체 호르몬과 달리 쉽게 분해되지 않으며 환경이나 체내에 장기간 잔류하기도 한다. 이들은 동물의 생식기능 저하, 생식행동 이상, 기형, 성장장애, 면역기능 억제, 유방암이나 전립선암 등 각종 암 발생, 호르몬 분비의 불균형 등을 유발하며 집단 수준에 미치는 영향으로 개체수 감소, 성비(性比) 변화 등을 일으켜 생물종에 큰 위협이 될 수 있다.

내분비계 장애물질은 새로 발견된 것이 아니며 오래 전부터 다이옥신이나 DDT 같은 물질이 암을 유발하거나 동물의 생식기능에 영향을 미치는 것으로 알려져 왔다. 최근 들어 우리나라에서도 남해안에 서식하는 고둥류에서 수컷이 사라지거나 양성을 갖는 것들이 보고되고 또한 컵라면 용기나 플라스틱 제품에서 내분비계 장애물질이 용출되는 것으로 밝혀지면서 관심이 고조되고 있다. 현재 내분비계 장애물질로 추정되는 물질은 그 종류가 다양하며 인간과 생태계에 미치는 영향이 명확히 밝혀져 있지 않기 때문에 선진국을 중심으로 많은 연구가 진행 중이다.

현재까지 내분비계 교란작용이 있다고 알려지거나 추정되는 화학물질은 140여 종에 이르는데 이들을 종류별로 구분하면 다음과 같다.

(1) 계면활성제 및 플라스틱 첨가제

이 종류는 alkyl(C_3-C_{12}) phenols와 그 유도체들로 계면활성제의 원료 및 분해 생성물과 플라스틱 첨가제로 사용된다. Butyl phenol, pentyl phenol, octyl phenol, nonyl phenol과 그 유도체들이 흔한 물질들이다.

(2) 플라스틱 관련물질

플라스틱 가소제, 산화방지제, 접착제, 합성피혁 등 다양한 용도로 사용된다. 대표적인 종류로는 butylbenzylphthalate(BBP), di(2-ethylhexyl)phthalate(DEHP), di-*n*-butylphthalate (DBP), dicyclohexylphthalate, diethylphthalate 등의 phthalates류, di-(2-ethylhexyl)adipate(DEHA) 같은 adipates류가 있으며 플라스틱의 원료로서 bisphenol-A는 polycarbonate나 epoxy 수지, 식수통, 유아용 젖병, 치과용 재료로, styrene은 polystyrene의 원료로 이용되며 styrene dimer와 trimer는 polystyrene에서 용출되는데 컵라면 용기에서 나오는 것으로 문제가 되었다.

(3) 농 약

내분비계 장애물질 중 가장 비중이 높은 종류들인데 유기염소계 농약으로는 DDT와 그 대사산물인 DDD와 DDE, aldrin, chlordane, endosulfan, endrin, heptachlor, hexachlorocyclohexane, methoxychlor, mirex, nonachlor. pentachloronitro-benzene, toxaphene 등이 있으며 유기인계로는 dichlorvos, malathion, parathion 등이 있다. Carbamate계로 aldicarb, cabaryl, carbofuran, chlorpropham, methomyl 등이 있으며 linuron, maneb, ziram 등의 dithiocarbamate계 농약, amitrole, atrazine, simazine 등의 triazine과 triazole계 농약과 기타 2,4-D, 2,4,5-T, alachlor, dinoseb, ethiozin, fenarimol, hexaconazol, ioxinil, molinate, oryzalin, pendimethalin, pentachlorophenol, triflurarin 등 많은 농약들이 내분비계 장애물질로 작용한다.

(4) 중금속

카드뮴, 납, 수은, 비소, 구리, 망간, 주석 등과 dimethyl mercury, tributyl tin(TBT), bis(tri-*n*-butyl tin) oxide(TBTO), triphenyl tin(TPT) 등의 유기금속화학물이 내분비계 장애물질로 작용한다. TBT 등의 유기주석 화합물들은 선박 바닥에 칠하는 방오제(antifouling agent)와 어망의 방부제로 많이 이용하여 이것이 용출되어 우리나라 남해 해수에 높은 농도로 존재하며 고둥류의 성비를 크게 전환시키는 주요 원인물질로 추정된다.

(5) 산업원료 및 환경오염물질

TCDD 등의 chlorodibenzodioxins과 dibenzofuran, benzo[*a*]pyrene 등의 다핵방향족탄화수소와 유기염소 화합물들이 쓰레기, 화석연료, 담배 등의 연소 시 발생하거나 또는 오염물질로 존재한다. 산업용 화학물질로 사용하는 것들로는 PCBs, benzophenone, butylbenzene, dichlorophenol, hexyloxyphenol, octachlorostyrene, polybrominated biphenyls(PBBs) 등 다양한 종류가 있다.

(6) 합성 에스트로겐 및 식물호르몬 유사물질

Centchroman, diethylstilbestol, estradiol, hexestrol, raloxifene, tamoxifen 등의 합성 에스트로겐(synthetic estrogens)과 식물체 내에 존재하는 호르몬과 유사한 biochanin-A, coumestrol, daidzein, formononetin, genistein, phytoestrogens 등의 물질이 있다.

(7) 식품 첨가물

Enterolactone, equol, 산화방지제인 *tert*-butylhydroxyanisole 등이 있다.

내분비 교란물질의 영향은 국지적 환경오염과 달리 다양한 원인에 의해 그리고 매우 광범위하게 일어날 수 있으므로 이에 대한 대책은 매우 중요하다. 이를 위해 우리나라에서도 현재 실정에 맞는 조사연구가 선행되어야 하며 적절한 대책이 강구되어야 하는데, 먼저 농약관리가 강화되어야 하며 다이옥신 등이 발생하지 않게 플라스틱을 소각해야 하고 사용금지 물질에 대한 관리를 철저히 해야 할 것이다. 난분해성 내분비계 장애물질의 경우에는 분해미생물에 의한 생분해와 이를 활용한 환경에서의 내분비계 장애물질의 제거 등에 대한 연구와 기술개발이 필요하다.

참고문헌

Altas, R. M. and Bartha, R. (1992) *Mirobial ecology-fundamental* and *applications*(3rd ed.). The Benjamin/Cummings Pub. Co.

Chakrabarty, A. M. (ed) (1986) *Biodegradation* and *detoxification of environmental pollutants.* CRC Press, Inc. , Boca Ration, Florida.

Dart, R. K. and Stretton, R. J. (1980) *Microbiological Aspects of Pollution Control, Elsevier Scientific Publishing Company, Amsterdam.*

Gibson, D. T. (ed) (1984) *Microbial degradation of organic compounds.* Marcel Dekker, Inc. , New York.

Higgins, I. J. and Burns, R. G. (1975) *The Chemistry and Microbiology of Pollution,* Academic Press, London.

IHD-WHO Working Group on Quality of Water (1978) *Water Quality Surveys,* Unesco/WHO.

Lingens, F. (1990) Microbial degradation of aromatic compounds. Hansen Publishing, Munich.

Mudrack, K. and Kunst, S. (1986) *Biology of Sewage Treatment and Water pollution Control.* Ellis Horwood Ltd, Chichester.

Oh, K. -H. and Tuovinen, O. H. (1991) Detection and identification of substituted phenols as intermediates of concurrent bacterial degradation of the phenoxy herbicide mixtures MCPP and 2, 4-D. *FEMS Microbiol. Lett.* 79 : 141-146.

Sterritt, R. M. and Lester, J. N. (1998) *Microbiology for Environmental and Public Health, Engineers,* E. & F. N. spon, London.

Tempest, D. W. and Neijssel, O. M. (1978) *In Advances in Microbial Physiology* (ed. M. Alexander), Vol. 2, Plenum Press, New york, pp. 105-153.

Tuovinen, O. H. and Fry, I. J. (1993) Bioleaching and mineral biotechnology, *Current Opinion Biotechnology* 4 : 344-355.

Wimpenny, J. W. and Lovitt, R. W. (1984) *Microbiological Methods for Environmental Biotechnology* (eds J. M. Grainger and J. M. Lynch), Academic Press, London, pp. 295-312.

chapter 9 | 환경오염과 미생물

연습문제

01 생분해(biodegradation)란 무엇이며 생분해에 영향을 미칠 수 있는 요소들을 열거하고 각각을 설명하라.

02 다음 화합물의 호기적 생분해 과정을 화학구조식을 이용하여 설명하라.

(1) 벤젠(benzene)

(2) 페놀(phenol)

(3) 나프탈렌(naphthalene)

03 난분해성 물질의 종류를 아는 대로 열거하고, 각각의 생분해의 가능성을 설명하라.

04 호기성 생분해와 혐기성 생분해가 일어날 수 있는 자연환경을 구분하고 그 생분해의 효율(efficiency)에 대하여 논하여라.

05 공동대사(cometabolism)란 무엇이며 자연환경 속에서 이러한 물질대사가 일어나는 과정을 설명하라.

06 생분해능 시험하는 방법을 구분하여 설명하라.

(1) 신속적 생분해

(2) 본질적 생분해

07 비균질 환경에서의 생분해에 대하여 설명하라.

08 부영양화(eutrophication)란 무엇이며 부영양화가 일어나는 이유를 설명하라.

09 인공호수(artificial lake)에서 부영양화가 일어났을 경우 생겨나는 문제점을 환경적인 측면에서 서술하고, 이러한 문제점을 개선하기 위한 방안을 설명하라.

10 Biomethylation을 일으킬 수 있는 금속을 열거하고, 수은을 예로 들어 그 기작을 설명하라.

11 주변환경이 오염에 직면하였을 때 미생물학적인 지표(microbiological indicators)로서 사용될 수 있는 것들을 대기 및 수환경으로 나누어서 설명하라.

12 수질의 생물학적 지표인 부패도(saprobity)에 근거하여 4개 지역으로 구분하고 각 지점에 대하여 설명하라.

13 부영양화의 제어방법에 대하여 설명하라.

14 중금속이란 무엇이며 자연계에서 중금속 생물지화학적 순환에 대하여 예를 들어 설명하라.

15 산성 광산 배수가 미치는 오염에 대하여 논하라.

16 대기오염을 일으키는 미생물의 역할은 무엇인가?

17 어떤 생물체가 대기오염의 지표생물로 이용될 수 있는가?

18 열오염 시 수중 생태계의 군집변화에 대하여 설명하라.

CHAPTER

병원체 10

CHAPTER

10 병원체

10.1 서 론

병원성(pathogenicity)은 미생물이 질병을 일으키는 능력이다. 일반적으로 특정 종류의 세균들은 특정한 생물들에 대하여 병원성을 갖는다. 예를 들어, 식물병원체는 동물이나 사람에 영향을 미치지 않으며 그 반대의 경우도 마찬가지이다. 그러나 zoonoses(인수공동전염병; 인간에게 전염되는 동물의 병) 같은 병원체는 낮은 숙주 특이성을 갖고 있어서 동물에서 사람으로 전파될 수 있다. 같은 종(species)의 세균 중에서도 각 균주(strain)는 숙주 생물체에 다양한 정도의 감염을 일으키는데 여러 균주의 상대적인 감염능력을 병독성(virulence)이라 한다. 세포외 중합체인 캡슐을 갖는 *Streptococcus pneumoniae*는 갖지 않은 균주보다 폐렴을 일으키는 데 병독성이 더 높다. 종종 낮은 저항성의 조건하에서 체내의 정상균총(normal flora)이 몸에 해를 미치게 된다 하더라도 질병을 일으키는 미생물들은 일반적으로 체외로부터 기원한다. 병원체에 대한 민감성(susceptibility)은 많은 요소에 따라서 다양하지만 숙주가 매우 어리거나 노쇠하였을 때, 영양부족이나 환경적 긴장(stress)으로 고생할 때 또는 손상을 입었거나 이미 다른 질병에 감염되었을 때 증가되는 경향이 있다.

미생물이 숙주에 영향을 미치는 주된 기작은 침입(invasion)과 독소생산이다. *Bacillus anthracis* 같은 세균은 숙주를 죽이기 위해서 몸 전체에 걸쳐 증식하는 반면에 다른 세균들은 국부적으로 남아서 몸의 조직 전체에 영향을 주는 충분한 양의 독소를 생산한다. 후자의 예는 *Corynebacterium diphtheriae*로서 이 세균은 사람의 목에서 자란다. 세균 독소는 외독소(exotoxin)와 내독소(endotoxin)라는 두 가지 형태로 만들어진다. *C. diphtheriae*는 외독소를 생산하며 살아있는 세포로부터 분비되어 혈류를 통해 숙주 전체로 순환된다. 외독소에 의하여 야기되는 질병으로는 보툴리즘(botulism), 콜레라

(cholera), 백일해(whooping cough), 이질(dysentery), 가스괴저(gas gangrene) 등이 있다. 내독소는 그람음성 세균의 세포벽에 있는 외막성분으로 살아있는 세포에 남아있어 세포가 죽거나 용해될 때에만 유리된다. 외독소에 비해서 내독소는 독성이 덜하고 열에 더욱 안정하며, 독성을 줄이기 위해서 화학적으로 변화될 수 없다. 그러나 항생제 투여 등에 의해 병원체가 죽을 때 내독소가 방출되어 흔히 고열이나 쇼크 같은 감염의 이차적인 효과를 일으켜 사망에 이르게 할 수도 있다. 세균 침투와 독소생산에 의하여 야기되는 증후(syndrome)는 보통 완전하게 나타나는데 몇 가지 경우에 있어서 숙주는 증상의 정도가 가볍거나 무증세를 나타내는 단지 질병의 보균자(carrier)로서 작용한다. 장티푸스 같은 질병은 세균이 보균자에 오랜 기간 남아있고 독소가 세포로부터 드물게 분비되므로 발견이 어렵다.

10.2 병원체의 침입과 전파양식

병원체는 감염을 일으키기 위해서 숙주의 체내로 들어가야만 한다. 미생물은 정상적인 손상이 없는 피부에 침투할 수 없으나 점막은 통과할 수 있으며 따라서 침입의 가장 흔한 경로가 된다. 점막은 소화기(alimentary tract), 호흡기(respiratory tract), 그리고 생식-비뇨기(genito-urinary tract)에 있다. 부가적인 침입경로로는 피부의 찰과상(abrasion)이나 작은 상처 등이 있는데 그런 곳에서 종기(boil) 같은 국소적인 감염도 일어나고, 또 상처를 통해서도 감염이 일어나는데 순환계를 통해 몸 전체에 퍼질 수도 있으며, 그리고 동물이나 곤충에게 물려서 감염이 일어나기도 한다. 병원성 미생물이 숙주 내로 침입하는 방법이 이들이 일으키는 질병과 함께 표 10.1에 있다. 세균독소에 의해 야기되는 유해의 정도는 체내로 들어오는 방법에 따라 다양하다. 예를 들어, 파상풍(tetanus) 독소는 피부나 근육으로 들어왔을 때는 질병을 일으키지만 소화관으로 통했을 때는 비교적 해가 되지 않는다.

한번 감염이 된 후 병원체는 계속적인 생존을 위하여 다른 민감한 생물체로 전파된다. 감염된 생물체는 영원히 병원체를 유지하지 못하고 죽거나 면역저항(immune resistance)이 발달하게 되어 침입한 미생물이 더 이상 증식하지 못하게 한다. 따라서 병원체는 출구를 통하여 현재의 숙주로부터 벗어나서 새로운 숙주로 전파되어야 하는데 적절한 숙주 밖에서 상당 기간을 체류해야 하는 전파양식의 경우에 미생물은 불리한 조건을 견딜 수 있어야 한다.

전파양식은 숙주에서 감염부위에 크게 의존한다. 폐렴이나 결핵 같은 호흡기 질병을 일으키는 세균들은 감염된 개체의 재채기, 기침, 심지어 고함으로부터의 작은 침방울의 분사에 의해 전파된다. 고밀도의 도심지역에서 인플루엔자 바이러스 같은 감염성이 높은 병원체는 2달 이내에 한 사람으로부터 10^6명에게로 확산될 수 있다.

장관(intestinal tract)에 존재하는 장내병원체는 음식과 물의 오염을 통해서 전파된다. 장내병원체는 배설물이나 오줌을 통하여 새로운 숙주의 입으로 들어가 창자 내에

표 10.1 **병원성 미생물에 의해서 원인이 되는 질병의 예**

전파양식	침입경로	병원성 미생물	질병
수인성	위장관	*Salmonella typhi*	장티푸스
		Vibrio cholerae	콜레라
		Shigella dysenteriae	세균성 이질
		Legionella pneumophila	레지오넬라증
		Salmonella spp.	위장염
		Campylobacter sp.	위장염
		Rotavirus	위장염
		Hepatitis A virus	간염
		Entamoeba histolytia	아메바성 이질
공기	호흡기관	*Corynebacterium diphtheriae*	디프테리아
		Mycobacterium tuberculosis	결핵
		Streptococcus pneumoniae	폐렴
		Neisseria meningitidis	수막염
		Rhinovirus	감기
		Varicella-zoster virus	수두
직접 접촉	비뇨기과	*Treponema pallidum*	매독
	찰과상	*Neisseria gonorrhoeae*	임질
		Bacillus anthracis	탄저병
	상처	*Leptospira icterohaemorrhagiae*	렙토스피라증
		Clostridium tetani	파상풍
		Clostridium perfringens	가스괴저
동물/곤충	빈대	*Yersinia pestis*	흑사병
	벼룩	*Francisella tularensis*	야토병
	이	*Rickettsia prowazekii*	발진티푸스
	모기	Yellow fever virus	황열병
	개, 여우	*Rabdovirus*	광견병
	모기	*Plasmodium falciparum*	말라리아
		P. vivax, P. ovale, P. malarie	
	체체파리	*Trypanosoma gambiense*	수면병
		T. rhodesiense	

다시 자리 잡게 된다. 저개발국가의 빈약한 위생상태는 흔히 용수원 및 이에 관련된 음식물이 미처리하수에 의해 직접적으로 오염되는 결과를 낳게 되며 따라서 장내병원체의 전파율은 높다. 그러나 적절한 위생상태가 유지되는 곳에서는 다른 전파경로가 더욱 중요하다. 그런 전파경로에는 배설물과 음식에 빈번히 접촉하는 파리에 의한 감염과 음식물의 취급 및 가공종사자에 의한 감염 등이 있는데 건강한 사람일지라도 많은 장내생물체의 보균자가 될 수 있다.

침방울의 분사나 배설물에 의한 오염에 의해 전파되는 생물체와 비교하여 다른 많은 종류의 병원체들은 오랜 기간 숙주의 밖에서 살 수 없으며 따라서 직접 접촉에 의해서 전파되어야 한다. 매독을 일으키는 *Treponema pallidum*과 임질을 일으키는 *Neisseria gonorrhoeae*는 성적(sexual)으로 직접 접촉에 의해서 전파되는 병원체들이다. 직접 접촉에 의해 확산되는 다른 질병들로는 탄저병(anthrax), 브루셀라증(brucellosis) 그리고 툴라레미아증(tularemia) 등이 있다. 이러한 질병들은 감염된 동물, 사체나 가죽의 취급과정에서 피부의 작은 상처를 통해 감염된다. 질병전파의 네 번째 주된 양식은 병원체를 지니고 나중에 그것을 다른 숙주에 전달하는 중간숙주를 통하는 것이다. 중간숙주로는 흔히 말라리아를 전파하는 아노펠레스(anopheles) 모기나 페스트(plague)를 전파하는 빈대, 그리고 툴라레미아균을 갖고 있는 진드기 같은 곤충들이다. 병원성 생물체를 운반하는 척추동물로는 개, 고양이, 여우, 박쥐, 스컹크 등이 있으며 이들 동물들에게 물림으로 인하여 광견병 바이러스가 전파된다. 어떤 병원체들은 한 가지 이상의 숙주에서 생장할 수 있으며 숙주선택이 제한된 것보다 유리하게 된다. 흑사병균인 *Yersinia pestis*는 사람에게 증식할 뿐 아니라 매개체인 빈대와 쥐에서도 증식한다. 흑사병균의 생존과 전파율은 높기 때문에 흑사병 전염에 의해 여러 차례 황폐화가 일어날 수 있었다. 유럽인구의 3분의 1 가량이 14세기에 만연하였던 흑사병으로 죽은 것으로 보고되었다.

환경관련 종사자나 전문가들에게 물과 관련된 병원체들은 매우 중요하다. 그런 종류로는 물의 공급과정에서 배설물 오염에 의해 전파되는 장내미생물, 말라리아 모기와 같이 물에서 살면서 알을 낳는 곤충에 의해 매개되는 병원체, 기타 물에 존재하면서 접촉에 의해 전파되는 병원체들이 있다. 다음 내용은 이러한 측면에 대하여 특별히 초점을 맞추었다.

10.3 수인성 병원체에 의한 질병

대다수의 수인성 질병(waterborne disease)은 인간이나 동물의 배설물에 오염된 물을 음용한 결과로 일어난다. 질병에 걸린 사람이나 동물 또는 증후가 없는 보균자의 배설물에 포함된 병원체는 물속으로 확산되어 그 물을 마시거나 또는 그 물로 경작하거나 씻은 농작물을 섭취함으로써 체내로 들어온다. 이러한 경로에 의하여 전파되는 감염의 형태를 장내 감염(enteric infection)이라고 부르며, 콜레라, 장티푸스, 이질, 시겔라증, 설사 그리고 살모넬라 감염 등이 이에 속한다. 지구상에서 부적당한 물이나 위생에 기인하는 감염이 모든 질병의 80% 정도 된다고 추정되며 전 세계 병원의 병상 절반은 물과 관련된 질병으로 고통받는 사람들에 의하여 점유되고 있고, 매일 6천 명의 어린이가 장내질환으로 사망하고 있다고 세계보건기구(World Health Organization, WHO)가 밝히고 있다.

그러한 질병의 주요 공급원은 사람에 의해 생성된 하수(human sewage)와 분뇨이다. 어떤 시점에서 사회에 유행하는 질병의 형태는 하수의 병원체 함유를 추적함으로써 입증된다. 하수에 존재하는 병원성 생물체들이 중요도에 따라서 표 10.2에 요약되

표 10.2 중요한 순서대로 배열된 하수에서 발견될 수 있는 병원성 생물체

세균	바이러스	장내기생체
Salmonella typhi	Enterovirus	*Schistosoma* spp.
S. paratyphi	Poliovirus	*Ascaris lumbricoides*
기타 *Salmonella* 종	Echovirus	*Trichuris trichuria*
Shjgella spp.	Coxackie virus	*Taenia* spp.
Vibro cholerae	New enterovirus	*Diphyllobothrium latum*
Mycobacterium tuberculosis	Hepatitis type A	*Ankylostoma duodenale*
Leptospira icterohaemorrhagiae	Norwalk virus	*Necator americanus*
Campylobacter spp.	Rotavirus	*Entamoeba histolycia*
Listeria monocytogenes	Reovirus	*Giardia lamblia*
Candida albicans	Adenovirus	*Naegleria* spp.
Yersinia enterocolitica	Parvovirus	*Acanthamoeba* spp.
Enteropathogenic *Escherichia coli*		*Cryptosporidium*
Pseudomonas aeruginosa		
Klebsiella spp.		
Staphylococcus aureus		
Aeromonas hydrophila		
Mycobacterium paratuberculosis		
Erysipellothrix rhusopathiae		
Bacillus anthracis		
Clostridium spp.		
Yersinia pestis		
Brucella spp.		

어 있다. 그러나 사람에게 질병을 일으키는 병원체는 가축, 가금류, 야생동물, 애완동물 그리고 오염된 물속의 어류에서도 발견되었는데 이것은 장내병원체의 이동범위와 배설물에 의한 오염의 중요성을 설명하는 것이다. 더욱이 빈번해진 세계여행으로 대규모의 병원성 생물체의 확산을 일으키게 되었으며 여행의 속도 또한 빨라져서 외국에서 얻은 장내 감염의 증후가 여행이 끝나 돌아온 뒤 상당 기간까지도 명백하게 나타나지 않게 되었다.

물에 관련되어 일어나는 질병으로 알려진 20 내지 30가지 모두가 오염된 물의 섭취에 의해 일어나는 것은 아니다. 저개발국가에서는 다른 감염의 경로로 물에 있는 병원성 미생물이나 기생체에 의한 직접 접촉이나 수환경에서 그들의 생활환의 각 단계에서 감염된 절족동물 같은 매개동물에 물림으로써 감염되는 경우도 흔히 있다. 하수와 물의 처리가 널리 실행되고 있는 선진국에서 음용수를 공급하는 과정에서 직접적으로 오염되는 경우는 적으며, 사고로 인한 누수에 의한 오염이 있을 수 있다. 더욱이 관심이 대두되는 것은 해수욕장과 조개류 양식을 오염시키는 해양으로의 하수 방류에 의한 건강의 위협과 토양에 버려지는 하수슬러지에 존재하는 병원균으로부터 발생하는 문제들이다.

해수욕장에서 배설물의 오염을 측정하기 위해서 분원성 대장균군(fecal coliform)으로 알려진 세균들의 존재를 확인하는데 *E. coli*는 그 가운데 가장 흔한 것이다. 일반적으로 장내세균과 바이러스 병원체는 적게 존재하여 발견하기 어렵지만 수체(water body)가 하수에 오염되었는지의 여부를 암시하는 대장균군의 존재는 문제가 되는 물이 하수에 의해 오염되었으며 해로운 생물체를 포함할 수도 있다는 것을 의미한다.

이같이 대장균군은 장내병원체의 존재를 추측하게 하는 지표생물(indicator organism)이다. 물에 존재하는 분원성 대장균군을 계수하는 방법에는 다중 시험관 발효시험(multiple tube fermentation test)이라고 하는 MPN방법과 막여과법(membrane filtration method) 등이 있으며 이는 제5장에서 서술되었다.

이 장의 다음 단락에서는 수인성 전염병을 일으키는 일부 중요 세균, 바이러스 그리고 원생동물에 의한 질병을 소개한다.

10.3.1 세균성 감염

(1) 콜레라

콜레라(cholera)는 아시아 중에서도 특히 인도와 방글라데시에서의 풍토병(endemics)이다. 여러 차례에 걸쳐서 전 세계적인 전염병(pandemics)이 되어 아시아에서 유럽, 러시아, 아프리카, 아메리카로 전파되었다. 1854~1862년에 유럽에 만연한 콜레라 감염에 의해 영국에서만 20,000명의 사망자가 발생하였다. 이 전염병이 만연하는 동안 John Snow라는 런던의 의사는 런던의 브로드 가(Broad Street)에서 콜레라의 발현은 하나의 특정한 물펌프 때문인 것을 알아냈으며 그 질병의 확산을 막기 위해서 그 펌프를 사용하지 못하게 하였다. 그 후 이 병이 우물을 오염시키는 하수로부터 유래함이 발견되었다. 30년 후에 원인균인 *Vibrio cholerae*가 동정되었고 질병에서 병원균의 역할이 인식되기 시작하였다.

*V. cholerae*는 하나의 극성 편모를 갖는 운동성의 그람음성굽은 막대균으로서 감염된 숙주로부터의 배설물을 그람염색하여 볼 수 있다. 2개의 biotype인 classical과 El Tor가 있으며, 그들의 혈청학적 특징에 의하여 2가지 혈청형(serotype)인 Inaba와 Ogawa로 세분된다. El Tor는 classical보다 약한 형태의 콜레라를 일으키나 20세기 동안 병독성은 명백하게 증가하였으며, 최근에는 classical보다 더 급속히 확산되었다.

콜레라 세균은 작은창자에 집락을 형성하며 1~3일의 잠복기를 거쳐 콜레라를 일으키는 엔테로톡신(choleragen)을 형성한다. 주된 증상은 많은 양의 체액 손실과 심한 설사, 그리고 구토 등이다. 그 결과로 일어나는 탈수, 혈액 내의 산성 대사물질의 축적, 그리고 쇼크로 몇 시간 이내에 죽게 된다. 그러나 만일 흔히 염분과 당분용액으로 수분과 전해질이 보충되면 빠른 속도로 회복될 수 있다. 콜레라는 탈수와 쇼크가 방지되면 정해진 기간에 정해진 경과를 밟는(self-limiting) 질병이다. 치료방법으로 항생제 테트라사이클린이 사용된다. 회복기에 있는 보균자는 15개월까지 *V. cholerae*균을 배설할 수 있으며 증후가 없는 보균자는 6~15일 동안 간헐적으로 병원체를 분비한다. 분비물로부터의 *V. cholerae*의 동정은 18시간 동안 선택배지상에서 배양에 의하여 실시될 수 있다. 확실한 동정은 생화학적인 시험과 특별한 항혈청에 의한 응집시험(agglutination test)을 요한다.

콜레라의 발병은 오염된 물로부터 빈번히 일어나며 자연에서 전형적으로 폭발적으로 일어난다. 감염은 음식의 직접적인 분변에 의한 오염이나 파리에 의하여 혹은 오염된 의복과의 접촉 등에 의하여 전파된다. 열로 죽인 *V. cholerae*의 두 biotype의 혼합체로 구성된 백신이 이용가능하나 단지 3~6개월 동안의 제한된 기간에만 면역이 된다. 효과적인 방지는 정수된 물의 공급, 적절한 하수처리, 그리고 주의 깊은 개인위생을 필요로 한다.

(2) 장티푸스(typhoid fever)

장티푸스는 전 세계에 걸쳐서 일어나며, 특히 위생상태가 나쁜 지역에서 가장 흔히 일어난다. 1909년까지 미국에서 매년 500,000명이 장티푸스에 감염되었으며, 40,000명 이상이 죽었다. 장티푸스는 여과되고 염소처리된 물의 공급으로 점차적으로 줄어들었으나 아직도 지중해 지역을 포함하는 세계 여러 지역에서 풍토병으로 남아있다.

원인균인 *Salmonella typhi*는 사람의 분변에 의해 직접 또는 간접적으로 오염된 물이나 음식을 통해 전파된다. 장티푸스는 특이하여 사람에게는 발생하나 동물에서는 발생하지 않으며, 다른 종에 의해 전파되지 않으나 물, 얼음, 먼지 그리고 건조한 하수를 포함하는 여러 서식처에서 지속적으로 생존할 수 있기 때문에 문제가 된다.

*S. typhi*는 운동성이고, 편모를 갖고 있으며 그람음성인 비포자성의 막대균이다. 그것은 통성 혐기성이며 포도당은 발효시키나 설탕이나 젖당은 발효시키지 못한다. Capsular(Vi), somatic(O), 그리고 flagellar(H) 항원을 갖고 있기 때문에 혈청학적 방법으로 동정할 수 있으며, 박테리오파지 typing 반응에 따라 *S. typhi*는 80가지 이상의 균주로 구분될 수 있는데 그 각각이 병 발생의 원인이 될 수 있다는 것을 암시한다.

*S. typhi*가 위장관에 들어오면 식세포 안에 위치하여 대략 10~14일 동안의 잠복기에 빠르게 증식한다. 뒤이어 *S. typhi*는 혈류로 들어가 몸 전체로 널리 퍼진다. 담낭관이 크게 감염되고, 여기에서 수백만 개의 세균이 창자로 방출된다. 감염 위치는 허파, 골수 그리고 지라도 포함되며, 재감염이 이들 부위로부터 일어날 수 있다.

*S. typhi*의 내독소(endotoxin)에 의해서 일어나는 증후는 고열, 복부팽만, 홍반, 두통, 구역질, 구토 그리고 설사 등이 있으며 치료하지 않고 방치하면 그 질병은 몇 주 이내에 치명적이 될 수 있다. *S. typhi*는 많은 양이 분비되는 감염 1개월 후에 최적으로 배설물로부터 분리될 수 있다. 분비는 2~3개월 계속되며 어떤 경우에는 1년까지 계속된다. 장티푸스는 항생제 클로람페니콜(chloramphenicol)로 치료할 수 있으며 앰피실린(ampicillin)은 건강한 보균자를 *S. typhi*로부터 구제하기 위하여 사용될 수 있다. 예방백신은 이용가능하며, 70~90%의 경우에 효과적이다. 그러나 다른 수인성 질병에서와 같이 가장 적절한 예방법은 좋은 위생상태의 유지와 보균자가 음식물 취급을 하지 못하게 하는 것이다.

(3) 살모넬라증(salmonellosis)

물의 순환과 관련된 대부분의 감염은 위장염(gastroenteritis)을 야기하는 것들이다. 이는 최근에 크게 발병숫자가 증가된 *Campylobacter jejuni* 같은 것을 포함하는 다양한 미생물에 의하여 일어날 수 있다. 위장염의 가장 중요한 원인체 가운데 한 가지는 *S. typhi*를 제외한 Salmonellae균이다. 사람에게 병원성인 것으로 알려진 Salmonellae균의 총 혈청형은 수백 가지가 넘으며 그들의 분리빈도는 시간적 및 공간적으로 불규칙하다. 살모넬라는 하수, 연못, 관개수, 폭풍우, 개울물, 바닷물 등의 오염된 곳에서 흔히 발견된다. 살모넬라균은 다양한 동물에 의해서 매개되는데 농장의 동물 가운데 소의 13~14%, 양의 4~15%, 돼지의 7~22%가 살모넬라균을 매개로 하는 것으로 알려져 있다. 사람들이 사용하는 물이 동물로부터 오염될 수 있는데 도살장과 육가공 공장 같은 축산업관련 산업 폐수로 인한 오염은 대규모로 일어날 수 있다. 또한 하수슬러지가 살포된 목초지의 풀을 동물이 섭취함으로써 영향을 받을 수 있음이 알려졌다. 하수처리에서 생존한 살모넬라균은 초지에서 몇 주 동안 살아남을 수 있어서 유럽공동체(EC)에서는 잠재적인 감염을 최소화하기 위해서 슬러지 살포 후 3주 동안 가축에게 목초를 먹이는 일(grazing)을 제한하고 있다.

살모넬라균은 통성 혐기성, 그람음성의 막대균이며, 주모성 편모에 의한 운동성을 가진다. 분변에 오염된 음식이나 물에 존재하는 많은 수의 살아있는 살모넬라균을 섭취함으로써 감염된다. 살모넬라균의 병원성의 본질은 위장관의 감염에 의해 일어나며, 그 균체는 몸 전체로 확산된다. 장내질병들은 1~2일의 잠복기를 가지며, 가장 흔한 형태는 *S. typhimurium*이나 *S. enteritidis* 등에 의해 일어나는 위장염이다. 증상들은 심한 설사, 구역질과 구토를 수반하는 복부경련이다. 전신감염(systemic infection)은 7~14일의 긴 잠복기를 가지며, 장티푸스[*S. typhi*, 10.3.1(2) 참조]보다 완만한 파라티푸스(*S. paratyphi* A, B, and C)를 포함하는 enteric fever(*S. sendai*)에 의해 특징지어진다. 전신감염은 또한 혈액의 독성과 관련된 내장, 뇌척수막, 뼈, 관절의 집락화와 농양형성을 일으킨다. 이들의 특징은 분명히 밝혀지지 않았으나, 가장 널리 분포된 살모넬라균인 *S. typhimurium*은 37종의 다른 동물에서 분리되었으며 대개의 경우 급성 장염을 일으키지만 가끔 지속되는 형태의 enteric fever를 나타낸다.

감염 후 회복기 환자의 배설물에서 살모넬라균의 분비가 계속되며 오줌과 고름으로는 다소 적은 양이 분비된다. 그들은 일정 기간 감염성을 유지한다. 동정은 완충된 펩톤용액(buffered peptone water)이나 셀렌액(selenite broth)에서 전농화(pre-enrichment)와 그 후의 맥콩키 한천(MacConkey agar)이나 아황산 비스무스한천(bismuth sulphite agar) 같은 선택배지상에서의 배양에 의해 실행된다.

살모넬라증의 조절은 병원체가 애완동물과 야생동물 그리고 조류 등의 다양한 저장소(reservoir)에 존재하기 때문에 매우 어려우며, 많은 매개체들이 증세가 없는 보균자로서만 존재한다. 환경은 그런 동물들의 배설물에 있는 살모넬라균에 의해 계속적으로 오염되고 있다. 살모넬라증의 주원인체가 감염된 동물로부터 유래하는 오염된 음식물이지만, 물과 관련된 그 질병의 발생은 좋은 위생상태를 유지하거나, 슬러지가 살포된 초지에서 가축에게 목초를 먹이는 일을 제한하거나, 애완동물이나 가금류로부터의 하수오염을 최소화함으로써 피할 수 있다.

(4) 시겔라증(shigellosis)

시겔라균은 세균성 이질을 일으킨다. 시겔라균은 다른 종들이 세계 도처에 분포한다. 미국에서 사람에 감염된 *Shigella*의 90%가 *S. sonnei*와 *S. flexneri*이다. 반면에 중미와 극동에서는 *S.dysenteriae*가 가장 보편적이다. 시겔라증은 어린이에게 매우 커다란 영향을 주며 가을과 겨울에 가장 많이 일어나는 계절적인 분포를 보여준다. 감염될 수 있는 유일한 동물은 영장류(primate)이지만 사람이 주된 감염대상이다.

시겔라 세균은 짧고 그람음성, 비운동성의 막대균이며 37℃의 호기성 조건하에서 최적으로 자란다. 섭취 시 시겔라균은 대장의 상피세포에 침투, 증식하여 회장(ileum)과 직장(colon)에 장애를 일으키는데 감염량(infectious dose)은 낮아서 불과 수십 마리가 감염을 일으킬 수 있다. 1~7일의 잠복기가 지나면 내독소가 형성되는데 이는 설사를 야기한다. *S. dysenteriae*는 경련과 마비를 일으키는 외독소와 신경독소를 생성한다. 세균성 이질의 증세는 초기에 발열과 복부 경련, 그리고 2~4일간 심한 설사를 일으켜 심한 혈변을 야기한다. 높은 체온과 복통 또한 일어난다. 시겔라증의 정도는 세균종과 감염의 정도에 따라 가벼운 설사로부터 극도의 쇠약을 야기하는 등 다양하다. 시겔라균의 분비는 감염 후 1주일 동안 계속되는데 배설물로부터 시겔라균의 분리는 데속시콜산 시트르산 한천(desoxycholate citrate agar) 같은 선택배지상의 배양에 의하여 얻어질 수 있으며 최종 동정방법에는 생화학적 시험과 응집시험 등이 있다.

시겔라는 오랫동안 인체 밖에서 살 수 없으며, 전파양식은 직접적인 대인접촉에 의해 이루어진다. 그러나 음식물 및 수인성 감염에 의해서도 이루어질 수 있다. 다른 세균의 존재는 시겔라균의 생존력을 감소시키므로 감염은 강물보다 우물물에서 더 많이 일어난다. 백신은 이용할 수 없으며, 이 질병의 구제는 좋은 위생상태를 유지함으로써 분변-구강 전파양식(fecal-oral route)을 차단하는 것이다.

(5) 설사병(장내병원성 대장균, enteropathogenic *Escherichia coli*)

*E. coli*의 수인성 장내병원성 균주에 의해 발병되는 설사병(diarrhoeal disease)은 하수에 오염된 식수에서 기인함이 밝혀졌다. 미국의 수도 워싱턴에서 개최된 학회 참석자 중에 위장염을 앓는 환자가 발생하였다고 보고되었는데, 여기서 동일한 혈청형의 장내병원성 대장균이 공급된 물과 앓았던 사람의 배설물로부터 분리되었다.

1966년에 스웨덴의 웁살라(Uppsala)에서는 발병 개시 2주 만에 442명의 환자가 발생하였으며 가장 절정일 때 261명이 고통을 겪었다.

*E. coli*의 자연적인 서식처는 사람과 온혈동물의 소화관인데 이는 장내세균 가운데 많은 것 중의 하나이다. 200가지가 넘는 특별한 혈청학적 형태를 갖는 *E. coli*가 존재하

며, 그들의 체세포(somatic)의 "O", 표면의 "K" 그리고 편모의 "H"항원에 근거를 두어 결정되었다. 대다수는 해롭지 않으나 일부는 장 내부나 몸의 다른 부분에 도입되었을 때 질병을 일으킨다. 위장관 외부의 감염은 흔히 요도에서 나타나는데, 그 환자 자신의 분변성 미생물군의 전달에 의해서 일어난다.

장 내부의 감염은 4가지 다른 군의 *E. coli*에 의하여 일어난다. 첫 번째 군인 장내병원성 대장균(enteropathogenic *E. coli*; EPEC)은 11개의 혈청군을 포함하는데 O26, O55, O86, O111, O114, O119, O125, O126, O127, O128 그리고 O142이다. 이 군은 유아와 5살 이상의 어린이에게 설사를 일으키나 어른에게는 거의 영향을 미치지 않는다. 두 번째 군인 장내침입 대장균(enteroinvasive *E. coli*; EIEC)은 혈청형 O124, O136, O143, O144, O152 그리고 O164를 포함하며, 어린이와 성인에서 설사를 일으킨다. 이들 혈청형의 병원성의 기작은 장내점막의 침입, 폭넓은 염증, 조직의 괴사와 궤양 및 이로 인한 혈변 등으로 시겔라균의 기작과 유사하다. 제3의 군인 장내독소형 대장균(enterotoxigenic *E. coli*; ETEC)은 O6, O8, O15, O25, O27, O78, O148 그리고 O159 등의 혈청형을 포함한다. 이들 군은 소아와 성인에게 수분이 많은 설사를 일으킨다. 분자량이 작고 열에 안정된 것과 분자량이 크고 열에 약한 두 가지 형태의 독소가 형성된다. 열에 안정된 독소(heat-labile toxin, LT)는 장 밖으로 체액과 전해질을 분비케 하는 콜레라 독소의 질병과 비슷한 반응을 일으킨다. 두 가지 독소의 생산은 플라스미드에 의해서 증가되며 비록 이것이 흔치 않게 나타날지라도 혈청형 사이에 전달된다.

근래에 밝혀진 또 다른 종류의 병원성 대장균으로 장내출혈성 대장균(enterohemorragic *E. coli*; EHEC)이 있다. 대표적인 혈청군으로 O157 : H7이 있는데 이것은 유아와 노인에게 피가 섞인 설사를 일으키며 심하면 사망에 이르게 할 수도 있는 용혈성 요독증을 일으키기 때문에 세계 각국에서 각별하게 출현 여부에 관심을 기울이고 있으며, 근래 햄버거병이라고 잘못 보도되는 질병의 원인체이다.

최근에 알려진 또 다른 병원성 대장균 종류인 장관응집성 대장균(enteroaggregate *E. coli*: EAEC)는 생물막 형성 후 독소를 분비하여 설사와 위궤양을 유발하며, 장관확산부착성 대장균(diffusely adherent *E.coli*: DAEC)은 장 염증과 영유아 설사를 유발한다. 한편 세균성 이질에서 발견되는 시가 독소(shiga toxin) 생성 대장균도 검출이 보고된 바 있다.

(6) 레지오넬라증

레지오넬라증(legionellosis)은 1976년에 필라델피아의 미국 재향군인회 회의(American Legion Convention)에서 221명의 폐렴 형태의 감염으로 앓아서 34명이 죽었을 때 처음으로 발견되었다. 재향군인회병(Legionnaire's disease)이라고도 불리는 이 질병의 증세는 감염 후 2~10일에 분명해지는데 근육통, 두통, 감기, 고열, 오한, 신부전증을 포함한다. 그 질병의 치사율은 건강한 성인의 경우는 5% 정도이며, 고령의 성인에서는 15% 정도이고 1976년 이후 발생빈도가 점차 증가하고 있다.

이 질병의 원인균은 *Legionella pneumophila*이며, 이 균은 가늘고 긴 단일 극성 편모를 갖는 그람음성의 호기성 막대균이다. 철과 시스테인을 부가한 혈액배지나 차콜효모한천(charcoal yeast agar) 같은 농화배지상에 배양함으로써 얻어질 수 있는 배양조건이 까다로운 미생물이다. 진단목적을 위한 동정은 세균에 대한 항체를 확인하기 위한 간접적 형광항체시험(fluorescent antibody test)이나 미세응집시험(microagglutination test)에 의하여 실시된다.

레지오넬라균은 보통 자유생활을 하는 아메바에 기생하며 나쁜 조건하에서 아메바에 의하여 생성되는 두꺼운 벽을 갖는 소낭(cyst)에서 일년 이상의 오랜 기간 생존할 수 있다. 소낭 안에서 레지오넬라균은 외부의 화학물질에 노출되었을 때 매우 저항성이 있고, 염소주입 같은 살균처리 방법에 영향을 받지 않는다. 좋은 조건하에서 숙주 아메바는 레지오넬라균의 증가로 쇠약해지며 결국 아메바의 파괴에 의하여 그 세균을 포함하는 포낭(vesicle)은 외부로 방출된다. 전파양식과 사람의 감염은 작은 물방울 내에 존재하는 이들 포낭의 흡입에 의해서 일어난다고 생각된다. 허파에서 이 세균은 아메바 같은 방어세포인 대식세포(macrophage)에 침입하여 계속 증식하는데 감염개시를 위하여 100내지 1,000마리의 레지오넬라균이 필요하다.

*Legionella pneumophila*는 음료수, 온수 및 냉각수 체제에서 샤워꼭지나 고무로 된 꼭지 연결부분 같은 부품에 이 세균이 내는 점액층에 의해 부착되어 집락을 이루는 것으로 알려져 있다. 배관설비 내부의 접근이 어려운 곳에서 레지오넬라가 덩어리로 증식하여 항세균처리로부터 보호된다. 더욱이 정체된 물에서 오랜 기간의 이 균의 생존능력은 특히 물을 한동안 사용하지 않던 수도망에서 문제를 일으킨다. 레지오넬라균에 의한 수도망의 집락화(colonization)를 막기 위해 제안된 방법은 70℃ 이상의 물온도의 유지와 사용 전 15분 동안 씻어내거나 그 세균의 영양소로 작용할 수 없도록 모든 가스켓과 꼭지 연결부분을 교체하는 것이다. 재집락화는 유리잔류염소의 유지와 트라이뷰틸틴옥사이드(tributyltinoxide)나 차아염소산 칼슘(calcium hypochlorite)과 함께 4차 암모늄 화합물 같은 화학물질의 사용으로 방지될 수 있다. 그러나 레지오넬라증의 완전방지는 그 세균의 기원과 물공급원 내부로 침입되는 기작이 규명될 때까지는 어려울 것이다.

(7) 렙토스피라증(leptospirosis)

렙토스피라증(웨일씨 병)은 유럽, 북미, 중미, 동양에서 매년 전체 인구의 1%가량이 발병된다고 보고되었다. 렙토스피라증은 감염된 동물의 오줌으로 오염된 물과 접촉하여 발병된다. 미국에서의 발병은 서서히 흐르는 하천에서 감염된 소와 돼지의 방목에 의해서 일어난다.

병원체는 *Leptospira*이며, 나선의 운동성을 지닌 호기성 세균으로 스피로헤타 균에 속한다. 많은 다른 혈청형이 존재하며 가장 흔한 것은 사람으로부터 분리된 *L. icterohaemorrhagiae*, *L. canicola* 그리고 *L. pomona* 등이다. 렙토스피라균은 피부, 상처 그리고 점막으로 침입한다. 침입한 렙토스피라균은 혈류로 들어와 체내로 퍼진다. 콩팥, 간, 중추신경계에서 급성 간염을 일으키며, 특징적인 황달효과를 나타내는데 이 질병은 잠재성인 것부터 치명적인 것 등 다양한 증세를 보인다.

렙토스피라증은 설치류, 가축과 야생동물을 포함하는 다양한 동물에 의해 사람에게 전파될 수 있다. 렙토스피라증은 이들 동물에서 가볍고, 만성적인 감염을 일으켜 그 결과 계속 동물의 오줌으로 전파된다. 따라서 이 질병의 방지를 위한 방법으로는 동물분뇨로 오염된 물의 방류지점으로부터 가까운 곳에서 수영이나 물과 관련된 레크리에이션을 금지시키는 것 등이 있다.

(8) 기타 세균성 감염

*Campylobacter jejuni*는 그람음성의 굽은 간균으로, 분변에서의 분리방법이 개발된 1972년 이전에는 주로 양이나 소의 유산과 장염을 일으키는 동물성 병원체로 간주되었으나, 최근 연구에서 *C. jejuni*가 인간에게 세균성 집단 설사를 일으키는 주원인으로 밝혀졌으며 매년 2백만 건이 발생하는 것이 추정되고 있다. 미국과 유럽에서 *C. jejuni*는 건강한 사람에서 검출되지 않았지만, 건강한 소와 닭, 새 및 심지어 파리에서도 이 세균이 분리되었다. 또한 개울이나 연못 등 염소 소독하지 않은 자연수계에서도 검출되는데 거의 모든 지표수에 *C. jejuni*가 있는 것으로 생각되며, 가을과 겨울에 많고 봄과 여름에는 적은 편이다. *Campylobacter*의 밀도는 분원성 대장균군이나 총대장균군 같은 지표세균과 유의성이 없는 것으로 나타났다. *C. jejuni*에 감염되면 열, 복통, 메스꺼움, 두통, 근육통과 함께 설사 증세를 보인다. 대개 오염된 음식이나 물을 섭취하고 2~5일이 지나면 증세가 나타나기 시작해 약 7~10일간 앓게 되며, 재발도 드물지 않게 일어난다. 누구나 *C. jejuni*에 감염될 수 있지만 특히 5세 이하 어린이나 청년(15~25세)이 노인들보다 자주 병에 걸린다.

*Yersinia enterocolitica*와 *Y. pseudotuberculosis*는 그람음성의 작은 간균이다. 이 두 종들은 주로 돼지와 새, 비버, 고양이, 개, 말 등의 동물에서 분리되며, *Y. enterocolitica*만이 연못, 호수, 고기, 아이스크림, 음식물 등의 환경에서 검출되었다. 오염된 물과 음식물에서 유래한 *Y. pseudotuberculosis*에 의해 사람이 감염된 사례가 보고되었다. 감염증상은 대개 오염된 음식이나 음료를 먹은 후 24~48시간 내에 시작된다. 여시니아증(yersiniosis)은 설사나 구토 등 위장염 증세를 보이지만 고열과 복통 증세도 나타낸다. 여시니아증은 맹장염 증세와 흡사하지만, 상처부위와 관절, 요도계통 등 맹장염과는 다른 부위에서 감염을 일으키기도 한다.

위궤양을 일으키는 것으로 알려진 그람음성의 나선형 세균인 *Helicobacter pylori*는 사람 대 사람의 전파가 주된 경로일 것으로 추정되지만 대변-경구 혹은 경구-경구 경로로도 전파될 수 있다. *H. pylori*는 분변에서 분리되었고, 침에서도 발견되었으며 또한 오염된 음식물이나 물을 섭취하는 경우에도 전파될 수 있다. 소독하지 않은 물을 마시면 *H. pylori*에 감염될 위험성이 높다. 우리나라 사람들의 대부분이 위장에 이 세균을 갖고 있는 것으로 보고되었다.

기회적 병원체(opportunistic pathogen)는 보통 면역기능이 약화된 사람에서만 병을 일으킨다. 유아나 노인, 임신, 항암치료, 면역억제제, 인간면역결핍바이러스(HIV) 등은 면역기능을 약화시킬 수 있다. 기회적 병원체는 환경 도처에 많이 존재한다. 많은 기회적 세균병원체가 지표수와 음용수에서 발견되고 있는데 인간 세균병원체는 모두 종속영양체이다.

음용수에서 발견되는 대부분의 종속영양세균은 인간 병원체가 아니지만, *Legionella*와 *Mycobacterium*, *Pseudomonas*, *Actinetobacter*, *Stenotrophomonas*, *Aeromonas* 등을 포함한 몇몇 속은 기회적 병원체에 속한다.

Pseudomonas 속에서 가장 중요한 기회적 병원체는 *P. aeruginosa*이다. 이 세균은 주로 병원내 감염(nosocomial infection)을 일으키는 병원체로, 병원내 감염의 9.9%를 차지한다. 이 세균에 의한 질병은 종종 수영장, 온수욕조, 콘택트렌즈 세척액 등 저장된 물과 연관되어 발생한다. 공동체에서 감염되는 포낭 섬유증(cystic fibrosis)이 어떤 경로로 감염되는지에 관한 기작은 아직 명확히 규명되지 않았으나 환자들의 결정적인 사망원인이 대부분 *P. aeruginosa*에 의한 폐렴이라는 것을 주목해야 한다. *P. aeruginosa*가 생수와 수돗물의 2~3%에서 1~2,300 CFU/mL로 검출된 보고가 있다.

*Acinetobacter*는 임상실험에서 두 번째로 흔히 분리되는 비발효성 그람음성 간균이지만, 일반적으로 낮은 병독성을 가진 것으로 판단하고 있다. 건강한 사람의 25%가 호흡기에 *Acinetobacter*를 보유하고 있다. 인간의 피부가 많은 병원내 감염의 진원지로 보인

다. 기회적 병원체인 *Acinetobactor*는 병원내 요로감염, 패혈증, 상처감염, 폐렴을 일으키며, 또한 공동체에서 감염되는 폐렴과 요로감염의 원인균이다. *Acinetobacter*는 자연 지표수 시료의 97%에서 0.1~100 세포/mL의 농도로 검출되었으며 지하수의 38%에서 *Acinetobacter*가 평균농도 8CFU/100mL로 검출된 보고가 있다. 음용수 시료에서 이 세균은 6~21CFU/mL의 개체수를 나타내어, 종속영양평판계수(heterotrophic plate count, HPC)의 1.0~5.5%를 차지하였으며 시판 생수의 5~35%에서 2~30CFU/mL로 검출되었다.

*Pseudomonas maltophilia*는 *Stenotrophomonas maltophilia*로 재분류되었으며, 이것은 임상실험실에서 세 번째로 흔히 분리되는 비발효성 그람음성 간균이다. 이 세균은 인체에 서식하여 병을 유발할 수 있다. 중환자실이나 인공호흡장치가 이 세균에 감염될 위험성이 높으며, 항생제 치료 중인 환자나 암 환자도 감염될 가능성이 높다. 이 세균은 패혈증, 폐렴, 상처감염 등을 유발하며, 드물게 뇌막염과 심내막염을 야기한다. *S. maltophilia*는 미처리 지표수 시료에서 검출되는 HPC의 5.7%, 급수시료 HPC의 0~1.2%를 차지하였다. 이 세균은 또한 시판생수의 2%에서 2~22CFU/mL, 냉장된 물 시료의 5% 미만에서 34 CFU/mL 검출되었다.

*Aeromonas hydrophila*와 *A. sobria, A. caviae*는 서로 유사하여 1976년까지는 이들을 동일종으로 취급하였다. 이들 3종의 그람음성 세균은 생화학적으로 매우 유사하며, 인간에게 설사를 야기하는 것으로 생각된다. 정수처리하지 않은 음용수와 *Aeromonas*가 분리된 설사병 사이에는 높은 상관성이 있다. 어린이와 노인이 이 세균에 가장 잘 감염되는 경향이 있다. *Aeromonas*는 환경의 물 시료에서 많이 발견되는데, 담수 시료의 0.6~18.2%에서 0.1~3,600CFU/mL 농도로 검출되며 수돗물 시료의 0.9~27%에서 0.022 CFU/mL로 검출되었다.

10.3.2 바이러스 감염

바이러스 감염은 콕사키바이러스(coxsackie virus), 에코바이러스(echovirus), 소아마비바이러스(polio virus)같이 위장관 내에서 살아가며 증식하는 장내바이러스(enterovirus)와 로타바이러스(rotavirus), 레오바이러스(reovirus), 아데노바이러스(adenovirus), A형 간염 바이러스(hepatitis A virus) 등과 같이 경우에 따라 위장관에 침입하는 바이러스 등에 의해 일어난다. 후자는 절대적인 장내바이러스가 아니지만, 그들은 감염된 개체의 배설물에서 발견되며 물의 배설물 오염에 의해서 전파된다.

(1) 간 염

간염(hepatitis)의 최대 수인성 전염은 1955년과 1956년 사이에 인도의 뉴델리에서 일어났다. 도시에 물을 공급하는 과정에서 하수에 의해 오염되어 35,000명 이상이 감염성 간염(간염 A형)에 감염되었다고 보고되었다. 오염된 물에 대한 강한 염소처리에도 불구하고 유행병은 오염 개시 후 6주에 최고에 도달하였다. 미국에서는 1946년과 1978년 사이에 68회의 수인성 간염이 발병하였다. 식수로부터 직접 간염 바이러스를 섭취하거나 오염된 물로부터 바이러스를 축적한 어패류의 섭취에 의해 간염이 발생하는데 치명적이지는 않다.

체내로 들어온 A형 간염 바이러스는 위의 산성조건에서 손상없이 통과하여 소장에 자리 잡은 후, 상피점막 세포로 들어가 증식하여 결국 간으로 이동하여 염증을 일으킨다. 바이러스는 15일 내지 60일의 잠복기가 지난 후 배변으로 분비된다. 간염의 증상은 고열, 피로, 식욕감퇴, 복통 등이며 황달을 수반하기도 한다. 소독제에 대한 안정성과 높은 내성 때문에 간염의 방제는 어렵다. 세균성 병원체의 제거에 적절한 물의 처리방법으로는 바이러스의 오염을 막기가 어렵다고 알려져 있다. 응결된 유기물 입자 내의 바이러스의 보호는 염소 같은 화학적 항미생물제제의 효과를 감소시킨다. 그러므로 식수와 물로부터 유래하는 음식물을 배설물에 의한 오염으로부터 차단하는 것은 간염이 유행하는 지역에서 감염을 방지하는 데 필수적이다. 우리나라에서 문제가 되고 있는 간염은 B형 간염(혈청 간염)으로 혈액 또는 체액을 통해 감염된다.

(2) 바이러스성 위장염(viral gastroenteritis)

바이러스성 위장염은 선진국에서 가장 보편적인 수인성 질병이다. 미국에서 이 질병은 1946년과 1970년 사이에 311건이 발생하여 69,694명의 환자가 발생하였으며, 1971년과 1978년 사이에 132건이 발생하였다. 그 같은 질병의 원인체는 항상 밝혀지는 것은 아니나 coxsackie virus A와 B, echovirus와 enterovirus types 68-71, rotavirus, norovirus(또는 Norwalk-type)와 같은 장내바이러스(enteric virus)가 흔히 관여한다. 1946~1970년 사이에 311건이 발생하였는데 그 가운데 178건이 바이러스에 의한 것이었으며 45,250명이 고통을 당하였다. Rotavirus는 유아 급성 위소장염의 주된 원인체이며 성인의 여행자 설사에도 관여한다.

장내바이러스는 28 nm 이하의 지름을 갖는 작은 바이러스로 한 가닥의 RNA를 갖는다. A형 간염 바이러스같이 장내바이러스는 넓은 pH 범위에서 저항성이 있다. 이들은 통상 호흡기나 위장관에 감염을 야기하나, 가끔 뇌막염, 마비, 고열 그리고 설사 등의 다양한 증세를 일으킨다.

하수에서 발견되는 것으로 장내그룹 이외의 바이러스들은 배설물 오염에 의한 전파의 가능성을 갖는 것으로서 표 10.2에 요약되어 있다.

(3) 소아마비

회백수염이라고도 하는 소아마비(poliomyelitis)의 가장 보편적인 전파방법은 호흡기 경로에 의한 것이지만, 음식물이나 물을 통한 분변-구강의 경로(fecal-oral route)도 중요하다. 수인성 소아마비가 1952~1953년에 미국에서 2회 보고되었다.

나쁜 위생상태의 저개발국가에서는 어린이들의 소아마비의 감염은 보편적이었는데 소아마비는 어린이들에게는 상대적으로 경미하며, 따라서 이들은 불구가 되게 하는 어떤 나이에 이르기 전의 초기단계에서 면역을 갖게 된다. 그러나 19세기에 개선된 위생상태로 서방세계에서 이러한 자연면역의 획득은 감소되어, 소아마비는 유행병으로 생겨났다. 1952년에 백신이 개발될 때까지 소아마비는 서양세계에서 가장 심각한 전염성 질병 중의 하나였다. Salk와 Sabin이라는 두 가지 형태의 백신이 개발되어 많은 유아들에 대하여 백신을 주사함으로써 환자는 크게 줄어들었다. 근래에는 전 세계적으로 발병이 거의 보고되고 있지 않아서 세계보건기구(WHO)에서 천연두에 뒤이어 자연에서의 멸종을 선언하려 하고 있다.

Polio virus는 3가지의 면역학적 종류로 나타나는 picornavirus이다. 이 바이러스는 섭식이나 흡입에 의하여 침투하고 증식하여 장내점막, 림프절 그리고 중추신경계의 특정기관에 감염한다. 척수나 뇌간의 뇌막과 운동신경이 감염되어 영구적인 마비를 일으킨다. 활동적인 감염기간에 바이러스의 일차적인 전파는 작은 침방울의 분사에 의하나, 그 바이러스는 몇 주 동안 배설물과 함께 계속 분비된다.

10.3.3 기생성 원생동물에 의한 감염

(1) 말라리아

말라리아(malaria)는 다른 어떤 질병보다도 사람을 많이 죽음으로 이끌었다. 매년 2천만 명이 앓고, 수십만 명 이상이 죽는다. 아프리카 성인의 4분의 1이 여러 번 말라리아를 앓았으며, 매년 25만 명의 어린이가 죽고 있다. 이것은 배설물 오염에 의해 전파되는 것이 아니라 물에서 수생의 애벌레 생활을 하는 곤충 매개체에 의하여 전파된다.

말라리아는 병원성 원생동물인 *Plasmodium*에 의해서 일어나며, 이는 포자충류에 속한다. *Plasmodium*은 유인원, 개, 설치류에 기생한다. 숙주에서 다음 숙주로 전파시키는 절족동물의 매개체는 암컷 Anopheline 모기이다. 원생동물의 유성생식은 모기 내에서 일어나며 모기에 물리면 *Plasmodium*이 혈류 내로 유입되는데, 이들은 간에 위치하여 무성적으로 증식한 뒤 혈류로 재방출되어 적혈구로 침입하여 증식을 거듭하고 더 많은 적혈구에 침입한다. 모기가 감염된 개체를 물었을 때 병원체는 모기의 위에 들어가서 유성생식환을 다시 시작한다.

4가지 종류의 *Plasmodium*이 다른 정도로 사람에 감염된다. *P. falciparum*은 악성 말라리아를 일으켜 치명적일 수 있으며, *P. vivax, P. ovale*와 *P. malarie*는 양성 말라리아를 일으킨다. 혈류에서 병원체의 주기적인 방출은 숙주에서 증후의 순환을 일으킨다. *P. vivax*와 *P. ovale*에서는 오한, 발열, 두통, 땀이 매 48시간마다 반복되며, *P. malarie*는 매 72시간마다 일어난다. 별도의 증상으로는 지라의 염증, 무기력 그리고 빈혈 등이 있다. *P. falciparum*은 지속성 고열증세를 일으키며, 뇌와 허파를 붓게 하고 매우 빠르게 증식하여 심장의 기능을 손상시킨다. 양성 말라리아는 저절로 회복되지만 악성 말라리아는 치료하지 않으면 죽음을 야기한다. 치료는 chloroquine과 primaquine으로 효과를 얻을 수 있다.

말라리아의 예방은 모기 매개체의 박멸에 의해서, 또는 알 낳는 장소의 제거와 성체나 애벌레 단계를 파괴시킴으로써 가능하게 된다. 습한 곳에서는 알 낳는 장소를 통제하는 것이 불가능하고 건조한 곳에서는 관개수로가 필수적이어서 모기 유충이 자라는데 적절한 서식처를 제공하게 되기 때문에 어렵다. 더욱이 농약에 내성이 강한 모기의 출현은 말라리아를 방제하는 데 DDT나 dieldrin 같은 농약의 효과를 감소시킨다.

(2) 아메바성 이질

아메바성 이질(amoebic dysentery)은 기생성 원생동물인 *Entamoeba histolytica*에 의해서 발병되며 이는 배설물에 의하여 오염된 물에 의해 전파되는데 보균자 비율은 개인위생의 수준과 각 지역에서의 위생학적 조건에 따라 다양하다. *E. histolytica*의 보균자는 미국에서 1~5%이며, 일부 열대지방에서는 50~80%에 이른다. 이 아메바는 또한 동물에 의해서 전달되기도 한다.

경미한 감염의 경우에 *E. histolytica*는 창자에 집락을 형성하여 장내의 미생물군을 먹게 되지만, 심하게 감염된 환자는 창자벽 자체가 침입을 받아서 손상을 일으키며 간, 지라, 뇌에도 감염이 일어날 수 있다. 증후는 가벼운 설사를 수반하는 복부통증으로부터 급성이질에까지 이른다. 감염기간 중 아메바는 새로운 숙주에 의해서 섭취될 때까지 몸체 밖에서도 살 수 있는 소낭(cyst)으로 분비되는데 아메바성 이질의 진단은 배설물에서 소낭의 동정을 통하여 이루어진다.

(3) 아메바성 뇌수막염

치명적인 질병인 아메바성 뇌수막염(meningoencephalitis)의 원인균은 아메바 *Naegleria gruberi*와 *Acanthamoeba castellani*이다. *Naegleria* 종은 토양, 하수, 지표수에서 흔히 발견되며 수영장 그리고 강으로부터 유래하는 식수에서 가끔 발견된다. 감염된 물에서 수영을 하거나 다이빙을 하였을 때 병원체 *N. gruberi*에 노출되는데 이 병원체는 비강의 점액질막을 통과하여 뇌와 척수의 특정기관으로 이동한다. 이 질병의 증세는 4~7일간 명백히 나타나다가 그 후 4~5일 후에 죽게 된다.

(4) 편모충류에 의한 설사

편모충류에 의한 설사(flagellate diarrhea)는 창자에 기생하는 diplomonad 종류인 *Giardia lamblia*에 의해 일어난다. *E. histolytica*처럼 *G. lamblia*는 소낭을 형성하며, 소낭 형태로 하수에서 나타날 수 있는데 하수에 의한 식수 오염이 주된 전파경로이다. 1965년에 미국의 Colorado에서 발생한 수백 명 이상의 감염된 *Giardia*에 의한 설사(지아르디아증, giardiasis)가 하수에 의한 우물의 오염 때문인 것으로 알려졌다. New Hampshire의 발병에서는 *G. lamblia*의 소낭이 처리된 물에서 발견되었으며, 그 후 이것은 정수장에서 처리한 물과 처리하지 않은 물이 혼합되어 일어난 것으로 밝혀졌다. 체내로 들어오면 *G. lamblia*는 흡판(suction disc)에 의하여 숙주의 창자 벽에 붙게 되는데 심각하게 감염된 경우에 창자의 표면에 형성된 막은 지방이 몸속으로 흡수되는 것을 막는다. 지속적이며 다양한 증세가 생겨나는데 가장 흔한 증세는 장기간의 간헐적인 설사이다. 지아르디아증은 북미 산악지대에서 풍토병으로 존재하는데 야생동물들이 주된 보균 생물체이며 근래 미국에서 보고된 수인성 질환의 27%를 차지하고 있다.

(5) 다른 원생동물에 의한 감염

창자에 기생하는 다른 수인성 장내 원생동물로 섬모성 *Balantidium coli*가 있는데 이는 발란티디움성 이질과 장내 궤양을 일으키며 포자충류인 *Isopora belli*와 *I. huminis*는 위장관 감염을 일으킨다. 이들 병원성 생물체는 장관 안에서 생장 시기를 가지나 소낭의 형태로 배설물의 오염에 의하여 전파된다.

또 다른 병원체로 *Cryptosporidium*이 크립토스포리디아증(cryptosporidiosis)을 일으키는데 낭포체(oocyst)를 형성하며 환경에서 잔류성이 높고 위장관에 기생하여 심한 설사를 일으킨다. 전파경로는 수인성을 비롯하여 직접 접촉 등 여러 가지가 있으며 근래 미국과 유럽 등지에서 giardiasis와 더불어 감염사례가 많이 보고되고 있다. 미국에서는 지아르디아증보다 높은 빈도로 보고되고 있는데 1993년에는 밀워키에서 40만 명 이상의 크립토스포리디아증이 발생하여 100여 명이 사망하였으며 이를 계기로 Safe Drinking Water Act를 1995년에 개정하였다. 사람이 오염된 물과 식품 혹은 직접 접촉을 통해 포자화된 직경 3~6μm 크기의 *Cryptosporidium parvum*의 접합자낭(oocyst)을 섭취하여 감염되어 유성생식 단계와 무성생식 단계를 모두 지닌 복잡한 생활사를 거쳐 접합자낭이 다시 포자화되어 숙주의 변을 통해 배출된다. 접합자낭을 섭취한 지 3~10일 내에 피가 섞이지 않은 다량의 물설사가 시작되고, 이 증상은 대부분의 정상적인 면역기능을 가진 숙주에서 10~14일 지속된다. 의학적 치료법은 없으며, 대부분의 경우 이 질환은 자기조절반응을 나타낸다. 하지만 면역력이 저하된 숙주(예, AIDS 환자)는 사망할 수도 있으며, 10~15%의 AIDS 환자가 크립토스포리디오증과 관련된 합병증으로 사망한다. 접합자낭은 매우 전염성이 강해 물이나 음식물에 함유된 소량의 접합자낭으로도 건강을 위협할 수 있다. *Cryptosporidium* 접합자낭은 인간과 동물의 배설물을 통해 환경에 유입될 수 있다. 많은 가축, 특히 소에서 발생한 크립토스포리디오증에 대한 보고가 있는데, 감염된 소는 하루에 10^{10}개의 접합자낭을 배설할 수 있기 때문에 농경지의 표면유출이 지표수 오염의 큰 원인이 될 수 있다. *C. parvum*은 정수처리장에서 주로 사용하는 염소소독에 대한 저항성이 매우 높은 접합자낭을 생성하는데, 이 접합자낭은 지표수에서 수 주간 생존하는 것으로 알려졌다.

*Cyclospora cayetanesis*는 물과 음식물기원의 원생동물성 병원체 중에서 새롭게 등장한 병원체이다. 사이클로스포리아증(cyclosporiasis)은 다량의 피가 섞이지 않은 물설사를 야기하는데, 복부 통증과 메스꺼움, 피로를 동반하기도 한다. *Cyclospora*에 의한 병의 증세는 면역기능이 정상인 사람에서도 43일이나 지속되어 크립토스포리디오증이 10~14일 지속되는 것과 대별된다. 그러나 크립토스포리디오증과는 달리, 이 질병은 기생체를 제거하는 것으로 보이는 Bactrim(trimethoprim-sulfamethoxazole)으로 치료될 수 있다. *Cyclospora*는 숙주와 저장소가 알려지지 않아 아직 그 감염경로를 제대로 파악하지 못하고 있다. 그러나 물과 음식물이 주요 감염원일 것으로 추정하고 있다. 물이 포자화한 접합자낭으로 오염될 수 있지만, 감염 사례는 대부분 오염된 농산물과 관련이 있다.

마이크로스포리디아(Microsporidia)는 Microspora 문(phylum)에 속하는 원생동물을 지칭하는 비분류학적 명칭으로, 현재 1,000여 종의 *Microsporidia*가 곤충과 무척추동물 및 5문에 속하는 모든 척추동물 숙주에 감염하는 것으로 알려졌다. *Microsporidia*는 대부분의 경우 인간의 기회적 병원체인 것으로 생각된다. AIDS가 출현하기 전까지는 이 질병에 관해 거의 알지 못하였다. 면역기능이 약화된 면역부전환자에서 수백 건에 달하는 발병사례가 보고되었으며, 면역기능이 정상인 사람에서도 발병사례가 보고되었다. 다음의 5속이 인간감염과 연관이 있다; *Enterocytozoon bieneusi, Encephalitozoon hellem, Encephalitozoon cuniculi, Encephalitozoon intestinalis, Pleistophora* spp., *Nosema corneum*. 앞의 4종은 대소변으로 배출되는 것으로 보아 수인성일 가능성이 높다. *E. bieneusi*와 *E. hellem*, *E. intestinalis*는 AIDS 환자에서 가장 흔한 microsporidium 감염체이다. 또한 이들은 다른 기생체보다 훨씬 작기 때문에 (0.8×1.5 μm) 수처리의 여과과정으로 제거하기 어렵다. Microsporidia 포자는 물을 통해 전파될 가능성이 있는데 포자는 숙주에 의해 섭취되거나 경우에 따라서는 흡입될 수도 있으며 감염 후 포자생식으로 생성된 저항성 감염포자는 소변이나 배설물 같은 체액을 통해 배출된다. 환경으로 배출되면 상수원으로 유입될 가능성이 매우 높다. *E. testinalis* 포자가 하수와 지표수, 지하수에서 검출되어 환경전파 가능성을 시사한다. 포자는 매우 강한 내성을 지녀, 건조와 열로 불활성되지 않는다.

참고문헌

Bitton, G. , Damron, B. L. , Edds, G. T. and Davidson, J. M. (eds) (1980) *Sludge-Health Risks of Land Application,* Ann Arbor Science, Michigan.

Linton, A. H. (1982) *Microbes, Man and Animals-The Natural History of Microbial Interactions,* John Wiley and Sons, Chichester.

Mitchell, R. (ed) (1972) *Water Pollution Microbiology,* John Wiley and Sons, New York.

Pelzar, M. J. and Chan, E. C. S. (1981) *Elements of Microbiology.* McGraw Hill Inc. , New York.

Stainer, R. Y. , Alderberg, E. A. and Ingraham, J. (1986) *The Microbial World.* 5th edn, Prentice Hall, New Jersey.

Sterritt, R. M. and Lester, J. N. (1988) *Microbiology for Environmental and Public Health Engineers,* E&F. N. Spon, London.

Whie, W. R. and Passmore, S. M. (eds) (1985) *Microbil Aspects of Water Management.* Society for Applied Bacteriology Symposium Series No. 14, Blackwell Scientific Publications, London.

chapter 10 | 병원체

연습문제

01 병원성(pathogenicity)과 병독성(virulence)의 차이점에 대하여 설명하라.

02 병원균이 숙주에 영향을 미치는 기작인 침입(invasion)과 독소생산에 대하여 설명하라.

03 병원균이 생산하는 독소를 두 가지로 나누고, 그들의 차이점을 비교설명하라.

04 병원균의 침입경로와 전파양식을 구분하여 설명하라.

05 수인성 전염병을 일으키는 미생물들과 그 질병을 들라.

06 오염된 물의 사용으로 생겨나는 각종 질병을 예방하기 위한 대책을 설명하라.

07 다음 질병을 일으키는 병원균의 종류, 침입경로, 발병기작 및 예방대책을 차례로 설명하라.
(1) 콜레라
(2) 레지오넬라증
(3) 간염
(4) 말라리아
(5) 아메바성 이질

08 병원균으로부터 인간의 생활이 보호받기 위한 노력을 환경적인 차원에서 설명하라.

CHAPTER

상수처리 11

CHAPTER

11 상수처리

11.1 서 론

상수 또는 음용수(drinking water) 오염이 공중보건에 미치는 영향으로 인해 안전한 상수에 대한 관심은 전 세계적으로 중요시되고 있다. 개발도상국에서의 수인성 질환의 주요 원인은 상수처리를 하지 않았거나 부적절하게 처리된 음용수의 사용에 크게 기인하고 있다. 미생물학적 견지에서 볼 때 공공적인 공급을 위한 상수의 처리는 일차적으로 병원성 생물체를 제거 혹은 파괴하는 일이다. 그 같은 생물체에는 *Salmonella typhi*, *S. paratyphi*, *Shigella*, *Vibrio cholerae* 같은 세균류와 소낭을 형성하는 *Entamoeba histolytica* 같은 아메바, 그리고 Coxackie virus A2와 Rota virus 등의 몇 가지 바이러스가 있다. 이들을 제거하기 위한 상수처리에는 물리학적인 제거과정과 화학적인 파괴과정이 있으며 양질의 상수를 얻기 위하여 영양분이 많은 물에 존재하는 조류와 같은 비병원성 생명체도 제거되어야 한다. 또한 마시고 사용하는 데 적합하게 냄새, 색, 맛을 내는 물질들을 제거해야 한다.

상수처리 과정에서는 물의 저장, 응집, 응결, 침전, 여과, 소독 등이 있다. 이들 모든 단계는 혼탁물의 제거를 통해 배관으로 통과하는 상수에 어떤 병원체도 없도록 소독하는 최종 과정에 의해 처리된 상수의 미생물학적인 질을 증진시킨다.

11.2 미생물학적 수질기준

음용수에 대한 수질기준은 나라마다 약간씩 다를 수 있는데 대체로 세계보건기구(WHO)의 기준을 참고하고 있으며 그 내용은 첫째, 어떤 시료 100 mL에서도 분원성 대장균군(fecal coliform)이 검출되지 않아야 하며, 둘째, 연중을 통해 95% 이상의 시료에서 100 mL당 총대장균군(total coliform)이 검출되지 않아야 하며, 셋째, 어떤 시료에서도 대장균군이 100 mL당 3을 넘지 않아야 한다. 우리나라도 수도법 아래 '먹는물 수질기준 및 검사 등에 관한 규칙'에서 음용수의 수질기준을 규정해 놓고 있다. 2014년 4월 30일에 개정된 내용 중 미생물에 관한 기준은 총 6가지로 이전보다 기준이 강화되었으며 샘물 및 먹는 샘물은 더 엄격한 기준을 따르는데 그 내용은 다음과 같다

① 일반세균은 1 mL 중 100 CFU(집락형성단위: colony forming unit)를 넘지 아니할 것. 다만, 샘물의 경우 저온일반세균은 20 CFU/mL, 중온일반세균은 5 CFU/mL를 넘지 아니하여야 하며, 먹는 샘물의 경우 병에 넣은 후 4℃를 유지한 상태에서 12시간 이내에 저온일반세균은 100 CFU/mL, 중온일반세균은 20 CFU/mL를 넘지 아니할 것.

② 총대장균군은 100 mL(샘물 및 먹는 샘물의 경우 250 mL)에서 검출되지 아니할 것. 다만, 매월 실시하는 총대장균군의 수질검사 시료수가 20개 이상인 정수시설의 경우에는 검출된 시료수가 5퍼센트를 초과하지 아니할 것.

③ 대장균·분원성 대장균군은 100 mL에서 검출되지 아니할 것. 다만, 샘물 및 먹는 샘물의 경우에는 그러하지 아니하다.

④ 분원성 연쇄상구균·녹농균·살모넬라 및 쉬겔라는 250 mL에서 검출되지 아니할 것(샘물 및 먹는 샘물의 경우에 한한다).

⑤ 아황산환원 혐기성 포자형성균은 50 mL에서 검출되지 아니할 것(샘물 및 먹는 샘물의 경우에 한한다).

⑥ 여시니아균(*Yersinia*)은 2 L에서 검출되지 아니할 것(샘물 및 먹는 샘물의 경우에 한한다).

어떤 대장균군이 상수에서 발견되었을 때 필요한 최소한의 행동은 처리장에서 소독과정을 조사하는 것이며 또 같은 지점에서 즉각 다른 시료를 채취하는 일이다. 부가적 시료는 오염원의 위치를 밝혀내기 위한 시도로서 채취되어야 한다. 대장균군이 연속적으로 채취한 시료에 남아있거나 *E. coli*가 발견되면 이것은 바람직하지 않은 물질이 체제내로 유입되고 있다는 것을 명백하게 나타내는 것이다. 그 위치와 제거를 즉시 고려해야 하고 더 효과적인 잔류량을 유지하기 위해서 처리 작업에서 소독제 투여증가의 필요 유무를 고려한다(11.4절 참조).

상수원수, 처리수 및 수도전에서의 미생물학적 수질검사는 주기적으로 수행되어야 한다. 이론적으로는 상수 이용인구에 따라 검사빈도가 증가해야 하는데 2만명 이하의

인구에서는 연속 시료간 최대 간격이 1개월, 2~5만은 2주일, 5~10만은 4일, 10만 이상은 1일 간격으로 검사해야 한다. 검사 빈도뿐만 아니라 인구 수에 따라 검사시료도 증가해야 하는데 1,000명까지는 월 2개, 10,000명까지는 12개, 100,000 이상은 월 100개의 시료를 조사하는 것이 이상적이다. 우리나라의 '음용수의 수질기준 등에 관한 규칙'에도 음용수의 수질검사의 빈도와 급수인구에 따른 검체수를 규정해 놓고 있다. 수질검사의 빈도에는 상수 원수, 정수장, 수도전에서의 검사 항목이 있으며 급수인구는 5,000명부터 4백만 이상에 이르기까지 인구 크기에 따라 등급을 나누어서 급수인구당 조사해야 하는 검체수를 정해놓았다.

한편 많은 국가들이 처리된 상수에서 바이러스의 수와 형태에 대한 허용한계를 분명히 결정하지 못하고 있는데 그런 한계를 설정한 곳에서는 분변성 대장균군에 대한 제한만큼 엄격하다. 예를 들어, 세계보건기구(WHO)의 한계는 1L당 1개의 용균반 형성단위(plaque forming unit, PFU)이다. 상수공급에서 바이러스를 계수하는 것은 매우 어렵다. 그러나 상수처리 과정에서 지표세균이 없다는 것은 일반적으로 상수가 바이러스에 대해서도 또한 만족스럽다는 것을 의미하는 것으로 간주된다.

11.3 상수처리 과정

위생적으로 안전하면서 이용하는 데 문제가 없는 음용수를 생산하기 위해서는 상수 원수에 존재하는 병원균, 기생충 및 여러 가지 유해화학 물질들이 제거되어야 하며 또한 탁도, 색도, 맛, 냄새 등이 없어야 한다. 이런 목표를 이루기 위해서는 상수 원수를 연속적인 물리화학적 공정으로 처리해야 한다. 요구되는 처리 공정은 상수 원수의 수질과 밀접한 연관이 있어서 원수가 안전할 경우에는 간단한 여과 또는 소독 공정만으로도 충분하지만 원수 수질이 좋지 않을 경우에는 고도의 정수처리가 필요할 수 있다.

상수처리 과정은 일반적으로 저장-응집-침전-여과-소독의 단계로 이루어지나 원수의 수질에 따라 전포기, 전염소처리, 활성탄처리 등을 추가할 수도 있다.

11.3.1 원수 저장

원수를 집수하여 처리장으로 유입할 때 원수의 수질 변동을 최소화하기 위해 저수조에 저장할 수 있다. 저장기간에 장내세균과 여러 수인성 병원체의 수는 상당히 감소된다.

이것의 원인으로는 침전이 있으며 부분적으로 자외선과 가시광선의 치사효과도 있고, 또한 일부는 원생동물 등 포식자에 의한 포식 효과 때문이다. 저수조가 큰 경우에는 상수원에서 오염 사고가 일어나도 상수원이 회복될 때까지 물 공급을 유지할 수도 있다. 그러나 저수조의 단점은 조류의 과잉성장의 기회가 존재하며 그에 따라 수질이 악화될 수 있다.

11.3.2 전염소처리

전염소처리(prechlorination)는 원수의 수질이 나쁠 때 응집, 여과 등의 단위공정별 성능을 향상시키거나, 부식산(humic acid) 같은 색도유발물질을 산화시키거나, 암모니아의 제거, 병원성 미생물의 제거 등을 목적으로 실시하는데 유기물이 제거되지 않은 상태에서의 염소처리는 발암물질인 트리할로메탄(THM, 11.5절 참조) 등의 유기염소화합물의 생성 가능성을 유발시킬 수 있다.

11.3.3 응집/응결

응집/응결(coagulation/flocculation)의 목적은 응집제(알루미늄염, 철염)나 응집조제(활성실리카, 벤토나이트, 다전해질 등)를 사용해 광물질 콜로이드, 미생물 세포나 바이러스 등의 콜로이드성 입자를 불안정하게 만든다. 가장 널리 이용되는 응집제는 명반(alum), 염화 제2철(ferric chloride), 황산 제2철(ferric sulfate)이며 응집공정 후 완속교반에서 부유성 입자는 빠른 침전이 이루어질 정도의 플록이 형성된다. 색도와 탁도를 띠고 있는 물의 처리에는 응집이 가장 중요한 공정이 된다. 응집공정에서 90% 이상의 세균이 제거되며 바이러스와 원생동물 소낭(cyst)도 이와 유사한 정도로 제거된다. 응집처리는 종종 응집보조제를 첨가함으로써 향상되는데 과량의 투입은 오히려 응집을 저해할 수도 있다.

11.3.4 여 과

여과(filtration)는 물을 모래층이나 다공성 매질을 통과시켜 점토나 미생물 세포와 같은 부유물질을 제거하는 공정으로 완속여과와 급속여과의 2가지 종류가 있다. 여과공정은 가장 오래된 수처리 방법의 하나로 수인성 질환의 감소에 큰 기여를 했다.

(1) 완속모래여과(slow sand filtration)

지역적으로는 유럽에서 많이 사용되는데 급속모래여과보다 적은 운전비용 때문에 일반적으로 인구 만 명 이하의 작은 마을에서 사용된다. 여과장치는 보통 30~50 cm의 자갈층 위에 60~120 cm 깊이의 미세한 모래층으로 이루어져 있으며 모래 입자의 크기는 일반적으로 0.15~0.35 mm 정도이고 수리학적 부하범위는 0.04~0.4 m/hr이다. 여과장치의 정상운전 시 생물학적 활성이 왕성한 여과막(schmutzdecke)이 표면에 생성되는데 세균, 조류, 원생동물, 윤충, 선충 등이 함유되어 있다. 운전 중 최상층에 누적되는 생물막과 여과된 입자상 물질은 주기적으로 제거하고 깨끗한 모래로 재충전한다.

(2) 급속모래여과(rapid sand filtration)

우리나라나 미국 등에서 많이 사용하는 방법으로 응집공정 후 실시하여 효율적으로 미생물을 제거한다. 모래층이 자갈 또는 방해석 층으로 지지되어 있으며 완속여과 속도가 0.1~1 $m^3/hr/m^2$인 반면 급속여과는 5~24 $m^3/hr/m^2$로 운전한다. 여재는 주기적으로 충분한 유속으로 역세척(back washing)되어야 한다. 이 공정은 응집/응결 및 침전의 과정이 선행되지 않을 경우 미생물의 제거에 덜 효과적이다.

이와 같은 2가지 여과 방법이 주로 사용되지만 이외에 규조토 여과나 활성탄 여과도 있다. 특히 활성탄은 매우 큰 표면적을 가지며 맛, 냄새와 색도유발물질, 과잉염소, THM, 기타 유해화학물질에 대한 흡착능력이 뛰어나다. 활성탄은 입상활성탄(granular activated carbon, GAC)과 분말활성탄(powdered activated carbon, PAC)이 있는데 GAC는 모래여과 처리 후나 염소처리 전에 실시하고 PAC는 주로 여과 전에 사용한다. 활성탄이 각종 물질의 흡착 및 제거능이 우수하지만 흡착된 물질을 이용하여 미생물이 생장하면서 내독소(endotoxin)의 생산과 방출, 여재 내부에서의 혐기성 대사에 의한 H_2S 등의 악취물질 발생, 자라난 세균의 방출 등의 단점도 존재할 수 있다.

11.4 소 독

소독(disinfection)은 통상 급수관으로 들어가기 전에 물이 통과하는 최종단계이다. 최종단계에서 소독을 하는 것이 중요한데 그 이유는 부유입자와 용해성 유기물이 없는 물에서 소독을 해야만 하기 때문으로, 그러한 물질들은 존재하는 미생물들에 대하여 소독제의 효과로부터 물리적으로 보호하는 역할을 하거나 소독제와 직접적으로 반응하여 그 효율을 감소시킨다.

제5장에서 설명한 살균과 소독의 차이는 물처리에 그대로 적용된다. 살균은 모든 살아있는 생명체를 완전히 파괴하는 처리를 말하며 따라서 그러한 처리는 영원히 효과적이어야 한다. 상수공급에서 완전살균은 매우 어렵고 어떤 경우에는 필수적인 것으로 간주되지 않는다. 이같이 비록 일부 소독 방법이 급배수체계를 통과하면서도 처리된 상수에 일부 잔류 소독능력을 부여한다 하더라도 소독은 제한된 기간에만 효과적이고 처리된 상수는 다시 오염될 수 있다.

상수처리 시설에 일상적으로 사용되기 위하여 설계된 소독은 값싸고 효과적이고 조작이 안전하며 공급되는 상수에 일부 잔류 소독능력을 부여하여야 한다. 소독제는 상수의 소비자에게는 해를 주지 말아야 하고 병원체와 같은 표적 생물체(target organism)에 상당한 독성을 가져야 한다. 특히 염소와 오존은 이들 기준에 크게 일치한다.

11.4.1 소독 이론

주어진 소독제의 농도에서 사멸률(kill rate)은 다음과 같이 주어진다.

$$\frac{dN}{dt} = -KN \tag{11.1}$$

여기서 K는 반응속도이고 N 은 살아있는 생물체의 수이다. 이 식을 적분하면,

$$K = \frac{\ln(N_t/N_o)}{t} \tag{11.2}$$

[이를 방정식 (8.6)과 비교하라.]

K는 주어진 체제에서 상수이고 여러 가지 요소에 의존하는데 그중 가장 중요한 요소는 소독제의 농도 $[D]$이다. 그러면

$$\frac{dN}{dt} = -KN[D]^n \tag{11.3}$$

그래서

$$\frac{\ln(N_t/N_o)}{t} = -K[D]^n \tag{11.4}$$

양변에 로그를 취하면 K와 n을 도표로 나타낼 수 있는 직선관계가 나온다. 만일 $n = 1$일 경우, 방정식 (11.4)는 Chick의 법칙으로 알려져 있다. 그러나 흔히 $n \neq 1$이면, 소독의 복잡한 기작을 반영한다. HOCl의 K값(11.4.2절 참조)은 보다 저항성이 있는 아메바 소낭에서는 10^3 L/mol·min, 대장균군에서는 10^6 또는 그 이상의 범위를 가진다.

적어도 이론적으로, 방정식 (11.4)의 형태는 100%의 사멸을 얻을 수 없다. 그러나 예를 들면 99.9%(즉, $N_t/N_o = 0.001$)의 사멸률을 통상 명기한다. 그 같은 일정한 사멸률을 위하여 $\ln(N_t/N_o)$는 상수이고, $[D]^n t$ 또한 일정하다는 것을 의미한다. 만일 $n = 1$이면 노출시간은 소독제의 농도만큼이나 중요하다.

11.4.2 염소처리

염소는 매우 강력한 산화제이며 몇몇 중요한 효소의 기능을 간섭하기 때문에 염소의 독성이 나타나는 것으로 생각된다. 그러나 염소가 암모니아와 같은 환원된 화합물과 반응하여 소모되어 소독제로서의 효과가 감소하기 때문에 염소의 산화력은 변화될 수 있다.

(1) 염소화합물

염소(Cl_2)는 물이 첨가되었을 때 차아염소산(hypochlorous acid, HOCl)을 형성한다.

$$Cl_2 + H_2O \rightleftharpoons HOCl + HCl$$

차아염소산은 약산이며, 다시 H^+와 OCl^-이온(차아염소산염, hypochlorite)으로 해리되고 이 반응이 일어나는 정도는 pH에 의존된다. pH가 6.7 이하에서는 적어도 90%의 염소는 HOCl의 형태로 존재한다. 그러나 pH 9에서는 5% 이하가 비해리된 상태로 남아 있는데 HOCl이 OCl^-보다 더 강력한 소독제이기 때문에 중요하다. 예를 들어, HOCl이 OCl^-보다 *E. coli*에 약 100배가량 더 독성을 가지고 있다. 만일 암모니아가 존재하면 이는 클로르아마이드(chloramide)(NH_2Cl), 이미노트라이클로라이드(iminotrichloride)나 나이트로젠 클로라이드(nitrogen chloride)(NCl_3)로 연속적으로 전환될 것이다. (이들 화합물의 통상적인 이름은 널리 사용되고 있는데 이는 모노클로르아민, 다이클로르아민, 트라이클로르아민 등이다.) 존재하는 염소의 형태는 크게 두 범주로 나눌 수 있다. '유리잔류염소(free chlorine residual)'나 '자유이용가능 염소(free available chlorine)'는 Cl_2, HOCl과 OCl^-를 포함한다. 결합잔류염소(combined chlorine residual)나 결합이용가능 염소(combined available chlorine)

는 클로르아민류(chloramines)와 다른 염소화합물(예, 유기염소화합물)을 포함한다. 클로르아민류의 형태로 존재하는 염소는 이들 화합물들이 적음에도 불구하고 결합이용가능 염소로서 사용한다. 그러므로 물을 소독하는 데 사용되는 염소의 양은 존재하는 암모니아의 농도에 비례한다.

(2) 염소주입 방법

저농도의 암모니아와 유기물을 포함하는 깨끗한 물에 0.2~0.5 mg/L의 염소를 첨가하는 단순 염소주입은 지속적인 자유이용가능 잔류염소를 만드는 데 충분하다. 상당량의 암모니아가 존재하는 곳에서는 파괴점 염소주입(breakpoint chlorination)이 실시되는데(그림 11.1) 이것은 충분한 염소를 첨가하여 존재하는 암모니아와 반응한 후 약간의 자유이용가능 잔류염소가 남게 되는 것이다. 보통 초기에 첨가되는 염소의 양은 모노클로르아민(monochloramine)을 형성하기에 충분하다. 비록 다이클로르아민(dichloramine)과 나이트로젠트라이클로라이드(nitrogen trichloride)가 형성된다 하더라도 이는 염소 대 질소의 비율이 꽤 낮게 유지된다면 일어나지 않는다. 나이트로젠트라이클로라이드는 모노클로르아민의 존재하에서 매우 불안정하며 모노클로르아민과 다이클로르아민의 혼합체 또한 불안정하다.

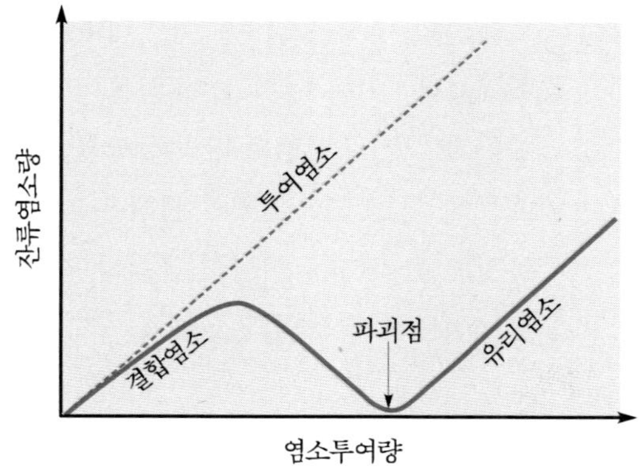

그림 11.1 **염소 투여곡선**

$$NH_2Cl + NHCl_2 \rightleftharpoons N_2 + 3HCl$$

더 많은 염소를 첨가하면 모노클로르아민은 파괴된다.

$$2NH_2Cl + HOCl \rightleftharpoons N_2 + 3HCl + H_2O$$

파괴점에 도달하면 물속에는 암모니아나 모노클로르아민뿐 아니라 어떠한 자유이용가능 염소도 남아있지 않다. 더 많은 염소의 첨가는 용액 속에 자유이용가능 염소를 생성한다.

원수의 질이 불확실하며 저항성의 병원체가 존재하는 경우에 초염소처리(super-chlorination)방법이 사용된다. 이는 약 30분 동안 많은 양의 염소를 첨가하는 것으로 그 물은 그 후 이산화황을 사용하여 탈염소화를 시킨다.

어떤 경우에 결합이용가능 염소의 존재는 자유이용가능 염소보다 더 바람직하다. 유기물의 염소화로 인해 독성, 맛과 냄새의 문제가 일어나는 곳이나 생물막이 형성된 곳에서는 클로르아민류가 차아염소산보다 선호되는데 그 이유는 클로르아민류가 유기물과 덜 반응하기 때문이다. 이것과 또한 다른 이유 때문에 클로르아민류는 공급체제에서 더욱 안정한 잔류염소를 구성하게 되는데 소독활성은 그다지 높지 않다. 모노클로르아민의 형성은 클로르아미네이션(chloramination)이라고 불리는 과정을 통해서 얻어지는데, 이는 먼저 물에 암모니아를 첨가한 후 염소주입을 하는 것이다. 다이클로르아민과 나이트로젠트라이클로라이드는 불유쾌한 냄새나 맛을 내는 오염으로 간주되기 때문에 이들 화합물들의 생성은 가급적 피한다. 만일 염소 대 암모니아의 비율이 낮게 유지되고 pH가 7 이상을 유지하면 아주 소량의 다이클로르아민과 나이트로젠트라이클로라이드가 형성된다.

(3) 미생물의 염소처리에 대한 민감성

일반적으로 중요한 생명체들 가운데 대장균군은 염소에 대하여 가장 민감하고, 다음으로 바이러스, 세균의 내생포자, 그리고 원생동물의 포낭(cyst) 순으로 민감성이 나타난다. 20분 내 99.6% 치사를 성취하기 위해서 요구되는 HOCl 농도의 값이 표 11.1에 나와 있다. 가장 커다란 관심의 대상인 *V. cholerae*는 적어도 *E. coli*의 제거를 위해 필요하다고 생각되는 것보다 더 많은 염소의 투여와 3배의 접촉시간이 필요하다. 세계보건기구는 0.05 mg/L의 유리염소에서 1시간의 처리로 바이러스를 불활성화시키는 데 충분하다고 제안하였다. 대부분의 경우에 염소주입은 온도와 pH에 크게 의존하는데 전형적으로 pH 8.5에서 자유이용가능 염소의 농도는 pH 7에서와 같은 치사율을 얻기 위해서 5~10배 이상이 필요하다. 일반적으로 효과적인 소독을 위해서는 10℃와 비교할 때 5℃ 이하에서 50%의 자유이용가능 염소가 더 요구된다.

표 11.1 20분 안에 여러 가지 생물체 개체수의 99.6%를 죽이는 데 요구되는 차아염소산의 전형적인 농도

생물체	pH	온도 (℃)	HOCl 농도 (mg/L)
Escherichia coli	7	20~29	0.02
Coxackie virus	7	5	0.25
Entamoeba histolytica	7	20~29	3
Bacillus anthracis	7.2	20~29	6

(4) 실용적 소독제 수준

소독의 수준은 소독제의 농도(C)와 노출시간(t)의 곱(C_t)으로 흔히 표현될 수 있다. 예를 들면, 30 mg/L·min의 C_t값은 30분 동안 1 mg/L의 염소농도나 15분 동안 2 mg/L의 염소농도를 의미한다. 그러나 실제로는 여러 가지 제한이 있다. 가정에 물을 공급하는 데 요구되는 염소 접촉시간은 30분에서부터 1시간 정도이다. pH 7이고 10℃의 물에서 8 mg/L만큼 낮은 C_t값은 허용되나, 저온의 염기성(pH 8.5 이하) 물에서 *E. coli*, 간염 바이러스 및 polio virus를 불활성화시키기 위해서는 이 값의 4~5배의 C_t값을 요한다. 일반적으로 염소주입량은 0.5~2 mg/L이고 노출시간은 30~60분이다.

(5) 이산화염소(chlorine dioxide)

물에 염소를 직접 투여했을 때 또는 물에서 보통 발견되는 어떤 화합물들과 염소와의 반응으로부터 이산화염소가 생성되지 않기 때문에 어떤 책에서는 이산화염소를 염소와 별개의 소독제로 다루고 있다. 그러나 그것은 처리장에서 일반적으로 염소처리된 물을 아염소산 나트륨(sodium chlorite)용액에 첨가하면 생성된다.

$$2NaClO_2 + Cl_2 \rightleftharpoons 2ClO_2 + 2NaCl$$

이 반응을 오른쪽으로 진행시키기 위해서 과량의 염소를 넣어주면 클로라이트 이온이 공급되는 것을 막을 수 있다. 이같이 소독제는 흔히 염소와 이산화염소의 혼합제를 쓴다. 이산화염소는 유리염소와 비교할 만한 살균효과를 가지고 있으며, 비록 그 효과가 정량화되지는 않았지만 바이러스에 대한 효과도 있는 듯하다. 그것은 공급될 때 물속에서 안정된 잔기를 형성하며, 트리할로메탄(THM, 11.5절 참조)을 생성하지 않고 높은 pH값에서 더 효과적이라는 부가적 장점을 가진다. 더욱이 이산화염소는 암모니아와 반응하지 않기 때문에 염소처리 시 클로르아민류에 의한 냄새발생의 우려가 있는 곳에 특히 유용하다. 그러나 현장에서 발생시켜 사용해야만 하며, 갑상선 기능저해를 일으킬 수 있고 부산물인 ClO_2^-나 ClO_3^-가 청색증을 유발할 수 있다.

11.4.3 오 존

오존(ozone, O_3)은 매우 강력한 산화제로서 포자를 포함해서 세균류와 바이러스를 파괴하는 데 염소보다 더 빠른 효과를 갖는다. 암모니아와 반응하지 않으며 THM을 생성하지 않고 pH의 영향도 없다. 오존은 건조공기에서 고압방전에 의해서 생성된다. 오존을 포함하는 공기는 처리하고자 하는 물탱크 내로 주입된다. 용액 내로의 전달효율은 오존이 물에서 산소보다 녹기 쉬우므로 매우 높다. 1~2 mg/L의 용존 오존과 5~15분의 접촉시간이 통상적인 사용치이나 수질이 나쁜 원수의 소독에는 더 높은 농도가 이용된다. 오존의 주요 단점은 비용(전력소모)이 많이 들며 공급체제로 들어간 물에서는 지속적인 잔류 소독능력을 갖지 못한다는 것이다. 이러한 이유 때문에 유리잔류염소를 오존소독 후에 넣어주게 된다.

11.4.4 다른 소독제들

음용수의 생산을 위해서 설계된 대규모의 정수 체제에서 다른 대체 소독제의 사용은 흔치 않다. 그러나 다른 용도로 사용되면서 소독을 위한 기준을 만족시키는 물질들이 많이 있다. 예를 들어, 브롬과 자외선 같은 소독제는 수영장에서 이용할 수 있다.

다른 할로겐화합물도 소독제로서 사용될 수 있다. 요오드는 응급상황에서 이용될 수 있으며 저분자량 할로겐화합물은 일반적으로 가격이 너무 비싸다. 불소는 반응성이 강하지만 충치 예방효과가 있는 것으로 알려져서 일부 지역에서 수돗물의 염소 소독 후 불소화사업을 실시하고 있다. 음용수 중 불화물 이온농도는 대체로 1 mg/L 이하를 권장하고 있는데 농도가 높은 경우에는 치아에 반점이 생기는 반상치가 발생할 수 있다.

250~300 nm 파장범위의 자외선의 살균효과는 잘 알려져 있다. 자외선은 독성 부산물을 형성하지 않으며 맛과 악취문제를 일으키지 않고 적은 공간을 요구하며 소독제 생산 및 저장의 필요가 없다. 그러나 처리할 물이 혼탁하거나 또는 흡광을 하는 다른 물질을 포함하면 자외선의 효율은 현저히 감소한다. 자외선의 다른 단점은 처리 후 잔기를 남기지 않으며 염소처리보다 비용이 많이 들고 처리 시 손상된 미생물들이 가시광선에 의해 재활성화될 수 있으며 자외선 램프 표면에 생물막이 형성되어 자외선 투과를 저해할 수 있다.

11.5 화학오염물질

식수 내 오염물질의 장기간 섭취로 인한 영향은 측정하기가 매우 어렵다. 그들의 효과는 즉각적으로 분명히 나타나지 않을 수도 있으며 유사한 효과를 갖는 다른 요인들에 의해 가려질 수도 있기 때문이다. 그러나 오염된 물을 식수원으로 이용하는 도시에서 암으로 인한 사망률이 오염되지 않은 물을 이용하는 곳보다 더 높았다는 예들이 보고되었으며 유전적 손상 또는 기형아 출산을 일으킬 수도 있는 것으로 알려졌다. 새로운 화학물질들이 계속해서 환경에 유입되고 그 물질들의 장기적 영향은 알려져 있지 않으므로 이런 화학오염물질로 인한 문제들은 더욱 복잡해지고 있다.

한편 물의 소독제로 이용되는 할로겐 원소가 물속의 유기물과 결합하면 각종 할로겐화 유기화합물(halogenated organic compounds)이 생성되는데 이를 소독 부산물(disinfection by-product)이라 하며 트리할로메탄(trihalomethane, THM)이 그중 대표적인 예이다. 세계 각국에서 상수처리에 보편적으로 이용하는 염소처리 시에는 상수 원수에 유기물이 함유되어 있을 경우 THM의 한 종류인 트리클로르메탄(trichloromethane)이 생성되며 이것은 클로로폼(chloroform)이라고도 하고 발암물질로 알려져 있다. 우리나라에서도 근래에 수돗물에서 THM 검출로 인한 문제가 발생된 바 있다. 그러나 이런 종류의 유기염소화합물들은 휘발성이 강하므로 물을 한참 놓아두거나 끓이면 모두 쉽게 제거될 수 있다.

재래식 상수처리 방법은 여러 가지 화학오염물질들을 제거하는 데 거의 효과가 없는데 활성탄(activated carbon)이 종종 유해 화학물질을 제거하는 데 이용되고 있으며, 활성탄과 진주암(perlite)의 혼합물이 활성탄만 사용할 때보다 물에서 유기화합물을 제거하는 데 더 효율적일 수도 있다. 이 외에도 이온교환(ion exchange), 역삼투(reverse osmosis), 증류(distillation), 전기투석(electrodialysis) 등의 방법들이 있으나 공공급수를 위한 상수처리에는 이용되지 않고 특별한 경우에만 이용되고 있다. 따라서 공공급수를 위해서는 오염물질이 없는 좋은 수질의 상수원이 필수적이며 이를 위해 상수원으로 이용되는 하천, 호수 및 지하수의 수질오염 방지에 만전을 기해야 할 것이다. 또한 WHO나 선진국들에 비해 부족한 점인 정수장에서의 수질 검사 항목을 늘리고 원수 수질에 맞게 정수처리를 철저히 해야만 한다.

11.6 상수 공급체제

11.6.1 상수 공급체제에서의 생물막 형성

처리된 상수의 수질은 거의 대부분의 정수장에서는 수질기준에 맞지만 배수관을 통한 송수나 물탱크에서의 저장과정 중 악화될 수 있고 이러한 문제는 노후 배수관, 부적절한 저장탱크, 배수관이나 저장탱크에서의 미생물 재생장 등에 의해 일어난다. 상수처리 중 대부분의 유기물이 제거되지만 미생물이 이용할 수 있는 동화성 유기탄소(assimilable organic carbon, AOC)뿐만 아니라 humic acid, fulvic acid 같은 부식질이 잔류할 수 있으며 또한 배수관이나 저장탱크로 유기물이 유입될 수도 있다. 이런 용존유기물과 잔류 미생물들이 존재할 경우 배수관이나 저장탱크 벽면에 흡착되고 미생물의 생장이 일어나 생물막이 축적될 수 있다. 특히 문제가 될 수 있는 것은 염소처리에 의해 사멸되지 않고 손상된 미생물(injured microbes)들의 재생장(regrowth 또는 aftergrowth)이 일어날 수 있다는 점이다.

배수관이나 저장탱크에서의 생물막 형성은 여러 가지 문제점을 야기할 수 있다.

① 생물막 축적은 배수관 내에서 유체의 마찰저항을 증가시켜 압력손실과 유량감소를 유발한다.

② 생물막 내부의 혐기성층에서 독성기체인 H_2S 등의 악취물질이 형성될 수 있다.

③ 조류나 방선균의 생장으로 불유쾌한 맛과 냄새를 유발하는 물질들이 생성될 수도 있다.

④ *Hyphomicrobium*과 같은 철-, 아연-, 망간 산화세균의 활동에 의해 붉은색 또는 검은색 녹물이 생성될 수 있다.

⑤ 생물막 미생물의 잔류염소에 대한 저항력 증가로 배수관망이나 저장탱크에서 병원균이나 지표세균의 재생장이 유발된다. 저항력의 원인은 세포외 중합체에 의한 보호효과, 염소에 저항력이 향상된 미생물의 생물막 구성, 세균의 부유입자 표면에의 부착 등이 있다.

11.6.2 병원성 세균과 지표세균 생장

배수관에 존재하는 세균은 주로 관 연결부, 결절부, 막힌 부분에 집단 서식하며 종종 매우 높은 개체수를 나타내기도 한다. 이런 곳에서 분리한 종은 임상 분리종보다 높은 생장률, 세포수율, 기질 친화력을 보유하므로 낮은 기질농도에서도 생장이 일어날 수 있다. 철 산화세균, 망간 산화세균뿐만 아니라 *Pseudomonas*, *Aeromonas*, 대장균군과 같은 기회주의적 병원균이 관찰되며 *Salmonella*, *Klebsiella pneumoniae*, *Yersinia*, *Legionella* 같은 병원균이 발견될 수도 있다. 대장균보다 염소에 저항성이 강한 *Legionella* 같은 세균은 건강을 위협할 소지도 있다. 우리나라에서도 근래에 배수관에서 세균성 이질을 일으키는 *Shigella* 종의 검출이 보고된 적이 있으며 최근에는 어린이들에게 무균성 뇌수막염을 일으키는 원인 바이러스들인 adenovirus와 enterovirus의 DNA가 수돗물에서 검출되었다고 보고된 바 있다.

11.6.3 가정용 정수장치

우리나라에서도 수돗물의 수질에 대한 의구심 때문에 많은 가정이나 직장에서 정수장치를 설치해 놓고 있다. 처리는 여과, 흡착, 이온교환, 역삼투, 자외선 조사 같은 공정이 주로 이용되는데 활성탄을 이용한 여과공정이 가장 많이 이용되며 잔류미생물, THM과 같은 유기염소화합물, 잔류염소 등을 효율적으로 제거할 수 있으나 다음과 같은 몇 가지 문제점이 발생할 수도 있다.

① 활성탄 표면에 종속영양세균과 병원성 미생물이 집락을 형성할 수 있으므로 처리수에서 높은 수준의 세균이 나타날 수도 있다. 공급된 상수에 존재하던 잔류염소가 제거되므로 잔류소독 효과가 없어지기 때문에 이런 경우 소위 '정수기로 세균을 길러 먹는' 결과가 발생한다. 특히 밤이나 휴가 기간에 처리장치에서 세균 생장의 기회가 제공된다.

② 최근 우리나라에서도 매우 높은 압력과 작은 공극을 가진 막을 이용하는 역삼투 방식의 정수기가 많이 판매되는데 선전과 달리 처리수 1 mL에 최고 10^3~10^4 CFU의 세균이 존재할 수 있다. 가정용 역삼투 정수기를 사용할 경우 소화기계통 질환이 감소할 수 있으나 잔류염소의 제거 등에 의해 음용수의 미생물학적 수질에는 부정적 영향을 줄 수도 있다. 또한 역삼투식 정수 중 상당량의 물이 여과되지 못하고 폐기된다.

③ 은 함유 여재 사용 시에도 50 g/L의 은 허용농도에서 종속영양세균과 바이러스 감소에 중요한 영향을 미치지 못할 수 있다.

참고문헌

Barbes, D. and Wilson, F. (1983) *chemistry and Unit Operations in Water Treatment,* Applied Science Publishers Ltd, Barking.

Ellis, K. V. (1986) Slows and filters. *Crit. Rev. Environ. Control* 15, 315-54.

Government of Great Bratain (1983) *The Bacteriological Examination of Drinking Water Supplies* 1982, Reports on Public Health and Medical Subjects No. 71; Methods for the Examination of Waters and Associated Materials, HMSO, London.

Sterritt, R. M. and Lester, J. N. (1988) *Microbiology for Environmental and Public Health Engineers,* E. &. F. N. Spon, London.

Twort, A. C. , Law, F. M. and Crowley, F. W. (1985) *Water Supply,* Edward Arnold, London.

chapter 11 | 상수처리

연습문제

01 상수처리 과정을 설명하라.

02 상수 분배장치(distribution system)에서 채취한 음용수 시료의 수질기준을 설명하라.

03 소독 이론을 설명하고 소독에 미치는 요소를 열거하라.

04 염소화합물이 소독제로서 사용될 수 있는 이유를 설명하라.

05 다음 용어를 설명하라.
(1) 완속모래여과(slow sand filtration)
(2) 파괴점 염소주입(breakpoint chlorination)
(3) 클로르아미네이션(chloramination)

06 대장균군과 바이러스의 염소처리에 대한 민감성을 각각 설명하라.

07 소독제인 오존을 염소와 비교하여 장점과 단점을 구분하여 설명하라.

08 THM이란 무엇이며 어떻게 생성되는가?

CHAPTER 12

생물학적 폐수처리의 원리

CHAPTER

12 생물학적 폐수처리의 원리

12.1 서 론

인간은 물을 필요로 하고 폐수는 인간 활동에 의해서 끊임없이 생성되고 있으며 생활수준의 향상과 더불어 그 발생량은 더욱 증가하고 있는데 각종 경로를 거쳐 인간이 사용하고 있는 다양한 용수원에 다시 유입이 된다. 이러한 폐수를 생성 후 또는 사용 전에 처리하지 않으면 여러 가지 악영향을 인간에게 미치게 되는데, 오염된 물에 의해 여러 가지 질병이 일어나고 수자원(water resource)이 각종 용수로 사용하기에 부적합해지며 이를 목적에 맞게 처리하려면 많은 비용이 들게 된다. 또한 하천 및 호수를 관광, 오락의 목적으로도 이용하기 어렵게 된다.

인구밀도가 낮고 폐기물(wastes)이 적을 경우에는 자연환경에서 폐기물의 분해자인 미생물에 의한 자정작용(self-purification)에 의해 별 문제없이 분해된다. 이것은 과거에 일어났던 일이며 현재에도 인구밀도가 낮은 지역에서 일어나고 있는데 그런 지역에서는 사람이나 가축의 분뇨 등 유기성 폐기물이 농작물의 비료로 이용될 수도 있다. 그러나 인구밀도가 높아지면 자정작용의 한계를 넘기 때문에 폐수나 폐기물을 처리 또는 처분해야만 하는데 옛날부터 2가지 방법을 이용하였다. 첫째는 폐수나 폐기물을 근교 농촌지역에서 비료로 사용하는 것인데 아직도 일부에서 이용하는 방법으로 크게 토양 처리법(land treatment)으로 간주할 수 있다. 둘째는 폐기물을 흐르는 하천에 방류하는 방법인데 4,000년 전의 인더스 문명의 유적지에서도 폐수 방류를 위한 하수도가 발견되었다. 오랫동안 방류에 의한 희석이 폐수와 폐기물 처분에 이용되어 "The solution to pollution is dilution"이란 말까지 존재하였다. 그러나 산업의 발달로 인한 급속한 도시화와 인구의 증가, 급격한 인간 활동의 증가로 인해 방류된 폐수에 의해 하천이 심각하게 오염이 되었다. 폐수처리 공정의 발달은 처음에 인구밀집 지역에서의 이런 오염된 물에 의한 수인성 질병(waterborne diseases)의 빈번한 발생에 의해 유발되었으며 부패 시의 악취를 줄이려는 것도 작은 이유 중의 하나였다. 비록 병원균의 제거가 처리의 중요한 측면으로 남아있지만 호수나 하천으로의 유기물 유입의 방지와 근래 들어서 질소와 인으로 인한 오염의 억제가 폐수처리의 주된 목적이 되었다.

폐수와 폐기물의 관리(management)는 폐수와 폐기물이 생성된 뒤 수집(collection), 분리(source separation), 저장(storage), 수송(transportation), 가공(processing), 처리(treatment), 회수(recovery) 및 처분(disposal)에 이르기까지 체계적인 제어를 의미한다. 이 중 처리는 폐수와 폐기물의 물리적, 화학적 또는 생물학적 특성의 변화를 수반하는 방법, 기술 또는 공정이며 이에는 단위조작(unit operation)과 단위공정(unit process)이 있다. 단위조작은 물리적 힘이 작용하는 선별(screening), 침강(sedimentation), 여과(filtration), 부상(floatation) 등이 있으며, 단위공정은 화학적 단위공정인 침전(precipitation), 흡착(adsorption), 소독(disinfection) 등과 생물학적 단위공정인 생분해(biodegradation), 고정화 또는 부동화(immobilization), 무독화(detoxication) 등이 있다. 처분은 폐수 및 폐기물을 육상이나 수환경 등 다른 장소에 주입, 투기, 방류, 방치, 적치하는 것을 뜻한다. 따라서 모든 폐수나 폐기물은 미처리 시 또는 처리 최종산물을 최종처분(final disposal)해야 한다.

폐수의 처리 및 처분 방법에는 여러 물리화학적 방법과 생물학적 방법이 있는데 이 중 물리화학적 방법은 건설비가 적게 들고 비교적 빠르게 처리할 수는 있으나 약품 소모 등에 의해 운전비용이 많이 들 뿐만 아니라 처리 후의 생성물을 다시 처리 또는 처분해야 하는 단점이 있으며 처리과정 자체가 또 다른 환경오염을 일으킬 수도 있다. 이에 반해서 생물학적 처리방법은 비록 건설비가 비싸고 처리속도가 느리며 모든 폐수에 다 적용할 수 없는 단점이 있지만 운전비용이 적게 들며 자연환경에 별로 해를 끼치지 않는 장점이 있다. 생물학적 처리방법은 주로 미생물을 이용하여 폐수 내의 오염물질을 분해, 해독, 고정화 및 분리시키는 것으로 유기물 성분을 이산화탄소나 메탄가스의 형태로 전환시켜 제거시키는 방법이다. 이에 관여하는 미생물로는 세균, 균류, 조류, 원생동물 등이 있으며 일부 하등동물도 관여하고 있다. 생물학적 처리법은 도시 생활하수의 2차 처리, 유기물을 함유한 산업 폐수 및 이로부터 생성되는 슬러지의 처리에 주로 사용하는데 비교적 저렴한 경비와 다양한 공정 등으로 전 세계적으로 가장 널리 이용되는 폐수처리방법이다. 이 장에서는 생물학적 처리방법의 기본적인 원리에 대하여 설명하고 구체적인 방법들은 다음 장들에서 다루기로 하겠다.

12.2 폐수와 폐기물의 양과 조성

폐기물의 조성은 그 근원과 관계가 있다. 점 오염원(point source)은 분명한 기원이 있으며 그 조성은 질적으로 또한 양적으로 측정이 가능하다. 그러나 그 조성도 시간 경과에 따라 변화할 수 있는데, 예를 들면 산업폐기물의 경우 생산 공정의 변화에 따라 조성이 바뀔 수 있으며 생활하수의 경우에는 사람들의 소비 습관의 변화, 계절과 요일 변화 및 24시간 주기에 따라 조성과 양이 변할 수 있다. 비점 오염원(non-point source)은 넓은 지역에서 비롯되는 것으로 농약, 비료 등이 섞여있는 농경지 배수와 지표와 대기에서 비롯된 각종 오염물을 함유한 강우 유출수(storm runoff) 등이 대표적인 예로 이를 방지, 제어 또는 처리하기는 매우 어렵다.

12.2.1 폐 수

도시에서 하수(sewage)는 가정, 상가와 강우로부터 비롯되는데 3종류의 폐수를 복합하수관(combined sewer)으로 수집하거나 또는 강우를 별도로 강우하수관(storm sewer)으로 수집하여 하천으로 방류하기도 한다. 가정하수(domestic sewage) 또는 도시하수(municipal sewage)는 사람의 분뇨와 각종 세척수가 큰 비중을 차지하는데 사람의 배설물은 주로 음식물로부터 비롯된 것으로 질소가 많은 양으로 존재하며 다양한 무기화합물들이 상당량 존재한다. 세척수는 목욕, 세탁, 청소, 조리 등에 이용하는 물로 계면활성제가 많이 들어있으며 소득 및 생활수준의 향상에 따라 그 양이 늘어난다. 표 12.1은 1인당 1일 오염물질 배출량을, 표 12.2는 가정하수의 조성을 보여주고 있다.

산업 폐수의 경우에는 조성이 다양하며 난분해성 물질이나 독성물질을 함유하고 있는 경우가 종종 있으며 생물학적 처리가 어려워질 때가 있다. 지표수나 지하수로 유입되는 물 중에 부적절한 매립지에서의 침출수(leachate)가 있는데 이런 침출수는 토양과

표 12.1 **1인당 1일 오염물질 배출 평균치(g/1인/1일)**

종 류	무기물	유기물	합 계	BOD_5
침전가능 물질	20	30	50	20
침전불능 부유물질	5	10	15	10
용해성 물질	75	50	125	30
합 계	100	90	190	60

표 12.2 가정하수 조성의 평균치(mg/l)

종 류	무기물	유기물	합 계	BOD_5
침전가능 물질	100	150	250	100
침전불능 부유물질	25	50	75	50
용해성 물질	375	250	625	150
합 계	500	450	950	300

수자원을 오염시켜서 많은 문제를 일으킬 수 있다. 일반적으로 침출수는 낮은 pH와 용존산소를 가지며 각종 중금속 농도가 높고 염화탄화수소(chlorinated hydrocarbon) 등 난분해성, 독성물질을 많이 함유하고 있다. BOD, COD, 부유 고형물(suspended solids, SS), 탁도는 미처리 도시 하수보다 일반적으로 높다.

12.2.2 고형 폐기물

우리나라의 폐기물 관리법에서 폐기물의 정의는 '쓰레기, 연소재, 오니, 폐유, 폐산, 폐알칼리, 동물의 사체 등으로서 사람의 생활이나 사업활동에 필요하지 아니하게 된 물질'이라고 되어 있다. 이것은 다시 일반 폐기물과 특정 폐기물로 나눠는데 일반 폐기물에는 사람의 일상생활에 수반하여 발생하는 쓰레기 등이 주종을 이룬다. 쓰레기는 다양한 성분으로 구성되어 있으며 계절, 지역, 국가에 따라 조성이 크게 다르다. 우리나라의 경우에는 생분해성 유기물의 비율이 다른 나라에 비해 낮은 편이었다. 쓰레기의 원소 조성을 보면 탄소에 비해 질소가 낮으며 중금속은 높은 편인데 1991년 이후 쓰레기 발생량이 감소하고 있으며 연탄재가 크게 감소하고 음식물과 종이류는 증가하고 있다. 따라서 쓰레기의 생물학적 처리에 질소 등을 첨가해야 할 필요가 있으며 하수 또는 하수 슬러지를 첨가하는 경우가 많다.

12.3 생물학적 처리의 종류

생물학적 처리 공정에서 미생물들은 생장 형태에 따라 부유식 생장(suspended growth)과 부착식 생장(attached growth)으로 나눌 수 있다. 부유식 생장을 이용한 처리에서는 기질의 분해와 세포의 생장이 폐수 내의 부유 상태에서 이루어진다. 부유식 생장을 이용한 처리방법으로는 활성슬러지법, 안정지, 혐기성 소화법 등이 대표적인 것들이다. 일반적으로 부유식 생장에서는 반응조 전체에서 기질과 생물량이 균일하며 따라서 이들의 측정이 용이하고 또한 이들의 조절 역시 쉽게 이루어질 수 있다. 그러나 유입 폐수가 반응조 전체에 즉시 혼합되고 미생물들이 이의 영향을 쉽게 받으므로 대체적으로 수질 및 수량의 변동에 영향을 받기 쉬우며 또한 독성물질에 취약한 성질을 보인다. 이에 반해 부착식 생장의 경우에는 고정상 또는 이동상의 매질 표면에 미생물들이 부착하여 증식하는 과정에서 유기물의 분해가 일어나며 이로 인한 세포의 생장으로 얇은 점액질의 생물막(biofilm)이 생성된다. 생물막은 고체 표면에 부착해 있으므로 고정막(fixed film)이라고도 하며 이를 이용한 폐수처리방법을 생물막 공정 또는 고정막 공정이라 부른다. 생물막 공정의 예로는 살수여상법, 회전원판법, 침적여상법, 혐기성 생물막 공법 등 여러 가지가 있다. 일반적으로 생물막 공정은 수질 및 수량 변화, 독성물질 유입 등의 충격부하에 어느 정도 조절능력이 있으며 설치 및 운영이 비교적 용이하나 처리효율이 약간 떨어지며 여재가 막히는 문제점이 종종 발생한다. 또한 체제 내 기질과 생물량의 측정이 어려우며 운전조절 방법이 적다.

산소의 이용 유무에 따라 생물학적 처리공정을 다시 2가지로 나눌 수 있다. 호기성 처리(aerobic treatment)는 산소를 이용하는 호기성 미생물의 호기성 호흡(aerobic respiration)을 이용하는 것으로 활성슬러지법, 살수여상법, 회전원판법, 침적여상법 등이 대표적인 방법들이다. 호기성 처리에서는 유기물 분해의 결과로 이산화탄소와 물이 생성되어 자연환경에 아무런 해가 되지 않는다. 또한 에너지 수율(energy yield)이 높아 미생물들의 생장이 빠르고 따라서 처리가 신속하게 일어날 수 있으며 유기물 제거율도 높지만 산소를 지속적으로 공급해 주어야 하며 이로 인해 운전비용이 많이 들 수 있고 고농도 폐수의 경우에는 산소 전달의 제한 때문에 호기성 처리가 어려워진다. 또한 세포수율(cell yield)이 높아서 최종적으로 생성되는 슬러지도 혐기성 처리보다 많아 결국 처리 또는 처분해야 할 폐기물이 많게 된다. 이 호기성 처리공정은 제13장에 자세히 설명되어 있다.

혐기성 처리(anaerobic treatment)에서는 산소를 이용하지 않는 혐기성 미생물의 혐기성 대사, 즉 혐기성 호흡(anaerobic respiration)과 발효(fermentation)를 이용하는 것으로 혐기성 소화법, 부패조법, 혐기성 안정지, 혐기성 생물막 공법 등이 대표적인 방법들이다. 혐기성 처리에서는 포기가 필요하지 않기 때문에 운전비용이 저렴하고 메탄 가스가 생성되어 이를 이용할 수 있으므로 일종의 자원 회수(resource recovery) 방법이 된다. 또한 산소 전달의 제한이 없으므로 고농도의 폐수도 처리할 수 있다. 호기성 처리방법과 혐기성 처리방법의 기준이 되는 수치는 COD 2,000 mg/L(약 BOD 1,000 mg/L)이며 COD 2,000 mg/L가 넘을 경우에는 혐기성 처리방법을 이용하는 것이 보다 경제적이다. 혐기성 대사에서는 에너지 생성률이 낮으므로 세포수율이 낮아

최종적으로 생성되는 슬러지의 양도 적다. 그러나 이렇게 생물량이 적으므로 처리가 느리며 처리율도 낮고 혐기성 대사에 의한 악취 발생의 우려가 있다. 또 메탄생성 고균이 여러 가지 환경요인에 민감하기 때문에 처리가 불완전해질 가능성이 있으며 이런 경우에는 반드시 호기성 처리를 해주어야 한다. 구체적인 혐기성 처리공정은 제14장에 나와 있다.

12.4 생물학적 처리의 수준

폐기물의 생물학적 처리는 여러 수준으로 일어날 수 있다. 가장 낮은 수준은 공개된 지역에서 자연적으로 일어나는 자정작용(self-purification)을 이용하는 것이다. 두 번째 수준은 제한된 지역에서 자정작용이 보다 잘 일어나게 만드는 방법이다. 세 번째 수준은 분해작용이 일어나는 인공환경을 만들기 위해 기술적인 방법을 적용하는 것으로 진정한 생물공학적 방법이 된다. 네 번째 수준은 기술적인 방법에 여러 가지 생물학적 지식을 추가하는 것으로 여러 가지 변형된 처리방법의 개발에 적용되었으며 또한 현재 개발 중에 있는 방법들이 있다.

12.4.1 노천에서 자정작용의 이용

인구밀도가 낮은 지역에서 지표수와 토양은 폐기물 처분장소로 이용된다. 지표수의 자정작용은 고도로 발달된 지역에서도 오염물 제거비용을 절약하는 데 도움이 된다. 실제로 하수 처리장에서 잘 처리된 방류수도 20~25 mg/L BOD의 수준을 보이는데, 따라서 이런 방류수를 받는 물(receiving water)은 방류수를 희석하고 남아있는 유기물들을 제거하게 된다. 이러한 방법은 방류수의 BOD 수준을 지표수와 같은 정도로 낮추는 것보다 훨씬 비용이 적게 든다. 처리된 하수를 방류할 때에는 지표수에 이미 존재하는 부하를 고려해야 하는데 인구가 조밀한 지역에서는 방류를 여러 지점으로 분산시켜야 하며 자정작용의 한계를 고려해야 한다.

지표수에 하수를 방류하면 존재하는 생물상이 변하게 된다. 따라서 생물종의 존재 유무나 개체수로부터 수질을 평가할 수 있으며 오염 또는 자정작용의 대략적인 정도를 파악할 수 있다. 수질의 정도에 따른 수환경의 구분은 다음과 같다.

(1) 강부수성 구역(polysaprobic zone)

유기물로 아주 심하게 오염된 하천지역으로 미생물, 특히 세균이 많이 존재한다. 종의 수는 적고 각 종의 개체수는 가끔 매우 높다. 분해자들이 우세하며 1차 생산자는 거의 없다. 높은 산소 요구성을 가진 생물체는 존재하지 않는다.

(2) 알파 – 중부수성 구역(α–mesosaprobic zone)

이 지역은 유기물로 많이 오염된 곳으로 많은 종의 미생물이 존재하며 큰 생물체도 존재한다. 여전히 분해자가 우세하나 1차 생산자와 소비자가 점차 증가한다. 전체 종의 숫자는 강부수성 구역보다 많다.

(3) 베타 – 중부수성 구역(β–mesosaprobic zone)

적당한 수준의 유기성 오염이 존재하는 지역으로 많은 생물체가 서식하기에 적절한 곳이다. 생산자와 소비자가 크게 증가하며 분해자는 동시에 크게 감소하고 종의 다양성이 매우 크다.

(4) 빈부수성 구역(oligosaprobic zone)

깨끗하고 유기물이 별로 없는 지역이다. 큰 생물체들이 우세하고 1차 생산자들이 많이 존재한다. 종의 수는 많으나 각 종의 개체수는 대체로 낮다.

자정작용은 광합성(P) : 호흡(R)의 비율이 $P/R < 1$에서 $P/R = 1$로 증가하는 특징을 보인다. 이런 면에서 종속영양 분해자 생태계는 안정화로 진행되는 생태계라고 간주된다.

하수 처리장의 방류수는 물이 오랫동안 체류하는 호수로 유입되어서는 안 되는데 방류수에 존재하는 질소와 인에 의한 부영양화의 위험성 때문이다. 토양 또한 폐기물의 처분 또는 처리 목적으로 계속 이용되고 있는데 부적절한 폐기물의 투기 등에 의해 토양이 크게 오염되고 있다. 그러나 토양오염은 쉽게 눈에 띄지 않으며 일단 오염된 토양은 오염처리를 위해 대량으로 제거하기가 용이하지 않으므로 오염이 되지 않게 주의해야 할 것이다. 근래 오염된 토양에서 오염물질을 현장에서 분해하려는 현장 생물정화법(*in situ* bioremediation)이 시도되고 있는데 이것은 영양물질을 투여하는 등 오염된 토양에 존재하고 있는 미생물들의 활성을 자극하는 방법으로 제16장에 자세히 설명되어 있다.

12.4.2 제한된 지역에서 자정작용의 이용

이 방법은 자정작용이 일어나는 제한된 지역에 자정작용이 허용하는 최대 부하로 폐기물을 투여하는 것이다. 이 방법의 예로는 오수경작(sewage farming)이 있는데 침전시킨 오수를 토양에 삼투시키는 방법이다. 부하율 3,000~30,000 m^3/ha/y 또는 2,000~6,000 mm/y의 오수를 삼투하여 배수시키고 일정 기간 오염물질을 분해시킨 후 토지를 경작에 이용한다. 농작물 추수 후에 오수 살포를 반복한다. 이 경우에는 오수의 비료 효과를 이용하며 동시에 오수가 정화된다. 또 다른 예로는 단순 퇴비화(composting)가 있는데 식물 잔류폐기물을 쌓아놓고 미생물에 의해 분해시키는 방법으로 역시 제16장에 자세히 설명되어 있다. 이 퇴비화도 적절히 기술적인 방법을 동원하면 본격적인 폐기물 처리방법이 될 수 있다.

12.4.3 기술적 방법의 강화

기술적인 방법을 적용한 최초의 폐기물 처리과정은 살수여상(trickling filter)이었다. 이것은 단순 토양 삼투방법에서 여재의 입자 크기를 증가시킴으로써 공극(proe)의 부피를 늘려 여상이 막히는 현상 없이 처리를 향상시킨 방법이다. 또한 삼투여상을 지표면 위에 위치시킴으로써 아래로부터의 통기가 용이하게 만들어서 오늘날의 살수여상이 개발되었으며 그 후 여러 가지 공정의 개선이 뒤따랐다. 활성슬러지 공정(activated sludge process)은 1914년에 개발되어 사용되고 있는데 기본적인 점은 하수 처리 시 생성되는 슬러지가 하수정화에 가장 중요하며 슬러지가 하수와 격렬하게 혼합되어야 한다는 것이다. 기본적인 분해작용은 지표수에서와 유사하나 자연환경에서는 활성슬러지 공정에서의 포기작용(aeration)이 거의 존재하지 않는다.

생활 하수의 경우에는 미생물에 필요한 영양 염류가 비교적 고르게 함유되어 있으나 일부 폐수에서는 질소나 인이 부족할 경우도 있다. 따라서 폐수 내의 C : N : P : K 비율을 조사하는 것이 바람직하다. 미생물 세포에서의 무게비는 C : N : P : K = 50 : 10 : 4 : 1 정도가 되는데 호기성 처리에서는 탄소의 반 정도가 세포 물질로 동화되고 나머지 반은 이산화탄소로 제거되므로 폐수 내의 무게비는 C : N : P : K = 100 : 10 : 4 : 1 정도가 되어야 한다. 혐기성 처리에서는 분해 가능 탄소의 90%가 에너지 대사에서 소모되므로 C : N : P : K = 500 : 10 : 4 : 1의 비율이 유지되어야 한다.

혐기성 소화(anaerobic digestion)는 19세기 말부터 슬러지의 양을 줄이는 데 이용되었으며 우리나라에서는 옛날부터 분뇨처리에 이용하였다. 혐기성 소화에서는 가연성 메탄가스가 생성되는데 1970년대의 전 세계적인 석유 파동 이후 biogas 생산방법으로 다시 주목을 받기 시작하였다. 혐기성 처리방법은 근래에 호기성 처리방법으로 해결하지 못하는 폐기물의 처리법으로, 그리고 환경오염의 제거측면에서 고형 폐기물, 슬러지 등을 처리하면서 동시에 이용 가능한 메탄을 생성하는 자원회수(resource recovery)의 한 방법으로 각광을 받아 여러 가지 새로운 공정들이 개발되고 있다.

12.4.4 생물학적 방법의 강화

생물학적 방법을 강조하는 것은 기술적인 방법의 적용을 배제하는 것은 아니며 오히려 기술적인 방법에 의해 생물학적인 방법이 도움을 받아야만 한다. 따라서 미생물의 분해능에 적합한 각종 조건은 기술적 방법에 의해 그대로 유지되어야 한다. 생물학적 방법을 이용하는 것은 생물학적 원리를 특정한 목적에 맞게끔 폐수 처리에 적용하는 것인데, 예를 들면 활성슬러지 체제에서 폐수의 주입을 조절함으로써 특정 생물체들을 선택할 수 있다. 간헐적 폐수 주입은 기질 흡수와 저장물질 축적능력이 큰 생물체들에 유리한데 이런 성질은 floc 생성 생물체들에서 흔히 나타나는 현상이다. 이에 반해 지속적 폐수 주입은 기질 흡수와 저장능력은 낮으나 에너지 생성능력이 높은 생물체들에 유리하며 이것은 팽화(bulking)를 일으키는 생물체들에서 잘 나타난다. 따라서 이런 성질을 이용하면 적절한 활성슬러지를 유지할 수 있을 것이다.

재래식 활성슬러지 체제에서는 생물량의 농도가 비교적 낮은 편으로 분해자인 생물량의 농도를 증가시키기 위해 생물막 처리(biofilm treatment)를 개발하였다. 적절한 고체 표면을 제공하면 생물막이 형성되어 반응조 내에 유지되므로 생물량을 크게 증가시킬 수 있다. 생물막 공정은 호기성, 혐기성 처리에서 모두 이용될 수 있으며 혐기성 소화에서는 생물량의 유지가 더욱 중요한데 그 이유는 혐기성 생장이 느리고 생물량이 소화 슬러지와 같이 제거되기 때문이다.

최근에는 발달된 유전공학 기법을 이용하여 난분해성의 인공합성 유기물을 분해할 수 있는 유전자 조작 미생물(genetically engineered microorganism, GEM)을 만드는 시도가 계속되고 있다. 유전자 조작을 통해 한 미생물이 특정 난분해성 물질을 잘 분해하는 능력을 갖게 되거나 또는 여러 가지 물질을 분해하는 능력을 갖게 될 수 있다. 그러나 이런 유전자 조작은 아직 실용화되고 있지는 못하며 여러 가지 문제점들을 먼저 해결해야만 한다. 이런 문제들 중에는 조작된 미생물의 안정성이 있는데 다른 많은 폐수 내 미생물들과 경쟁하여 GEM이 생존해야만 하며 조작된 유전자가 없어지지 않고 또한 지속적으로 발현되어 제거하고자 하는 난분해성 물질들을 잘 분해시켜야 한다.

또한 조작된 유전자 또는 미생물이 자연환경에서 해로운 결과를 발생시키지 말아야 한다. 난분해성물질 분해 유전자는 다른 생물체에 악영향을 미칠 가능성이 비교적 적으므로 위의 문제점들을 극복하면 많은 환경오염 문제들이 비교적 쉽게 해결될 수 있을 것이다.

참고문헌

Atlas, R. and Bartha, R. (1992) *Microbial Ecology-fumdamentals and applications.* 3rd ed. Benjamin/Commings Pub. co. Menlo Park.

Gaudy, A. and Gaudy, E. (1980) *Microbiology for Environmental Scientists and Engineers,* McGraw-Hill.

Schonborn, W. (1986) Historical developments and ecological fundamentals in microbial degradation, in *Microbial Degradation* (ed. W. Schonborn) Biotechnology Vol. 8 VCH, New York.

Sterritt, R. M. and Lester, J. N (1988) *Microbiology for Environmental and Public Health Engineers,* E. &F. N. Spon, London.

chapter 12 | 생물학적 폐수처리의 원리

연습문제

01 오늘날 폐수 처리의 주목적은 무엇인가?

02 폐수 방류 전에 용해성과 부유성 유기물을 제거하는 것이 중요한 이유는 무엇인가?

03 물리화학적 처리와 생물학적 처리의 장단점을 비교하라.

04 폐기물의 기원 2가지에 대하여 설명하라.

05 생물학적 처리 공정에서 미생물의 2가지 생장 형태를 비교하라.

06 생물막 공정의 장단점에 대하여 설명하라.

07 호기성 처리의 장단점에 대하여 설명하라.

08 혐기성 처리의 장단점에 대하여 설명하라.

09 하천에서 오염의 정도에 따라 지역을 구분하라.

10 제한된 지역에서 자정작용을 이용하는 폐기물 처리법은 어떤 것인가?

11 보다 효율적인 폐기물 처리를 위해 앞으로 이용할 수 있는 최신 기술에는 어떤 것이 있는가?

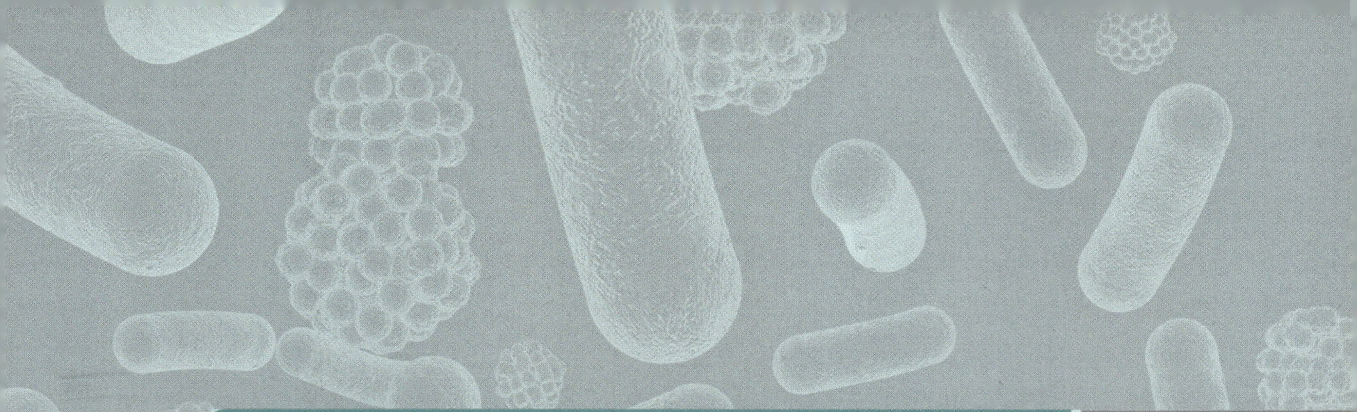

CHAPTER 13

호기성 폐수처리

CHAPTER

13 호기성 폐수처리

13.1 서 론

생물학적 처리법은 산소의 이용 유무에 따라 호기성 처리와 혐기성 처리로 크게 나뉘는데 호기성 처리에서 시행하는 포기(aeration)는 초기에는 폐수 저장조에서의 악취를 감소시키는 한 가지 방법으로 이용되었다. 거의 같은 시기에 토양 삼투(soil percolation) 중에 폐수의 흐름이 토양의 통기를 위해 간헐적으로 정지되면 처리효율이 개선되며 부하 능력이 향상된다는 것이 알려졌다. 그 후에 이런 정화 능력은 생화학적 산화 때문이라는 것을 발견하였으며 폐수의 연속적 유입과 연속적 포기를 채택한 체제의 개발 같은 중요한 발전도 있었다. 그런 체제는 활성슬러지 공정(activated sludge process)의 전 단계였으며 토양 삼투법은 살수 여과(trickling filtration) 또는 삼투 여과(percolating filtration)로 알려진 방법으로 발전되었다. 이들 두 공정 또는 변형된 방법은 오늘날 전 세계적으로 생활 하수처리에 가장 빈번히 이용되고 있다. 이 방법들은 폐수 내의 용해성(soluble) 또는 부유성(suspended) 유기물질의 산화를 목표로 하는 2차 처리 공정으로 이용되고 있다. 그러나 처리를 위해 유입되는 폐수는 2차 처리 공정에 들어가기 전에 보다 효율적인 처리를 위해 몇 단계를 거친다. 다음 절에서는 비록 이 단계들이 생물학적 공정은 아니지만 전체적인 폐수 처리과정의 이해를 위한 예비 처리(preliminary treatment) 및 1차 처리(primary treatment) 단계에 대해 간략하게 설명하고자 한다.

13.2 예비 처리와 1차 처리

13.2.1 가정 하수의 조성

선진국에서는 폐수를 '사용된 물(used water)'로 지칭하는 것이 보다 일반화되고 있다. 폐수의 99.9%는 실제로 물이며 나머지 0.1%, 즉 1g/L는 약 70%의 유기물과 30%의 무기 고형물로 구성되어 있다. 유기물의 약 반이 부유물이며 나머지 반은 용해되어 있다. 무기물 성분은 암모니아, 염소, 금속염(metallic salts)을 포함하며 복합 하수관이 이용되는 곳에서는 토사도 존재한다. 생물학적 관점에서 중요한 주요 유기물 성분은 표 13.1에 나와 있다.

표 13.1 전형적인 가정하수의 유기물 조성

종 류	하수 중 유기탄소의 비율(%)
탄수화물	30
휘발성 유기산	8*
비휘발성 유기산	12
유리 아미노산	4
단백질	7
계면활성제	11
기타(지방과 미량 오염물질 포함)	28

* 아세트산은 가장 흔한 지방족 유기산이다.

13.2.2 예비 처리 과정

예비 처리는 크거나 또는 다루기 어려운 떠있거나 부유하는 물질을 제거하는 것으로, 그다음 단계들에서 이용되는 펌프와 밸브가 막히거나 손상받게 될 위험을 줄임으로써 폐수를 보다 쉽게 처리할 수 있게 만든다. 큰 물질들은 종종 40~80 mm 간격의 평행한 바(bar)로 구성된 바 스크린(bar screen)에 의해 제거된다. 여기에 걸린 물질들은 긁어내어 매립하거나 소각한다. 작은 돌들과 토사는 침사지(grit channel)에서 제거되는데 폐수는 토사가 침전되기에 충분히 낮은 일정한 속도로 침사지를 통과하며 덜 조밀한 유기물은 폐수 내에서 그대로 부유 상태를 유지한다.

13.2.3 1차 침전(primary sedimentation)

예비 처리를 거친 폐수는 그 오염 부하의 감소에 어느 정도의 실질적인 효과를 가지고 있는 첫 번째 처리 단계로 들어간다. 침전(sedimentation) 시의 입자의 제거는 크기, 밀도, 표면 부하(surface load), 유출 속도(overflow rate) 등을 포함한 여러 요인에 의해 조절된다. 폐수는 사각형 또는 수평 흐름 수조의 한쪽 끝이나 원형 또는 방사상 흐름 수조의 중앙으로 들어가며 고형물이 바닥에 가라앉기에 충분한 시간 동안 침전조(settling tank, sedimentation tank 또는 clarifier)에 머무르는데 보통 2 내지 6시간 정도가 소요된다. 침전된 고형물은 1차 슬러지(primary sludge)라고 부르며 scraper 같은 기계장치로 침전조 바닥의 hopper로 모은 후 펌프로 이송하여 후속 처리를 하거나 처분한다.

1차 침전은 약 55%의 부유성 고형물과 약 35%의 total BOD를 제거한다. 1차 침전에서는 생물학적인 작용이 거의 일어나지 않으며 여기에서의 BOD 제거는 단순히 제거된 부유 물질 중 많은 것이 유기물이며 생분해 가능하다는 사실 때문이다. 1차 침전 후의 폐수는 1차 유출수(primary effluent)라고 하며 전형적인 부유 고형물(suspended solids, SS)의 농도가 200 mg/L이며 BOD는 250 mg/L 정도이다.

13.3 폐수 처리의 목적

폐수 처리의 주된 목적은 전염병의 감소와 지표수(surface water) 오염의 방지에 있다. 후자를 충족시키기 위해 정해진 최초의 기준은 1889년에서 1915년 사이의 영국의 폐수 방류 위원회(Royal Commission on Sewage Disposal)에 의한 것으로 최종 방류수에서 부유성 고형물이 30 mg/L이며 BOD는 20 mg/L를 넘지 못하도록 규정하였는데 2 mg/L 이하의 BOD를 가진 강물과 적어도 1 : 8의 비율로 희석되는 것을 가정하여 정해졌다. 이 기준(standard)은 오늘날 사용되는 많은 표준(criteria)의 기초로 여전히 활용되며 소위 '30 : 20' 기준으로 알려져 있다. 어떤 지역에서는 10 : 10 기준처럼 아주 엄격한 제한이 적용되기도 하며 종종 10 mg/L 또는 그 이하 수준의 암모니아에 대한 기준을 추가하여 10 : 10 : 10 기준을 이용하기도 한다. 적당한 방류수 수질을 얻기 위해서는 생물학적 2차 처리 과정의 처리효율이 보통 90% 이상의 BOD와 부유성 고형물의 제거율을 가져야만 한다는 것이 분명하다.

13.4 활성슬러지 공정

13.4.1 공정의 개요

활성슬러지 공정(activated sludge process)은 폐수 내에 존재하는 물질을 산화시키기 위해 호기성 생물체들의 혼합 배양(활성슬러지)을 이용한다. 활성슬러지라는 용어는 생물체들이 자유롭게 부유하는 floc의 형태로 존재하는 어떤 공정에서든 일반적인 의미로 사용되는데, 플록(floc)은 세포 밖으로 분비된 점액성 물질에 묻혀있는 많은 세포들의 집합체로 직경이 약 0.2~1mm 정도이다. 미생물 세포들의 floc 내의 존재는 별도의 2차 침전조에서의 정지된 조건하에서 침전에 의해 세포들을 뭉쳐지게 할 수 있다. 이로 인해 얻어지는 floc이 없는 상등액은 공정에서 유출수로 방류되며 침전된 뭉쳐진 세포들은 포기조(aeration tank)로 재순환(반송)되어 유입 폐수와 섞이게 된다. 이 세포들과 폐수의 혼합물을 혼합액(mixed liquor)이라 부르는데 이것은 미세한 기포나 순수한 산소의 형태로 포기할 수 있는 수표면 바로 아래에 위치한 기계적 포기장치나 포기조 밑바닥에 있는 산기장치(diffuser)에 의해 부유 상태를 유지한다. 이 공정은 생물량의 되먹임(feedback)을 채택한 단일 수준의 연속 배양 체제로 간주될 수 있다. 전체 공정의 개요와 포기조의 단면이 그림 13.1에 나타나 있다.

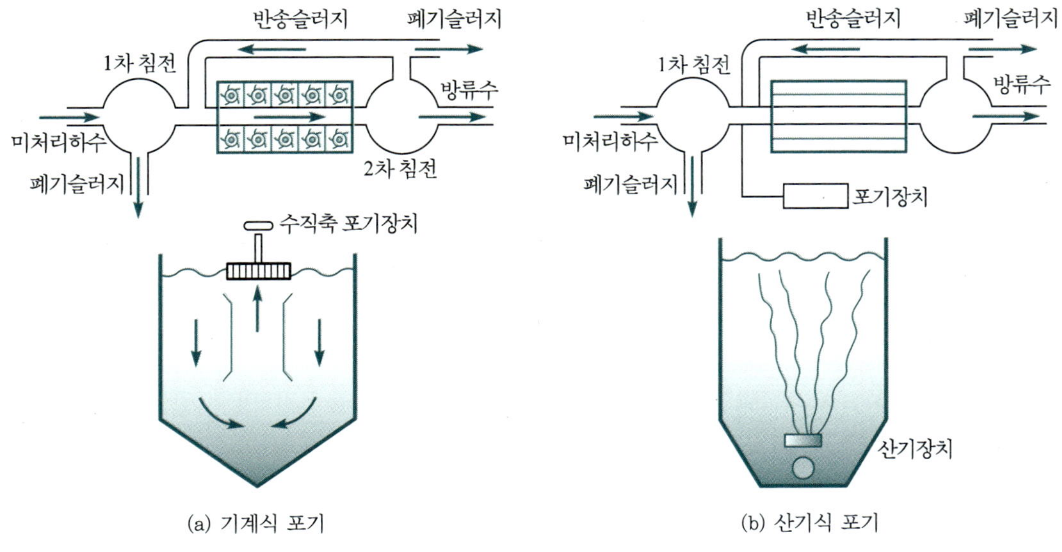

그림 13.1 활성슬러지 공정의 모식도와 포기조의 단면

13.4.2 운전 조건

(1) 생물량 농도

포기조 내의 생물량 농도는 혼합액 부유 고형물(mixed liquor suspended solids, MLSS)로 나타낼 수 있다. MLSS는 무기 고형물도 포함하고 있을 수 있으므로 생물적 구성요소를 보다 정확히 나타내려면 혼합액 휘발성 부유 고형물(mixed liquor volatile suspended solids, MLVSS)을 이용한다. MLSS는 도기로 된 여과장치(gooch crucible)에 혼합액을 여과한 후 103~105℃에서 1시간 건조 후 데시케이터에서 냉각시킨 후 무게를 측정하여 계산하며, MLVSS는 위의 잔류물을 550℃에서 15~20분 연소 후 데시케이터에서 냉각시켜 바로 무게를 재어 측정한다. MLSS나 MLVSS 모두 살아있는 미생물 세포들의 개체수나 생물량과 직접적으로 연관되는 것은 아니다. 정의에 따라 이것들은 커서 filter를 통과하지 못하는 모든 부유성 또는 휘발성 부유 고형물을 포함하는 것이며 따라서 살아있는 세포와 죽은 세포, floc에 있는 세포 외로 분비된 물질과 하수에 유입된 부유 휘발성 물질을 모두 포함하게 된다. 재래식 공정에서 MLSS의 범위는 1,500~3,000 mg/L이지만 5,000 mg/L까지 올라갈 수도 있다.

(2) 체류시간, 희석률, 생장률

간단한 chemostat와는 달리 희석률(D)과 생장률(μ)은 운전상의 관점에서는 거의 사용되지 않는다. 또한 높은 비율의 생물량이 재순환되기 때문에(재래식 공정의 경우 30~100%) 희석률과 생장률이 단순 chemostat와 달리 동일하지 않으며 μ는 D보다 훨씬 낮다. 생물량의 생장률은 보통 슬러지 일령(sludge age)이나 평균 세포 체류시간(mean cell residence time, θ_x), 또는 슬러지 체류시간(sludge retention time, SRT)으로 나타낸다. 이 조건은 생장률의 역수와 같다.

$$\theta_x = \frac{1}{\mu} = \frac{V_2 X_2}{Q_3 X_3 + Q_4 X_4} \tag{13.1}$$

여기서 X_2, X_3와 X_4는 각각 포기조, 방류수와 폐기 슬러지 내의 생물량 농도이며 Q_3, Q_4는 각각 방류수와 폐기 슬러지의 유속이며 V_2는 포기조의 부피이다. 방정식 (13.1)의 아래 첨자의 숫자들은 그림 13.2에서 각각 다른 지점들을 나타내는 것이다. θ_x는 보통 일 단위로 나타내며 안정 상태에서는 포기조의 생물학적 고형물량을 매일 폐기되는 양으로 나눈 것이 된다. 일반적인 공정에서 θ_x는 보통 4에서 10일 사이이다.

희석률은 보통 수리학적 체류시간(hydraulic retention time, HRT, θ)으로 나타내

는데 D의 역수가 된다. 이것은 공정 내에서 유입수가 체류한 평균시간으로 일반적으로 포기 단계(aeration stage)에만 적용하는데 재래식 공정의 경우 6~10시간이다.

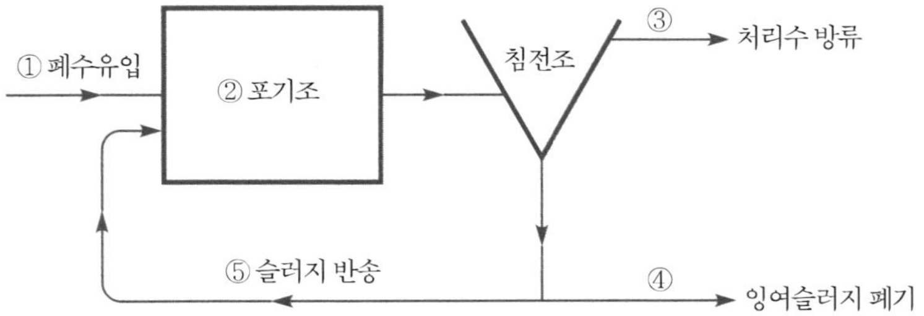

그림 13.2 활성슬러지 공정의 개요

$$\theta = \frac{1}{D} = \frac{V_2}{Q_1} \tag{13.2}$$

수리 부하(hydraulic loading)도 종종 이용되는데 이것은 D와 직접적으로 유사하여 포기조의 단위부피당 유입되는 폐수의 유속으로 나타낸다.

(3) 기질 부하(substrate loading)

이 조건은 종종 공정 부하(plant loading)라고도 하는데 공정에의 기질 투여율이 된다. BOD 부하는 간단히 BOD량/포기조 단위부피/일($B_{V,BOD}$), 또는 food to microorganisms ratio(f/m)이라고도 하며 다음과 같이 계산된다.

$$B_x = \frac{Q_1 S_1}{V_2 X_2} \tag{13.3}$$

여기서 S는 각 지점에서의 기질농도를 나타낸다. 가끔 f/m은 부하보다는 기질이용을 나타내는 데 이용된다. 정상 운전 시에는 적은 잔류 기질농도, 즉 S_3가 이 목적을 위해 생물량에 의해 이용되지 않기 때문에 방정식 (13.3)은 S_1 대신($S_1 - S_3$)로 치환해서 변형되기도 한다. 여러 공정에서의 부하기준이 표 13.4에 나와 있다. 어떤 경우에든 공정의 운전 측면과 관련된 용어는 일반적으로 표준화되어 있지는 않으며 만일 f/m 같은 용어를 보게 되면 정확하게 그것이 무엇을 뜻하는지 주의해야만 한다.

13.5 생물량 순환 체제에서의 기질 제거와 생장

생물량 재순환의 중요한 결과는 세포 체류시간 또는 슬러지 일령, θ_x가 체제의 수리학적 체류시간, θ보다 훨씬 커질 수 있다는 것이다. 다른 말로 비생장률(specific growth rate, μ)이 앞서 설명한 단일 통과 체제(single-pass system)에서보다 훨씬 낮아질 수 있다. 폐수 처리 목적 관점에서의 재순환의 중요성과 이것의 실질적인 적용 또한 신중히 고려되어야만 한다. 처리의 목적은 최종 유출수가 가능한 한 적은 잔류 기질을 함유해야 하는 것이다. 단일 통과 체제에 적용되는 방정식 (8.15)에 따르면 잔류 또는 방출 기질 농도 S_3는 $D=\mu_{max}/2$일 때 K_s와 동일하게 될 것이다. 침전시킨 오수와 활성슬러지 생물량의 K_s값은 종종 약 100 mg/L이다. 따라서 단일 통과 체제로부터 적당한 수질의 유출수를 얻기 위해서는 훨씬 낮은 값의 D를 선택해야만 한다. K_s가 100 mg/L이고 μ_{max}가 0.2/h라고 가정하면 D값은 μ_{max}의 25%, 10%나 1%의 경우 S_3가 각각 33, 11과 5 mg/L가 된다. 처리해야 할 하수의 양이 다소간 고정되어 있을 때 이런 체제에서 처리효율을 개선시킬 수 있는 유일한 방법은 동일한 유속에서 더 큰 부피의 반응조를 이용하는 것이다. 이런 적당한 방류수 수질은 만일 세포 재순환(슬러지 반송)이 이용된다면 적절한 물질수지(mass balance)의 유도에 의해 $D>\mu_{max}$가 나타날 수 있는 그런 체제에서 얻어질 수 있다. 동일한 표기법이 앞에서처럼 이용될 수 있으나 고려해야 할 추가적인 요소들이 있다. 이것들은 2차 슬러지(secondary sludge)의 포기조로의 재순환율로서 유입률에 대한 재순환율의 비율, R과 재순환 내의 생물량의 농도 X_5로 표시한다. 이 후자는 독립적인 지표로 나타내거나 또는 혼합액 부유 고형물(MLSS) X_2에 근거한 농축계수(concentration factor)로 나타내는데 농축계수 c는 X_5/X_2가 된다.

반응조 내의 X에 대한 물질수지는 유입에 의한 변화율에 생장으로 인한 변화를 더하고 유출로 인한 손실과 세포의 사멸로 인한 변화를 뺀 것으로 표시할 수 있다. 이때 세포의 사멸은 비사멸률(specific decay rate, b)로 나타낸다. 유입되는 성분에는 재순환되어 들어오는 세포만을 함유하고 있다고 가정할 수 있다. 따라서

$$V_2 dX_2/dt = \underbrace{Q_1 R c X_2}_{\text{유입}} + \underbrace{V_2 \mu X_2}_{\text{생장}} - \underbrace{V b X_2}_{\text{사멸}} - \underbrace{(1+R) Q_1 X_2}_{\text{유출}} \tag{13.4}$$

이며 V로 나누고 안정 상태에서의 μ를 구하면 아래와 같다.

$$\mu = D(1+R-Rc)+b \tag{13.5}$$

기질농도에 대한 물질수지 또한 계산될 수 있다. 기질량의 변화율은 유입과 유출 및 이용에 의한 감소에 따른 것이다. 이 경우 유입에는 두 가지 요소가 있는데 첫 번째는 유입 폐수 내에 있는 기질농도에 의한 것이며 두 번째는 재순환 내의 잔류 기질농도로서 포기조를 떠나는 시점과 재순환된 생물량의 포기조로의 재유입시까지 변화가 없다고 가정할 때 S_3와 동일하다. 따라서 물질수지는

$$V_2\frac{dS}{dt} = \underset{\text{유입}}{Q_1S_1} + \underset{\text{재순환}}{Q_1RS_z} - \underset{\text{생장에 이용}}{\frac{\mu X_2 V_2}{Y}} - \underset{\text{유출}}{(1+R)Q_1S_3} \tag{13.6}$$

안정 상태에서 X를 구하려면

$$X_2 = \frac{YD(S_1 - S_3)}{\mu} = \frac{YD(S_1 - S_3)}{D(1+R-Rc)+b} \tag{13.7}$$

S_3값은 방정식 (13.5)의 μ값을 Monod 방정식에 치환해 넣으면 얻을 수 있으므로

$$S_3 = \frac{K_s[D(1+R-Rc)+b]}{\mu_{max} - [D(1+R-Rc)+b]} \tag{13.8}$$

그러면 실제로 생물량의 생장률은 더 이상 D와 동일하지 않게 되나 재순환과 세포 농도비율의 복합적인 효과에 의해 감소하게 된다. 그림 13.3은 동일한 체제에서 재순환을 할 경우와 안 할 경우에 희석률에 따른 X와 S_3를 비교한 것으로 재순환 체제에서는 $D < \mu_{max}$의 부위에서 단일통과 체제보다 훨씬 높은 생물량 농도와 낮은 S_3값이 유지된다는 것을 분명히 보여주고 있다. 더욱이 이 체제는 μ_{max}보다 훨씬 큰 희석률에서도 안정을 유지한다.

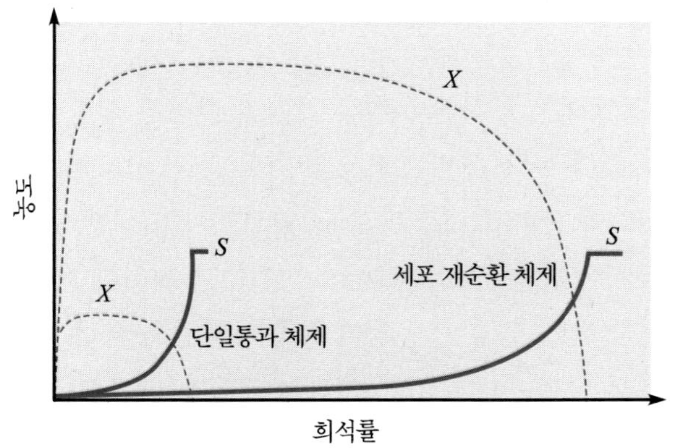

그림 13.3 **연속배양에서 기질과 생물량 농도에 미치는 세포 재순환(반송)의 영향**

13.5.1 유입수와 유출수의 기질 농도 사이의 관계

방정식 (13.8)은 유출수의 기질농도가 유입수의 기질농도와 무관하다는 것을 가리키고 있다. 그러나 활성슬러지 공정에서의 실제 경험은 항상 그렇게 되지는 않는다는 것을 보여주는데 그 이유는 높은 유입수 기질농도에서 유출수의 수질이 점차 나빠지기 때문이다. 이에 대한 한 가지 가능한 설명은 K_s가 진정한 상수가 아니라는 것이다. Tempest와 Neijssel(1976)은 일부 생물체들이 특정한 기질에 대해 두 개의 분명한 '이용 체제'를 갖고 있다고 주장하였는데 하나는 K_s값이 높고 또 하나는 낮은 값을 갖는다는 것이다. 매우 높은 기질농도에서는 높은 K_s의 체제가 우세하게 되며 방정식 (13.8)을 바탕으로 S값은 K_s의 증가에 따라 증가하게 된다.

또 하나 아마도 S_3증가의 간단한 이유는 농축계수인 상수 c값을 유지하는 것이 어렵다는 것이다. MLSS가 점차 높은 수치가 되면 통상적인 2차 침전조에 요구되는 압축의 정도를 이루지 못하는 지점에 도달하게 된다. 운전상의 관점에서는 X_5를 일정하게 유지하고 c대신 X_5/X_2를 이용하는 것이 더욱 실용적인 것처럼 보인다. X_2가 증가함에 따라 X_5/X_2의 값은 감소하며 이에 따라 비생장률(specific growth rate)은 증가하고 S_3값이 증가하게 된다.

X_5/X_2의 사용은 안정 상태의 방정식을 일부 수정하게 만든다. S_3의 계산은 그것의 S_1에 대한 의존 때문에 더욱 복잡하게 되며 이차 방정식을 풀어야 하는 이에 관련된 방정식들은 여기서 다루지 않겠다.

13.6 활성슬러지의 생물학적 특성

활성슬러지 공정의 성공적인 운영은 간단히 말하면 생물량의 4가지 주요 특성에 달려있다고 할 수 있다. 이것들은 ① floc의 기질 흡착(adsorption) 능력, ② 유기물의 동화(assimilation)와 산화(oxidation), ③ 암모니아의 산화, ④ 2차 슬러지의 효율적인 침전을 위한 양호한 응집(flocculation) 성질의 유지이다. 비록 활성슬러지 공정의 발달과 응용 과정 전반에 걸쳐 이 공정이 종종 동적인 공학적 체제로 취급되어 오기는 했으나 활성의 기본 단위는 플록(floc)이라는 것을 반드시 기억해야만 하는데 활성의 여부는 다시 존재하는 미생물 세포들의 대사, 생장과 물리적 성질에 의존한다. 따라서 이들의 대한 조사를 먼저 시작하는 것이 타당하다.

13.6.1 활성슬러지의 미생물 조성

상당한 인내를 가지고 다양한 분리용 배지와 진단 시험을 이용하면 물 시료에 존재하는 여러 가지 세균종들을 분리하고 특성을 밝히는 것이 극복하기 어려운 문제가 아니다. 그러나 활성슬러지에서 세균을 분리하고자 할 때는 특별한 문제들이 존재한다. 이것은 Allen(1944)에 의해 상당히 일찍부터 알려졌는데, 그는 점액성 물질에 많은 수의 세균들이 묻혀있는 sludge floc의 내부로부터 세균을 방출시키려면 특별한 방법을 동원할 필요가 있다고 생각하였다. 만일 평판 계수(plate count)의 목적을 위해 희석을 했다면 각각의 집락(colony)은 개별적인 세포로부터 생성된 것이 아니고 세포들의 덩어리로부터 비롯된 것으로 간주하는 것이 오히려 타당하다. 그러나 floc이 아닌 물 층에 존재하는 응집되어 있지 않은 세포들은 개별적인 집락을 형성할 것이며 따라서 활성슬러지 floc에 존재하는 우점종(dominant species)을 파악하기가 어렵게 된다. 더욱이 일부의 활성슬러지 이용 처리장에서는 여러 생물체들이 도달할 수 있는 μ_{max} 보다 더 큰 희석률로 운영되므로 응집되지 않은 상태로 자라나게 되는 그런 생물체들은 안정된 floc 군집에서 완전히 배제될 수도 있는데, 그 이유는 이것들이 우연한 접종에 의해서만 존재하게 되거나 또는 유입 폐수에 섞여 들어와서 그다음의 단계들에서 희석되어 없어지기(washout) 때문이다.

Allen은 작은 구멍으로 통과시킨 균질화된 활성슬러지는 균질화되지 않은 시료와 비교할 때 평판 계수의 숫자가 10배에서 100배 사이로 증가한다는 것을 발견하였다. 이런 문제에도 불구하고 여러 연구자들은 단순 혼합으로부터 초음파 파쇄(ultrasonication)에 이르는 다양한 분산(dispersion) 방법을 이용하여 활성슬러지의 세균 조성을 알아내고자 시도하고 있다. 그러나 세균의 개체수와 분포에 관한 어떤 결과든지 이러한 결점을 가지고 있다고 간주되어야만 한다.

활성슬러지에 존재하는 다양한 미생물들을 배양하는 데 이용하는 배지(media) 또한 중요하다. 제5장에서 설명한 바에 의하면 오수 한천(sewage agar) 배지는 이런 목적에 적합한 것처럼 생각된다. 실제로 Dias와 Bhat(1964)는 활성슬러지 시료를 sewage agar를 이용하여 평판 계수를 하였을 때 glutamate-urea agar보다 두 배 정도가 높은 값을 얻었다는 것을 보고하였다. 활성슬러지 세균을 배양하는 데 흔히 이용되는 배지는 Pike와 Carrington(1972)이 개발한 Casein-glycerol-yeast extract agar이다.

활성슬러지에 존재하는 살아있는 세포의 수는 계수 방법에 따라 다르나 부유 고형물 중 약 10^{10}/g 또는 10^{7}~10^{8}/mL 정도가 나타난다. 슬러지의 개체수가 대략적인 숫자라는 것을 감안하더라도 이 숫자에 근거할 때 살아있는 세포는 슬러지 무게의 불과 1% 정도만을 차지하며 또한 floc이 상당량의 죽은 세포와 세포외 물질을 함유하고 있다는 사실과 일치한다.

활성슬러지에는 매우 많은 종류의 미생물들이 존재하는 것으로 보고되고 있다. 초기에 한동안은 많은 사람들이 *Zoogloea ramigera*가 활성슬러지에서 어떤 효과를 낼 수 있는 유일한 종속영양체로 간주하였는데, 그 이유는 이 세균이 많은 양의 점액물질을 세포 밖으로 분비하며 순수 배양에서는 활성슬러지 floc과 유사한 구조를 형성하는 점액물질 내에 세포들이 묻혀서 자라나기 때문이다. 이 세균이 슬러지에서 우세한 것은 전형적인 실험실 배지를 이용한 회분식 배양에서 다른 종류의 세균들이 floc을 형성하지 못하기 때문인 것으로 생각된다. 현재는 수십 종 이상의 다른 미생물들이 floc의 구성요소로 존재한다는 것이 일반적으로 알려져 있으며 흔히 발견되는 속(genus)들의 일부가 표 13.2에 나와 있다. 이것은 주로 슬러지 군집의 종속영양 세균들만을 나타내고 있으나 독립영양체, 특히 비록 이것들의 분리가 낮은 생장률 때문에 많이 보고되지는 않지만 질화 세균(nitrifying bacteria)도 빈번히 나타날 것이다. 효모(yeast)와 조류(algae)도 또한 별로 보고되지는 않으며 이들은 폐수처리과정에서 그다지 큰 역할을 하지 않을 것으로 보인다. *Geotrichum* 같은 균류(fungi)는 활성슬러지에서 흔한 미생물이지만 팽화(bulking)에서의 중요성을 제외하고는 그들의 역할이 구체적으로 연구되어 있지 않다. 그러나 균류들은 그런 면에서 조차 *Sphaerotilus*와 같은 필라멘트형 세균보다도 중요하지 않은 것처럼 생각된다.

고등한 생물체들 중에서는 원생동물(protozoa)이 가장 중요한데 그 이유는 그것들의 floc 구조에의 기여와 방류수 탁도를 감소시키는 역할 때문이다.

표 13.2 **활성슬러지에서 발견되는 세균 종류**

흔한 종류	적은 종류
Zoogloea	*Aeromonas*
Pseudomonas	*Aerobacter*
Comamonas	*Micrococcus*
Flavobacterium	*Spirillum*
Alcaligenes	*Acinetobacter*
Brevibacterium	*Gluconobacter*
Bacillus	*Cytophaga*
Achromobacter	*Hyphomicrobium*
Corynebacterium	
Sphaerotilus	

전형적인 활성슬러지 공정에서 혼합액(mixed liquor)은 약 5×10^4 마리/mL의 원생동물을 함유하게 되며 이것은 MLSS 무게의 약 5%를 차지하게 된다. 수백 개의 다른 종들이 존재할 수 있으며 비록 특정한 조건하에 상당 수의 아메바(ciliates)와 편모충류(flagellates)가 발달할 수도 있으나, 대부분은 섬모충류(ciliates)들이다. 우점하는 섬모충류들로는 *Opercularia*, *Vorticella*, *Aspidisca*, *Carchesium*, *Chilodonella* 등이 있다. 이들의 대부분은 floc에 부착되어 있거나 또는 floc 표면에 존재하면서 세균을 잡아먹는다. Floc에 단단히 결합되어 있는 세균들은 자유롭게 떠다니는 세포들을 주로 잡아먹는 섬모충류에게 이용되지 않는다. 따라서 원생동물의 존재는 어느 정도 floc 형성 세균 종들을 살아남게 하며 자유유영 세포들을 포식함으로써 방류수 탁도를 감소시키게 된다. 이 원생동물의 중요한 작용은 Curds와 그의 동료들에 의해 많이 연구되었는데, 그들은 실험실 규모의 활성슬러지 공정에서 섬모충류가 있을 때와 없을 때에 방류수 수질을 조사하였고 그 결과는 표 13.3에서 보는 바와 같다.

표 13.3 **실험실 규모의 활성슬러지 체제에서 방류수 수질기준에 미치는 섬모충류 원생동물의 영향**

방류수 수질기준	섬모충류 부재	섬모충류 존재
전체 BOD(mg/L)	53~70	7~24
용해성 BOD(mg/L)	30~35	3~9
부유 고형물(mg/L)	86~118	26~34
생균수(viable count, 10^6/mL)	160	1~9

원생동물이 있으면 방류수 SS와 용해성 BOD 모두 감소하게 되는 것이 분명하다. 비록 일부 원생동물은 세균이 없는 유기성 배지에서 자라는 것이 가능하나 이런 기작이 BOD의 큰 저하를 가져올 수는 없을 것이다. 일부 연구자들은 섬모충류의 포식작용이 어느 정도 floc을 자극할 수도 있는 것으로 간주하나 이것은 아직 불분명하다.

원생동물은 또한 floc의 구조에 직접적으로 기여할 수도 있는 것으로 생각된다. 일부 초기 연구자들은 섬모충류들이 floc 형성의 1차 촉진자라고 주장하였으나 현재는 floc 형성이 이것들이 없어도 일어난다는 것이 분명해졌다. 그러나 존재하는 많은 종들이 단백질-다당류로 구성된 점액성 물질을 분비하며 이것이 세균에 의해 형성된 세포의 중합체와 동일한 방식으로 작용하게 된다. 원생동물에 의한 포식은 활성슬러지 공정에 의한 매우 높은 병원체 제거의 원인으로 여겨진다. *E. coli*의 제거율은 종종 90% 이상이 되는데 이보다 물론 낮아질 수도 있다. 활성슬러지는 바이러스의 제거에도 효율적인데 coxsackie virus와 poliovirus는 항상 90% 이상이 제거된다.

13.6.2 응집(flocculation)

Floc은 수백만의 세균 세포들과 일부 원생동물 및 균류로 구성된 눈에 보일 정도의 것으로 전형적인 floc은 그림 13.4에서 보는 바와 같다. Floc의 응집에 영향을 미치는 요소들은 생장률, 혼합 개체군의 조성, 기질농도와 영양물질 수지(nutrient balance) 등인데 낮은 비생장률(specific growth rate)이 응집에 유리한 것으로 알려져 있다. 실제로 그런 낮은 생장률이 활성슬러지 체제에서 나타날 수 있는데 그 유일한 이유는 응집이 일어나기 때문이며, 따라서 슬러지의 침전과 재순환을 가능하게 하고 결과적으로 $\mu < D$가 된다. θ가 약 0.5일 또는 그 이하인 고속 체제에서는 응집이 크게 일어나지 않으며 방류수의 부유 고형물 농도가 높아지게 된다.

그림 13.4 전형적인 floc의 모습

응집은 내생 호흡(endogenous respiration)의 작용이라고 종종 주장되어 왔다. 그러나 내생 호흡은 기질이 고갈되지 않고 실질 생장이 정지되어도 일어날 수 있기 때문에 응집은 낮은 생장률과 낮은 기질농도의 작용이라고 말하는 것이 보다 정확한 것으로 여겨진다.

유기물이 과량 존재하고 다른 영양물질이 고갈되었을 때 일부 세균들은 중합체 분자의 형태로 저장물질을 축적한다. 그런 물질 중의 하나가 poly-β-hydroxybutyrate(PHB)로 일부 세균의 응집에 관여하는 것으로 알려졌다. 그러나 PHB를 축적하지 않는 다른 종들도 여전히 응집되며 캡슐(capsule) 또는 점액질층(slime layer)의 형태로 세포 밖으로 분비되는 다양한 고분자 저장물질들도 동일한 방식으로 응집에 기여하는 것처럼 보인다. 활성슬러지에서는 이들 고분자 물질들이 주요 구성성분으로 탄수화물과 단백질을 가지고 있으며 이외에도 약간의 지질과 핵산도 포함하고 있다. 큰 floc에서는 생물체들이 굶주리며 죽어가고 있으며 또한 전체 세포수에 비해 생존력이 비교적 낮기 때문에 이들 세포의 분비물질 중 많은 양이 세포 용해의 산물로 구성되어 있을 수도 있다.

세포외 중합체 물질이 응집에 어떻게 기여하는지 그 정확한 기작은 아직 불분명하다. 부분적으로 그것은 상당히 점도가 높은 물질이 그것에 접근하는 그 자체들로는 응집하지 못하는 세포들을 물리적으로 포획하거나 둘러싸는 식으로 작용하는 것처럼 보인다. 특정한 조건에서는 섬유소(cellulose)와 유사한 물질로 구성된 서로 얽힌 섬유들이 floc의 물리적 안정성에 기여하기도 한다.

세포외 중합체들은, 예를 들면 카르복실기와 같은 전하를 띤 작용기들을 꽤 많이 보유하고 있는데 그런 작용기들은 전이금속 이온(transition metal ion)의 결합에 크게 작용하며 따라서 중금속 오염물질의 제거에 기여하고 이런 기작은 활성슬러지 공정에서도 일어난다. 그러므로 세포-floc의 전구체들은 음전하를 띤 콜로이드와 같이 행동하는 것처럼 보인다. 만일 전하의 중화(charge neutralization)가 일어나면 콜로이드는 침전의 형태가 되어 응집체를 형성하게 된다. 그런 전하의 중화는 칼슘과 마그네슘 이온에 의해 일어날 수 있다. 이런 현상을 설명할 수 있는 슬러지 floc의 가능한 구조의 모식도가 그림 13.5에 나와 있다. 이런 요인들 외에 사상성 미생물들도 floc의 뼈대 역할을 하므로 어느 정도 개체군 수준까지는 floc 형성에 기여한다.

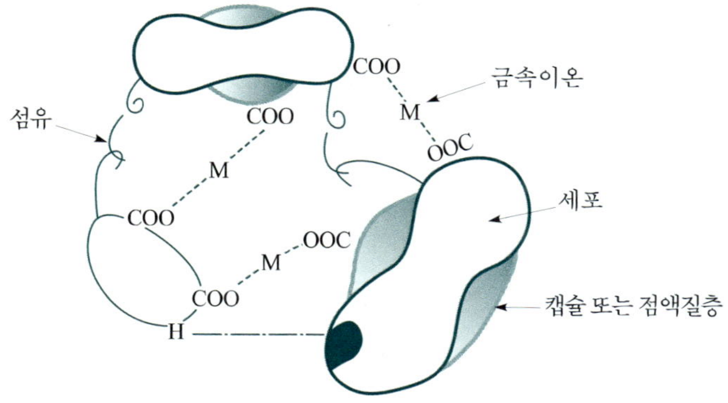

그림 13.5 floc 구조의 모식도

정상적인 운영 시에는 응집이 안 되거나 또는 만족스럽지 못할 때에 비해 양호한 조건일 때의 생물량의 유지와 응집에 영향을 미치는 요소들에 대해서 그다지 많은 주의를 기울이지 않게 된다.

13.6.3 팽화 및 관련 현상

활성슬러지 공정이 실패하는 경우는 폐수 내 난분해성 또는 독성 성분으로 유기물 제거가 되지 않을 경우를 제외하고는 대부분이 슬러지가 응집되지 않아 고액분리가 제대로 일어나지 않는 경우이다. 활성슬러지가 응집하지 못하여 적절한 침전이 일어나지 않게 되는 원인에는 여러 가지가 있으며 그 결과가 여러 가지 다른 방식으로 나타나게 된다. 종종 슬러지 문제와 관련된 모든 현상을 팽화(bulking) 현상으로 간주하는 경향이 있었으나 팽화는 보다 특정한 경우에만 적용되어야 하며 여러 다른 용어들이 침강이 잘 안 되는 슬러지, floc의 해체(deflocculation)나 방류수의 탁도증가를 일으키게 하는 분명한 현상들을 가리키는 데 사용된다.

(1) 팽화 현상

팽화는 흔히 floc 내에 *Sphaerotilus*와 같은 사상성 미생물(filamentous microorganism)의 과다생장으로 인하여 floc이 응집되지 않아 침전이 잘 일어나지 못하는 데서 기인하는 현상이다. 비록 세포들이 여전히 잘 응집되어도 필라멘트형 미생물들이 많이 존재하게 되면 floc의 부피가 커지고 조밀하게 뭉쳐지지 못하게 되어 floc의 침강이 저해되며 따라서 최종 방류수로 많은 양의 슬러지가 섞여 나가게 된다. 이러한 슬러지의 손실은 MLSS의 감소를 가져오게 되며 공정은 단일 통과 반응조(single-pass reactor)처럼 작용하게 되어 그 결과 μ가 증가하게 된다. 심한 경우에는 높은 생장률로 인해 질화작용이 일어나지 않는다. 비록 팽화 현상의 정확한 정의를 내리기는 힘들지만 팽화 슬러지의 대략적인 기준은 사상성 미생물의 총길이가 $10^7 \mu m/mg$ MLSS 이상 또는 슬러지 부피지수(sludge volume index, SVI)가 200 mL/g 이상일 경우이다. SVI는 1g의 MLSS가 30분 동안 침강한 후 차지하는 부피를 % 또는 mL로 나타낸 값으로 대개 SVI가 50~150 사이일 때 침강성이 양호하다. 그러나 SVI가 이보다 더 큰 슬러지에서도 필라멘트형 미생물들이 그다지 많지 않을 때도 있다. 이런 소위 비사상체형 팽화 현상(non-filamentous bulking)은 floc이 과도한 수화(hydration)에 의해 결합된 물이 floc의 평균 밀도를 감소시켜서 침강을 저해함으로써 일어난다고 설명되고 있다.

활성슬러지에서 발견되는 필라멘트형 미생물의 종류로는 *Sphaerotilus*, *Thiothrix*, *Beggiatoa* 같은 필라멘트형 세균과 방선균(actinomycetes), 남세균(cyanobacteria)과 균류(fungi)가 있다. 방선균이 진정한 팽화 현상을 일으키는 것은 의문시되는데 그 이유는 200 mL/g 이상의 SVI에서는 일반적으로 방선균이 많이 나타나지 않기 때문이다. 그러나 *Nocardia* 같은 종의 방선균들은 방류수 수질에 영향을 미치는 거품과 같은 부상 스컴(floating scum)을 형성한다. 비록 몇몇 경우가 있을 수 있으나 남세균과 균류들은 팽화 현상에 그다지 많이 관여하지 않는다.

사상성 미생물들은 활성슬러지 floc의 정상적인 구성체이지만 특별한 조건하에서 floc 형성 미생물들과 심하게 경쟁한다. 팽화 현상은 폐수 조성, 기질농도, 슬러지 부하와 슬러지 일령, 용존산소 농도, pH, 황화물 농도, 여러 가지 미량원소 등의 요인에 의해서 일어나는 것으로 알려져 있다. 양조산업과 옥수수 가공산업에서 유래하는 고농도의 탄수화물을 포함하는 폐수는 슬러지 팽화를 일으키는 것으로 추정되며 포도당, 맥아당, 젖당 등으로 구성된 탄수화물은 필라멘트형 세균의 생장을 돕는다.

팽화의 조절방법은 여러 가지가 있는데 먼저 산화제를 첨가하여 사상성 미생물을 선택적으로 저해하는 방법이 있다. 염소주입이 가장 널리 사용되는데 포기조나 반송슬러지에 염소를 10~20 mg/L 농도로 첨가하며 이외에 과산화수소나 오존을 처리하기도 한다. 합성 유기중합체, 석회, 철염 등의 응집제를 첨가하여 슬러지 침전을 촉진할 수도 있으며 슬러지 반송률을 조절하여 팽화를 조절할 수 있다. 사상성 세균보다 floc 형성 미생물의 생장이 잘 일어나게 하는 생물학적 선택조(biological selector)를 설치할 수도 있는데 호기성, 무산소성, 혐기성 선택조 모두 팽화조절에 유리하다. 기타 생물학적 제어법과 전포기, pH 조절 등의 방법이 있다.

활성슬러지 공법 중 포기조에서 폐수가 포기조의 길이 방향으로 흐르게 되는 플러그 흐름(plug-flow) 공정은 완전 혼합(complete mixing) 공정보다 침강성이 좋은 슬러지를 만들게 되나 긴 폐수 체류시간에서는 그 효과가 그다지 크지 않다. Plug-flow 공정에서는 생물량이 포기조 입구에서 높은 기질농도를 갖게 되며 혼합액이 포기조 끝으로 가면서 점차 기질농도가 낮아진다. 따라서 계속적으로 균일하게 낮은 기질농도에 노출되는 완전 혼합 공정보다는 plug-flow 공정 초기의 높은 기질농도에서는 floc 형성 세균들이 기질에 대한 경쟁과 그로 인한 생장의 정도에서 우세하게 된다. 그러나 낮은 기질 농도의 경우에서는 그 반대가 된다. 이 사실은 floc 형성 생물체들이 높은 μ_{max}와 낮은 기질 친화력(즉, 높은 K_s)을 가지며 필라멘트형 생물체들은 낮은 μ_{max}와 높은 기질 친화력(즉, 낮은 K_s)을 갖는다는 사실과 유사하다.

용존산소 농도에 대한 두 종류의 생물체들의 반응은 유사하다. 그러나 *Sphaerotilus*는 절대 호기성이며 무산소 조건에 대한 내성이 없다. 이것이 포기되지 않는 수조 또는 포기조의 유입부 지역 같은 무산소 지역의 슬러지들도 양호한 침강성을 나타내는 이유가 될 수 있다. 독립된 혐기성 수조를 도입하는 것 또한 어느 정도의 plug-flow 특성을 나타내게 된다.

(2) 슬러지 부상(sludge rising)

무산소 층에서는 부분적이거나 또는 완전한 탈질화 작용(denitrification)이 일어나게 된다. 이 과정은 질산염(nitrate)이 질소 기체나 다른 기체성 질소 화합물로 환원되는 것인데 산소가 없을 때 산소 대신 최종 전자수용체(terminal electron acceptor)로 질산염을 이용하는 특정한 통성 종속영양체(facultative heterotroph)에 의해 일어난다. 최종 침전조에서의 질소 기포의 생성은 floc의 부력을 증가시켜 그것을 떠오르게 하며 종종 방류수의 부유 고형물 농도를 높게 만든다.

(3) pin-point floc

이 현상은 일반적으로 긴 슬러지 일령(sludge age)으로 운영되는 공정과 관련된다. 매우 작은 침전이 잘 안 되는 입자들인 점 플록(pin-point floc)은 정상적인 floc 군집이 낮은 기질 농도의 조건에서 극도의 내생 호흡(endogenous respiration)을 거친 후에 남게 된 생물학적으로 난분해성의 잔류물들이다. 엄격한 의미에서 내생 호흡은 세포들이 그 자신의 물질을 이용하는 것을 뜻한다. 만일 물질량에 근거해서 측정하면 저장물질의 이용, 존재하는 다른 종들의 세포외 산물의 이용 또는 floc에 의해 초기에 매우 빠르게 흡수되었던 기질의 비교적 느린 산화와 내생 호흡을 구분하는 것이 어려울 것이다. 이들 현상 중 어느 것 또는 모든 것들이 floc의 세포외 결합물질의 제거에 기여할 수 있으며 그 결과 pin-point floc과 높은 방류수 탁도를 가져오게 한다.

(4) 거품과 스컴

폐수를 처리하는 과정에서 발생하는 활성슬러지의 거품(foam)은 전 세계 많은 폐수처리장에서 공통적으로 갖고 있는 문제로서 효율적인 폐수처리에 지장을 초래한다. 활성슬러지에서 생기는 거품과 스컴(scum)의 형태는 분해되지 않는 표면-활성 유기화합물(surfactant), 흰 거품을 생성하는 잘 생분해되지 않는 세제 성분(detergent), 침전조에서 탈질화에 따른 슬러지 부상에 의한 스컴, 방선균의 과도성장에 의한 갈색 스컴 등으로 다양하게 나타난다.

활성슬러지 처리장에서의 스컴 형성은 여러 가지 문제를 일으킨다. 과도한 스컴이 포기조 옆으로 넘쳐 바닥이 미끄럽게 되는데 이는 처리장 종사자들에게 위험을 준다. 또한 과도한 스컴은 처리수에 유입될 수 있어 처리수의 BOD의 증가와 부유 고형물질의 원인이 된다. 거품은 혐기성 소화조에 문제를 일으킬 수 있으며, 특히 따뜻한 날씨에 악취문제를 일으키기도 한다. 거품은 처리장 종사자에게 *Nocardia asteroides* 같은 병원성 미생물의 잠재적인 감염을 가져올 수 있다. 방선균은 활성슬러지에서 미끄러운 갈색 점질성의 스컴을 만드는 가장 중요한 미생물로서 일반적으로 높은 체류시간에서 작동되는 포기조에서 증식되며 침전지에서도 발견된다. 거품에서 분리된 미생물은 *Gordona* (이전의 *Nocardia*) *amarae*, *Nocardia rhodochrous*, *N. asteroides*, *N. caviae*, *N. pinenis*, *Streptomyces* spp., *Microthrix parvcella*, *Micromonospora*, *Rhdodcoccus* 종 등이 있다.

거품 형성의 원인과 기작은 잘 알려져 있지 않으나, 몇 가지 가능성 있는 기작이 알려져 있다. 포기나 물질대사에 의해 생성된 질소와 같은 가스 기포와 거품형성 미생물의 세포벽이 가지는 소수성(hydrophobicity)은 이들 거품형성 미생물이 떠있도록 해준다. 거품형성 미생물에서 생성되는 생물계면활성제는 거품형성에 관여하며, 거품은 상대적으로 긴 체류시간(> 9일)과 높은 수온(18℃ 이상), 그리고 지방질이 풍부한 폐수에서 흔히 많이 형성된다.

거품 제어방법으로는 반송슬러지의 염소처리, 폐기 슬러지의 증가(즉, 슬러지 일령의 감소), 무산소 선택조 채택, 포기조에서 공기유입의 감소, 혐기성 소화조 상등액의 첨가, 거품 파괴제(antifoam agent) 사용 등이 있다.

13.6.4 활성슬러지의 종속영양 활성도(heterotrophic activity)

활성슬러지는 비록 균일한 체제처럼 취급되지만 극도로 복잡한 물질이다. 예를 들면, 어떤 특정한 슬러지가 포도당을 대사할 수 있다면 아마도 그곳에 존재하는 살아있는 세포들 중 일부만이 특정한 기질을 활발히 분해하여 그것을 세포 물질로 전환시킨다는 것을 알고 있어야만 한다. 일부 생존력이 없는 세포들도 기질을 분해할 수 있으나 분해 산물을 생장을 위해 사용하지는 못한다. 그러나 floc 내 물질의 대부분은 죽은 세포들과 무생물적인 물질로 구성되어 있으며 기질의 산화에는 전혀 관여하지 않는다. 폐수와 슬러지 내에 수십 종류 이상의 기질과 미생물 종이 존재한다는 것을 고려한다면 활성슬러지의 미생물학적 그리고 생화학적 측면을 연구하기 위한 접근방법이 아무리 정교하여도 어느 정도로는 부적당할 수밖에 없다. 이것은 아마도 활성슬러지에 대한 많은 실험결과들이 항상 일치하지는 않으며 심지어는 반대가 되기도 하는 이유가 될 수 있다. 그러나 일부 일반적인 원리는 확실하게 정립되어 있다.

가정 하수(domestic sewage)는 대략 100 : 5 : 1의 BOD : N : P 비율을 가지고 있으며 이 비율은 생물체들이 대부분의 BOD를 제거하는 데 충분한 질소와 인을 제공하게 된다. 일반적으로 균류는 세균보다 낮은 질소 요구량을 갖는 것처럼 보이며 만일 BOD : N 비율이 100 : 4 또는 그 이상으로 증가하면 균류가 점차 우세하게 되어 팽화 현상을 일으키기도 한다. BOD : P 비율이 100 : 0.5 또는 그 이상이 되어도 동일한 효과가 나타날 수 있다. 보통 질소 고정에 의한 질소 요구량의 보충은 활성슬러지 공정에서 거의 일어나지 않으나 질소가 매우 부족한 폐수에서는 질소를 고정하는 *Azotobacter* spp.가 많이 자라날 수도 있다. 폐수 처리가 정상적으로 될 때에는 일반적으로 영양물질에 대해서는 비교적 거의 주의를 기울이지 않게 되며 문제가 발생할 경우에만 중요한 요소로 간주하게 된다.

13.6.5 질화작용(nitrification)

암모니아는 두 가지 주된 이유 때문에 중요한 오염물질로 작용한다. 첫째로 암모니아는 ppm 범위의 농도에서 수서생물에 독성을 미치고, 둘째로는 그것이 높은 산소 요구성을 가지고 있다. 비록 미처리 하수(raw sewage)에서 암모니아의 농도가 불과 30 mg/L 이지만 그것은 하수로 인한 전체 BOD에 40%까지 기여할 수 있다.

더욱이 하수에 존재하는 유기 질소의 대부분은 종속영양 세균에 의해 쉽게 암모니아로 전환될 수 있는 형태이다. 따라서 폐수처리과정에서 암모니아의 제거는 매우 중요하다. 여러 나라에서의 방류수 기준은 10 mg/L N-ammonia 이하가 많고 5 mg/L 이하인 경우도 있다.

존재하는 암모니아의 일부는 종속영양체들의 질소 요구를 충족시키는 목적으로 동화되어 제거되기도 하나 전형적으로 탄소가 제한된 조건인 가정 하수에서는 이것이 중요한 역할을 하지 못한다. 암모니아의 주된 생물학적 전환은 암모니아를 에너지원으로 이용하는 특정한 호기성 독립영양체에 의한 것으로 이것들은 암모니아를 아질산염(nitrite)을 거쳐 질산염(nitrate)으로까지 산화시키는데 이 과정을 질산화 또는 질화작용이라고 한다. *Nitrosomonas*와 몇 가지 관련 속들이 이 과정의 첫 번째 단계를 수행한다.

$$2NH_4^+ + 3O_2 \rightleftharpoons 2NO_2^- + 2H_2O + 4H^+$$

두 번째 단계에서 아질산염은 다른 세균인 *Nitrobacter*에 의해 더욱 산화된다.

$$2NO_2^- + O_2 \rightleftharpoons 2NO_3^-$$

한 가지 중요한 점은 이 산화과정에서 수소 이온이 생성되며 그로 인해 pH의 상당한 감소가 일어날 수 있다는 것이다. 만일 pH가 어느 정도 낮아지게 되면 질화작용을 완전히 저해하기도 한다. 질화작용이 처리에 미치는 간접적인 효과로는 종속영양 개체군의 균형의 변화 같은 것이 있어서, 예를 들면 팽화 현상이 유도되기도 한다. 비록 질화작용이 처리수의 방류 후 효율적으로 암모니아에 의한 산소 요구를 중화시키지만 암모니아가 그대로 질산염으로 전환되기 때문에 효율적인 질소 제거 기작은 되지 못한다. 그러나 질화작용 후에 탈질화작용이 일어나면 질소를 아무런 부수적인 오염 문제없이 물로부터 제거할 수 있기 때문에 질화작용-탈질화작용을 이용한 생물학적 질소 제거의 첫 단계로 질화작용이 매우 중요하게 간주되고 있다. 이런 이유 때문에 여러 가지 폐수 처리 공정 중 질화작용이 잘 일어나는 공정 또는 변형 공정이 크게 주목을 받고 있다.

질화세균(nitrifying bacteria)은 활성슬러지에서 종속 영양체들에 비해 느리게 자라며 여러 독성 유기물과 무기물뿐만 아니라 저온에 의해서도 저해를 받는다. 이 이유 때문에 질화세균의 유실(washout)을 막기 위해서 충분히 높은 슬러지 일령을 유지하는 것이 중요하다. *Nitrosomonas*와 *Nitrobacter* 모두 μ_{max}가 20℃에서 0.5/d 수준인데 15℃에서는 0.2/d 정도로 떨어지기도 한다. 암모니아에 대한 K_s값은 약 1 mg/L인데 5 mg/L 정도로 높을 경우도 있다. 유입수의 암모니아 농도를 35 mg/L라 하고 μ_{max}와 K_s를 최적 수치로 가정할 때 washout을 방지하기 위해 요구되는 최저 슬러지 일령은 약 2일이 된다. 그러나 엄격한 방류수 수질기준이 적용되는 곳에서 훨씬 낮은 유입수의 암모니아 농도에서도 많은 경우에 질화작용은 바람직하므로 높은 슬러지 일령을 유지하기도 한다. 유입수 암모니아의 농도가 불과 10 mg/L이고 K_s값이 5 mg/L, μ_{max}가 0.2/d일 때 질화세균의 washout을 방지하는데 필요한 슬러지 일령은 거의 8일이 된다.

13.6.6 탈질화작용(denitrification)

비록 질화작용이 방류수의 BOD를 감소시키고 유입 하천에서의 암모니아의 독성효과를 방지하지만 방류수의 아질산염과 질산염은 또한 몇 가지 이유로 바람직하지 않다. 아질산염은 만일 식수에 들어 있으면 음식물에 있는 2차 아민(secondary amine)과 반응하여 발암성이 매우 높은 나이트로스아민(nitrosamine)을 형성하며, 질산염은 어린 아이나 가축의 장 내에서 아질산염으로 환원되어 혈액으로 들어가 헤모글로빈과 결합해 산소 운반을 저해하게 된다. 이 결과 빈혈 증상이 일어나는데 이를 methemoglobinaemia 또는 blue baby disease(청색증)라 부른다. 또한 질산염은 물에서 조류와 여러 종속영양 미생물에 질소원으로 작용하므로 부영양화에 따른 많은 문제를 야기시킨다. 따라서 물에서의 용해성 질소 화합물의 완전한 제거가 바람직하다.

탈질화작용은 *Pseudomonas* spp. 같은 통성혐기성 종속영양체들이 용존산소가 없을 경우 최종 전자수용체로 질산염을 사용할 때 일어나는 과정이다. 생물학적 처리 후의 2차 침전조에서 우발적인 탈질화작용이 일어날 수 있으나 그것은 지속적이지 못하며 비효율적이다. 낮은 BOD를 가진 질화작용이 잘 일어난 유출수의 완전한 탈질화작용에 영향을 미치는 주된 문제점은 질산염으로 전자를 줄 수 있는 이용가능한 호흡 기질인 유기물의 부족 현상이다. 따라서 탈질화가 일어날 수 있는 두 번째 포기 후의 무산소 상태는 복잡한 재순환 체제가 이용되지 않는 한 거의 항상 기질로서 탄소원을 추가로 공급해야만 한다. 메탄올은 아마도 가장 경제적으로 효율적인 기질이며 전체적인 슬러지 생성에 더욱 기여한다는 특징을 또한 가지고 있다. 별도의 기질 추가가 필요없이 생물학적 탈질화작용이 일어날 수 있는 활성슬러지법의 다양한 변형 공정도 있는데, 포기단계와 최종 침전단계 사이에 무산소 과정을 추가하는 방법이 있고 여러 가지 세포들과 유출수 재순환 체제를 갖춘 반복적인 호기성과 혐기성 반응조로 이루어진 4단계 체제 등 다양한 종류들이 있다(13.13.3 참조). 이에 대한 구체적인 것들은 Barnard (1978)에 의해 설명된 바 있다. 가장 성공적인 체제는 방류수를 높은 속도로 공정의 초기로 재순환시키고 유입 폐수 내의 암모니아를 호기성 단계에서 질화작용을 일으키게 한 후 무산소단계에서 탈질화작용을 진행시키는데 이에 필요한 호흡기질로는 전 단계에서 제거되지 않은 폐수 내 유기물을 이용한다. 이때 질화세균은 몇 시간의 무산소 조건에 노출되었을 때 그다지 크게 저해받지는 않는다.

13.7 운전상의 변형

가장 적합한 조건을 만들기 위해 조절될 수 있는 2개의 주된 운전상의 기준들은 슬러지 부하(sludge loading)와 슬러지 일령(sludge age)이다. 이들 기준은 대략 100배의 범위에서 변화시킬 수 있다. 이 범위 내에 3개의 주요 운전형태가 있으며 이 종류들과 관련된 운전 기준들과 처리 특성들의 전형적인 수치가 표 13.4에 나와 있다.

표 13.4 **재래식, 고속 및 장기포기식 활성슬러지에서의 전형적인 운전 기준의 비교**

운전 기준	고 속	재래식	장기포기식
슬러지 부하(kg BOD/kg MLSS/d)	1~5	0.2~0.6	0.03~0.1
수리 부하(kg BOD/m^3/d)	1.5~3.5	0.5~1.5	0.25
MLSS(mg/L)	1,500	2,500	5,000
슬러지 생산(kg MLSS/kg BOD)	1.0	0.5	0.2~0.3
슬러지 일령(일)	2~4	4~10	24
수리체류시간(시간)	2~4	6~10	12~24
산소 소비속도(g O_2/kg MLSS/h)	15~25	7~15	3~8
BOD 제거(%)	60~70	90~95	95

재래식 공정은 보통 쉽게 분해되는 유기성 폐수와 가정 하수에 적용된다. 고속 공정(high rate process)은 빠른 부분적 처리를 가능케 하는데, 슬러지 부하가 재래식 공정(conventional process)보다 전형적으로 10배 정도 높다. 이 공정은 고농도 폐수에 종종 이용되는데 배출되는 부분처리된 유출수는 통상적인 2차 처리에 의해 완전히 처리

될 수 있다. 비록 높은 부하와 높은 방류수 BOD가 유지되지만 단위 반응조 부피당 제거율은 재래식 공정보다 높아서 재래식 공정에서 완전한 처리에 필요한 전체 처리장 크기가 고속–재래식 공정이 연결된 2단계 공정보다 훨씬 클 수도 있다. 슬러지 일령이 0.5일 이하인 초고속 공정(very high rate process)에서는 빠르게 생장하는 생물체들이 선호되며 응집이 저해되므로 방류수가 높은 BOD를 가질 뿐만 아니라 또한 많은 부유 고형물을 함유하게 된다.

장기포기법(extended aeration system)은 20 내지 30일 심지어 40일 정도의 슬러지 일령을 유지하는 경우이며 재래식 공정에 비해 낮은 부하의 조건하에 운영된다. 그러나 필요한 포기조의 부피는 불과 약간 더 클 뿐인데 그 이유는 높은 MLSS 농도가 유지될 수 있기 때문이다. 이 공법의 주된 장점은 최종 슬러지 생성이 재래식 공정에서보다 훨씬 낮다는 점이다. 그 이유는 높은 슬러지 일령에서는 비생장률, μ와 비교할 때 비사멸률, b가 중요한 기준이 되기 때문이다. 생성된 슬러지는 비교적 안정하며 불활성이고 취급, 처리와 처분이 보다 쉽다. 처음에는 그런 체제가 $\mu = b$ 상태로 운영되며 안정 상태에서 실질적인 생물량의 생장이 일어나지 않을 것으로 가정하였고, 장기 포기법을 이용하는 처리장에서 슬러지를 폐기할 필요없이 오랫동안 운영되었다는 보고들이 실제로 많았다. 반면에 이 공정이 부유 고형물이 전혀 없는 방류수를 만들지는 못하므로 μ와 b의 동일함이 슬러지의 폐기가 없는 안정된 운전에 필요한 조건이 될 수는 없다는 것이 확실히 밝혀졌다.

산화구(oxidation ditch) 같은 일부 장기포기법은 1차 침전 없이 운영된다. 이 경우 미처리 하수의 불활성 성분을 대표하는 일부 고형물 축적이 비록 상당히 적지만 일어날 수 있는데 체류시간이 길며 별도의 침전조 없이 수심 1m의 타원형 반응조에서 폐수 회전의 정지 후 상등액을 방류한다. 이 공정은 적은 인구 지역으로부터의 순수한 가정하수의 처리에 자주 이용되고 있다. 어떤 경우에든 슬러지 생성은 매우 낮으며 높은 정도의 완전 분해(mineralization)가 일어날 수 있는데 그것은 재래식 공정보다 약 25% 높은 산소 요구량에 반영된다.

13.8 변형 공정

13.8.1 플러그 흐름 공정

활성슬러지 공정의 기본적인 설계 기준은 포기조에서의 혼합(mixing)의 성질이다. 이론적으로 처리 공정은 유입 폐수가 포기조 전체로 분산되는 완전 혼합형(complete mixing mode)으로 운영되도록 설계될 수 있는데 그 경우 전체적으로 낮은 기질농도를 갖게 된다. 한편 그림 13.6에서 보는 바와 같이 폐수가 포기조의 한쪽 끝으로 유입되어 혼합액이 포기조의 길이 방향으로의 혼합 없이 출구 쪽으로 흐르게 되는 플러그 흐름(plug-flow) 형태로 만들 수도 있다. Plug-flow process에서는 포기조의 입구 쪽에서 기질농도가 가장 높으며 출구 쪽에서 가장 낮다. 따라서 폐수 유입부에서 산소 요구는 완전 혼합 공정에서 나타나는 균일한 산소 요구보다 높으나 포기조의 끝 부분에서는 생물량에 의한 산소 소모가 훨씬 낮다. 이러한 현상은 점감식 포기법(tapered aeration system)의 개발을 유도하였는데 이 체제는 포기조의 유입부 쪽에 더 큰 용량의 포기장치를 설치하고 포기조의 길이에 따라 잔류 BOD에 맞춰 포기의 정도를 점차 감소시키는 방식이다.

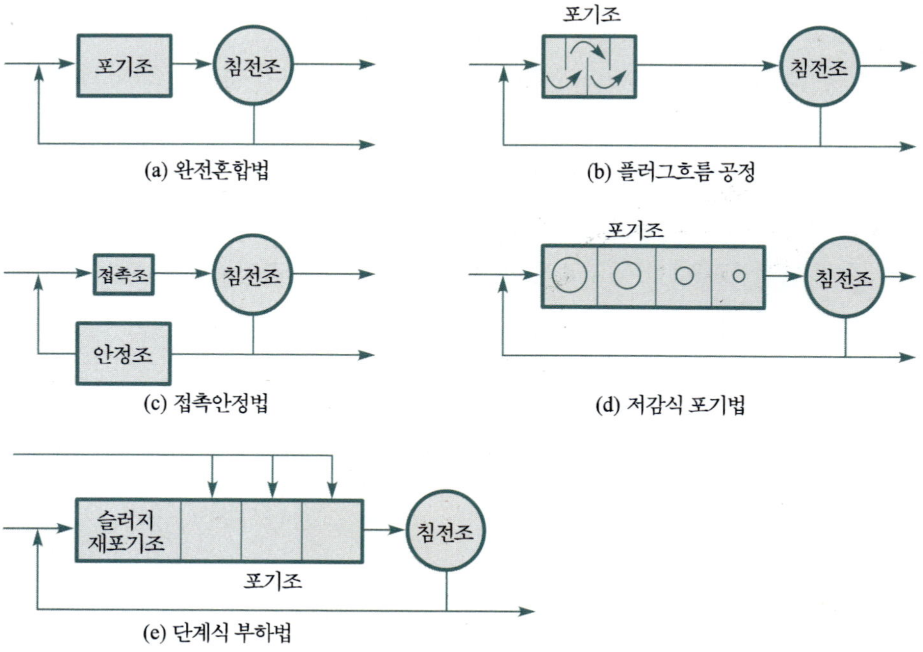

그림 13.6 여러 가지 활성슬러지 공정

Plug-flow 포기조의 출구 쪽에서는 단위부피당 BOD 제거율이 매우 낮으며 따라서 이 부위의 포기조 공간은 비효율적으로 이용된다. 단계식 부하법(stepped loading system)은 plug-flow와 완전 혼합법의 중간 형태로 포기조의 길이에 따라 유입 폐수를 여러 곳으로 주입시키는 방식인데 보다 균질한 BOD가 포기조 전체에 걸쳐 나타날 수 있다.

13.8.2 접촉 안정법

포기조 공간의 효율적인 이용은 접촉 안정법(contact stabilization process)의 기본 원리가 된다. 초기 BOD의 상당량이 생물량과 접촉한 직후 짧은 시간 내에 용액 또는 부유 현탁액으로부터 제거된다는 관찰에 의거해서 반송 슬러지를 유입 폐수와 접촉시켜 짧은 시간 동안 포기하여 침전조로 보낸다. 침전된 슬러지의 일부는 다시 재순환되는데 이 슬러지는 안정조(stabilization tank)에서 오랫동안 포기한다. 접촉조(contact tank)에서의 초기 BOD 제거는 단순히 슬러지의 흡착 성질에 의한 것이며 생화학적 산화는 안정조에서만 일어나는 것으로 생각된다. 그러나 약간의 산소 요구가 접촉조에서도 일어나는 것으로 알려졌기 때문에 초기 흡착단계는 보다 정확하게 산화적 동화(oxidative asssimilation)라고 규정지을 수도 있다. 이러한 개념은 Gaudy와 Gaudy(1980)에 의해 보다 구체적으로 설명되었다. 슬러지가 농축된 형태로 존재하는 안정조에서 대부분의 산소 요구가 일어나기 때문에 전체 포기조 용량은 그에 상당하는 재래식 공정에서보다 훨씬 작다. 접촉 안정법의 처리 공정은 그림 13.6(c)에 나와 있다.

13.8.3 초심층 포기법

위와 같은 방법들 외에 폐수 내로의 산소전달률을 증가시켜서 더 높은 BOD 부하도 처리할 수 있는 여러 가지 공정들이 개발되었다. 이 증가는 순수 산소를 사용하거나 공정의 전체 압력을 증가시킴으로써 기체 중의 산소 분압을 증가시켜서 얻게 된다. 후자를 이용한 가장 잘 알려진 공정은 영국의 ICI(Imperial Chemical Industries)가 1970년대 중반에 개발한 초심층 포기법(Deep Shaft process)으로서 수압을 증가시키기 위해 직경 0.5~6.0 m, 높이 50~150 m의 좁고 깊은 수조(deep shaft)를 이용한다. 그림 13.7에서 보는 바와 같이 이 수조는 하향류와 상향류 부위로 나뉘어 있다. 폐수는 하향류 부위의 꼭대기로 유입되어 수조의 바닥 쪽을 통과하여 상향류 부위를 통해 올라간다. 공기는 하향류 부위로 주입되는데 기포 상승을 막기 위해 충분히 높은 속도로 수조를 통과시키며 수조의 깊이가 깊어짐에 따라 압력이 상승하여 공기 기포가 물에 용해된다.

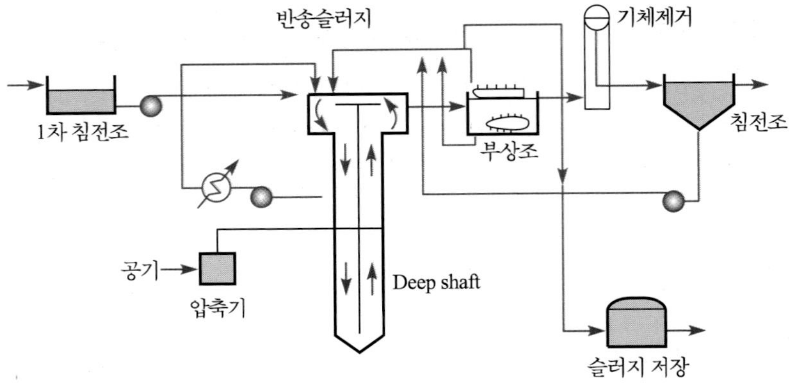

그림 13.7 **초심층 포기법의 처리공정**

혼합액 유속은 보통 1~1.5 m/sec이며 수심이 100 m일 때 수표면에 비해 산소 용해도가 11배 증가한다. 공정 내의 일부 세균들은 높은 압력에 의해 물리적으로 손상을 받는데 이의 회복을 위해 전체적인 기질 소모율이 통상적인 2차 처리법보다 높으며 슬러지 생성도 다른 활성슬러지 공정들보다 낮은 편이다. 초심층 포기법은 모든 유기성 산업폐수와 도시 하수에 적용할 수 있으며, 특히 고농도 폐수에도 적용이 가능하다. 또한 넓은 부지를 필요로 하지 않는 장점도 있다.

13.8.4 순수 산소법

모든 활성슬러지 공정에서는 산소원으로 공기를 이용하고 있는데 공기 중에는 산소가 약 21% 정도만 포함되어 있기 때문에 산소의 용해율을 높일 수가 없으나 90% 이상의

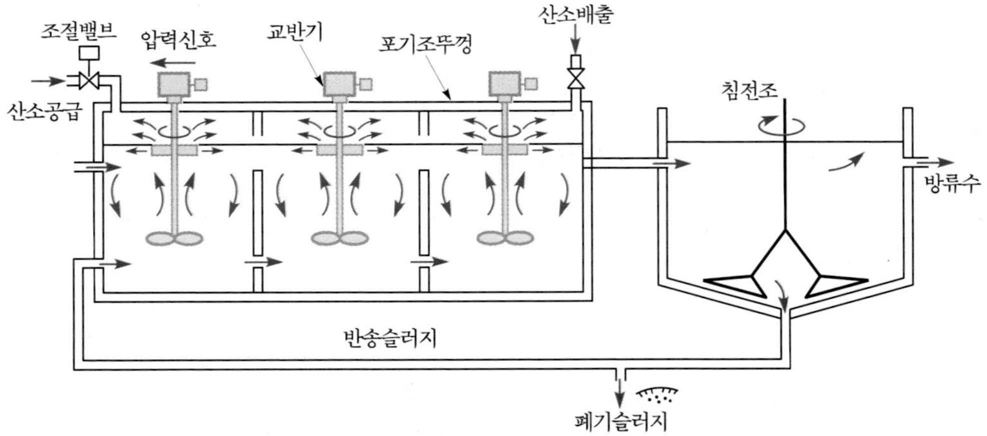

그림 13.8 **순수 산소법**

순수 산소를 이용하여 산소의 용해도를 증가시켜 유기물 분해율을 증가시킬 수 있다. 그러나 이 순수 산소법(pure oxygen system)은 전체 건설비용과 유지비용이 많이 들기 때문에 다른 공정으로부터 산소가 부산물로 저렴하게 생산되지 않으면 실용성이 낮다. 순수 산소법의 공정은 그림 13.8에 나와 있다.

13.8.5 분말 활성탄 첨가법

활성슬러지 공정의 포기조에 분말 활성탄(powdered activated carbon, PAC)을 직접 첨가하는 방법이 미국과 유럽에서 1970년대 말부터 시도되었다. 이 방법은 섬유산업에서 이용되는 염료 같은 난분해성 유기물을 제거하려는 목적으로 이용되었다. 공학적 관점에서 분말 활성탄의 첨가는 비교적 간단하고 비용도 많이 들지 않는다. 포기조의 분말 활성탄 농도를 점차 증가시켜 0.7~1.5 kg/m^{3}을 유지하고 매일 슬러지 폐기로 제거되는 양만큼 분말 활성탄을 보충해준다.

이 방법을 이용하여 실제로 섬유산업 폐수의 처리효율이 증가하였다는 보고들이 있는데 COD 제거율은 55에서 75%로 BOD 제거율은 78에서 98%까지 증가하였다. 또한 분말 활성탄은 폐수 처리 공정의 질화작용-탈질화작용을 동시에 증진시키고 과도한 슬러지 생산을 감소시킬 수 있다.

분말 활성탄의 작용 기작에 대해서는 아직도 명확히 밝혀져 있지 않은데 일부 연구자들은 분말 활성탄이 저해 화학물질의 흡착을 통해 생물학적 활성을 증진시킬 수 있다고 주장하고 있다. 반면에 적은 양으로 존재하는 특정한 유기물들이 분말 활성탄의 표면에 흡착되어 생분해가 증가된다는 증거들도 존재한다. 분말 활성탄의 공극 내에 특정한 세균들이 발달하여 효율적으로 흡착된 물질들을 분해할 수 있다. 분해산물은 탈착되고 새로운 기질들이 비어있는 활성 부위에 다시 흡착된다. 따라서 분말 활성탄 입자의 생물학적 재생이 계속적으로 일어날 수 있게 된다.

13.9 생물막 처리법

생물학적 처리 공정에서 미생물들은 생장 형태에 따라 부유식 생장(suspended growth)과 부착식 생장(attached growth)으로 나눌 수 있다. 부착식 생장의 경우에는 고정상 또는 이동상의 매질에 부착된 미생물에 의해 유기물의 분해가 일어나며 이로 인한 세포의 생장으로 얇은 점액질의 생물막(biofilm)이 생성된다. 생물막은 고체 표면에 부착해 있으므로 고정막(fixed film)이라고도 하며 이를 이용한 폐수처리방법을 생물막 공정 또는 고정막 공정이라 부른다.

13.9.1 생물막 처리법의 원리

생물막은 주로 세균으로 이루어져 있으나 균류, 조류, 원생동물 및 일부 후생동물도 존재할 수 있으며 세균 조성은 활성슬러지와 유사하다. 생물막의 형성 기작은 복잡하며 여러 단계로 일어나는데 먼저 단백질 같은 유기분자가 표면에 흡착되어 소위 조건화 막(conditioning film)을 만들고 그 표면에 세균이 가역적 상태의 흡착을 한다. 그 위에 세균들이 주로 다당류로 구성된 세포외 중합체를 분비하며 단단히 결합하고 분비물질 사이에 다른 미생물이나 용해성 또는 부유성 유기물들이 결합하게 된다. 세균의 종류, 고체 표면의 성질, 표면의 전하와 전기화학적 특성 등이 초기의 흡착단계에 큰 영향을 미친다. 생물막 부피의 50~90%는 세포외 중합체 물질로 주로 mannans, glucans, uronic acids 등으로 구성되어 있으며 여러 가지 당단백질(glycoprotein)들과 이형공중합체(heterocopolymers)도 관여한다. 형성되는 생물막의 두께는 환경조건과 관련 미생물에 따라 결정되는데 일반적으로 표면 재질과는 무관하다. 보통 100~200 μm 정도의 막이 형성되는데 활성이 있는 두께는 약 70~100 μm이며 조류나 고등생물들을 포함하고 있을 경우에는 수 cm 이상 되는 경우도 있다. 폐수 처리 시에 형성되는 생물막은 보통 1~2 mm 정도이며 2 mm 이상 되는 경우도 있다.

생물막에 의해 폐수가 처리되는 원리는 그림 13.9에서 보는 것처럼 폐수가 생물막 표면을 흐르면서 폐수 내의 용해성 유기물이 막에 흡수되고 부유성 유기물은 막 표면에 흡착된다.

또한 공기층이나 폐수로부터 산소가 막 내부로 용해되어 들어간다. 이렇게 막 내부로 확산되는 유기물과 산소를 이용하여 호기성 미생물들이 생장하게 되며 이산화탄소, 물과 기타 대사산물을 폐수층으로 방출한다. 이 과정을 통해 생물막이 점차 두꺼워지면서 유기물과 산소의 농도 기울기가 생기고 산소나 유기물이 전혀 확산되어 들어가지 못하는 부위

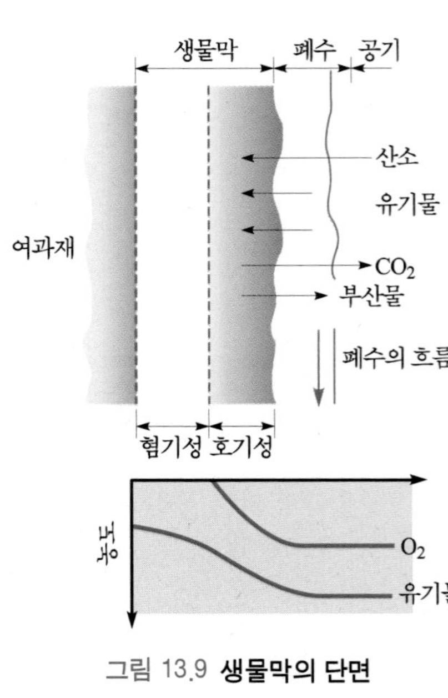

그림 13.9 **생물막의 단면**

가 생긴다. 실제로 생물막 처리 공법에서 호기성층은 불과 표면의 0.1~0.2 mm 정도이다. 그 내부의 혐기성층에서는 미생물들이 내생 호흡(endogenous respiration)을 하게 되며 고체 표면에의 부착력을 잃어버린다. 이때 폐수 흐름 또는 고체 매질의 이동에 따른 전단력(shear force)에 의해 막이 떨어지는 탈리(sloughing)가 일어난다. 막이 탈리되면 보통 표면에 얇은 생물막이 남게 되는데 바로 즉시 산소와 유기물이 공급되어 새로운 생물막이 형성된다. 떨어져 나온 생물막(sloughed biofilm)은 침전조에서 침전시켜 제거한다.

생물막에 의한 기질제거 효율을 수식으로 나타내기 위해 여러 가지 경험적 및 이론적 연구가 진행되어 왔다. 그러나 생물막이 매우 복잡한 불균일한 상태이며 생물막 내의 생장률과 기질농도 등의 측정이 어려워 생물막에 관한 대부분의 연구에서 미생물에 의한 기질의 분해가 생장률에 비례하고 생장률은 Monod 공식을 따르는 것으로 가정하였다. 이런 가정 하에 여러 가지 공식과 모형이 제시되었으나 생물막 내 미생물의 생장, 기질농도 측정 등이 정확하게 밝혀지면 보다 정확히 실제로 활용할 수 있는 모형이 얻어질 수 있을 것으로 예상된다.

고정된 생물막이 존재하는 형태와 반응조의 종류는 다음과 같이 크게 3가지가 있다(그림 13.10).

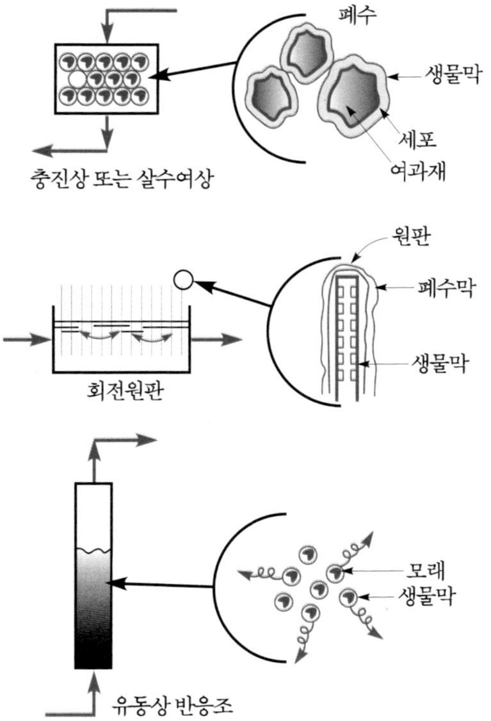

그림 13.10 **여러 가지 생물막 반응조에서의 세포체제**

① **완전혼합 반응조 체제** : 생물막이 균일하게 혼합된 폐수에 노출되는데 회전원판법이 가장 흔한 예가 된다.

② **고정상**(fixed bed) **또는 충진상**(packed bed) **반응조 체제** : 고정막 반응조(fixed film reactor) 또는 여과상 반응조(trickling bed reactor)라고 흔히 알려져 있으며 100년 이상 폐수 처리에 사용되고 있다. 이 반응조에서의 폐수 혼합은 상당한 정도의 재순환이 있지 않는 한 전형적인 plug-flow 체제이다.

③ **유동상 또는 유동층**(fluidized bed) **기술** : 최근에 생물학적 폐수 처리에 이용되기 시작하였는데 이 반응조에서는 유입수가 생물막으로 싸여있는 입자로 이루어진 매질층을 유동층으로 만들 수 있을 정도의 충분한 속도로 통과한다. 반응조 내에서의 혼합은 유동(fluidization) 정도에 따라 결정된다.

④ **기타** : 충진상 또는 유동상 체제로 약간의 유출 생물량 재순환을 채택하는데 재순환을 할 경우 유입수 농도를 보다 유연하게 조절할 수 있다. 유동상 체제에서는 재순환이 유동층을 얻는 데 필요한 유입수 유속을 감소시키는 데 기여한다.

생물막을 이용한 실제 폐수 처리방법으로는 살수여상법(trickling filter), 회전원판법(rotating biological contactor), 활성생물막법(activated biofilter), 침적여상(submerged filter)과 여러 가지 혐기성 생물막 공법 등 많은 종류가 있다. 초기에는 쇄석 등을 매질로 이용하였으나 여재의 표면적과 공극률이 큰 플라스틱 같은 인공합성 여재의 개발로 생물막 처리법의 보급이 점차 확대되고 있다. 생물막 공법은 활성슬러지법에 비해 처리 효율이 약간 떨어지지만 운전 및 유지비용이 적게 들며 폐수의 수질 및 수량 변화에 대해서 조절 능력이 있고 독성 물질에도 어느 정도 견딜 수 있는 장점이 있다.

13.9.2 생물막 미생물학

생물막은 고체 표면이 제공되었을 때 3~4시간 후에 작은 그람음성 편모를 가진 세균이 부착하여 납작한 작은 집락을 형성하고 그 위에 점액물질을 분비하는 비교적 큰 세균들과 필라멘트형 세균들이 부착한다. 점액성 세포의 다당류는 당질피질(glycocalyx)이라 부르는데 기본적으로 세포 밖에 존재하는 캡슐 또는 점액층이다. 음전하를 띤 glycocalyx는 다른 생물체들과 폐수 내 각종 유·무기물 성분의 부착, 세포의 보호, 유기물 저장, 이온교환 등 여러 가지 작용에 관여한다. 이차 집락 형성 후 여러 가지 세균들과 다른 종류의 미생물, 원생동물, 후생동물, 기타 입자들이 부착하여 막이 두꺼워진다.

생물막에 흔히 나타나는 세균들은 *Zoogloea*, *Flavobacterium*, *Sphaerotilus*, *Beggiatoa*, *Alcaligenes*, *Acinetobacter*, *Pseudomonas* 등으로 그 기원이 분변에서 비롯된 것들은 아니며 토양이나 폐수에서 나온 것들일 가능성이 크다. 필라멘트형 세균들은 뛰어난 유기물 제거능력 외에도 생물막 내에서 구조를 안정화하는 데 중요한 역할을 한다. 일부 필라멘트형 세균들은 처리조건 악화를 나타내는 지표 세균의 역할도 하는데 산소가 제한된 조건에서 *Beggiatoa*가 많이 자라나서 막의 상층부가 흰색 내지 회색으로 변하며 이때 막의 안쪽은 혐기성 조건이 되어 악취가 발생하고 전체적으로 처리효율이 저하된다. 균류는 *Fusarium*, *Geotrichum*, *Ascoidea*, *Penicillium*, *Sporotrichum* 등이 나타나며 효모 종류도 상당수 존재한다. 균류는 활성슬러지보다 많이 나타나며 회전 원판에서는 살수여상보다는 적게 존재한다.

조류, 원생동물, 후생동물은 활성슬러지보다 많이 존재하는데 살수여상에서 흔히 나타나는 원생동물은 *Arcella*, *Monas*, *Peranema*, *Chilodonella*, *Tetrahymena*, *Opercularia*, *Vorticella*, *Colpoda*, *Paramecium* 등이 있으며 섬모충류의 비중이 크다. 후생동물로는 환형동물(annelid worm), 편형동물(flatworm), 윤충(rotifer), 물진드기(water mite), 선충류(nematode), 곤충과 그 유충들이 있다. 조류는 살수여상에서 가장 위층에 녹조류들이 흔히 자라난다. 다단식 회전원판법에서는 단계에 따라 미생물 종류의 차이가 날 수 있는데, 첫 단계에서는 주로 편모충류와 자유유영 섬모충류가 많이 나타나며 *Paramecium*, *Cyclidium*, *Oicomonas*, *Oxytrichia*가 대표적인 종류이다. 그다음 단계들에서는 종벌레(*Vorticella*)와 같은 부착성 섬모충류와 선충류, 윤충류가 많이 존재한다. 생물막에서 원생동물과 후생동물의 역할은 여러 가지가 있는데 세균을 포식하여 활동적이고 건강한 세균 군집을 유지시키며 소화와 배설을 통해 활발히 영양물질을 재생(regeneration)하고 폐수 내에 부유하는 세균들, 특히 장내세균종을 제거하여 방류수의 BOD와 SS 농도를 저하시키는 중요한 역할을 한다.

생물막의 미생물학적 특성은 첫째, 종의 다양성이 높다는 것으로 활성슬러지에서는 존재하지 못할 생장률이 낮은 생물체들도 washout되지 않으며 전단력에 예민한 종들도 생물막 내에서 서식할 수 있다. 둘째, 영양단계(trophic level)가 높아서 후생동물까지 다양한 생물체들이 존재한다. 영양단계가 높아지면 각 단계를 올라갈 때 대부분의 유기물이 호흡으로 발산되므로 최종적으로 생성되는 슬러지의 양은 적어지게 된다. 셋째, 단계에 따라 우점종이 다르다. 활성슬러지 등의 부유생장 방식과는 달리 생물막 공정은 어느 정도 plug-flow 체제로 유지되며 생물막이 고정되어 있으므로 폐수 흐름에 따라 서식하는 생물종이 다를 수밖에 없다. 살수여상에서는 질화세균이 많이 서식한다. 회전원판에서는 그림 13.11에서 보듯이 다단구조일 때 단계에 따라 종 조성이 변

부하율	지역구분	우점종	대사반응
고	호기성	종속영양체 질화작용 종속영양체 Beggiatoa	호기성 호흡 종속영양적 질화반응 황 축적
고	미호기성	질산염 환원종 탈질화 세균 통성 혐기성 세균	질산염 환원 탈질화 작용 발효
고	혐기성	황산염 환원세균 통성 혐기성 세균	황산염 환원 발효
고	혐기성	메탄생성세균 통성 혐기성 세균	메탄생성 발효
고	회전 원판 여재		
중	호기성	호기성 종속영양체 질화작용 종속영양체	호기성 호흡 종속영양적 질화작용
중	미호기성	질산염 환원종 탈질화 세균 통성 혐기성 세균	질산염 환원 탈질화 작용 발효
중	회전 원판 여재		
저	호기성	호기성 종속영양체 질화작용 종속영양체	호기성 호흡 종속영양적 질화작용
저	회전 원판 여재		
저부하 질화작용 생물막	호기성	독립영양 질화세균	질화작용
저부하 질화작용 생물막	회전 원판 여재		

그림 13.11 **다단식 회전원판에서 단계별 생물막의 미생물 조성**

화한다. 넷째, 질화세균과 탈질화세균이 잘 증식한다. 생물막 공정의 후반부에 질화세균이 잘 증식하며 생물막의 내부는 혐기성 조건을 유지할 수 있으므로 탈질화세균도 서식이 용이하다. 다섯째, 생물막을 구성하는 생물군집의 안정성이 비교적 높아서 수질 및 수량의 변화(충격부하, shock loading)에도 크게 영향을 받지 않을 수 있다.

13.10 살수여상법

13.10.1 공정의 원리

살수여상(trickling filter) 또는 삼투여상(percolating filter)은 가장 흔히 사용되는 생물막 반응조인데 전형적으로 입자크기가 5~10cm인 쇄석, 자갈, 소괴(clinker) 또는 광재(slag)로 채워진 원형 또는 사각형 여상(filter bed)으로 구성되어 있다. 여상을 채우는 물질은 여재(media)라 부르는데 보통 1.5~2.0m 깊이이며 집수장치(underdrain) 위의 큰 돌들로 된 층으로 지탱된다. 여상 위에는 살수장치(distributor)가 있어서 여상 표면 위에서 1차 침전을 거친 하수를 살수하는데, 원형 여상에서는 보통 4개의 방사상 살수관으로 구성되어 하수 흐름의 추진력에 의해 작동되며 큰 원형 또는 사각형 여상에서는 살수장치가 별도의 동력에 의해 작동한다. 전형적인 원형 여상의 단면이 그림 13.12에 나와 있다.

생물량은 여재의 표면을 덮는 얇은 막으로 발달하는데 전체 여상 부피의 50%를 차지하는 여재 사이의 빈 공간을 하수가 천천히 통과할 때 하수의 유기물을 산화시킨다. 활성슬러지 공정에서와 같이 생물량의 실질적 생성이 일어나서 생물막(biofilm)이 점차 두꺼워지고 막의 안쪽이 혐기성 조건이 되며 여재에의 점착력이 감소하게 되고 막의 일부분이 폐수의 흐름에 의해 생기는 전단력(shear force)에 의해 떨어지게 된다.

탈리된 생물량을 포함하고 있는 처리된 하수는 밑에 있는 집수관을 통해 여상을 빠져나와 부식질 수조(humus tank)라 부르는 침전조로 가서 부식질이 침전되어 슬러지가 형성되는데 이 슬러지를 humus sludge라고 한다. 이처럼 살수여상에서는 생물막에 의해 유기물이 제거되기 때문에 실제로 여과작용은 거의 일어나지 않는다. 따라서 살수여상이라는 용어는 사실 잘못 지어진 용어이지만 관습적으로 사용하고 있다.

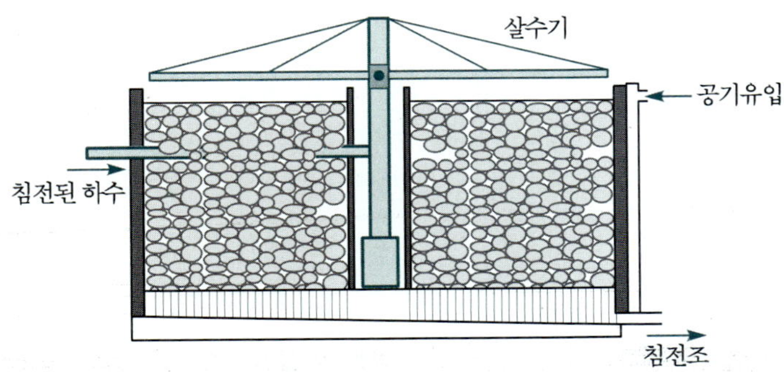

그림 13.12 전형적인 살수여상의 단면도

13.10.2 운전 기준

활성슬러지 공정과 달리 살수여상 내에 존재하는 생물량의 농도를 측정하거나 조절하는 것이 매우 어렵다. 따라서 보통 사용되는 MLSS에 상당하는 기준이 없으며 더욱이 활성슬러지 공정에서처럼 쉽게 μ, θ_x, θ를 측정하는 것이 어렵다. 여상의 생물량 구성요소에서의 성층(stratification)과 부식질 고형물의 시간적(계절적) 변화 때문에 μ, θ_x 및 관련 기준들의 의미가 부유 생장 체제에서보다 중요성이 훨씬 떨어진다. 따라서 운전 기준의 적용은 보통 여상 단위부피당 BOD 부하로 국한되며 가끔 단위부피당 유속으로 나타내는 수리 부하(hydraulic loading)도 이용한다.

일반적으로 여상은 저속(low rate) 또는 고속(high rate) 체제로 운영될 수 있는데 저속 체제는 0.5 kg/m^3/d의 BOD 부하로 특징지어진다. 종종 속도는 수리 부하보다 흔하게 표현된다. 영국에서는 고속 공정이 3 m^3/m^3/d 이하의 수리 부하일 경우를 가리킨다.

BOD : SS의 "20 : 30" 기준은 재래식 여상을 저속으로 운영할 때에만 보통 얻어질 수 있다. 실제로 복잡한 유출수 재순환이 추가되지 않는 통상적 재래식 여상에서는 이런 수준의 방류수 수질을 얻기 위해 0.1 kg/m^3/d와 같이 낮은 BOD 부하가 필요하다. 고속 처리는 종종 roughing filter(초고속 살수여상)에 적용되는데 그것은 저속 공정을 위해서 농도가 높은 폐수를 낮은 폐수로 만들기 위해 사전에 부분적인 처리만을 하기 위한 공정이다.

비록 여상 내의 생물량을 측정하기가 어렵지만 몇 가지 가정을 기초로 해서 생물량을 측정할 수도 있다. 전형적인 생물막 두께는 생물막이 비교적 조밀한 비사상체(non-filamentous)인 생물량으로 구성될 경우 0.1 mm 이하에서 0.3 mm 사이에서 변화한다. 직경 50 mm의 통상적인 쇄석의 경우 미생물의 부착을 위한 비표면적(specific surface area)은 여상 부피 m^{3}당 약 100 m^{2}가 된다. 생물량이 크게 활성슬러지와 유사한 성질을 갖고 있다고 가정하면 아마도 생물막의 3% 정도가 건조 고형물로 구성되어 있을 것이다. 따라서 통상적인 여상에서의 전형적인 생물량 농도의 상한은 단위 반응조 부피당 양으로 나타낼 때 대략 1,000 mg/L가 된다. 그러므로 0.5 kg/m^3/d의 BOD 부하는 최적 생물막 발달을 위한 대략 0.5 kg/kg/d의 슬러지 부하에 해당하게 된다. 따라서 저속 살수여상법은 슬러지 부하 측면에서 통상적인 활성슬러지법과 거의 동일하다.

13.10.3 기질 제거와 생장

살수여상은 부분적인 plug-flow 체제의 특성을 가지고 운영된다. 살수여상에서는 폐수가 여상을 통해 내려가면서 기질농도가 감소하게 된다. 활성슬러지 공정과는 달리 생물량은 폐수와 같이 이동하지 않고 공간적으로 고정된 상태로 남아있는다. 그러므로 기질 제거율은 시간이 아닌 깊이의 함수가 된다. 기질의 물질수지는 따라서 여상의 수평층 같은 미분 요소(differential element)에 대하여 만들어질 수 있다. 그렇기 때문에

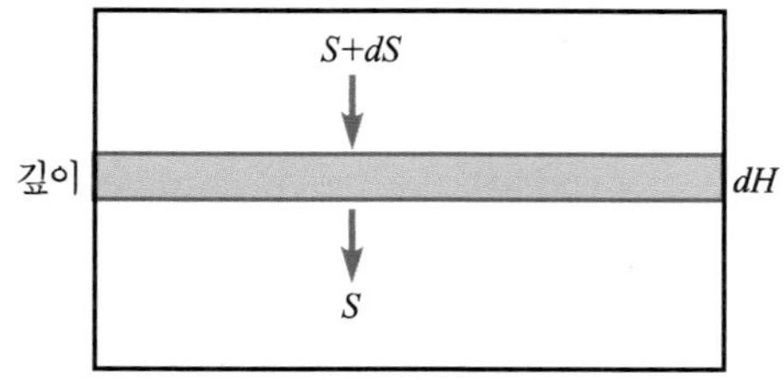

그림 13.13 **살수여상의 미분요소 (differential element)**

유입 − 사용된 기질 = 유출 + 축적

이다. 그림 13.13에서 보듯이 유입수의 기질농도는 $(S+dS)$이며 유출수에서는 S이다. 안정 상태 조건에서 축적은 0이 되며 이때

$$Q_1(S+dS)-\frac{\mu M_x}{Y}=Q_1 S \tag{13.9}$$

여기서 M_x는 미분 요소 내의 활성이 있는 생물량의 양이며 다음 식에 의해 얻어진다.

$$M_x=(Aafd_m)dH \tag{13.10}$$

여기서 A는 여상의 단면적, a는 여재의 비표면적(specific surface area), f는 미생물 막의 두께, d_m은 막 내의 미생물 밀도이며 H는 여상의 깊이이다. μ를 Monod의 방정식으로 대치하면 아래와 같다.

$$\frac{dS}{dH}=\frac{\mu_{\max}}{Q_1 Y}aAfd_m\frac{S}{K_S+S} \tag{13.11}$$

일정한 여상에서 이들 여러 조건들은 안정 상태여서 효율적으로 상수가 된다. 생물량 잠재력 상수(biomass potential constant) P_B는 다음과 같이 표시할 수 있다.

$$P_B=\frac{\mu_{\max}d_m f}{Y} \tag{13.12}$$

$$\frac{dS}{dH}=-\frac{P_B aA}{Q_1}\frac{S}{K_S+S} \tag{13.13}$$

운전 측면에서 볼 때 생물학적 기준(P_B)과 유입 기질농도를 상수라고 가정하면 유속을

감소시키거나 여재의 비표면적을 증가시키거나 또는 여상의 단면적을 증가시킴으로써 기질의 이용률이 증가될 수 있다.

방정식 (13.13)을 풀면 주어진 유출수 수질을 얻기 위해 필요한 특정한 여상 높이를 구할 수 있다. 유출수 기질농도와 여상 높이 사이의 일반적인 관계는 그림 13.14에서 보는 바와 같다.

살수여상의 생물량 수지는 구성하기가 불가능하지는 않지만 매우 어려운데 그 이유는 생물량 제거가 운전 조절에 따르지 않고 여러 가지 복잡한 요인에 의존한 순수하게 우발적으로 일어나는 과정이기 때문이다.

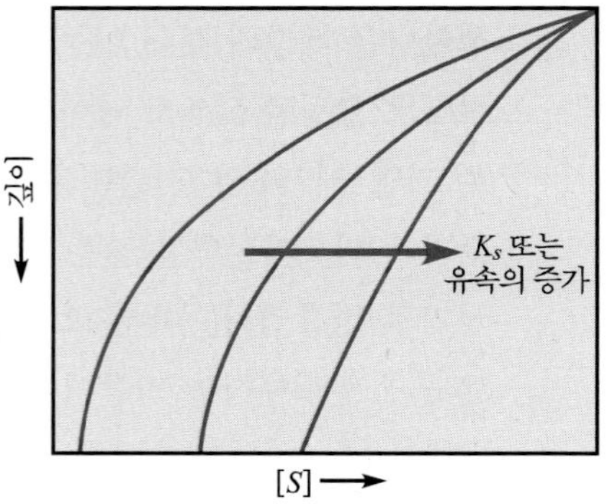

그림 13.14 **살수여상에서 유출수 기질농도에 미치는 여상깊이의 영향**

13.10.4 살수여상에서의 생물학적 활성

생물량이 충진 여재의 표면에 부착하는 능력은 어느 면에서 활성슬러지 공정에서 응집하는 능력과 유사하며 살수여상의 성공적인 운영에 동일하게 중요하다. 생물막의 점착(cohesion) 기작과 막 자체의 여재에의 부착(adhesion) 기작은 응집(flocculation) 기작과 유사한데 막에 존재하는 세균종들 중 많은 것이 또한 활성슬러지에서도 우점종을 이루기 때문이다. 그런 종들로는 *Flavobacterium*, *Pseudomonas*, *Achromobacter* 그리고 *Sphaerotilus*와 같은 일부 필라멘트형 미생물들이 있다.

여상의 아래 부위에는 질화세균(nitrifying bacteria)도 존재하는데 여상의 상층부에서는 화학독립영양 세균인 *Nitrobacter*가 종속영양체들과 성공적으로 경쟁할 수 없는 것으로 알려져 있으며 주로 기질농도가 낮은 하층부에 질화세균이 존재하게 된다. 부하가 큰 여상과 특별히 저온에서는 종속영양부위(heterotrophic zone)가 여상의 바닥으로까지 확장되어 질화세균들을 극단적으로 저해시킨다.

삼투 여과 시 병원체의 제거는 상당히 가변적인데 세균 병원체 제거가 활성슬러지에서 유사할 수도 있으나 바이러스 제거는 일반적으로 그다지 잘 일어나지 못한다.

살수여상은 비록 안정 상태 조건에서 모델을 만들 수 있으나 생물량의 생장률과 막의 탈리(sloughing)에 의한 생물량의 손실은 균형된 과정으로 간주될 수 없다. 또한 운전자가 조절할 수 있는 범위 밖의 요인들도 작용할 수 있으며 상당 기간 생물량 농도가 안정 상태에 있지 않을 수도 있다. 비록 막의 생장이 기질 이용에 의해 조절되지만 막의 축적률은 두 가지 주요 요인에 의해 제한되는데 그것은 삼투되는 폐수가 쏟아져서 막을 벗겨내는 효과와 포식(grazing)에 의한 제거이다. 살수여상은 고형 지지물, 생물막, 폐수 흐름으로 인한 젖은 표면, 공기 공간 그리고 비교적 건조한 지역 등으로 구성되어 전체적으로 활성슬러지보다 더욱 복잡한 서식처를 이루게 된다. 살수여상에는 곤충의 유충과 선충류(nematode)를 포함한 다양한 공기 호흡을 하는 고등동물까지 존재하게 된다. 이것들은 생물막을 직접 섭취하여 막의 양을 감소시키고 호흡 활동에 의해 전체적인 2차 슬러지 생산을 감소시킨다. 고등동물들의 활동은 계절과 관계가 있어서 여상에 존재하는 생물막의 양은 겨울철에 가장 많고 여름에 가장 적다. 막의 생물량의 계절적 변화는 그림 13.15에서 보는 바와 같다.

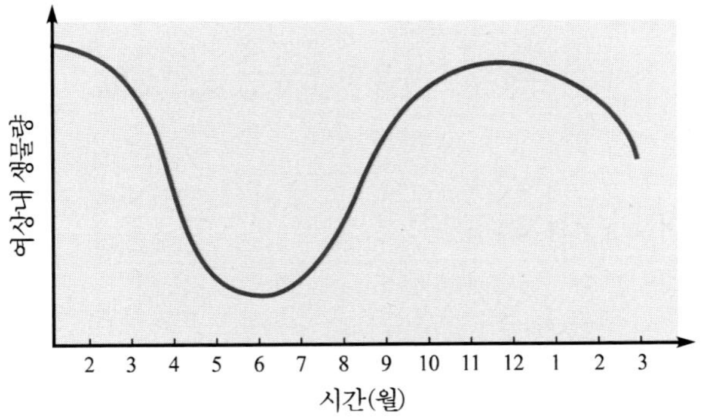

그림 13.15 **살수여상 내 생물량의 계절적 변화**

여상 서식지의 매우 복잡한 성질은 균류의 생장에 좋은 조건이 된다. 여상이 잘 유지될 때는 활성슬러지에서보다 높은 비율의 균류 생장을 나타낸다. 그러나 활성슬러지에서처럼 과다한 균류 생장에 의해 여상의 효율이 떨어질 수도 있다. 균류가 잘 발달되는 조건에서는 여상의 일부분이 막히게 될 정도까지 균사가 증식하여 연못화(ponding)라고 하는 현상이 나타나기도 한다. 만일 균류 생장이 여상을 통과하는 폐수의 흐름을 막을 정도로 과다하게 일어나면 여상의 표면에 폐수가 고이게 된다. 그런 조건에서는 무산소생활(anaerobiosis)이 일어나서 혐기성 대사 산물 때문에 방류수 수질의 저하를 일으킨다.

여상의 수직 층상화와 부동성은 여상 표면에 조류(algae)의 발생을 가져온다. 조류는 폐수의 안정화와 여상의 산소 요구에 크게 기여하지는 않으나 과다한 조류 생장은 여상의 표면을 막아 처리효율을 감소시키고 악취를 발생시킨다. 여상에 보통 존재하는 또 다른 주요 생물체로는 원생동물이 있다. 이들은 주로 섬모충류(ciliate)로서 *Opercularia*, *Vorticella*, *Epistylis* 등이 흔하게 나타나는 것들이다. 살수여상에서 원생동물의 역할은 활성슬러지 공정에서와 유사하다. 여상 내에서 생물막 축적은 포식하는 큰 무척추동물(macroinvertebrate)에 의해 크게 조절되지만 원생동물은 탈리되거나 자유유영하는 세균들을 섭취한다.

13.10.5 살수여상의 변형 공정

기초적인 수준에서 살수여상은 고속 또는 저속 운전으로 나누어지는데 그것은 일반적으로 수리부하 측면에서 규정된 것이지만 가정 하수가 처리되는 곳에서는 많은 경우에 BOD 부하와도 연관이 된다. 그러나 유출수 재순환(recirculation)의 이용을 통해 수리부하와 BOD 부하의 독립적 조절이 가능한 여러 가지 변형 공정도 개발되었다. 수리부하와 유기 부하에 따른 4가지 종류의 살수여상 공정의 여러 가지 특성이 표 13.5에 나와 있다.

표 13.5 **살수여상 공정의 특성**

특 성	저속 살수여상	고속 살수여상	플라스틱 여재여상	Roughing filter
유기부하(kg BOD/m^3/d)	0.08~0.32	0.32~1.0	0.8~2.5	0.8~5.0
수리부하(m^3/m^2/d)	1~4	10~40	15~85	50~175
여상 깊이(m)	1.5~3.0	1.25~2.5	4.5~12	4~12
수두손실(m)	1.5~3.0	1.25~2.5	4.5~12	4~12
재순환율	없음	1 : 1~4 : 1	3 : 1	없음
여과재	쇄석 등	쇄석 등	합성수지	합성수지
살수간격	간헐적(<5분)	연속적(<5초)	연속적	연속적
막의 탈리	간헐적	연속적	연속적	연속적
파리 발생	많음	적음	거의 없음	거의 없음
BOD 제거율(%)	80~85	65~80	65~85	40~65

일반적으로 최소 수리부하는 여상 전체의 생물막이 지속적으로 젖어있는 상태로 유지되는 데 필요한 유속에 의해, 그리고 최대 수리부하는 삼투율을 초과해서 여상이 물에 잠기게 되는 유속에 의해 결정된다. 수리부하가 아주 낮을 경우에는 막이 젖어있게 하기 위해 폐수의 재순환을 적용할 수도 있다. 재순환은 여상에 부과되는 BOD 부하를 효율적으로 감소시키기 위해서도 사용되는데 BOD가 낮아야 잘 일어나는 질화작용(nitrification)을 유지시킬 목적으로 이용할 수 있다. 재순환은 보통 여상 바닥에서 나오는 유출수 대신 부식질 수조(humus tank)에서 침전시킨 유출수를 이용하며 따라서 탈리된 부식질 고형물의 재순환은 일어나지 않는다. 그러므로 활성슬러지 공정에서 일

어나는 활동적인 생물량의 재순환과 혼합액의 재접종은 살수여상에서는 볼 수 없는 기작들이다. 탈리된 생물량의 재순환이 어떤 경우에는 이론상으로 장점을 가질 수 있는 것으로 생각될 수도 있으나 그것은 다만 여상이 막히는 결과만을 초래하게 될 수도 있다. 그러나 일부 고속 살수여상에서는 여상 바닥에서 나오는 유출수를 직접 재순환하기도 하며 이런 경우에는 생물량의 재순환도 일어난다. 고속 살수여상에서의 여러 가지 재순환 방법은 그림 13.16에서 보는 바와 같다. 살수여상에서 여러 가지 유출수 재순환의 목적을 정리하면 다음과 같다.

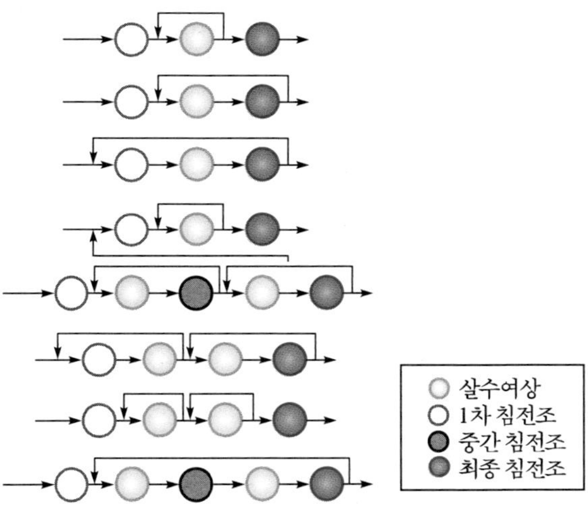

그림 13.16 **고속 살수여상에서의 재순환 방법**

① 재순환은 유입수의 유속 변화를 완화시키고 살수여상에 균일한 흐름을 유지시켜서 여상 표면 전체의 폐수 분산과 여상 전체를 통한 영양물질의 고른 분포를 증진시킨다. 이로 인해 여상 전체에서 보다 균일한 생물막이 형성된다.

② 재순환으로 인한 높은 유속은 높은 전단력을 만들기 때문에 보다 균일한 속도로 막의 탈리를 일으켜서 여상이 막히는 문제를 방지할 수 있다. 높은 유속은 또한 파리의 유충 같은 큰 동물을 씻어 내려가 여상의 파리 문제를 감속시킬 수 있다.

③ 재순환은 특정한 산업 폐수와 같은 강한 유입폐수를 희석시킬 수 있다. 따라서 산소 요구를 감소시키며 또한 독성으로 인한 문제를 완화시킬 수 있다.

④ 재순환은 살아있는 생물체들이 살수여상으로 되돌아오는 결과가 되므로 활성있는 생물막의 유지를 도와주게 된다. 이것은 또한 여재 위로 흐르는 폐수층으로 탈리된 미생물들을 주입시킴으로써 생물막뿐만 아니라 폐수층에서도 생분해가 일어나서 유기물 제거를 증가시키는 결과를 가져오게 한다.

⑤ 재순환은 유기물을 생물막과 한 번 이상 접촉하게 만들므로 처리 효율을 증가시킬 수 있다. 그러나 이것은 매우 논란이 있을 수 있으며 많은 연구자들은 첫 번 통과 시 제거되지 않은 유기물들은 아마 분해가 잘 되지 않는 것이며 차후의 접촉에서도 제거되지 않을 것이라고 생각하고 있다.

특정한 고속 살수여상은 roughing filter라 하는데 저속 여상이 20 : 30의 방류수 수질을 얻기 위한 것인 데 반해 roughing filter는 폐수의 BOD 부하를 부분적으로 제거시킬 목적으로 이용하며 여기서 나온 유출수는 다시 후속 처리를 거치게 된다.

이중여과(double filtration)는 roughing filter와 polishing filter를 연결시킨 것으로 높은 수질의 최종 방류수를 얻을 수 있다. 첫 번째 여상에 지속적으로 높은 부하가 가해지면 막의 축적이 매우 빠르게 일어난다. 여상이 막히는 것을 방지하기 위해 roughing filter는 polishing filter보다 더 큰 여재를 사용한다.

교대 이중여과(alternating double filtration)에서도 동일한 원리가 작용되나 이 경우에는 두 개의 여상에서 동일한 종류의 여재를 이용한다. Roughing filter의 막힘은 여상을 통한 폐수의 주기적인 역세척(back washing)에 의해 방지될 수 있으며 그럼으로써 roughing filter를 polishing filter로 이용할 수도 있고 또한 그 반대 경우가 일어날 수도 있다. 부하가 높았던 여상에 더욱 희석된 유출수를 주입하면 내생 호흡(endogenous respiration)을 촉진할 수 있어서 슬러지 생성을 감소시킬 수 있다.

활성슬러지법의 장기 포기 공정과 유사한 살수여상의 변형 공정에서는 상당히 흥미로운 점을 보여주고 있다. 이 공정에서 미처리 하수는 1차 침전을 거치지 않고 직접 여상에 주입된다. 여상으로부터의 유출수는 침전시키지 않고 재순환되며 따라서 여상 전체를 통해 상당한 고형물 흐름이 존재하게 되는데 그것은 고형물의 산화를 증가시키기 위한 것이지만 여상이 막힐 위험성은 불가피하게 증가할 수밖에 없다. 이런 위험을 방지하기 위해 빈 공간의 비율, 즉 공극률이 높은 여재를 이용하는데 일부 플라스틱 여재는 빈 공간이 여상 전체 부피의 95%를 차지하게끔 만들어졌고 통상적인 여재의 공극률은 50% 정도이다. 이런 성질은 생물량 생성이 높을 것으로 예상되는 고속 체제에서도 유리할 것이다. 일부 인공합성 여재는 통상적인 여재의 두 배가 되는 비표면적(specific surface area)을 갖는 것도 있다.

반면에 매우 낮은 생물량이 생성되는 곳에서는 작은 입자의 여재가 사용될 수도 있다. 그런 것을 적용하는 예는 질화 여상(nitrifying filter)에서 볼 수 있다. 질화 활성슬러지 공정과는 달리 이 여상은 이미 유기성 BOD(carbonaceous BOD)가 제거된 호기성 공정으로부터의 유출수를 받게 된다. 따라서 여상의 생물량은 주로 질화세균들로 구성된다. 막의 생장은 최소한으로 일어나는데 그 이유는 *Nitrosomonas*의 경우 1g의 질소를 산화시킬 때 불과 50 mg의 생물량만이 생성되기 때문이다.

13.11 회전원판법

13.11.1 회전원판법의 원리

회전원판법(rotating biological contactor, RBC)은 살수여상보다 발전된 호기성 생물막을 이용한 폐수처리법으로 1920년대에 그 원리가 개발되었으며 1960년대부터 본격적인 상업적 이용이 시작되었고 1970년대 이후 계속적으로 회전원판의 개량, 공정의 변화 등이 뒤따랐다. 이 방법은 축(shaft)에 수직으로 근접 배치한 얇은 원형판들을 폐수가 흐르는 수조에 약 40% 정도 잠기게 한 후 수직축을 1~2 rpm 정도로 회전시킨다. 원판이 폐수를 통과하면서 표면에 생물막이 생기고 원판이 회전하면서 규칙적으로 생물막이 공기에 노출되어 산소의 계속적인 공급이 이루어지면서 폐수 내의 유기물을 제거하게 된다. 원판 표면에 두꺼운 생물막이 생성되면 원판의 회전으로 인한 전단력 때문에 막이 탈리되고 탈리된 생물막은 2차 침전조에서 제거된다.

회전원판법은 넓은 부지를 요구하지 않고 운전이 간단하고 활성슬러지법에 비해 동력이 적게 들고 살수여상보다 저유속 조건에서 잘 견디며, 독성 유기물 등에 의한 충격부하(shock load)에 덜 취약하고 유기물 부하가 낮을 때에는 질화작용이 잘 일어난다. 슬러지의 침강성이 양호한 장점도 있다. 그러나 회전속도 이외에는 운전상에 변화를 줄 수 없기 때문에 고농도 폐수의 경우 폐수에 추가적인 포기를 해주어야 하며 여름철에는 산소의 포화농도가 낮아져 생물막에서의 산소 부족 현상이 흔히 발생하고 처리효율이 낮아질 수 있다. 저온에서도 처리효율이 떨어지며 비, 바람에 의해 영향을 받으므로 보호용 덮개가 필요하다. 과거에는 축의 파손 등 구조적 문제점들이 자주 발생하였으나 현재는 많이 극복되었다.

13.11.2 처리공정

회전원판의 시설물은 매질로 이용되는 원판과 원판을 회전시키는 구동장치 그리고 폐수와 원판을 수용하는 구조로 구성된다. 폐수에서 원판을 회전시키면 약 1내지 4주만에 생물막이 1~2 mm 두께로 형성된다. 회전원판 처리공정은 일반적으로 회전원판 축이 여러 개가 연결된 다단구조로 이루어져 있는데(그림 13.17) 각각은 독립된 완전혼합 반응조로 RBC unit이라고 부른다. 회전원판 반응조를 분리하면 처리효율과 안정성이 향상되며 질화작용도 잘 일어난다. 다단 구조에서 폐수가 반응조를 넘어갈수록 처리 정도가 증가하고 폐수 내 유기물 농도가 감소하며 이에 따라 생물막의 조성도 변화한다. 초기의 회전원판법에서는 폐수를 축 방향으로 유입시켰는데 이 경우 유기물 농도 차에 의해 유입부와 유출부 원판 부위에 생물막 형성의 차이가 생길 수 있으므로 현재는 폐수가 축에 대해 직각으로 흐르게 되어 있다.

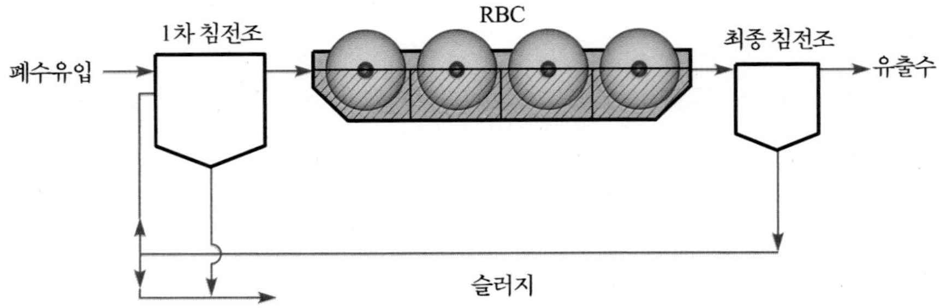

그림 13.17 **회전원판법의 처리공정**

(1) 전처리(pretreatment)

일부 회전원판 처리장에서는 1차 침전 시설이 없는 경우도 있으나 그것은 바람직하지 않다. 만일 토사 제거나 1차 침전이 적절히 일어나지 않으면 고형물이 회전원판 수조에 축적될 수 있다. 이들 고형물은 혐기성 조건을 만들게 되어 악취를 내며 처리에 추가적인 산소 요구를 하게 된다. 또한 회전원판 수조 바닥의 폐수 흐름에도 영향을 미칠 수 있다. 어떤 경우에는 토사 제거 후 세목 스크린(fine screen)을 이용하는 것으로 1차 침전을 대신하기도 한다.

(2) 회전원판 여재

회전원판 여재는 다음과 같은 조건을 충족시켜야 한다.

① 많은 고정된 생물량의 발달을 위한 넓은 표면적을 제공해야 한다.
② 생물량들이 폐수와 활발히 접촉할 수 있어야 한다.
③ 폐수를 효율적으로 포기해야 한다.
④ 과도한 생물량을 계속적으로 탈리시켜야 한다.
⑤ 수조 내의 혼합액(mixed liquor)을 섞어서 탈리된 고형물들이 부유 상태로 있게 해야 하며 처리의 각 단계마다 완전히 혼합시켜야 한다.

1916년의 나무판으로부터 현재의 플라스틱까지 다양한 재료와 구조의 여재들이 이용되었는데 1960년부터 expanded polystyrene이 사용되기 시작했으며 대부분의 경우 직경은 2~3m이고 두께는 1.2cm였다. 이 초기 원판들은 평평한 판으로 3cm 간격으로 배치되었다. 그러나 3,800 m^3/d 이상의 유속에 적합한 표면적을 제공하지는 못하였다. 그 후 벌집구조와 유사한 넓은 표면적을 갖는 여재들이 개발되어 이용되고 있는데 고밀도 폴리에틸렌(high-density polyethylene)으로 된 직경 3.5m까지의 원판들을 많이 사용하고 있다.

(3) 회전속도

원판을 회전시키는 목적은 생물량과 폐수 사이의 접촉을 제공하고, 과다한 생물량을 탈리시키고 혼합액을 섞으며 폐수를 포기하는 등 여러 가지가 있다. 회전속도의 증가는 이런 여러 가지 효과들을 향상시키지만 어느 정도 이상의 증가는 그다지 효과가 없게 된다. 이 적정 회전속도는 폐수의 농도와 회전원판의 크기에 따라 다르다. 회전원판의 운전기준으로 주변속도(peripheral velocity) 또한 이용될 수 있는데 대부분의 경우 적정 주변속도는 0.3m/sec이다. 이것은 3m 직경의 원판이 약 2rpm 정도의 회전속도일 경우에 해당되는데 실제로 대부분의 회전원판은 1~1.4rpm 정도로 운전되고 있다.

회전속도의 증가는 많은 에너지 소모의 증가를 요구하기 때문에 최저 적정 회전속도를 이용하는 것이 바람직하다. 동력 요구는 여재 속도 증가에 지수적으로 증가하게 되는데, 예를 들면 회전속도를 2배 증가시키면 동력 소모는 5배로 증가한다. 따라서 1.5~2.0rpm의 회전속도는 심지어 고농도 폐수를 처리할 경우에도 이용해야 하는 실질적인 속도 상한선으로 간주된다.

회전원판 포기에서 여재 회전의 역할에 대해서는 많은 논란이 있었다. 폐수를 통과하는 여재의 이동에 의해 일어나는 혼합은 분명히 혼합액에 산소를 제공하는 데 중요하다. 그러나 생물막이 미생물들이 폐수 내의 유기물을 산화하는 데 이용하는 대부분의 산소는 폐수 내의 용존산소로부터 공급되는 것이 아니고 원판이 공기 중에 노출되었을 때 대기로부터 공급된다. 따라서 폐수를 호기성 상태로 유지하기 위해서는 소량의 산소만이 필요하며 추가적인 포기는 생물막의 생물체들에게는 실제로 크게 도움이 되지 않는다.

원판은 전기모터를 이용하여 기계적으로 회전시키거나(mechanical drive) 또는 압축공기를 이용할 수 있다(air drive). 후자의 경우에는 원판의 바깥 부분에 공기컵을 부착하고 수조 바닥에 작은 분산 포기장치를 설치하여 부상하는 기포가 공기컵에 담겨 부력을 발생시켜 축을 회전하게 만든다. 이 공기 구동방식은 기계식 구도에 비해 동력 소모도 적고 기계적 고장도 적으며 폐수에 산소를 공급하는 장점이 있다.

(4) 포기

일부 회전원판 공정에서는 축을 회전시키거나 추가적인 포기를 위해 별도의 포기장치를 하는 경우가 있다. 포기를 하면 기포의 탈리작용 때문에 초반부의 원판에 얇은 생물막이 유지되며 따라서 많은 생물막이 호기성 상태로 존재하게 된다. 또한 혼합액의 용존산소 농도도 높아지며 혼합액 자체에서의 생분해가 증가하여 BOD 제거율도 향상된다. 추가 포기는 *Beggiatoa* 같은 해로운 미생물을 원판으로부터 제거하는 데에도 도움이 된다. 그러나 앞에 설명한 것처럼 혼합액 내의 용존산소는 생물막 내로의 산소 전달에 효과가 거의 없으며 생물막이 이용하는 산소는 원판이 공기 중에 노출되었을 때 대기로부터 오는 것이다. 따라서 폐수 전체를 포기하는 것보다는 생물막이 공기에서의 노출 시간을 증가시키거나 또는 원판이 공기 중에 노출되었을 때 보다 효율적인 배수에 의해 원판상의 폐수막 두께를 감소시킴으로써 생물막으로의 산소 전달이 훨씬 잘 일어날 수 있다.

(5) 최종침전

회전원판법에서의 최종침전조는 살수여상의 최종침전조와 유사하다. 일반적으로 회전원판법의 유출수에서 부유 고형물 부하는 200 mg/L 이하로 보통 100～130 mg/L를 유지한다. 이런 조건에서 고형물은 압축침전(compression settling)이나 지역침전(zone settling) 없이 독립침전(discrete settling)에 의해 침전된다. 따라서 표면에서의 overflow rate만이 침전조 설계의 중요한 기준이 된다. 적정 부하율은 33 $m^3/m^2/d$이며 이때 방류수는 30 mg/L 이하의 부유 고형물을 함유해야 한다. 슬러지층이 별로 없기 때문에 침전조는 비교적 얕아서 2 m 정도가 된다. 평균 슬러지 생성률은 BOD 제거량의 50～100% 정도가 된다. 재래식 침전조에서 이 슬러지는 3% 고형물 농도까지 농축될 수 있다.

(6) 설계 기준

회전원판법은 비록 유기부하율을 기준으로 하는 것이 바람직하지만 전형적으로 수리부하율을 기준으로 하여 설계한다. 도시 하수에 이용되는 수리부하율은 보통 0.08～0.16 $m^3/m^2/d$이며 질화작용이 일어나려면 부하율이 0.03～0.08 $m^3/m^2/d$로 낮아야 한다. 만일 설계에 유기부하율을 적용하면 30～40 kg BOD/$10^3\ m^2/d$ 정도를 이용한다.

13.12 기타 생물막 공정

13.12.1 침적여상

Biological aerated filter, upflow biotower, contact aerator라고도 부르는 침적여상(submerged filter)은 생물막이 시간 간격을 두고 반복적으로 폐수와 접촉하는 살수여상이나 회전원판과는 달리 지속적으로 생물막이 폐수 내에 잠겨있다. 이 방법은 그림 13.18과 같이 표면적이 큰 접촉제를 폐수 내에 넣고 침적여상 바닥으로부터 포기를 하여 접촉제 표면에 형성된 생물막에 의해 유기물을 제거시키는 방법이다. 접촉제로는 쇄석, 세라믹, 회전원판에서와 같은 원판 또는 벌집형 플라스틱 재제를 사용한다.

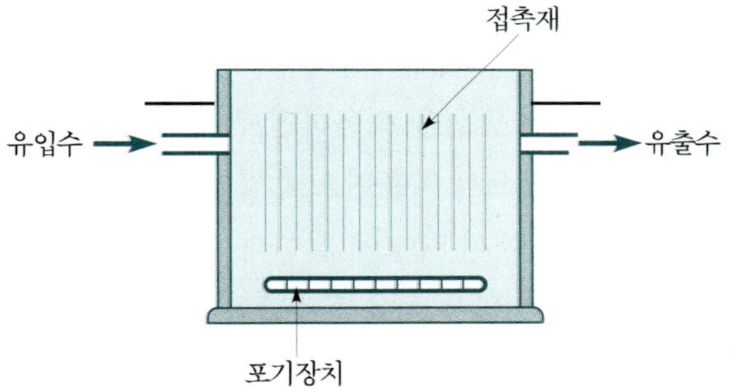

그림 13.18 침적여상의 구조

침적여상은 1920년대 말에 개발된 방법으로 그동안 별로 사용되어오지 않다가 근래에 플라스틱 여재의 개발과 침적여상에서 효율적인 질화작용이 일어난다는 사실을 발견한 후부터 새로운 주목을 받고 있다. 그림 13.19와 같은 근래 개발된 침적여상은 상향

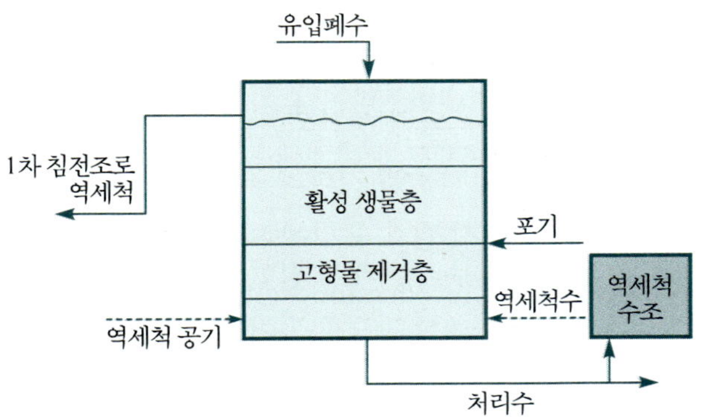

그림 13.19 침적여상의 공정

류와 하향류식이 있는데 두 경우 모두 고정막과 부유 생장에 의한 폐수처리 방식이 같이 일어나고 있다. 공정에 이용되는 접촉여재는 일반적으로 플라스틱 여재로 살수여상에서 이용하는 것과 유사한 벌집형 플라스틱 여재이다. 여상 수조에서의 폐수 체류시간은 전형적으로 1.5~2.5시간이며 유출수 또는 슬러지 재순환은 필요하지 않다. 미생물에 산소를 공급하고 폐수를 혼합하며 또한 접촉여재로부터의 불규칙적인 생물막의 탈리와 과도한 생물막의 형성에 의해 접촉제가 막히는 문제를 방지하기 위해 공기를 주입한다. 생성되는 폐기 슬러지는 생성량과 물리적 성질 모두에서 살수여상의 부식질(humus)과 매우 유사하다.

현재까지는 그다지 많이 이용되고 있지 않으나 건설 및 운영, 유지 측면에서 경제성이 있으며 포기 요구도 크지 않고 최종 침전 후 BOD와 부유 고형물이 15 mg/L 이하의 방류수가 나올 수 있는 등 여러 가지로 유리한 점이 많다. 특히 유기물 제거 후의 질화작용이 잘 일어나는 특성이 있는데 60분 체류 후 93~95 %의 암모니아 농도가 감소되었다는 보고도 있다.

13.12.2 활성 생물여상

활성 생물여상(activated biofilter, ABF)은 Neptune Microfloc 회사에서 개발한 방법으로 고정막 체제의 안정성, 간편함, 저렴한 운전 비용과 부유 생장 처리체제의 처리효율 및 저렴한 건설비용의 장점을 채택하고자 한 공정이다. 이 처리방법은 2단계로 이루어져서 삼나무판(redwood slat) 여상과 활성슬러지 공정이 연결되는데 다양한 운전조건하에서 높은 수준의 방류수를 만들어낼 수 있는 효율적이며 안정적인 비교적 간단한 처리방법이 된다.

그림 13.20에서 보는 것처럼 1차 침전을 거친 폐수는 wet well에서 2차 침전조로부터 반송되는 슬러지와 혼합되며 이 혼합액은 삼나무판 여재로 채워진 biocell로 주입된다. 폐수가 여재를 통과해 내려오면서 유기물이 미생물에 의해 분해되어 제거되는데, 삼투되는 폐수 내의 부유 미생물과 여재에 부착된 생물막에 존재하는 미생물 모두에 의해 일어난다.

산소는 폐수가 공중으로부터 여재에 떨어질 때의 물질 전달(mass transfer)에 의해 또한 폐수가 여재판에서 아래쪽 판으로 떨어질 때의 튀기는 현상(splashing)에 의해 공급된다. 활성 생물여상에 유입되는 BOD의 65 %가 biocell에서 제거된다. Biocell의 유출수는 완전 혼합 활성슬러지 포기조로 들어가 추가적인 유기물 생분해가 일어난다.

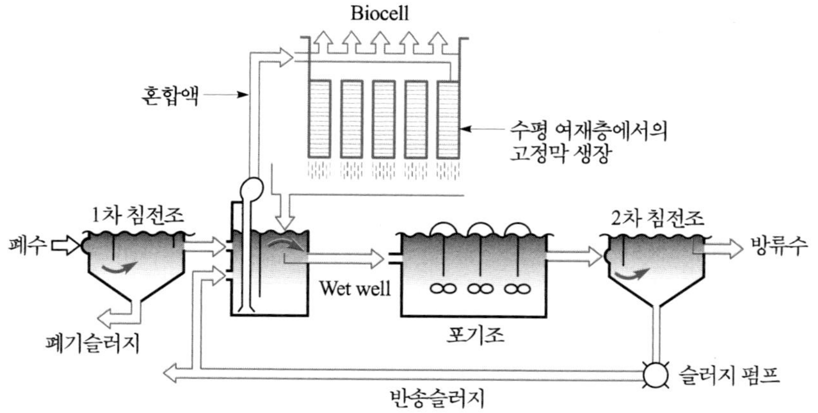

그림 13.20 **활성 생물여상의 모식도**

표 13.6 **활성 생물여상 공정의 전형적 설계 기준**

기 준	단 위	평균치	범 위
방류수 수질			
BOD	mg/L	20	10~30
SS	mg/L	20	10~30
암모니아	mg/L	1.0	0.5~2.5
Biocell			
유기부하	kg BOD/m^3/d	3.2	1.6~5.6
여상 깊이	m	4.3	2.1~6.7
BOD 제거율	%	65	55~85
슬러지 재순환		0.5Q	0.3~1.0Q
Biocell recycle		0.4Q	0~2.0Q
Biocell flow		1.9Q	1.5~4.0Q
Biocell 표면부하	m^3/m^2/d	200	60~300
포기조			
체류시간(유기물 기준)	h	0.8	0.5~2.0
체류시간(질화작용 기준)	h	3.5	2.5~6.0
유기부하(유기물 기준)	kg BOD/m^3/d	1.5	0.8~3.6
유기부하(질화작용 기준)	kg BOD/m^3/d	0.4	0.3~0.6
F : M(유기물 기준)	kg BOD/kg MLVSS/d	0.5	0.2~0.9
F : M(질화작용 기준)	kg BOD/kg MLVSS/d	0.13	0.1~0.2
MLVSS	mg/L	3,000	1,500~4,000
MLSS	mg/L	4,000	2,000~5,000
침전조			
overflow rate	m^3/m^2/d	25	12~50
반송슬러지 농도	%	1.5	1.0~3.0
슬러지 생성(유기물 기준)	kg VSS/kg BOD	0.65	0.55~0.75
슬러지 생성(질화작용 기준)	kg VSS/kg BOD	0.45	0.30~0.55

일부 biocell 유출수는 wet well로 재순환되기도 한다. 활성슬러지 포기조에서 분해가 끝난 폐수는 최종 침전조로 전달되며 침전된 생물학적 고형물 중 일부는 biocell, wet well로 반송되며 일부는 폐기된다.

Biocell의 여재는 삼나무판을 적당한 간격을 두고 수평으로 배치한 것인데 공기와 폐수의 모든 방향으로 자유로운 이동이 일어날 수 있다. 여재는 전형적으로 4.3 m 정도의 깊이로 구성되며 biocell은 13~713 m^2의 표면적을 갖는다. 최근에는 플라스틱 살수여상 여재를 삼나무판 대신 이용하는 방법도 시도되었다.

활성 생물여상법에서는 일반적으로 biocell에서 50~85 %의 BOD 제거가 일어나고 나머지는 포기조에서 제거되게 설계된다. 활성 생물여상의 운전에 영향을 미치는 요소가 많기 때문에 전통적인 생물막과 부유생장의 생장 분석법이 쉽게 적용되지 못하며 대신 경험적인 접근법이 많이 사용된다. 표 13.6은 질화작용이 요구되는 도시 하수 내의 유기물 제거를 목적으로 하는 체제에서 권장되는 공정 기준들이다. 일반적으로 질화작용이 요구될 때에는 유기물 제거에 필요한 체류시간 0.8 h에서 질화작용이 일어날 수 있을 정도인 3.5 h의 체류시간에 필요한 만큼 포기조의 부피를 증가시켜야 한다. 최근에는 고정된 여재로 된 biocell 대신 회전원판을 사용하는 가능성에 대해서도 연구되고 있는데 이 방법도 매우 효과적인 것으로 알려져 있다.

13.13 고도처리

13.13.1 고도처리의 필요성

폐수에는 많은 양의 영양염류가 함유되어 있으며 이중 질소와 인은 하천이나 호수에 유입되었을 때 부영양화(eutrophication) 현상을 일으켜서 조류 등의 1차 생산자들을 대량으로 발생하게 만든다. 이런 조류의 생장으로 물의 BOD가 증가하고 수질이 악화되는 등의 문제점을 일으키게 된다. 또한 폐수 내의 질소는 대부분이 $R-NH_2$의 유기성 질소나 암모니아 형태로 되어 있는데 유기성 질소는 미생물에 의한 광물화 과정(mineralization)인 암모니아화(ammonification)에 의해 쉽게 암모니아로 변한다. 하천 및 호수에서 이 암모니아는 13.6.5절에서 설명한 것처럼 질화세균(nitrifying bacteria)에 의해 아질산염(nitrite)을 거쳐 질산염(nitrate)으로 산화되는데 이 과정에서 많은 양의 용존산소를 소모한다. 따라서 지표수에서 암모니아에 의한 산소 소모를 막기 위해서는 폐수에서 암모니아를 제거해야만 한다. 한편 20세기 중반 이후 다양한 인공 합성 유기물 및 중금속 등을 생산, 사용하고 폐수로 방류하여 폐수에 포함된 난분해성 물질, 독성 물질 등에 의해 인간을 포함한 모든 생물체들이 많은 피해를 보게 되었다. 이런 물질들의 예로는 합성세제 등의 계면활성제, 농약, 탄화수소, 유기염소화합물, 중금속 등이 있으며 점차 그 종류와 양이 증가하고 있다.

폐수 내에 이런 영양염류, 난분해성 물질, 독성 물질이 함유되어 있을 때 재래식 폐수 처리에서는 그 일부만이 처리 또는 제거된다. 질소는 1차 처리에서 5~25%, 2차 처리에서 20~30%만이 슬러지의 형태로 제거된다. 인은 1차 처리에서 15~20%, 2차 처리에서 18~25%가 역시 슬러지로 제거된다. 그 결과 폐수에 함유되었던 영양염류의 1/2 내지 2/3가 2차 처리 후 방류된다. 따라서 유입하천이나 호수에서의 수질 보전을 위해서는 이런 영양염류와 중금속, 유독성 물질 등을 폐수 처리과정에서 제거해야만 하며 이를 3차 처리(tertiary treatment) 또는 고도처리(advanced treatment)라고 부른다.

13.13.2 물리화학적 고도처리

영양염류, 독성 물질, 난분해성 물질 등을 제거하는 방법에는 물리화학적 방법과 생물학적 방법 등 여러 가지가 있다. 암모니아 제거를 위한 물리화학적 방법으로는 암모니아 탈기(ammonia stripping), 파괴점 염소주입(breakpoint chlorination), 이온 교환(ion exchange) 등이 있다. 암모니아 탈기법은 물이 알칼리성일 때 암모니아가 수중에서 기체상의 암모니아 분자(NH_3) 형태로 존재하며 대기와 접촉할 때 대기 중으로 빠져나오는 방법을 이용한다. 이 방법은 암모니아에 의해 인근 지역이 오염될 수 있으며 저온에서 효율이 낮은 단점이 있다. 파괴점 염소주입법은 11.4.2절에 나오는 것과 같이 충분한 양의 염소를 투여할 때 수중의 암모니아가 질소가스로 전환되는 것을 이용한다. 폐수 처리 후 많은 경우에 살균의 목적으로 염소 처리를 하므로 동일 공정 내에서 암모니아를 제거하는 것이 쉽게 이루어질 수 있다. 이온 교환법은 암모니아에 대한 친화성이 있는 이온 교환 수지를 이용하여 제거하는 방법인데 자연비석인 clinoptilolite(천연 제올라이트의 한 종류)를 이용한다.

화학적 인 제거는 응집제를 이용해 불용성 인산염으로 침전시켜 제거하는 방법을 이용한다. 보통 명반[예 : $Al_2(SO_4)_3$] 같은 알루미늄염, 철염($FeSO_4$, $FeCl_3$), 그리고 석회[예 : $Ca(OH)_2$] 등을 이용하는데 활성슬러지법에서는 그림 13.21에서처럼 1차 침전조나 포기조에 투여하기도 하며 2차 침전 후에 투여하여 추가로 침전시키기도 한다.

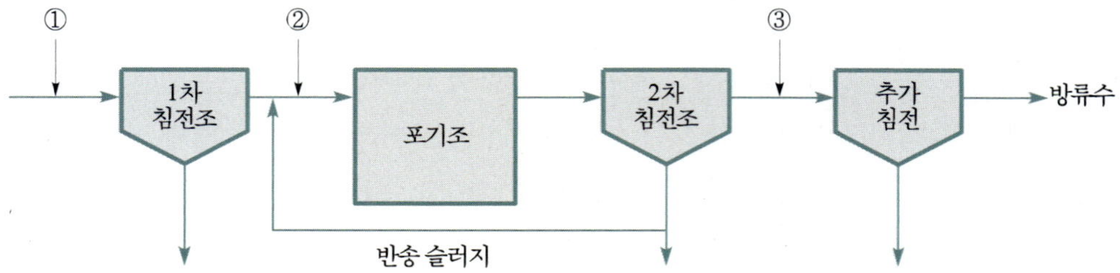

그림 13.21 **활성슬러지 공정에서 인 제거를 위한 응집제 투여지점**

기타 용존 유기물의 제거에는 이온 교환, 전기투석(electrodialysis), 역삼투(reverse osmosis), 증류(distillation), 냉동(freezing), 한외여과(ultrafiltration) 등이 있으나 실제로 대량의 폐수 처리에는 이용하지 않고 있으며 식수 처리와 특별한 경우의 폐수 처리에만 이용되고 있을 뿐이다.

난분해성 유기물이나 유독성 유기물의 제거에는 활성탄에 의한 흡착(adsorption) 방법이 많이 이용된다. 활성탄에는 분말 활성탄(powdered activated carbon, PAC)과 입상 활성탄(granular activated carbon, GAC)이 있는데 분말 활성탄은 가격은 싸지만 흡착 능력이 떨어져서 13.8.5절에 나온 것같이 활성슬러지 변형 공정 등의 폐수 처리 시에 이용된다. 입상 활성탄은 가격은 비싸지만 흡착 능력이 뛰어나고 또 사용 후 재생할 수 있는 장점이 있어서 폐수의 고도처리에 많이 이용된다.

난분해성 물질 제거에 산화제를 이용하기도 하는데 산화제는 난분해성 물질을 이산화탄소와 물로 산화시킬 수 있다. 산화제로는 주로 오존을 사용하였는데 오존은 부작용이 없으나 운전유지비가 많이 든다. 최근에는 전자빔 가속기(electron beam accelerator)를 이용하는 방법도 개발되었다. 전자빔 가속기 기술은 강한 에너지의 전자로 난분해성 물질 분자를 분쇄하며 미생물들이 쉽게 분해할 수 있게 만드는 것으로 다른 고도처리와는 달리 생물학적 2차 처리를 위한 전처리 체제로 이용할 수 있다.

13.13.3 생물학적 고도처리

일반적으로 생물학적 고도처리는 물리화학적 방법처럼 2차 처리가 끝난 후 별도의 처리과정을 요구하지 않으며 주로 2차 처리 공정을 변형시켜서 유기물 제거와 동시에 영양염류와 난분해성 유기물을 제거하게 된다. 생물학적 고도처리에서 대표적인 것은 질소 제거인데 그 원리는 연속적인 질화작용/탈질화작용을 이용하는 것이다. 먼저 폐수 내의 유기질소를 종속영양 세균들이 암모니아로 전환시키는데 질화세균들은 종속영양 세균과의 경쟁에서 뒤지며 절대 호기성이고 또한 유기물에 의해 저해를 받으므로 보통 질화작용은 유기물이 어느 정도 제거되고 용존산소가 풍부한 조건에서 잘 일어나게 된다. 탈질화작용은 혐기성 세균들이 질산염을 전자수용체로 이용하여 질소 가스로 환원시키는 과정인데 이 세균들은 탄소원을 필요로 한다. 재래식 질소 제거 처리방법에서는 유기물 제거, 질화작용, 탈질화작용을 순서대로 일어나게 하였는데 질화작용은 탄소원이 제거된 상태에서 일어나며 뒤따라 일어나는 탈질화작용에서는 따로 유기물을 제공해야 하고 이런 경우에 메탄올이 기질로 많이 사용되었다. 이 방법은 운전이 비교적 쉽고 처리 효율이 높기는 하지만 반응조의 수가 많아야 하고 메탄올을 첨가해야 하는 단점이 있다. 재래식 질소 제거의 단점을 개선한 단일 슬러지 공정들이 개발되었는데(그림 13.22) 이 방법에서는 한 슬러지 내에 유기물 제거, 질화작용, 탈질화작용을 수행하는 미생물군이 공존하며 무산소 조건과 호기성 조건이 번갈아 나타나는 특징이 있다.

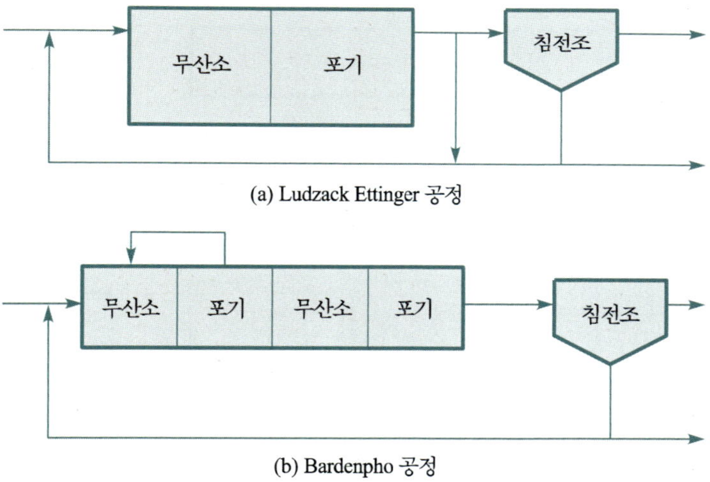

그림 13.22 **단일 슬러지 이용 질소제거 공정**

생물학적 인 제거방법은 폐수처리에 관여하는 미생물들이 인을 과잉섭취(luxury uptake)하게 하여 제거하는 방법인데 활성슬러지법에서 슬러지를 혐기성 조건과 호기성 조건에 반복해서 노출시키면 인 함유율이 높은 슬러지를 생성하는 원리를 이용한다.

즉, 혐기성 상태에서는 유기물을 흡수하여 polyhydroxybutyrate(PHB) 형태로 저장하며 인을 세포 밖으로 방출하고 다음에 호기성 상태에서는 저장된 탄소원을 사용하여 인을 과잉섭취하여 다중인산염(polyphosphate)의 형태로 세포 내에 저장한다. 인 제거에 관계되는 미생물로는 *Acinetobacter*가 있으며 그 외에 *Bacillus*, *Aeromonas*, *Pseudomonas* 등도 관여한다.

생물학적 인 제거 공정으로는 그림 13.23에 있는 Phostrip 공정, A^2/O 공정, Bardenpho 공정 등이 있다. Phostrip 공정은 생물학적 방법과 화학적 방법을 같이 사용하는데 인 제거 효율이 높으며 넓은 범위의 유입수 인 농도를 처리할 수 있다. 그러나 공정이 복잡하고 처리 비용이 많이 든다. Bardenpho 공정은 원래 질소 제거를 목적으로 하는데 인 제거를 겸하도록 공정의 맨 처음에 혐기성 반응조를 추가한 것이다.

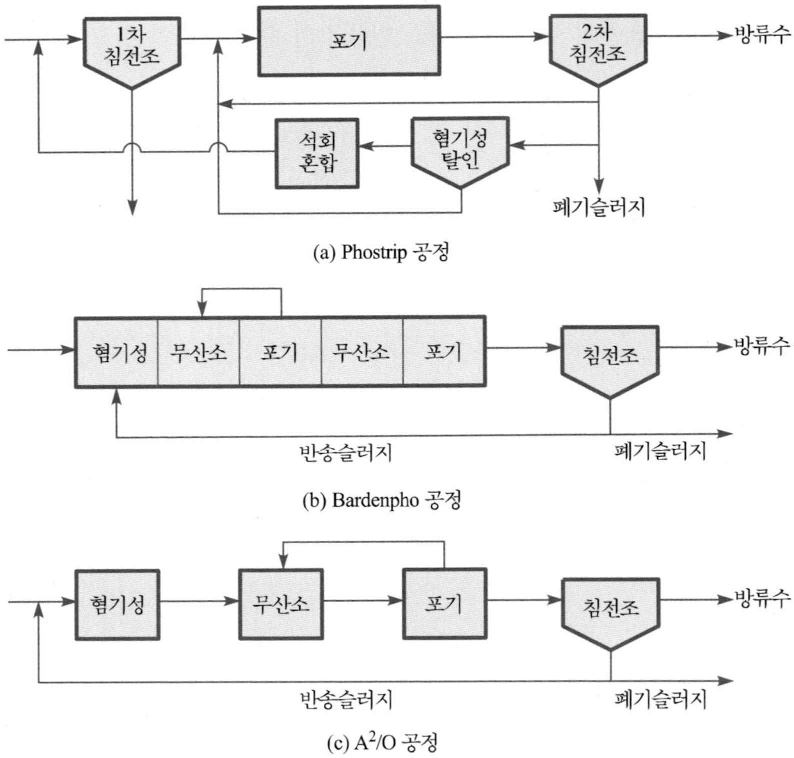

그림 13.23 **생물학적 인 제거 공정**

A^2/O 공정, 그리고 UCT(University of Cape Town) 공정, VIP(Virginia Initiative Plant) 공정 등이 질소와 인을 동시에 제거하는 일관 공정의 대표적인 예가 된다.

최근에는 영양염류뿐만 아니라 다양한 난분해성, 독성 물질들도 폐수에 많이 존재하며 이런 유기물을 처리하는 방법들도 연구되고 있는데, 질소와 인 제거에 이용되는 연속 혐기-호기 방법에 의해 난분해성 물질들이 효과적으로 처리될 수 있음이 확인되었다. 혐기성 조건에서는 호기성 조건에서 분해가 어려운 유기염소 화합물들이 분해 또는 탈염소화(dechlorination)될 수 있으며 혐기성 조건에서 분해가 어려운 탄화수소, 방향족 화합물 등이 호기성 조건에서는 쉽게 분해가 된다. 따라서 이런 성질을 이용한 혐기-호기 처리방법을 채택한 공정을 개발하면 질소, 인과 난분해성 유기물까지 효율적으로 동시에 제거가 가능해질 것이다. 또한 단일 미생물에 의한 분해가 어려울 경우 다른 종류의 생장 기질을 공급하여 공동대사(cometabolism)에 의해 제거하는 기작도 이용할 수 있을 것이다.

또 다른 생물학적 질소, 인 제거방법으로 조류 채취(algae harvesting)가 있다. 이 방법은 안정지에서 광합성에 의해 조류가 생장하면서 폐수 내의 질소와 인을 동화시킨 후 조류를 거둬내는 방법으로, 2차 처리가 끝난 처리수를 3차지(tertiary pond) 또는 숙성지(polishing pond)에 체류시키거나 토양 또는 모래 여상 위로 흐르게 하거나 살수하는 방법을 사용할 수 있다. 이 방법은 비용이 적게 들며 기술적으로 간단한 장점이 있으나 거둬낸 조류를 처분해야 하는 문제점이 있는데 폐수에 유독성분이 없다면 조류를 가축 사료나 유기질 비료로 이용할 수 있다. 그러나 이 방법은 태양광이 충분한 계절과 지역에서만 적당하며 조류 생장이 최적 조건일 때는 광합성에 의한 이산화탄소의 소모로 pH가 상승하여 물에 용해되어 있던 인산이 침전되는 단점이 있다. 또한 겨울에는 광합성량이 현저히 줄어든다. 조류 채취는 폐수처리에만 이용하는 것이 아니라 호수에서 부영양화 조절방법의 하나로도 이용되고 있다. 우리나라에서도 대청호, 팔당호에서 수초제거선을 이용하여 영양염류 제거방법으로 시도하고 있다.

13.13.4 습지 및 수중경작 체제

습지(wetland)는 일반적으로 수심 1m 이하이고, 수생식물을 부양하고 부들(cattail), 애기 부들(bulrush), 갈대(reed), 사초(sedge)와 목본 식물 등 정수식물(물에 잠기어 생장하는 식물)들이 자라고 있는 지역이며 또한 많은 동물들이 생존하고 있는 서식처이기도 하다. 최근 습지는 2차 방류수를 위한 추가적 처리 방법으로 점차 주목을 받고 있다. 서식하고 있는 식물상은 세균들이 부착할 수 있는 표면이 되고 폐수에 있는 오염물질을 여과, 제거하는 데 중요하게 작용한다. 비록 자연 및 인공 습지 모두 폐수 처리에 사용되어 왔으나 최근에 와서 규제가 강화되고 있으므로 인공습지에 대한 관심이 높아지고 있다. 자유수면 체제(free water surface, FWS)와 지하 흐름 체제(subsurface flow system, SFS)의 2가지 형태의 인공적 습지 체제가 일반적으로 사용되고 있다. FWS 습지는 수표면이 대기에 노출되므로 자연 늪지와 유사하며 부유식물 및 정수식물들이 존재한다. 또한 SFS는 비교적 불투수성의 바닥에 정수식물을 유지하기 위해 모래 또는 암석으로 채워진 수로로 구성된다.

습지 처리과정 도중에 폐수를 이용하여 부레옥잠(water hyacinth)과 같은 수중식물이 자라고 인간이 이용할 수 있는 각종 어류들도 자라게 된다. 이들 수중식물들의 생장은 추가적 폐수처리 기능도 나타내지만 어류와 기타 수생동물들의 먹이가 된다. 이러한 수중경작 체제는 넓은 부지가 필요하고 인간이 섭취할 수중동물의 생산에 있어 보건학적 위해성도 따르므로 깊은 검토가 필요하다. 도시하수의 3차 처리 방법의 하나로 자연계를 이용하는 방안에 대한 관심이 계속 높아지고 있다. 한편 날아다니는 곤충에 의한 잠재적 문제점들을 감소시키기 위하여 지하 흐름 습지가 조성되었다. 이러한 형태의 습지에서 폐수는 물로 포화된 토양에서 잘 자라는 식물들을 함유하는 자갈층 밑으로 흐르게 된다.

13.13.5 슬러지 처리

폐수처리 공정에서 가장 주요한 부산물은 1차, 2차, 또는 3차 슬러지이며, 이들은 여러 방법을 통하여 처리된다. 생슬러지 중 토사와 같이 생물학적으로 분해되지 않는 거친 입자를 제거하기 위해 스크리닝(screening)을 한다. 일반적으로 슬러지는 종류에 따라 다르지만 70~80% 이상의 수분 함량을 가지기 때문에 슬러지의 고형물 함량을 높이기 위해 먼저 농축(thickening)을 한다. 이 과정은 원심분리로 하는데, 고형물의 함량을 12%까지 올릴 수 있다. 다음 단계로 탈수(dewatering) 과정을 거치면 고형물의 함량이 20~40%가 된다. 이 과정은 주로 여과나 건조판을 사용한다. 슬러지 개량(conditioning)은 액상으로부터 고체가 분리되는 것을 향상시킨다. 이를 위하여 명반(alum), 석회, 철염이나 다전해질(polyelectrolyte)이라고 알려진 합성 유기중합체를 첨가한다. 이러한 과정은 슬러지의 무게를 감소시키고 최종 처분장까지 운반하는 데 소요되는 수송비를 감소시키기 위함이다.

최종적으로 슬러지에서 고형물의 함량을 낮추고 슬러지에 있는 병원성 미생물을 불활성화시키기 위한 안정화(stabilization) 기술이 있다. 안정화 기술에는 미생물이 호기적으로 유기물을 분해하는 호기성 소화가 있는데 1.2~2.4 m 깊이의 탱크에 공기나 산소를 첨가하는 것이다. 불쾌한 냄새가 생기지 않도록 탱크 내 산소의 농도는 1 mg/L 이상을 유지하여야 한다. 평균 체류시간은 12~60일이며, 이는 탱크의 온도에 의존한다. 이 과정에서 미생물이 호기적으로 유기물을 분해하기 때문에 슬러지 내의 휘발성 고형물의 함량이 40~50% 감소한다. 소화 온도는 일반적으로 중온(30~40℃)을 사용한다. 산소의 함량을 높이면, 호열성 소화(>60℃)를 유도할 수 있다. 미생물에 의한 혐기성 소화는 산화환원전위가 낮거나 산소의 농도가 낮을 때 일어난다. 이산화탄소를 주요 최종 전자수용체로 사용하여 유기물을 메탄과 이산화탄소로 분해시킨다. 이 과정은 휘발성 고형물의 함량을 35~60% 낮출 수 있다. 슬러지의 혐기성 소화는 14.2절에 설명되어 있다.

퇴비화(composting)는 슬러지를 C : N 비율이 높은 팽화제(bulking agent)와 섞는 것으로 시작하는데 퇴비화 공정에 대해서는 제16장에 구체적으로 설명되어 있다. 석회 고정화는 석회[$Ca(OH)_2$나 CaO]를 첨가하여 최소 2시간 이상 소화 슬러지의 pH를 최소 12 이상으로 유지하는 것이다. 석회는 냄새도 줄일 수 있으며, 세균 또는 바이러스 병원체의 불활성화에는 매우 효과적이지만 기생충에 대해서는 덜 효과적이다. 열처리는 압력을 가하면서 슬러지를 260℃에서 30분 정도 처리하는 것이다. 이 과정을 통하여 병원체와 기생충을 죽이며, 슬러지의 탈수가 일어난다.

슬러지는 수분, 유기물과 영양물질이 풍부하여 토양에 적용하여 수분 및 비료 투여 효과를 얻을 수 있기 때문에 폐기물 처리와의 이중 효과를 얻을 수 있다. 따라서 건조 지역에서 많이 실시하고 있는데 유해성분 및 병원체가 적다면 토양에 부식질 성분이 적을 경우 유용한 방법이 될 수 있다. 슬러지의 토양 적용은 전적으로 고형물의 함량에 의존하는데 고형물의 함량에 따라 자연 상태에서 액체인지 덩어리(cake)인지 결정된다. 토양 적용 방법은 다음의 두 종류가 있다.

- **주입** : 액상 생물고형물은 토양 15~23 cm 깊이에 주입한다. 주입 차량이 주입과 더불어 토양을 뒤집어 준다. 이 과정은 냄새, 생물에어로졸의 발생을 줄여주며, 표층수에 의해 씻겨 나가는 것을 막아준다.
- **표층 적용** : 액상 또는 덩어리 생물고형물을 표면에 뿌린 후, 경작을 한다.

참고문헌

Allen, L. A. (1944) The bacteriology of activated sludge. *J. Hygiene, Camb.*, 43 : 424-431.

Andrews, J. F. (1983) Kinetics and mathematical modelling, in *Ecological Aspects of Used Water Treatment* (eds C. R. Curds and H. A. Hawkes). Vol. 3, Academic Press, London, pp. 113-172.

Atkinson, B. and Mavituna, F. (1983) *Biochemical Engineering and Biotechnology Handbook,* Macmillan Publishers Ltd, Byfleet.

Barnard, J. L. (1978) The Bardenpho process, in *Advances in Water and Wastewater Treatment, Biological Nutrient Removal* (eds M. P. Wanielista and W. W. Eckenfelder), Ann arbor Science, pp. 79-114.

Bruce, A. M. and Hawkes, H. A. (1983) Biological filters, in *Ecological Aspects of Used Water Treatment* (eds C. R. Curds and H. A. Hawkes). Vol. 3, Academic Press, London, pp. 2-111.

Characklis, W. G. and Mrshall, K. C. (1990) *Biofilms,* John Wiley & Sons Inc. New York.

Curds, C. R. (1982) The ecology and role of activated sludge. *Ann. Rev. Microbiol.* , 36 : 27-46.

Dias. F. F. and Bhat, J. V. (1964) Microbial ecology of activated sludge. I. Dominant bacteria. *Appl. Microbiol.* , 12 : 412-417.

Forster, C. r. (1985) *Biotechnology and Wastewater Treatment,* Cambridge University Press.

Ganczarczyk, J. J. (1983) *Activated Sludge Process Theory and Practice,* Marcel Dekker Inc. , New York.

Gaudy, A. F. and Gaudy, E. T. (1980) *Microbiology for Environmental Scientists and Engineers,* McGraw-Hill Book Company, New York.

Hawkes, H. A. (1983) Activated Sludge, in *Ecological Aspects of Used Water Treatment* (eds C. R. Curds and H. A. Hawkes). Vol. 3, Academic Press, London, pp. 77-162.

Hawkes, H. A. (1983) The applied significance of ecological studies of aerobic processes, in *Ecological Aspects of Used Water Treatment* (eds C. R. Curds and H. A. Hawkes). Vol. 3, Academic Press, London, pp. 173-333.

Mudrack, K. and Kunst, S. (1986) *Biology of Sewage Treatment and Water Pollution Control,* Ellis Horwood Ltd, Chichester.

Oh, K. -H. and Tuovinen, O. H. (1994) Biodegradation of the phenoxy herbicides MCPP and 2, 4-D in fixed-column reactors. *Int. Biodeterioration & Biodegradation,* 33 : 93～99.

Painter, H. A. and Viney, M. (1959) Composition of a domestic sewage, *J. Biochem. Microbiol. Technol.* , 1 : 143-162.

Pike, E. B. (1975) Aerobic bacteria, in *Ecological Aspects of Used Water Treatment* (eds C. R. Curds and H. A. Hawkes). Vol. 3, Academic Press, London, pp. 1-63.

Pike, E. B. and Carrington, E. G. (1972) Recent developments in the study of bacteria in the activated sludge process. *Water Pollut. Control,* 71 : 583-605.

Schonborn, W. (1986) Microbial Degradation, in *Biotechnology* (eds H. -J. Rehm and Reed, G.). Vol. 8, VCH, New York.

Sterritt, R. M. and Lester, J. N. (1988) *Microbiology for Environmental and Public Health Engineers,* E&N. Spon, London.

Tempest, D. W. and Neijssel, O. M. (1976) Microbial adaptation to low nutrient environments, in *Continuous Culture 6 : Applications and New Fields,* (eds A. C. R. Dean, D. C. Ellwood, C. G. T. Evans and J. Melling), Ellis Horwood Ltd, Chichster, pp. 283-296.

White, J. B. (1976) *Wastewater Engineering,* Edward Arnold, London.

Winkler, M. a. (1981) *Biological Treatment of Wastewater,* Ellis Horwood, Chichester.

chapter 13 | 호기성 폐수처리

연습문제

01 폐수의 예비 처리과정에 대하여 설명하라.

02 1차 슬러지에 존재할 수 있는 유기물의 종류는 무엇이며 2차 슬러지와 다른 유기물 조성은 무엇인가?

03 안정지와 활성슬러지 공정에서 일어나는 호기성 대사를 비교하라.

04 활성슬러지의 운전을 조절하는 요소는 무엇인가?

05 활성슬러지의 미생물 조성에 대하여 설명하라.

06 활성슬러지의 응집 기작에 대하여 설명하라.

07 팽화 현상이 일어날 때 발견되는 미생물의 종류를 들라.

08 슬러지 부상의 원인은 무엇인가?

09 활성슬러지 포기조에서 질화작용이 일어날 때의 장단점을 들라.

10 장기 포기법의 목적은 무엇인가?

11 초심층 초기법의 장점은 무엇인가?

12 다음의 활성슬러지 공정에서 비생장률 μ_n과 슬러지 일령 θ_x를 계산하라.

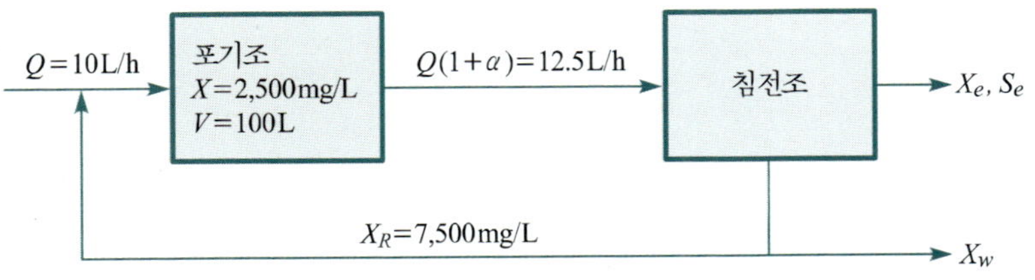

13 생물막 처리의 원리에 대하여 설명하라.

14 생물막의 깊이에 따라 존재하는 미생물들의 종류를 들라.

15 살수여상에서 유출수 재순환의 목적은 무엇인가?

16 살수여상의 여러 가지 공정을 비교하라.

17 회전원판의 2가지 구동 방식을 비교하라.

18 폐수의 고도처리가 필요한 이유를 들라.

19 생물학적 고도처리 공정에 대하여 설명하라.

CHAPTER

혐기성 폐수 처리 14

CHAPTER

14 혐기성 폐수 처리

14.1 서 론

혐기성 조건에서 메탄 가스가 생성되는 현상은 일찍이 1776년에 이탈리아의 물리학자 Alessandro Volta에 의해 발견되었으며 1880년대부터 유럽과 미국에서 하수 슬러지와 폐수의 BOD 감소를 위한 방법으로 일부 이용되었다. 그러나 가정 하수나 그 밖의 용해성 및 부유성 유기물의 부하가 상당히 높은 유사한 조성의 다른 폐수의 처리에서 혐기성 공정들은 전통적으로 널리 이용되어 오지 않았다. 초기에 이용되었던 것은 그림 14.1에 보이는 것과 같은 간단한 부패조(septic tank)였으며 1904년과 1905년에 각각 Travis와 Imhoff에 의해 개량된 혐기성 반응조들이 개발되었고, 그 후 보다 효율적인 혐기성 소화조(anaerobic digester)들이 개발되어 이용되었다.

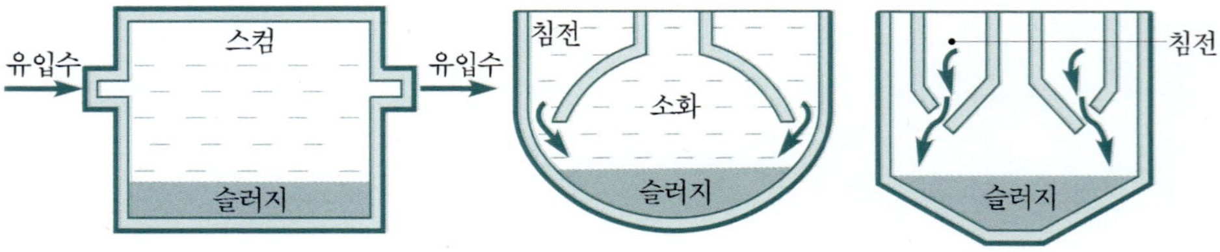

(a) 부패조 (b) Travis의 혐기성 반응조 (c) Imhoff tank

그림 14.1 혐기성 반응조

혐기성 처리(anaerobic treatment)는 호기성 처리(aerobic treatment)에 비해 상당히 느리지만 비교적 높은 BOD를 가진 폐수나 폐기물의 처리에 보다 적합하다. 제15장에 나오는 최근에 개발된 고속 혐기성 공정들은 용해성 고부하의 산업 폐수의 처리에 이용되고 있다. 그러나 혐기성 소화 공정(anaerobic digestion process)은 선진국에서도 통상적 하수 처리에서 나오는 폐기 슬러지를 최종 처분하기 전에 처리와 안정을 위한 방법으로 오랫동안 이용해 왔다. 영국에서는 생성되는 모든 슬러지의 약 50% 정도를 혐기성 소화법으로 처리하고 있다.

슬러지 소화(sludge digestion)의 주된 목적들은 악취 및 불쾌한 성질들의 중화, 슬러지 부패현상의 저하, 병원체 숫자와 일반적인 미생물 활성의 감소 등이다. 슬러지 소화 시 30~40%의 고형물의 기체로의 전환을 통해 유기물량이 감소되며 안정된 산물은 탈수성이 향상되고 취급과 처분이 보다 쉬워진다.

혐기성 대사의 주된 최종산물은 메탄(methane) 가스이며 그것은 기체이기 때문에 처리 후 최종산물의 BOD에 기여하지 않는다. 또한 혐기성 대사이기 때문에 BOD 감소는 포기(aeration)할 필요없이 이루어질 수 있다. 이것은 혐기성 처리의 주된 장점인데 그 이유는 포기가 비용이 많이 들며 호기성 공정들은 BOD가 증가함에 따라 산소 전달률에 의해 제한되기 때문이다. 산소 전달의 제한을 받지 않으므로 호기성 처리에서 처리하지 못하는 고농도 기질의 폐수도 처리할 수 있다. 혐기성 대사에서는 에너지 생성률이 낮으며 그로 인해 세포의 생장률도 낮아서 슬러지 발생량도 매우 적다. 또한 최종산물인 메탄은 가연성 기체이므로 에너지원으로 이용할 수 있으며 처리장에서 실제로 혐기성 처리에 적합한 온도의 유지에 이용하고 있다. 그러나 혐기성 체제는 낮은 처리율과 그로 인한 긴 체류시간의 유지, 독성 물질에 대한 큰 민감성, 악취 발생, 온도 유지를 위한 가온의 필요성, 그리고 일반적인 공정 불안정성 경향 등의 단점을 가지고 있다.

14.2 혐기성 슬러지 소화

14.2.1 공정의 개요

혐기성 소화는 대부분 지방, 단백질과 탄수화물의 고분자 중합체 형태로 된 슬러지에 존재하는 유기 고형물을 가수분해하고 발효시켜 궁극적으로 메탄으로 전환시키는 혐기성 미생물들의 복잡한 혼합배양 체제를 이용한다. 보통 슬러지의 유기 고형물량은 이런 방법에 의해 50%까지 감소된다.

대부분의 통상적인 소화조(digester)는 생물량의 재순환이 없는 단일통과 반응조로 운영한다. 많은 경우에 생성되는 기체를 모아서 이용하며 이를 위해 전체 공정은 기체를 모으는 떠있는 덮개(floating gas holder cover)가 설치된 밀폐된 반응조에서 일어난다. 이것 대신 부피가 고정된 반응조에서 혐기성 소화를 일으킬 수도 있으며 기체는 별도의 장치에 저장한다.

혼합 또는 교반은 호기성 공정보다 훨씬 덜 요구된다. 저속 소화는 혼합을 거의 채택하지 않으나 고속 체제에서는 간헐적인 기계적 혼합이나 생성된 기체를 분사하여 혼합하는 방법을 이용한다. 대부분의 재래식 소화조는 반회분식(semi-batch)으로 운영되어 생슬러지(raw sludge)의 투여와 안정된 산물의 회수가 간헐적으로 일어나는데 종종 1주까지 간격이 유지된다.

이단계 체제도 자주 이용되는데 2차 소화조는 혐기성 활성의 잔류 수준이 낮은 슬러지 저장조로서 또는 슬러지 농축조(sludge thickener)로서 작용한다. 만일 메탄생성이 상당한 수준으로 진행된다면 슬러지 고형물의 효율적인 침전이 일어나지 않으며 따라서 2차 반응조가 필요하게 된다. 혐기성 소화조의 상등액(supernatant liquor)은 보통 폐수 처리의 초반부로 재순환되어 추가적으로 호기성 처리를 거치게 된다. 전형적인 혐기성 소화 체제의 모식도가 그림 14.2에 나와 있다.

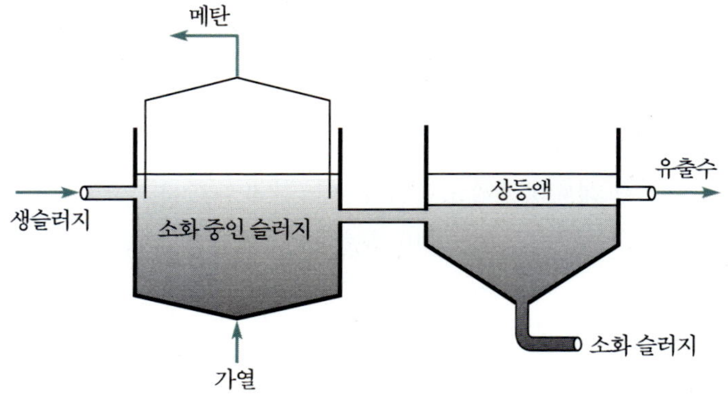

그림 14.2 **전형적인 혐기성 소화조**

14.2.2 운전 조건

(1) 온 도

혐기성 소화는 느린 공정이므로 관련된 생화학적 반응을 가속시키기 위해 가열하는 것이 필요하다. 가열하지 않은 체제는 소화조라기보다는 슬러지 라군(lagoon)이라고 종종 불린다. 그러나 20℃ 이하 온도에서의 저온성 소화(psychrophilic digestion)가 이용되기도 한다. 대부분의 재래식 소화조는 25℃에서 40℃ 사이의 중온성 범위에서 운영된다. 자연환경에서는 저온성과 중온성의 혐기성 원핵생물들이 모두 발견되는데 전자는 호수와 습지 바닥의 퇴적토에서, 후자는 초식동물의 반추위(rumen)에 존재한다. 비록 혐기성 소화가 50~70℃의 고온 범위에서도 진행될 수 있지만 고온성 원핵생물은 자연환경에서 그다지 흔하지 않으며 종류도 많지 않다. 고온성 소화(thermophilic digestion)는 중온성 소화(mesophilic digestion)에 비해 처리시간이 훨씬 짧은 장점이 있지만 비교적 덜 이용되는데 그 이유는 고온성 소화가 보다 흔한 중온성 소화와는 상당히 다른 원핵생물 군집에 의존하지만 종다양성이 높지 않아 안정성이 낮으므로 그로 인한 장점이 그다지 크지 않을 수 있다.

(2) 체류시간

저온성 소화에서 평균 슬러지 체류시간(mean sludge residence time)은 종종 100일 이상이 된다. 따라서 만일 상당한 양의 슬러지가 생성된다면 그것의 소화를 위해 넓은 면적의 부지가 필요하다. 중온성 소화조는 전형적으로 25~35일 범위의 평균 슬러지 체류시간으로 운영되며 고온성 소화조는 12~15일 정도가 유지될 때도 있다.

(3) 기질부하(substrate loading)

부하를 계산하기 위해 COD와 BOD를 기준으로 이용하는 대신 슬러지의 유기물량으로 휘발성 고형물(volatile solids)을 이용한다. 따라서 부하는 보통 휘발성 고형물 kg/m^3/day로 운영된다. 그러나 슬러지와 기질은 하나이며 동일한 것이므로 만일 더 낮은 농도의 분해가능한 유기물을 함유한 슬러지가 정상적인 유기물 부하를 유지하도록 충분한 비율로 투여된다면 그에 따른 높은 양적 부하(volumetric loading)로 인해 체제 내의 생물량의 체류시간은 감소하게 될 것이다. 따라서 여기서 설명한 운영기준들은 1차 또는 1차 하수 슬러지와 유사한 성질을 가진 폐수의 경우에만 관련된다.

14.3 혐기성 소화에서의 생물학적 활성

14.3.1 소화 슬러지의 미생물 조성

혐기성 소화는 미생물학적으로 복잡한 공정이다. 비록 균류와 원생동물이 존재하는 것이 발견되었지만 그 수는 적으며 소화 공정 자체는 거의 전적으로 원핵생물의 활성에 의한 것으로 간주된다. 공정에서 발견되는 원핵생물 종류들은 크게 가수분해 세균, 발효 세균과 메탄생성 고균의 3가지로 나뉜다. 그러나 처음 두 종류에 속하는 세균들은 상당히 중복된다. 미처리 하수에서 가장 중요한 혐기성 세균의 공급원은 분변(feces)이다. 분변 오염(fecal contamination)의 지표 미생물(indicator microorganism)로 이용되는 분원성 대장균군(fecal coliform)과 clostidia나 streptococci 같은 다른 세균들이 분변에 많이 함유되어 있지만 수적으로 가장 중요한 세균은 *Bacteroides* 속의 세균들이다. 이 세균들은 전형적으로 분변에 약 10^{10}/g 정도 존재하며 다른 절대 혐기성 세균보다 10^2내지 10^4배 정도 많다. 혐기성 소화에 존재하는 다른 세균들로는 $10^4 \sim 10^5$ mL 정도의 지질분해 세균, 10^6 mL 정도까지의 단백질분해 세균, 그리고 $10^4 \sim 10^5$ mL의 섬유소분해 세균들이 존재한다. 분리된 세균 중 많은 것들이 clostridia, *Bacteroides* spp., *Pseudomonas*, *Bacillus* spp. 등이다. 발효미생물 중에는 일부 통성 세균(fecultative bacteria)도 발견되나 혐기성 소화조의 주된 세균 종류는 절대 혐기성 세균들이다. *Clostridium* spp.는 또한 *Butyribacterium*, *Propionibacterium*, *Megasphera* spp.와 더불어 발효 세균으로도 탁월하다. Streptococci와 lactobacilli도 발견될 수 있다. 혐기성 공정에서의 환원성 조건은 특징적인 황화수소 냄새를 발생하게 한다. 비록 일부 황화수소는 황함유 아미노산으로부터 유래되나 대부분은 미처리 하수에 존재하는 황산염의 환원(sulfate reduction)에 의해 생성된다. 혐기성 세균인 *Desulfovibrio desulfuricans*가 이 환원을 수행하는 대표적인 종이다. 만일 폐수가 처리장에 도달하기 전에 하수도에서 혐기성 생활에 의해 이 환원이 일어난다면 발생하는 황화수소는 환기되는 공간에서 화학독립영양을 하는 황 산화 세균인 *Thiobacillus* sp.에 의해 호기적으로 재산화될 수 있어서 황산을 만들게 되며 하수도의 콘크리트 벽을 부식시킨다. 메탄생성 원핵생물들은 고균(Archaea)으로 또한 절대 혐기성이다. 한때 이 고균들은 영양학적으로 다양한 발효 최종산물을 메탄으로 전환하는 것으로 생각되었다. 그러나 현재는 주된 발효 최종산물인 여러 알코올과 유기산의 2차 발효를 수행하는 다른 종류에 의해 제공되는 탄소 1개 또는 2개의 화합물만을 대부분의 메탄생성 고균들이 이용하는 것으로 밝혀졌다. 이들 2차 발효 미생물들 또한 절대 혐기성이며 메탄생성 고균과의 밀접한 상리공생 또는 공동영양(syntrophy) 관계(interspecies hydrogen transfer) 때문에 구체적인 것을 연구하는 것이 어렵지만 *Syntrophomonas*와 *Syntrophobacter* 등이 동정되었다.

14.3.2 병원체와 기생충의 생존

생물학적 폐수처리 공정이 병원체나 기생충을 완전히 제거하거나 불활성화시키지는 못한다. 폐수처리과정에서 많은 미생물들은 고형물질에 부착하여 단순히 폐수 슬러지로 이전되므로 슬러지를 살포한 토양에서 식용작물의 생산과 가축의 방목은 상당 기간 금지되어야 한다. 이러한 미생물을 처리하거나 세포수를 크게 감소시키기 위해서는 저온살균, 건조, 화학적 불활성화(석회, 오존), 방사선 처리 등의 방법이 이용된다. 슬러지에서 발견되는 병원체는 *Salmonella*, *Shigella*, *Campylobacter*, *Yersinia*, *Lestospira*, 장내병원성 세균인 *E. coli* 등의 세균류와 poliovirus, coxackie A형 및 B형 virus, echovirus, reovirus 등의 여러 가지 바이러스가 있으며, 기생충은 슬러지에서 가장 흔하게 발견되는 *Taenia saginata*, *Toxocara*(고양이 회충인 *T. cati*나 개의 회충인 *T. canis* 등), *Trichuris*(인간의 편충인 *T. trichura*) 등이 있다.

슬러지의 혐기성 소화에서 관련공정의 종류, 체류시간, 온도 등은 병원균의 생존에 영향을 주는 중요한 요소들이다. 슬러지 주입절차도 역시 병원균의 감소에 영향을 미친다. 혐기성 소화에서 병원균은 1/10~1/1,000까지 감소되며 *Salmonella*는 중온이나 고온에서 모두 불활성화된다. 그러나 슬러지 체류시간이 10일 정도일 때는 중온성 이단 혐기성 소화조가 표준 혐기성 소화조보다 총대장균군, 분원성 대장균군, 분원성 연쇄상구균 등의 제거율이 훨씬 우수하다. 혐기성 소화는 원생동물 소낭의 불활성화에도 효과가 있는 것으로 알려져 있으나 근본적으로 반응속도에 의존한다. 원생동물의 종류에 따라 다소 차이를 나타낸다. 혐기적으로 소화된 슬러지에서 기생충 알의 55%가 생존하였음이 배발생 시험(embryonation test)에서 밝혀졌는데, 이와 같이 중온 혐기성 소화과정에서 회충(*Ascaris*), 편충(*Trichuris*), *Toxocara* 등의 기생충은 충분히 생존할 수 있었다. 회충알은 고온 소화나 55℃에서 15분간 열처리를 해야만 파괴되며, 대부분의 기생충은 53℃에서 고온 혐기성 소화를 하면 완전히 사멸된다. 혐기성 소화 슬러지에서 바이러스는 변칙적으로 검출된다. 프랑스에서는 소화된 슬러지에서 50~130 PFU/L 정도의 바이러스가 발견되었으며 슬러지 시료 중 44%가 바이러스에 대해 양성반응을 나타내었다. 장내바이러스는 중온이나 심지어 고온 혐기성 소화로 처리된 슬러지에서도 여전히 생존하며 슬러지 응집물 속에 존재하는 Poliovirus Type 1형은 30일 이상의 혐기성 소화에서도 살아남는다. 바이러스의 제거는 일정한 경향을 보이지 않으나 대체로 온도가 증가함에 따라 제거율이 높아진다.

14.3.3 혐기성 소화의 대사 경로

고분자량의 유기물이 분해되어 메탄을 형성하는 과정에는 3개의 분명한 단계가 존재한다. 이것들은 불용성 중합체들의 가수분해(hydrolysis), 분해산물의 발효(fermentation), 발효 최종산물을 기질로 이용한 메탄생성(methanogenesis)이다. 가수분해와 발효는 각각 액화(liquefaction)와 산생성(acidogenesis)이라고도 한다. 메탄생성 고균들이 제한된 범위의 기질만을 사용할 수 있다는 보고로 발효와 메탄생성 사이에 휘발성 지방산으로부터 아세트산과 수소의 형성을 포함하는 네 번째 단계가 발견되었다.

이 4개의 대사 경로들을 모두 나타내는 전체과정이 그림 14.3에 있다.

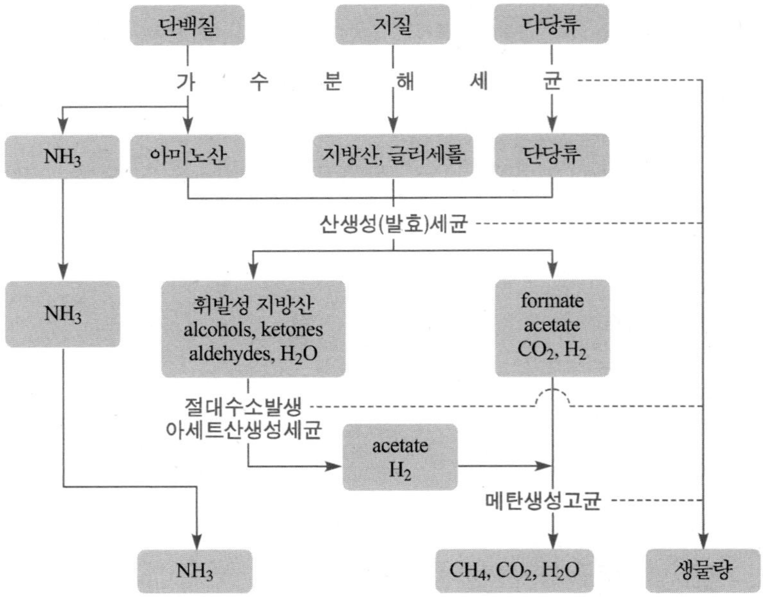

그림 14.3 **혐기성 소화에서의 생화학적 반응**

(1) 가수분해(hydrolysis)

하수 슬러지 같은 기질의 가수분해의 첫 단계는 세포 밖에서 일어나는데 그 이유는 큰 불용성의 중합체들이 세포 내로 수송되지 못하기 때문이다. 일반적으로 소수의 세균들만이 매우 큰 분자들의 분해에 필요한 효소들을 생성할 수 있으며 분자크기가 감소함에 따라 그 분해 산물들을 분해할 수 있는 세균 종의 수는 증가한다.

혐기성 소화에서 지질의 가수분해에 대해서는 알려진 것이 많지 않다. 혐기성 소화조에서는 clostridia와 micrococci가 대부분의 세포외 지질분해 효소들(extracellular lipases)을 생성한다. 이 효소들은 triglycerides를 분해하여 반응산물로 지방산(fatty acids)과 glycerol을 만든다.

아주 다양한 세포외 단백질분해 효소들(proteases)이 혐기성 소화에 관여하는데 어떤 종류들은 매우 특이성이 높으나 다른 종류들은 여러 가지 단백질과 펩티드(peptides)를 분해한다. 단백질분해 효소들은 상당히 넓은 pH 범위(5~11)에서 작용한다. pH 7~8 범위에서 활성을 보이는 특정한 효소들은 종종 아연 함유 metalloprotein들로 EDTA 같은 강력한 킬레이트제(chelating agents)에 의해 저해받는다. 또한 어떤 종류의 단백질분해 효소들은 특별히 유기인 화합물(organophosphorus compounds)에 민감하다.

혐기성 소화에서의 다당류 중 흔한 종류는 섬유소(cellulose: poly-1,4-β-glucose), hemicelluloses(poly-1,4-β-xylose와 pectins의 복합물)와 녹말(starch, poly-1,4-와 1,6-α-glucose) 등이다. 이들은 모두 초기에 다양한 세균들에 의해 생성되는 세포외 가수분해 효소에 의해 분해된다. Pectin과 dextran도 혐기성 소화에서 분해된다.

(2) 발효(fermentation)

아미노산과 당류는 가장 쉽게 발효될 수 있는 기질들이며 일부 혐기성 미생물들은 alkanoic acids, purines, pyrimidines 등을 발효하기도 한다. 당류는 보통 알코올로 발효된다. 피루브산은 아미노산 발효의 중요한 중간물질이며 그것으로부터 lactate, propionate, butyrate, formate, acetate가 생성된다. 아세트산(acetate)이 주된 최종 산물인 산생성 발효(acidogenic fermentation)는 혐기성 소화에서 양적으로 가장 중요하다. Acetate, propionate, butyrate, caproate, caprylate, valerate, heptanoate 들은 혐기성 소화 공정에서 중요한 중간물질인, 전통적으로 휘발성 지방산(volatile fatty acids, VFA)이라고 알려진 화합물 종류를 구성한다.

아세트산은 β-산화(β-oxidation)에 의한 긴 alkanoic acids 사슬의 분해 시에도 생성되는데 β-산화는 지방산 분자의 한쪽 끝에서 탄소 2개씩을 제거하는 순환적인 대사 과정이다. Alkanoic acids의 혐기성 β-산화에 의해 상당량의 $NADH_2$가 생기게 된다.

이 외에 혐기성 소화에서 중요한 역할을 하는 2가지 발효 최종산물로는 이산화탄소와 수소 분자가 있다. 이들은 피루브산이 개미산(formate)을 거쳐 분해될 때 그리고 여러 가지 다른 발효 경로의 중간단계에서 발생한다.

(3) 아세트산생성(acetogenesis)

오랫동안 메탄생성 고균들은 대부분의 발효 최종산물을 직접 메탄으로 전환할 수 있다고 알려져 있었다. 예를 들면, 순수배양이라고 간주되었던 '*Methanobacillus omelianskii*'가 다음 반응을 수행한다고 하였다.

$$2CH_3CH_2OH + CO_2 \rightleftharpoons 2CH_3COOH + CH_4$$

그러나 '*M. omelianskii*'는 두 종류의 절대 혐기성 원핵생물의 매우 밀접한 공생 체제로 구성되어 있다는 것이 밝혀졌다. 이 체제의 첫 번 세균들은 알코올이나 유기산으로부터 아세트산과 수소를 생성한다.

$$CH_3CH_2OH + H_2O \rightleftharpoons CH_3COOH + 2H_2$$

아세트산과 수소는 메탄생성에 필수적인 기질이므로 통틀어 절대 수소발생 아세트산 생성 세균(obligatory hydrogen-producing acetogenic bacteria, OHPA)이라고 알려진 이 세균 및 관련세균의 활성은 분명히 혐기성 처리 공정에 매우 중요하다. 그러나 이 반응들은 에너지가 요구되는 흡열반응이기 때문에 자발적으로 일어나지 못하며 메탄생성 고균들이 수소를 제거해야 일어난다. 따라서 이 반응은 종간 수소전달(interspecies hydrogen transfer)이라 하며 OHPA 세균과 수소영양성 메탄생성 고균의 밀접한 상호작용을 통해 일어난다.

(4) 메탄생성(methanogenesis)

아세트산은 메탄생성의 중요한 기질로서 혐기성 슬러지 소화 중 2/3 정도의 메탄을 생성한다.

$$CH_3COOH \rightleftharpoons CH_4 + CO_2$$

이 반응은 아세트산영양성 메탄생성(acetotrophic methanogenesis) 또는 아세트산분해 메탄생성(acetoclastic methanogenesis)이라 부르는데 소수 종의 메탄생성 고균만이 관여한다. 아세트산분해 고균인 *Methanosarcina barkeri*는 또한 메탄올(CH_3OH) 등의 1~3개의 메틸기를 가진 기질을 이용할 수도 있다. 일부 메탄생성 고균들은 formaldehyde(HCHO)도 이용할 수 있다.

지금까지 알려진 바로는 상당히 다양한 메탄생성 고균들이 이산화탄소를 최종 전자수용체(terminal electron acceptor)로 이용하여 수소 분자의 산화로부터 에너지를 얻는다.

$$4H_2 + CO_2 \rightleftharpoons CH_4 + 2H_2O$$

이 반응은 일종의 화학독립영양 대사이며 수소영양성 메탄생성(hydrogenotrophic methanogenesis)이라 부르는데, 혐기성 소화에서 발생하는 메탄의 1/3 정도가 이 반응에 의해 생성된다.

14.3.4 혐기성 소화의 안정성

혐기성 소화는 여러 종류의 미생물 개체군의 작용에 의존하기 때문에 생태학적 균형을 유지하는 것이 공정의 실패를 방지하는 데 중요하다. 비록 가수분해와 발효가 서서히 진행되지만 이에 관여하는 생물체들은 일반적인 종속영양체와 유사하게 여러 환경조건에 잘 견디는 종류들이다. 공정의 안정된 운전 시에 중요한 중간 물질들인 아세트산과 수소는 낮은 농도로 존재하는데 전형적으로 10 mg/L 이하와 기체상의 부피의 0.1% 이하를 각각 나타낸다. 공정의 후반부가 각종 저해에 가장 민감하므로 공정의 실패는 대부분의 경우 발효 중간물질의 축적으로 나타나게 된다.

예를 들어, 탄수화물의 과부하는 아세트산과 수소가 높은 농도로 존재하게 되는 결과를 만든다.

$$C_6H_{12}O_6 + 2H_2O \rightleftharpoons 2CH_3COOH + 4H_2$$

만일 아세트산의 생성률이 상당 기간 메탄생성 고균에 의한 아세트산 이용률보다 높을 때에는 아세트산의 축적이 pH를 떨어뜨리고 그 결과 전체 체제에 저해 효과를 가져오게 된다. 그러나 OHPA 세균은 그들 자신의 대사산물인 수소에 의해 저해받으므로 보통 수소를 제거하는 메탄생성 고균의 활성에 의해 영향을 받게 된다. 아세트산 생성이 감소되면 축적된 수소는 산생성(acidogenesis)을 부티르산(butyrate)으로 전환한다. 아세트산 생성률이 일시적으로 지체되면 메탄생성 고균들은 적당하게 축적된 아세트산과 수소를 제거할 수 있는 기회를 갖게 되며 따라서 종종 별도의 pH 조절을 할 필요 없이 체제가 본래 균형을 찾게 된다.

보다 심한 과부하 조건에서는 아세트산 생성에 대한 수소의 저해효과가 어느 정도 완화되는데 그 이유는 높은 농도에서 수소가 프로피온산(propionic acid)의 형성에 이용되기 때문이다.

$$C_6H_{12}O_6 + 2H_2 \rightleftharpoons 2CH_3CH_2COOH + 2H_2O$$

이것은 OHPA 세균들로 하여금 아세트산을 계속 생성하게 만드는데 따라서 체제의 pH를 더욱 낮추게 하며 결국 공정은 완전히 실패하게 된다.

혐기성 소화는 이같이 휘발성 지방산(volatile fatty acids, VFA) 축적에 대해 민감하지만 정상적인 조건일 때와 실패가 일어날 때의 이들 산의 농도 차이는 100배 또는 그 이상이 된다. 아세트산은 수용액에서 일부만이 이온화되는 약산인데, 이산화탄소에 의한 소화조 내의 자연적 완충(buffering) 효과를 감안하면 실제로 pH의 상당한 감소가 일어나기 전에 VFA 농도가 크게 증가하게 될 것이다. 따라서 VFA의 정확한 농도는 초기 pH, 알칼리도(alkalinity)와 유기부하(organic loading)를 포함하여 여러 가지 요인에 의해 결정되지만 전형적으로 아세트산 농도로 2,000 mg/L이며, 5,000 mg/L 이상일 경우도 있다.

산에 의한 저해와 별도로 메탄생성 단계는 여러 가지 독성 물질에 의해서도 저해받는다. 이런 독성 물질로는 중금속들이 있는데 카드뮴, 구리, 크롬, 니켈, 납, 아연 등이 대표적인 종류이다. 비록 이 금속들이 낮은 독성을 지닌 불용성 황화물(sulfides)의 형태로 주로 존재하지만 중금속들은 혐기성 소화의 독성 저해를 일으키는 가장 흔한 원인 물질들이다. 독성 유기물들 중에는 염화메탄(chloromethane), 여러 가지 염소화합물(chlorinated compounds), 그리고 일부 계면활성제(surfactants) 등이 저해효과를 나타낼 수 있다.

14.3.5 미생물 생장 지표

메탄생성 단계에서의 낮은 생장률이 혐기성 소화의 속도제한 요인(rate limiting factor)이라고 알려져 왔다. 그러나 OHPA 세균이 더욱 느리게 자란다는 보고가 있는데 그것들은 μ_{max}값이 0.1~0.5/day 수준이며 메탄생성 고균은 0.5~5.0/day 정도이다. 따라서 소화의 실패를 방지하기 위해서는 가장 느리게 자라는 종류들을 자라나게끔 체류시간을 조절해야만 한다. 그러므로 전체 공정의 전형적인 μ_{max}값은 약 0.14~0.30/day가 되는데 이것은 절대 최저 체류시간이 3일을 약간 넘는 정도라는 것을 가리킨다. 그러나 COD에 근거한 전체 공정의 평균 K_s값은 호기성 폐수처리보다 10~50배 정도 크며 최대 유기부하에서 미생물 생장은 최대생장률 이하로 진행된다.

혐기성 처리의 분명한 그리고 최고의 장점은 유기탄소의 대부분이 기체성 최종산물로 전환된다는 점이다. 이것은 유기물의 극히 적은 부분만이 생물량에 의해 동화된다는 것을 의미한다. 이 사실은 혐기성 공정에서 관찰된 수율계수(yield coefficient)에 나타난다. 전형적인 평균 수율계수는 제거된 BOD kg당 0.2 kg으로 호기성 공정에서의 값의 50%에 불과하다.

14.4 폐수 안정지

연못(pond)이라는 용어는 다소 부정확한 단어이지만 일반적으로 생물학적이 아닌 공학적 관점에서 볼 때 기술적으로 더욱 진전된 활성슬러지 공정이나 살수여상 공정보다 덜 복잡한 생물학적 처리체제를 지칭하는 데 이용한다. 연못 설계의 단순함은 그것이 건설하는 데 비용이 적게 들며 유지와 조절을 덜 요구한다는 것을 뜻한다. 그러나 이러한 중요한 장점들은 긴 체류시간과 그에 따른 넓은 부지 요구에 의해 얻어진다. 따라서 폐수안정지(waste stabilization ponds)는 비용과 숙달된 노동력을 구하기 어려우나 땅은 구하기 쉬운 지역에서 가장 흔하게 이용된다. 안정지는 산화지(oxidation pond) 또는 lagoon이라고도 부른다.

14.4.1 공정의 개요

안정지는 보통 인공적으로 건설된 큰 얕은 연못으로 되어 있으나 가끔 자연 연못을 이용하기도 하며 유기성 폐수의 저렴한 비용의 산화를 위해 사용된다. 비록 단순한 설계와 기계적 혼합과 포기를 채택한 고속 호기성 공정들도 종종 연못으로 간주되기도 하나 그런 종류들은 제13장에서 다룬 재래식 공정들과 생물학적으로 연관되므로 여기에서는 구체적으로 다루지 않겠다.

안정지에는 3가지 중요한 종류가 있는데 통성(facultative), 혐기성(anaerobic) 그리고 숙성(maturation) 안정지라고 부른다. 많은 경우에 안정지는 하나의 반응조 내에서 전체 처리 공정이 일어난다. 예를 들면, 통성 안정지는 사전과 사후 처리단계 없이 이용될 수 있으며 침전, 폐기물 산화와 슬러지 안정이 같이 일어난다. 그러나 안정지는 다단계 처리(multistage treatment)를 위해 여러 개가 연결될 수 있으며 숙성 안정지는 그 이름이 암시하듯이 보통 방류수의 마무리를 위한 2차 또는 3차 처리단계로 이용된다.

14.4.2 통성 안정지

(1) 운전 기준

통성 안정지에서는 호기성 산화, 광합성과 혐기성 소화의 조합에 의해 처리가 일어난다. 그것은 전형적으로 1~1.5 m의 깊이이며 2개의 주된 미생물활성 지역을 포함하고 있다. 상층부는 호기성층으로 산소가 광합성을 하는 조류에 의해 공급되며 하층부는 혐기성층이다(이에 반해 숙성 안정지는 전형적으로 수심이 매우 얕으며 전체가 호기성층만으로 구성되어 있다). 혼합이나 기계적 포기는 채택되지 않으며 내용물의 혼합은 안정지 내의 온도 기울기와 바람의 작용에 의존한다. 비교적 정치된 조건이 부유 고형물을 안정지 바닥의 혐기성층으로 가라앉게 만들며 바닥의 슬러지를 제거하는 일(desludging)은 매우 드물게 일어난다.

통성 안정지에서는 비록 부하가 크게 달라질 수 있으며 처리효율이 주로 기후조건에 의존하지만 90%까지의 BOD 제거가 일어날 수 있다. 기후는 2가지 주요 방식으로 공정에 영향을 미친다. 태양광이 공정의 1차 원동력으로 산소를 발생케 하는 에너지 유입을 제공하므로 일조시간과 조도가 중요한 요인이 된다. 비록 온도가 생화학적 반응속도를 결정하는데 동일하게 중요하지만 태양광과 온도를 분리하는 것은 어렵다. 호기성 단계는 온도 변화에 상당히 견디지만 혐기성 단계는 매우 민감해서 활성이 17℃ 이하에서 거의 중지된다.

설계의 기초 중 하나가 태양광 이용도로서 그것은 안정지의 부피보다는 표면적에 의해 결정된다. 따라서 부하는 보통 이 표면적에 대한 것으로 나타낸다. BOD 부하는 기후에 따라 10～350 kg/ha/day 사이에서 변하며 100일 이상의 매우 긴 체류시간도 종종 요구된다.

(2) 통성 안정지의 미생물 조성

호기성 종속영양 세균들의 우점종들은 활성슬러지 생물량의 대표적인 구성원들과 다르지 않으며 *Pseudomonas*, *Achromobacter*, *Flavobacterium* 같은 종류들을 포함한다. 균류는 특별히 중요한 종류가 아니며 포식성 생물체들 중 원생동물은 활성슬러지에서와 같은 수준의 활성을 갖지 않는 것으로 알려졌으나 윤충(rotifer)이나 요각류(copepod)와 같은 고등동물들이 포식 활성에 크게 기여하며 따라서 이런 포식성 생물체들의 작용에 의해 방류수 탁도가 조절된다.

조류는 통성 안정지에서 중요한 생물체로 많은 종류들이 존재한다. 자주 발견되는 종류로는 *Chlorella*, *Chlamydomonas*, *Scenedesmus*, *Euglena*, *Oscillatoria* 등이 있다.

이들의 상대적인 풍부함은 복잡한 요인들에 의해 조절된다.

(3) 통성 안정지의 미생물 활성

통성 안정지에 가해지는 유기부하의 약 20～30%가 초기에 혐기성 대사에 의해 분해된다. 나머지 용해성 유기물의 대부분은 안정지의 상층부에서 호기적으로 산화되며 이에 요구되는 산소는 조류의 광합성에 의해 제공된다. 조류는 또한 그것들의 무기 영양염류 요구 측면에서 중요한데 대부분의 조류는 유기질소화합물의 호기성 분해의 주된 최종산물인 암모니아 형태의 질소를 선호한다. 조류는 또 인 요구량도 높은데 생물학적인 제거는 종종 '과잉 흡수(luxury uptake)'라고 부른다. 따라서 상당한 조류의 활성을 갖는 안정지는 부영영화(eutrophication) 조절에 상당히 효과적이다.

조류는 또한 세균 활성의 결과로 나오는 간단한 유기물들을 동화시키는 이로운 효과도 가지고 있다. 조류 활성에 따른 pH의 증가는 혐기성 산생성을 중화시켜 공정을 안정화시키기도 하며 병원체 제거를 조절하는 데에도 도움이 된다. 분변성 지표 미생물의 경우에 99.99%까지의 제거효율이 얻어질 수 있다. 바이러스 제거도 잘 일어나며 태양광에 의해 그 제거율이 상승한다. 안정지는 또한 기생충 제거에도 비교적 효과적이다. 병원체 제거효율은 긴 체류시간 때문인 것으로 알려져 있다. 통성 안정지에서 일어나는 복잡한 미생물 활성은 그림 14.4에서 보는 바와 같다.

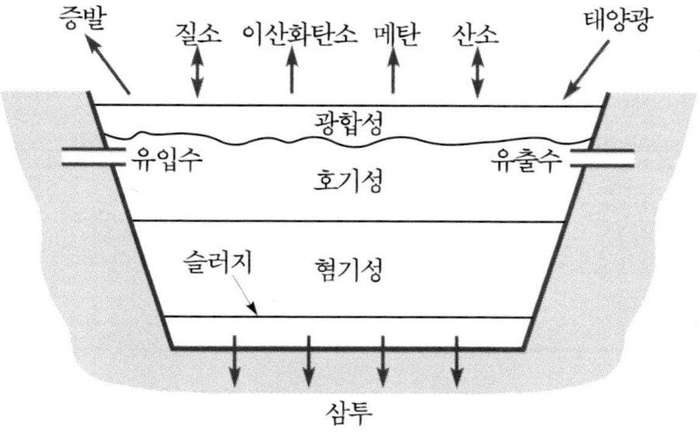

그림 14.4 **통성 안정지에서의 미생물 활성**

14.4.3 혐기성 안정지

혐기성 안정지에서도 상당한 BOD 감소가 일어나는데 만일 높은 수준의 방류수 기준이 요구된다면 후속 처리가 필요할 수도 있다. 따라서 그런 경우 혐기성 안정지는 전처리 공정으로 종종 이용된다.

혐기성 안정지의 운영은 하층부의 활성슬러지층의 발달에 의존한다. 생화학적으로 혐기성 안정지는 혐기성 소화조와 유사한 방식으로 작용한다. 소화조와 같이 안정조에서의 활성은 온도에 달려있다. 혐기성 안정지에서는 10℃ 이하에서 거의 생물학적 활성이 일어나지 않으며 침전조로서 계속 작용하게 된다. 호기성층이 없기 때문에 혐기성 안정지는 통성 안정지보다 훨씬 깊어질 수 있으며 보통 4 m 정도의 깊이를 유지한다. 유기 부하는 0.1~0.2 kg/m^3/day 정도로 높을 수도 있다.

혐기성 안정지에서는 폐수가 바닥 부근으로 유입되어 혐기성 활성슬러지층에 있는 미생물에 의해 유기물이 제거되고 상층수가 형성된다(그림 14.5). 이 상층수 표면을 몇 cm 두께의 그리이스(grease)가 덮어 열손실과 악취발생을 방지하고 혐기성 상태를 유지시켜 준다. 처리수의 방류관은 안정지 반대편 끝의 그리이스층 밑에 위치하는데 처리수의 유출 시에 세균의 플록이 침전하므로 혐기성 슬러지가 계속 하층에 남아있게 되며 슬러지의 재순환은 불필요하다.

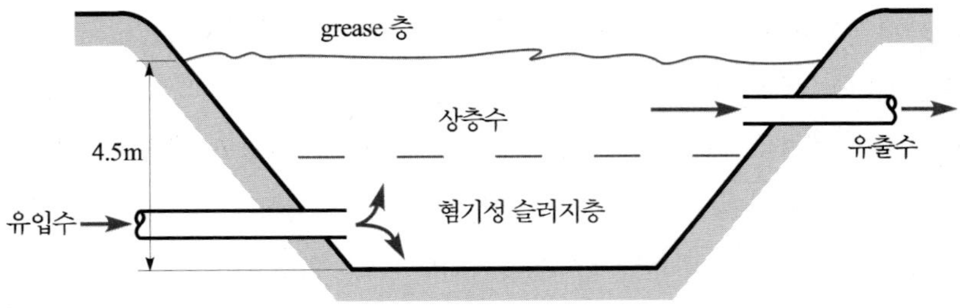

그림 14.5 **혐기성 안정지의 구조**

혐기성 안정지는 25℃ 이상에서 체류시간이 4일 이상이며 최소한 75%의 BOD 제거율을 얻을 수 있다. 흔히 일어나는 문제점은 BOD 부하가 낮거나 과도한 전처리를 할 경우 불충분한 그리이스층이 생겨 온도가 낮아지고 악취가 발생하는 것이다.

참고문헌

Crowther, R. F. and Harkness, N. (1975) Anaerobic bacteria, in *Ecological Aspects of Used Water Treatment* (eds C. R. Curds and H. A. Hawkes), Vol. 1, Academic Press, London, pp. 65-91.

Forster, C. F. (1985) *Biotechnology and Wastewater Treatment,* Cambridge University Press, Cambridge.

Hawkes, H. A. (1983) Stabilisation Ponds, in *Ecological Aspects of Used Water Treatment* (eds C. R. Curds and H. A. Hawkes), Vol. 2, Academic Press, London, pp. 163-217.

Mosey, F. E. (1983) Anaerobic Processes, in *Ecological Aspects of Used Water Treatment* (eds C. R. Curds and H. A. Hawkes), Vol 2, Academic Press, London, pp. 219-260.

Mudrack, K. and Kunst, S. (1986) *Biology of Sewage Treatment and Water Pollution Control,* Ellis Horwood Ltd, Chichester.

Sterritt, R. M. and Lester, J. N. (1988) *Microbiology for Environmental and Public Health Engineers,* E. & F. N. Spon, London.

Stonach, S. M., Rudd, T. and Lester, J. N. (1986) Anaerobic Digestion Processes in Industrial Wastewater Treatment, Springer-Verlag, Berlin.

Winkler, M. A. (1981) *Biological Treatment of Wastewater,* Ellis Horwood, Chichester.

chapter 14 | 혐기성 폐수 처리

연습문제

01 혐기성 처리의 대상이 되는 폐수나 폐기물의 예를 들라.

02 혐기성 소화의 방류수가 호기성 처리 시의 방류수보다 유기물 농도가 높은 이유는 무엇인가?

03 메탄생성 고균이 이산화탄소를 이용하는 2가지 목적은 무엇인가?

04 소화 슬러지에 존재하는 미생물에는 어떤 종류들이 있는가?

05 혐기성 소화의 단계에 대하여 설명하라.

06 메탄생성 고균을 저해하는 요소는 무엇인가?

07 통성 안정지의 작동 원리를 설명하라.

08 통성 안정지와 혐기성 안정지를 비교하라.

CHAPTER 15

산업 폐수 및 폐기물 처리

CHAPTER

15 산업 폐수 및 폐기물 처리

15.1 서 론

Trade effluents라고도 부르는 산업 폐수나 폐기물에는 매우 다양한 물질들이 존재한다. 일부 산업 폐수는 도시하수와 상당히 유사하기는 하나, 다른 종류들은 높은 농도의 독성 물질이나 생분해되지 않는 물질들을 함유하고 있다. 분명히 생물학적 공정은 전자와 같은 폐수의 처리에 잘 이용될 수 있으나 후자의 경우에는 잘 이용되지 못한다.

역사적으로 산업 폐수의 처리에 이용되었던 방법들은 도시하수에 이용되었던 것들과 크게 유사하였다. 이것들에는 지표수로의 직접 방류, 긴 유도관을 통한 바다로의 직접 방류, 처리한 후 적당한 수질의 유출수를 방류하는 것 등이 있다. 처리는 산업체 현장에서 이루어질 수 있는데 그 경우 처리장은 종종 특정한 폐기물 조성을 극복할 수 있게 특별히 설계된다. 또 다른 방법으로는 산업 폐수를 현장에서 전처리를 하거나 또는 하지 않은 채 하수도로 방류하여 도시하수와 혼합시킨 후 재래식 공정을 이용하는 도시하수 처리장에서 처리하게 하였다.

하수도에의 방류는 하수도가 존재한 것만큼 오랫동안 이용되어 왔다. 그러나 모든 폐수가 방류에 적당한 것은 분명히 아니다. 이 점은 초기단계부터 알려졌고 폐수 처리를 책임지는 당국에 의해 산업 폐수는 별도로 처리해야만 한다는 인식이 심어지게 되었다. 산업 폐수 처리공정의 발달은 방류자에게 경제적 압력을 부여하는 산업 폐수 조절 정책의 변화에 의해 크게 좌우되어 왔다.

15.2 산업 폐수 처리의 생물학적 측면

매우 많은 경우에 생물학적 공정들은 유기물 성분을 함유한 폐수의 처리에 가장 경제적인 방법이라는 것이 널리 알려져 있다. 그러나 폐수의 조성은 워낙 다양하므로 이에 관련된 원리의 일반적 설명에 대한 범위는 상당히 제한된다. 생물학적 처리 공정에 대한 산업 폐수의 잠재적 영향은 다음 4개의 범주 중에 속하게 된다.

① 생물학적 분해의 저해(inhibition)
② 흡수, 흡착 또는 침전과 그로 인해 생성되는 슬러지로의 농축에 의한 오염물질의 우발적인 제거(incidental removal)
③ 영향을 받지 않은 채 공정을 통과
④ 생물학적 분해

15.2.1 저 해

생물학적 공정들을 저해할 수 있는 독성 물질 중에서 아마도 가장 잘 알려진 종류는 중금속일 것이다. 이 종류에는 많은 전이금속(transition metal, 예 : 카드뮴, 크롬, 구리, 수은, 니켈, 아연), 일부 비전이금속(non-transition metal, 예 : 납)과 유금속 또는 준금속(metalloid, 예 : 비소, 셀레늄)들이 있다. 많은 유기화합물들도 독성이 있는데 특별히 trichloromethane(chloroform) 같은 유기염소 화합물(chlorinated organics)들이 대표적인 것들이다. 생물학적 공정에 저해효과를 미치는 일부 유기화합물 종류들의 예가 표 15.1에 나와 있다.

표 15.1 생물학적 처리 공정을 저해하는 물질들

물 질	산업적 용도/방류원	생물학적 공정에 미치는 영향의 예
알코올	제약, 부동액	저해농도 10～100 mg/L
페놀	플라스틱, 염료, 제약, 석유정제	다양한 영향-농도와 적용된 생물량에 따라 독성을 나타내기도 하고 분해되기도 함
염소화합물	용매, 농약, 추진제, 세척액	10 mg/L CCl_4, 16 mg/L $CHCl_3$, 1 mg/L $CHCl_3$에 의해 혐기성 소화 저해
농약	살충액, 제초제, 살균제	다양한 영향-대부분이 질화작용 저해
유기질소 화합물	다양	다양한 영향-1 mg/L 이하 thiourea가 질화작용을 저해
계면활성제	가정용, 산업용 세척제	포기효율의 저하

혐기성 공정들은 황화수소 같은 과다한 sulfide에 의한 저해에 특히 취약하다. 높은 sulfide의 농도는 당밀 발효, 피혁, 석유 정제, 제지 산업 등에서 나오는 폐수에서 흔히 발견된다. 비록 훨씬 많은 양의 불용성 sulfide는 아무런 악영향이 없을 수 있으나 50 내지 100 mg/L의 용해성 sulfide가 한계농도인 것처럼 보인다. 황화철(ferrous sulfide)은 불용성이므로 철을 첨가하여 불용성 황화철을 만들어서 sulfide 저해를 조절하는 데 좋은 효과를 보일 수 있다.

혐기성 공정들은 pH 6.5～8.2 범위 밖의 pH에 의해 저해받는다. 2,000 mg/L 이상의 휘발성 지방산(volatile fatty acid) 농도와 3,000 mg/L 이상의 암모늄 이온(ammonium ion) 농도도 역시 독성을 지닌다. 150 mg/L 이상 농도의 free ammonia는 매우 독성이 강하다.

15.2.2 우발적 제거(incidental removal)

중금속들도 우발적으로 제거되는 종류들이다. 비교적 불용성의 염을 형성하는 납과 같은 금속들은 직접 침전되기도 하지만 구리나 카드뮴 같은 종류들은 흡착 또는 floc의 세포외 중합체 성분에 의한 결합 등에 의해 침전되는 슬러지와 결합하게 된다. 활성슬러지는 중금속과 결합하는 상당한 능력이 있으나 용해성 ligand에 의한 경쟁적 결합에 의해 50～60% 범위의 중금속 제거효율이 매우 크게 변화하게 되며 종종 특정한 원소들은 매우 낮은 제거율을 나타내기도 한다. 그러나 활성슬러지의 금속결합 잠재력은 매우 크다. 이 성질은 주로 cell-floc 기질의 세포외 중합체 성분에 의한 것이다. 활성슬러지는 중성 pH에서 10^5～10^7의 평형상수를 가지고 화합물을 생성하는 금속결합 부위를 함유하고 있다. *Zoogloea ramigera*는 중합체를 많이 생성하는 세균으로 순수 배양 시 전체 무게의 40%까지 중금속을 고정화(immobilization)시킬 수 있다. 그러나 이 능력을 이용한 상업적 공정은 아직 개발되어 있지 않다.

혐기성 소화에서 중금속들은 잘 용해되지 않는 sulfide를 형성하므로 제거가 쉬워진다. 그러나 혐기성 세균들은 중금속에 대해 호기성 종속영양체들보다 더욱 민감하다. Mosey(1976)는 혐기성 소화조에서 중금속의 저해효과를 예측하는 공식을 만들었다. 전체 금속부하는 K로 나타내는데 단위는 meq/kg이며 다음과 같다.

$$K = \frac{\frac{[\mathrm{Fe}]}{27.9} + \frac{[\mathrm{Zn}]}{32.7} + \frac{[\mathrm{Ni}]}{29.4} + \frac{[\mathrm{Pb}]}{103.6} + \frac{[\mathrm{Cd}]}{56.2} + 0.67\frac{[\mathrm{Cu}]}{31.8}}{\text{고형물 농도(kg/L)}}$$

구리는 Cu II에서 Cu I으로의 부분적인 환원 때문에 0.67의 상수를 곱한다. 혐기성 소화는 K가 400 meq/kg 이상일 경우 실패할 가능성이 높으며 만일 800 meq/kg 이상이면 거의 반드시 실패한다. 오차 범위를 감안할 때 K값은 200 meq/kg 정도가 된다.

일부 유기화합물들은 침전되는 고형물이나 부상하는 scum이나 grease와의 관련에 의해 우발적으로 제거될 수 있다. 이러한 현상은 만일 화합물이 물에 녹지 않거나 약간 녹는다든지 또는 소수성(hydrophobic)인 경우에 일어난다.

15.2.3 특정 오염물질의 생분해

도시하수의 처리에서 존재하는 각각의 유기화합물들은 하나 또는 매우 적은 세균 종에 의해 분해되는 경우가 많다. 그러므로 폐수의 불균질성은 미생물 생물량의 불균질성을 상당한 정도로 결정하게 된다. 많은 산업 폐수는 도시하수보다 훨씬 덜 복잡하며 일부는 주로 한 가지 유기화합물만으로 구성되어 있을 수도 있다. 이런 경우에 활성슬러지 floc과 유사한 복잡한 생물량은 처리에 필요치 않게 된다.

(1) 미생물 절대성 원리

미생물 절대성 원리(the microbial infallibility principle)를 가장 간단히 표현하면 사람 또는 자연이 만들 수 있는 모든 것을 미생물이 분해할 수 있다는 것이다. 이것은 자연적으로 나타나는 화합물의 경우에 쉽게 예측할 수 있는데 그 이유는 분해과정이 근본적으로 기존의 생합성 경로의 역순을 포함하기 때문이다. 자연적으로 생성되지 않는 인공합성(xenobiotic) 화합물의 경우에는 반드시 이 원리가 적용되는 것은 아닌데, 그 이유는 미생물들이 분해에 필요한 효소체제를 보유하지 않을 수 있기 때문이다. 그럼에도 불구하고 이 원리는 상당한 정도로 타당성이 있고 분명히 그것을 부정하기가 어려우며 난분해성 인공합성 유기화합물들의 경우에도 일부의 미생물들에 의해 분해가 일어날 수 있다. 심지어 가장 오랫동안 분해가 되지 않는 화합물 중의 하나라고 간주되었던 2,3, 6,7-tetrachlorodibenzo-*p*-dioxin(TCDD) 같은 화합물도 실제로 매우 적은 종류의 미생물에 의해서 매우 느리게 분해될 수 있다. 이러한 분해 기작은 제9장에서 구체적으로 다루고 있다.

미생물들이 일부 인공합성 유기화합물의 분해에 필요한 효소들, 예를 들면 분해효소들이나 투과효소(permease)를 갖고 있지 않을 수 있는데 현재의 대사경로들이 몇 십억 년의 생물 진화 과정 중 장기간에 걸쳐 얻어진 결과이며 현재 분해되지 않고 있는 인공합성 유기화합물들이 불과 수십 년 전에 나타난 물질들이라는 것을 감안하면 앞으로 상당한 시간이 경과할 경우 현재의 난분해성 인공합성 유기화합물들도 여러 미생물들에 의해 완전히 분해될 수 있다는 것을 예상할 수 있다.

(2) 적합한 균주의 선택

독성 또는 난분해성(recalcitrant) 화합물을 분해할 수 있는 미생물들이 존재할 가능성이 큰 장소는 예전에 그러한 화합물에 노출되었던 곳들이다. 그런 좋은 예가 산업지대의 오염된 토양이나 물이다. 오염된 지역에서 얻은 시료는 실험실에서 관심의 대상이 되는 화합물을 분해할 수 있는 생물체를 선택하기 위해 계획된 농화 배양(enrichment culture)의 접종물로 사용될 수 있다. 분해 미생물에서의 바람직한 특성의 발달을 위해 돌연변이성 화학물질이나 자외선 조사를 이용하기도 하는데 그런 것들은 유전적 변화의 결과로 미생물의 분해능력을 향상시킬 수도 있기 때문이다. 이런 방법들은 현재 유전공학(genetic engineering)이라고 부르는 기술의 초보단계인데 현재는 다양한 미생물들로부터 유래된 유전물질을 가진 미생물을 만드는 것이 유전자 조작(gene manipulation 또는 recombinant DNA technology)을 통해 가능해졌으며 그런 유전자 조작 미생물(genetically engineered microorganism, GEM 또는 genetically modified microo-rganism, GMM)들은 자연환경에 존재하는 생물체들이 분해하지 못하는 물질들을 분해할 수 있다. 석유탄화수소와 제초제인 2,4,5-trichlorophenoxyacetic acid(2,4,5-T)를 분해할 수 있는 *Pseudomonas* spp.는 유전자를 조작해서 만든 세균이다. 그러나 유전자 조작 미생물을 자연환경에 방출시켰을 때의 결과와 영향은 아직 예측하기 어려우며 이것은 GEM을 자연환경의 오염 제어에 아직까지 이용하지 못하는 큰 이유가 되고 있다. 그러나 유전자 조작을 하지 않은, 다양한 난분해성 화합물들을 분해할 수 있는 미생물들이 자연환경에 많이 존재하고 있으므로 이들을 분리하여 이용할 수 있다.

(3) 구조-생분해성 관계

유기 분자에 다른 물질들이 추가되면 생분해 가능한 화합물들이 잘 분해되지 않는 화합물로 변할 수 있다. 그런 치환물(substituents)로는 amino기, methoxy기, sulfonyl기, nitro기, chloro기, benzene 고리에 붙는 다양한 meta-치환기, ether 결합과 탄소 사슬의 가지치기(branching) 등이 있다.

염소화합물들은 특별히 관심거리인데, DDT같이 일부의 화합물들이 강한 독성을 가지고 있으며 매우 난분해성인 것이 그 부분적인 이유이고 또한 유기염소 화합물이 자연환경에 드문 것이 또 다른 이유가 된다. 많은 유기염소 화합물의 생분해는 혐기성 조건에서 일어나는 초기의 환원적 탈염소화(reductive dechlorination)에 따라 결정된다.

이것은 염소화 지방족 화합물(chlorinated aliphatic compounds)들의 경우에 특히 중요하다. 반면에 염소화 벤젠 유도체(chlorinated benzene derivatives)들과 폴리염화바이페닐(polychlorinated biphenyls, PCBs)들은 호기성 조건에서만 분해되는 것으로 알려졌다. 그러나 최근에는 PCB의 혐기성 분해에 대한 보고들이 계속 나오고 있다.

비록 호기성 공정들이 산업 폐수 처리에 여전히 크게 이용되지만 nitrosamine 분해, epoxide와 nitro-reduction, 특정한 방향족 화합물의 분해 등을 포함한 반응들에는 혐기성 조건이 보다 유리하다. 물질구조-분해성 관계에 대해 알려진 많은 정보들이 일반론에 근거하기 때문에 시행하고자 하는 적당한 처리방법을 고려할 때에는 문제가 되는 폐수에 대한 생분해성 실험을 실제로 시도하는 것이 통상적인 일이다.

(4) 시안 분해

시안(cyanide, CN^-)은 많은 종류의 생물체들에 대한 강한 독성을 갖고 있다. 유럽연합(EU)에서는 시안화수소(HCN)의 농도를 산업 폐수에서 전형적으로 1 mg/L 또는 그 이하로 제한하나 식수의 경우는 0.05 mg/L 이상의 농도의 시안은 허용하지 않는다. 우리나라는 음용수의 경우 시안이 검출되어서는 안 되게 되어 있다.

시안은 특정 식물에서 cyanogenic glycosides의 형태로 자연적으로 나타나는데 그 구조는 그림 15.1에서 보는 바와 같다. 이 물질을 함유한 식물체가 병원성 균류에 의해 공격을 받으면 시안이 방출되어 균류를 죽이게 된다. 일부 균류는 이에 대응하여 효소를 이용하여 시안을 포름아마이드($HCONH_2$)로, 또는 암모니아와 이산화탄소로 전환시킬 수 있다. ICI 같은 회사에서는 *Fusarium moniliforme*를 비롯한 여러 균주가 수천 mg/L의 시안을 함유한 산업 폐수를 무독화시킬 수 있는 능력을 보유하고 있다는 것을 시험한 바 있다.

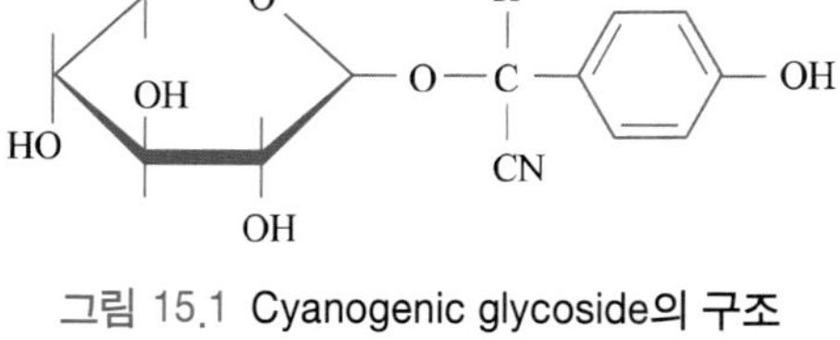

그림 15.1 Cyanogenic glycoside의 구조

(5) 생분해성 시험

유기 화합물들의 상대적 생분해성(biodegradability)은 3개의 범주로 나누어진다. 신속적 생분해능(ready biodegradability)은 환경에서 빠르게 그리고 확실히 분해되는 화합물에 적용된다. 본질적 생분해가능 화합물(inherently biodegradable compounds)

은 양호한 시험 조건하에서 분해되나 덜 양호한 환경 조건에서는 빠르고 확실한 분해가 일어나지는 못한다. 이들 두 종류는 제9장에서 이미 구체적으로 다루어졌다. 세 번째 종류는 simulation test를 포함하고 있다. OECD의 Expert Group in Degradation/Accumulation에서는 활성슬러지 처리와 유사한 조건하에서 시험 물질의 궁극적 생분해성(ultimate biodegradability)을 측정하기 위한 시험으로 한 가지 방법을 추천하였다. 그림 15.2에 나오는 2개의 bench-scale 활성슬러지 체제는 동시에 가동된다. 각 체제 내의 생물량의 성질과 운전효율을 동일하게 하기 위해 교차접종(transinoculation)을 하며, 따라서 이 시험은 coupled units test라고 알려져 있다. 이 체제는 탄소 기질 및 적당한 질소, 인과 미량원소원으로 peptone, meat extract와 요소를 함유한 인공합성 하수를 이용하여 유지된다. 혼합 접종물은 2차 하수 방류수, 토양 현탁액과 오염된 지표수로 이루어진다.

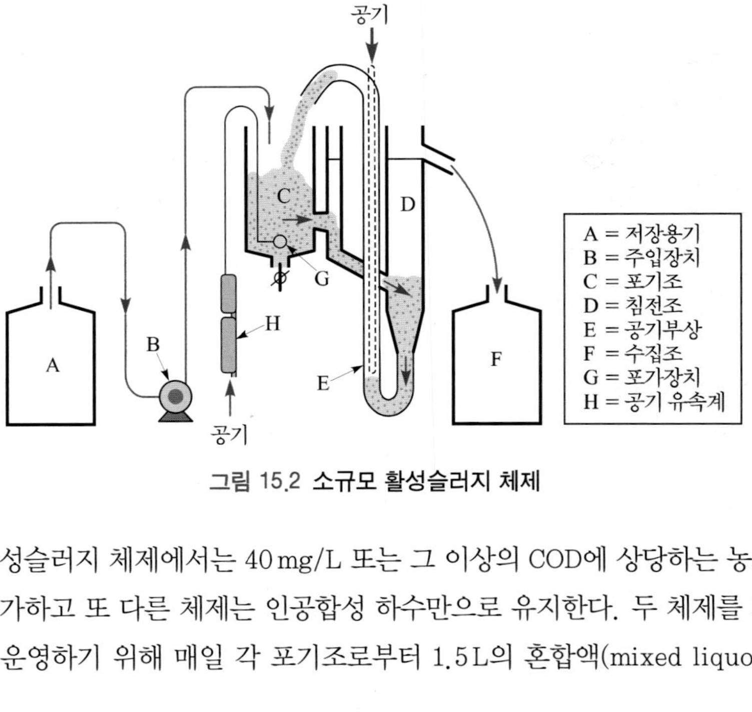

그림 15.2 소규모 활성슬러지 체제

한쪽의 활성슬러지 체제에서는 40 mg/L 또는 그 이상의 COD에 상당하는 농도의 시험 물질을 추가하고 또 다른 체제는 인공합성 하수만으로 유지한다. 두 체제를 가능한 한 유사하게 운영하기 위해 매일 각 포기조로부터 1.5 L의 혼합액(mixed liquor)을 서로 교환한다.

이 체제들은 안정되게 유지시키면서 생물량은 6주 이상 기질에 대해 순응시킨 후 시험 물질의 평가는 그다음 3주에 걸쳐 실시한다. 시험물질의 제거 정도는 각 체제로부터의 방류수 내의 COD 또는 용해성 유기탄소(dissolved organic carbon, DOC) 농도의 차이로부터 측정한다. 최소 20번의 관찰이 필요하며 방류수 COD 또는 DOC 사이의 차이는 통계학적으로 평가한다.

15.3 호기성 처리 공정

살수여상 활성슬러지 공정 모두 제약, 화학 및 석유화학, 석탄 전환(coal conversion), 식품 및 낙농 산업의 방류수를 포함한 다양한 산업 폐수에 적용되어 왔다. 이 폐수들은 도시 하수 처리장에서 이들 공정에 의해 보통 처리되었던 폐수들과는 일반적으로 다음의 한 가지 또는 그 이상의 측면에서 다르다. 이 산업 폐수들은 훨씬 높은 산소 요구성을 가지며, 처리 공정 내의 미생물 개체군에 독성을 나타내는 물질을 함유하는데 이러한 성질에는 산성이나 알칼리성의 극단적인 pH도 포함될 수 있다. 또한 질소나 인 같은 필수영양 성분이 하나 또는 그 이상 부족할 수도 있다. 폐수의 독성은 종종 희석에 의해 극복될 수도 있는데 만일 희석액이 생활하수라면 영양물질 부족현상은 동시에 해결될 수도 있다. 산업 폐수의 산소 요구도 또한 희석에 의해 저하될 수 있지만 산소 요구가 매우 높은 경우에는 혐기성 공정이 보다 적당한 처리방법이 될 수도 있다.

재래식 여재인 쇄석이나 소괴(clinker)대신 인공 여재(synthetic media)를 사용함으로써 산업 폐수의 처리에 살수여상 공정이 보다 많이 적용될 수 있었다. 플라스틱 여재는 훨씬 가볍기 때문에 재래식 여재보다 훨씬 높게 쌓을 수 있다. 인공 여재에 많은 주름이나 구멍을 만들 경우 200 m^2/m^3 이상의 비표면적(specific surface area)을 얻을 수 있는데 그것은 화강암이나 광재(slug) 여재의 최대치와 유사하거나 그보다 더 크며 빈 공간(공극)의 비율이 90% 이상이 되는 데 반해 재래식 여재들은 40~50%에 불과하다. 따라서 여상 내의 공극이 막힐 위험이 크지 않은 상태로 높은 생물량 농도가 유지될 수 있다. 높은 공극률은 고부하를 처리하기 위해 강제 통기가 필요한 경우 또한 유리하게 된다.

저속과 고속 여상 모두 육가공업(meat processing), 양계업(poultry), 낙농업(dairy processing) 등에서 나오는 유출수의 처리에 이용되어 왔다. 플라스틱 여재 살수여상은 100 mg/L까지의 BOD를 가진 과일과 야채 처리 방류수에 가장 적당한 방법으로 이용되고 있다. 종종 활성슬러지를 이용한 처리 이전에 roughing filter가 이용되기도 하나 다른 경우에는 이중 살수여상(double filtration) 또는 교대 이중여상(alternating double filtration)이 더 적합할 수도 있다. 비록 살수여상이 폐수 처리에 상당한 융통성을 갖고 있으나 특히 유출수 재순환을 할 경우 높은 지질농도를 갖고 있는 폐수의 처리에는 적합하지 않은데 그 이유는 이 경우 여상이 막히거나 연못화(ponding)를 일으키기 때문이다.

활성슬러지 체제를 개선한 다양한 변형 공정들은 제13장에서 다룬 바 있다. 이들 변형 공정들은 예를 들면 혼합액(mixed liquor) 내의 산소 용해도를 증가시킴으로써 종종 높은 유기부하의 산업 폐수를 처리하는 데 이용될 수 있다. 높은 생물량 농도 또한 높은 부하의 폐수 처리에 유리한데 이것은 생물량 유지장치의 이용을 포함한 여러 가지 방법에 의해 이루어질 수 있다.

특별한 종류의 폐수를 처리하고자 하려면 기존의 처리체제를 변형하거나 또는 성능을 개선시키기 위해 공정을 재조정할 수 있다. 이런 예로 활성슬러지 공정에서 첨가제로 분말 활성탄(powdered activated carbon, PAC)을 사용하는 방법이 있다. PAC는 분해되지 않은 유기화합물을 흡수하며 또한 방류수의 색도를 감소시키고 중금속도 제거한다. PCA의 또 다른 장점은 저해물질의 실질적 수준을 감소시키는 것이다.

산업 폐수의 처리에 있어 활성슬러지 공정의 적용범위는 매우 넓으며 여기에서는 그것을 모두 다루지는 못한다. 비용 평가 시에는 15.4절에서 설명한 고속 혐기성 공정을 포함하지 않는 경우가 많지만 대부분의 경우 활성슬러지 공정은 가장 경제적인 방법이 될 수 있다. 활성슬러지법을 이용할 때 일어날 수 있는 가장 흔한 문제점은 영양물질이 부족하거나, pH가 6~8.5 사이의 범위를 벗어나거나, 중온성 범위 밖의 온도를 가진 폐수의 경우에 나타난다. 생물량의 응집이 불량한 경우는 폐수가 매우 적은 종류의 분해가능한 기질만을 함유하고 있을 때 많이 나타나는데 그럴 경우 적은 종수의 세균만이 존재하고 그 결과 floc의 구성요소에서 다양성이 부족하게 되어 floc이 잘 응집되지 못한다.

적절한 방법의 활성슬러지 공정의 적용에 의해 효율적으로 처리될 수 있는 난분해성과 독성 물질을 모두 포함하고 있는 폐수의 예는 석탄 가공(coal processing)으로부터의 폐수이다. Coal gasification liquor는 전형적으로 높은 농도의 phenols, thiocyanates, cyanides, ammonia, sulfates, sulfides, chlorides를 함유하고 있다. Phenol과 ammonia 농도가 특별히 높은 경우에는 폐수로부터 그것들을 회수할 수도 있다. 그러나 1,000 mg/L 정도의 phenol은 적절히 적응된 활성슬러지에 의해 처리될 수 있다. 이 농도를 얻기 위해 폐수의 희석이 필요할 수도 있다. 그러나 심지어 폐수의 희석 후에도 phenols과 thiocyanates의 독성은 상당히 강하여 처음 가동하는 새로운 처리장에서는 적응된 seed sludge를 대량으로 접종해야 할 정도이다. 현재는 이런 seed sludge를 따로 배양 저장하여 포기조에 공급하거나 냉동건조된 형태로 이용하고 있다(15.3.1절 참조). 석유자원의 고갈에 따라 석탄 가공의 필요성이 매우 커지기 때문에 석탄 가공 폐수의 처리가 점차 중요해질 것이다.

질화작용은 낮은 수준의 독성에도 아주 민감하나 저해효과를 완화하기 위해 PAC를 50mg/L 수준까지 사용함으로써 coking plant 폐수를 처리하는 활성슬러지 처리장에서도 질화작용이 일어날 수 있다.

15.3.1 종균제 투여

미생물을 투여하는 생물증대(bioaugmentation)는 비교적 새로운 기술로서 생물학적 조건과 관련된 이유 때문에 요구되는 것만큼 잘 운영되지 못하고 있는 폐수 처리장에 종균제(bacterial formulation)를 투여하는 방법이다. Bulking으로 인한 문제, floc의 해체(deflocculation), 폐수 내 지질 같은 물질의 존재로 인한 저조한 BOD 제거, 낮은 질화작용(nitrification), phenol 같은 특정 화합물의 낮은 제거율 등을 bioaugmentation을 이용하여 해결할 수 있다.

종균제는 여러 가지의 순수배양한 세균을 냉동건조시킨 후 혼합하고 영양물질, 효소 및 기타 성분 등을 섞어서 만든다. 이것은 처음에 수십 kg 정도로 투여되며 그 후에도 소량을 계속 추가로 첨가해야 하는데 그 이유는 접종한 세균들이 폐수의 물리화학적 요인과 다른 생물체들과의 상호작용 등에 의해 지속적으로 처리체제에서 소실되기 때문이다. 이 종균제의 정확한 조성은 상업적인 이유 때문에 밝혀지지 않고 있다. 제조회사들은 매우 넓은 적용범위를 갖는다고 선전하고 있으며 생물학적 요소로 인한 문제를 완화시키는 데 상당한 수준의 성공을 거두고 있지만 효과가 없는 경우도 많다.

15.4 혐기성 처리 공정

최근에 개발된 보다 새롭고 더 높은 처리율을 가진 혐기성 공정들은 산업 폐수의 처리에 상당한 잠재력을 보여주고 있다. 비록 호기성 공정들이 많은 종류의 쉽게 분해될 수 있는 산업 폐수들에 대해 아직도 주된 처리방법이지만 몇 가지 이유 때문에 혐기성 공정들이 점차 주목을 받고 있다. 이들 이유 중에는 이전에 가능하다고 생각되었던 것보다 훨씬 높은 부하를 견디는 혐기성 체제의 능력, 공정 실패의 원인과 그것을 해결하는 방법들에 대한 이해의 증가, 포기의 불필요성으로 인한 저렴한 운전비용과 에너지원으로서의 메탄의 이용 가능성 등이 있다.

비록 혐기성 처리에는 여러 가지 반응조들이 존재하지만 산업 폐수 처리에 이용되는 공정들은 호기성 처리에서와 같이 부유 생물량 체제(suspended biomass system)와 부착막 체제(attached film system)의 두 종류로 나누어진다. 이들은 비록 생화학적 측면이 재래식 혐기성 소화의 그것과 매우 유사하나 생물량의 형태면에서 각각 활성슬러지 및 살수여상과 유사하다. 그러나 하수 슬러지의 혐기성 소화를 위한 체제와는 달리 많은 산업 폐수 처리 공정에서 기질은 용해된 형태로 존재한다. 이것은 용해성 기질로부터 생물량을 분리할 수 있게 해주며 $\theta \ll \theta_x$ 인 조건에서의 운전을 가능케 한다. 따라서 혐기성 공정의 성공은 주로 부유성 고형물 분리의 개발로 인해 이루어졌다고 말할 수 있다. 이런 처리 잠재력의 향상은 체제 내에 생물량 농도를 가능한 한 크게 유지하게끔 계획된 기술에 의해 이루어졌다. 이런 접근방법으로부터 발달된 여러 가지 반응조들이 그림 15.3에 나와 있다.

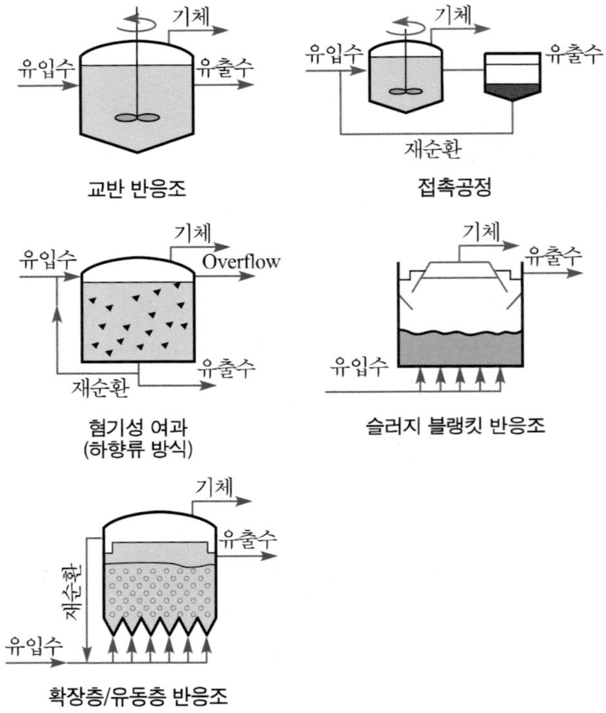

그림 15.3 **다양한 혐기성 반응조의 종류**

15.4.1 부유 생물량 체제

(1) 접촉 공정(contact process)

이 공정은 활성슬러지 공정을 혐기성 체제로 바꾼 것으로 배기장치를 가진 완전 혼합 반응조(completely mixed reactor)와 그에 이어진 침전조로 구성되어 있다. 침전된 슬러지는 반응조로 반송된다. 이 공정에서도 혐기성 생물량의 침전이 중요한데 그 이유는 슬러지가 호기성 활성슬러지 공정에서와 같은 점착성 floc을 형성하지 못하며 침전조에서의 메탄의 지속적인 생성이 생물량의 부력으로 인한 문제를 일으킬 수 있기 때문이다. 후자의 효과는 침전조로 가는 도중에 혼합액의 기체를 제거하거나(degassing),

혼합액을 35℃ 정도의 주변 운전 온도로부터 15℃로 신속하게 낮추어서 기체화를 막음으로써 어느 정도는 막을 수 있다. 화학응집제도 응집과 침전을 일으키는 데 이용될 수 있다. 반응조에서 발달하는 최대 생물량 농도는 여간해서 10 g/L를 넘지 않는다.

비록 전형적인 COD 부하율은 2~5 kg/m^3/d이지만 10 kg/m^3/d 정도까지도 얻을 수 있으며 이 공정은 2~10 g/L의 높은 COD를 가진 폐수에서도 잘 운영된다. 일반적인 수리체류시간(hydraulic retention time)은 2~3일이지만 적당한 유기부하에서는 0.5일 정도, 또 희석된 폐수에서는 6시간 이하의 낮은 수리 체류시간도 가능하다. 처리하는 폐수의 종류에 따라 처리효율은 70% 이상의 COD 제거율을 보이며 종종 90% 정도까지 상승할 수도 있다.

(2) 상향류 혐기성 슬러지 블랭킷 반응조(Upflow anaerobic sludge blanket reactor)

이 방식은 폐수가 슬러지 블랭킷 반응조(sludge blanket reactor)의 밑으로 유입되어 위쪽으로 흐른다. 반응조의 바닥에서 혐기성 생물량의 부유성 층이 형성되는데 자체의 밀도에 의해 반응조의 아래 부분에서 유지되며 기체 생성에 의해 약간씩 혼합된다. 일반적으로 반응조 상층부에는 밀도가 낮은 생물량을 유지시키고 기체를 배출하는 데 도움이 되는 도류벽 체제(baffle system)를 장치한다.

생물량은 직경이 3~4 mm 정도 되는 조밀한 입자로 존재한다. 입자 형성의 생물학적 기작은 아직 확실하게 알려져 있지 않으나 슬러지층에 기계적 혼합이 없거나 적으며 약간의 기복 기작(rolling motion)이 일어날 때 입자 형성이 잘되는 것으로 알려졌다. 슬러지층 하층부에서의 부유 고형물 농도는 70 g/L 정도까지 올라갈 수 있으며 상층부에서는 감소한다. 50 m/h까지의 높은 침강속도에서는 상당한 정도의 상향류 속도가 이용될 수 있다. 이들 두 요소의 조합에 의해 고농도 폐수를 높은 유기부하에서 효율적으로 처리할 수 있다. 실제로는 오히려 높은 유기부하가 입자 형성을 위해 필요한 것으로 알려졌다. 폐수와 같이 공정에 유입되는 불활성 부유 고형물의 존재는 슬러지층 발달과 안정에 방해가 될 수 있다. 따라서 이 공정은 낮은 부유 고형물 농도를 가진 폐수에 적당하다. 처리하는 폐수의 종류에 따라 15 kg/m^3/d 정도까지의 부하에서도 효율적인 COD 제거가 일어날 수 있다.

15.4.2 고정막 공정(fixed film process)

(1) 혐기성 여과(anaerobic filter)

이 공정은 살수여상의 혐기성 공정과 같은 성격이지만 단순히 호기성과 혐기성의 차이만이 아니라 여러 가지로 호기성 공정인 살수여상과 다르다. 여상(filter)은 완전히 물에 잠긴 채 상향류(upflow) 또는 하향류(downflow) 방식으로 운영된다. 여상이 막히는 것을 방지하기 위해 직경 2 cm 이상의 여재를 일반적으로 이용한다. 비록 상당히 두꺼운 미생물막이 여재 표면에 부착하지만 혐기성 여상 내의 상당한 비율의 생물량은 여재 입자 사이의 공간 내에 위치하는 floc의 형태로 존재한다. 생물학적 고형물 농도는 20 g/L까지 올라갈 수 있다. 쇄석에서 플라스틱 여재까지 다양한 여재들이 이용되고 있다. 생물막 부착은 공극률(porosity), 공극의 크기와 표면 상태 등에 의해 영향을 받는다.

혐기성 여과는 고농도와 저농도 폐수에 모두 이용되는데 전형적인 COD 부하는 1~10 $kg/m^3/d$의 범위를 나타내며 90% 이상의 COD 제거효율도 얻을 수 있다.

(2) 확장상(expanded bed)과 유동상 반응조(fluidized bed reactor)

부유 고형물 체제에서의 산업 폐수의 혐기성 분해는 최대로 얻을 수 있는 생물량 농도에 의해 상당한 정도로 제한된다. 이 문제는 혐기성 여과(anaerobic filter)와 같은 정지상 고정막 공정에 의해 어느 정도는 극복될 수 있으나 두꺼운 막에서의 확산의 제한과 여상의 막힘을 피하기 위한 여재의 비표면적 증가에 대한 제한으로 인해 새로운 문제점들이 나올 수 있다. 확장상(expanded bed)과 유동상(fluidized bed) 체제에서는 반응조 내에 높은 생물량 농도를 유지하는 얇은 생물막의 생장을 가능케 하는 높은 비표면적을 가진 매우 작은 직경의 여재를 이용한다. 반응조의 바닥에서 유입 폐수를 충분히 높은 상향류 속도로 주입하여 여재 입자를 밀어올림으로써 여상이 막히는 것을 방지할 수 있다. Expanded bed에서는 입자들이 상당히 가깝게 접촉하고 있는 상태를 유지하지만 여상은 약 5% 정도 확장되며, fluidized bed에서는 입자들이 지속적으로 움직이며 여상의 확장은 훨씬 크게 일어난다. Expanded bed에서는 전형적으로 직경 3 mm 이하의 여재를 이용하여 60 g/L까지의 생물량 농도를 유지할 수 있는데 이론적으로는 100 g/L의 생물량 농도도 가능하다. Fluidized bed에서는 약간 더 작은 입자들이 이용된다. 전단 효과(shear effect)가 생물량 농도를 제한하지만 40 g/L 정도를 얻을 수 있다. Fluidization을 유지하고 적당한 수리 체류시간을 맞추기 위해서는 높은 재순환율이 필요하다.

이 공정을 이용할 경우 약 20 $kg/m^3/d$의 COD 부하를 처리하여 90% 이상의 COD 제거 효율을 얻을 수 있다. 심지어 40 또는 50 $kg/m^3/d$의 부하에서도 중온 범위에서 70%의 COD 제거가 가능하다. 이 공정은 매우 높은 농도의 폐수에 특별히 적합하다.

15.4.3 단계분리 다단 체제(Multistage phase-separated systems)

혐기성 처리 시 단일 반응조에서는 산성화(acidification)와 메탄생성이 동시에 최적의 속도로 일어나지는 못한다. 혐기성 분해에 관련된 반응들이 동시에 일어나지 않고 순차적으로 일어나기 때문에 반응의 중요한 중간물질인 휘발성 지방산을 만드는 산생성 단계(acidogenic phase)를 메탄생성 단계로부터 분리하는 것이 바람직하다. 그럴 경우 각 단계는 독립적인 최적화(optimization)를 위해 별도로 조절될 수 있다. 단계 분리(phase separation)는 독립적인 반응조를 유지시키는데 1차 산성화 반응조를 2차 메탄생성 반응조와 연결함으로써 이루어질 수 있다. 1차 반응조에서의 메탄생성은 높은 희석률 조절 등에 의한 반응속도 조절, 메탄생성 저해제 투여 등의 화학약품에 의한 조절, 투석막의 이용 같은 방법에 의한 산생성 세균의 물리적 보전 등에 의해 방지될 수 있다.

2단계 공정은 여러 가지 장점을 가지고 있는 것으로 알려졌다. 침전과 슬러지 반송 단계가 산성화 반응조 직후에 설치될 수 있는데 기체화 과정이 없기 때문에 침강성이 좋아진다. 1차 반응조에서의 수리 체류시간은 2차 반응조의 5~10%에 불과하며 따라서 산성화에는 작은 반응조가 이용될 수 있다. 산성화 반응조는 완충기능이 있어서 민감한 메탄생성 고균을 충격 부하(shock load)로부터 보호하며 일반적으로 공정의 안정성을 증가시킨다. 2단계 체제에서는 부하율, 기질의 메탄으로의 전환율, COD 제거율 등이 모두 높아진다.

15.4.4 혐기성 처리의 적용 범위

위에서 설명한 혐기성 공정들은 농업, 육류 가공, 음료 생산, 양조업, 과일 야채 가공, 낙농업, 일부 화학 및 제약 공정 등에서 배출되는 것을 포함한 다양한 고농도 유기성 폐수에 적용될 수 있다. 혐기성 공정의 작동에 대해 알려진 많은 것들은 실험실과 pilot 규모의 반응조로부터 계속적으로 얻어진 결과이다. 현재는 전 세계적으로 하수 슬러지 소화에 이용되는 것을 제외하고도 본격적인 규모의 혐기성 처리장들이 상당히 많이 운영되고 있는데 그 대부분은 농업 폐기물의 처리에 이용되며 다른 산업 폐수나 폐기물 처리에 이용되는 것은 약 20% 이하이다. 그러나 여러 가지 혐기성 처리 공정의 개발과 혐기성 처리만이 갖고 있는 여러 장점 때문에 이 비율은 점차 증가하고 있으며 장래에는 산업 폐수와 폐기물 처리에 혐기성 기술이 중요한 역할을 차지하게 될 것이 분명하다.

참고문헌

Dyer, J. C. , Vernick, A. S. and Feiler, H. D. (1981) *Handbook of Industrial Wastes Pretreatment,* Garland STRM Press, New York.

Eckenfelder, W. W. , Patoczka, J. and Watkin, A. T. (1985) *Chem. Eng.* , 2 : 60-74.

Kobayashi, H. and Rittman, B. E. (1982) *Environ. Sci. Technol.* , 16 : 170A-183A.

Lester, J. N. , Sterritt, R. M. , Rudd, T. and Brown, M. J. (1984) in *Microbiological Methods for Environmental Biotechnology* (eds J. M. Grainger and J. M. Lynch), Society for Applied Bacteriology Technical Series No. 19, Academic Press, London.

Mosey, F. E. (1976) Assessment of the maximum concentration of heavy metals in crude sewage which will not inhibit the anaerobic digestion of sludge. *Water Pollet. Control,* 75 : 10-18.

Organisation for Economic Cooperation and Development (1981) Guidelines for Testing of Chemicals, OECD, Paris.

Powledge, T. M. (1983) *Biotechnology,* 1 : 743-755.

Richardson, D. J. and Pajak, W. K. (1986) *Water Res.* , 20 : 1077-1090.

Schuckrow, A. J., Pajak, A. P. and Touhill, C. J. (1982) *Hazardous Waste Leachate Management Manual,* Noyes Data Corporation, New York.

Sterritt, R. M. and Lester, J. N. (1988) *Microbiology for Environmental and Public Health Engineers,* E & F. N. Spon, London.

Stronach, S. M. , Rudd, T. and Lester, J. N. (1986) *Anaerobic Digestion Processes in Industrial Wastewater Treatment,* Springer Verlag, Berlin.

chapter 15 | 산업 폐수 및 폐기물 처리

연습문제

01 생물체에 대한 산업 폐수의 저해효과에 대하여 설명하라.

02 미생물의 절대성 원리란 무엇인가?

03 독성 물질 분해미생물의 선택방법에는 어떤 것이 있는가?

04 유기물의 생분해를 시험하는 방법은 어떤 것인가?

05 종균제를 이용하여 해결할 수 있는 폐수 처리의 문제점들은 무엇인가?

06 혐기성 처리로 처리가능한 산업 폐수의 종류를 들라.

07 혐기성 유동상 반응조의 원리에 대하여 설명하라.

08 혐기성 처리 시 산생성과 메탄생성 단계를 분리할 경우의 장점은 무엇인가?

퇴비화와 토양처리법

CHAPTER 16

CHAPTER

16 퇴비화와 토양처리법

16.1 퇴비화의 특성

퇴비화(composting)는 일반적으로 고온성 호기적 분해 공정이라고 할 수 있으며 보통 유기성 고형 폐기물(organic solid wastes)의 처리에 이용하고 있다. 고형 기질은 수 주일에 걸쳐 연속적으로 다른 미생물 개체군들에 의해 분해되어 우리말로 부를 때 적합하지는 않지만 퇴비(compost)라고 하는 짙은 갈색 입자상의 부식질(humus) 같은 최종 산물을 생성한다. 이 compost는 토양 개량제(soil conditioner)로 유용하게 사용될 수 있어서 과다한 점토나 모래 흙의 성질을 개선시킬 수 있다.

퇴비화의 장점은 단순히 토양 개량제의 생산에 있지 않고 그것이 생활 쓰레기(domestic refuse) 처리의 중요한 방법이 될 수 있다는 점이다. 유럽에서는 생활 쓰레기의 퇴비화가 1920년대부터 상당한 주목을 받아왔다. 미국에서는 퇴비화를 그다지 많이 이용하고 있지 않은데 그 이유는 토양 개량제에 대한 수요가 많지 않으며 전형적인 쓰레기 조성이 퇴비화에 적당하지 않고 국토가 넓어 위생 매립(sanitary landfill)과 같은 다른 처분방법들이 경제적으로 보다 유리하기 때문이다. 일본이나 홍콩처럼 인구밀도가 높은 국가들에서는 퇴비화가 상당히 많이 이용되고 있다.

도시 쓰레기와 종이로부터 하수 슬러지와 이것들의 혼합물까지 다양한 종류의 유기성 폐기물들이 퇴비화될 수 있다. 대부분의 경우 퇴비화의 1차 목적은 불안정하고 더러운 물질들을 안정된 최종산물로 전환하는 것이다. 혐기성 소화도 하수 슬러지와 같이 주로 분해가능한 악취 발생 가능성이 있는 물질을 안정화시키는 데 이용되는데, 혐기성 소화와 달리 퇴비화는 호기성 공정이다.

16.2 퇴비화 공정의 개요

퇴비화는 기계적 관점에서 볼 때 폐기물 선별(salvage), 분해(degradation), 건조(drying), 양생(curing), 마무리(finishing)의 5개의 주요 단계로 이루어져 있다. 전체 공정은 2 내지 3개월이 소요될 수 있다.

16.2.1 폐기물 선별

생활 쓰레기는 음식물 찌꺼기, 종이, 섬유, 나무 등의 분해가능한 유기물질과 유리, 플라스틱, 도기, 금속 등의 분해되지 않는 물질들로 이루어져 있다. 이 분해되지 않는 무기물들은 퇴비화되지 않으므로 퇴비화 전에 제거하는 것이 바람직하다.

철금속은 자력을 이용하여 제거할 수 있다. 폐기물 회수에 이용할 수 있는 다른 방법들에는 손으로 골라내는 manual picking과 매우 큰 물체를 골라내는 screening 등이 있다.

16.2.2 마쇄(grinding), 펄프화(pulping)와 균질화(homogenization)

효율적인 퇴비화를 위해서는 처리되어야 할 물질들이 통기, 혼합과 분해 미생물들에 의한 분해가 쉽도록 잘게 분쇄된 입자상 물질이 되어야만 한다. 보통 입자 크기는 약 4~7 cm 정도이다. 이것은 마쇄(grinding), 분쇄(shredding), 또는 습윤 펄프화(wet pulping)에 의해 이루어진다. Wet pulping은 약 5%의 고형물을 함유한 slurry를 만드는데 퇴비화에 적당한 상태는 약 50%의 고형물 함유율을 가질 경우이므로 wet pulping을 한 경우에는 건조를 필요로 한다.

종종 최소한의 전처리(pretreatment)가 요구되기도 하는데 그 이유는 퇴비화될 폐기물 중 섬유소들의 분해가 퇴비화의 초기단계에서 혼합의 결과로 일어나기 때문이다. 이 단계에서 수분 함량이 조절될 수 있는데 약 50%의 이상적인 수분 함량은 물을 첨가함으로써 얻을 수 있다. 하수 슬러지를 첨가하면 수분 함량을 조절할 수 있을 뿐만 아니라 최종산물의 질을 높일 수도 있다. 다양한 미처리 슬러지, 탈수 슬러지, 소화 슬러지 또는 복합 슬러지도 퇴비화될 수 있는데 처리효율은 각각 다를 수 있다.

쓰레기-슬러지 혼합물을 퇴비화시킬 때 쓰레기와 슬러지의 비율은 대략 무게비로 2 : 1로 맞춘다. 수분 함량은 무게로 45에서 65% 사이가 적당하다. 미처리 슬러지나 소화 슬러지 모두 이용할 수 있으나 미처리 슬러지가 선호되는데 그 이유는 미처리 슬러지가 보다 쉽게 탈수될 수 있으며 영양염류를 더 많이 함유하고 있기 때문이다.

우리나라나 미국, 영국 등에서는 하수 슬러지를 별도로 퇴비화 처리하지 않으나 오스트리아에서는 약 20%의 슬러지를 퇴비화시킨다. 영국에서는 하수 슬러지를 퇴비보다는 액체 또는 케이크 형태로 더 많이 이용하는데 질소를 많이 함유하고 있기 때문이다.

16.2.3 생물학적 분해

퇴비화 공정에는 3가지 기본적인 방법이 있다. 가장 간단한 방법은 정치식 더미 공정(static pile process)으로 예전부터 가정이나 농가에서 시행하던 단순 퇴비화(simple composting)와 유사하다. 고형 유기성 폐기물을 불투수층 기반 위에 적당한 크기의 정치식 더미로 쌓고 처리하는 것이다. 압축 방지와 통기를 위해 목편이나 타이어 조각 같은 팽화제(bulking agent)를 넣고 질소와 인 같은 영양물질이 부족하면 보충하여 더미를 쌓는다. 유기물의 효율적인 호기성 분해를 위한 산소 공급, 크게 증가한 내부 온도(80℃까지도 올라감)의 저하와 유기물과 분해미생물의 접촉을 위해 주기적으로 더미를 기계적으로 섞어주며 또한 증발한 수분을 보충한다. 이 방법을 대규모로 만든 것이 퇴비단 공정(Windrow process)인데 더미 준비는 정치식 더미 공정과 같으며 폭 3~4 m, 높이 약 1.5 m의 정치식 더미를 긴 줄로 쌓고 포기와 혼합을 위해 주기적으로 기계삽을 이용하여 뒤집는데 front-end loader나 turner를 사용한다. 혼합은 더미의 통기와 열 방출에 따라 1일에서 수 일 간격으로 시행한다. 퇴비단 방식은 운영이 간단하고 비용이 적게 들며 기술적으로 어려운 점이 없는 장점이 있어 생활쓰레기의 처리 등에 이용되고 있다. 그러나 여러 가지 단점도 있는데 대규모로 노천에서 시행되기 때문에 국지 기후에 의해 크게 영향을 받으며 처리 기간도 길다. 퇴비더미 표면에서 미생물이 공기 중으로 방출될 수 있으며 만일 더미에서 악취가 발생한다면 조절하기 어려우며 인근 주민들로부터 항의를 받을 수 있다. 또한 상당히 넓은 부지를 필요로 하며 따라서 도시 지역에서는 부적당할 수 있다.

포기식 더미 공정(aerated pile process)에서는 공기펌프나 진공펌프에 연결된 다공성 관 체제 위에 수m에서 수십m의 폭과 3 m 높이의 더미를 쌓는다. 통기는 더미에 공기를 불어 넣거나(Rutgers process) 진공으로 뽑아내는데(Beltsville process) 각각 장단점이 있으며 내부 온도에 따라 통기를 조절하며 이를 통해 더미 내부에서 생분해에 적절한 온도를 유지하고 산소를 공급하여 처리 속도를 높이고 처리 시간을 단축할 수 있다.

또 하나의 퇴비화 방법은 밀폐된 곳에서 기계적 혼합과 포기를 이용하는 기계식 퇴비화인데 이 방식은 windrow 퇴비화와 같은 문제점을 갖지 않지만 비용이 많이 든다. 기계적 퇴비화에는 여러 가지 공정이 이용되고 있는데 가장 잘 알려진 것은 Dano 공정이다. 이 방법은 30 m까지의 길이와 폭 5 m의 통을 이용하는데 혼합과 포기를 원활히 하기 위해 통을 서서히 회전시킨다. 혼합, 포기와 온도에 대해 조절을 잘 하면 windrow 퇴비화에 요구되는 것보다 짧은 시간 내에 안정화 공정을 끝낼 수 있다.

16.2.4 양생과 건조

만일 compost를 토양에 투여하기 전에 compost의 완전한 안정이 일어나지 않는다면 토양에 투여된 후 compost 내 유기물 분해의 최종단계에서 토양으로부터 식물체가 이용할 수 있는 질소를 compost가 실제로 먼저 소모해 버린다. Windrow 퇴비화 후 완전히 compost를 안정시키기 위해서는 낮은 compost 더미에서 약 2주 정도의 양생(curing)을 한다. 기계적 퇴비화에서는 양생 기간을 3주 정도까지 유지시키거나 또는 전혀 양생을 하지 않을 수 있다.

16.2.5 마무리(finishing)

요구되는 마무리 정도는 compost 판매 또는 처분방법에 따라 크게 좌우된다. 종종 compost는 농업 또는 원예 용도를 위해 30% 이하의 수분 함량을 갖게끔 기계적으로 건조시켜야만 한다. Compost의 균질성도 또한 중요하기 때문에 큰 덩어리를 제거하기 위해 다시 분쇄하고 거르기도 하며 소량 판매를 위해 compost를 포장 전에 작게 뭉치기도 한다. 그에 반해 만일 compost를, 예를 들면 매립(landfiling)에 의해 처분한다면 마무리는 전혀 필요하지 않게 된다.

16.3 퇴비화의 미생물학

생분해 가능한 물질은 중온성(mesophile)과 고온성(thermophile) 미생물들에 의해 순차적으로 분해되는데 그것들은 가장 쉽게 분해되는 탄수화물과 단백질을 먼저 이용한다. 그런 물질들을 쌓아놓았을 때 단열효과 때문에 열이 보전되고 온도가 상승한다. 도달할 수 있는 최대온도와 이에 걸리는 시간은 유기성 폐기물의 조성, 영양염류의 양,

수분 함량, 폐기물 더미의 크기, 입자 크기, 포기나 혼합의 정도 등 많은 공정의 지표에 따라 결정된다. 공정은 중온성 단계, 고온성 단계, 냉각, 숙성(maturation) 또는 양생(curing)의 4단계로 나누어진다.

공정이 시작될 때 폐기물 더미의 온도는 기온과 같으며 보통 약산성을 띤다. 고유의 중온성 미생물들이 증식함에 따라 온도는 급격히 증가한다. 이 분해 초기단계의 산물 중에 산생성 세균에 의해 만들어지는 간단한 유기산들이 있는데 이 유기산들이 pH의 저하를 일으킨다. 40℃ 이상의 온도에서 중온성 생물체들의 활성은 감소하며 분해는 고온성 균류(thermophilic fungi)에 의해 주로 일어나게 된다. 만일 쉽게 이용할 수 있는 질소가 과량으로 존재한다면 pH는 알칼리성이 되며 암모니아가 방출된다. 온도가 더욱 상승하여 60℃가 되면 고온성 균류는 죽고 내생포자(endospore) 형성 세균과 방선균(actinomycetes)에 의해 분해가 진행된다. 60℃ 이상의 온도에서는 단백질과 헤미셀룰로오스(hemicellulose)가 쉽게 분해되며 섬유소(cellulose)와 리그닌(lignin)은 쉽게 분해되지 않는다. 신속히 분해되는 물질이 고갈됨에 따라 분해반응은 느려져서 결국 열 발생률이 폐기물 더미 표면으로부터의 열 손실률보다 낮아지게 되어 폐기물 더미는 냉각하기 시작한다. 퇴비화 초기단계에서 발생한 세균과 균류의 생물량은 퇴비화 공정과 관련된 원생동물, 윤충(rotifer), 선충(nematode)을 포함한 연속적으로 나타날 수 있는 고등생물들의 먹이가 될 수 있다.

온도가 60℃ 이하로 떨어지면 폐기물 더미의 바깥쪽으로부터 고온성 균류가 다시 더미의 중앙으로 들어갈 수 있으며 섬유소 분해를 재개한다. 중합체들의 가수분해와 그 산물을 이용한 동화작용은 비교적 느린 공정이므로 열 발생률은 계속 감소하여 더미의 온도는 계속 떨어진다. 약 40℃에서 중온성 생물체들은 열 저항성 포자의 발아(germination)나 바깥쪽으로부터의 재침입 등에 의해 활성을 다시 나타낸다. pH는 다시 약간 떨어지나 보통 약 알칼리성을 유지한다.

영양염류의 양은 퇴비화의 진행에 영향을 미치는 중요한 요인이다. 만일 C : N 비가 80보다 크면 퇴비화는 일반적으로 전혀 일어나지 않으며, 80 약간 이하에서도 퇴비화는 일어날 수 있으나 매우 느리다. C : N 비가 감소함에 따라 퇴비화율은 증가하는데 C : N 비가 20 이하에서는 암모니아화가 일어나 악취가 발생하며 퇴비화율도 감소한다. 혐기성 조건에서의 탈질화 작용이 일어나지 않는다면 질소는 공정 내에 보전되므로 퇴비화가 진행됨에 따라 C : N 비는 변화하게 된다. 퇴비화 중 pH, C : N 비, 온도의 변화는 그림 16.1에서 보는 바와 같다.

호기성 고온성 퇴비화(aerobic thermophilic composting)는 빠른 연속적인 혼합 미생물 개체군들의 복합적인 활성에 의해 일어나는 동적인 공정으로 각 미생물 군집은 비교적 제한된 기간에서의 환경 조건에 적합하며 하나의 특정한 종류 또는 group의 유기물들을 활발히 분해한다. 퇴비화에 관여하는 생물체들의 종류와 개체수가 표 16.1에 간단히 나타나 있다.

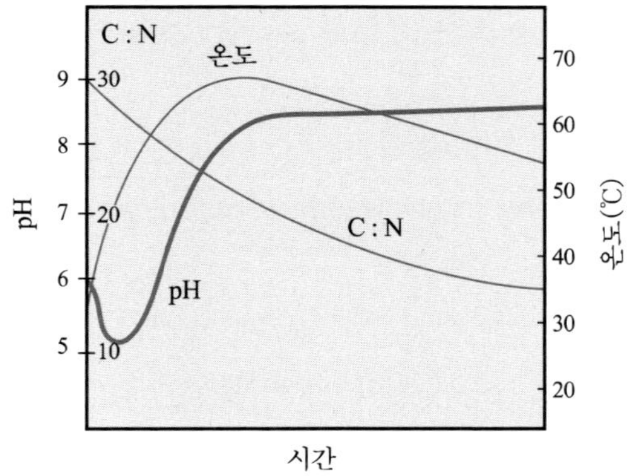

그림 16.1 **퇴비화 중의 pH, C : N, 온도의 변화**

표 16.1 **퇴비화에 관여하는 생물체들**

생물체	개체수/퇴비(g)
미생물	
세균	$10^8 \sim 10^9$
방선균	$10^5 \sim 10^8$
균류	$10^4 \sim 10^6$
원생동물	$10^4 \sim 10^5$
고등생물	
선충류	다양
개미류	〃
톡토기	〃
노래기	〃

세균은 개체수로는 월등히 많지만 그 상대적 크기 때문에 전체 미생물 생물량의 반 이하를 차지한다. 활발한 생장을 위해 보통 습한 조건이 요구되나 일부 세균들은 열과 건조에 견딜 수 있는 내생포자를 형성하며 환경조건이 양호해지면 발아해서 성장한다.

어느 때든지 군집을 구성하는 종을 결정하는 데는 온도와 이용 가능한 기질의 공급수준이 가장 큰 영향을 미친다. 저분자량의 물에 용해되는 물질들은 세포벽을 쉽게 통과할 수 있으므로 넓은 범위의 일반적인 생물체들에 의해 이용될 수 있다. 고분자량의 중합체들은 세포 내로 들어갈 수 없으므로 그 자연적인 상태로는 많은 생물체들에게 기질로 이용될 수 없다. 이런 고분자 물질들 중 특히 셀룰로오스와 헤미셀룰로오스는 세포들이 세포외 효소(extracellular enzyme)를 분비하여 긴 중합체 사슬을 짧은 단당류 또는 올리고당류(oligosaccharides)로 가수분해시킨다. 제한된 종류의 특별한 생물체들만이 이 가수분해를 할 수 있으나 거의 모든 생물체들이 가수분해의 산물을 이용할 수 있다.

퇴비화의 처음 3단계는 비교적 빠르게 일어나서 수일 내지 수 주 정도가 걸린다. 최종 단계인 숙성 또는 양생은 보통 1달 이상 걸리는데 외부 기온조건에서 일어나며 중온성 생물체들이 많이 존재하고 하등동물들도 나타난다. 숙성단계에서는 열 발생과 무게 감소가 거의 일어나지 않는다. 이 기간에 복잡한 축합(condensation)과 중합(polymerization)의 2차 반응이 일어나서 보다 안정되고 복잡한 최종산물인 부식질(humus)이 생성되어 추가적인 부패현상이 일어나지 않게 된다.

16.4 퇴비화 중의 병원체들

퇴비화 공정의 고온성 성질이 폐기물에 존재하는 살아있는 생물체들의 개체수 감소에 매우 효과적인 것으로 널리 알려져 있다. 56℃의 온도는 *E. coli*, *Salmonella* spp., 분원성 연쇄상구균(faecal streptococci)을 99% 또는 그 이상으로 불활성화시키는 데 충분하다.

Polio 바이러스는 유사한 온도에서 30분 정도에 파괴된다. 더 높은 온도에서는 병원체 제거율이 더욱 증가한다. 예를 들어, 잘 죽지 않는 *Mycobacterium tuberculosis*는 65℃의 온도에서 15일 동안 노출되면 죽는다.

일부 고온성 균류는 2차 병원체로 구분된다. 이것은 이 균류들이 이미 다른 병원체들에 의해 감염된 사람들이나 특별히 호흡기 질병에 취약한 사람들에게 감염된다는 것을 뜻한다. *Aspergillus fumigatus*의 포자들은 퇴비화 더미 주위에서 흔히 발견된다. 미생물로부터 비롯된 여러 항원물질(antigenic substance)도 먼지 입자와 관련되어 발견된다. 사람에게 강력한 발암원(carcinogen)으로 작용하는 aflatoxin을 만드는 *Aspergillus flavus*도 퇴비화 공정에서 나타난다.

퇴비화 생물체들에 의해 발생하는 어떤 해로운 효과이든 매우 국지적인 문제이므로 거주지역에는 위험성이 없다. 비록 퇴비화 처리장의 근로자들에게 감염이 있었다는 보고들이 있지만 이런 특별한 문제점들은 아직 널리 연구된 바가 없다.

16.5 토양처리법

토양은 복잡한 물리적, 화학적, 생물학적 경로를 통해 다양한 물질을 분해 또는 해독시킬 수 있는 자연환경이다. 토양처리법(land treatment)은 다양한 폐수 및 폐기물을 표층 토양과 섞어서 여러 가지 반응, 특히 미생물에 의한 유기물 분해를 촉진시키는 방법으로 토양경작법(land farming 또는 land cultivation)이라고도 부른다.

여러 가지 생물학적 폐수 및 폐기물 처리방법 중 토양처리법은 설치 및 유지가 쉽고 오랜 역사를 가지고 있는데 우리나라를 비롯한 여러 나라에서 옛날부터 인분과 가축분료를 논밭에 비료 성분으로 주어왔으며 1860년대부터 영국에서는 생활오수를 경작지에 뿌리는 오수 경작(sewage farming)을 실시하였다. 그러나 이 방법을 산업 폐수나 폐기물의 처분방법으로 이용하기 시작한 것은 근래의 일이며 적극적인 처리방법으로의 이용은 최근에 시작되었다. 토양처리법은 특히 유기물 함량이 높은 폐수나 폐기물의 처리에 적합한 방법이며 통상적인 활성슬러지법이나 살수여상법 등으로 처리가 어려운 유해물질이 함유된 여러 가지 산업 폐수나 폐기물 처리에도 이용할 수 있으며 미국에서는 Resource Conservation and Recovery Act(RCRA, Public Law 94 : 580)에서 유해물질 처리 방법(hazardous waste management)의 하나로 기재되어 있다.

16.5.1 폐기물 처리지로서의 토양의 특성

토양은 실험실 내의 배양용 배지와 달리 다양한 크기의 입자로 이루어진 불균질한 환경으로 다양한 크기의 미세서식지(microhabitat)로 이루어져 있으며 각 microhabitat의 물리, 화학적 성질이 다를 수 있다. 이런 다양한 성질 때문에 모든 토양은 매우 많은 종류의 미생물과 미소동물을 포함하고 있으며 이들의 전체 양은 표층 15 cm의 깊이에서 0.5~4 ton/ha에 이르고 있다. 이 미생물은 유기성 폐기물을 분해하여 탄소와 에너지원으로 이용하면서 성장하며 토양의 산화환원도에 따라 질소나 황화합물이 산화 또는 환원된다. 토양 미생물군은 상당히 다재다능하여 수많은 종류의 생화학적 반응을 수행할 뿐만 아니라 생태학적으로 안정되고 저항성이 있기 때문에 독성물질 등의 유입 등 가혹한 조건에서도 빠른 시일 내에 이를 극복하며 원상태로 돌아올 수 있는 능력이 존재한다. 폐수 및 폐기물 처리에 관여하는 대표적인 토양 미생물들의 역할은 다음과 같다.

① 유기물 성분의 분해
② 시안화물의 무기질소 화합물로의 변환
③ 기체 질소로의 탈질화 작용
④ 금속의 산화와 환원
⑤ 각종 유기산, 메탄, 수소, 이산화탄소 생성
⑥ 폐기물 성분과 반응 또는 흡착할 수 있는 부식질(humic compound)과 같은 복합 유기화합물 생성

토양 미생물들의 독성물질 등에 대한 저항성과 난분해성 유기물의 궁극적인 분해에 미생물의 적응(adaptation)과 공동대사(cometabolism)가 크게 관여한다. 적응은 어떤 물질과의 사전접촉으로 인해 미생물의 분해능이 크게 증가하는 것으로 다음과 같은 3가지 방식에 의해 일어날 수 있다.

① 물질과 접촉 전에는 존재하지 않거나 소량 존재하던 특정 효소들의 유도 (induction) 또는 탈억제(derepression)

② 유전적 변화에 의한 새로운 대사능력의 획득
③ 특정 변환능력이 있는 미생물들의 개체수 증가

공동대사는 많은 난분해성 유기물 분해에 중요한 기작으로 미생물이 어떤 생장기질(growth substrate)을 이용하여 생장하는 도중에 다른 물질(공동기질, cosubstrate)을 변화시키는데 이 변화과정으로부터 생장에 필요한 탄소, 에너지나 영양물질을 공급받지 못하는 현상을 말한다. 많은 난분해성 물질과 유해유기물이 cosubstrate로 작용하며 부분분해된 cosubstrate는 본래의 것을 이용하지 못하는 다른 종류의 미생물에 의해 계속적으로 분해가 될 수 있다. 공동대사는 기질 분해에 관여하는 효소의 기질 특이성이 불완전하기 때문에 일어나는 경우가 많다.

토양에서는 미생물만이 유입된 오염물질을 분해 또는 변화시키는 것이 아니라 토양 입자와 토양 수분 등에서 여러 가지 물리화학적 반응이 같이 일어나 폐수와 폐기물 내의 각종 성분을 변화시키며(그림 16.2) 이러한 반응들이 생물체에 의한 작용과 복합적으로 일어나 토양에서의 각종 오염물질의 제거를 가속화시키고 있다.

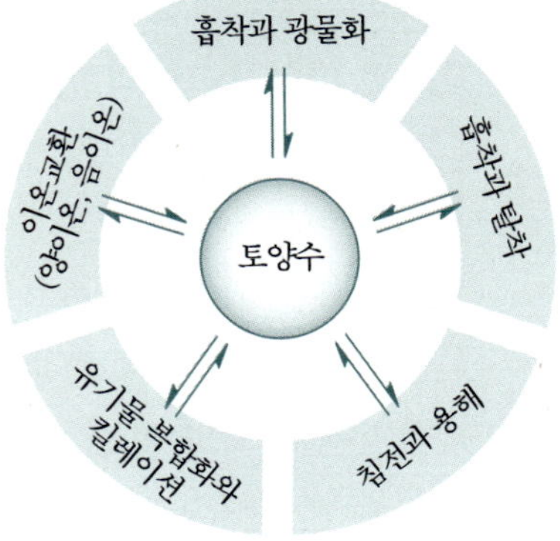

그림 16.2 토양 내에서 일어나는 각종 반응들

16.6 토양처리법의 특성

16.6.1 토양처리법의 원리

넓은 의미의 토양처리법은 폐수 및 폐기물의 처리와 처분에 토양을 이용하는 것으로, 토양 표면에 폐기물을 살포하거나 표층에서 수 cm 정도의 깊이에 기계적인 조작으로 폐기물을 주입한 후 그대로 방치하거나 경작(tilling)하는 방법인데 여기에서는 좁은 의미의 토양경작(land cultivation 또는 land farming)이라고 부르는 적극적 처리방법에 대하여 설명하고자 한다. 미국의 환경보호청(Environmental Protection Agency, EPA)에서는 이 방법을 토양에서 유해물질을 분리, 변환 또는 고정화시키기 위해 동적인 물리적, 화학적, 생물학적 과정들에 의존하는 노출 체제(open system)라고 규정지었다.

토양을 이용한 다른 종류의 처분방법과는 달리 차단막(liner) 같은 물리적 차단장치가 필요하지 않으며 대신 토양작용(soil process)이라고 하는 침전(precipitation), 복합화(complexation), 양이온 교환반응(cation exchange reaction), 토양 유기물로의 편입(incorporation) 과정 등에 의해 중금속이나 유해물질의 이동 또는 침투가 최소화된다.

폐기물 부하율(waste loading rate), 토양 pH와 수분량의 조절 등을 통해 생분해, 변환(transformation), 고정화(immobilization)를 최대한 증가시키며 토양미생물 활성과 폐기물의 생분해를 촉진하기 위해 일반적으로 생장 제한요인으로 작용하는 질소, 인 등의 무기영양염류를 공급하고 산소 공급과 폐기물 성분의 고른 분포를 위해 주기적으로 경작을 함으로써 처리 효과를 최대한으로 증가시킬 수 있다.

폐기물의 유실이나 침출(leaching)을 막고자 미국의 EPA에서는 토양처리법에 부지의 기준을 정해 놓았는데 사용 부지는 100년 빈도의 범람지역 밖에 위치해야 하고 처리지역(폐기물이 유입되는 부위)은 깊이가 1.5 m를 넘지 않거나 지하수의 계절적 최고 수위면보다 1 m 이상 높아야 한다.

토양처리법을 이용한 폐수와 폐기물의 성공적이며 안전한 처리는 토양에서의 적절한 생물학적, 물리적, 화학적 반응들이 일어날 때 이루어지며 이를 위해서는 처리해야 할 폐기물과 토양의 성질에 따라 적절한 공정의 설계가 따라야 할 것이다. 토양처리법은 다른 물리화학적 처분방법에 비해 약간 느리고 불완전하다 할지라도 비용이 저렴하고 또한 매립(landfill)이나 심정주입(deepwell injection) 등 토양을 이용한 다른 처분방법에 비해 지하수나 인근지역의 오염, 가스 발생 등의 문제점이 훨씬 적다. 또한 이 방법을 알맞게 사용하면 한 지역을 반복적으로 처리부지를 이용할 수 있으며 폐수와 폐기물 처리가 완료되면 다른 목적으로 토지를 사용할 수도 있다. 그리고 토양 입자에 의한 무기물과 금속이온의 흡착으로 폐수의 이동이 최소화 될 수 있다. 그러나 폐수가 심층으로 침투하여 지하수를 오염시킬 수도 있으며, 비교적 넓은 면적을 필요로 하고 부근에 서식하는 생물체에 영향을 미칠 수 있다는 단점도 있다.

16.6.2 처리가능한 폐기물의 종류

토양처리법을 이용하여 처리할 수 있는 폐수와 폐기물의 성질은 다음과 같다.

① 전체 또는 부분적으로 생분해 가능한 물질이어야 하며

② 고유의 토양미생물이 적절한 부하의 폐기물 유입 시 생존 또는 성장해야 하며

③ 축적된 잔류물과 토양의 교환능력에 의해 흡착된 이온의 장기간 독성효과(long-term toxic effect)가 없거나 낮아야 하며

④ 적절하고 실용적인 부하율에서 유해성분에 의한 지하수 오염이 없어야 하며 또한 독성물질이 먹이연쇄로 들어가지 않아야 한다.

⑤ 다른 처리 및 처분 방법에 비해 토양처리 시에 비용이 적게 들어야 한다.

⑥ 토양처리 후 토양의 생산조건이 처음에 비하여 같거나 또는 더욱 좋아져야 한다.

이런 성질을 고루 갖추고 있으며 유해물질이 비교적 적은 여러 가지 폐수와 폐기물은 단순한 처리 및 처분만을 위한 대상이 아니고 구성물질의 식물 생장요소로서의 이용가치 때문에 경작지에 뿌려 농작물 생육에 이용할 수도 있는데 그런 폐기물의 예가 표 16.2에 나와 있다. 이에 속하는 폐수와 폐기물은 중금속이나 유해성분이 별로 없는 동

표 16.2 **농경지에 투여할 수 있는 폐기물의 예**

폐기물	농작물
거름	
동물성(분뇨 등)	식용과 비식용
식물성	식용과 비식용
도시폐기물	
하수	목초, 면화, 곡류
하수 슬러지	목초, 면화, 곡류
미처리 고형폐기물	목초(alfalfa)
펄프 및 제지 폐기물	
폐수	alfalfa, 목초
퇴비화 폐기물	밀, 옥수수, 콩
통조림업 폐기물	곡류
낙농업 폐기물	목초
도살장 폐기물	목초

표 16.3 **비농경지에 투여할 수 있는 폐기물의 예**

종 류	성 분
석유산업 폐기물	기름, 그리스, 아스팔트
전자산업 폐기물	산, 시안 폐기물, 잔류 중금속
농업 폐기물	가축 분뇨, 작물 잔류물, 퇴비화 잔류물
유기용매 및 잔류물	세탁용 용매, 페인트 산업 폐기물
도시 고형폐기물	분쇄 고형폐기물, 퇴비화 고형폐기물, 하수 슬러지
제재 및 제지 폐기물	톱밥, 수피, 분쇄 종이, 폐기 펄프
통조림 폐기물	과일, 야채, 고기, 생선

식물 조직으로부터 비롯된 것으로 식물 생장에 비료성분으로 작용할 수 있어서 일석이조의 효과를 볼 수 있다. 고형폐기물의 경우 표층에 놓거나(surface placement), 토양 위로 주입하거나(overland-flow), 빠르게 침투시키는(rapid infiltration) 등 여러 가지 표면에서 투입시키는 방법과 더불어 토양 내로 주입하는(soil injection) 방법이 있다. 경작지 토양에 이용하기 부적합하지만 삼림 또는 초지 등에 이용될 수 있는 폐수와 폐기물은 표 16.3에서 보는 바와 같이 좀 더 다양하며 여전히 이들 폐수와 폐기물도 식물 생장에 이용될 수 있는 종류들이다.

이상과 같은 식물 생장에 이용할 수 있는 폐기물 외에 중금속이나 유해성분이 있기 때문에 본격적인 처리를 해주어야 하는 종류 중에서 토양처리법에 적합한 산업폐기물의 종류는 표 16.4에 나타나 있다.

표 16.4 **토양처리에 적합한 산업폐기물의 예**

산 업	폐기물 종류	유해성	주의사항
식품	폐수, 슬러지	고농도의 나트륨과 용해성 고형물 및 이로 인한 토양 성질과 식물 생장에 미치는 악영향	석고 투여 : 나트륨과 용해성 고형물의 분리
섬유	2차 폐수처리 슬러지	중금속	적절한 부하율 조절
목재 보전	폐수	pentachlorophenol, creosote	28～37 m^3/ha의 부하율
유기성 섬유	2차 폐수처리 슬러지	고농도의 아연과 질산염	적절한 부하속도와 피복재생
제약	폐기균사	고농도의 아연과 질산염	적절한 부하속도와 피복재생
비누 및 세제	폐수	과도한 영양염류	적절한 피복식생 선택
유기성 화학물질	폐수처리 슬러지	특정 화학물질 성분	슬러지 유해물질 분석
석유정제	탱크 찌꺼기	고농도의 니켈, 구리, 납	토양과 지하수 감시

펄프와 제지공업에서 생성되는 슬러지는 식물에서 비롯된 것이며 또한 제조공정 시 사용하는 화학약품들의 비교적 낮은 독성 때문에 토양처리법으로 처리하기가 용이한 편이다. 농업 및 임업과 이에 관련된 산업에서 나오는 폐기물도 비교적 쉽게 이 방법으로 처리할 수 있는 종류이다. 방직산업에서는 약 60% 정도의 섬유 등의 유해하지 않은 폐기물과 나머지 40% 정도의 염료, 색소, 방염제, 방수제 등의 유해폐기물이 생성되는데 일반적으로 폐수를 활성슬러지법 등으로 생물학적 처리를 하며 슬러지는 많은 양의 유기물이 함유되어 있어 토양처리법으로 처리가 가능하다. 농약, 의약품, 세제 제조산업

에서는 상당량의 유해성분을 포함한 폐수를 생산하는데 이런 유해폐수의 토양처리 분야에 대한 지식과 경험의 부족으로 일부만이 토양을 이용하여 처분되고 있으므로 이에 대한 연구가 더욱 필요하다. 토양처리법은 다른 생물학적 폐수 처리와 달리 고농도의 유기물 폐수도 처리할 수 있는데 표 16.5는 이 방법을 이용해 처리할 수 있는 폐수의 최대 농도를 나타낸 것이다. 토양은 맹독성 물질인 다핵방향족 탄화수소(polynuclear aromatic hydrocarbon, PAH), 각종 유기염소 화합물 등이 혼합된 폐수를 분해, 전환, 고정화시킬 수 있는 능력이 있기 때문에 이러한 폐수의 처리에 토양처리기술이 시험적으로 시도되고 있다.

표 16.5 **토양처리법으로 처리가능한 폐수의 성질**

지 표	최대범위
BOD	5,000 ppm
COD	18,000 ppm
SS	3,000 ppm
pH	2~12

16.6.3 폐기물의 특성과 부하

일정 면적당 투여되는 폐기물량인 폐기물 부하율(waste application rate)이 성공적인 토양처리법의 중요한 조건이다. 과부하를 막기 위해서 적절한 폐기물 부하를 사전에 알아야 하며 이를 위해 먼저 폐기물의 특성이 파악되어야 한다. 대부분의 폐기물은 조성이 복잡한 혼합물로 질소, 염류, 유류, 독성 유기물, 금속, 독성 음이온 등으로 구성되어 있으므로 정성분석과 정량분석을 통해 각 성분의 양이 측정되어야 한다. 여러 산업 폐수의 처리는 우선적으로 수리부하(hydraulic loading)로 조절된다(표 16.6). 폐수의 BOD가 1,000 ppm 이하일 때 수리부하 단독으로 토양처리의 조절이 가능하다는 보고도 있으나 여러 가지 다른 요인들의 제한을 받을 수도 있기 때문에 부하율은 토양 성질에 맞게 조절이 되어야 하며 화학적 조성뿐만 아니라 수분 함량, 입자 크기 등의 폐기물의 물리적 성분도 고려되어야 한다.

부하율의 결정에 기본이 되는 2가지 조건은 첫째, 토양의 폐기물질에 대한 분해, 고정화, 감쇠(attenuation) 능력을 넘지 않게 폐기물 부하율이 결정되어야 하며 둘째, 폐기물은 고루 분포되어야 하고 이런 부하율에서 환경오염을 유발시켜서는 안 된다. 한편 부하율에 영향을 미치는 폐기물의 특성으로는 수량, 질소, 인, 사람의 병원균, 식물독성(phytotoxicity), BOD 또는 TOC, 생분해도, 중금속, 독성 유기화합물, 염분과 나트륨 등이 있다.

표 16.6 **산업폐기물의 토양처리에 이용되는 수리부하 및 유기부하율**

폐기물 종류	수리부하		유기부하
	(gal/ac/day*)	(in/wk)	(lb/ac/day**)
생물체 성분	1,500	0.39	370
발효 맥주	1,350	0.35	170
목재 증류	6,850	1.76	310
효모수	15,100	3.89	–
음료	32,400	8.34	108
양계	40,000	10.30	100
대두류	49,000	12.62	238
낙농업			
low value	2,500	0.64	10
high value	30,000	7.73	1,000
인스턴트 커피와 차	5,800	1.49	92
감귤류	3,100	0.80	51~346
종이류	7,600	1.96	13~30
하드보드	6,000	1.55	85
나일론	1,700	0.44	287

* m^3/ha/day로 환산하려면 9.35×10^{-3}을 곱함.

** kg/ha/day로 환산하려면 0.89를 곱함.

16.6.4 유류슬러지의 토양처리

토양처리법을 이용하여 처리하기 좋은 폐기물로 유류폐기물(petroleum wastes)이 있는데 정유산업에서 1950년대 초부터 유류슬러지(oily sludge)의 처분에 토양처리기술을 개발하여 이용하여 왔다. 정유공장에서 나오는 모든 원유정제 슬러지 종류들, 즉 API separator, tank bottom, flotation unit 등으로부터 나오는 높은 탄화수소 농도(30~50%)의 슬러지와 생물학적 처리 공정에서 나오는 낮은 탄화수소 농도(5~10%)의 슬러지를 모두 토양처리법으로 처리할 수 있으며 정유공장뿐만 아니라 다른 산업도시나 도시, 가정에서 나올 수 있는 유류함유 폐기물들도 처리 가능하다. 유류슬러지의 부하율은 함유되어 있는 탄화수소의 양에 따라 달라질 수 있는데 경작층 토양무게(2.25×10^6 kg/ha)당 투여되는 탄화수소 무게로 나타낸다. 생분해에 미치는 부하율의 영향에 대한 여러 실험결과를 보면 최대 탄화수소 분해율은 1회 부하가 5~10%(w/w)일 때 나타나며 이를 넘을 경우에도 상당히 높은 분해율이 유지된다. 이를 단위면적당으로 환산하면 100~200ton/ha가 된다. 유류슬러지의 투여빈도는 탄화수소 종류와 환경조건에 의해 좌우되는데 적당한 조건하에서는 5% 부하율로 4개월 간격으로 투여될 수 있다.

미생물의 분해능을 증가시키기 위하여 토양의 통기(aeration), pH 조절, 영양염류 투여(fertilization)를 하게 된다. 토양의 경작은 산소 공급뿐만 아니라 탄화수소를 고루 분포시키는 기능도 있는데 여러 가지 토지 경작기구를 이용할 수 있으며 1주 내지 4주 간격으로 반복한다. 토양 pH는 산성 토양의 경우 탄산칼슘($CaCO_3$) 성분의 석회를 이용하여 7.5 내지 7.8 정도로 맞추면 최대 탄화수소 분해능을 얻을 수 있다. 석유 성분은 거의 대부분이 탄소와 수소로만 이루어져 있기 때문에 탄화수소가 기질로 이용될 때 미생물의 생장에는 질소와 인이 항상 부족하다. C : N : P가 대략 500~1,000 : 5~15 : 1의 비율에서 최대분해능을 나타내므로 질소와 인을 적절히 보충해 준다.

토양 온도는 탄화수소 분해율에 가장 큰 영향을 미치며 이에 따라 부하빈도가 결정된다. 여러 보고에 따르면 토양에서의 최대 석유탄화수소 분해가 20~30℃에서 일어나며 5℃ 이하에서는 거의 일어나지 못한다. 일반적으로 15℃ 이하에서의 분해능은 20℃ 이상에서보다 훨씬 감소하는 것으로 알려져 있다. 우리나라의 경우에는 겨울철을 제외한 나머지 기간에는 비교적 활발하게 탄화수소의 분해가 일어날 수 있다.

석회나 질소, 인 등의 비료성분을 제외하고는 다른 종류의 물질의 투여는 그다지 큰 효과를 보이지 못하고 있으며 종균제(seed microorganism)로서의 미생물의 투여는 상당한 효과를 보이는 경우도 있으나 아직도 논란의 대상이 되고 있다. 토양미생물의 생존, 증식, 천이 등에 대한 정확한 이해와 유전공학적인 방법이 같이 도입되면 보다 효과적인 미생물 접종에 의한 처리가 가능하리라 기대된다.

토양처리법은 정유공장에서 나오는 유류슬러지 처리뿐만 아니라 여러 곳으로부터 나오는 각종 유류 함유 폐기물들도 처리할 수 있으며 또한 이 원리는 육상에서의 누유사고(oil spill) 등이 일어났을 때 현장에서 유출된 탄화수소를 처리하는 enhanced *in situ* bioremediation에도 적용된다. 이 방법은 정유공장 등에서의 처리공정과 동일한데 정제된 석유제품의 경우 중간 증류물(medium distillate)들인 제트유, 등유, 경유 등이 2~3배 정도 높은 제거효과를 보이기 때문에 이런 종류의 석유 탄화수소의 토양 유출 시 토양처리법이 효과적으로 이용될 수 있다. 1989년 3월에 미국 알래스카 연안에서 발생한 Exxon Valdez호의 원유 누출로 인한 해변오염 처리에도 이 원리가 적용되어 2~3배의 생분해능의 증가가 보고되었다. 이와 같이 토양처리법은 각종 유류 함유 폐기물 및 탄화수소로 오염된 토양의 처리에 다양하게 이용될 수 있다.

16.7 감시 및 폐쇄

감시(monitoring)는 모든 폐기물 처분방법에서 필수적인 항목으로 처분시설의 작동, 처분시설과 접촉하는 자연환경 및 주위환경을 관찰, 조사하는 것으로 토양처리 시에는 다음 사항에 대한 정기적인 시료 채취와 분석이 필요하다.

① 폐기물 부하에 따른 분해율
② 처리장 및 주변토양과 깊이에 따른 토양의 수분
③ 처리장 및 주변의 식생
④ 폐기물 중 유기물 성분의 분해
⑤ 병원성 미생물
⑥ 수리학
⑦ 지하수 수질
⑧ 토양침식과 유출수

감시는 처리장 선정 시의 사전감시(premonitoring), 처리 및 처분기간의 감시뿐만 아니라 처리장의 폐쇄 후에도 잔류영향을 조사하기 위해 사후감시(postmonitoring)를 해야 한다. 특별히 중요한 것은 지하수 보호, 먹이연쇄에의 영향, 표층 유출수 및 토양 침식으로 처리장 폐쇄 후에도 상당 기간의 조사가 필요하다.

처리장의 폐쇄 후에는 토지가 원래의 상태로 돌아가야 하는데 식물 생장이 다시 일어나게 하기 위해서 토양 개량제(soil conditioner)나 비료 성분을 투여하기도 하고 건조 지역에서는 관개를 하기도 한다. 비교적 적은 면적의 토지가 이용되었을 때는 타지역으로부터의 양질의 토양을 표층에 덮으면 식물 생장이 빠른 시일 내에 일어날 수 있다. 독성 잔류성분이 남아있는 넓은 지역의 경우에는 토양을 깊이 갈아서 아래쪽의 양호한 토양과 섞어서 유해성분을 희석시킨다. 여러 가지 방법을 이용하여 어떤 종류의 식물체이건, 비록 경제성 없는 잡초라 할지라도 식생의 재건이 일어나면 토양에 남아있는 잔류 폐기물 성분의 제거에 효과가 있다. 이것은 식물체 특히 뿌리부분은 다양한 유기물을 토양에 공급하면 미생물의 활성과 개체수가 증가되는 근권효과(rhizoshpere effect)가 나타나 처리장 토양의 잔류유기물 성분의 분해를 촉진하기 때문이다. 이런 과정을 거치다 보면 영구적인 식생을 확립할 수 있다.

처리장 폐쇄 후 토지가 원래의 상태로 돌아가면 농작물 재배나 가축사육용 초지로 이용할 수 있고 농경지로 이용하지 못할 경우에는 공원이나 건축용부지, 체육시설 등으로 이용이 가능하므로 우리나라에서도 정유, 식품공장 등지에서 폐기물의 처리 및 처분방법으로 시도해보는 것이 바람직하다고 생각된다.

16.8 효소처리법

농약(pesticides) 등의 인공합성 화합물(xenobiotics)들은 잔류성이 매우 높아서 자연적 변환 또는 미생물에 의한 분해가 일어나지 않아 자연환경에 오래 머물면서 생물체들에 영향을 미치는 것들이 많다. 또한 그중에는 분해과정에서 원래의 화합물보다 더욱 독성이 높은 대사산물을 생성하는 경우도 있는데 이런 현상을 활성화(activation)라 한다. 독성이 높은 경우에는 미생물들이 분해효소를 갖고 있다 하더라도 분해를 하지 못하게 된다. 이런 경우에 인공화합물을 무독화(detoxification)시키는 한 가지 방법으로 인공합성 화합물들을 부식질(humus)에 결합시키는 것이 있다. 많은 인공화합물들은 자연에 존재하는 humic acid 전구물질과 유사하기 때문에 이들은 부식질화(humification) 과정에서 부식질로 들어갈 수 있다. 인공합성물질의 부식질로의 결합은 생물체에 영향을 미칠 수 있는 양을 감소시켜서 원래 물질의 독성을 감소시키는 결과를 가져오게 된다. 이 결합은 또한 침출(leaching)에 의한 화합물의 이동을 저해하여 수계환경으로의 유입을 방지하게 된다.

인공화합물의 부식질로의 혼합은 자연적으로 일어나는 과정이며 세포외 효소(extracellular enzyme)와 미생물 촉매를 첨가하거나 환경의 물리화학적 조건을 변화시킴으로써 촉진될 수 있다. 이 방법은 아직 본격적으로 실용화되지는 않았으나 분해미생물의 생존과 대사가 필요하지 않으므로 인공화합물로 오염된 토양을 회복시키는 데 좋은 방법이 될 수 있으며, 또한 오염물을 토양을 이용해서 처리하는 본격적인 처리방법으로도 이용할 수 있을 것이다.

16.8.1 인공화합물과 부식질 사이의 반응

인공화합물과 부식질 간에는 여러 가지 반응 기작이 존재할 수 있다. 먼저 토양의 고체 표면과 인공화합물의 용액 또는 기체 사이에서의 반데르발스 힘(van der Waals force), charge-transfer complexation, 수소결합(hydrogen bonding), 소수성 상호작용(hydrophobic interaction) 등의 끄는 힘(attraction)의 결과로 인공화합물의 토양 콜로이드 입자로의 흡착(adsorption)이 일어난다. 흡착의 성질과 강도는 분자의 구조와 화학적 종류에 크게 의존한다. 공유결합(covalent bond)이 형성되기 전의 흡착은 가역적인 과정이며 흡착과정을 통해 결합한 인공화합물의 일부는 생물체들과 반응이 가능하다. 그럼에도 불구하고 토양에 물질이 오래 흡착될수록 그것들이 추출이나 분해에 보다 저항성을 나타낸다는 것을 암시하는 증거들이 많이 존재한다. 아마 이런 저항성은 오염물질의 약한 결합장소에서 강한 결합장소로의 재배치나 오염물질의 부식질 내로의 느린 혼합 때문인 것으로 여겨진다.

가장 잔류성이 높은 복합물은 인공화합물의 부식질과의 공유결합에 의한 것인데 이런 물질은 종종 토양의 '결합 잔류물(bound residue)'이라고도 불리며 산이나 염기 가수분해, 열처리 또는 미생물 분해에 매우 저항성이 강하다. 부식질화 과정에서 가장 중요한 화학반응 중의 하나인 산화적 결합(oxidative coupling)은 자연적으로 존재하는 humic acid 전구물질들과 인공합성 페놀화합물들의 공유결합을 통해 토양 부식질 내로 결합시키게 된다. 페놀의 산화적 결합은 페놀로부터 전자와 양성자의 소실을 포함하는 자유 래디칼(free redical) 반응이며 이 소실에 의해 공명-안정화된(resonance-stabilized) free redical이 형성된다. 이 두 자유 래디칼은 그림 16.3에 있는 것처럼

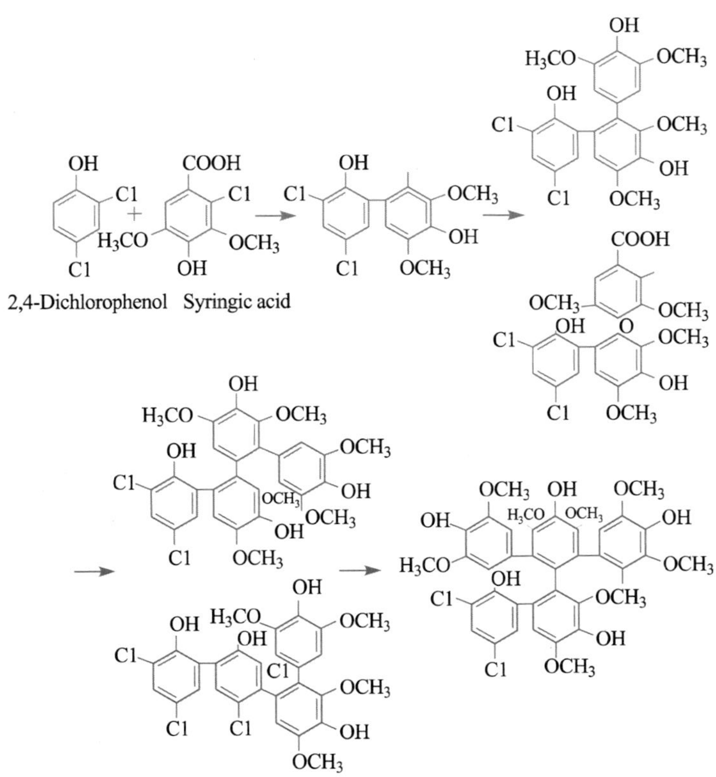

그림 16.3 **산화적 결합반응**

2,4-dichlorophenol과 부식질 단량체인 syringic acid와의 반응에서 다양한 방식으로 결합하게 된다. 페놀 화합물은 C-C와 C-O 결합을 통해 연결되며 aromatic amines은 C-N과 N-N 결합을 형성한다.

산화적 결합은 미생물 효소, 무기화합물(예, Al, Fe, Mn의 oxides 또는 oxyhydroxides 들), 점토광물을 포함한 여러 생물학적 촉매나 무생물적 촉매에 의해 중재된다. 이 결합 반응은 또한 알칼리성 pH에서 산소 존재하에 자발적으로 일어날 수도 있다.

16.8.2 부식질화 촉매효소

많은 토양미생물들은 방향족 화합물의 결합을 촉매할 수 있는 세포외 산화환원효소(extracellular oxidoreductase)들을 생성한다. 이들 효소는 peroxidases 또는 polyphenol oxidases로 나누어진다. Peroxidase는 식물과 미생물에 의해 생성되는데 리그닌의 중합반응(polymerization)과 탈중합반응(depolymerization)을 포함한 다양한 반응을 촉매한다. 모든 peroxidase는 활성을 위해 peroxide(예, hydrogen peroxide)를 요구한다. 이 중 horseradish peroxidase는 다양한 phenol 화합물과 aniline 화합물의 중합반응을 촉매한다. 산업 폐수의 무독화에 peroxidase의 사용이 조사된 바 있다. Polyphenol oxidase는 다시 laccase와 tyrosinase의 2종류로 나누어진다. 두 종류 모두 활성을 위해 산소 분자를 필요로 하나 조효소는 필요로 하지 않는다. 그러나 이들 효소는 페놀 화합물을 산화하는 기작이 서로 다르다. 이 중 laccase는 산화환원효소들 중 가장 유용한 것으로 알려졌는데 그 이유는 이들이 매우 반응성이 높은 래디칼들을 생성하고 peroxidase와는 달리 hydrogen peroxide를 요구하지 않기 때문이다.

이 효소들이 여러 종류의 농약, 유기염소화합물 등을 부식질과 결합시키며 결합된 화합물들은 거의 방출되지 않는다는 것이 실험적으로 증명되었다. 이런 결합은 pH 등 여러 환경조건에 의해 그 반응이 영향을 받을 수 있다. 아직 이 방법이 완전히 실용화되지는 않았으나 실용화되기 전에 결합된 화합물의 축적, 독성 등에 대한 연구가 필요하며 효소의 고정화(immobilization) 등을 이용하여 결합반응을 최대한으로 증가시키는 새로운 방법들도 개발되어야 할 것이다.

16.9 생물정화기술

생물회복기술 또는 생물복원기술이라고도 하는 생물정화기술(bioremediation)은 오염된 환경에 존재하는 오염물질의 제거에 미생물을 이용하는 방법으로 이에는 2가지 일반적 접근방법이 있는데, 영양염류 투여(fertilization)나 통기(aeration)와 같은 환경조건의 변경을 통해 고유 미생물 군집의 활성을 극대화하는 생물촉진(biostimulation)과 접종(seeding)에 의한 오염물질 분해 미생물의 투여방법인 생물증대(bioaugmentation)이다. 자연환경에서 오염물질의 제거는 복잡한 과정으로 존재하는 오염물질의 성질과 양, 환경조건, 환경에 존재하는 고유의 미생물 군집의 조성에 따라 그 생분해 여부와 정도가 결정된다. 따라서 이러한 요소들을 파악해서 미생물에 의한 오염물질의 처리를 극대화시키는 방법이 바로 생물정화기술이다.

이 방법은 물리적, 화학적 방법에 비해 비용이 적게 들고 환경에 2차적인 해를 미치지 않지만 모든 환경오염 문제를 다 해결하지는 못하며 처리할 수 있는 물질, 처리장소의 조건과 처리에 드는 시간 등에 의해 제한을 받는다.

16.9.1 생물촉진

유해 화학폐기물의 생분해를 제한하는 요인으로는 높은 폐기물 농도, 산소부족, 부적절 한 pH, 영양염류 부족, 부적당한 온도 등이 있다. 이런 환경조건에 의한 제한이 교정되면 대부분의 경우 자연환경에 널리 분포하고 있는 미생물들 중 적절한 종류의 자연적 증식이 일어나게 된다. 많은 경우에 특정 미생물의 접종이 특별히 필요하지도 않고 때로는 유용하지도 않다. 그러나 분해미생물들이 환경에서 다른 고유의 미생물들과의 경쟁에서 뒤진다거나 오염물질이 공동대사만 되는 경우에는 예외적으로 접종이 필요하다. 또한 독성물질의 대규모 유출이 일어났을 때 사전에 적응된 미생물 배양을 접종하면 생분해가 빠르게 일어날 수 있다. 미생물을 접종할 때에도 오염된 환경에서의 적합한 생장조건을 같이 맞춰주어야만 한다.

토양, 퇴적토, 지하수층 등에서는 산소가 흔히 제한요인이 되는데 표층토에서는 적절한 배수와 토양경작을 통해 통기를 시키고 지하수 등에는 공기를 주입하거나 희석된 과산화수소(hydrogen peroxide)를 주입시킨다. 혐기성 호흡을 이용할 경우에는 질산염(nitrate)을 투여하기도 한다. 자연환경에서는 미생물 증식에 필요한 영양염류가 부족할 경우가 많으며 특히 탄화수소(hydrocarbon) 성분으로 오염될 경우에는 질소와 인의 보충이 필수적이다. 1989년에 미국 Alaska에서 일어난 Exxon Valdez 유조선 유류오염 사고 시에 오염해변에 Inipol EAP 22라는 친지성 비료(oleophilic fertilizer)를 투여하여 약 2~3배의 생분해의 증가가 일어난 바 있다. 자연환경에서의 온도와 같이 환경조건을 변경시킬 수 없을 경우에는 그런 조건에 적응되어 있는 균주를 접종하면 될 것이다.

16.9.2 생물증대

접종은 오염물질의 생분해율과 정도를 증가시키기 위해 자연환경에 미생물을 투여하는 것으로 이미 존재하고 있는 고유의 미생물들이 오염물을 분해하지 못하거나 복잡하게 혼합된 오염물들에 존재하는 다양한 물질을 분해하지 못하는 경우에 이용된다. 접종되는 미생물들은 생분해, 무독화, 고정화 등의 오염물질 처리능이 높은 것들로서 자연환경에서는 분리하거나 또는 개발을 거친 단일 미생물이나 혼합 미생물들이다. 미생물을 이용한 환경정화 기술은 3가지 종류로 나눌 수 있으며 현장 접근식 기술, 오염환경에 미생물이나 효소의 첨가, 그리고 채굴된 토양이나 물의 처리를 위한 생물반응조가 있다.

현장 접근식 정화기술은 오염된 토양에 질소나 인과 같은 영양물질을 첨가하고 필요에 따라서 산소를 주입하여 토양 내의 토착 미생물의 분해활동을 증진시키는 방법이다. 토양에 오염된 경유(diesel)의 생분해는 석회투여, 질소와 인의 첨가 및 경작(tilling) 등으로 제거될 수 있는데, 이 방법으로 총 탄화수소의 95%를 감소시키고 다핵방향족 탄화수소를 20주 안에 완전히 정화된 것이 보고되었다. 지표면에서 현장 생물정화(*in situ* bioremediation) 기술로 점토에서 오염된 기름과 그리이스(grease)를 미생물 접종에 의한 생분해 방법으로 95%를 제거하였다. 미생물 첨가에 의한 정화작용의 예로 생분해를 향상시키기 위해 미생물을 오염된 대수층에 첨가하는 방법이 있다. 특정 대사능력을 가진 이들 미생물은 재조합 DNA 기술에 의해 개발되거나 chemostat를 이용한 농화배양을 통해 얻어질 수 있다. 유전자 조작을 통해 개발된 미생물을 직접 환경에 적용하게 되면 환경생태학적 위험의 가능성이 제시될 수 있는데 유전자의 세포외(*in vitro*) 조작을 하지 않고 세포 내(*in vivo*) 조작된 미생물들은 단순히 진화과정을 가속화시킨 것이므로 이의 사용은 위험성이 그다지 높지 않을 것으로 예상된다. 또한 오염된 토양은 토양 슬러리 반응조, 퇴비화 및 토양처리 장치 등의 생물반응조를 이용하여 처리할 수 있다. 이러한 장치에 의한 pentachlorophenol(PCP)과 탄화수소로 오염된 토양의 처리가 시도되었는데, 토양 슬러리에 포함된 PCP의 생분해는 반응조 내에서 PCP를 분해하는 미생물의 첨가로 향상되었다. 이미 여러 회사에서 토양 오염물질을 제거하는 미생물제제를 시판하고 있으며 이런 제품들은 현장에서의 오염뿐만 아니라 처리장의 반응조에서도 이용되고 있다. 이와 같은 생물정화기술은 선진국에서 오염된 토양, 지하수, 해양 등에서 오염물질을 제거할 목적으로 널리 사용되고 있으며, 앞으로 미생물제제의 시장은 더욱 확대될 것으로 예측된다.

16.9.3 식물정화

생물정화기술의 하나로 식물을 이용하여 오염토양을 정화하는 기술을 식물정화(phytoremediation)라 한다. 식물을 사용하여 오염 정화를 하는 방법의 장점은 미관상 좋으며, 표토(top soil) 등의 교란을 최소화시키고, 여러 물질이 낮은 농도로 오염된 경우에도 효과적이며, 다른 방법에 비해 50~80% 정도 비용이 적게 든다는 것이다. 또한 오염지역으로부터 금속을 회수할 수 있는 장점도 있다. 이 방법의 단점은 다른 방법에 비해 매우 느려서 여러 번의 생육기간이 필요하며, 오염물질이 식물의 성장속도를 현저히 떨어뜨린다는 것이다. 또한 오염물질이 축적된 식물은 야생동물과 먹이사슬에 해를 끼칠 수도 있다. 식물정화에 사용될 수 있는 식물은 오염물질에 내성이 있어야 하며 성장속도가 빨라 단위면적당 수율이 높고, 수확 가능한 부분에 금속을 축적할 수 있어야 한다. 또한 뿌리가 잘 발달되어야 하며, 생물전환율이 높아야 한다. 생물전환율(bioconversion factor)이란 식물 내부와 환경에서의 오염물질의 농도 비율이다. 중금속을 높은 농도로 축적할 수 있는 식물을 과농축생물(hyperaccumulator)이라고 하며, 이들은 일반 식물보다 중금속을 50~100배 이상 농축할 수 있다. 약 400종의 과농축식물이 있는데 아연과 카드뮴을 농축하는 *Thlaspicaerulescens*와 *Cardaminopsis halleri*, 니켈을 축적하는 *Alyssum lesbiacum*이 있으며 양치류인 *Pteris vittata*는 비소를 축적한다.

식물정화는 다음과 같은 기작으로 일어난다.

- 식물추출(phytoextraction) 또는 식물농축(phytoaccumulation) : 토양으로부터 오염물질과 중금속을 흡수하여 식물체에 저장하는 것
- 식물분해(phytodegradation) : 오염물질을 흡수하여 분해하는 것
- 식물휘발화(phytovolatilization) : 오염물질을 대기 중으로 휘발시키는 것
- 식물안정화(phytostabilization) : 오염물질을 저독성 물질로 전환시키거나 ($Cr^{6+} \rightarrow Cr^{3+}$) 유동성을 감소시키는 것
- 공기 중에 있는 기체상 오염물질을 제거하는 것

식물에 의한 오염물질 제거에 수생식물이나 미생물이 관여하기도 한다. 식물 뿌리 주변을 근권(rhizosphere)이라 하는데 식물의 뿌리에는 많은 수의 미생물이 다음의 현상과 연관되어 있다.

- 근권여과(rhizofiltration) : 근권을 구성하는 미생물에 의해 금속이 흡수되거나 유기물이 분해되는 것
- 근권촉진(rhizostimulation) : 근권의 생장조건을 좋게 하거나 독성물질을 낮춤으로써 식물의 성장을 촉진하는 것
- 조류정화(phycoremediation) : 미세조류나 거대조류를 이용하여 금속이나 유기오염물질을 제거하는 것

참고문헌

Bartha, R. and Bossert, I. (1984) in *Petroleum microbiology* (ed. R. Atlas) Macmillan Pub. Co. N. Y. pp. 533～577.

Bollag, J. -M. (1992) Decontaminating soil with enzymes, *Environ. Sci. Technol.* 26 : 1876-1881.

Dibble, J. T. and Bartha, R. (1979) *Soil Sci.* 128 : 56-60.

Fuller, W. H. and Warrick, A. W. (1985) *Soils in waste treatment and utilization,* CRC Press, Inc, Boca Raton, Florida.

Hughes, E. G. (1980) in *Handbook of Organic Waste Conversion* (ed. M. W. W. Bewick), Van Nostrand Reinhold, New York, p. 108.

Pavoni, J. L. , Heer, J. E. and Hagerty, D. J. (1975) *Handbook of Solid Waste Disposal : Materials and Energy Recovery,* Van Nostrand Reinhold, New York, p. 7.

Sandvik, S. A. , Lode, A. and Pedersen, T. (1986) *Appl. Microbiol. Biotechnol.* 23 : 297-301.

Song, H. G. , Wang, X. and Bartha, R. (1990) *Appl. Environ. Microbiol.* 56 : 652-656.

Sterritt, R. M. and Lester, J. N. (1988) *Microbiology for Environmental and Public Health Engineers,* E. & F. N. Spon, London.

chapter 16 | 퇴비화와 토양처리법

연습문제

01 퇴비화 공정의 단계에 대하여 설명하라.

02 퇴비화 방식 2가지를 비교하라.

03 퇴비화 과정에 따른 미생물상의 변화에 대하여 설명하라.

04 퇴비화의 장단점을 들라.

05 폐수 및 폐기물 처리에 관여하는 토양미생물들의 작용에는 어떤 것들이 있는가?

06 토양처리법의 원리에 대하여 설명하라.

07 토양처리법으로 처리가능한 폐기물의 성질은 무엇인가?

08 환경오염 문제 중 토양처리법의 원리를 적용하여 해결할 수 있는 것은 무엇인가?

09 인공합성 화합물의 고정화에 이용되는 효소에는 어떤 종류들이 있는가?

10 오염물질의 제거를 위해 미생물 접종이 필요한 경우를 들라.

CHAPTER

환경과 생물공학 17

CHAPTER

17 환경과 생물공학

인간은 보다 많은 물질적인 풍요를 누리기 위하여 산업화라는 이름하에 자연으로부터 원료물질을 획득하고, 제품을 생산 사용 및 처분하는데 이러한 일련의 과정을 통해서 다양한 폐기물질을 양산하고 있다. 오늘날 인류가 직면하고 있는 여러 가지 문제들 가운데 환경오염과 자원의 부족현상은 매우 심각한 상황이다. 고품위의 지하광석이 고갈되어감에 따라 현재의 회수공법으로는 기술적, 경제적 이유로 인해 회수가 곤란한 저품위 광석을 새롭고 경제적인 방법을 이용하여 개발할 필요성이 있다. 각종 폐기물을 미생물학적으로 처리하면 경제적일 뿐 아니라 쓰레기의 양도 줄일 수 있다. 특히 유기성 폐기물의 미생물학적 처리는 대체연료 생산과 환경문제의 해결이라는 관점에서 매우 중요하다. 날로 증대되어 가고 있는 석탄 및 석유 같은 화석연료의 무분별한 사용으로 대기환경은 심하게 오염되어 가고 있는데, 화석연료의 미생물학적 처리에 의하여 대기오염에 커다란 부분을 담당하는 유기 및 무기황을 제거할 수 있다. 실제로 미생물에 공학적 기법을 도입하여 환경을 정화하거나 새로운 물질의 생산을 시도하는 사례는 최근 산업적 규모로 사용되고 있거나, 개발단계에 있다. 이 장에서는 미생물을 이용한 생물공학적인 접근에 관한 몇 가지 사례에 대하여 논하고자 한다.

17.1 메탄가스 생성과 폐기물 처리

농업폐기물, 축산폐기물, 개인 거주 지역으로부터의 음식쓰레기, 하수처리장으로부터의 슬러지, 통조림 가공공장의 공정에서 생겨나는 쓰레기 등으로부터 생성되는 유기물질이 풍부한 유해성 폐기물은 메탄가스 생성을 위하여 사용될 수 있다. 메탄가스는 열에너지뿐만 아니라 전기에너지를 생산하는 데 이용될 수 있고, 특히 가정이나 공장에서 천연가스를 대신하는 연료로서 사용될 수 있다. 미생물에 의한 생물전환 반응에 사용되는 기질로서 유기성 폐기물을 사용하게 되면 메탄과 같은 유용한 새로운 자원을 얻을 뿐만 아니라, 폐기물의 양을 줄이고 기존의 에너지를 소비하지 않고 폐기물을 처리하여 재순환시키는 등의 여러 가지 장점을 갖게 된다.

혐기성 환경하에서 유기물의 미생물학적 분해는 최종 전자수용체로서 산소가 아닌 다른 분자들을 이용할 수 있는 미생물에 의하여 수행된다. 이 혐기성 분해는 궁극적으로 메탄, 이산화탄소, 소량의 수소, 질소, 황화수소 등의 생물가스를 생산한다. 전체 화학 반응은 흔히 다음과 같다.

$$\text{유기물질} \rightarrow CH_4 + CO_2 + H_2 + N_2 + H_2S$$

혐기성 분해는 제14장에서 설명한 것과 같이 일반적으로 가수분해(hydrolysis), 산생성(acid production) 그리고 메탄형성(methane production) 등의 3가지 단계로 진행된다.

유기성 폐기물의 메탄으로의 전환에 관여하는 미생물들은 균형있는 미생물 군집으로 구성되어야 한다. 이와 같은 조건은 산업적 이용을 위한 반응조(reactor) 내에서 미생물이 활발히 메탄생성을 할 수 있도록 설계되어야 한다. 그림 17.1은 농촌에서 사용될 수 있는 메탄가스 생성을 위한 반응조를 보여준다.

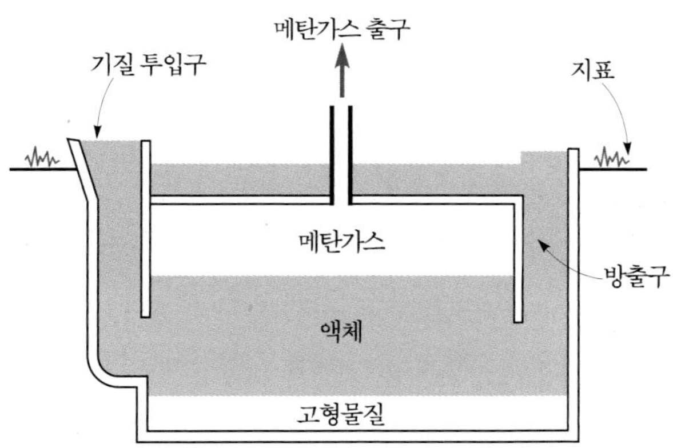

그림 17.1 **전형적인 농촌의 생물가스 반응조**

17.2 미생물에 의한 탈황

석탄과 석유와 화석연료에는 무기황(inorganic sulfur)뿐 아니라 여러 가지 종류의 유기황(organic sulfur), 그리고 소량의 금속 황화물이 존재한다. 석탄 및 석유와 관련된 유기황은 구조적으로 복잡하고 다양하며 dibenzyldisulfide, thiophenes, benzothiophenes, dibenzothophenes 등은 대표적인 유기황으로 미생물에 의해서 처리될 수 있다. 인간의 산업활동에 의해서 다량의 황을 포함하는 화석연료를 연소하면 아황산가스를 생성하여 대기오염의 원인이 되며 산성비(acid rain)와 같은 직접적인 환경오염 문제를 일으킬 수 있다.

화석연료의 처리에서 세균은 유기 및 무기 황화합물을 줄이기 위해서 중요한 역할을 할 수 있는데, 화석연료의 생물학적 탈황(biodesulfurization)은 물과 반응하여 제거 가능한 수용성의 중간대사물을 생성하는 생물학적인 개념에 근거를 둔다. 화석연료로부터 *Pseudomonas*, *Rhodococcus*, *Sulfolobus*, *Thiobacillus* 속에 의한 황화합물의 용출(leaching)이 알려져 있다. 이들 미생물들은 기질 특이성, 영양 요구성 및 황의 leaching 과정에서의 대사물질 등이 다르다.

화석연료의 미생물학적 탈황에 대한 연구는 석탄과 석유에 존재하는 dibenzothiophene (DBT) 같은 화합물을 대상으로 수행되었다. 미생물에 의한 DBT의 탈황 기작은 탄소-분해 경로(코다마 경로)[carbon-destructive pathway(Kodama pathway)]와 황-특이적 경로(sulfur-specific pathway)의 두 가지 경로가 제안되었다. 전자의 경로는 DBT로부터 직접 황을 제거하는 것이 아니라, 수산화(hydroxylation)에 의한 주변 방향족 고리구조의 열림에 의하여 석탄으로부터 수용성의 대사산물로 전환시키는 것으로 naphthalene의 분해방식과 유사하다.

이 경로는 *Pseudomonas*와 *Beijerinckia* 속에 의하여 수행되는 것이 보고되었다. 후자는 DBT가 2-hydroxybiphenyl을 형성하는 과정에서 황산염의 형태로 황을 제거하는 경로로서, *Rhodococcus*, *Corynebacterium*, *Brevibacterium* 속 등의 미생물이 이 경로를 갖는 것으로 알려져 있다. 그림 17.2는 미생물에 의한 DBT의 대사경로를 설명하고 있다. DBT와 석유에 존재하는 황은 *Pseudomonas* CP89에서 n-alkane과의 공동대사(cometabolism)에 의해서 수행되며, 특히 석유의 유기 황화합물은 67%까지 제거된다고 보고되었다.

석탄은 또한 aryl sulfide의 미생물학적인 제거에 의해서 품질을 증진시킬 수 있다. 석탄에 존재하는 dibenzyldisulfide로부터 톨루엔과 aryl sulfide의 포함 정도에 따라

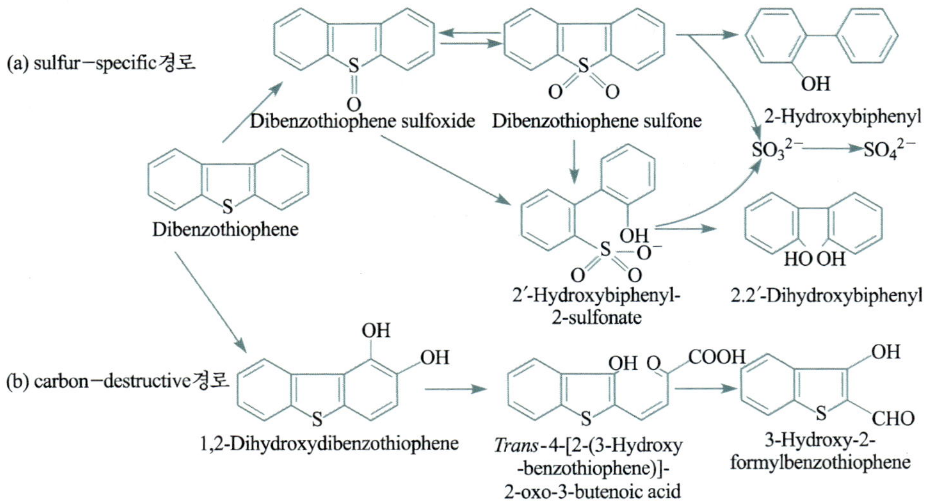

그림 17.2 **미생물에 의한 dibenzothiophene의 탈황 대사반응**

혐기적 조건하에서 혼합된 메탄생성 고균들에 의하여 미생물학적으로 처리되어 석탄으로부터의 SO_2 방출을 감소시킬 수 있는 것이 입증되었다.

17.3 금속회수

금속회수(metal recovery)는 미생물에 의한 금속의 용출(microbiological leaching)을 의미하는 것으로, 미생물을 이용하여 광석이 포함하고 있는 금속을 용출시켜 회수하는 방법이다. 현재 많은 종류의 저품위 광석들이 고품위 광석의 분리과정에서 제거되어 버려지고 있다. 이들은 경제성과 효율성으로 인하여 화학적으로 처리가 곤란하며 이는 미생물학적 제련법에 의해서 처리될 수 있다. 미생물학적 방법에 의하여 회수될 수 있는 금속은 구리, 니켈, 납, 아연, 우라늄 등 여러 가지 종류이다. 이 금속 회수법은 산성수(acidic water)를 포함하는 광산 갱(mine pit)에 설치된 펌프나 파이프라인에서 일어나는 공정에서 처음으로 발견되었다.

미생물학적 금속 회수방법에 보편적으로 사용되는 생물체는 *Thiobacillus thiooxidans*와 *Acidithiobacillus ferrooxidans*이다. 이들 미생물 외에도 *T. concretivororus*, *Pseudomonas fluorescens*, *P. putida*, *Achromobacter*, *Bacillus lichenformis*, *B. cereus*, *B. luteus*, *B. polymyxa*, *B. megaterium*, *Sulfolobus acidocaldarius*를 포함하는 몇몇 고온성 세균과 고균이 금속회수 반응에 관여하는 미생물의 조사에서 발견되었다. 그러나

용출더미(leaching dump)를 조사해보면 항상 *T. thiooxidans*와 *A. ferrooxidans*의 혼합물이 있는 것으로 보아 이 두 미생물이 가장 중요한 미생물학적 금속 회수반응에 관여함을 알 수 있다.

*A. ferrooxidans*는 가장 많이 연구된 미생물로서, 짧은 크기의 간상형의 그람음성 세균이며 독립영양 세균으로 이산화탄소를 고정시킬 수 있는 능력을 가진다. 그리고 Fe^{2+}를 Fe^{3+}으로 산화시키거나 또는 원소상의 황과 환원된 황화합물을 황산염으로서의 산화로부터 에너지를 얻을 수 있다.

$$4FeSO_4 + 2H_2SO_4 + O_2 \rightarrow 2Fe_2(SO_4)_3 + 2H_2O$$
$$2S^0 + 3O_2 + 2H_2O \rightarrow 2H_2SO_4$$
$$2FeS_2 + 7O_2 + 2H_2O \rightarrow 2FeSO_4 + 2H_2SO_4$$

미생물학적인 금속 회수방법으로 몇 가지의 실제적인 응용방법이 알려져 있다(그림 17.3).

① **사면 용출**(slope leaching) : 잘게 부순 광석을 산비탈에 쌓은 뒤, *A. ferrooxidans*를 포함하는 배지를 계속해서 살포한다. 미생물과 광석과의 반응으로 생성된 금속을 포함하는 물은 바닥에 고이며, 이 물로부터 금속을 뽑아낸 후, 물은 배지로서 다시 사용한다.

② **더미 용출**(heap leaching) : 광석을 평지에 큰 더미로 쌓아두고 slope leaching과 같은 방식으로 처리한다.

③ **현장 용출**(in-situ leaching) : *A. ferrooxidans*가 들어 있는 배지를 구멍을 뚫은 통로로 땅에 묻혀 있는 광석을 통과하도록 한다. 대부분의 경우 배지를 투여하는 과정에서 암석의 투과성이 증가된다. 배지가 암석에 흡수되고 펌프했던 바닥에 다시 고이게 되며, 금속은 회수하고 세균은 재생하여 다시 사용한다.

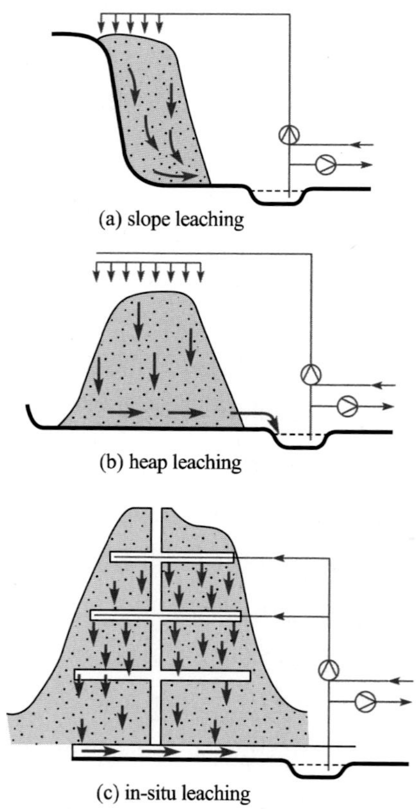

(a) slope leaching

(b) heap leaching

(c) in-situ leaching

그림 17.3 미생물에 의한 금속 회수 모형도

17.3.1 구리의 회수

구리는 황동광($CuFeS_2$, chalcopyrite), 휘동광(Cu_2S, chalcocite), 동람(CuS, covellite) 등의 광석으로부터 생산되며, 구리 광석에는 몇 가지의 다른 금속들도 함께 발견된다. 예를 들어, 황동광에는 26%의 구리, 25.9%의 철, 2.5%의 아연, 33%의 황이 포함되어 있다. 황동광과 동람은 미생물학적인 반응에 의해서 각각 다음과 같이 산화된다.

$$2CuFeS_2 + 8.5O_2 + H_2SO_4 \rightarrow 2CuSO_4 + Fe_2(SO_4)_3 + H_2O$$

$$CuS + 2O_2 \rightarrow CuSO_4$$

미생물에 의한 구리 회수를 위해 사용된 배지(sulfate/Fe^{3+} 용액)는 미생물의 영양물질과 섞여 용해된 구리를 만드는데, 그 용액은 구리 광석을 쌓은 더미에 뿌려지고 구리를 많이 함유한 용액이 밑으로 흘러 나온다. 이 용액으로부터 구리는 침전시켜 회수하고, 용액은 재사용한다. 미생물에 의한 구리의 제련은 미국, 호주, 캐나다, 멕시코, 남아프리카, 스페인, 일본 등의 여러 나라에서 사용되고 있는데 현재 전 세계적으로 생산되는 구리의 약 20%가 미생물에 의한 제련으로 생산되고 있다.

17.3.2 우라늄 제련

우라늄 제련과정에서 불용성의 4가(tetravalent) 우라늄은 뜨거운 황산과 Fe^{3+}의 용액과 함께 가용성의 6가(hexavalent) 우라늄 황산으로 산화된다.

$$UO_2 + Fe_2(SO_4)_3 \rightarrow UO_2SO_4 + 2FeSO_4$$

이 반응은 미생물에 의한 직접적인 반응에 의한 것이 아니라, 우라늄 광석에 포함되어 있는 철 산화물의 반응에 의하여 생성되는 황산제이철과 황산에 의한 우라늄과의 반응으로 간접적인 반응의 결과이다. 이와 같이 황산제이철과 황산은 우라늄 광석 내에 있는 황철광(pyrite)으로부터 *A. ferrooxidans*에 의해 형성될 수 있다.

$$2FeS_2 + H_2O + 7.5O_2 \rightarrow Fe_2(SO_4)_3 + H_2SO_4$$

Pyrite의 반응은 Fe^{3+} 용출용액의 초기 생산을 위해 사용된다. Pilot plant는 하수처리에 사용된 살수여상과 유사한 표면반응조(surface reactor)에서 작동된다. 미생물에 의한 우라늄 회수를 위한 최적 조건은 pH 1.5~3.5의 배지에서 35°C 내외의 온도에서 배양하고 0.2% 이산화탄소를 포함하는 공기를 불어 넣어주는 것이다. 일부 고온성 세균은 45~50°C의 온도에서 최적인 경우도 있다. 미생물에 의한 우라늄 회수는 미국, 캐나다, 남아프리카 등에서 수행되고 있다.

17.4 원유의 회수

원유(petroleum)는 에너지뿐 아니라 플라스틱과 같은 합성 물질의 생산을 위해서 매우 중요한 물질이다. 원유는 재생될 수 없는 화석연료로서 매년 막대한 양이 채굴되어 멀지않은 장래에 고갈의 우려를 낳고 있다. 거대한 새로운 유전의 개발이 시도되고 있으나 새로운 고급유류의 매장지가 발견될 전망은 그리 밝지 않다. 이러한 상황에서, 기술적 또는 경제적 이유로 인해 현재까지 개발되지 않았던 유전은 물론 현존하는 낡은 유전으로부터 미생물학적인 공법을 적용하면 원유의 회수를 증진시키는 데 공헌할 수 있을 것이다. 원유가 자연적으로 지표면으로 밀려나오는 것을 1차 회수라 하는데 그 회수율은 저장 상태에 따라 0에서 50%에 달한다. 지하에 잔류하고 있는 원유를 회수하는 2차 회수는 일반적으로 더 많은 석유를 추출하기 위해 적용되며, 이런 기술을 원유회수증진법(enhanced oil recovery, EOR)이라 한다. EOR에 속하는 한 방법인 미생물적 원유회수증진법(microbially enhanced oil recovery, MEOR)은 원유 추출에 미생물을 이용하는 방법으로 미생물이 유정에서 가스와 중합체를 생산하여 공극 내 잔류유류를 밀어내게 된다. 미생물이 현장에서 생장하면서 중합체를 생성하는 것이 현장 밖에서 중합체를 생산하여 주입하는 것보다 훨씬 경제적이다. 과거에는 원유가격에 비해 MEOR 비용이 많이 들기 때문에 상업적으로 크게 이용되지 않았지만, 원유 부존량이 감소하고 채굴 비용이 오르면서 MEOR이 많이 이용되고 있다.

생물계면활성제(biosurfactant) 및 Xanthan gum류와 같은 중합체(polymer)는 *Xanthomonas campestris* 세균에 의해 생산되는데, 이러한 물질은 이들의 흐름 특성과 관련된 상당한 점도가 있기 때문에 지하의 작은 공극(pore space)을 통해 흐를 수 있다. 이러한 물질들은 재래식 발효 공정에 의해 생산되는 물의 관주작업에서 첨가제로 주입되어 원유를 생산 유정(production well)쪽으로 밀어 주어 원유의 회수를 증대시킬 수 있다. Xanthan gum 이외에 curdlan도 MEOR에 이용되는데 이는 *Agrobacterium*과 *Rhizobium* 같은 세균에 의해 생성되는 gel도 탄성이 있어서 유정에 사용하기가 쉽다.

17.5 퇴비화의 이용

17.5.1 버섯재배

버섯은 의약 및 영양학적 가치 이외에도 퇴비화(composting)된 농산 및 축산 폐기물을 성장기질로 이용하여 재배할 수 있는 중요한 식품자원 및 약용자원이다. 오늘날 식용버섯의 재배량은 수백만 톤에 이르고 있고 새로운 생리활성물질의 생산 등으로, 앞으로도 버섯의 생산은 계속 증가할 전망이다. 담자균에 속하는 버섯은 퇴비화된 농산 및 축산 폐기물상에서 재배되며, 이들 버섯은 여러 가지 방법으로 가공 처리되어 판매되고 있다.

*Agaricus bisporus*는 전 세계에서 상업적으로 재배되는 양송이 버섯인데, 퇴비화시킨 축산 폐기물을 성장기질로 이용한다. 재배는 동굴, 지하실 혹은 특별히 지은 버섯 재배실에서 행해진다. 기질을 버섯을 재배하는 용기에 넣은 후, 통제된 무균상태에서 재배한 균사체 덩어리인 종균(spawn)을 접종시킨다. 이후 균사체가 증식하는 15~30일 동안 온도 및 습도를 적절히 조절한다. 이 기간이 경과하면 퇴비를 흙이나 케이스에 넣은 모래로 얇은 층을 만들어 덮는다. 이산화탄소의 농도가 증가하면 자실체의 형성이 저해되므로 다음 기간에 환기를 주의깊게 조절해 주어야 한다. 케이스에 넣은 모래를 덮은 후 1~3개월이 경과하면 버섯의 갓이 나타나는데, 이때 수확을 하게 된다. 이와 같이 버섯을 재배하는데 퇴비화된 농산 및 축산 폐기물을 기질로 사용함으로써 이들로 인해 야기되는 환경오염을 조절할 수 있을 뿐 아니라, 식품으로 이용될 수 있기 때문에 중요한 의미를 가지고 있다.

17.5.2 유기농업

토양은 직접적인 식량, 사료, 목재 등의 여러 가지 자연적인 생산물을 얻는 데 기초가 되며, 보다 많은 식량과 다른 자연 생산물을 얻기 위해서는 비옥한 토양을 요구한다. 토양의 생산능력을 무시한 가운데 작물의 생산성을 향상시키기 위해 사용되는 화학비료의 남용은 계속적으로 더 많은 비료의 사용을 요구한다. 더구나 토양 중에 적정 영양 수준을 유지하기 위하여 시비한 비료의 많은 양은 흡수되지 않고 씻겨 내려가 하천과 호수에 유입되어 부영양화의 오염문제를 일으킨다.

유기물이 없는 토양은 보수력과 이온교환 능력의 손실을 보충하기 위하여 관개와 퇴비를 필요로 하며, 유기물 손실의 또 다른 측면은 식물의 뿌리와 공생관계를 유지하는 균근(mycorrhizae)에 관한 것이다. 유기물질의 충분한 공급이 없으면 토양 생태계의 생물체들은 살아갈 수 없게 되는데, 균근을 구성하는 토양곰팡이는 식물체로부터의 영양물질을 이용하지만, 토양으로부터 영양물질을 흡수하여 뿌리 속으로 전달하는 데 도움을 준다. 그림 17.4는 식물의 뿌리와 토양을 연결해주는 균근을 보여준다.

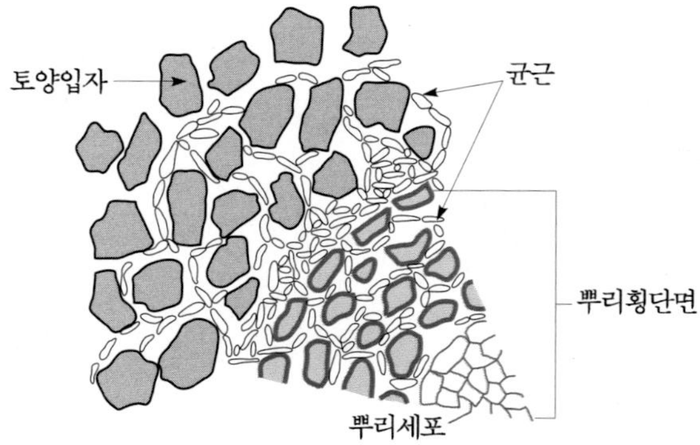

그림 17.4 **식물의 뿌리와 토양을 연결해 주는 균근**(mycorrhizae)

유기물질이 풍부한 토양에는 세균, 진균류, 원생동물, 개미류, 곤충류, 지렁이류 및 달팽이류 등의 수많은 종류의 생물체들이 살아가고 있는데, 이들 생물체의 먹이 활동은 죽은 생물체를 분해하여 부식질과 무기 이온물질로 바꿀 뿐 아니라 부식질(humus)과 무기 토양입자를 잘 혼합시켜 토양구조를 개선해준다. 부식질 형성은 토양입자들을 덩어리(토양입단, soil aggregate)가 되도록 뭉쳐주고 동시에 여러 동물체가 토양 내에 살면서 토양구조를 느슨하게 해준다.

자연 생태계 내에서 지력 향상에 도움을 주는 생물폐기물의 주요 공급원은 표면에 떨어진 잎, 줄기, 잔가지 및 토양에 있는 죽은 뿌리 등의 식물이다.

그러나 휴경이 없는 가운데 농작물의 대량 생산을 요구하는 현 상태에서 충분한 유기물이 자연적으로 공급되기를 기대하기는 어렵다. 축산 및 농산폐기물을 퇴비화하여 인위적으로 토양에 공급하는 것은 토양의 비옥도를 높여주고, 식물의 병충해에 대한 저항성을 강하게 하며, 질 좋은 생산품을 얻게 해준다. 이는 또한 환경 오염을 통제할 수 있는 훌륭한 방법이 된다.

17.5.3 발효사료의 생산

가축의 사료로 사용되는 농산(폐기)물은 주로 가공하지 않은 상태 혹은 마쇄 등의 물리적인 일차 가공처리 후 가축의 먹이로서 공급된다. 이러한 방식의 급식(feeding)은 가축에게 소화에 대한 부담을 주며, 병에 대한 저항성이 강하지 못하여 바람직한 사료로 볼 수 없다. 발효사료는 농산(폐기)물을 미생물에 의한 발효를 통하여 섭식 시 소화를 용이하게 하고, 병에 대한 저항성을 높이는 데 그 목적이 있다. 농산(폐기)물의 발효에 관여하는 미생물들과 항생물질을 분비하는 미생물들이 있는데 이들을 혼합배양한다. 이들 미생물을 이용하여 거친(coarse) 일차사료를 퇴비화 기법에 의해서 부드러운 발효사료로 가공시켜 가축에게 제공하여 가축의 체내에서 영양물질의 흡수를 증진시키고 질병에 대한 저항성을 증진시켜, 궁극적으로 육질을 부드럽게 하고, 유제품의 질을 개선하며, 나아가 환경개선을 시킬 수 있다.

17.6 폐수에서의 중금속 제거

폐수에서의 중금속 제거는 일반적으로 이온교환, 산화 및 환원, 한외여과(ultrafiltration) 등의 물리화학적인 방법이 사용된다. 많은 입자와 결합된 금속은 폐수의 1차 처리 동안 침전으로 제거된다. 활성슬러지에서 금속의 제거는 금속의 존재형태에 의존하는데 Cd, Hg, Cu, Zn의 경우는 약 50~60%가 제거되고, Ni, Co 같은 금속은 제거율이 이보다 다소 낮다. 미생물에 의한 금속 제거 및 회수는 물리화학적 방법의 대체방법으로 제공되는데 금속은 활성슬러지에서의 균체에 의해 제거되고 이러한 금속의 제거는 슬러지의 숙성에 따라 증가되기 때문이다. 활성슬러지에서 흔히 발견되는 미생물에서 생성되는 세포외 중합체는 금속에 대하여 높은 친화력을 가진다. *Zoogloea ramigrera*나 *Bacillus licheniformis*와 같이 활성슬러지로부터 분리되는 세균은 철, 구리, 카드뮴, 니켈, 우라늄 등과 같은 금속을 착화(complexation)하여 곧바로 축적할 수 있는 세포외 중합체를 형성한다. 축적된 금속은 염산 처리에 의해 슬러지로부터 쉽게 유리될 수 있다. *Zoogloea ramigera*는 biomass 1g당 구리 0.17g까지 축적할 수 있다. 일부 미생물은 철을 착화(chelation)하여 세포 내로 철의 수송을 용이하게 하는 siderophores도 형성한다.

고정화된 세균, 조류, 진균을 이용한 독특한 방법이 폐수로부터 중금속을 제거하기 위해 개발되었다. 알긴산 입자(alginate bead)에 고정화된 *Zoogloea ramigera*는 카드뮴을 포함하는 용액으로부터 Cd을 균체에 축적할 수 있다(알긴산 입자 자체도 약간의 Cd을 흡착한다). Algasorb라는 특허물질은 실리카겔 중합체(silica gel polymer) 안에 끼워넣은 조류세포로 되어 있는데 이를 이용하여 우라늄과 같은 중금속을 제거할 수 있다. *Aspergillus*나 *Penicillium* 등의 진균류의 균체는 또한 폐수로부터 금속의 제거를 위해 연구되어 왔으며 이는 폐수의 무독화를 위하여 훌륭한 방법으로 제공된다. 고정화된 *Aspergillus oryzae*를 이용한 biosorption column 연구에서 카드뮴을 포함하는 용액에서 카드뮴을 효율적으로 제거함을 보여주었는데 균체에 대하여 계면활성제 처리 시에 금속의 제거가 상당히 증가되었다. 카드뮴은 균체에 흡착될 수 있으나 진균에 의한 금속의 능동 흡착은 잘 나타나지 않고, 이러한 금속 제거는 대부분 물질대사 과정과 결부되어 나타나지 않기 때문이다. 일반적으로 폐수처리장과 같은 환경에서 금속은 세포표면 흡착(adsorption to cell surfaces), 착화(complexation), 침전(precipitation), 휘발(volatilization), 세포 내 축적(intracellular accumulatioin) 등의 몇 가지 기작에 의해서 미생물에 의해 제거된다. 표 17.1은 산업 폐수로부터 금속의 제거와 회수에 사용되는 일부 미생물을 나타낸다.

표 17.1 **산업 폐수로부터의 금속 제거 및 회수에 관여하는 미생물들**

제거 및 회수 미생물	금 속
Zoogloea ramigera	구리
Saccharomyces cerevisiae	우라늄, 기타 금속들
Rhizopus arrhizus	우라늄
Chlorella vulgaris	금, 아연, 구리, 수은
Aspergillus oryzae	카드뮴
Aspergillus niger	구리, 카드뮴, 아연
Penicillium spinulosum	구리, 카드뮴, 아연
Trichoderma viridae	구리

17.7 배기가스의 생물학적 처리

여러 산업공정에서는 냄새나는 유무기 성분을 함유한 폐기가스를 배출한다. 이들 오염물 중 인공합성물은 페인트나 염료공장, 농약산업, 제약업, 정유산업 등에서 나오며 천연물질은 도축장, 양조업, 사료공장, 식품산업, 퇴비화처리장, 하수처리장 등지에서 다양한 종류가 발생한다. 이런 여러 가지 냄새나 악취는 대기오염을 일으키며 심하거나 독성물질이 함유되어 있을 경우 인간의 건강에 유해할 수도 있다. 산업공정에서 발생되는 배기가스는 산업지대의 팽창에 따라 주거지역까지의 이동거리가 짧아지게 되었으며 이에 따라 대기로의 희석과 분산이 덜 일어나게 되어 점차 큰 문제가 되고 있다. 배기가스의 악취성분을 제거하는 방법에는 여러 가지가 있는데 가장 중요한 것들은 다음과 같다.

① 오존처리법 : 오존을 이용한 산화방법인데 높은 비용과 기관지에 미치는 해로운 영향 등으로 더 이상 사용되지 않는다.
② 액상처리법 : 배기가스를 액체에 흡수시키는 방법인데 악취성분이 낮은 용해도를 가질 경우 탈취가 어렵다.
③ 고형상 처리법 : 배기가스를 고체물질과 접촉시켜 흡착 등에 의해 제거하는 방법으로 활성탄, 퇴비(compost), 이탄(peat) 등을 이용한다.
④ 연소 : 배기가스 내 유기물을 높은 온도에서 소각시킬 수 있으나 에너지 비용이 많이 든다.
⑤ 복합처리법 : 다양한 성분을 함유한 폐기가스의 경우 여러 가지 물리적, 화학적, 생물학적 방법을 단계별로 적용시킨다.

이상과 같은 방법 중 화학적 처리법들은 산화제와 같은 화학물질의 소모로 인한 높은 비용이 단점이며 물리적 방법에 의해서는 오염물질이 전환되지 않는 문제점이 있다. 생물학적 방법은 오염물질이 다른 형태로 농축되지 않으며 무해한 성분으로 전환되므로 환경에 새로운 문제를 일으키지 않고 또한 처리비용이 저렴한 장점이 있다. 생물학적 방법은 1950년대에 악취가 나는 하수 기체를 토양에 적용시킨 것이 최초였으며 그 후 다양한 폐기가스를 처리하는 방법들이 개발되었다.

17.7.1 Bioscrubber와 살수여상

폐기가스 내에 존재하는 휘발성 성분을 미생물에 의해 제거할 수 있는 것은 그 성분들이 미생물 대사의 에너지원 또는 탄소원으로 이용되기 때문이다. 미생물들은 비교적 많은 물을 요구하기 때문에 미생물 대사가 일반적으로 수중에서 일어나며 따라서 폐기가스 내의 성분들은 먼저 액체상태로 전환되어야 한다. 미생물들은 bioscrubber에서는 수중에서 자유로이 분산되어 있으며 살수여상이나 biofilter에서는 충진재 등에 고정화 되어 있다. Bioscrubber와 살수여상에서의 물의 순환은 biofilter에서의 기체 이동보다 훨씬 많은 에너지가 요구된다. 퇴비화 공정, 하수처리장, 농업관련 산업에서는 현재 biofilter와 살수여상을 많이 채택하고 있으며 다른 산업에서는 biofilter와 bioscrubber를 선호한다.

(1) Bioscrubber

이 방법은 접촉반응조 내에서 폐기가스 내의 용해성 성분을 액체로 전달시킨 후 활성슬러지조에서 산화, 제거시키는 원리를 이용한다(그림 17.5).

(2) 살수여상

살수여상은 기체 통과가 용이하게 큰 공극을 갖는 충진재로 채워진다. 따라서 충진재의 크기는 직경 5~10 cm 정도로 비교적 크며 현재 플라스틱이 많이 사용된다. 필수 영양물질을 함유하고 있는 물은 계속 여상의 상부에서 균일하게 공급되어 여상을 통과하게 되며, 물로 전달된 폐기가스 내의 성분들은 충진재 표면에 형성되는 생물막으로 확산되어 미생물에 의해 제거된다(그림 17.6). 두꺼워진 생물막은 탈리되어 침전조에서 제거된다.

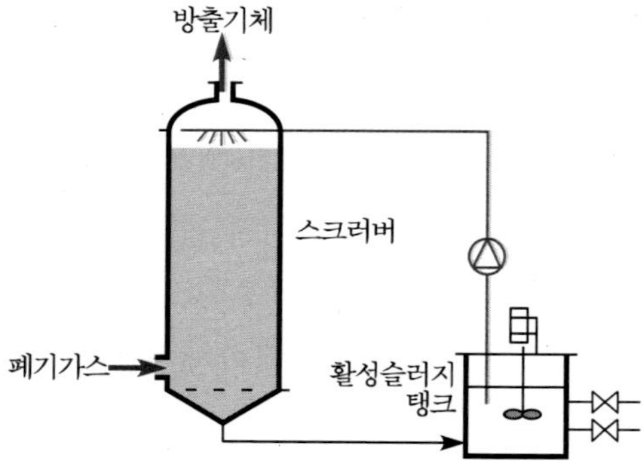

그림 17.5 Bioscrubber의 모식도

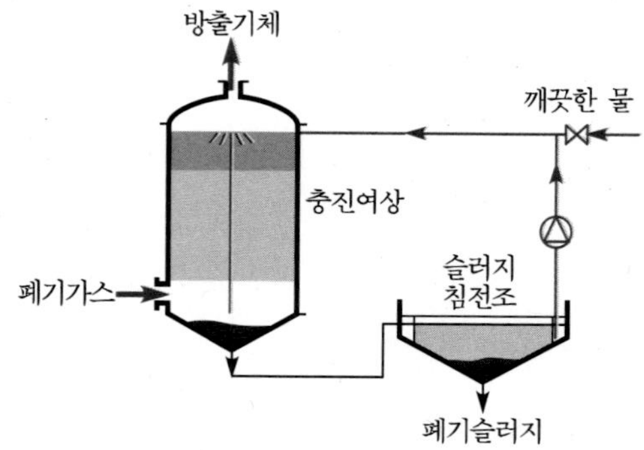

그림 17.6 살수여상 공정

17.7.2 Biofilter

이 방법은 충진재가 채워진 여상을 폐기가스가 통과하면서 충진재 표면에 형성된 생물막에 의해 가스 내 성분이 제거되게 하는 방법으로(그림 17.7), 생물막으로의 물질의 확산이나 생물막 형성과정 등은 폐수처리 시의 생물막에서와 매우 유사하다(그림 17.8). 생물막 형성에는 수분이 필요하므로 가습장치를 추가하는데 충진재의 습도 수준은 가장 중요한 공정 기준으로 무게가 40~60%가 적정수준이다. 수분이 부족하면 미생물 활성이 떨어질 뿐만 아니라 여상이 마르면서 갈라져서 기체가 처리되지 않고 그대로 통과하게 된다. 수분이 과다할 경우 여상에 혐기성 지역이 생겨 악취가 나는 휘발성 대사산물이 발생한다.

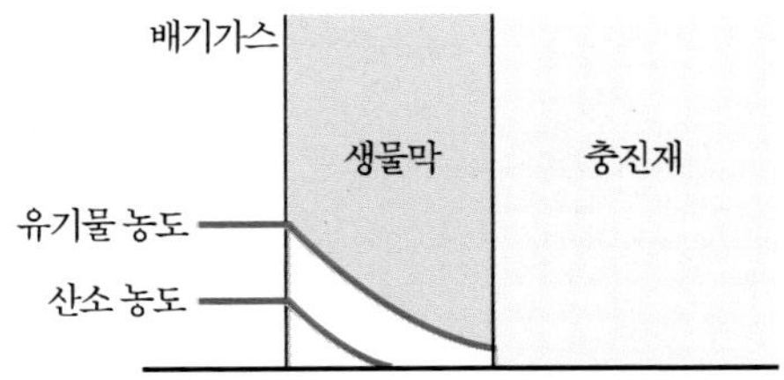

그림 17.7 **Biofilter에서의 농도 구배**

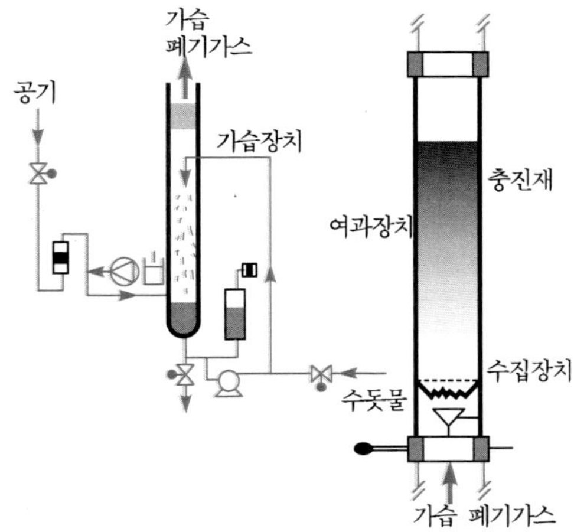

그림 17.8 **다단계 Biofilter의 모식도**

폐기가스에 존재하는 유기화합물의 성질에 따라 여상에 적절한 미생물을 접종해야 할 경우도 있다. 일반적으로 도시하수 처리장의 활성슬러지를 많이 접종하지만 난분해성 물질이 함유될 경우 그것을 분해하는 미생물을 접종한다.

17.8 폐수처리 시 고정화 세포의 이용

일부 폐수처리 공정은 자연적으로 고정화 또는 부동화(immobilization)된 미생물들을 이용하는데 살수여상이나 확장층, 유동층 반응조에서 여재 표면에 부착된 세포들이 그 예이다. 현재는 다양한 방법을 이용하여 고정화시킨 미생물의 폐수처리에의 적용을 시도하고 있다. 가장 흔한 세포 고정화는 알긴산(alginate), 카라지난(carrageenan), polyacrylamide 같은 중합체로 세포를 싸는 방법(entrapment)이다. 카라지난과 알긴산은 각각 홍조류와 갈조류에 속하는 조류로부터 추출하는데 미생물을 이것들과 섞은 후 염화칼슘 용액에 한 방울씩 떨어뜨려서 고정화시킨다. 이 외에 celite나 silica 등에의 흡착을 이용하는 방법도 있으며 기타 동식물세포 등의 고정화 방법도 있다. 이렇게 고정화시킨 미생물을 이용하여 다양한 폐수처리에 적용할 수 있는데 고정화 백색부후균(white-rot fungi)을 이용하여 제지폐수의 갈색 리그닌 성분을 제거할 수 있으며 고정화된 세균을 이용한 페놀화합물의 분해도 가능하고 균류에 의한 시안의 전환, 고정화 메탄생성 고균을 함유한 2단계 혐기성 처리공정, 고정화 질화세균과 탈질화세균을 이용한 질소제거 공정, 고정화 조류를 이용한 폐수 방류수의 영양염류 제거

등 여러 가지로 이용되고 있다.

세포의 고정화 방법은 다음과 같은 장점을 가지고 있다.

① 세포의 washout 없는 연속작동의 가능
② 반응 혼합물로부터 세포 분리의 용이성
③ 높은 세포밀도
④ 세포의 재사용
⑤ 다른 반응을 수행하기 위한 다른 미생물의 종의 공간적 분리 가능
⑥ 주어진 공간에서의 세포농도 증가로 인한 전반적인 효율의 증가
⑦ 고정화 미생물 또는 효소의 증가된 안정성
⑧ 생물반응조 부피의 감소
⑨ 높은 수준의 독성물질에 대한 고정화 미생물의 내성

그러나 세포 고정화는 다음과 같은 문제점도 동시에 가지고 있다.

① 높은 세포밀도와 산소의 낮은 용해도로 인한 물질과 산소 확산의 제한
② 반응에 영향을 미칠 수 있는 세포 생리의 변화
③ 다양한 종을 갖고 있는 폐수에서의 미생물 개체군 조성의 변화
④ 고정화 비용

한편 고정화시킨 미생물 세포와 효소를 바이오센서(biosensor)에 적용시키기도 하는데 폐수처리와 연관된 바이오센서로는 BOD, 암모니아, 유기산, 메탄 등의 검출에 이용되는 종류들이 있다. BOD센서의 원리는 *Trichosporon cutaneum* 같은 효모를 다공성 막에 고정화시킨 후 안정 상태에서의 산소 소모를 통해 BOD를 측정하는 것으로 3~60 ppm 범위에서 작동하고 표준 5일 BOD시험과 잘 일치한다고 보고된 바 있으며 짧은 검출시간 등의 장점이 있다.

17.9 폐수처리에서 재조합 DNA 기술의 이용

가정하수 및 산업 폐수의 처리에서 재조합 DNA(recombinant DNA) 기술의 응용은 초보단계에 있다. 재조합 DNA 기술은 폐수처리에서 비교적 서서히 응용되고 있는데 이는 유전자 조작 미생물(genetically engineered microorganism, GEM)이 환경으로 방출되는 데 대한 우리의 지식이 부족하고, 현재 주로 이용되고 있는 기술보다 더 경제

적이지 못하기 때문이다. 폐수처리에서 재조합 DNA 기술이 주로 응용되는 부분은 난분해성 물질(xenobiotics)의 생분해(biodegradation)를 증진시키고 폐수 내에 존재하는 병원체와 기생충을 검출하기 위한 핵산 탐침(DNA probe)을 이용하는 것이다.

생활하수의 생물학적 처리에서 일반적으로 실행될 수 있는 방법으로는 새로운 종류의 미생물의 선별과 재조합 DNA 기술의 이용에 의해 이루어질 수 있는데 이러한 방법은 폐수처리장에서 탈질화의 증진, 질화세균의 생장 증진, 활성슬러지에서 세균의 응집, 생물막 생성의 시도, 인의 생물학적 제거, 활성슬러지 팽화의 조절 등에 사용될 수 있다. 폐수의 생물학적 처리과정에서 주요 관점은 난분해성 물질의 생분해에 대한 유전적인 기초를 이해하는 데 있다. 재조합 DNA 기술의 발달은 분해효율의 증진과 폭 넓은 분해능을 가진 조작된 미생물 균주의 개발에 크게 기여할 수 있다.

유전공학 기법은 생분해, 발효를 통한 메탄과 유기물의 생산, 효소 활성의 증진, 독성물질 저해에 대한 저항성 증진 등의 분야에서 사용될 수 있다. GEM은 온도, pH, 염도 이온구성, 산소, 산화환원도 등에서 극단적으로 나쁜 조건을 가지는 산업 폐수의 처리에 응용하려는 시도를 하고 있는데, 재조합 DNA 기술의 이용은 다음과 같은 문제로 인하여 그 응용에 제한을 받고 있다.

① 난분해성 물질의 분해에서 다단계 경로의 존재는 GEM이 처리대상물질을 완전히 광물화(mineralization)시킬 수 없다는 가능성을 증가시킨다.
② GEM은 단지 한 가지 혹은 두 가지 화합물만을 분해시킬 수 있을 뿐이다.
③ 관심의 대상이 되는 물질의 분해경로에 대한 지식이 제한적이거나 거의 없다.
④ 관심있는 GEM은 자연환경에서 불안정하다.
⑤ 환경으로 GEM의 우발적이거나 의도적인 방출에 대한 대중적인 관심은 그들의 응용을 제한한다.

이러한 문제의 일부를 해결하기 위한 방법으로 고염수(hypersaline water), 산성 열천(acid hot spring), 알칼리성 호수(alkaline lake)와 같은 극한 환경에서 얻어진 균주를 이용하여 만든 GEM의 사용이 제안되었으며 이들을 이용하여 특수한 발효조에서 산업 폐수를 처리할 수 있는데 생물막 반응조는 환경으로 GEM의 잠재적 방출을 최소화할 수 있다. 다른 잠재적 응용의 가능성은 원유에서 발견되는 몇 가지 난분해성 화합물을 분해하는 여러 가지 플라스미드를 갖게 만든 *Pseudomonas*의 이용이다. 분해에 관여하는 여러 가지 효소의 활성을 재조합 DNA 기법으로 증진시켜 난분해성 유기화합물의 분해에 수반되는 효소생산의 증대에 유용하게 응용할 수 있다.

참고문헌

Atlas, R. M. and Bartha, R. (1993) *Microbial ecology-fundamentals and applications* (3rd). The Benjamin/Cummungs Publishing Co. , Inc.

Bitton, G. (1994) Wastewater Microbiology. John Wiley & Sons Inc. New York.

Cheremisinoff, P. N. and Ouellette, R. P. (1985) *Biotechnology-applications and research,* Technomic Publishing Co. , Inc. , Lancaster, PA.

Crueger, W. and Crueger, A. (1990) *Biotechnology-a textbook of industrial microbiology* (2nd). Sunauer Associates, Inc., Sunderland, MA.

Hardman, D. J. (1987) Microbial control of environmental pollution : The use of genetic techniques to engineer organisms with novel catabolic capabilities. pp. 295-317. In Environmental Bio-technology (eds. C. F. Forster and D. Wase) Ellis Horwood Ltd. , Chichester, U. K.

Michell, R. (1992) *Environmental microbiology,* Wiley-Liss, Inc. , New York. NY.

Rheinherimer, G. (1992) *Aquatic microbiology (4th edn)*, John Wiley & Sons, Inc. , New York, NK.

Schonborn, W. (1986) Biotechnology. VCH, New York.

Tiedje, J., Colwell, R., Grossman, Y., Hodson, R., Lenski, R., Mack, R., and Regal, P. (1989) The planned introduction of genetically engineered organism : Ecological considerations and recommendation Soc. Ind. Microbiol. News 39 : 149-165.

Tuovinen, O. H. and Fry, I. J. (1993) Bioleaching and mineral biotechnology. *Current opinion in biotechnology* 4 : 344-355.

chapter 17 | 환경과 생물공학

연습문제

01 유기성 폐기물의 혐기적 처리가 가져오는 생물공학적인 이점을 설명하라.

02 미생물에 의한 탈황기작을 dibenzothiophene을 예로 들어 설명하라.

03 미생물에 의한 실제적으로 응용되는 금속 회수 방법을 설명하라.

04 구리의 미생물학적 회수에 대한 기작을 설명하라.

05 *Acidithiobacillus ferrooxidans*의 생리적인 특성과 금속 회수 기작과의 관계를 설명하라.

06 퇴비화를 이용한 생물공학적으로 접근이 가능한 분야에 대하여 설명하라.

07 폐수 내에 존재하는 금속을 제거하는 데 이용되는 미생물의 종류를 알아보고 그 기작을 설명하라.

08 배기가스 처리방법의 종류에는 어떤 것이 있는가?

09 Bioscrubber, biofilter, 살수여상의 작동기작을 비교 설명하라.

10 고정화 세포 이용의 장단점은 무엇인가?

11 고정화에 이용되는 물질에는 어떤 것이 있는가?

12 재조합 DNA 기술이 환경문제 해결에 기여할 수 있는 가능성을 설명하라.

13 환경 개선을 위하여 미생물을 이용한 생물공학적 시도의 가능성에 대한 견해를 제시하라.

14 재조합 DNA 기술의 이용상 제약은 무엇인지 설명하고 이의 극복 가능성을 제시하라.

찾아보기

저자 소개

송홍규(宋弘珪)

서울대학교 미생물학과 (이학사, 이학석사)

미국 Rutgers University 미생물학과 (Ph. D.)

미국 Rutgers University AgBiotech Center 객원연구원

현) 강원대학교 생명과학과 명예교수

오계헌(吳溪憲)

고려대학교 생물학과 (이학사, 이학석사)

미국 Ohio State University 미생물학과 (Ph. D.)

미국 Purdue University 미생물학 연구실 (Post-doc)

영국 University of Wales 객원교수

현) 순천향대학교 생명시스템학과 교수

제2판 환경미생물학 정가 25,000원

저자 : 송홍규, 오계헌

발행인 : 임정대

발행처 : 도서출판 화수목

발행 : 2015년 3월 6일 초 판

2022년 6월 3일 제2판

등록 : 제2014-000166호

주소 : 서울시 마포구 신촌로 2길 5-15

전화 : 02-338-9119

팩스 : 02-335-2201

ISBN : 979-11-89933-28-9 (93470)

파본이나 잘못된 책은 교환하여 드립니다.